현대 물리학의 논리

The Logic of Modern Physics

by P. W. Bridgman

Published by Acanet, Korea, 2022

한국연구재단총서 학술명저번역 631

Academic Library of NRF

현대 물리학의 논리

The Logic of Modern Physics

P. W. 브리지먼 지음 | 정병훈 옮김

아카넷

이 번역서는 2010년 대한민국 교육부와 한국연구재단의 지원을 받아 수행된 연구임 (NRF-2010421H00001)

This work was supported by the Ministry of Education of the Republic of Korea and the National Research Foundation of Korea (NRF-2010421H00001)

이 책은 퍼시 윌리엄스 브리지먼(Percy Williams Bridgman)의 『현대 물리학의 논리(*The Logic of Modern Physics*)』를 완역한 것이다. 맥밀런 출판사에서 1927년 초판이 나왔지만, 여기서 사용한 저본(底本)은 1948년 무수정 재판(reprint)이다.

『현대 물리학의 논리』(이하 『논리』)는 1930-50년대 학계를 뜨겁게 달구었던 조작주의(operationalism) 사상의 출발점이다. 개념의 '명료함과 정교화'를 위해서는 개념을 조작적 방법으로 정의하고 분석해야 한다는 브리지먼의 주장이 이제는 평범하고도 진부한 말에 불과하지만, 당시 형이상학적(metaphysical)이고, 선험적(a priori)이며, 내관적(introspective) 관념으로부터 탈출을 열망했던 사람들에게는 구원의 희망이었다. 실제로 많은 연구자들에게는 당시 등장한 논리실증주의의 검증 원리를 자신들 영역에 적용할 수 있는 실천 이론으로 만들기에는 정말 쉽지 않았기 때문에 이를 단순하고도 명쾌하게 제시했던 그의 조작 사상을 환영했다. 하지만 지금은 그의 조작 사상을 언급하는 일이 거의 없다. 그것은 아마도 그의 조작 관념이 이제는 그의 손을 벗어나 일반화되어 거의 모든 분야에 스며들어서 어느 누구도 의식하지 못한 채 각자 방법론의 일부가 되었기 때문일 것이다. 그가 자신의 조작 사상은 하나의 철학 체계나 이론이 아니라 하나의 자세이고 방법론에 불과할 뿐이라고 말했지만, 그럼에도 그의 자세와 방법이 남긴 자취는 매우 컸다.

브리지먼은 하버드대학교에서 물리학을 전공하고 그곳에서 내내 교수로 재직했다. 그가 남긴 학문적 업적은 크게 두 가지이다. 하나는 개척자적 고압 기법과 고압 상태에서 물성에 관한 실험 연구이고, 다른 하나는 과학 개념의 의미에 관한 소위 '조작주의'이다. 전자는 그에게 1946년 노벨 물리학상의 수상 영광을 안겨주었고, 후자는 1927년 『논리』 출판으로 과학철학, 심리학, 교육학, 사회학, 경제학, 경영학에 이르기까지 큰 영향을 주었다. 부지런하게 실험실에서 대부분의 시간을 보냈던 한 실험물리학자로서 브리지먼은 자신이 경험한 물리 개념의 본질이 전통적 관념과 다르다는 점을 인식하게 되었고, 이러한 지적 불안은 당시 상대성 이론과 양자 이론의 출현으로 더욱 심해졌다. 물리 개념의 본질과 개념을 획득하는 문제를 숙고한 결과로 나온 것이 『논리』였기 때문에 그의 실험실 연구 성과와 『논리』의 기반인 조작적 방법은 서로 내면적으로 밀접한 관련을 갖고 있다.

이 번역판에서는 브리지먼의 『논리』 본문 번역에 더해 브리지먼의 생애와 사상, 조작 개념에 대한 다소 긴 해설을 추가했다. 당초에는 원저자와 『논리』에 대한 간단한 소개 정도로만 계획했지만 브리지먼의 조작 사상이 학계에 미쳤던 광범위한 영향에도 불구하고 국내에서는 그의 조작 개념과 과학 사상에 대한 연구가 불모지나 다름없었다는 점이 당혹스러웠다. 따라서 실험물리학자로서 그의 지적 성장, 의미에 관한 조작적 관점의 형성, 이 것이 미친 학문적 의미를 다소 깊이 검토하는 일을 시도했다. 원문 번역은 짧은 기간에 끝났지만, 해설을 쓰기 위해 절판된 자료들을 먼저 수집해야 했던 과정이 생각보다 많이 길었다. 다행스러운 것은 미출판 자료들을 제외하고 관련 자료들과 문헌들을 오랜 시간에 걸쳐 거의 다 수집한 덕분에 옮긴이 해제를 쓰기 위한 원문 자료들 대부분을 읽을 수 있었고, 그렇지 못한 경우라도 원문 내용이 어떻다는 점은 확인할 수 있었다. 오히려 너무 많은 자료로 인해 옮긴이 해제에서 모두 다루지 못한 것이 매우 아쉬울 뿐이다.

늦게라도 『논리』 번역판이 나올 수 있게 된 것은 한국연구재단의 지원과 아카넷의 끝없는 인내심 덕분이다. 연구재단과 아카넷은 코로나를 핑계로 원고가 한없이 늘어나는 것을 관대하게 허락했다. 두 기관에 깊은 마음으로 감사를 드린다. 그리고 이 책이 나오기까지 여러 사람들에게 마음의 빚을 졌다. 특히 어려움 속에서 따뜻한 마음으로 나를 보호했던 몇몇 동료 교수들은 위기 때마다 내게 힘과 큰 위안을 주었다. 이들이 없었더라면 아마도 이 책은 나오지 못했을 것이다. 또 연구를 시작했던 초기에 브리지먼의 절판된 원전들과 이에 관련된 서적들, 당시 나의 현실에서 열람이 쉽지 않았던 논문들을 구하는 데는 두 자식의 도움이 컸다. 아비의 염려와 만류에도 불구하고 모두 물리학의 길을 선택해 이제는 오히려 아비의 공부를 도운 두 아이에게 고마운 마음이다. 내가 직면했던 모든 장애에도 불구하고 이 책이 나올 수 있도록 진실한 마음으로 도왔고, 내게 정신적 도움을 주었던 나의 학문적 스승들, 나의 동료 교수들, 그리고 나를 정신적으로 지탱하게 만들었던 아내와 두 자식에게 감사하는 마음으로 이 책을 펴낸다.

2022년 3월
청주교육대학교 정병훈

이제까지 전적으로 실험에만 몰두하던 내가 근본적 비판주의 영역으로 진입하는 이 외도는 사람들이 비웃으며 추측하듯 내가 늙었다는 증거가 아니다. 나는 실험 연구를 할 때마다 우리의 물리적 사고 기반을 좀 더 잘 이해하는 것이 절실히 필요하다는 점을 항상 느껴왔고, 그러한 이해에 도달하기 위해 다소 비체계적이지만 오랜 기간 노력해 왔다. 하지만 지금은 내게 반년의 안식년이 남아 있어서, 나의 생각을 다소 체계적으로 개진해 볼 수 있는 여유를 갖게 되었다.

클리퍼드(W. K. Clifford), 스탤로(J. B. Stallo), 마흐(E. Mach), 푸앵카레(H. Poincaré)가 과학의 원리에 관해 폭넓게 연구했던 과거 저작들에도 불구하고, 이 문제에 대한 언급이 지극히 적었기 때문에 내가 이렇게 비판적 성격의 새로운 글을 쓴다는 것에 대해 변명할 필요는 없다고 생각한다. 그들 저작의 많은 관점이 여전히 유효한지 여부와는 무관하게, 상대론과 양자 이론 영역에서 발견된 많은 사실들 때문에 관심과 초점이 변해왔다. 새로운 양자역학에서 이루어진 아주 최근 연구는 양자 영역에서 특별한 현상이 존재함을 알려줄 기본 사항들을 새롭게 검토해야 한다는 점을 암시하고 있다. 그러나 재검토의 필요성이 과거 비판적 검토의 결과들을 인정할 수 없다는 것은 결코 아니다. 그 결과 중 일부는 우리의 물리적 사고 속에 완전히 통합되어 있어서 굳이 언급하지 않아도 당연한 것으로 여길 수 있게 되었다. 따라서 이 글의 기본 자세는 과거 저작들이 주된 관심을 갖고 공간, 시간, 역학개념의 생리적 기원까지 탐구한 것에 의해 이제는 물리학자들의 자세로 대부분 정당화되어 버린 경험주의라 할 수 있다.

과거의 저작들 어느 것도 의식적으로, 혹은 직접적으로 이 글의 세부 내용에 영향을 주지 않았다. 실제로 나는 최근 몇 년 사이 이 저작들의 그 어느 것도 읽어보지 않았다. 만일 여기에 쓰인 내 글귀의 일부가 과거에 이미 쓰인 다른 이들의 문구를 연상케 한다면, 그것은 그 생각이 이미 내게 동화되어 정확한 원래의 것이 잊혔기 때문일 것이다. 그런 생각들은 독립적으로도 얻어질 수 있기 때문에, 그 구절들을 수정하지 않고 그대로 두는 것도 어쩌면 가치가 있을 것이다.

이 글을 철학자들이 좀 더 잘 이해할 수 있게 손질하는 일과 최근 물리학에서 기술적 발전의 세부 사항에 익숙하지 않은 독자를 위해 약간의 부연 설명하는 데 도움을 주었던 남아프리카공화국의 요하네스버그대학교 철학과 교수 회른리(R. F. Alfred Hoernlé)에게 깊은 감사를 드린다.

최근 물리학에서 가장 주목할 만한 움직임 중 하나는 소위 '물리학의 해석적 측면'이라 부를 수 있는 방향으로 관심이 변했다는 것이다. 물리학자들의 저작과 대화에서는 물리학의 목적과 기본 개념의 본질을 상당히 검토하지 않고서는 실험 세계를 이해할 수 없다는 점을 점차 인정하기 시작했다. 물리학의 본질을 더 비판적으로 이해하려는 노력이 비록 새로운 것은 아니지만, 최근까지 그러한 모든 시도는 상당한 의혹이나 심지어 때로는 경멸을 갖고 이루어졌던 것이다. 일반적인 물리학자들은 그런 문제에 관심 갖는 것을 폄하하고, 동료 물리학자들이 속칭 '형이상학적(metaphysical)'으로 고찰하는 것을 멀리하는 경향이 있었다. 의심의 여지없이 이런 태도는 형이상학적으로 고찰한 물리학자들을 완전히 비지성적이라고 평가했을 뿐아니라, 그런 고찰들이 물리학적 성과로 연결되는 것을 어렵게 만들었다. 그러나 물리학의 해석적 기반에 대한 좀 더 나은 이해를 점차 호의적으로 보게 된 반응은 세계대전에서 기인했던 도덕 가치의 융성에 근원을 둔 형이상학적 사고의 부침이나 그런 부류의 것이 아니라, 급격히 많아지게 된 일련의 냉정한 실험 사실들이 우리에게 무조건 강요했던 반응이었다.

　새로운 운동이라 할 수 있는 이런 반응은 명백히 아인슈타인의 특수 상대성 이론에 의해 시작되었다. 아인슈타인 이전에는 빠르게 운동하는 물체에 대해 지속적으로 누적된 수많은 실험 사실이 자체 충족적인 무모순성을 유지하기 위해 우리의 우직한 관념을 끊임없이 더 복잡하게 수정할 것을 요구했지만, 아인슈타인은 우리가 기본 개념의 일부를 약간 바꾸면 모든 것을 아주 단순하게 재구성할 수 있다는 점을 보였다. 아인슈타인이 다루었던 대부분의 개념은 시간과 공간에 관한 것이었고, 아인슈타인에 의해 의식적으로 영감을 받았던 저술의 다수가 이런 개념과 관계되었다. 하지만 실험이 시간과 공간 개념 이상의 것들에 관해 비판적 고찰을 강요하게 된 것은 명백히 양자물리학의 영역에서 발견된 새로운 사실들 때문이었다.

　이 새로운 양자역학적 사실은 우리에게 이중의 상황을 제시했다. 우선 첫 번째로, 그러한 실험 모두는 우리가 직접 경험할 가능성을 영원히 넘어설 정도의 작은 물체에 관계된 것이기 때문에 우리는 실험 증거를 다른 언어로 옮겨야 하는 문제를 지니게 되었다. 따라서 우리는 분광기에서 관찰한 빛의 방출선을 원자 내에 있는 한 전자가 한 에너지 준위에서 다른 준위로 옮겨간 것이라고 추론한다. 두 번째로, 우리는 언어로 옮겨진 실험 증거를 이해해야 한다는 문제를 갖고 있다. 물론 이 문제가 우리를 가장 어렵게 만든다는 점을 모든 사람이 알고 있다. [새로운] 실험 사실들이 일상적 경험의 그것과 너무나 다르기 때문에, 예컨대 전기동역학의 장(場) 방정식처럼 과거의 경험을 가지고 광범위하게 일반화하는 일을 명백히 포기해야 할 뿐 아니라, 우리 사고의 통상적 형식이 새로운 영역에 적용될 수 있는지조차 의문을 갖게 되었다. 그래서 예를 들어 공간과 시간 개념이 무너졌다고 종종 말하기도 한다.

상황은 갑자기 급박해졌다. 내가 이 글을 쓰기 시작하면서 1925-26년에 등장한 새로운 양자역학으로 고무된 비판적 활동이 놀라울 만큼 증가했고, 그래서 실험이 우리에게 제공해 주는 것이 정말 무엇이며, 우리의 기본 개념들이 정작 무엇을 뜻하고 있는지에 대한 분석을 필두로 새로운 생각을 개진하는 일이 자주 있게 되었다. 사고 변화가 이제 너무 빨리 일어나고 있어서, 이 저술에서 언급한 수많은 명제들이 최신 견해로 볼 때 이미 낡은 것으로 되어버렸다. 그러나 나의 기본 논점이 근본적으로 달라지지 않았고, 현재의 최신 의견들이 최종적이라고 생각해야 할 이유도 없기 때문에, 나는 나의 명제들을 그대로 두기로 했다. 우리는 중요한 형성의 시기에 살고 있다는 느낌이 든다. 그것이 맞는다면, 앞으로 오랫동안 물리학의 양상은 해석에 관한 근본 질문에 대한 현재 우리 태도에 의해 결정될 것이다. 이 상황에 대처하기 위해서는 특별한 비상사태를 해결하려는 임시방편의 급조된 철학이 아니라, 우리를 지금 아주 곤란하게 만든 실험 분야는 물론, 이미 확고히 정착된 영역까지 감당할 수 있도록 모든 물리 분야에 관해 체계화된 철학으로 좀 더 가까이 접근하는 것이 필요하다. 따라서 물리학의 전 영역을 다소 포괄적으로 비판하려는 것이 이 저술의 의도이다. 우리의 문제는 우리가 무엇을 해야 하고, 우리의 이상(理想)이 물리학에서 무엇이어야 하는지에 대한 이해와 현재 존재하고 있는 물리학 구조의 본질에 대한 이해라는 이중의 과제를 지니고 있다. 물리학의 기본 개념들을 분석함으로써 두 과제의 목적을 같이 전진시킬 수 있다. 우리가 지금 갖고 있는 개념을 이해한다는 것은 물리학의 현재 구조를 밝히는 것이며, 개념이 어떠해야 한다는 것을 실현하는 일은 물리학의 이상이다. 이 저술은 기본 개념들을 주로 다룰 것이며, 이로부터 거의 모든 개념이 재검토를 통해 더욱 풍부해질 수 있다는 점을 보여줄 것이다.

이 저술의 자료는 물리학에 대한 견해의 현재 흐름을 관찰하면서 대개 얻어진 것이다. 내가 주장하려는 바의 많은 부분은 다분히 공유된 지적 자산이며, 모든 독자는 자신이 공감하는 나의 글귀들이 이미 자신이 말하고 싶었던 것을 내가 앞질러 말한 것에 불과하다는 점을 확실히 알게 될 것이다. 오늘날 물리학의 커다란 흐름에 관해 나의 해석을 제시했지만, 아마도 많은 사람들은 이 해석을 받아들이지 않을 것이다. 많은 이들에게 나의 해석이 수용되기 어렵다고 하더라도, 제시된 나의 생각에 대해 논쟁을 자극하는 것은 가치 있는 일이 되기 바란다.

다룰 수 있는 수준에 맞는 연구를 위해 우리 연구에 일정한 제한을 할 필요가 있다. 우리의 모든 실험 지식과 자연에 대한 이해는 우리의 사고 과정과 분리될 수 없으며, 또 분리되어 실재할 수도 없다는 것이 지극히 자명한 이치이기 때문에, 엄밀하게 말한다면 심리학이나 인식론의 관점이 없이는 타당성도 가질 수 없다. 다행스럽게도 우리는 이런 소재들의 많은 것을 다소 소박한 자세로 다룰 수 있다. 우리는 우리 밖에 세계가 존재하고 있다는 판단을 의미 있는 상식으로 받아들일 것이고, 가능한 한 우리의 탐구를 이 '외부' 세계의 거동과 해석에 한정할 것이다. 반면 우리 의식 상태에 대한 탐구는 제외할 것이다. 최선의 노력에도 불구하고, 우리 사고 기작의 본질이 우리가 구성하는 자연의 모습을 윤색하게 된다는 점을 피할 수 없기 때문에 형이상학적 느낌을 주는 고찰을 완전히 제거하지는 못할 것이며, 이런 방식으로 우리 연구의 전반에 이런 속성이 어쩔 수 없이 개입된다는 점을 인정해야 할 것이다.

차례

제1장

개관

아인슈타인의 특수 및 일반 상대성 이론을 분석한 세부 사항들을 우리가 영원히 수용해야 할지에 대한 우리 입장이 어떻든, 분명한 것은 이 이론에 의해 물리학이 영구히 변했다는 것이다. 확신 있게 받아들였던 고전 개념들이 실제 상황을 만족시키기에 적절하지 않다는 사실을 알게 된 것은 놀라운 충격이었으며, 그 결과 이 발견의 충격은 적어도 일부만이라도 변치 말아야 한다는 우리의 개념 구조 전체를 비판적으로 보게 만들었다. 이 사건 이후 상황을 반성적으로 고찰해 보면, 과거 개념들이 부적절했다는 점을 확신하기 위해서는 상대론으로 안내하는 새로운 실험 사실들이 꼭 필요했던 것이 아니라, 적어도 아인슈타인이 했던 것의 가능성에 대비할 수 있도록 우리가 충분히 치밀하게 분석했어야 했다는 점이다.

이제 미래를 향해 볼 때 자연이 무엇인지에 대한 우리 생각은 항상 우리가 새로운 실험 지식을 얻은 만큼의 변화에 따라야 하겠지만, 자연에 대한 우리 태도에는 앞으로 있을 지식의 변화에 자연이 구속되지 않아야 한다는 생각, 즉 자연에 대한 이해는 인간의 정신적 특성에 바탕을 둔 불변의 기반에 의존해야 한다는 생각이 부분적으로 존재하고 있다. 상대성 이론이 영원한 공헌을 했다고 깨닫게 된 것은 바로 그 생각, 즉 자연에 대한 우리의 정신적 관계를 좀 더 발전적으로 이해했다는 데 있다. 이제 우리의 과제는 아인슈타인처럼 우리 사고에서 또 다른 변화가 더 이상 이루어지지 않도록 자연에 대해 변하지 않는 관계의 속성을 완전히 이해하는 것이다. 여하튼 물리학은 아직 젊은 과학이고 물리학자들이 매우 부지런하기 때문에 정신적 태도에서 혁명이 한번쯤 일어난다는 것은 용인될 수 있지만, 그런 혁명이 또 필요하다고 증명된다면 그것은 분명히 비난받게 될 것이다.

항상 가능한 새로운 경험

상대론에서 얻은 최근 경험이 주는 첫 번째 교훈은 과거의 모든 경험이 여전히 가르침을 주고 있다는 것, 즉 실험이 새로운 영역으로 진입할 때는 과거 경험과 완전히 다른 특성을 지닌 새로운 사실을 맞이할 준비가 되어 있어야 한다는 점을 강력히 강조한 것에 불과하다. 이것은 상대성 이론에 자극을 주었던, 매우 빠른 속도로 운동하는 물체의 예기치 않은 속성을 발견하게 되면서 얻은 교훈일 뿐 아니라, 양자 영역에서 얻은 새로운 사실들로 인해 더욱 분명해진 교훈이기도 하다. 물론 어느 정도까지는, 이 모든 것을 인정한다는 것이 과거 태도의 변화를 수반한다는 것은 아니다. 물리학자에게는 **사실**이란 호소가 필요 없는 단 하나의 궁극적인 것이자, 그 앞에서는 거의 종교심에 가까운 겸허함만이 유일하게 가능한 자세인 것이다. 현 상황의 새로운 특징은 경험의 새로운 질서들이 실제 존재하고 있고, 우리가 계속해서 이를 마주치게 될 것이라고 강하게 확신하게 되었다는 점이다. 우리는 매우 빠른 속도나 아주 작은 크기의 영역으로 들어갈 때 나타나는 새로운 현상들을 이미 경험해 왔다. 우주적 규모를 다룰 때나 별에서 존재할 수 있는 엄청난 밀도의 물질 특성을 다룰 때도 어쩌면 이와 유사하게 새로운 현상을 기대할 수 있을 것이다.

현재 범위를 넘어선 새로운 경험 가능성을 받아들인다는 것은, 무관하거나 사소하게 보이는 그 어떤 물리적 상황도 실제 실험에 의해 효과가 없다고 증명될 때까지 최종 결과에 영향을 주지 않는다고 무시해서는 아니 된다는 것을 의미한다.

따라서 물리학자의 태도는 일종의 순수한 경험주의가 되어야 한다. 물리학자는 새로운 경험의 가능성을 판정하거나 제한하는 **선험적** 원리(a priori principle)를 용인하지 않는다. 경험은 오직 경험에 의해서만 결정된다. 이것은 자연 전체가 단순하건 복잡하건 어떤 정식(定式, formula) 안에 포함되어야 한다는 요구를 포기해야 한다는 점을 실질적으로 의미한다. 자연을 사실상 하나의 정식으로 나타낼 수 있다고 결국 증명된다고 하더라도, 그 정식이 필연적이었다는 생각은 하지 말아야 한다.

개념의 조작적 특성

개념에 대한 우리의 태도를 변화시킨 아인슈타인의 공헌

실험이 현재 범위 너머의 것을 예측하는 것은 본질적으로 불가능하다는 점을 인정한다면, 자신의 의견을 계속 교정하는 일에서 탈피하려는 물리학자는 자연을 서술하거나 연관시킬 때 현재 경험이 미래의 볼모로 되지 않을 개념을 사용해야 한다. 여기서 아인슈타인의 위대한 공헌이 있다. 그가 비록 이것을 명시적으로 언급하거나 강조하지 않았지만, 그가 했던 연구는 물리학에서 유용한 개념이란 무엇이며, 또 무엇이 그렇게 되어야 하는지에 관한 우리의 관점을 본질적으로 바꾸어놓았다. 이제까지 물리학의 많은 개념들은 개념의 속성과 관련해 정의되었다. 절대 시간에 대한 뉴턴의 개념에서 이에 대한 아주 좋은 사례를 볼 수 있다. 『프린키피아』 제1권의 주석에서 인용한 다음 글이 이를 잘 설명해 주고 있다.

> 나는 모든 사람에게 잘 알려진 바와 같이 시간, 공간, 위치나 운동을 정의하지 않았다. 내가 단지 알고 있는 것은 사람들이 이들의 양(量)을 오직 감각과 관련해 파악하고 있다는 것이며, 따라서 일정한 선입관이 생기게 된다는 것이다. 이를 제거하기 위해서는 이들을 절대적인 것(Absolute)과 상대적인 것(Relative), 참인 것(True)과 외형적인 것(Apparent), 수학적인 것(Mathematical)과 일상적인 것(Common)으로 구분하는 것이 편리할 것이다.

> (I) 절대적이고 참이며 수학적인 시간은 그 자체로, 그리고 자신의 본성에 의해 외부의 어느 것과 상관하지 않고 한결같이 흐르며, 이를 다른 말로 '영속(永續, Duration)'이라 부른다.

정의에서 가정한 바와 같은 그런 속성을 지닌 것이 과연 자연에 존재하는지 확신할 수 없기 때문에 물리학을 이런 속성을 지닌 개념들로 환원한다면 물리학은 공준(公準, postulate)에 근거한 순수기하(abstract geometry)처럼 그저 추상적인 과학으로 되며 실재(reality)에서 멀리 벗어나게 된다. 개념이 자연에 존재하는 어떤 것에 대응하도록 정의되었는지를 찾아내는 것은 실험의 과제로서, 우리는 자연에 대응하는 것이 전혀 없거나 아니면 부분적으로만 대응하는 개념을 찾아낼 준비가 항상 되어 있어야 한다. 특히 우리가 절대 시간의 정의를 실험의 관점에서 조사한다면, 그런 속성을 지닌 그 어떤 것도 자연에 존재하지 않는다는 점을 알게 될 것이다.

개념에 대한 새로운 태도란 이와 전적으로 다른 것이다. 길이 개념을 예를 들어 설명해 보겠다. 물체의 길이라고 할 때, 그것은 무엇을 뜻하는가? 만일 우리가 임의의 모든 물체의 길이가 무엇인지 알 수 있다면, 우리는 길이가 무엇을 뜻하는지 명확하게 알고 있다는 것이며 더 이상 물리학자에게 필요한 것은 없다. 우리가 물체의 길이를 알기 위해서는 어떤 물리적 조작을 수행해야 한다. 길이를 측정하는 조작을 확정한다면, 그것으로서 길이 개념이 확정된 것이다. 즉 길이 개념은 길이를 결정하는 조작들의 집합 그 자체이며, 그 이상의 것이 아니다. 일반적으로 어떤 개념도 조작들의 집합 이상의 것이 아니다. 말하자면, **개념이란 이에 대응하는 조작들(operations)의 집합과 동의어이다.** 만일 길이처럼 개념이 물리적인 것이라면, 조작은 실제 물리적인 조작, 즉 길이가 측정되는 그런 조작이어야 한다. 또 개념이 수학적 연속성처럼 정신적인 것이라면, 조작들은 주어진 값의 집합이 연속적인지를 결정하는 것과 같은 정신적 조작이 된다. 그러나 이것이 물리적 개념과 정신적 개념 사이에는 견고하고도 확실한 구분이 있다거나, 한 종류의 개념에는 다른 종류의 개념 요소가 항상 배제되어야 한다고 의미하는 것은 아니다. 이런 식의 개념 구분은 앞으로 우리의 논의에서 중요하지 않다.

우리는 한 개념과 등가(equivalent)①인 조작들의 집합이 유일한 집합이어야 함을 요구한다. 만일 그렇지 않다면 실제에 적용할 때 우리가 받아들일 수 없는 모호함의 가능성이 존재하기 때문이다.

'개념'에 대한 이 생각을 절대 시간에 적용해 보자. 만일 우리가 임의의 구체적 사건에 대한 절대 시간을 어떻게 결정할 수 있는지 말할 수 없다면, 즉 우리가 절대 시간을 측정할 수 없다면, 우리는 절대 시간의 의미를 이해하지 못한 것이다. 이제 우리는 단지 시간 측정이 가능한 조작들이 전부 상대적인 조작인지 조사하기만 하면 된다. 따라서 절대 시간이 존재하지 않는다고 앞서 언급한 진술은 절대 시간이 무의미하다는 진술로 대체되어 버린다. 이렇게 진술한다는 것은 자연에 대해 우리가 어떤 새로운 것을 말하는 것이 아니라, 시간 측정의 물리적 조작 안에 이미 내포된 의미를 드러내는 것에 불과하다.

만일 개념의 정의가 그 속성(properties)에 의해 이루어지는 것이 아니라 실질적 조작의 형태로 이루어져야 한다는 관점을 채택한다면, 우리는 자연에 대한 우리의 태도를 바꾸어야 할 위험을 겪을 필요가 없다. 왜냐하면 경험이 항상 경험의 형식으로 진술된다면 경험과 그것에 대한 서술 사이에는 대응 관계가 항상 존재해야만 하기 때문에, 우리가 자연에서 뉴턴적 절대 시간의 전형을 발견하려고 애를 쓸 때처럼 당혹감을 느낄 필요가 없다. 더 나아가 만일 하나의 물리 개념과 등가인 조작들이 실질적인 물리적 조작이라면, 개념들은 오직 실질적인 실험 영역 안에서만 정의되어야 하며, 실험에 의해 아직 취급되지 않은 영역에서의 개념은 정의되지 않았거나 무의미하다. 엄밀하게 말한다면, 아직 실험에서 취급되지 않은 영역에 대해 우리는 결코 진술할 수 없다. 불가피하게 그러한 진술을 해야 할 때는 관례적인 외삽(外揷, extrapolation)을 하게 되지만, 우리는 그런 진술이 허술하다는 것을 명확히 의식해야 하며, 이에 대한 정당화는 미래의 실험에서 이루어지게 된다.

아인슈타인이나 다른 저작자들이 '개념'을 사용할 때 앞서 말한 변화가 의식적으로 이루어졌다는 이야기는 하지 않았지만, 그들이 개념을 다루었던 방법을 검토해 볼 때 그런 변화가 있었다는 것을 입증할 수 있다. 그것은 한 용어의 진정한 의미는 그 용어로 무엇을 하는지 관찰함으로써 알 수 있지, 그 용어에 대해 말한 것으로 알 수 있는 것이 아니기 때문이다. 특히 동시성(simultaneity)을 다루었던 아인슈타인의 방식을 검토함으로써, 우리는 이것이 실천적 의미에서 개념을 사용한 것이라는 점을 보일 수 있다.

아인슈타인 이전에는 동시성 개념이 속성에 의해 정의되었다. 두 사건의 속성이란 두 사건의 관계가 시간으로 서술될 때 한 사건이 다른 사건 이전인지, 아니면 그 이후인지, 또는 동시에 발생되었는지를 말하는 것이다. 따라서 동시성이란 두 사건이 동시적인지 아닌지에 관한 두 사건만의 속성이며, 그 이외에는 아무것도 아니다. 이런 방식으로 사용한 이 용어를 정당화하기 위해서는 실제 사물의 거동을 서술해야 한다. 물론 이제까지 우리 경험은 좁은 영역에 국한되었다. 경험 영역이 매우 빠른 속도까지 확대되었을 때 개념들이 더 이상 적용될 수 없다는 것을 알게 되었는데, 그 이유는 두 사건의 절대적 관계에 대응하는 우리의 경험이 없었기 때문이다. 이때 아인슈타인은 두 사건을 동시적이라고 서술할 수 있게 하는 조작에는 관찰자에 의한 두 사건의 측정을 포함하며, 따라서 '동시성'이란 두 사건의 절대적 속성이 아니라 관찰자와 사건들 사이의 관계를 포함해야 한다고 비판했다. 그렇기 때문에 우리가 실험 증거에 의해 반박될 때까지는 두 사건의 동시성이 관찰자와의 관계, 특히 속도에 의존하고 있음을 알아낼 준비가 되어 있어야 한다. 동시성이라는 판단에 무엇이 포함되어 있는지를 분석하고 관찰자의 행위를 상황의 핵심으로 포착함으로써 아인슈타인은 물리학의 개념이 무엇이어야 하는가에 대해 새로운 관점, 즉 조작적 관점을 실질적으로 채택했던 것이다.

물론 아인슈타인은 실제로 이보다 더 나아가, 관찰자가 이동할 때 동시성이라고 판단하기 위한 조작이 어떻게 변해야 하는지를 정밀하게 제시했고, 또 두 사건의 상대적 시간에 대해 관찰자 운동이 지닌 효과를 정량적으로 나타냈다. 덧붙인다면, 우리가 정밀한 조작을 선택할 때 매우 많은 여러 선택이 있음에 주목할 필요가 있다. 여기서 아인슈타인이 선택했던 것은 빛의 편의성과 단순함이었다. 아인슈타인 이론의 정밀한 정량적 관계식은 접어두고라도 우리에게 중요했던 점은, 만일 우리가 조작적 관점을 채택했더라면, 물리적 사실을 실제로 발견하기 이전에 동시성이 본질적으로 상대적 개념이라는 것을 먼저 알았을 것이며, 나중에 알게 될 그러한 효과의 발견에 대해서도 사고의 여지를 남겨두었을 것이다.

길이 개념에 대한 세부 논의

이제 개념에 대한 조작적 태도에 좀 더 익숙해지고, 이 관점에서 길이 개념을 검토함으로써 그것에 함축된 의미를 알아보기로 하자. 우리 과제는 임의의 구체적인 물리적 실체의 길이를 측정하는 데 필요한 조작을 알아내는 일이다. 예컨대 집이나 대지와 같이 우리가 가장 일반적으로 경험할 수 있는 사물부터 시작해 보자. 우리가 하는 일은 다음과 같은 대략적 설명만으로도 충분히 이해될 수 있을 것이다. 우선 자를 사용해 자의 한 끝을 사물의 한 끝에 일치시키고 자의 다른 끝을 사물에 표시한 다음, 먼저 위치에서 연장된 직선을 따라 자를 이동해 앞서 표시한 지점에 자의 첫 번째 끝을 가져다 놓는 일을 반복하면, 반복한 자의 횟수만큼이 사물의 길이가 된다. 이 절차는 일견 아주 간단해 보이지만, 실제로는 매우 복잡해서 점검할 사항들을 방대한 논문에 가득 채울 만큼 상세히 기술해야 한다. 예를 들어 현재 자의 온도가 자의 길이를 정의한 기준 온도인지를 확인해야 하고, 그렇지 않다면 온도에 따라 길이를 보정해 주어야 한다. 만일 수직으로 길이를 재어야 한다면 중력에 의한 자의 왜곡을 보정해 주어야 하며, 또 자가 자석이나 전기력에 영향을 받지 말아야 한다. 이 모든 주의 사항은 모든 물리학자에게 생길 수 있는 일이다. 그뿐 아니라 우리는 자가 사물의 한 지점에서 다른 지점으로 옮겨가는 것을 자세히 지정해 주어야 한다. 즉 공간을 따라 이동할 정확한 경로와 한 지점에서 다른 지점으로 움직일 때 자의 속도와 가속도 따위가 그것이다. 물론 실제로는 그런 주의 사항을 언급하지 않은 채, 우리는 경험에 의해 이런 종류의 절차에 수반되는 변화의 정도가 최종 결과에 영향을 주지 않는다고 정당화한다. 그러나 우리는 모든 경험이 오차와 연관되어 있으며, 장차 언젠가 실험의 정밀도가 측정에 영향을 줄 정도로 커진다면 자를 한 지점에서 다른 지점으로 움직일 때의 가속도를 더 조심스럽게 기술해 주어야 한다는 점을 항상 인정해야 한다. **원칙적으로** 길이를 측정하는 조작은 **유일하게** 지정되어야 한다. 만일 조작들의 집합이 한 가지 이상이라면, 우리는 하나 이상의 개념을 가지고 있는 것이다. 엄밀히 말해, 조작들의 서로 다른 집합마다 대응하는 독립적인 명칭이 있어야 한다.

이렇듯 정지해 있는 물체의 길이에 대해서도 복잡하기 그지없는 일들이 너무 많이 있다. 이제 움직이는 전차를 측정한다고 가정해 보자. 간단하면서도 우리가 '소박한' 절차라고 할 수 있는 활동은 자를 갖고 전차에 탑승해 정지한 물체에 대해 했던 것과 같은 조작을 반복하는 일이다. 전차 속도가 영(0)으로 되는 극한 경우에는 이 절차가 앞서 채택했던 [정지 상태의] 절차로 환원된다는 점에 주목하자. 그러나 여기서도 세부 사항에 대해 새로운 의문이 생길 수 있다. 즉 우리는 자를 손에 들고 전차에 어떻게 올라타야 할까? 우리가 달려가 전차 뒤에서 올라타야 할까, 아니면 전차 앞에서 우리를 태우도록 해야 할까? 혹은 앞의 측정에서는 그렇지 않았지만, 자를 만든 재료가 측정에 영향을 줄까? 이런 모든 의문은 실험에 의해 답을 얻어야 한다. 우리가 아는 현재 증거로는 우리가 어떻게 전차에 타건, 무슨 물질로 자를 만들었건, 이런 방법으로 전차의 길이를 측정하는 것은 정지해 있을 때 측정하는 것과 다름이 없을 것이라고 믿고 있다. 그러나 실험은 이보다 더 어려우며, 앞서 얻었던 바와 같은 결론을 확신할 수 없다. 이제 주어진 절차에 대해 아주 분명한 제한들이 존재한다. 만일 전차가 아주 빠르게 움직이고 있다면, 우리는 전차에 직접 올라탈 수 없기 때문에 달리는 자동차로부터 올라타는 것처럼 어떤 도구를 사용해야 한다. 그리고 더욱 중요한 것은 우리가 통제할 수 있는 실질적 수단으로는 전차나 자에 부여할 수 있는 속도에 한계가 있기 때문에, 이런 방식으로 측정할 수 있는 운동체는 느린 속도의 영역으로 한정된다. 만일 우리가 자연에 존재하는 (예를 들어 별이나 음극선의 전자와 같이) 매우 빠른 속도로 움직이는 물체의 길이를 측정하기를 원한다면 길이 측정을 위한 다른 정의와 다른 조작들을 채택해야 하지만, 정지 상태에서는 이미 앞서 채택한 조작으로 환원되어야 한다. 이것이 바로 아인슈타인이 했던 바로 그것이다. 아인슈타인의 조작은 위에서 l자를 갖고 측정했던 방식과 다르기 때문에 **그의 '길이'는 우리의 '길이'와 같은 의미를 지니고 있지 않다.** 따라서 우리는 아인슈타인의 절차에 따라 측정된 이동하는 물체의 길이가 위에서 말한 길이와는 다르다는 점을 알아낼 준비가 되어 있어야 한다. 이것은 물론 엄연한 사실로서 상대론의 변환식이 두 길이 사이의 정확한 관계를 제공한다.

운동하는 물체의 길이를 측정하는 아인슈타인의 절차는 매우 빠른 속도로 운동하는 물체에 적용할 수 있도록 고안되었을 뿐 아니라, 좌표 기하학을 이용해 수학적으로 세계를 기술하고 물체의 '길이'를 해석 방정식 내의 값들과 간단히 연결하는 수학적 편의성도 지니게 되었다.

운동 중인 물체의 길이를 측정하는 아인슈타인의 실제 조작을 간략히 기술해 보는 것은 흥미로운 일이다. 이것은 수학적 관점에서는 단순해 보일 수 있는 조작들이 물리적 관점에서는 복잡할 수 있다는 점을 보여줄 것이다. 운동체의 길이를 측정하려는 관찰자는 우선 자신의 기준 평면(편의상 2차원 공간이라고 하자.) 위에 시간 좌표계를 전개해야 한다. 즉 기준 평면의 각 지점에 시계를 설치한 다음, 모든 시계를 동기화하고, 각 시계마다 관찰자를 한 사람씩 둔다. 이제 정해진 시각에 운동체의 길이를 알아내기 위해(그 길이가 시간의 함수인지를 판단하는 것은 나중에 다루기로 한다.), 그들 시계로 특정 시간에 물체의 양 끝에 자리한 두 관찰자가 정지 물체의 길이를 재는 절차에 따라 자신들의 위치 사이의 거리를 측정하면, 정의에 의해 이 거리는 주어진 기준계에서 움직이는 물체의 길이가 된다. 따라서 운동체의 길이를 재는 절차는 자 양 끝에 동시적으로 위치함으로써 동시성의 의미를 포함하게 되며, 우리는 동시성을 결정한 조작이 계의 운동이 변할 때 이에 따라 변하게 되는 상대적인 것이라는 점을 알게 된다. 이로써 우리는 측정계의 속도가 변할 때 물체의 길이도 변한다는 점을 알아낼 준비가 되었으며, 실제로 이런 일이 발생한다. 정확한 수치적 관계를 아인슈타인이 얻어냈는데, 여기에는 지금 우리에게 중요하지 않은 다른 사항도 포함되어 있다.

두 종류의 길이, 즉 소박한 방법으로 측정한 길이와 아인슈타인 방법으로 얻은 길이는 일정 부분 공통된 특징을 가지고 있다. 측정계의 속도가 영으로 접근하는 극한에서 두 경우 모두 조작은 정지한 물체의 길이를 측정하는 과정으로 접근한다. 이것은 물론 편의성을 고려해야 하는 바람직한 정의에서 요구되는 바이며, 너무도 명확한 사안이기 때문에 굳이 강조하지 않겠다. 다른 특징으로는 개념과 이와 등가인 조작 둘 모두가 계의 운동을 포함하고 있기 때문에, 우리는 운동체의 길이가 속력의 함수일 수 있다는 가능성을 인정해야 한다. 현재 실험 오차의 범위 내에서는 소박한 방법으로 측정한 길이가 운동의 영향을 받지 않지만, 아인슈타인의 방법이 영향을 받는다는 것은 시도해 볼 때야 비로소 예측할 수 있는 실험의 문제이다.

지금까지 우리는 오직 한 가지 방법으로만, 즉 일상적 경험을 넘는 매우 빠른 속도에 대해서만 길이 개념을 확장했다. 우리는 다른 방향으로 개념을 확대해 볼 수 있다. 이제 매우 큰 물체의 길이를 측정하는 조작이 무엇인지 조사해 보자. 실제로 우리는 매우 큰 토지를 측정할 때 측정 절차를 바꾸는 것이 바람직한지 우선 알아야 한다. 여기서 우리의 절차는 측량기사의 경위도(經緯度)를 이용한 측정에 의존하게 된다. 이것은 토지 위에 좌표계를 펼치고, 일상적 방식으로 줄자로 측정한 기준선에서 출발해 기준선 끝에 멀리 떨어져 있는 점들을 조준해 기준선의 방향으로부터 각도를 측정하는 일 등을 포함한다. 이렇게 확장하는 과정에서 이제 우리는 매우 본질적인 변화를 경험하게 된다. 즉 원점을 연결하는 선 사이의 각도는 빛살 사이의 각도가 된 것이다. 이때 우리는 빛이 직진한다고 가정했다. 더 나아가 지구 위에서 삼각 측량을 할 때 빛이 유클리드 기하학을 따른다고 가정했다. 이 가정들을 검토하기 위해 우리가 최선을 다하지만, 부분적으로 확인하는 일 이상의 것을 결코 할 수 없다. 그래서 가우스[1]는 지구 위에서 커다란 삼각형 각도의 합이 180도가 되는지를 검토했고, 이것이 실험 오차 내에서 일치한다는 것을 알아냈다. 하지만 만일 마이컬슨[2]이 충분히 정밀하게 측정했다면, 그가 확인할 수 없었겠지만 빛이 삼각형으로 진행할 때 지구의 자전 방향에 따라 측정값이 초과되거나 부족하다는 것을 알게 되었을 것이다.

---

1) C. F. Gauss, *Gesammelte Werke*, especially vol. IV.
2) 이 실험의 이론에 관해 논의한 L. Silberstein, *Jour. Opt. Soc. Amer.* 5, 291-307, 1921을 참조할 것.

빛의 기하학이 유클리드적이라면 삼각형 각도의 합이 180도가 되어야 할 뿐 아니라, 삼각형 변의 길이와 각도 사이에도 명확한 관계가 성립해야 하며, 변들 사이의 관계를 점검하는 것은 자를 이용한 전통적 절차에 따라 측정될 수 있어야 한다. 그러나 [자를 이용해 거대 규모로 이루어지는 검사는 이제까지 시도되어 본 적이 없었으며, 또 수행될 수도 없었다. 그렇다면 광학 공간(optical space)에서 유클리드적 속성을 검사한다는 것은 아주 제한된 속성을 지닐 수밖에 없어 보인다. 어느 정도 규모까지는 각도 측정에 의해 광학 공간이 유클리드 공간이라는 것을 우리가 확실히 입증했지만, 이것이 길이 측정에 의한 공간 역시 유클리드적이라는 것을 곧 필연적으로 보장하는 것은 아니기 때문에, 공간이 완전한 유클리드 공간이어야 할 이유는 없다. 그러나 비유클리드 기하학에 대한 연구에 따르면, 비유클리드적 삼각형 각도의 합이 180도를 초과하는 **비율**이 삼각형의 크기와 관련 있고, 따라서 단지 충분히 큰 규모로 측정하지 않았기 때문에 공간의 비유클리드적 속성을 발견하지 못했을 수도 있다는 점에 더 중요한 한계가 존재한다.

이렇게 [자로 재는] 접촉 개념(tactual concept)이 [빛에 의한] 광학 개념(optical concept)으로 대체됨으로써 심지어 지구 크기의 측정 범위 안에서도 길이 개념이 속성상 본질적인 변화를 수반하게 되었다는 것을 알게 되었지만, 길이 개념은 기하학에 관한 가정 때문에 복잡해졌다. 우리는 아주 직접적인 개념에서 출발해 아주 까다로운 조작들의 집합으로 된 비직접적 개념에 도달했다. 엄밀히 말하자면, 조작이 서로 다르기 때문에 빛에 의한 이런 방식의 길이는 다른 명칭으로 불러야 할 것이다. 그러나 현재 실험 한계 내에서는 두 가지 서로 다른 조작 사이에 측정값의 차이가 발견되지 않기 때문에 같은 명칭을 사용하는 것은 실용적으로 정당화된다.

우리가 태양계나 별의 거리까지 확대한다면 사정은 더욱 악화된다. 여기서 공간은 전적으로 시각적 속성을 지니고 있기 때문에 우리는 접촉 공간을 광학 공간과 부분적으로라도 비교할 수 있는 기회가 없다. 길이를 직접 측정해 본 적이 결코 없었을 뿐 아니라 삼각형의 세 각도도 측정할 수 없기 때문에, 유클리드 기하를 사용해 공간 개념의 확장을 정당화했던 우리 가정을 확인할 수 없다. 우리가 지구 양 끝에서 달까지 거리를 측정할 때도 삼각형의 두 각 이상의 것을 결코 관찰해 본 적이 없었다. 길이 측정을 더 멀리 확장하기 위해서는 역학에서 뉴턴법칙에 의한 추론이 유효하다는 등과 같은 더 많은 가정을 해야 한다. 이런 방식으로 얻은 길이에 대한 추론의 정확도는 그다지 높지 않다. 천문학은 일반적으로 대단히 높은 정밀도를 지닌 과학으로 여겨지고 있지만, 그 정밀도는 각도 측정에서 보듯이 속성상 대단히 제한되어 있다. 정밀도가 0.1% 이상이라고 알려진 천문학적 거리는 달을 제외하고 없다고 할 수 있다. 우리가 태양계를 넘어선 거리를 역학 법칙을 이용해 측정할 때는 제일 먼저 시차(視差, parallax) 측정법을 사용하지만, 잘 해봐도 낮은 정밀도를 얻을 뿐이며 이마저 어느 정도 제한된 거리를 넘어서면 불가능하다. 이보다 더 먼 별들 사이의 거리에 대해서는 다른 방식을 이용해 더 거칠게 어림잡아 계산하는데, 예를 들면 시차 범위 내에서 발견된 한 별의 밝기와 스펙트럼 유형 사이의 연관성들을 이용해 먼 거리까지 연장하거나, 별들의 집단이 마치 우주 한곳에 모두 모여 있고 같은 중심을 가지고 있는 듯이 보이기 때문에 실제로 그렇게 취급한다는 가정 등에 의존하는 방식이다. 그렇기 때문에 점점 더 먼 거리에서는 실험의 정밀도가 매우 낮아지게 될 뿐 아니라 길이를 확정하는 조작의 본질 자체가 모호해져서, 가장 먼 천체의 거리는 관찰자마다 측정 방법마다 폭넓게 달라진다. 천문학에서 먼 거리의 측정이 부정확하다는 점이 낳은 하나의 결과는 거대 규모의 우주가 유클리드적인지에 대한 질문이 단지 학술적인 것에 불과하다는 점이다.

따라서 우리는 지구 규모의 거리를 거대한 천문학적 규모의 거리까지 확장할 때, 길이 개념이 속성상 완전히 달라졌다는 것을 알게 되었다. 어떤 별이 10^5광년 떨어져 있다고 말하는 것은 축구장의 골대가 100미터 떨어져 있다고 말하는 것과 실질적으로, 또 개념적으로 완전히 다른 **종류**의 것이다. 우리는 현상의 범위가 변할 때 경험의 특성이 변할 수 있다고 확신하고 있기 때문에 10^5광년 거리의 우주가 유클리드적인지 아닌지와 같은 질문이 중요하다고 느끼지만, 현재까지는 여기에 의미를 부여할 수 있는 방도가 없어 보인다는 점이 불만스러울 뿐이다.

작은 길이에 접근할 때도 역시 우리는 위와 유사한 어려움과 마주치며, 우리의 절차를 수정해야 하는 압력을 받게 된다. 현미경의 마이크로미터 접안경으로 보는 길이를 측정할 때처럼 현미경 수준까지 길이 규모를 축소하는 일에는 일상적인 측정 절차를 직접 적용해도 충분하다. 이것은 물론 접촉에 의한 측정과 시각에 의한 측정이 결합된 경우이지만, 경험으로 정당화될 수 있는 가정들 중 일부는 빛의 거동에 관해 이루어져야 한다. 그런 가정들은 천문학적 규모에서 발생하는 것과는 아주 다른 특성을 지니고 있다. 즉 여기에는 빛의 유한한 파장이 주는 간섭 효과의 어려움은 있지만 우주의 긴 거리에서 나타나는 빛의 휘어짐 같은 문제가 없다. 편의성의 문제가 아니더라도 우리는 작은 거리를 접촉 방법으로 측정할 수도 있다.

크기가 점점 작아지면 큰 크기에서 무시되었던 문제들이 중요해진다. 우리의 개념들과 등가인 조작들을 물리적으로 수행할 때 발생하는 곤란한 문제에 관한 실제적인 주의 사항이 많이 있다는 점을 물리학자들은 항상 의식하고 있다. 예컨대 요한손 게이지(Johansson Gauges)②를 조합해 손으로 길이를 측정한다고 하자. 이들 게이지를 서로 겹칠 때는 게이지가 청결해야 하고, 이에 따라 실제로 서로 꼭 맞게 접촉될 수 있어야 한다. 우선 기계적인 오물 입자에 주의해야 하고, 그다음 더 작은 크기에서는 습기에 의해 생긴 박막에 주의해야 하며, 훨씬 더 작은 크기에서는 흡착된 기체들의 박막에 주의를 기울여야 한다. 마지막으로 우리는 진공 중에서 작업을 해야 하는데, 더욱 작은 크기에서는 진공이 더 완벽해야 한다. 하지만 우리가 완전한 진공이 필요하다는 것을 알게 될 즈음, 게이지 자체가 원자로 구성되어 있고 게이지의 경계도 불확실하기 때문에 거기에는 확실한 길이도 존재하지 않으며, 따라서 길이란 시간에 따라 특정한 경계들 사이에서 급격히 변하는 불확실한 것이라는 점을 알게 된다. 우리가 이 상황을 다룰 수 있는 최선의 방식은 크기가 감소함에 따라 변화가 터무니없이 증가하는 경계의 외견상 위치를 시간적으로 평균하는 일이다. 그러나 크기가 계속 감소할수록 불확실함으로 인한 문제들이 무한히 증가하게 되고, 결국 우리는 길이 측정에 관한 모든 것을 포기할 수밖에 없다. 따라서 길이 개념을 정의하는 조작에는 **본질적인** 물리적 한계가 존재하고 있다는 점을 깨닫게 된다. (나는 언젠가 가능할 달 착륙이 인류의 꿈 중 하나가 될 것이라고 생각한다. 따라서 천문학적 크기에서 접촉 공간을 광학 공간으로 대체하는 것이 이런 종류의 물리적 필요성 때문에 어쩔 수 없이 이루어지는 것은 아니라고 생각한다.) 우리가 요한손 게이지로 감당할 수 있는 측정 한계에 도달하게 되면, 동시에 우리가 사용하는 현미경은 빛 파장의 유한성에서 기인된 문제에 부딪치게 된다. 이 문제는 점차 더 짧은 파장의 빛을 사용함으로써 최소화할 수 있지만, 결국 X선 영역에서 멈추게 될 것이다. 물론 현미경을 이용한 광학적 절차가 더 편리하고, 그래서 실제에서는 이 방법을 채택하고 있다.

이제 초미세 규모까지 확장된 길이 개념이 지니고 있는 의미를 알아보자. 예를 들어 어떤 결정에서 원자로 이루어진 평면 사이의 거리가

3×10^{-8}cm 라고 하는 진술은 무엇을 의미하는가? 그것은 아마도 이 평면들을 $\frac{1}{3} \times 10^8$개 쌓아 올리면 곧 1cm가 된다는 의미가 될 수 있다. 그러나 이것은 실제 의미가 아니다. 실제 의미는 우리가 3×10^{-8}이라는 숫자에 도달하게 만든 조작을 검토함으로써 얻을 수 있다. 사실상 3×10^{-8}이라는 숫자는 X선 실험에 의해 얻은 값을 빛의 파동 이론에서 도출된 방정식의 해에 넣어 얻은 것이다. 따라서 길이 개념의 속성이 접촉에 의한 것에서 광학적인 것으로 변했을 뿐만 아니라, 우리 자신은 특정한 광학 이론에 깊숙이 관여하게 된 것이다. 이것이 정말 사실이라면, 우리의 광학 이론들이 옳다고 자신할 수 없기 때문에 우리가 확신을 얻기 위해서는 수많은 점검 사항들을 실제에 적용해야 하므로, 우리는 물리학의 이 분야에 대해 지극히 불편한 마음을 갖게 될 것이다. 예를 들어 한 결정의 밀도와 격자 간격으로부터 개별 원자마다 무게가 계산될 수 있고, 이들 무게는 결정의 밀도를 얻기 위해 이들 원자가 주입된 다른 결정들의 크기를 측정하는 일과 연결되며, 이 결과는 실험과 대조해 확인될 수 있다. 이런 점검 과정 모두는 상당히 높은 정밀도 범위 내에서 성공적으로 수행되어 왔다. 그럼에도 불구하고 개념의 속성이 변하고 있으며, 광학 방정식들과 질량 보존과 같은 사항들이 여기에 포함되기 시작했다는 점에 주목해야 한다.

하지만 우리는 원자 수준의 크기에서 끝나는 것에 만족하지 않고 지름이 약 10^{-13}cm 규모인 전자까지 진행해야 한다. 전자 지름이 10^{-13}cm라는 진술이 지니는 의미는 무엇인가?[3] 유일한 해답은 10^{-13}이라는 숫자를 얻게 만든 조작을 검토함으로써 알 수 있다는 것이다. 이 숫자는 전기동역학 장(場) 방정식에서 유도된 특정 방정식을 풀고, 여기에 실험에서 얻은 특정 수치들을 대입해 얻은 것이다. 따라서 이제 길이 개념은 장 방정식으로 구체화된 전기 이론까지 포함하도록 수정되었다. 여기서 중요한 점은, 길이 개념이 실험적으로 검증할 수 있는 크기부터 시작해 그 타당성이 오늘날 물리학에서 가장 중요하면서도 가장 문제가 되고 있는 영역에 이르기까지 이들 방정식을 확장하는 것을 타당하다고 가정했다는 점이다. 장 방정식이 작은 규모에서도 적용될 수 있는지를 알기 위해서는 전자기력 방정식들에 의한 관계와 길이 측정에 포함되어야 할 공간 좌표들을 검토해야 한다. 그러나 이들 공간 좌표에 방정식들과 독립적인 의미가 부여될 수 없다면 방정식들을 검증하는 일이 불가능할 뿐 아니라, 질문 자체도 무의미해진다. 만일 우리가 길이 개념 그 자체만 갖고 고수한다면 악순환에 빠지게 될 것이다. 독립적 개념으로서 길이 개념이 사실상 사라지고, 복잡한 방식으로 다른 개념들 속에 용해됨으로써 이 개념들 자체도 이에 따라 변하게 되어, 그 결과 이 수준에서 자연을 서술하는 데 사용하는 개념의 수가 감소하게 된다. 이 상황을 정밀하게 분석하는 것이 어려울 뿐 아니라 내가 생각하기에 그동안 전혀 시도된 바도 없지만, 상황의 전반적 특성은 명백하다. 분석이 부분적으로라도 시도될 때까지는, 작은 규모의 공간이 유클리드적인지와 같은 질문에 어떻게 의미를 부여할 수 있는지 나는 알 수 없다.

우리가 현재 알고 있는 바로는, 대규모 현상에 관한 지식의 정밀도를 증가시키기 위해 작은 각도를 측정하거나 스펙트럼에서 파장의 미세한 차이를 분석할 줄 아는 등과 같이 작은 물체들을 측정할 때의 정밀도가 증가되어야 한다는 점은 매우 흥미롭다. 매우 큰 것을 안다는 것은 매우 작은 것을 알아내는 실험과 동일한 영역으로 우리를 이끌며, 그래서 큰 것과 작은 것은 조작적 관점에서 볼 때 공통된 면모를 지니고 있다.

길이 개념에 관해 자세한 이 분석은 우리 개념 모두에 공통점을 제시한다. 만일 우리가 개념이 정의되었던 원래의 영역 밖에 있는 현상을 다루려고 한다면, 처음 정의가 이루어진 조작을 그대로 적용할 때 물리적 장애가 있다는 것을 알게 되고, 따라서 처음의 조작들은 다른 조작으로 대체되어야 할 것이다. 물론 처음과 새로운 조작의 두 집합이 같이 적용될 수 있는 영역에서는 새로운 조작의 측정값이 실험 오차 내에서 처음의 것과 같아야 한다. 그러나 조작이 변할 때 원칙적으로 개념도 실제 변하기 때문에, 이렇게 서로 다른 개념들에 같은 명칭을 모든 영역에서 사용하는 것은 편의성을 고려해 옮겨 적은 것에 불과하며, 개념의 명확성이라는 관점에서 볼 때 편의성의 대가를 때로는 아주 비싸게 치를 수도 있다는 사실을 깨달아야 한다.

경험의 통상적 영역에서 같은 결과를 주었던 조작들의 두 집합이 실험의 정밀도가 증가하면서 새로운 경험의 영역에서는 현저히 다른 결과를 보여줄 수 있다는 점을 언젠가는 우리가 발견하게 될 것이며, 이에 항상 대비하고 있어야 한다. 만일 우리가 미래의 아인슈타인들의 헌신이 필요하지 않기를 바란다면, 우리 개념 구조에 이런 연결 부위가 있다는 점을 항상 의식하고 있어야 한다.

전자 정도의 크기에서는 길이와 전기장 벡터들의 개념이 하나의 무정형적인 덩어리(amorphous whole)로 융합된다는 점에서 보듯이, 길이에 관한 상세한 논의에서 나타난 모든 개념의 두 번째 공통점은 실험적으로 도달할 수 있는 한계에 접근함에 따라 개념들이 개별성을 잃고 서로 융합해 그 수가 감소한다는 사실이다. 이 한계선에서 우리가 경험하는 자연은 속성이 변할 뿐 아니라 더 단순해지며, 따라서 서술의 기초가 되는 우리 개념의 수는 감소하게 된다. 이것은 전적으로 자연스러운 사태라고 생각된다. 우리 한계로 접근할 때 어떻게 개념의 수를 형식상 동일하게 유지할 수 있는지에 대해서는 특별한 사례를 들어 뒤에서 논의하겠다.

우리의 개념 구조에 대한 정밀한 분석은 아주 제한된 영역을 제외하고 결코 시도된 바 없으며, 바로 여기에 매우 중요한 미래 과제가 존재한다. 이

글에서는 이런 분석을 시도하지 않고, 다만 더 중요한 정성적인 부분을 지적할 것이다. 조작적 관점에서 볼 때, 우리 개념의 본질은 종종 모호한 실험 지식의 본질과 동일하기 때문에, 명쾌하게 자르듯 개념 상황을 논리적으로 분석하는 것은 전혀 가능하지 않을 것이다.

따라서 자연이 더 단순해지고 조작적으로 독립인 개념들의 수가 변하는 전이 영역에서는 일정한 수준의 모호함이 불가피하다. 왜냐하면 우리 실험 지식은 형식적으로 정수(integer)이어야 하지만, 실험 지식의 연속성에 상응해 전이 영역에서는 우리 개념 구조의 실제 변화도 연속적이기 때문이다.

지식의 상대적 특성

이제 조작적 관점이 주는 두 가지 결론을 검토하자. 우선 첫 번째 결론은 우리의 모든 지식이 상대적이라는 것이다. 상대적이라는 것은 일반적 의미로, 또는 더 특수한 의미로 이해될 수 있다. 일반적 의미에 대해서는 홀데인 이 『상대성의 시대(*The Reign of Relativity*)』에서 설명한 바 있다. 경험이 개념에 의해 서술되기 때문에 개념에 관한 조작적 정의를 받아들인다면, 일반적 의미로서 상대성이란 아주 자명할 뿐 아니라, 우리 개념이 조작에 의해 구성되기 때문에 우리의 모든 지식은 선택된 조작에 대해 필연적으로 상대적일 수밖에 없다. 그러나 절대 정지(또는 절대 운동)나 절대 크기 같은 것이 존재하지 않고 정지와 크기는 상대적인 용어라고 말할 때처럼, 지식은 좁은 의미에서도 상대적이다. 이런 종류의 결론은 정지나 크기를 정의하는 조작의 고유한 속성과 관련 있다. 물체가 정지해 있는지 아니면 운동하고 있는지를 결정하는 조작들을 조사해 보면, 조작이 상대적이라는 것을 알게 된다. 즉 정지, 혹은 운동은 기준으로 선택된 어떤 물체에 관해 결정된다. 우리가 절대 정지나 절대 운동과 같은 것이 존재하지 않는다고 말할 때, 자연이 그럴 수 있다는 뜻으로 진술한 것이 아니라, 그저 우리 서술 과정의 특성에 관해 진술한 것이다. 크기에 대해서도 비슷하게 말할 수 있다. 측정 과정의 조작을 조사한다면, 크기라는 것이 기준이 되는 자에 대한 상대적 측정값이라는 것을 알게 될 것이다.

따라서 '절대적임'이라는 말의 원래 단어 의미는 사라지게 된다. 그러나 '절대적임'이라는 용어를 변형된 의미로 유용하게 사용할 수 있다. 예컨대 어떤 것의 크기가 모든 관찰자에 의해 같은 형식적 절차를 거쳐 같은 값으로 측정되었다면, 그것은 절대적 속성들을 지닌다고 말할 수 있다. 주어진 속성이 절대적이냐 아니냐 하는 것은 실험에 의해서만 결정될 수 있기 때문에, '절대적인 것은 오직 실험에 관련해서만 절대적이다.(The absolute is absolute only relative to experiment.)'라는 역설적 의미로 정착된다. 어떤 경우에는 아주 피상적 관찰만으로도 속성이 절대적이지 않다는 것을 보일 수 있다. 예를 들어 측정된 속도가 관찰자의 운동에 따라 변한다는 것은 즉시 알 수 있다. 그러나 어떤 경우에는 절대적이라고 판단하는 것이 매우 어렵다. 마이컬슨은 카드뮴에서 방출되는 붉은색 스펙트럼선의 파장을 기준으로 절대적인 절차에 따라 길이 측정을 수행했다고 생각했다.[3] 이 경우 이 길이가 관찰자의 운동에 따라 변한다는 것을 보여주기 위해서는 어렵고도 정밀한 실험이 필요하다. 하지만 우리는 움직이는 물체의 길이에 대한 정의를 바꿈으로써 길이가 원하는 절대적 속성을 다시 획득할 수 있다고 생각한다.

지식이 상대적이라는 특성은 서술 절차의 특성에 주로 관여하지 자연에 대해서는 거의 언급하지 않기 때문에, 여기서 논의를 중단한다면 지식이

---

3) A. A. Michelson, *Light Waves and Their Uses*, University of Chicago Press, 1903, Chap. V.

상대적 특성을 지닌다는 이제까지의 논의가 그저 건조한 학술적 관심사일 뿐이라는 인상만 남기게 될 것이다.(이것이 의미하는 바는 형이상학자들이 결정하도록 맡겨두자.) 그러나 나는 이 모든 것에 대해 심오한 의미가 존재한다고 믿는다. 우리의 모든 논의가 주어진 개념으로부터 시작했다는 점을 기억하자. 이제 이 개념들은 물리적 조작과 연관되어 있다. 즉 거의 모든 물리적 경험은 자연을 서술할 때 어떤 조작이 쓸모 있는지를 알아내는 데 매진한다. 우리가 물리학의 구조를 세울 때, 우리는 모든 시대의 업적 위에 건설한다. 따라서 모든 운동은 상대적이라는 진술, 즉 자연의 거동을 단순히 서술하는 곳에서는 운동을 측정하는 어떤 조작도 유용하지 않다는 것을 알게 되었다는 진술은 조작들이 단일한 관찰자에만 관련되는 것이 아니라는 것이며, 여기에 순수한 물리적 의미가 존재한다. 이렇게 진술함으로써 우리는 자연에 관해 어떤 것을 말하고 있다. 이런 종류의 관계를 발견하는 데는 엄청나게 많은 실제 물리적 경험을 요구한다. 막대기를 사물에 댈 수 있는 횟수를 세어 얻은 숫자가 자연을 서술하는 데 쉽게 활용될 수 있다는 발견은 인간이 이룩한 발견 중에서도 가장 중요하고도 기본적인 발견이었다.

무의미한 질문들

앞서 논의한 바의 자연스런 결과로서 개념의 조작적 특성이 줄 수 있는 또 다른 결론은 무의미한 표현을 고안하거나 무의미한 질문을 하는 것이 정말 가능할 뿐 아니라, 아주 쉽기까지 하다는 점이다. 우리가 무비판적으로 던진 질문의 대다수가 무의미하다는 사실을 깨닫게 된 것은 자연에 대한 비판적 태도에 있어서 위대한 진보를 이룩하는 데 기여했다. 어떤 특정한 질문이 의미를 지닌다면, 질문에 답을 줄 수 있는 조작들을 찾아낼 수 있어야 한다. 조작이 존재할 수 없기 때문에 질문이 의미를 갖지 못하는 많은 사례들을 발견할 수 있다. 예를 들자면 별이 정지해 있는지 아닌지 질문하는 것은 아무런 의미가 없다. 또 다른 예로서 클리퍼드(W. K. Clifford)가 제안했던 질문, 즉 태양계가 우주의 한곳에서 다른 곳으로 이동할 때, 크기의 절대적 척도가 변하지만 모든 사물에 똑같이 영향을 주는 방식으로 변해서 결국에는 척도의 변화를 결코 알 수 없는 일이 가능한지에 대한 질문을 들 수 있다. 자로 막대 길이를 측정하는 조작을 검토해 보면, [막대도 변하고 자도 변했다면] (길이의 정의가 지니는 본질 때문에) 이 질문에 답이 되는 조작이 존재하지 않는다는 것을 알게 된다. 외부의 유리한 위치에서 바라보는 어떤 가상의 초월적 존재가 이 질문에 의미를 부여할 수는 있다. 그러나 그런 존재가 길이를 측정하는 조작은 우리가 정의하는 길이에 대한 조작과 다르며, 따라서 우리 용어의 의미를 단지 바꿈으로써 질문이 의미를 획득했지만, 당초에 뜻한 바로 볼 때 질문은 아무런 의미도 지니지 않게 되었다.

기본 조작들이 자연에 의해 결정되기 때문에, 자연에 대한 특정한 질문이 무의미하다고 말하거나 자연이 어떤 특정한 조작에 의해 서술될 수 없다고 말하는 것은 자연 그 자체에 대해 의미 있는 진술이다.

하지만 질문하는 사람은 명백히 어떤 의도를 염두에 두고 질문하기 때문에, 신중한 질문 치고 전혀 무의미한 것은 없다고 말하는 데는 나름대로 의미가 있다. 이런 점에서 질문에 의미를 부여하기 위해서는 질문자가 사용한 개념의 의미를 탐구해야 한다. 그 자체의 속성에 의해 정의되었던 뉴턴의 절대 시간과 같은 그런 개념들은 오직 가상적인 속성에 의해서만 정의될 수 있다는 점을 자주 보게 될 것이며, 그렇기 때문에 이런 방식으로 질문에 대해 의미를 부여하는 것은 현실과 관련을 갖지 못한다. 우리에게 좀 더 의미심장하면서도 흥미 있는 진술이 가능하고, 이를 위해서는 오로지 조작적 관점만을 채택하는 것이 매우 유용하며, 그럼으로써 질문이 완전히 무의미해질 수 있는 가능성을 받아들이게 된다.

무의미한 질문의 문제는 순수한 물리 현상을 다룰 때 발생할 수 있는 것보다 우리 사고에 더 해독을 끼치는 아주 미묘한 사항이다. 조작적 관점에서 검토해 본다면 사회나 철학 주제에 관한 많은 질문들이 무의미하다는 것을 알게 될 것이다. 만일 물리학뿐 아니라 모든 탐구 영역에서도 사고의 조작적 방식을 채택한다면, 의문의 여지없이 사고의 명쾌함에 크게 기여할 것이다. 물리학에서와 마찬가지로 다른 분야에서도 특정한 질문이 무의미하다고 말하는 것은 그 주제에 대해 의미심장한 진술이 된다.

무의미한 질문의 문제를 강조하기 위해 여기에 질문 목록을 제시하며, 이에 대해 독자들은 이들 질문이 의미를 지니는지 아닌지를 즐겨볼 수 있다.

(1) 물질이 존재하지 않았던 시기가 있었을까?

(2) 시간에는 시작이나 끝이 있을까?

(3) 시간은 왜 흐르는가?

(4) 공간에는 끝이 있을까?

(5) 공간이나 시간은 불연속적일까?

(6) 직접 검출할 수 없지만, 공간이 4차원이라는 것을 간섭(interference)에 의해 간접적으로 알 수 있을까?

(7) 우리가 영원히 탐지할 수 없는 자연의 일부가 존재할까?

(8) 내가 파랗다고 말하는 감각이 이웃이 파랗다고 말하는 것과 정말 **같은 것**일까? 그가 파란 물체라고 느낀 감각이 내가 빨간 물체라고 느낀 감각과 같거나, 혹은 그 **반대**일 수 있을까?

(9) 우리가 알고 있는 자연수 중에는 빠져 있는 정수가 있을까?

(10) $2 + 2 \neq 4$가 성립하는 우주가 있을까?

(11) 왜 음전하와 양전하 사이에는 서로 잡아당기는 힘이 작용하는가?

(12) 왜 자연은 법칙을 따를까?

(13) 법칙이 다른 우주가 있을까?

(14) 만일 우리 우주의 일부가 나머지 다른 부분과 **완전히** 고립될 수 있다면, 여기에도 여전히 같은 법칙이 적용될까?

(15) 우리의 논리적 사고가 타당하다는 것을 우리는 확신할 수 있을까?

조작적 관점에 대한 주석

조작적 관점을 채택한다는 것은 우리가 '개념'을 이해한다는 의미로 단순히 한정되는 것이 아니라 그 이상의 것을 포함하고 있으며, 사고의 모든 습관이 전면적으로 변하게 됨으로써 조작에 의해 적합한 설명을 부여할 수 없는 개념은 우리 사고에서 더 이상 도구로 사용될 수 없다는 것을 뜻한다. 낡은 일반화나 이상화가 더 이상 사용될 수 없기 때문에, 어떤 면에서는 사고가 더 단순해진다. 예컨대 초기 자연철학자들의 많은 고찰은 이해할 가치가 없게 된다. 그러나 다른 측면에서는 개념의 조작적 의미가 자주 개입되기 때문에 생각하는 것이 훨씬 더 어려워진다. 예를 들어 일견 단순해 보이는 '시간'이라는 개념에 포함된 모든 것을 적절하게 파악하는 것은 가장 어려운 일이기도 하려니와, 우리가 오랫동안 의심의 여지없이 받아들이던 사고방식을 지속적으로 교정할 것을 요구한다.

조작적 사고에는 비사회성이라는 미덕이 있다. [조작적으로 사고한다면] 우리가 친구와 나눈 단순한 대화를 이해하는 것이 불가능하다는 점을 계속 발견하게 될 것이고, 논쟁할 때마다 아주 간단한 용어의 의미를 계속 요구함으로써 모든 사람으로부터 인기를 잃게 된다. 모든 사람이 더 나은 사고 방법에 대해 교육받는다고 하더라도, 현재 대화의 많은 것들이 불필요해지기 때문에 비사회적 경향은 영원히 남아 있게 될 것이다. 그럼에도 우리가 사회를 낙관한다면, 궁극적으로 조작적 사고는 아이디어의 상호교환을 더 격려하고 흥미롭게 만드는 개인 역량을 방출하게 만들 것이다.

조작적 사고는 대화의 사교 기법을 개혁할 뿐 아니라, 사회적 관계의 모든 것을 쉽게 개선할 것이다. 우리를 기다리고 있는 개혁이 중대하다는 것을 인식하도록 종교적 또는 도덕적 질문들에 관한 대중적인 현재 논의들을 조작적 용어로 누구나 검토할 수 있게 해보자. 우리가 실생활에서 우리의 이론을 실천하는 데 미봉책을 쓰거나 타협한다면, 조작적 사고를 하는 데 실패했다는 비난을 받게 될 것이다.

옮긴이 주

① 과학이나 수학에서 'equivalent'는 같은 값에 해당한다는 '등가(等價)', '등량(等量)', '당량(當量)', '동치(同値)'라는 의미로 사용되고, 논리학에서는 논리적으로 동등한 진술문을 말할 때 사용된다. 이 글에서 브리지먼은 한 물리적 개념이란 곧 물리적 조작들을 의미하며, 이들은 서로 동등한(identical) 것이라는 뜻에서 사용했다. 물리학에서 '등가'라는 개념은 관성질량과 중력질량에 관한 논의에서 시작되었다고 볼 수 있다. 아인슈타인은 중력장과 가속도가 동등하며, 질량과 에너지가 동등하다는 '등가원리(principle of equivalence)'를 제시했고, 이것이 역학에서만 성립하는 것이 아니라 전자기에 대해서도 성립한다는 것을 증명했다. "아인슈타인은 중력 상호작용의 보편성을 기본적인 등가원리, 즉 균일한 중력장이 주는 모든 효과는 좌표계에서 균일한 가속도의 효과와 동등하다는 원리로 발전시켰다. 이 원리는 좌표계에서 균일한 가속도가 균일한 중력장을 유발한다는 뉴턴 중력 이론의 결과를 일반화한 것이다. 그러나 뉴턴 이론은 입자의 역학에 대해서만 성립했다. 반면 아인슈타인의 등가원리는 맥스웰의 전자기파 파동 방정식을 포함한 모든 물리법칙에 대해서도 유사한 대응법칙이 성립할 것을 주장한다. 게임의 법칙은 새로운 이론이나 원리가 실험적으로 지지되어야 한다는 점을 요구하며, 아인슈타인은 중력에 의한 적색편이를 그의 등가원리에 대한 실험적 확증과 등가로 취급할 수 있었다." Charles W. Misner, Kip S. Thorne, John Archibald Wheeler, *Gravitation*, W. H. Freeman and Company, San Francisco, 1973, pp. 189-190. 따라서 등가의 관점에는 '물리 개념들 사이의 등가'(중력장과 가속도의 등가)라는 측면과 '이론과 관찰의 등가'(중력에 의한 적색편이 현상을 관찰한다는 것은 이론을 확증한 것과 등가)라는 측면이 있다. 이 저술에서 브리지먼은 하나의 물리적 개념이란 이것을 측정하는 활동과 등가라는 입장을 갖고 있기 때문에 그의 조작적 분석(operational analysis)은 두 번째 측면, 즉 개념(이론)과 조작(실험)의 등가에 해당한다.

② 스웨덴의 기술자 Carl Edvard Johannson(1864-1943)이 실용적으로 길이를 정밀하게 측정하기 위해 발명한 계측기로서, 'Jo Blocks(Johannson gauge blocks)'라고도 부른다. 여기에는 정밀하게 제작된 다양한 길이의 게이지들이 있고, 이들을 조합하면 대부분의 길이를 정확하게 측정할 수 있다. 예컨대 1mm, 2mm, 4mm, 8mm의 두께를 가지는 게이지 4개를 조합하면 1~15mm까지의 길이를 μm 정밀도로 측정할 수 있다. 19세기 말 산업화 시기에는 인치와 미터와 같이 서로 다른 길이 단위들이 사용되고 있었을 뿐만 아니라, 영국 인치와 미국 인치처럼 같은 단위계 내에서도 상이한 정의로 인해 제품 규격이 호환되기 어려운 문제가 있었다. 요한손 게이지는 이러한 길이의 호환성 문제를 해결하고 길이의 정밀성을 유지하는 데 큰 역할을 했다. 요한손이 게이지를 발명하면서 부수적으로 얻은 성과는 정밀하게 가공한 게이지의 표면에 오일을 얇게 발라 서로 꼭 맞게 압착하면 게이지들이 서로 접착되는 효과가 있다는 것이다. 이런 방식으로 여러 게이지들을 붙일 수 있고, 그럼으로써 길이를 더 정밀하게 측정할 수 있었다. 압착되어 접촉하는 간격이 겨우 25nm 정도이기 때문에 이 오차는 당시 기술에서 요

구되는 정밀도 내에서 허용될 수 있었다. 다음을 참조할 것. Ted Dorison, John Beers, *The Gauge Block Handbook*, NITS Monograph 180 with corrections, National Institute Standards and Technology, 1995.

③ 이 값은 고전적으로 계산했을 때 얻은 크기이다. 전하 e 를 가진 전자가 반지름 r_e 인 구를 이룬 다고 할 때, 고전전자기 이론에 의해 전자의 전기 에너지 E는 $\dfrac{1}{4\pi\epsilon_0}\dfrac{e^2}{r_e}$ 에 비례한다.(구 전체 에 전하가 고루 펴져 있을 때의 전기 에너지가 $\dfrac{3}{5}\dfrac{1}{4\pi\epsilon_0}\dfrac{e^2}{r_e}$ 이고, 금속의 경우처럼 구의 표면에 만 고루 펴져 있을 때는 $\dfrac{1}{2}\dfrac{1}{4\pi\epsilon_0}\dfrac{e^2}{r_e}$ 이다.) 이 식을 아인슈타인의 에너지-질량 등가식 $E = mc^2$에 넣어 r_e 를 구한다. 즉 $r_e = \dfrac{1}{4\pi\epsilon_0}\dfrac{e^2}{m_e c^2} = 2.82 \times 10^{-13} \text{cm}$.

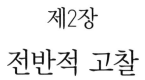

제2장

전반적 고찰

경험 지식의 근사적 특성

외부 자연 세계에 관한 지식을 얻는 과정의 많은 부분이 우리의 현재 탐구 범위를 훨씬 넘어서고 있지만, 우리의 모든 논의에 알게 모르게 깔려 있기 때문에 자세히 언급해야 할 한 가지 사항은 측정의 모든 결과가 오직 근사적이라는 사실이다. 어느 측정 과정을 얼핏만 보아도 이것이 진실이라는 점은 명확하다. 측정값 사이의 수치 관계에 대한 어떤 진술도 그 관계가 오직 한계 내에서만 유효하다는 조건하에 정당화된다. 더 나아가 모든 경험은 이런 특성을 지닌다. 우리는 그 어느 것에 대해서도 완전히 명쾌하게 자른 듯한 지식을 갖고 있지 못하며, 우리의 모든 경험은 이제까지 진입해 보지 못한 어슴푸레한 여명의 영역, 즉 불확실함의 반(半)그림자로 둘러싸여 있다. 이 반그림자는 예컨대 매우 빠른 속도의 영역과 같이 경험을 넘어서는 여타 영역들만큼이나 정말 미지의 영역으로서, 우리는 이 영역 안에서 무엇을 발견할 수 있는지에 대해 선입관을 갖지 말아야 한다. 측정의 정밀도를 향상시킴으로써 반그림자의 영역 안으로 진입할 수 있다. 한때 반그림자 영역이었던 곳에서 태양 근처에 있는 별의 관측 각도가 변한다는 사실이 발견되었고, 이제는 우리가 아직 진입하지 못했던 반그림자 영역 내에서 질량과 에너지 등가와 같은 효과들을 찾고 있다. 미래의 위대한 발견 대부분은 아마도 이 반그림자 영역에서 이루어질 것이다. 우리는 거대한 우주적 규모의 현상에 대한 지식 확장이 아주 작은 규모에서 측정 정밀도를 향상시킴으로써 얻어질 수 있다는 점을 이미 언급한 바 있다.

경험과학이 결코 엄밀한 진술을 할 수 없다는 점은 모든 측정이 지닌 근사적 특성에 대한 일반적 결과이다. 역학에서 이것은 아주 자명했지만, 여기에는 물리학자로서 우리가 관심을 갖고 있는 기하학이 경험학문이고, 실제 공간이 유클리드적인지 알 수는 없으나 오직 어느 수준의 근사값 안에서만 이상적인 유클리드 공간으로 접근할 뿐이라는 깨달음을 우리에게 확신시켜 주었던 가우스[1] 같은 사람이 필요했다. 좀 더 나아간다면, 산수(arithmetic)가 실제 물리적 대상을 취급하는 한, 이것도 다른 모든 경험과학과 마찬가지로 똑같은 불확실성의 반그림자로부터 영향을 받고 있다는 사실을 알아야 한다. 경험적 산수에 관한 대표적 진술로는 사물 두 개에 두 개를 더할 때 네 개가 된다는 것이다. 이 진술은 오직 특정한 물리적 조작의 형식으로 표현되었을 때만 물리적 의미를 획득하며, 이런 조작들은 시간 안에서 수행되어야 한다. 이제 반그림자는 사물이라는 개념을 통해 이 상황으로 들어오게 된다. 만일 산수의 진술이 수학적 의미에서 정확한 진술로 되기 위해서는 '사물'은 반그림자 없이 시간에 대해 동일성(identity)을 유지하는 아주 확실한 물체여야 한다. 그러나 이런 종류의 물체는 결코 경험될

1) C. F. Gauss, *Gesammelte Werke*, 특히 제IV권 및 제VIII권.

수 없으며, 우리가 아는 한 경험할 수 있는 그 어느 것에도 정확히 대응하지 않는다. 물론 대부분의 경험에서는 반그림자가 매우 얇아서 거의 없는 것처럼 보이기 때문에 특별한 노력을 기울여야 반그림자의 존재를 인식할 수 있다. 그러나 자세히 들여다보면, 반그림자는 항상 그곳에 존재하고 있다. 만일 우리 경험이 진공에서의 현상에 한정되고, 우리가 세려고 하는 대상이 팽창하고 서로 침투하는 구 모양의 입자로 이루어진 기체라고 할 때, 동일성을 유지하는 물체로서 '사물'이라는 개념을 만들기는 매우 어려울 것이다. 또 물 담은 컵을 우리의 사물이라고 하고 이를 상당히 세밀한 정도까지 관찰한다면, 우리는 물의 양이 증발과 응축에 의해 연속적으로 변하고 있다는 사실을 발견하게 되면서 늘었다 줄었다 한 다음에도 사물이 여전히 같은 사물인가라는 난처한 질문을 겪게 된다. 설령 고체라고 하더라도 결국에는 우리가 고체 위에서 고체 입자의 증발과 기체 입자들의 부착이 지속적으로 일어난다는 점을 발견하게 되며, 이때 동일성을 유지하는 사물이란 자연에는 정확히 대응하는 것이 없는 추상화된 것에 불과하다는 점을 알게 된다. 물론 물리적 사물이 이런 속성을 지니기 때문에 산수의 진술이 지닌 불확실함의 반그림자는 아주 얇으며, 우리는 실제로 반그림자의 존재를 거의 의식하지 못하고 반그림자 안에서 발견되지 못한 현상을 알아낼 것이라고 기대하지 않는다. 그러나 우리는 원칙적으로 반그림자가 존재하고 있다는 점을 인식해야 하며, 더 나아가 **모든** 경험과학이 이런 특성을 지니고 있다는 점을 받아들여야 한다.

대부분의 경험과학에서는 처음에 반그림자가 현저하게 나타나지만, 물리적 측정의 정밀도가 증가함에 따라 반그림자는 점차 중요해지지 않게 되며 희미하게 된다. 예를 들어 역학의 경우, 우리가 순전히 근육의 감각으로 측정하는 단계에서 반그림자가 처음에는 두껍고 모호한 베일과도 같지만,

측정의 정밀도가 증가하면서 점차 약해지게 된다. 그러나 사물이 개별적으로 동일하다고 보는 산술의 개념에서는 이와 반대가 된다. 대충 볼 때는 반그림자가 존재한다는 것을 의심하기 어렵지만, 매우 세밀한 방법을 이용하면 이를 발견할 수 있다. 산수의 초기 발전은 명백히 이런 속성에 힘입은 바 크다.

이제 더 앞으로 나아가 보자. 조작 그 자체는 물론 경험으로부터 유래된 것이기 때문에 불확실함의 모호한 경계를 가지고 있을 것이라고 예상할 수 있다. 우리는 산수의 **조작들**은 경계가 분명한 것인가와 같은 질문을 해야 한다. 물건 두 개에 2를 곱하는 조작은 정말 모호함이 없는 명확한 조작인가? 우리의 모든 물리적 경험이 말해 주는 바는, 만일 이런 종류의 조작 개념에 반그림자가 있다고 하더라도 그것이 너무 얇아서 적어도 당분간 무시될 수 있다고 확신할 수 있다. 그러나 이런 의문은 생각해 볼 만한 흥미로운 주제를 제공한다. 그뿐 아니라 우리는 정신적 조작도 이와 유사하게 모호함으로 둘러싸일 수 있는지 의문을 가져야 한다.

설명과 기계론

자연을 해석하고 서로 연관시키는 작업은 우리가 현상을 설명(explanation)하게 되었을 때 정점에 도달하게 된다. 즉 우리는 설명을 발견함으로써 상황에 대한 이해가 완성된다고 생각한다. 이제 우리는 우리 노력의 목적이라 할 수 있는 설명의 본질이 무엇이냐에 대해 질문해야 한다. 이에 대한 답은 쉽게 주어지지 않으며, 서로 다른 의견이 존재할 수도 있다. 그러나 모든 질문에 대해 그렇듯이 조작적 관점을 적용함으로써, 그리고 설명을 제시할 때 우리 행위를 검토함으로써 최선의 답을 찾게 될 것이다. 검토해 본다면, 설명의 핵심은 우리가 자명한 것이라고 받아들일 수 있을 정도로 상황을 익숙한 요소(element)들로 환원하고, 그럼으로써 우리 호기심을 진정시키는 것이라고 생각한다.[2] 조작적 관점에서 볼 때, "상황을 요소들로 환원한다."는 것은 상황을 구성하는 현상들 사이에 익숙한 상관관계(correlations)를 찾아낸다는 것을 의미한다.

하지만 여기에는 그런 상관관계들의 특성이 무엇이냐에 대한 어떤 가정도 없이, 자연을 상관관계들로 분석하는 것이 가능하다는 테제가 포함되어 있다. 내가 보기에, 자연을 지적으로 충분히 이해할 수 있다면 이 테제는 우리가 만들 수 있는 가장 일반적인 테제이다. 이 테제는 이 글의 모든 고찰에 전제되어 있으며, 우리는 더 일반적인 그 어떤 것도 추구하지 않을 것이다. 하지만 우리는 상관관계의 특성에 관한 가정이 미래를 제한할 수 있는 특별한 가설을 형성하며, 이 특별한 가설은 특별한 시험에 종속된다는 점을 알게 될 것이다. 우리는 설명의 개념과 밀접한 관련이 있는 인과성 개념을 논의할 때, 이 문제를 좀 더 자세히 다루기로 한다.

설명에 관한 이 관점이 '요소'가 설명되어야 할 현상보다 더 크거나 더 작은 규모의 것이어야 한다는 의미는 아니다. 따라서 우리는 기체의 속성을 기체를 구성하는 분자들로 설명할 수 있으며, 언젠가는 우리가 비유클리드적 공간 개념에 아주 익숙해져서 지상에서 중력에 의한 돌의 낙하를 우주의 나머지 모든 물질에 의해 형성된 시공간의 곡률로 (서술하는 대신) **설명할 (explain)** 것이다.

우리가 이것을 설명의 진정한 본질이라고 인정한다면, 설명이란 [모든 사

---

2) 설명의 궁극적 요소(ultimate element)는 형식수학의 공리(axiom)에 비유될 수 있다.

람을 만족시킬 수 있는 절대적인 것이 아니라, 어떤 사람에게는 만족스러울 수 있지만 다른 사람에게는 만족스럽지 못한 [상대적인] 것이라는 점을 깨닫게 된다. 미개인들은 뇌우가 성난 신의 변덕스러운 행위라는 설명에 만족한다. 그러나 물리학자는 원하는 것이 더 많아서, 상황을 친숙한 요소들로 환원하고 우리가 그 요소들의 거동을 직관적으로 예측할 수 있게 되기를 요구한다. 따라서 물리학자가 성난 신의 존재를 믿는다고 하더라도, 그는 분노 다음에 언제 폭풍이 불지 예측할 수 있을 만큼 성난 신에 대해 잘 알고 있지 못하기 때문에 뇌우를 설명하는 미개인의 방식에 만족하지 않을 것이다. 오히려 그는 신이 왜 분노하게 되었는지, 그의 분노를 잠재우는 데 뇌우가 왜 필요한지 알고 싶어 한다. 이런 식으로 조건을 추가한다고 하더라도 과학적 설명은 여전히 상대적인 일, 즉 우리가 환원하여 궁극적인 것(ultimate)이라고 받아들인 요소나 공리(axiom)가 어떤 것이냐에 따라 달라지는 상대적인 것이다. 이들 요소는 바라는 목적에 어느 정도 의존하지만, 우리 과거의 물리적 경험에도 의존한다. 우리가 기계의 작용을 설명할 때, 작용을 기계의 여러 부품들이 밀고 당기는 것으로 환원하는 것이 편리할 것이다. 여기서 기계 부품들이 밀고 당김을 전달한다는 것은 설명에서 하나의 궁극적 요소가 된다. 그러나 더 많은 실험 지식을 알고 있는 물리학자는 부품들이 밀고 당김을 어떻게 전달하는지를 원자 궤도 전자들의 상호작용으로 설명하려고 할 것이다. 즉 설명 구조(explanatory structure)의 특성은 실험 지식의 특성에 의존하며, 실험 지식이 변하면 설명 구조도 변한다.

최종 설명에서 사용했던 요소들을 가지고 요소들에 대한 설명이 무엇이냐는 질문을 끝없이 반복할 수 있기 때문에, 엄밀하게 말한다면 설명의 과정에는 한계가 없다. 그러나 조작적 관점에서 볼 때, 이것은 결국 무의미한 허튼소리로 끝을 맺게 되는 형식주의에 불과하다. 왜냐하면 우리는 실험 지식의 한계에 즉시 도달하게 되고, 그다음부터는 설명의 개념에 포함된 조작이 불가능해지며 개념도 무의미해지기 때문이다.

우리가 실험 지식을 확장하면서 계속 설명해 나아가면, 설명의 연속 (explanatory sequence)이 몇 가지 방식으로 마무리된다는 점을 알게 된다. 첫 번째 방식에서 우리는 잘 알고 있는 요소들이 등장하지 않은 단계 너머까지 실험하지 않는다. 이 경우 설명은 매우 단순하다. 여기에는 근본적으로 새로운 것이 없고 실타래처럼 엉켰던 복잡한 것이 해소될 뿐이다. 기체의 열역학적 특성을 분자의 역학적 운동으로 설명하는 기체 분자 운동론이 바로 이런 사례이다. 두 번째 방식은 실험에서 새로운 상황을 마주치는 것으로서, 우리는 이 상황에서 익숙한 요소들이 없다는 것을 알게 되거나, 친숙한 요소 이외에 무엇인가가 있다는 점을 찾아야 한다. 이 상황은 설명의 위기를 초래하기 때문에 자명하게 설명은 중지되어야 한다. 세 번째로는 현재 실험 범위를 넘어서 궁극적인 것을 우리에게 그동안 다소 익숙한 요소들과 비슷하게 형식적으로 창조하거나 고안함으로써, 설명을 미리 정해진 틀에 맞추려고 시도하며, 이렇게 선택한 궁극적인 것을 갖고 현재의 모든 경험을 설명하려는 방식이다.

우리가 받아들일지 말지 여부를 결정할 수 있고 형식상의 문제라 할 수 있는 세 번째 가능성을 당분간 제외한다면, 앞의 두 가지 방식 중 어느 것이 사건의 실제에 대응하는지는 결국 실험 문제로 귀착된다. 현재 물리학의 상황을 피상적으로라도 검토해 본다면, 우리가 두 번째 가능한 일에 직면해 있고 상대론의 새로운 실험 사실과 모든 양자 현상에서 설명의 위기와 마주치고 있다는 점을 알 수 있다. 아인슈타인의 중력 이론은 중력 현상에 대한 설명을 추구하는 것이 결코 아니라, 단지 그런 현상을 상대적으로 간단한 수학 언어로 서술하고 연관시키는 데 있다고 자주 강조해 왔다. 지구와 태양 사이의 중력 작용을 뉴턴이 했던 것보다 더 간단한 용어로 환원하는 일은 더 이상 시도되지 않았다. 양자 영역에서 역학과 전기동역학에 관한 우리의 과거 아이디어가 실패했다는 것은 상투적인 주장에 불과하며, 따라서 가장 중요한 과제는 과거 상황에서 사용되었던 요소들이 새로운 상황으로 얼마나 많이, 또 있다면 어느 것이 정말 이전될 수 있는지를 아는 것이다.

양자 이론에 대한 소위 '설명들'을 검토해 보면, 내가 앞서 말한 설명의 정의가 정당하며 또 양자 현상에서 우리가 설명의 위기를 겪고 있다는 주장이 옳다는 것을 말해 준다. 그 이유는 그러한 양자 현상을 설명하려는 노력이란 결국 우리가 유사한 상황에서 이미 마주쳤고, 따라서 상대적으로 더 익숙했던 요소들을 아주 새롭거나 아주 복잡한 상황 속에서 찾고 있는 것이기 때문이다. 예를 들자면, 많은 양자 현상들을 전자가 한 궤도에서 다른 궤도로 전이할 때의 에너지 방출과 관련시켰다. 그러나 환원된 요소들은 그 자신이 항상 양자 현상이기 때문에 이들을 다른 용어로 설명할 필요가 있다고 직관적으로 느낄 정도로 여전히 새롭고 친숙하지 않다. 우리는 전자가 전이할 때 왜 에너지를 방출하는지를 알고 싶다.

상대론과 양자 현상에서 우리가 현재 직면하고 있는 설명의 위기는 과거에도 여러 차례 발생했던 위기를 반복한 것에 불과하다. 불을 발견했을 때의 프로메테우스, 호박(琥珀)을 마찰했을 때 밀짚이 달라붙는 현상, 또는 자철석을 실에 매달았을 때 남북을 가리키는 현상 등을 목격했던 최초의 사람도 이와 유사한 위기를 겪었다. 모든 새끼 고양이는 9일이 지나면 이 같은 위기에 마주친다. 따라서 새롭고 낯선 영역에서 경험할 때마다 최소한 우리는 새로운 위기에 대비할 수 있어야 한다.

그렇다면 우리는 이런 위기에서 무엇을 할 수 있는가? 내가 보기에 유일하게 현명한 절차는 새끼 고양이가 하는 일을 정확히 그대로 하는 것, 즉 새로운 종류의 무수히 많은 경험들을 모아 우리에게 완벽하게 익숙해질 때까지 기다린 다음, 우리가 공리 목록에 기록한 새로운 경험의 요소들을 갖고 설명의 과정을 계속하는 것이다. 자세히 본다면, 이것이 양자와 중력 현상에 관해 현재 실제 이루어지고 있는 것이라는 점을 알게 될 뿐 아니라, 또 이것이 자연에 대한 우리 시각의 전체 정신과 조화를 이루고 있다는 점도 알게 될 것이다. 우리의 모든 지식은 경험 언어로 표현되기 때문에 우리는 경험과 다른 특성을 지닌 설명의 구조를 기대하거나 원할 수 없다. 또 우리 경험이 유한하기 때문에 실험으로 획득 가능한 영역의 가장자리에서는 경험이 모호해지며, 이를 서술하는 개념들이 서로 융합되어 독자적 의미를 상실하게 된다. 게다가 경험 범위가 확장될 때마다, 과거 경험들이 전혀 준비해 주지 못했던 아주 이상한 특성을 가진 현상들을 마주치게 된다는 점에 대비하고 있어야 하며, 실제로 그동안 그러한 일들이 종종 있었다는 것을 우리는 알고 있다. 앞서 제안한 설명의 구조는 모두 다음과 같은 속성을 지니고 있다. 즉 설명의 구조는 실험의 가장자리에서 멈추게 되는 유한한 속성을 갖고 있으며, 설명의 마지막 단계는 모호해서 익숙한 경험의 요소들이 구분되기 점점 더 어려워지고, 설명에 때때로 새로운 요소들이 추가된다는 점을 우리는 받아들여야 한다.

이 같은 위기에 직면하고 난 이후 설명 과정을 계속 진행하는 첫 번째 단계는, 새로운 경험의 요소들이 결국에는 새로운 설명의 궁극적인 것으로 사용될 수 있을 만큼 익숙하게 될 것이라는 확고한 믿음을 갖고, 이 요소들 사이에서 여러 종류의 연관성을 찾는 일이다. 이것이 바로 현재 양자 이론에서 벌어지고 있는 일이다.

위 견해와 정반대되는 입장으로서 설명 과정에 관한 다른 이념, 즉 많은 물리학자들이 지지하고 있고 설명의 연속이 끝을 맺기도 하는 세 번째 방식이라고 앞서 언급했던 또 다른 유형이 있다. 그것은 현재 범위 안에서 현상의 설명을 발견하려는 노력을 통해 경험의 한계를 넘어서 현재 경험의 요소들 일부와 같은 것으로 만들어진 구조를 고안하려는 노력이다. 자연의 최종적 연관성을 추구하는 진정한 프로그램으로서 이런 프로그램은 여기서 논의한 고찰 정신에 전적으로 위배된다. 기체 거동에 관한 설명에서 보듯이, 때로는 과거의 경험 요소들이 반복되고 있다는 점을 알 수 있지만, 우리가 점점 깊이 들어갈수록 과거의 경험 요소가 또다시 반복될 것이라는 확신을 보장할 수 없다. 예를 들어 전기 현상의 원격 작용이 역학적 매질을 통한 밀고 당김의 전달이라고 설명했던 패러데이와 맥스웰이나, 모든 현상에서 일상적인 역학적 관성을 가진 숨겨진 질량의 효과를 찾으려 했던 헤르츠와 같은 저명한 물리학자들이 이런 태도를 갖고 있었다. 일반적으로 이런 프로그램이 절대로 정당화될 수 없지만, 그럼에도 불구하고 익숙한 높은 수준의 요소들이 낮은 수준에서 반복되고 있다는 점을 물리적 사실의 특별한 속성이 보여줄 수만 있다면, 이 프로그램은 정당화될 수 있을 것이다. 전기동역학의 일반식들이 역학에서 일반화된 라그랑주 방정식(Lagrange equation)과 같은 형태라는 것을 발견하는 데 있어서 헤르츠가 이 같은 정당화를 성취했던 것은 확실하며, 맥스웰도 어느 정도 그렇게 했던 것으로 보인다. 하지만 패러데이는 그런 정당화까지 도달하지 못했는데, 이런 일에 대한 충동이 자신의 변덕스러운 반응에서 무비판적으로 시작되었기 때문이다.

그러나 관점의 수준을 다소 낮추어, 일상적으로 경험하는 역학 현상과 똑같은 요소들을 전기력 작용에서도 발견할 수 있다는 식의 작업가설(working hypothesis)을 만드는 일은 확실히 정당화될 수 있다. 왜냐하면 때로는 이런 가설에 의해 새로운 실험 테스트를 제안하는 부분적 상관관계를 만들 수 있으며, 그래서 이 가설이 실험의 지평선을 확대하는 데 자극을 줄 수 있기 때문이다. 많은 물리학자들은 이런 형태의 설명이 지닌 잠정적 특성을 알고 있지만, 모든 물리 현상을 역학적으로 설명하려고 평생 시도했던 켈빈 경의 사례에서 보듯이 어떤 물리학자들은 이 문제를 좀 더 심각하게 다루려고 한다. 켈빈 경의 이야기를 인용해 보자. "사물의 역학적 모형을 만들 수 있을 때까지 나는 결코 만족할 수 없다. 내가 역학적 모형을 만들 수 있다면, 나는 그것을 이해한 것이다. 내가 역학적 모형을 만들 수 없으면, 나는 그것을 이해하지 못한 것이다. … 그러나 나는 우리가 잘 이해하지 못하는 것들을 가능한 한 도입하지 않고 빛을 이해하고 싶다."

설명의 본질에 대해 보편적으로 고려해야 할 사항은 매우 많다. 자세히 들여다본다면, 많은 설명들이 기계론(mechanism)이라고 부를 수 있는 것을 포함하고 있다. 여기서 기계론이 무엇이냐고 특성을 정확히 규정하는 것은 어렵지만, 앞서 언급한 세 번째 가능성을 실현하려는 정신적 태도와 관계 있다고 생각한다. 사실상 선택한 궁극 요소들이 역학적 요소들이라는 점에서 우리가 추구하는 기계론은 특별한 유형이라 할 수 있다. 이 관점은 특히 영국 학파의 물리학자들에게 볼 수 있는 특징이다. 비록 '기계론'이 일반적으로 역학적 요소들을 의미하고 있지만, 특별한 사례들을 통해 실제로는 이 단어가 좀 더 넓은 의미로 사용되고 있다는 점을 보일 수 있다. 예를 들어 우리가 원자핵 안에는 일반적인 정전기의 역 제곱 법칙을 따라 서로 작용하는 전하들의 회전계가 있고, 이것이 때때로 불안정해지고 붕괴되는 계라는 것을 고안했다면, 우리는 방사능 붕괴를 설명할 수 있는 기계론을 알아냈다고 할 수 있다.

그러나 기계론을 정확히 정의하는 것은 우리에게 부차적인 사항이다. 기계론이 필요하다고 느끼는 정신적 태도를 이해하는 것이 우리의 첫 번째 관심이다. 기계론에 대한 이런 충동의 전형적 사례는 서로 떨어져 있는 물체들 사이에 작용하는 중력이다. 많은 사람들은 마음속으로 원격 작용(action at a distance)하는 힘의 개념을 잠시라도 묵인할 수 없을 정도로 절대 용납하지 않았다. 이렇게 용납되지 않았던 상황은 모든 공간을 채운 매질을 고안함으로써 피할 수 있게 되었는데, 이때 매질은 연속된 부분들에 잇달아 작용함으로써 힘을 한곳에서 다른 곳으로 전달하는 역할을 했다. 또 18세기 보스코비치(Boscovich)가 중력을 설명하기 위해 무한소 투사체들이 세 겹으로 무한히 채워진 공간을 제안했던 것처럼 원격 작용의 딜레마를 다른 방식으로도 회피할 수 있었다. 어떤 물리적 실재가 인접 부위의 작용으로 중력을 가능케 하는 매질이 될 수 있는지를 결정하는 것은 물론 실험의 문제겠지만, 원격 작용을 가능한 공리 또는 궁극적인 것이라고 수용하는 것을 순수한 **선험적(a priori)** 이유로 거부하는 태도는 정당화될 수 없다. 있을 수 있는 모든 경험이 이미 익숙한 경험과 똑같은 유형으로 되어야 한다고 가정하는 일보다 과학적으로 더 확고한 것을 찾는 일이 어렵기 때문에, 일상 경험에 익숙한 요소들만으로 설명해야 한다고 요구하는 일은 쉽지 않다. 그런 태도는 낮은 수준의 정신활동을 통해 실용주의적 정당화를 소진시킨 상상력의 결핍, 정신적 우둔함, 완고함을 말해 주는 것에 불과하다.

이 마지막 구절에서 언급한 혹평을 이성적으로 쉽게 동의할 수 있겠지만, 많은 사람들은 자신도 모르게 원죄의 굴레인 듯이 역학적 설명을 갈망하고 있다는 사실을 깨닫게 될 것이다. 하지만 이런 욕망을 알게 되었다고 해서 특별히 경계할 필요는 없다. 왜냐하면 설명에 대한 이런 요구가 우리의 물리적 경험 속에 광범위하게 차지하고 있는 기계론에 그 기원을 어떻게 두고 있는지 아는 것은 어려운 일이 아니기 때문이다. 그럼에도 불구하고 늙은 수도자가 정욕을 이기기 위해 투쟁하는 것처럼, 물리학자도 때로는 거의 불가항력적이면서 전적으로 부당한 요구라 할 수 있는 이것을 정복하는 데 투쟁해야 한다. 이런 입장이 [기계론에 대한] 갈망이 정당화될 수 없고 정복되어야 할 가치가 충분히 있다는 확신을 준다면, 이 입장이 가진 큰 목적 중 하나는 성취될 수 있을 것이다.

원격 작용과 관련된 상황은 흔히 볼 수 있는 일반적 상황의 전형이다. 설명 과정의 핵심은 우리에게 익숙한 상황이나 현상 사이의 상관관계에 관한 단순한 진술을 설명의 궁극적 기본으로 받아들일 준비가 되어 있어야 한다는 점이다. 그래서 양자 이론에서 조작의 형태로 전자의 천이(遷移)에 독립적 의미를 부여할 수 있다면, 전자가 천이할 때 복사선을 방출한다는 기본 사실을 궁극적인 것으로 받아들이지 말아야 할 이유가 없다. 만일 다른 현상이나 중간 현상을 제시하는 실험이 없다면, 우리는 이것에 지적으로 만족할 수밖에 없다. 물론 그 과정에서 더 세부적인 것들에 관한 가정이 실험적으로 무엇을 포함하게 될지 상상하고 이들에 대해 가능한 새로운 실험 사실들을 찾는 것은 아주 다른 문제이며, 전적으로 정당화될 수 있다.

어떤 상관관계도 설명의 절대적인 최종 요소가 될 수 있다는 점과 만일 상관관계가 **자명하게** 이후의 실험 범위를 넘어서게 된다면 새로운 실험 사실의 발견이 상관관계를 결코 폐기할 수 없다는 점이 이 관점의 결론이다. 이런 가능성은 예컨대 중력 상수의 수치 크기와 우주 전체의 질량 사이의 상관관계에서도 볼 수 있다. 이 가능성의 일부는 설명이 형식적으로 최종 형태로 되기를 바라는 사람들에 의해 주로 시도되었다. 우리는 이 주제를 뒤에서 다시 다룰 것이다.

기계론에 대한 본능적 요구는 기계론을 발견하고 고안했던 많은 사례들을 보면서 더욱 확고해졌다. 그러나 이 성공이 지닌 의미는 아주 조심스럽게 검토되어야 한다. 이 주제는 어떤 현상에서도 역학적 설명을 발견하는 것이 항상 가능할 뿐 아니라(헤르츠의 프로그램이 전적으로 이에 해당할 것이다.), 그런 설명의 사례는 언제나 무한히 많다는 것을 증명했던 푸앵카레(H. Poincaré)에 의해 논의된 바 있다.[3] 그러나 이것은 우리를 만족시켜 주지 못한다. 우리는 **진짜** 기계론을 찾고 싶은 것이다. 그간 구체적으로 제안되었던 기계론들을 검토해 보면, 대부분의 기계론은 현상이 가지고 있다고 증명된 것보다 더 많은 독립 변수 속성(attribute)들을 가지고 있기 때문에 설명하려는 현상보다 기계론이 더 복잡하다는 것을 알 수 있다. 이에 대한 사례로는 간단한 유도전기회로의 속성을 연구하는 데 도움을 주기 위해 고안되었던 역학 모형들이 있다. 그동안 제안된 수많은 이런 모형들을 보면, 그 수가 무한히 많을 수 있다는 점을 알 수 있다. 그러나 기계론이 원래 현상보다 더 많은 독립 변수를 가지고 있다면, 기계론 안에는 이미 밝혀진 원래 현상에 대응할 수 없는 기본 운동이나 그것들의 조합이 존재해야 하기 때문에, 여기서 기계론이 실재하고 있느냐 아니냐를 묻는 것은 무의미하다. 따라서 기계론의 속성과 자연 현상을 일대일 대응하게 만들 수 있는 조작들이 존재하지 않는다는 것이 분명해지고, 실재성에 대한 질문은 무의미해진다. 만일 한 기계론을 실재성에 실질적으로 대응하도록 신중하게 선택할 수 있다면, 우리는 이 기계론이 원래 현상보다 더 많은 자유도를 가질 수 없다고 요구해야 하며, 이로써 현상의 특징이 모두 알려졌다고 확신해야 한다. 그러나 물리적 경험으로 볼 때 이 조건은 충족되기 매우 어려울 뿐 아니라, 정말 불가능할 수도 있다.

현상보다 더 많은 독립 변수를 지닌 기계론이 사고의 유용한 도구로 입

---

3) Henri Poincaré, *Wissenschaft und Hypothese*, Translated into German by F. and L. Lindemann, Teubner, Leipzig, 1906. 특히 217쪽을 참조할 것.

증될 수 있고, 따라서 이를 고안하고 연구할 가치는 있지만, 이것을 일종의 기억장치 또는 강제로 정신이 자신에게 봉사를 더 잘할 수 있게 만드는 인간의 책략 이상으로 진지하게 받아들이지 말아야 한다.

앞서 고찰했던 바와는 반대로 설명 프로그램에 또 다른 가능성이 있는데, 즉 더 깊은 수준에서 발견한 덜 익숙한 사실들을 이용해 일상 경험에서 얻은 모든 익숙한 사실을 설명하는 것이다. 이에 대한 가장 충격적인 사례로서 우주를 완전히 전기적으로 설명하려 했던 최근의 시도가 있다. 당초에는 전기적 효과를 역학적으로 설명하려고 했지만, 이 시도는 실패하고 말았다. 대략 같은 시기에 전자의 존재가 실험적으로 알려지면서 전기가 물질의 아주 기본적인 구성 요소라고 확실하게 생각하게 되었다. 그래서 설명 프로그램은 반전되어, 이제는 특히 질량까지 포함한 모든 역학적 현상을 전기적으로 설명하려는 노력이 생겨났다. 그러나 이 시도 역시 실패하고 말았다. 그 결과 전자의 질량이 특성상 전기적이지 않을 수도 있다는 점을 알게 되면서 전자 안에 있는 비전기적 힘을 가정했고, 더 나아가 전자와 양성자에는 비침투적 속성, 즉 더 큰 규모의 경험으로부터 알게 된 속성이 있다고 가정하게 되었다.

우리는 이런 일반적인 프로그램에 더 깊이 공감하며, 반대의 프로그램보다 더 많이 성공할 수 있다고 생각한다. 우리 경험으로는 큰 규모의 현상이 작은 규모의 현상으로부터 이루어지거나 작은 규모의 현상으로 분해되는 일이 그 반대 과정보다 더 자주 있기 때문이다. 그러나 원칙의 문제로서 호소력 있는 유일한 것은 실험이라는 점과 우리는 오직 하나의 질문, 즉 "큰 규모의 모든 현상이 작은 규모 현상의 요소들로 구성될 수 있다는 것이 정말로 진실인가?"라는 질문만 해야 한다는 점을 새삼 인식해야 한다. 나는 이런 확신이 아직까지 실험적으로 보증되지 않았다고 생각한다. 우주를 전기적으로 설명하려는 시도의 실패가 바로 이에 대한 적절한 사례이다. 그러나 가정을 증명하는 데 실패했다는 것이 앞으로도 증명되지 못할 것이라고 보증하는 것은 아니며, 많은 물리학자들은 이 프로그램이 결국에는 실행 가능하다고 확신하고 있다. 개인적으로 나는 큰 규모의 현상이 작은 규모의 현상으로 항상 분석될 수 있다고 생각하지 않는다. 이 문제는 뒤에서 다시 다루기로 한다.

미시적 분석이 의미 있다고 확신하는 것은 자연이 궁극적 단순함을 갖고 있다고 널리 믿는 확신과 많은 측면에서 공통점이 있다. 단순함이라는 테제에는 특히 작은 규모의 요소들의 종류가 [큰 규모 현상의 요소들의 종류보다 더 적다는 가정이 추가로 포함되어 있지만, 실험 한계에 접근함에 따라 설명의 구조를 구성하는 요소들의 수가 점차 감소한다는 점을 경험해 왔기 때문에 사실상 두 확신 사이에는 중요한 차이가 없다. 새로운 상관관계와 실험을 제시함에 있어서 이런 종류의 실용적 가치에 대한 확신을 정당하게 허용할 수 있지만, 모든 물리학의 경험적 기반을 받아들인다고 해서 우리가 더 나아갈 수 있는 것은 아니다.

모형과 구성물

길이 개념을 논할 때 "10^{-8}cm 크기의 공간이 유클리드 공간인가?"와 같은 질문에서 의미를 찾을 수는 없을 것이다. 그럼에도 많은 사람들은 자신이 이런 종류의 질문에 완벽하게 확실한 의미를 부여했다고 여길 것이다. 물론 10^{-8}cm 의 크기가 직접적인 감각의 형태로 생각될 수 없다는 점에는 누구나 동의할 것이다. 누군가가 원자는 기하학적 속성을 완벽하게 지닌 사물이라고 생각한다면, 그가 핵심적으로 해야 할 일이 가설상의 모든 차원에다 일상 경험의 규모로 바꾸기에 충분히 큰 인자를 곱한 모형을 생각해내는 일이다. 큰 규모의 이 모형은 물리적 사물의 속성에 대응하는 속성들을 지니고 있다. 예컨대 1925년 가을에 인정된 원자 모형은 궤도를 돌고 있는 전자들을 가지고 있으며, 전자는 한 궤도에서 다른 궤도로 순간적으로 천이할 수 있고 동시에 원자에서 에너지가 방출되는 것이었다. 이 모형이 원래 원자의 모든 현상에 대응하는 것을 제공하고 있다면, 이 모형은 만족스러울 것이다. 어느 누가 원자 공간이 유클리드적이라고 말했다면, 그 진술이 말하는 유일한 의미는 그가 원자에서 관찰된 모든 속성을 가진 모형을 유클리드 공간에서 구성할 수 있다고 생각한다는 점이다. 이 가능성은 원자의 공간이 유클리드적이라는 진술에 실제 물리적 의미를 부여하는 데 충분할 수도 있고, 그렇지 않을 수도 있다. 이 상황은 기계론에 관련되었던 상황과 아주 동일하다. 측정 가능한 원자의 속성에 대응하는 것보다 더 많은 속성을 모형이 가질 수 있으며, 특히 모형의 공간이 유클리드적인지 여부를 테스트하는 조작은 원자에서 수행될 수 있는 조작에 아마도 (실제로는 **확실히 그렇다**고 생각한다.) 일대일 대응하지 않을 수도 있다. 더 나아가 비유클리드 공간에서 만들어진 어떤 모형도 측정 가능한 원자의 속성을 재현할 수 없어 보일 때까지는 원자 공간이 유클리드적이라는 진술에 **실질적** 의미를 부여할 수 없다.

이 모든 것에도 불구하고, 나는 모형이 우리에게 익숙하지 않은 것을 익숙한 것들의 사고로 바꿔준다는 의미에서 모형이 유용하며 정말로 사고의 필수 도구라고 생각한다. 하지만 이것을 사용할 때는 위험이 따른다. 이런 위험을 드러내는 것이 비판의 기능이며, 그럼으로써 확신을 갖고 이 도구를 사용할 수 있다.

물리학에 널려 있는 정신적 구성물(mental construct)은 정신적 모형(mental model)과 밀접한 관계가 있다. 세상에는 여러 종류의 구성물이 있다. 우리가 관심 갖는 구성물이란 감각적으로 직접 경험할 수는 없지만, 간접적이고도 추론에 의해 접촉한 물리적 상황을 다룰 수 있게 만든 것이다. 일반적으로 이런 구성물들은 어느 정도 고안(invention)이라는 요소를 포함하고 있다. 고안을 아주 조금 포함한 구성물로서 불투명체의 내부라는 구성물을 들 수 있다. 우리는 이런 물체의 내부를 감각에 의해 직접 경험할 수 없다. 왜냐하면 우리가 내부를 직접 경험하는 순간, 정의에 의해 이것이 내부라는 것이 중지되기 때문이다. 우리는 여기서 구성물을 갖게 되지만, 이는 실용적으로 꼭 필요할 정도로 자연스러운 구성물이어야 한다. 고안이 많이 포함된 구성물의 사례로서 탄성체의 변형력(stress)을 들 수 있다. 정의에 의해 변형력이란 물체 내부에 있는 점들의 속성으로서, 그것은 물체의 자유 표면을 가로질러 작용하는 힘들과 수학적으로 간단히 연결된다. 이렇게 되면 변형력은 본질적으로 직접 경험할 수 있는 영역 밖에 영원히 있게 되며, 따라서 하나의 [정신적] 구성물인 것이다. 변형력에 대한 전체 구조가 직접 경험에 대응하는 것은 없다. 이것은 힘과 관계 있지만, 힘이 단지 3겹(three-fold)의 크기인 데 반해, 변형력은 6겹의 크기를 갖고 있다.①

이제, 물체가 힘에 노출된 상황을 만족하게끔 우리가 고안한 변형력이 좋은 구성물인지 생각해 보자. 우선 실험 변수인 경계 조건이 **주어진 물체**(즉 탄성계수가 주어진 물체)에서 변형력을 유일하게 결정한다는 것이 탄성에 관한 수학 이론의 명제 중 하나이기 때문에, 변형력은 관찰 가능한 현상과 똑같은 개수의 자유도를 가지고 있다. 물론 방정식을 검토해 본다면, 가능한 변형력의 계가 그 반대로 경계 조건을 의미 있는 정도까지 유일하게 결정한다는 것도 명백하다. 따라서 물리적 상황과 변형력 사이에는 만족할 만큼 유일한 일대일의 대응관계가 존재하며, 그러는 한 변형력은 훌륭한 구성물이다. 변형력을 정의하는 조작의 관점에서 볼 때, 이 점까지는 변형력이 순수한 수학적 고안물이지만 힘을 받는 물체의 거동을 서술하는 데 편리하기 때문에 정당화된다. 그러나 우리는 더 나아가 변형력에 물리적 실재를 부여하려고 한다. 이것은 고체 안에서 변형력이 내부 점들의 물리적 실제 상태에 대응해야 한다는 것을 말한다. 이제 조작의 관점에서 이 같은 진술의 의미가 무엇인지 검토해 보자. 우리는 변형력을 결정한 수학적 조작이 갖는 의미를 넘어 변형력에 추가로 물리적 의미까지 부여하려고 하기 때문에, 이 의미에 대응하는 물리적 조작들이 추가로 존재해야 하며, 그렇지 않다면 우리 진술은 무의미해진다. 물론 이렇게 독립적으로 다른 조작들을 허용하는 물리 현상이 존재하고 있다는 점은 대부분의 기본 경험의 문제이다. 변형력을 받고 있는 물체는 변형(strain) 상태에 놓이게 되는데, 이 상태는 외형적 길이 변형(deformation)②으로 나타나거나, 아니면 현재 모형 실험에서 광범위하게 사용하듯이 투명체의 복굴절에 의한 광학 효과를 통해 내부 점들의 변형(strain)을 실감나게 보여주기도 한다. 또 어떤 한계점을 넘어 변형력을 가하는 경우, 영구 변형이 일어나거나 파괴되기도 한다.

이로써 우리는 변형력이라는 구성물이 만족스러운 모든 이유를 알게 되었다. 첫 번째로 형식적 관점에서 볼 때, 변형력과 이를 정의한 물리적 데이터 사이에는 유일한 대응이 존재하기 때문에 변형력은 좋은 구성물이다. 두 번째로 **변형력 정의에 개입되었던 것과는 독립적으로** 다른 물리 현상들과도 유일한 연관을 갖기 때문에, 우리는 변형력에 물리적 실재성을 부여할 수 있는 권리를 갖는다. 조작적 관점에서 볼 때, 마지막 이 조건은 경험에 의해 직접 부여되지 않은 사물의 실재성을 정의한 것 이외에 아무것도 아니다. 이제 변형력이 형식적 조건을 만족하고 있다는 것에 덧붙여, 현상들을 연관시킬 때 변형력이 아주 유용하다는 점을 경험이 보여주고 있기 때문에 변형력이라는 구성물에 우리의 개념들 중 가장 좋은 지위를 부여하는 것은 정당하다.

이제 다른 구성물, 즉 물리학에서 가장 중요한 것 중 하나인 전기장이라는 구성물을 고려해 보자. 우선 임의의 지점에서 전기장을 결정하는 조작을 검토해 보면, 전기장이 경험으로부터 직접 얻은 자료가 아니라는 점에서 전기장은 하나의 구성물이다. 한 점에서의 전기장을 결정하기 위해서는 그 지점에 시험전하를 놓고 거기에 작용하는 힘을 측정한 다음, 전하량에 대한 힘의 비율을 계산한다. 그리고 나서 시험전하량이 계속 작아질 수 있도록 허용하고, 전하량이 작아질 때마다 여기에 작용하는 힘의 측정을 반복한 다음, 관심 있는 지점에서 전하와 힘 비율의 극한이 전기장 세기라고 정의하고, 아주 작은 전하에 작용하는 힘의 극한 방향을 전기장 방향이라고 정의한다. 우리는 이 과정을 공간의 모든 지점으로 확대할 수 있고, 그럼으로써 역장(力場, field of force)이라는 개념을 얻게 되는데, 이 역장에 의해 전하를 둘러싼 공간의 모든 점에는 적절한 값과 방향이 지정되고 시험전하는 완전히 사라지게 된다. 따라서 장(field)은 분명히 하나의 구성물인 것이다. 그다음 수학의 형식적 관점에서 본다면, 전기장과 이를 정의하는 전하 사이에는 장이 전하에 의해 유일하게 결정될 뿐 아니라, 그 반대로 주어진 장에 대응하는 전하의 가능한 집합 역시 오직 하나로서 일대일 대응하기 때문에 이것은 좋은 구성물이라 할 수 있다. 다음 단계에서 거의 모든 물리학자는 장의 각 지점마다 그 지점을 나타내는 크기와 방향이 아직 정밀하게 결정되지 않은 상태에서 이에 연관된 어떤 물리적 현상이 실제 발생한다고 생각함으로써 전기장에 물리적 실재를 부여한다. 처음에는 당연한 귀결로서 이 관점이 매질의 존재를 아주 자연스럽게 포함했지만, 나중에는 매질이 존재하는 것이 아니라 오직 장만이 실재하는 것이라고 말하게 되었다. 물리학 기초 수업에서는 장이 실재하는 것이라고 의식적으로 가르치지만, 학생들은 이를 이해하는 데 종종 큰 어려움을 겪는다. 일반적으로 이 관점은 패러데이의 업적으로 인정하며, 모든 현대 전기 이론의 가장 기본적인 개념으로 생각하고 있다. 그렇지만 비판적으로 검토할 때, 나는 전기장에 물리적 실재성을 부여하는 것은 전적으로 정당화될 수 없다고 생각한다. 나는 정의에 개입된 조작과는 독립적으로 장이 존재한다는 증거를 얻을 수 있는 단 하나의 물리 현상이나 물리적 조작도 발견할 수 없다. 장의 존재에 관해 우리가 가진 유일한 물리적 증거는 [장의 정의에 관한 조작이 정확히 말하듯이 그 장소에 전하를 갖고 가서 전하에 작용한 것을 관찰함으로써 얻은 것이다.(전하가 원자 안에 있다면 광학 현상을 얻게 된다.) 따라서 장이 물리적 실재성을 가지고 있다고 말하는 것은 무의미한 진술이거나, 아니면 어리석기 짝이 없게 동어반복과 다름없이 실재성을 정의하는 잘못을 저지르는 것이다. 전기장 개념이 전기계의 속성에 관해 사고하고, 서술하고, 상관관계를 찾고, 예측하는 도구로서 매우 중요하다는 것에는 의문의 여지가 없다. 즉 이 개념, 또는 이와 등가인 어떤 것이 없는 전기학은 상상도 할 수 없다. 그러나 장 개념에 대한 이런 관점에 더해 물리적 실재성에 대해 더 많은 묵시적 내포(tacit implication)가 거의 항상 존재했으며, 이는 물리적 사고와 실험의 특성에 대단히 큰 영향력을 행사해 왔다. 여전히 나는 물리적 실재성에 관한 부가적 함의가 단 하나의 긍정적인 결과를 발견함으로써 스스로 정당화되거나, 결국에는 모두 명백한 부정적 결과만을 보여준 수많은 실험을 고무했던 실용주의적 호소 이상의 것을 제공했다고 생각하지 않는다. 물리적 실재성에 대한 아이디어가 아무 성과가 없었다는 점을 지적하기 위해, 일반 물질의 변형력(stress)을 에테르에 적용하려 했던 패러데이와 맥스웰의 노력이 실패했던 이유가 에테르에는 일반 물질의 **변형**(strain)에 비유되는 것이 존재하지 않았기 때문이라는 것을 언급하는 것만으로 충분하다. 나는 전기장의 실재성을 가정하는 어떤 실용주의적 정당화도 이제 소진되었으며, 우리가 장 개념에서 실재성의 의미를 제거함으로써 실제 사실들에 더 가깝게 접근하도록 노력해야 하는 단계에 도달했다고 생각한다.

아주 필요하면서도 가장 흥미 있는 또 다른 구성물로는 원자가 있다. 어느 누구도 원자를 직접 경험해 보지 않았고, 이것의 존재는 전적으로 추론에 의한 것이기 때문에 원자는 명백히 하나의 구성물이다. 원래 원자는 화학에서 무게들을 연결하는 상수 값을 설명하기 위해 고안된 것이다. 오랫동안 원자의 존재에 대한 다른 실험적 증거가 없었고, [그래서] 물리적 실재성이 없이 일련의 특정 현상들을 설명하는 데 유용했던 순수한 고안물로 남아 있었다. 지금까지는 원자가 마치 우리의 손과 발처럼 물리적으로 실재하는 것이라고 확신했는데, 원자의 존재를 가리키는 독립적인 새로운 물리적 정보의 누적 과정을 추적해 보는 것은 물리학에서 가장 흥미 있는 일 중 하나일 것이다.

물리적 실재성을 갖지 못했기 때문에 폐기되어야 했고, 더 나아가 새롭게 발견된 현상들을 설명하는 데 충분히 유용하지도 않았던 구성물로는 열소 유체(caloric fluid)가 있다.

구성물들의 특성에 대한 이 논의에서 "물리적 실재성"이라는 용어가 제일 중요한 것은 아니다. 즉 물리적 실재성의 의미에 대한 우리의 정의가 모든 사람에게 호소력 있는 것은 아닐 수도 있다. 핵심은 우리의 구성물이 두 종류로 구분된다는 것이다. 하나는 구성물을 정의할 때 도입한 조작 이외에는 다른 물리적 조작이 대응하지 않는 구성물이고, 두 번째는 [정의에서 도입한 조작 이외의 다른 조작들을 허용하거나 물리적으로 별개인 조작을 통해 몇 가지 다른 방식으로 정의될 수 있는 구성물이다. 구성물의 특성에 있어서 이러한 차이는 본질적인 물리적 차이에서 기인한 것이라고 여겨지지만, 물리학자들의 사고에는 이런 물리적 차이가 쉽게 간과될 수 있다. 우리는 탄성체의 변형력과 전기장과 같은 것의 물리적 차이를 잊지 않도록 항상 주의해야 한다.

이 모든 것이 우리에게 주는 교훈은 구성물이란 아주 유용하고 심지어 필수불가결한 것이지만, 매우 위험할 수 있으며, 경험이 보증하지도 않는데도 우리의 물리적 시야와 행동 범위에 심각히 영향을 줄 수 있는 의미를 구성물에 부여하는 것을 피하기 위해서는 주의 깊은 비판이 요구된다는 것이다.

물리학에서 수학의 역할

실제로 이론물리학에서 모든 공식은 수학 용어로 표현된다. 사실상 그런 공식을 얻는 것이 이론물리학의 목적이라고 보통 생각한다. 따라서 우리가 그렇게 중대한 역할을 부여하는 수학의 본질이 무엇이냐를 생각해 보는 것은 분명 의미가 있다.

우선 우리는 물리적 관계를 전적으로 수학적 언어로 표현하는 것이 왜 가능한지를 이해해야 한다. 그러나 나는 이 질문에 많은 의미가 존재하는지 확신할 수 없다. 수학이란 인간의 고안물이기 때문이라고 그냥 별 생각 없이 주장하는 것은 진부한 이야기에 불과하다. 더 나아가 물리학자가 관심을 갖고 있는 수학은 외부 세계의 거동을 서술하기 위한 분명한 목적에서 개발된 것이며, 따라서 수학과 자연 사이에 대응관계가 존재한다는 것은 결코 우연이 아니라고 주장한다. 그러나 수학과 물리학 사이의 대응관계가 결코 완벽하지 않으며, 수학에는 우리가 얻은 자연에 대한 어떤 정보도 정확하게 질적으로 대응하지 않는다. 바로 유클리드 기하학의 정리들이 이 사정을 확실하게 보여주고 있다. 두 점을 연결하는 직선이 오직 하나이며 이것이 곧 두 점 사이를 연결하는 가장 짧은 선이라는 명제는 우리의 모든 측정이 오차를 수반하기 때문에 특성상 물리적 측정에서 얻은 어떤 정보와도 아주 다른 것이다. 그럼에도 이상적으로 정밀한 기하학적 명제에 일정한 실질적, 물리적 의미를 부여하는 것은 가능하다. 그것은 물리적 측정의 정확성을 높여갈 때마다 지속적으로 감소하는 오차 범위 내에서 기하학의 정량적 명제가 검증된다는 것이 일상 경험의 결과이기 때문이다. 이로부터 이제는 아주 일반적으로 인정되고 있는 수학의 본질에 대한 관점이 생겨나게 되었다. 즉 만일 우리가 측정의 불완전함을 제거할 수만 있다면, 물리적 측정과 수학과의 관계를 완벽히 증명할 수 있다는 것이다. 아주 오래전 피타고라스가 천체와 수의 신비스러운 관계를 조화롭게 표현하려고 노력했듯이, 추상적인 수학의 원리가 자연 현상을 통제하면서 자연에 작용하고 있다고 가정하게 되었다.

수학과 자연이 연관되어 있다는 이상적인 관점은 물리적 측정의 정확도가 낮았던 시기에만 유지될 수 있었던 것으로서, 이제는 폐기되어야 한다. 왜냐하면 측정 과정이 정교해지면서 유클리드 기하가 무한히 정밀해질 수 있다는 것은 더 이상 진실이 아니며, 기하학적으로 형식화할 수는 있지만 물질이나 복사에서 불연속적 구조를 지닌 길이 같은 개념에는 근본적으로 물리적 한계가 존재하기 때문이다. 이것은 학술적 문제가 아니라 상황의 본질에 관계된 문제이다. 수학의 이상화에 대한 근거와 자연에 대한 우리의 불완전한 지식이 자연에서 수학과 정밀한 관계를 찾는 데 실패하게 만들었다는 관점은 더 이상 근거가 없다. 우리가 만든 수학은 불완전할 뿐 아니라, 자연에 대한 지식도 아니다.(조작적 관점에서 볼 때, '자연'과 '자연에 대한 지식'을 서로 분리하는 것은 무의미하다.) 수학의 개념들은 자연을 서술하기 위해 우리가 만들어낸 고안물이다. 우리가 자연에 대해 아는 것에 정확히 대응하는 개념을 고안하는 것은 세상에서 가장 어려운 일이라는 점을 이제 반복하여 알게 될 것이며, 우리는 이 일을 분명히 성공하지 못한다. 수학도 예외는 아니다. 즉 우리가 다른 곳보다 수학에서 이상에 더 접근할 수 있다는 것은 의심의 여지가 없지만, 우리는 산수마저 물리적 상황을 완벽하게 재현하지 못한다는 것을 알고 있다.

수학은 적어도 두 가지 측면에서 물리적 상황에 정확히 대응하지 못하는 것으로 보인다. 우선 첫 번째로, 일상적 경험의 범위 안에는 측정 오차의 문제가 존재한다. 오차의 한계에 관한 명제들을 통해 방정식들을 특별히 보충하거나 방정식을 부등식으로 대체함으로써, 즉 측정 오차의 전파를 낱낱이 논하면서 성취된 것들을 통해 수학은 이제 비록 어설프고 그저 근사적이기는 해도 이 상황을 취급할 수 있게 되었다. 두 번째로 더 중요한 것은 물리적 영역이 확대됨에 따라 기본 개념들이 점차 모호해져서 결국에는 물리적 의미를 완전히 상실하게 되며, 따라서 조작적으로 완전히 달라진 다른 개념으로 대체되어야 한다는 점을 수학은 알지 못한다. 예컨대 외부 공간으로부터 우리 은하계로 들어오는 별의 운동과 핵 주위를 도는 전자의 운동을 놓고 볼 때, 물리량의 조작과 관련해 방정식에서 두 경우의 의미가 물리적으로 서로 완전히 다름에도 불구하고, 운동 방정식은 이 두 운동을 구별하지 않는다. 수학의 구조는 전자 내부에 대해 우리가 원하든 원하지 않든 언급하게 만들지만, 우리는 그 진술에 물리적으로 어떤 의미도 부여할 수 없다. 현재 만들어져 있는 수학은 떠들다 지치면 사라지는, 시끄럽고 항상 일관적이지 않은 일종의 떠벌이다. 우리가 원하는 것은 물리 개념이 자체로 의미를 갖는 수치적 범위 밖에서는 방정식이 의미를 지니지 못하도록 수학이 발전하는 것이다. 다시 말해 요점은 방정식 이면에 있는 물리적 경험을 방정식에 더 밀접히 대응하게 만드는 것이다. 이를 수행하기 위해서는 새로운 고안물 따위가 확실히 필요하다.

뒤에서 전기동역학에 관한 로렌츠 방정식을 논의할 때, 현재 수학의 식별 불가능성에서 유래한 단점들을 다시 언급하기로 한다. 그때까지 우리는 단점만큼이나 지니고 있는 장점도 이해해야 한다. 모든 경험은 우리에게 이미 익숙한 자연법칙들이 적어도 근사적으로 타당하고, 현재 경험의 범위를 넘자마자 미지 영역에서 갑자기 변하지 않는다는 우리의 기대를 정당화해 준다. 지금 알고 있는 법칙에 무한한 타당성을 가정함으로써 수학은 우리가 여명의 영역으로 진입할 수 있게 해주며, 후에 검증될 예측을 할 수 있게 만들어준다. 오직 목적에서 아주 멀리 벗어났을 때만 수학의 이런 특성을 비난해야 한다.

자연을 서술할 때 자주 잊는 수학의 또 다른 측면이 존재한다. 즉 방정식들의 모든 계는 실제 물리 상황의 아주 작은 일부만 포함한다는 것이다. 방정식 이면에는 방정식과 자연을 연결하는 엄청난 서술 배경이 존재한다. 이 배경은 방정식에 들어가는 데이터를 얻게 만드는 모든 물리적 조작에 대한 서술을 포함한다. 예컨대 아인슈타인이 우주의 거동을 사건의 세계선(world line)으로 나타냈을 때, 방정식에 등장하는 사건들은 단지 3개의 공간 좌표와 1개의 시간 좌표라는 아주 무미건조한 형태로 표현된다. 이것을 경험과 연결하기 위해서는 사건의 물리적 내용을 부여하는 서술 배경이 존재해야 한다. 예를 들면 사건들의 일부는 빛 신호이다라는 진술을 들 수 있다. 이 서술 배경이 방정식 자체를 구속하는 어떤 조작으로부터도 영향을 받지 않고 고정되어 있다고 우리는 가정한다. 가령 방정식의 기준계가 자신의 속도를 변화시킴으로써 바뀌었을 때, 서술 배경의 물리적 의미가 변하지 않은 채 남아 있다고 가정하거나, 오히려 보통 이 방정식에 관해 아무 언급도 하지 않는다. 그러나 이 문제는 어느 정도 논의가 필요해 보인다. 서술 배경은 특정한 물리적 조작으로 진술되었을 때만 의미를 지닌다. 예를 들어 일정한 속도로 움직이던 기준계의 속도가 변했는데도 서술 배경이 달라지지 않았다면, 이는 기준계의 운동이 특정한 조작을 수행할 가능성에 영향을 전혀 주지 않는다는 것을 뜻한다. 이것은 자연법칙의 형식이 등속도 운동에 의해 영향을 받지 않는다고 주장하는 특수 상대론에 아주 가깝다. 따라서 상황이 좀 더 주의 깊게 분석되기 전까지 상대성 원리가 물리 현상에 **완전한**(여기서 '완전함'이란 '서술 배경을 포함한다.'는 의미이다.) 수학적 형식을 부여할 수 있는 가능성을 갖고 있는지에 대해 의구심을 가졌던 데에는 나름대로 근거가 있었다고 보인다.

옮긴이 주

① 물체가 힘을 받아 변형될 때, 힘을 받는 방향과 변형되는 방향(작용을 주는 방향)이 항상 일치하는 것은 아니다. 이를 다음과 같이 9개의 성분을 가진 행렬로 표시할 수 있다.

$$\epsilon = \begin{bmatrix} \epsilon_{xx} \ \epsilon_{xy} \ \epsilon_{xz} \\ \epsilon_{yx} \ \epsilon_{yy} \ \epsilon_{yz} \\ \epsilon_{zx} \ \epsilon_{zy} \ \epsilon_{zz} \end{bmatrix}$$

이 행렬은 연속체의 한 점이 임의의 방향으로부터 작용을 받을 때, 변형의 작용을 줄 수 있는 가능한 방향과 크기를 모두 나타내고 있다. 행렬에서 성분 ϵ_{ij}는 물체 내부의 한 점에 i 방향에서 작용이 가해질 때 j 방향으로 주는 작용의 크기를 나타낸다. 작용을 받는 방향과 작용을 주는 방향이 서로 일치하는 경우(즉 ϵ_{xx}, ϵ_{yy}, ϵ_{zz}로서 행렬의 대각 성분), 이것을 수직 변형력(normal stress)이라고 하며 일반적으로 '힘'이라고 부른다. 여기서 브리지먼이 힘을 3겹이라고 말한 것은 바로 이것이 세 개의 독립적인 값으로 표현된다는 것을 뜻한다. 작용을 받는 방향과 주는 방향이 서로 일치하지 않는 나머지 6개의 성분(즉 비대각선 성분인 ϵ_{xy}, ϵ_{xz}, ϵ_{yx}, ϵ_{yz}, ϵ_{zx}, ϵ_{zy})을 '층밀리기 변형력(shear stress)'이라고 하는데, 브리지먼은 이것을 '6겹의 성분을 지닌 변형력'이라고 불렀다. 일반적인 의미에서 변형력은 힘과 층밀리기 변형력을 모두 포함하지만, 좁은 의미에서 변형력은 층밀리기 변형력만을 뜻한다.

② strain과 deformation은 모두 '변형'이라고 번역될 수 있으나 개념의 차이가 있다. strain은 물체 내에서 입자들 사이의 거리가 변한 정도를 비로 나타낸 것을 말한다. 즉 입자들 사이의 기준 거리와 이로부터 변화한 거리의 비 $\frac{\Delta l}{l_0}$로 나타내기 때문에 strain은 무차원(dimensionless)이다. 반면 deformation은 물체를 구성하는 입자들 사이의 기준 거리로부터 변화된 거리 Δl을 의미한다. 따라서 deformation은 길이 차원을 갖는다.

제3장
여러 물리 개념에 대한 세부 고찰

이제부터 물리학에서 가장 중요한 개념들을 상세히 고찰해 보자. 가장 중요한 문제들의 일부를 지적하는 일 이상을 시도하는 것은 전적으로 이 글의 범위를 넘어서는 일이다. 또 이 논의의 각 부분이 서로 아주 밀접히 관련된다고 기대해서도 아니 된다. 이 논의의 목적은 물리학의 전체 구조에 대한 자기의식을 가능한 한 최대로 획득하는 데 있다.

공간

우리가 이해하고 있는 공간(space) 개념에 대해 논리적으로 만족스러운 정의를 내리기는 분명히 어렵지만, 공간을 위치(position)와 관련된 모든 개념의 집합이라고 생각한다면 목적에서 크게 벗어나지 않을 것이다. 위치란 어떤 것이 있는 곳을 말한다. 사물의 위치는 일종의 측정계에 의해 결정된다. 길이를 세 번 측정하는 직교좌표계가 아마 가장 간단한 측정계일 것이다. 따라서 공간에 대한 핵심 논의는 이미 길이 개념과 연관되어 있다. 앞서 길이 측정은 어떤 물리적 사물에 물리적으로 측정하는 막대를 갖다 댐으로써 이루어진다는 것을 알았다. 만일 공간이 비어 있다면 한 지점에서 다음 지점으로 막대를 이동할 때 막대 끝의 위치를 확정할 수 있는 것이 아무것도 없기 때문에, 우리는 빈 공간에 있는 두 점 사이의 거리를 측정할 수 없다. 그렇다면 조작의 관점에서 볼 때, 우리가 순수한 수학적 의미를 지니고 있다고 흔히 생각했던 데카르트 기하의 기준계가 실제로는 물리적 기준계이고, 우리가 공간적 특성이라고 말하는 것은 결국 이 기준계의 특성에 불과하다는 것을 알게 된다. 공간이 유클리드적이라고 우리가 이야기할 때는 자(R)의 물리적 공간이 유클리드적이라는 의미이다. 즉 빈 공간이 유클리드적인가라고 묻는 것은 무의미하다. 따라서 기하학의 결과가 물리계에 적용될 수 있다고 기대하는 한, 또 기하학이 가정으로부터 구성된 논리계가 아닌 한, 기하학은 실험과학인 것이다. 이제는 이 관점을 잘 이해하고 인정하고 있지만, 이것이 인정되지 못하고 엄청난 공격을 받던 시기가 있었다. 이 문제에 대한 자세가 변하면서 유사한 많은 다른 질문에 대한 태도에도 변화가 생기게 되었다.

앞서 천체 공간이 자에 의한 물리적 공간이 아니라 빛의 파동에 의한 공간이라는 점을 이미 강조한 바 있다. 따라서 우리는 기본 조작에 따라 달라지는 서로 다른 종류의 공간을 가질 수 있다. 즉 우리가 '접촉 공간(tactual space)'이라고 부르는 자에 의한 공간과 '광학 공간(optical space)'이라고 부르는 빛에 의한 공간이 그것이다. 우주가 유클리드 공간이냐고 묻는 것은 우리가 천문학적 측정 범위 내에 있는 광학적 공간의 특성이 유클리드적이냐를 묻는 것과 다름없다. 이런 질문이나 공간의 크기가 유한한지 혹은 공간이 곡률을 가졌는지 따위와 관련된 질문에 대해 있을 수 있는 유일한 자세는 전적으로 이를 결정할 실험의 문제이며, 우리는 이에 앞서 선입관을 가진 어떤 언급도 할 수 있는 권리가 없다. 이는 여기의 논의 범위를 벗어난다.

비록 명시적으로 언급하지는 않지만, 특수 상대성 이론이 접촉 공간과 광학 공간이 동일하다고 사실상 가정하고 있다는 점은 흥미로운 일이다. 이 등가성은 광선에 대해 가정된 속성들의 결과이다. 거울까지 거리가 자로 측정하든, 반사된 빛이 돌아오는 데 걸리는 시간으로 결정하든 관계없이 이들은 똑같을 수 있다. 그러나 이를 위해서는 시간 측정을 위한 조작들이 독립적으로 정의된다고 가정해야 하기 때문에 이 상황은 논리적으로 만족스럽지 못하며, 이 조작들이 독립적으로 정의되지 않는다는 것을 알게 될 것이다. 자를 이용한 조작에 의해 직선이 결정되듯 광선의 경로가 직선이라는 것은 접촉 공간과 광학 공간의 등가성을 가정한 결과이다. 우리가 천체 현상을 다룰 때는 자를 이용한 물리적 조작을 더 이상 수행할 수 없으며, 따라서 천체 규모에 적용한 빛에다 우리가 작은 규모에서 사용한 것과 동일한 기하학적 속성을 부여하는 것은 무의미한 일이다.

시간

우리 관점에 따르면 시간 개념은 이를 측정하는 조작에 의해 결정된다. 우리는 두 가지 종류의 시간을 구분해야 한다. 즉 서로 인접한 공간에서 발생하는 사건들의 시간인 국소시간(local time)과 공간적으로 상당히 서로 떨어진 지점에서 일어나는 사건들의 시간인 확장시간(extended time)이 그것이다. 우리가 현재 알고 있는 바로는 확장시간 개념이 공간 개념과 뒤엉켜 있다. 이것은 처음부터 자연을 알고 얻은 진술이 아니라, 확장시간을 측정하는 조작에 공간 측정을 위한 조작이 포함되어 있다는 점을 알게 되면서 얻은 진술이었음이 분명하다. 물론 역사적으로 본다면, 상대성에 대한 신념이 시간 측정의 조작을 비판적으로 검토하면서 얻어진 것이지만, 시간에 공간적 의미가 내포되어 있다는 점을 보이기 위해 상대성이 꼭 필요했던 것은 아니다. 이것은 마치 역사적으로 플랑크가 양자 상수 h를 발견함으로써 이를 측정의 절대 단위로 고안하겠다는 영감을 받았고, 또 그 자신의 마음속에서 이들 사이에는 필연적인 연관이 존재한다는 생각이 있었다고 볼 수 있겠지만, 양자 상수 h의 발견이 측정에 대한 그의 절대 단위계를 고안하는 데 꼭 필요했던 것이 아니었던 것과도 같다.[1]

시간 측정의 기초가 되는 물리적 조작을 비판적으로 검토하는 과정은 이제까지 수행된 바 없었다. 예를 들어 시간을 측정하는 한 가지 방법에는 빛의 속성이 포함되어 있다.

양 끝에 거울이 달린 자가 있고, 빛이 흡수됨이 없이 두 거울 사이를 왕복한다. 한 번 왕복하는 데 걸리는 시간을 단위 시간이라고 정의할 때, 시간 간격(intervals)의 수를 세는 방식으로 시간을 간단하게 측정할 수 있다. 그러나 상대성에 관한 가장 간단한 가정이라도 그것이 요구하는 모든 조작을 허용해야 한다면, 이렇게 시간을 측정하는 과정은 만족스러운 것이 아니다. 왜냐하면 우리는 시계를 한 장소에서 다른 장소로 옮길 수 있어야 하고, 한 계에서 시계를 상대 운동하고 있는 다른 계로 옮기며, 그 시계로 정지계나 운동계에서 빛의 속성을 결정해야 하기 때문이다. 우리는 운동 중인 자의 길이가 다를 수 있다는 점과 자가 한 지점에서 다른 지점으로 이동하면서 가

---

[1] Max Planck, *The Theory of Heat Radiation*, translated by Masius, P. Blakiston's Son & Co., 1914 edition, p. 174.

속하는 동안 길이가 변할 수도 있다는 점, 또 아니라고 증명될 때까지는 빛의 속도가 자의 속도나 가속도의 함수일 수도 있다는 점을 원칙적으로 받아들여야 한다. 이 모든 가능성은 서로 복잡하게 얽혀 있어서, 우리는 예컨대 빛의 속도가 운동계나 정지계에서 동일하다는 식의 가정이 주는 물리적 의미에 대해 의문을 품게 된다. 빛의 속도에 관한 가정에 간단한 의미라도 부여하기 위해 우리는 빛 속도와 시간을 측정할 수 있는 도구를 가지고 있어야 하는데, 이 도구는 그 자체로 빛의 속성을 포함하고 있지 말아야 한다. 이를 위해서는 예컨대 소리굽쇠의 진동이나 플라이휠의 회전과 같이 순수하게 역학적 형식으로 시간을 측정하도록 지정할 수 있다. 그러나 우리는 여기서도 큰 어려움에 다시 부딪치게 된다. 왜냐하면 시계가 운동하고 있을 때, 역학적 시계의 차원들이 변할 수 있으며, 시계 구성부의 질량도 변할 수도 있다는 것을 알고 있기 때문이다. 시계를 역학 법칙을 결정하는 물리적 도구로 사용하고 싶지만 시간을 측정할 때까지는 법칙들을 결정할 수 없기 때문에, 우리는 역학 법칙이 시계의 조작에 개입된다는 것을 알게 된다.

우리가 여기서 직면한 딜레마는 해결 불가능한 것이 아니다. 사실상 이것은 줄을 잡아당겼을 때 늘어난 줄을 가지고 역학과 기하학의 근사 법칙을 동시에 발견해야 했던 최초의 물리학자가 직면했던 것과 본질적으로 같다. 우리는 법칙이 어느 곳에서 근사적인지를 먼저 추측하고, 이 추측에 따라 일부 현상에 미치는 운동 효과가 시계에 줄 것으로 예상되는 효과보다 훨씬 더 크게 되게끔 실험을 설계한 다음, 교정되지 않은 시계의 시간으로 측정한 것으로부터 질량이나 길이에 영향을 주는 운동 효과를 근사적으로 나타내고, 이를 가지고 시계를 교정하는 등의 과정을 무한히 반복해야 한다. 하지만 내가 아는 한, 이런 과정이 가능하다는 것은 이제까지 분석되지 않았는데, 우리는 이런 분석이 이루어진 다음에야 비로소 우리가 체질적으로 가지고 있던 본연의 회의에서 발생한 불안감에서 벗어나게 될 것이다.

실제에서는 이런 논리적 처치가 너무 어려워서 문제를 완전히 덮어놓게 된다. 따라서 시계가 알려지지 않은 구조를 가지고 있지만, 시계를 이용해 시간을 측정할 때는 빛의 속도가 특정한 속성들을 지닌다고 가정하는 것이 편리하다. 이런 관점은 예컨대 버코프(Birkhoff)의 최근 저술[2]에서 볼 수 있다. 이 방법이 지닌 어려움은 가정들의 논리기하학이 물리적 실재에서 멀어질수록 이 방법에 의한 결과도 그렇게 된다는 것이다. 우리는 물리적 시계로 측정된 빛의 속성이 이론적 속성과 동일한지를 완전히 확신할 수 없다. 이 어려움은 특히 일반 상대성 이론에서 더 중요하고 근본적이다. 전체 이론의 기반은 무한히 짧은 [시공간] 간격 ds로서 이것은 주어진 것이라고 가정한다. 일단 이것이 주어지고 나면, 수학이 그 뒤를 잇는다. 그러나 자연 세계에서 ds는 **주어지는 것이 아니라** 물리적 조작에 의해 발견되어야 하며, 이 조작에는 구조가 특정되지 않은 시계를 이용해 시간과 길이를 측정하는 것이 포함되어 있다. 실제 물리적으로 적용하는 어떤 경우에도 ds의 시간 부분을 측정할 때 사용한 물리적 장치가 정말 시계인지에 대한 질문에 답해야 한다. 현재로는 이 질문에 답할 수 있는 기준이 없다. 만일 진동하는 원자가 시계라면 햇빛이 적외선 쪽으로 편향되는데, 그러나 이것으로 원자가 시계인지를 우리가 어떻게 알 수 있는가?(어떤 사람은 가능하다고 말하고 다른 사람은 그렇지 않다고 말한다.) 만일 편향이 일어났다는 것을 물리적으로 발견했다면, 이것으로 일반 상대론이 물리적으로 참이라는 것을 증명했다는 것인지, 아니면 원자가 시계라는 것을 증명했다는 것인지, 또는 원자는 시계가 아니며 일반 상대론도 진리가 아닐 것이라는 가능성을 열어둔 채 단지

2) G. D. Birkhoff, *Relativity and Modern Physics*, Harvard University Press, 1923.

원자와 나머지 자연 사이에는 특별한 연관이 있다는 것을 증명한 것인지, 이 모든 것을 어떻게 알겠는가? 물론 실제에서는 우리가 가장 단순하고도 가장 미적으로 만족하는 해를 선택하게 될 것이며, 또 의심의 여지없이 원자가 시계이며 상대론도 진리라고 말하게 될 것이다. 그러나 우리가 이 단순한 관점을 받아들인다면, 미래 언젠가 곤란한 문제들이 여기서 발생할 것이라는 점을 항상 의식해야 할 것이다.

내게는 일반 상대론의 논리적 위치가 단순히 다음과 같아 보인다. 즉 임의의 물리계가 주어지면, 상대성 원리에 따라 수학적으로 도출된 관계가 물리계에서 측정 가능한 양들 사이의 관계에 대응하도록 ds에 값을 부여하는 일은 가능하다. 그러나 물리적으로 ds라고 부르는 것이 수학적 관계를 부여하는 데 필요한 ds와 근사적으로 연관되어 있다는 것 이상의 의미를 부여하는 것은 현재로 볼 때 깊은 믿음에 불과하다.

이제 시간 개념으로 되돌아오면, 여기에 두 가지 주요 문제가 있다는 것을 이미 언급한 바 있다. 즉 공간의 한 점에서 시간을 측정하는 [국소시간] 문제와 모든 공간에 걸쳐 한 시간계를 확장하는 [확장시간] 문제가 그것이다. 여기서 후자의 관점은 상대성 이론을 겨냥하고 있다. 이제 상세히 검토해 보면, 서로 떨어져 있는 시계들을 설치하고 동기화하기 위한 상대성의 조작이 공간의 측정을 어떻게 포함하고 있는지를 알게 된다. 빛 신호로 시계를 맞춘다는 것은 상대론의 기본 가정 중 하나이다. 그렇게 되면 시계들을 아주 간단하게 동기화할 수 있다. 어미시계에서 일초 간격으로 보낸 빛 신호가 임의의 거리에 있는 자식시계의 시간으로 측정할 때 일초 간격으로 받아야 한다는 것만을 요구한 다음, 멀리 떨어져 있는 자식시계가 이 간격을 일초로 측정하게 될 때까지 이 시계의 똑딱(주기)을 맞춘다. 자식시계의 똑딱을 조정하고 난 다음, 어미시계가 0이라고 지정한 시각에 빛 신호를 전파할 때, 어미시계와 자식시계 사이의 거리를 자식시계에 기록된 도착 시간으로 나눈 값이 이미 알고 있다고 가정한 빛의 속도가 되도록 자식시계를 **맞춘다.** 이 조작에는 자식시계까지 거리 측정이 포함되어 있기 때문에 시간 좌표를 공간으로 확장할 때 당연히 공간 측정이 포함되며, 따라서 시간 측정은 독립적인 것이 아니다. 바로 이것이 공간과 시간을 4차원 다양체(manifold)로 다루게 되는 물리적 근거이다. 수학적으로는 공간과 시간을 측정한 수치들이 식에서 대칭적으로 나타나지만, 이 수치들을 구하는 물리적 조작들은 전적으로 독립적이어서 서로 얽히지 않는다. 나는 4차원적으로 취급할 수 있는 가능성 안에서 순수한 형식의 문제 이상의 것을 찾으려는 것은 혼란만 주게 될 것이라고 생각한다.

이렇게 확장시간에 대한 관념에는 공간 측정이 포함된다. 그런데 국소시간에 대한 관념에도 공간 측정이 포함되는지 묻는 것은 흥미로운 일이다. 이 질문에 엄격한 답변을 위해서는 시계 구조에 대한 세부 규격이 주어져야 하는데, 우리가 알고 있는 바로는 이제까지 그렇게 해본 적이 없었다. 그러나 하나의 국소시계라도 그 구조에 어떤 방식으로든 공간 **측정**을 포함하는 것은 가능해 보인다. 가령 우리가 진동하는 소리굽쇠를 시계로 사용한다면, 진동시간이 진폭에 어떻게 의존하는지 알아야 하기 때문에 이것은 공간 측정을 포함하는 것이며, 또 회전하는 플라이휠을 시계로 사용한다고 하였을 때도 이것이 운동하게 되거나 중력장 안에 놓일 때 차원들의 변화로 인해 발생하는 관성 모멘트의 변화를 교정해야 하기 때문에 이 모든 것은 결국 공간 측정을 포함하게 된다. 그러나 이런 고찰들을 꼭 해야 하는 것은 아니며, 어쩌면 이런 질문은 중요하지 않을 수도 있다.

이제 두 물체가 동시에 같은 장소를 점유할 수 없고, 또 어떤 사건의 시간도 실제로는 약간 떨어져서 빛이나 탄성 신호로 통신하는 장치로 측정되기 때문에, 사실상 국소시간의 개념이 확장시간과 완전히 다르지 않다는 점을 더 고찰해 보자. 그러나 경험으로 보면, 측정해야 할 현상이 시계에 점점 가까워지는 극한에서는 빛, 음향, 또는 접촉 신호 등 어떤 신호로 시계와 통신하건 측정상 구분될 만한 차이가 없어지기 때문에, 물리적 실제에서는 시계 바로 옆에서 이루어지는 사건의 시간 (즉 국소시간) 측정을—더 깊이 들어가 보려고 시도하지 않는—매우 단순한 것 중 하나로 받아들인다.

따라서 국소시간은 심지어 지금도 물리학자들이 단순하면서도 분석 불가능한 개념으로 취급하고 있으며, 대부분의 사람들이 시간을 말할 때 염두에 두고 있는 개념이다. 이 개념에 따르면, 시간이란 국소시간의 속성과 관계 있는 어떤 것이다. 이것은 뉴턴이 절대 시간이라고 의미했던 것과 같은 종류의 것임이 분명하며, 우리가 이런 개념을 암암리에 갖고 있음으로 인해 동시성이, 국소시간에서 경험하는 동시성과는 아주 다른 상대적이라는 관념을 깨닫는 것이 어려웠다. 확장시간에 포함된 조작을 검토해 본다면, 확장시간 개념이 단순한 국소시간 개념과 얼마나 다른지를 알 수 있다. 이 차이는 아주 먼 거리나 매우 빠른 속도를 다룰 때 상당히 다른 수치 관계를 보여준다. 국소시간이 빠른 속도의 현상이나 공간적으로 아주 먼 거리에 떨어진 사건들을 다루는 데 만족스러운 개념이 아니라는 점은 경험으로 입증되었다. 예컨대 나이가 국소시간 개념으로부터 아주 간단히 도출될 수 있는 것이지만, 우리는 빛의 나이에 대해 결코 이야기할 수 없다. **지금** 악투루스(Arcturus) 별에서 일어나는 사건을 지금 **여기서** 일어나는 사건에 내포된 모든 의미와 함께 생각하는 것 역시 허용될 수 없다. 이런 사고의 습성을 억제하는 것은 어렵지만, 그렇게 하는 방법을 배워야 한다. 우리는 먼 곳의 상태에 관한 소식의 결정 과정과는 독립적으로 우주의 현재 모든 상태에 대해 언급하는 것이 **의미 있다**는 아주 순진한 느낌을 갖고 있다. 이 느낌을 조사해 본다면, 이는 특성상 심리적일 것이라고 생각한다. 현재의 모든 것이라는 의미는 단지 우리 의식에 있는 현재의 내용물 전체이다. 이것은 명백히 단순하고 직접적인 것이다. 우리가 분석을 더 깊이 하게 되면, 달이나 별의 존재에 관한 우리의 현재 의식은 빛 신호에 의해 만들어진 것이고, 따라서 공간적으로 떨어져 있는 사건들에 관한 아주 간단하고도 직접적인 의식은 복잡한 물리적 조작을 포함한다는 점을 이해할 수 있다.

마찬가지로 우리가 국소시간을 계속 사용한다면, 시공간 개념의 결합으로 정의될 속도를 그냥 단순하게 취급하는 우리 개념이 아주 빠른 속도를 다룰 때는 문제를 일으키게 된다. 그래서 우리가 국소시간 개념을 원래 영역에서 실행할 때 그 개념은 자신의 가치를 상실하고 그저 무딘 도구가 되고 만다. 그러나 국소시간을 대체해야만 하는 확장시간 개념은 우리 자신에게 아직 익숙하지 않고 복잡한 것이다. 어쩌면 확장시간 개념이 너무 복잡해서 사고하는 데 유용한 직관적 도구가 결코 될 수 없다고 입증될지도 모른다.

이제까지 시간에 관해 수행했던 고찰에서 누구나 다 쉽게 경험한 규모의 시간 간격만 다루었다. 만일 우리가 아주 길거나 아주 짧은 시간 간격을 다루어야 한다면, 우리의 전체 과정이 변하게 된다는 것은 자명하며, 그 결과 개념도 변한다. 예를 들어 시간 개념을 과거의 먼 시기까지 확장할 때는 일상 경험의 조작과 연속적으로 이어질 수 있게끔 새로운 조작들을 선택해야 한다. 먼 과거에 시간 개념을 적용할 때 시간 개념의 변화를 정밀하게 분석한다는 것은 우리의 현재 물리적 목적에 큰 의미를 지닌다고 생각되지 않기 때문에 여기서 다루지 않겠다. 그러나 먼 과거에 적용할 때는 시간뿐만 아니라 우리의 다른 모든 개념도 수정되어야 한다는 점을 지적할 필요가 있다. 이에 대한 사례로서 참에 대한 개념을 들 수 있다. 조작의 측면에서 다음과 같은 진술의 정확한 의미가 무엇인지 알아내는 것은 흥미로운 일이다. "메디아 사람 다리우스(Darius the Mede)가 자신의 서른 번째 생일날 아침 6시 반에 일어났다는 것이 참인가?"

우리의 물리적 목적에 더 많은 관심을 끄는 것은 아주 짧은 시간 간격에 시간 개념을 적용할 때 겪는 개념 변화이다. 예를 들어 전자가 어떤 원자와 충돌해 10^{-18}초 만에 정지하게 된다는 것은 무슨 뜻인가? 여기서 나는 이 상황이 아주 짧은 길이를 다룰 때와 매우 유사하다고 생각한다. 물리적 조작의 본질이 완전히 변해서, 앞서 본 바와 같이 [이 조작이] 결국에는 전기적이고 광학적인 특성을 지닌 조작들을 포함하게 된다. 10^{-18}의 직접적 의미는 광학 방정식에 그 값을 대입했을 때 관측 사실과 일치한다는 의미이다. 따라서 이처럼 짧은 시간은 오직 전기동역학 방정식과 관련되었을 때만 의미를 획득하지만 그 의미가 타당한지는 확실하지 않으며, 이는 방정식에 도입된 시공간 좌표에서만 테스트될 수 있다. [시공간 좌표에 의해 시간이 테스트된다는] 이것은 우리가 앞서 알게 된 것과 동일한 악순환이다. 이로써 실험적으로 획득될 수 있는 영역의 한계에서 개념들이 서로 융합된다는 점을 다시 알게 된다.

사람들은 개념에 대한 우리 논의가 개념이 적용되는 물리적 시간의 **속성**에 관해 아무 언급도 하지 않았다는 점에서 피상적이라고 분명 느낄 것이다. 예를 들면 우리는 시간이 일차원적으로 흐른다든지 과거로 되돌아가지 않는다는 점을 논의하지 않았다. 그러나 이런 논의는 우리의 현재 목적을 넘어서는 것이고, 따라서 내가 진입할 수 있다고 느낀 것 이상으로 더 깊이 들어가는 것이며, 어쩌면 의미 자체의 경계를 넘어서는 일이 될 것이다. 여기서 우리의 논의는 조작의 관점에서 출발한다. 우리는 조작들이 주어진 것이라고만 가정하지, 왜 하필 그 조작이 선택되었느냐고 질문하거나 다른 조작들은 더 적절하지 않을 수 있는지에 대해서는 질문하려 들지 않는다. 비가역성 같은 시간 속성은 조작 자체 내에 은연 중 포함되어 있으며, 시간의 물리적 핵심은 자연을 기술하고 연관시키는 데 어떤 조작들이 적합한지를 우리에게 알려주었던 긴 물리적 경험 속에 묻혀 있다. 그러나 한 문제만 생각하는 것은 원래 주제에서 빗나갈 수도 있다. 사람들은 흔히 시간 흐름의 역전에 대해 말한다. 예를 들어 특히 역학 방정식을 논의할 때, 시간을 역전시키면 계의 모든 역사가 되돌아간다는 것을 방정식이 말해 준다. 항상 앞으로만 흐른다는 것이 물리적 시간의 속성 중 하나이기 때문에 그런 역전이 실제로는 불가능하다는 진술을 때로는 덧붙이기도 한다. 만일 이 진술을 조작적으로 분석한다면, 그것은 결코 자연에 관한 진술이 아니라 단지 조작에 관한 진술에 불과하다는 점을 알게 될 것이다. 즉 시간이 되돌아가는 것에 대해 말하는 것은 **무의미하다.** 시간은 자명하게 **앞으로만** 흐른다.①

인과성②

인과(causality) 개념은 의문의 여지없이 가장 기본적 개념 중 하나이며, 어쩌면 시간과 공간만큼이나 기본적이기 때문에 이 논의에서 이들 개념과 똑같이 앞자리를 차지했다. 그러나 우리가 일상적으로 이해하고 있는 인과 개념에는 시간과 공간의 의미가 상당히 내포되어 있기 때문에 시간과 공간을 검토하고 난 다음 다루는 것이 바람직할 것이다.

일반적으로 한 사건의 원인을 찾는다는 것은 동시에 그 설명을 찾는다는 것을 포함하고 있기 때문에 여러모로 '설명'의 문제와 밀접히 관련된다는 것이 인과 개념 특징 중 하나이다. 그럼에도 이들을 분리해 논의하는 것을 정당화해 줄 만큼 [인과 개념과 설명 개념 사이에는] 충분한 차이가 존재한다.

　나중에 논의하게 될 힘 개념처럼 인과 개념에는 태생적으로 애니미즘 요소가 존재하고 있다는 것은 꽤 확실하다. 애니미즘 요소로부터 자유로워진 현재, 우리가 갖고 있는 이 개념의 물리적 핵심은 다음과 같은 어떤 것이라고 생각한다. 우리가 동일한 실험을 무한히 수행할 수 있는 고립계, 즉 어떤 일정한 초기 조건에서 우리가 원하는 대로 반복해 시작할 수 있는 계를 먼저 가정해 보자.[3] 계가 이렇게 시작되면, 계의 모든 부분이 사건의 동일한 과정을 따라 항상 정확히 작동한다고 한 번 더 가정한다. 이것은 사건 과정이 사건이 발생한 절대 시간과 독립적으로 움직인다는—즉 우주의 속성이 시간에 따라 변하지 않는다는—가정을 포함하고 있다.[4] 이런 속성을 지닌 계가 실제로 존재한다는 것은 경험의 결과이다. 우리의 기본 가설을 시작하는 또 다른 방법이 있는데, 그것은 동일한 초기 조건에서 시작한 둘 또는 그 이상의 닮은 고립계들이 사건의 동일한 미래 과정을 거치는 것이다. 사건의 일정한 경로를 스스로 거치는 계가 존재하고, 이 계에 우리가 계의 과

---

3)　우리는 '초기 조건'이라는 개념에 일반적으로 계의 과거 역사를 포함해야 한다. 이 조건을 너무 확대함으로써 조건 자체가 손상되지 않게 하기 위해서는, 오직 비교적 짧은 시간 간격 동안만 과거 역사가 실질적으로 동일하다는 관찰이 추가되어야 한다. 여기서 논리적 정밀성은 성취되기 어려워 보인다. 즉 물리 개념들 자체는 필요정밀성(necessary precision)을 갖고 있지 않다.

4)　물리학에서 자주 그렇듯이, 우리는 여기서 한 번에 두 가지 일을 하는 것으로 보인다. 계의 미래 거동과는 별개로 우리가 '명확한 초기 조건'에 의미를 부여할 수 있는지 의문스럽기 때문에, 시간과는 독립적으로 자연법칙의 일관성과 초기 조건의 일관성 모두를 불변의 미래 거동으로부터 추론할 수 있는 실질적 권리를 우리는 갖고 있지 못하다. 철저한 조작 분석에 의해 두 개의 독립 개념이 여기에 정말로 존재한다는 것을 보일 수 있는지, 또 형식적으로 아주 다른 두 개념을 사용하는 것이 표현의 편의성 이상의 어떤 것인지가 내게는 아주 의문스럽다. 태양계가 우주를 운행하면서 크기의 절대 규모가 변하지 않을까라는 클리퍼드의 질문이 무의미했던 것처럼, 나는 자연법칙이 시간과 독립적인가라고 질문하는 것은 무의미하다고 생각한다.

거 역사와는 아무 연관을 갖지 않으면서 완전히 임의로 이루어지는 특정한 변화를 외부에서 중첩시킬 수 있다고 가정하자. 우리가 관찰하듯 자연에는 과거 역사와 연관 없이 임의로 이루어지는 변화 같은 것이 당연히 존재하지 않기 때문에, 이 가정은 확실히 순수한 허구가 된다. 여기에는 필요할 것 같지 않은데도 불구하고 애니미즘 요소가 여전이 존속하는 듯이 보인다. 우리는 우리 행위가 외부 세계에 의해 결정되는 것이 아니라고 여기고 있기 때문에, 우리 의지의 작용에 의해 외부 세계에서 생기는 변화는—상당한 정도까지 근사적으로—임의적이다. 그렇게 되면 우리가 실험을 수행하는 계는 우리 자신을 계 밖에 놓고 계와는 어떤 연관도 없게 함으로써 우리로부터 고립될 수 있는 계가 된다. 그뿐 아니라 계 밖에서 일어나는 사건들이 계 안에서 일어나는 사건들에 연관되지 않게 함으로써 계를 물리적 우주의 나머지 부분으로부터 고립시킬 수 있다.[5] 이런 식의 물리적 고립이 가능하다는 가정은 경험에 의해 정당화된다. 물론 실제로 고립은 결코 완벽하게 이루어지지 않으며, 아마도 원하는 정도까지만 부분적으로 근사를 할 수 있을 것이다.

(일반적인 초기 조건의 관념에 따라 과거 역사를 포함해) 동일한 초기 조건에서 출발한 완전히 닮은 두 고립계가 사건의 동일한 미래 경로를 따라 작동할 것이라는 진술은, 만일 서로 닮은 두 계의 거동에서 차이가 발생한다면 그 차이는 결국 과거에 다른 차이가 있었다는 증거라는 추론을 내포한다. 이것이 경험과 부합한다는 테제는 본질적 연관성(essential connectivity)의 테제라고 부를 수 있으며, 어쩌면 이것이 우리가 가질 수 있는 가장 광범위한 테

---

5) 여기서도 '고립(isolation)' 또는 '연관(connection)' 개념이 오직 계의 거동과 관련해서만 정의되었는데, 이 개념이 정말 조작적으로 독립인지는 분명하지 않다.

제일 것이다. 즉 이것은 계들의 거동 사이의 차이가 고립되었기 때문에 발생하는 것이 아니라, 다른 차이들과 연합되어 있다는 테제이다. '설명'과 관련해 이미 언급했던 것과 같이 이것은 자연의 어떤 현상도 다른 현상들과 상관되는 것이 가능하다는 테제와 본질적으로 동일하다.

이제 현상들 사이의 연관(connectivity) 혹은 상관관계(correlation)가 특별한 것이라면, 우리는 인과관계를 가질 수 있다. 만일 어떤 계에서 사건 A를 부여하지 않았을 때 사건 B가 발생하지 않았는 데 반해, 사건 A를 임의로 부여할 때마다 사건 B가 항상 발생한다는 것을 알게 되었다면, 우리는 A가 B의 원인이며 B는 A의 결과라고 말한다. 사건 A를 적절하게 선택한다면, 계가 허용하는 어느 사건이든 결과 B를 찾을 수 있다.

원인 A가 임의의 가변적 요소이고 결과 B가 원인에 수반되는 것이라면, 정의의 본성에 따라 A, B의 관계는 비대칭적이다. 더 나아가 사건 A는 한 사건 B 이외에도 여러 사건의 원인이 될 수도 있으며, 연속된 사건들 전체를 유발하는 원인이 될 수도 있다.

이 방식으로 분석된 인과 개념은 결코 단순한 것이 아니다. 이것은 우리가 단순사건 B에 인과적으로 연관된 단순사건 A를 갖고 있다는 의미가 아니라, 사건이 일어나는 계 전체의 배경이 개념 안에 포함되어 있으며, 개념의 아주 중요한 부분이라는 것이다. 만일 과거 역사를 포함해 계가 다르다면, A, B 사이 관계의 본질이 완전히 변할 수도 있다. 따라서 인과 개념은 그 개념이 사건들이 발생하는 계 전체를 포함한다는 의미에서 상대적인 개념이다.

실제에서 우리는 이제 막 초기인 단계를 선택한 다음 이 개념을 확장하고자 하며, 가능한 한 이 개념의 상대성을 제거하고자 한다. A가 B의 원인이 되는 계들이 종종 무수히 많이 존재한다는 것은 경험의 문제이다. 많은 경우 우리가 계를 완전히 잊고 A와 B 사이에 **절대** 인과적 연관성이 있다고 가정할 만큼 인과관계는 계들의 아주 넓은 영역에서 작용한다. 예를 들어 내가 종을 쳐서 소리를 들었다고 할 때, 내가 여기에는 절대 인과적 연관성이 존재한다고 생각할 정도로 인과관계는 수많은 서로 다른 종류의 계에 작용한다. 이러한 절대 인과적 연관성은 항상 어떤 환경하에서도 종을 치면 소리가 수반된다는 것을 뜻한다. 그러나 **모든** 조건이란 실험으로 다룰 수 있는 그런 **모든** 조건을 뜻한다. 따라서 종의 경우 우리의 모든 실험은 대기가 존재하는 곳에서 이루어진 것이다. 종을 치는 행위와 소리가 나는 것 사이에 있는 인과관계는 원칙적으로 대기의 존재에 대해 상대적인 것이라고 이해해야 한다. 실제로 대기가 없을 때 실험한다면, 대기가 본질적인 역할을 한다는 점을 알게 된다. 사실상 대기는 비교적 쉽게 제거될 수 있기 때문에 우리는 인과관계의 사슬에 대기를 쉽게 포함시킬 수 있다. 그러나 과거의 에테르처럼 대기를 제거하는 것이 불가능하다면, 종을 치는 것과 그 소리 사이의 인과관계에 대한 우리 생각은 아주 달랐을 것이다. 인과 개념을 실제 물리적 상황에 적용할 때, 모든 변인이 인과관계가 성립하는 동안 유지되는 불변의 배경은 일반적으로 상황으로부터 유추되어야 한다.

사건 A가 A의 자명한 결과인 한 사건만 수반하지 않고, 사건의 인과적 연쇄(causal train of events) 전체를 유발한다는 것은 어쩌면 보편적으로 경험할 수 있는 일이다. 계가 충분히 크다면 A에서 시작해 인과적으로 연결되어 있는 사건들의 연속이 끝없는 연속이라는 점은 경험에 따른 일반화라고 생각된다. 일반적인 경우에 이것이 아마도 필수적이지는 않겠지만, 만일 사건 A가 계에 외부 에너지의 전달이나 외부 힘의 작용(즉 운동량의 변화)을 포함하고 있다면 여기에는 의문의 여지가 없다.

만일 A와 B가 공간적으로 서로 떨어져 있다면, A에 의해 시작되는 인과적 연쇄가 존재한다는 것은 아주 자명하다. 종에서 보듯이, 종의 진동에 의해 공기에 전달된 충격이 탄성파 형태로 공기를 통해 전파됨으로써 파동은 사건들의 인과적 연쇄를 구성하게 된다. 전파되는 현상은 역학적 특성에 의한 인과적 연관의 전형으로서 인과 개념과 연결된 시간 개념의 도입을 정당화하며, 여기서 시간이 인과 개념에 처음 등장하게 된다. 먼 지점까지 교란이 전파될 때, 보통 시간을 측정할 때처럼 결과는 시간적으로 원인 **다음에 온다.**

우리는 이 결과를 확대해 결과가 **반드시** 원인 뒤에 온다고 일반적으로 생각한다. 이제 이것이 인과 개념의 필연적 결과인지 검토해 보자. 우리가 서로 다른 장소에서 벌어지는 사건들의 시간에 대해 이야기하게 된다면, 우리는 모든 공간에 시계를 설치하는 어떤 방법을 가져야 한다. 만일 이것이 임으로 이루어졌다면, 원인이 되는 국소시계의 시간과 그 결과의 시간 사이에는 필연적인 연관이 존재하지 않지만, 그럼에도 지극히 일반적인 이 경우에서조차 인과 개념은 어떤 시간 관계를 포함하고 있다. 사건 A가 지점 1에서 발생하여 그 결과인 사건 B가 지점 2에서 이루어졌다고 가정하자. 그리고 지점 2에서 사건 B가 발생하자마자 지점 1로 빛 신호(신호는 어떤 형태라도 상관없다.)를 보내도록 동료를 지점 2에 배치한다. 그러면 사건 A가 일어나기 전, 신호가 지점 1에 결코 도달할 수 없다는 것이 인과 개념의 자연스러운 결과이다. 왜냐하면 사건 A가 일어나기 전에 신호가 도달했다면, 어떤 경우에도 우리가 완전히 통제하고 있다고 전제한 사건 A의 수행을 생략함으로써 계에서 A가 발생해야 사건 B가 발생한다는 가정을 무너뜨릴 수 있기 때문이다. 만일 원인인 A가 발생했을 때 결과 B가 같은 장소에서 동시에 일어났다면, 결과가 시간적으로 원인에 앞설 수 없다는 점에서 똑같은 논의를 **더 잘**(a fortiori) 입증할 수 있다. 나는 인과 개념이 본질적으로 결과 B

의 시간에 어떤 제한을 더 강제하는지를 알 수 없다. 하지만 어떤 신호도 빛보다 빨리 전파될 수 없다고 가정하는 특수 상대성 원리는 인과적으로 연관된 사건들이 시간적으로 연관된다는, 즉 지점 1에서 사건 A가 발생한 순간 1로부터 출발한 빛 신호가 2에 도착하기 전에 2에서 사건 B가 발생할 수 없다고 실질적으로 가정한 것이다. 왜냐하면 만일 B가 먼저 발생했다면, 사건 A와 B 모두를 약속 신호로 사용할 수 있기 때문에 우리의 가설은 무너진다.

따라서 상대성 이론이 말하는 바처럼 시간이 공간으로 확장될 때, 공간적 분리에 의존하는 원인과 결과 사이에는 시간적으로 아주 밀접한 연관이 존재한다. 이것으로부터 인과성 원뿔(causal cone)이라는 상대성 개념이 등장하게 되는데, 시공간 4차원 다양체(manifold)에서 이 인과성 원뿔은 인과적으로 관련될 수 있는 모든 사건의 집합, 또 빛 신호로 통신하기에는 인과관계가 불가능할 정도로 너무 짧은 시간 간격이나 매우 넓은 공간 간격으로 격리된 모든 사건의 집합을 서로 분리한다. 이제 한 기준계에서 원인과 결과로 관련된 두 사건 A와 B가 있다고 하면, 이 사건은 다른 모든 기준계에서도 인과적으로 관련되어야 한다. 왜냐하면 만일 그렇지 않다면, 인과성 정의에 따라 우리가 여러 계 중 인과관계가 성립하지 않는 한 계에서 사건 A가 일어나지 않게 할 수 있으며, 이것은 사건 개념의 본성에 따라 모든 계에서 A의 발생을 억제하는 것을 포함하게 되고, 이로써 원래 계에서 인과관계에 대한 우리의 가설을 위배하게 되기 때문이다. 이 논의에서 포함된 사건 개념은 뒤에 다시 검토하기로 한다. 따라서 (자연법칙의 형식이 모든 기준계에서 동일하다는) 상대성의 기본 가정은 인과적으로 연결된 사건들의 시간 순서가 모든 기준계에서 동일해야 함을 요구하는 것으로 보인다.

현재 이 순간 우주 전체는 이어지는 모든 상태와 인과적으로 연결되어 있다고 흔히 가정한다. 이것은 만일 우리가 동일한 초기 조건에서 시작하는 실험을 반복할 수 있다면, 사건들의 미래 경로도 항상 똑같을 것이라는 뜻이 된다. 이 신념이 참인지는 직접적인 실험에 의해 결코 테스트될 수 없고, 연속적으로 근사하는 보통의 물리적 과정을 통해 우리가 도달할 수 있는 어떤 것이다. 우주의 '현재' 상태라는 것이 무엇을 뜻하는지 정밀하게 형식화하는 것은 어렵다. 그리고 이런 형식화가 유일하게 한 가지만 있는 것이 아니라, '현재'를 구성하는 사건 중 어느 것도 인과적으로 연관될 수 없다는 필연적 추론이 개념에 포함되어 있다고 생각하는 데는 충분한 이유가 있다. 서로 떨어진 장소에서 현재를 구성하는 사건들은 빛이 두 장소를 통과할 때 걸리는 시간보다 더 짧은 시간 간격 안에 있어야 한다.

미래는 현재에 의해 결정되고 똑같이 현재는 과거에 의해 결정된다는 신념은 경험에 의한 것으로서, 현재는 미래를 인과적으로 결정한다는 식으로 자주 표현된다. 어떤 면에서 이것은 인과 개념을 일반화한 것이다. 현재의 개별 사건에 의해 시작된 연쇄 사건의 총합인 계의 미래 상태를 가장 잘 대표하는 성분들로 나누어, 이 복잡한 인과관계를 분석하는 것이 물리학의 주된 역할 중 하나이다. 이 분석이 어느 정도까지 가능할지는 실험이 결정할 일이다. 대부분의 경우 이것이 아주 상당한 정도까지 가능하지만, 완전한 분석이 가능할 것이라고 기대할 수 있는 근거는 없어 보인다. 계가 선형 미분 방정식의 형태로 서술될 수 있는 한, 서로 다른 사건에서 출발한 인과적 연쇄는 서로 간섭하지 않고 결과들을 단순히 합하면서 자신을 시공간에 전파해 나아가며, 또 그 반대로 현재는 과거 기본 사건들의 단순 합으로 분석될 수 있지만, 만일 계의 운동을 지배하는 방정식이 선형적이 아니라면, 결과들이 덧셈적이지 않기 때문에 요소들로 분해해 인과적으로 분석하는 것은 불가능하다. 여기서 방정식의 **미분적** 측면을 크게 강조할 필요는 없다. 유한차분 방정식도 똑같이 덧셈적 특성을 가질 수 있다는 것은 확실히 가능하다. 선형 방정식이 매우 큰 영향력을 가지고 있다는 점도 분명하고, 강자성체와 같이 어떤 현상들은 선형 방정식으로 서술될 수 없다는 점도 확실하다. 따라서 인과 분석이 항상 가능하다고 생각할 이유는 없어 보인다. 그러나 작은 규모의 요소들로 나누어 분석하는 것이 가능하다는 가정은 많은 물리학자들의 머릿속에서 암암리에 만들어진 것이라고 나는 믿는다. 만일 분석이 불가능하다면, 우리는 개별적으로 발생하는 사건 결과로부터 구성될 수 없는 여러 사건들이 협동해 만든 결과를 발견할 수도 있을 것이다.

인과 분석이 가능할 때, 독립적인 인과 연쇄가 시작되는 가장 간단한 사건들을 찾는다는 것은 설명 체계에서 궁극적 기본 요소들을 발견한다는 것과 등가이기 때문에, 앞서 언급했듯이 여기서 [인과 개념은] 설명 개념과 융합하게 된다. 설명의 연속(sequency)에서 마지막 원인이 무엇인지 계속 물을 수 있는 것처럼, 여기에도 인과 연속(causal sequency)의 **형식적** 종착점은 존재하지 않는다. 그러나 인과 연속을 어느 범위 이상 계속 확대하는 것은 물리적으로 무의미할지도 모른다. 조작의 관점에서 볼 때, 인과 개념은 계가 변형(variation)될 수 있어야 한다는 점을 뜻한다. 즉 A가 발생하지 않는 계를 경험할 수 없다면, A가 B의 원인이라고 말하는 것은 무의미하다. 인과 연속을 확장할 때 더 이상 물리적으로 변형할 수 없을 정도의 상태에 최종적으로 도달했다면, 인과 연속은 중지되어야 한다.

인과 개념의 이런 속성에 대응해 인과 연속은 가정(postulate)에 의해 형식적으로 종료되거나, 또는 연속의 요소들이 지닌 고유한 물리적 본성에 의해 자연적으로 종료될 수 있다. 그래서 우리가 모든 공간을 가득 채우고 있고, 항상 존재하고 있으며, 물리적으로 결코 제거될 수 없는 불변의 속성을 지닌 [에테르라는] 매질에 의해 빛이 전파되기 때문에 빛이 순서대로 진행하게 된다고 말한다면, 그다음 단계에서 우리가 에테르 속성의 원인이 무엇이냐고 묻는 것은 결국 에테르를 변화시키거나 없앤 상태에서 실험해야 한다는 것을 요구하는 것이기 때문에, 우리는 매질에 대해 가정된 속성들에 의거해 더 탐구하게 될 가능성을 닫아야만 한다. 설명의 연속을 이런 식으로 종료하는 것은 물리적 의미가 없는 명백한 순수형식주의이다. 그러나 다른 고찰들은 물리적으로 의미를 줄 수 있다. 따라서 만일 똑같은 속성을 지닌 우주 매질을 가정함으로써 설명될 수 있는 다른 종류의 실험이 존재한다면, 개념은 유용할 뿐만 아니라 상당한 정도까지 물리적 의미를 지닌다고 입증된다. 인과 연속이 불가피하게 종료되는 사례로는 이미 언급했던 바와 같이 중력 상수가 우주의 총 질량에 의해 결정될 수 있는지에 대한 가능성을 들 수 있다. 조건이 더 부여되지 않는다면 이것은 전적으로 생산적이지 않은 진술에 불과한 것이지만, 만일 간단한 수치적 연관이 존재함을 증명할 수만 있다면, 논의의 주제는 흥미로워지고 수치 관계와 다른 것들 사이의 상관관계를 더 찾으려고 노력하게 될 것이다.

인과 개념에 대한 분석은 완성하려고 의도했던 것이 아니기 때문에 흥미 있는 많은 질문들을 다루지 않은 채 남겨둔다. 이런 질문에서 아마도 가장 흥미로운 것 중 하나는 **항상** 서로를 동반하는 두 현상을 원인과 결과로 분리할 수 있는지, 따라서 현상을 인과적으로 연관된 집단들로 분류하는 것이 모든 현상을 완전히 분류하는 것인지에 대한 것이다. 그러나 이 논의는 여기 우리의 목적으로 볼 때 범위가 너무 크다. 우리가 지녀야 할 가장 중요한 관점은 인과 개념이 인과적으로 연관된 사건들을 담고 있는 계의 전체 배경에 대해 상대적이라는 것이며, 또 무한히 많은 수의 동일한 실험이 가능하다는 것을 가정함으로써 인과 개념은 모든 사건의 집합에서 분리된 사건들의 부분 집합에만 오직 적용된다는 것이다.

동일성

　외부 세계를 서술하는 개념 가운데 가장 기본적인 것 중 하나가 바로 동일성(identity) 개념이다. 실제로 이 개념 없이 사고하는 것은 상상할 수도 없다. 우리는 이 개념에 의해 시간 흐름과 연결된다. 즉 이것으로 인해 지금 경험하는 특정 사물이 과거에 경험했던 사물과 똑같다는 것을 알게 된다. 조작의 관점에서 볼 때, 동일성의 의미는 이 사물이 내가 과거에 경험한 사물과 **동일하다**고 판단하게 만드는 조작들에 의해 결정된다. 실제에서는 이런 판단을 하게 만드는 간접적 방법들이 많이 존재하지만, 내가 생각하기에 상황의 핵심은 중간의 모든 시간 동안 (직접적이든 간접적이든) 지속적 관찰에 의해 현재 사물과 과거의 사물 사이에 연속적 연관의 가능성이 존재한다는 데 있다. 예를 들어 우리가 한 사물을 계속 바라보고 있을 때, 이것을 보고 있는 동안 사물이 동일하게 있었다고 말할 수 있어야 한다. 이것은 사물이 어떤 특성들을 유지하고 있다는 것을 의미한다. 즉 이것은 지속적인 물리적 불연속성에 의해 주변 환경과 분리된 별개의 사물(a discrete thing)이어야 한다. 따라서 동일 가능성(identifiability)의 개념은 어떤 특정 부류의 물리적 사물에만 적용된다. 오늘의 바람이 어제의 바람과 동일하다고 생각하는 사람은 없다. 물에 뜰 수 있는 고체 가루를 물에 뿌림으로써 물의 흐름을 시각화할 수 있기 때문에 개울에 흐르는 물과 같은 액체가 동일한지 여부를 식별하는 것이 좀 더 쉽겠지만, 여기서도 우리가 [동일성을] 확인하려는 것이 고체 가루가 아니라 물이라는 억지 비판을 증명하기가 쉽지 않다. 그러나 고체라고 하더라도 충분히 세심하게 측정한다면, 실험적 계산이 지닌 근사적 특성에 대해 앞서 논의한 바와 같이 불연속의 경계를 상실한다고 생각되기 때문에 동일성 개념은 모호해진다.

동일성 개념이 일상 경험 안에서 자연을 근사적으로 다루기 위해 완벽하게 잘 적용할 수 있는 도구라는 데는 이론의 여지가 없지만, 이에 관해 아주 심각한 질문을 던져야 한다. 즉 우리의 사고 장치가 불연속적으로 구별되고 확인 가능한 사물을 갖고 생각해야 한다는 요구는 우리가 구성할 수 있는 물리적 우주의 모습을 아주 근본적으로 제한할 것을 강요하는 것이 아닐까? 우리가 사물의 크기를 점차 감소시키면서 불연속적 구조를 고안할 때마다, [고안된 구조의] 유일한 **존재 이유(raison d'être) 전체**가 전적으로 우리 마음 안에서만 발견된다는 것을 알고는 놀라게 된다. 그래서 레이놀즈[6]는 에테르 내에서 원자 구조를 신중하고도 아주 세심하게 추측했고, 에딩턴[7]이 10^{-40}cm[③] 규모의 크기를 가진 구조의 존재를 암시했다는 것을 알고 있다. 우리는 이보다 더 큰 크기라 할지라도 같은 방식으로 생각하며, 또 단단하고 침투할 수 없는 속(core)을 갖고 아주 충분히 짧은 거리 안에서는 적용되는 힘의 법칙이 완전히 달라지는 기본 양전하와 음전하를 상상하기도 한다. 원자 안에서 한 전자가 궤도를 바꾸는 동안 우리가 상상한 방식으로 전자가 자신의 동일성을 유지한다거나, 동일성 개념이 여기에 완전히 적용된다는 것을 물리적으로 어떻게 확신할 수 있겠는가? 이 수준의 경험에서 이루어지는 실제 조작으로 볼 때, 동일성 개념은 사실상 모든 의미를 잃게 된다고 생각한다.

  본질적으로 우리의 정신은 연속성을 물리적 사물의 속성으로 취급할 수 없을 것 같다. 연속성은 오직 부정적 의미로만 이야기할 수 있다. 진짜 연속적인 물질의 속성을 서술할 때마다 "아니야, 이것은 그것이 아니야."라고

---

6) Osborne Reynolds, *The Sub-Mechanics of the Universe*, Cambridge University Press, 1903, p. 254.
7) A. S. Eddington, Report on Gravitation, *Lon. Phy. Soc.*, 1918, p. 91.

말할 수 있지만, 진정 연속성 있는 물체란 어떠해야 한다고 여기는 것과 일치하는 경험을 상상하기는 어렵다. 조작과 관련해 볼 때, 연속성이란 일종의 부정적인 의미만 지니고 있을 뿐이다. [연속성을 다룰 수 없다는] 이런 정신적 무능에 내포된 의미는 적절한 가정들, 예컨대 현재 논의 중에 있듯이 음전하가 양전하에 의해 완전히 소멸된다는 가정에 의해 제거될 수 있다.8)④ 두 전하의 소멸은 물리적 의미를 지니고 있기 때문에 이렇게 가정하는 것은 타당하다. 그러나 이런 사고 습성이 함축하는 의미 **모두**가 제거될 수 있는지, 그리고 우리가 구성할 수 있는 자연의 어떤 모습도 사고의 창백한 틀로 인해 핼쑥해질 정도로 변질되지나 않을지는 의문이다.

조작의 관점에서 보면, 이 마지막 이야기가 어떤 측면에서는 의미 있을 수 있겠으나 무의미한 질문에 위험할 정도로 가깝게 근접해 있다는 점을 알 수 있다. 우리는 작은 규모의 현상을 어느 수준 너머 더 깊이 탐구할 수 없을 뿐 아니라, 자연 자체에도 작은 규모에는 한계가 있을 것이기 때문에 결국 우리가 일종의 장벽 앞에서 멈추게 될 것이라는 점이 실제로 밝혀지게 될지도 모른다. 그러나 자연이 **정말** 유한하기 때문에 우리가 종착점에 도달한 것인지, 또는 연속성을 다루지 못하는 우리 정신의 어떤 특성 때문에 우리가 종착점에 도달한 것처럼 보이는지를 이런 상황에서 묻는 것은 무의미한 질문이다.

실제에서는 동일성 개념을 확대하여 사용하고 있으며, 우리가 앞서 검토했던 기본 개념과 다른 의미로 사용하고 있다. 예를 들어 우리가 '두 관찰자는 같은 사물을 보고 있다.'고 말한다든지, 사물이 이동하거나 무엇인가를 하고 있을 때 '두 관찰자가 같은 사건(happening)을 보고 있다.'고 말한다. 서

8) 예컨대 J. H. Jeans, Nat. 114, 828-829, 1924를 보라.

로 다른 관찰자가 인식했을 때 (수학적으로 표현하자면 두 기준계에서 관찰했을 때) 똑같음이라는 판단이 가능한 발생을 우리는 사건(event)이라고 말하며, 이것은 상대성 이론의 기본 개념 중 하나이다. 이제 무엇이 이 사건 개념에 포함되어 있고, 두 관찰자가 같은 사건을 경험한다고 말할 때 우리가 뜻하는 것은 무엇일까? 첫 번째로 거칠게 시도해 볼 수 있는 것은 만일 두 관찰자가 동일한 방식으로 사건을 서술한다면, 이 사건은 동일한 것이라고 말할 수 있다는 것이다. 그러나 이것은 말의 의미에 관해 복잡한 문제를 일으키는데, 우리는 이런 상황을 기꺼이 피하고 싶을 뿐 아니라 예컨대 서로 다른 속도로 운동하는 두 관찰자가 기차의 기적소리를 같은 높이의 소리로 듣는 것이 아니기 때문에 이것은 옳은 것도 아니다. 이 상황을 만족스럽게 분석하는 것은 어렵지만, 나는 이 문제의 핵심이 마치 불연속성을 지닌 물체에 적용할 때 동일성 개념의 문제가 발생하듯이, 사건의 불연속적 속성에 존재하고 있다고 믿는다. 사건은 공간과 시간 두 영역에서 불연속적으로 구획된 경계를 가지고 있다. 이제 어떤 한 기준계에서 관찰된 불연속성과 다른 기준계에서 관찰된 불연속성 사이에는 일대일의 대응이 존재한다는 점에서 불연속성이 어떤 절대적 의미를 가진다는 것은 경험의 결과라고 생각한다. 두 기준계에서 불연속성에 대응하는 것은 정의에 따라 동일한 것이다. 정의에 의해 한 사건은 일정한 불연속성에 의해 구획된 모든 현상의 집합으로서, 만일 사건의 겉보기와 관계없이 두 계에서 사건의 불연속적 경계들이 동일하다면, 두 기준계는 정의에 따라 동일 사건을 기술하는 것이다. 예를 들어 빛 신호의 방출은 비록 그것이 한 기준계에서 적색으로 관찰되고 다른 기준계에서는 녹색으로 관찰된다고 하더라도 이 정의에 따르면 한 사건이다.

이제 우리는 사건 개념이 동일성 개념처럼 오직 근사적 개념이라는 것을 알게 되었으며, 같은 이유로 명확하게 불연속적인 사물과 같은 것이 경험에는 존재하지 않으며, 다만 우리의 측정이 점차 세련됨에 따라 불연속적이라고 가정했던 경계가 점점 흐릿해진다는 것이다. 작은 크기의 규모로 진행함에 따라 불연속성을 인식하게 만드는 조작을 수행할 가능성이 완전히 사라질 때 비로소 이 모호함이 더 중요해지고, 사건 개념은 조작의 측면에서 전적으로 다른 의미를 얻게 된다. 앞서 언급한 것과 같은 방식으로 정신적 모형에 의해 사건을 계속 생각할 수 있지만, 이제 조작의 진정한 중요성은 고찰 대상인 특정 현상에 의존하게 된다. 사건 개념은 한 원자에서 양자 복사 방출이나 방사능 붕괴에 의한 감마선 방출, 또는 셔터를 열고 닫음으로써 손전등에서 번쩍이는 빛 신호에 적용될 때와 같은 종류의 것이 정말 아니다. 항상 그랬듯이 여기서도 경험의 범위를 확대할 때마다, 우리가 정신 모형을 사용해 일상적인 사건 개념을 작은 규모의 현상까지 확장함으로써 실재하지 않는 현상을 우리 세계관 안으로 암암리에 끌어들였다는 점을 언젠가는 알게 될 준비가 되어 있어야 하며, 그래서 직접 경험에 대응하는 형태로 개념을 주조한다는 우리 생각을 교정할 필요가 있다.

속도

일반적으로 정의하는 속도 개념에는 시간과 공간이라는 두 개념이 포함되어 있다. 우리가 한 물체의 속도를 측정하는 조작은 이렇다. 먼저 물체가 한 지점에 있는 시각을 측정하고 그 물체가 다음 지점에 있는 시각을 측정한 다음, 두 지점 사이의 거리를 두 시간 사이의 간격으로 나누고, 물체의 속도가 변하는 경우에는 극한을 취한다. 충분히 작은 속도를 다룰 때는 속도를 측정하는 조작에 사용한 시간의 종류에 신경을 쓰지 않아도 되지만, 속도가 매우 커질 때는 물체가 있던 두 지점에서의 국소시간에 유의해야 한다. 이것은 공간으로 확대된 시간계, 즉 다른 말로 '확장된' 시간계를 가져야 한다는 것을 의미한다. 이런 방식으로 정의된 속도 개념은 자연을 서술하는 도구로 사용될 수 있으며, 이를 통해 자연이 특정한 속성을 지니고 있다는 점을 알게 된다. 예를 들어 빛의 속도는 $3 \times 10^8 \mathrm{m/s}$라고 말하는 것이다. 더 나아가 이 속도보다 더 빠른 속도를 지닌 물체는 없으며, 속도가 이 크기에 접근함에 따라 증가하는 에너지의 크기는 끝이 없다.

그러나 이제 이렇게 특별한 방법으로 정의된 속도 개념이 자연 현상의 서술 도구로 현명하게 선택되었는지를 묻는 것은 검토해 보기 딱 좋은 질문이다. 속도 개념을 수정하는 것, 즉 직접 감각으로 속도가 어떤 것이라는 느낌에 상응하면서 낮은 속도에서는 모든 수치적 측정이 수정되지 않게 만드는 어떤 조작을 고안하는 일은 가능해 보인다.[9] 예를 들어 자동차를 타고 가는 여행객이 계기판의 시계와 길옆에 있는 이정표를 보고 속도를 측정하고 있다. 이 조작은 앞서 말한 확장시간이 아니라, 운동하는 물체의 국소시간에 해당하는 조작이다. 이 새로운 조작에서 사용한 공간 좌표들은 얼핏 보기에 혼합된 것처럼 보이지만, 이것은 관찰자가 실제로 자연스럽게 사용하는 좌표이다. 이 좌표는 관찰자가 도로의 한 지점을 정하고 줄자를 계속 앞으로 풀어나가면서 측정하거나, 바다에서 배를 타고 로그라인을 풀면서 거리를 측정하는 것과 같은 것이다. 속도를 정의하는 흥미로운 또 다른 방식이 있는데, 이것은 공간과 시간을 직접 분석해 속도를 얻는 것이 아니라

[9] 시간 개념이 속도 개념보다 인식 순서에서 더 원초적인 개념인지, 운동체를 관찰하지 않고도 시간 개념이 도출될 수 있는지, 속도와 시간 사이에 필연적인 연관성이 자연스러운 경험의 형태로 정말 존재하는지 등을 심리학자에게 물어보는 것은 흥미로울 것이다.

임의로 선택한 단위 속도를 물리적으로 더해 속도를 측정하는 방식이다. 이 사항은 나의 저서 『차원 분석』[10]에서 어느 정도 논의되었지만, 여기서는 적절한 수준에서 간략히 설명하겠다. 예컨대 판자 위에 일정한 무게를 가진 두 개의 말뚝을 박고 이들 사이를 끈으로 연결하는 식으로 속도에 대한 구체적 기준을 정할 수 있다. 이제 우리가 끈을 당겼다 놓으면 요동이 끈을 타고 전달되는 것을 우리 눈으로 볼 수 있으며, 이때 우리는 단위 속도를 이 요동의 속도로 정의한다. 만일 어떤 물체가 이 요동보다 빨리 운동하면 그 물체는 단위 속도보다 빠른 속도를 가진 것이고, 뒤에 처지면 그 물체는 단위 속도보다 느린 속도를 가진 것이다. 우리는 두 말뚝과 끈을 가진 또 다른 판자를 만들어 이 기준을 똑같이 복제하고, 두 곳의 요동이 똑같이 진행하는지 여부를 관찰함으로써 두 속도가 동등함을 확인할 수 있다. 이제 두 번째 판자가 첫 번째 끈의 요동이 진행하는 속도와 같은 속도로 움직인다고 하면 두 번째 판자의 끈의 요동이 움직이는 속도는 두 배의 단위 속도가 된다. 이런 방식으로 이 과정을 무한히 확장할 수 있고, 이에 따라 어떤 속도도 측정할 수 있다.

그러나 여기서 다룬 속도에 대한 새로운 두 가지 정의 중 어느 하나를 채택한다고 하더라도 빛의 속도는 무한대가 된다. 그뿐 아니라 물체에 무한한 에너지를 부여해 주는 속도에 제한이 없을 것이며, 이는 우리의 일상 경험으로 볼 때 자연스럽고 단순한 것이다. 다른 한편에서 빛의 속도가 무한대라는 것은 특히 매질이라는 관점에서 볼 때 아주 부자연스러운 것이다. 우리는 여기서 딜레마에 빠진다. 즉 모든 현상을 한꺼번에 간단하게 취급할 수 없다. 만일 우리가 물체의 거동에 가장 기본적인 의미를 부여한다면,

10) Bridgman, P. W., *Dimensional Analysis*, New Haven, Yale University Press, 1922.

속도에 대해 새로운 정의를 선택해야 할 것이다. 그러나 만일 우리가 빛의 현상을 제일 기본이라고 생각한다면 빛의 속성이 간단한 형태가 되도록 정의해야 할 것이다. 이것이 바로 아인슈타인의 관점이었다. 빛이 기본이라는 것이 그의 특수 상대성 이론 전체의 특징이며, 속도의 첫 번째 정의를 채택할 때 이것이 그에게 영향을 준 것이다. 이제는 빛이 기본이라는 요청에 대해 어느 누구도 이의를 달지 않으며(이렇게 할 수 있는 슬기는 결과에 의해 정당화된다.), 빛의 속성을 수학으로 나타낼 때 무한이 되는 속성을 없애고자 하는 바람을 쉽게 만족시킬 수 있으며, 따라서 빛의 속도가 유한해야 한다는 희망을 받아들일 수 있다. 그러나 이 모든 것은 우리가 앞서 논의할 때 암암리에 사용했던 아주 나쁜 또 다른 가정을 포함하는데, 즉 속도에 대한 관념이 오직 빛에 대해서만 관계하고 있다는 것이다. 아인슈타인은 아주 명확히 이 관점을 채택했고, 상대성의 전체 구조가 지닌 특성을 확정했다. 그 반대로 나는 속도 개념을 적용할 때 **이동하는 물체**와 빛이 동일할 수 있는지에 대해 매우 진지하게 의문을 품어야 한다고 생각한다. 그러나 이에 관한 논의는 빛의 속성을 다룰 때까지 미루기로 하자. 현재 우리가 알아야 할 중요한 점은 실제로 사용된 속도에 대한 정의가 확장시간 개념을 포함하고 있으며, 아주 **빠른** 속도에서 현상이 아주 다른 국면으로 변하면서도 우리 일상 경험에 영향을 주지 않도록 속도를 정의하는 것에는 여러 가지 다른 방법들이 가능하다는 점이다.

우리가 일상적인 역학 실험으로 도달할 수 있는 속도보다 훨씬 더 빠를 때는 정밀한 형식으로 속도를 정의하는 것이 중요하다. 지상의 실험실에서 이런 속도는 높은 진공에서의 실험이나 핵붕괴 때 방출되는 하전 입자에 의해서만 얻을 수 있다. 그동안 우리는 날아가는 입자가 일정한 거리를 통과할 때 걸리는 시간을 측정하는 실험으로 속도를 직접 측정하려는 시도를 거의

하지 않고, 전기동역학 방정식에 의한 계산과 직접 관찰된 것을 경로의 곡률로 나타냄으로써 속도를 간접적으로 측정해 왔다는 점은 매우 흥미롭다. 속도를 좀 더 직접적인 방식으로 측정하기 위해 한두 번의 실험이 이루어졌다는 것은 사실이지만, 여기에는 작업을 더 해야 할 여지가 있다.

힘과 질량

중요한 또 다른 개념으로 힘 개념이 있다. 일상적인 분석만으로도 힘과 가속도 사이에는 관련이 있다는 것을 알 수 있고, 가속도는 속도를 포함하고 있기 때문에, 이제는 마땅히 힘에 대해 논의해야 할 것이다. 그동안 여러 저작자들에 의해 이 개념에는 상당한 분석이 이루어졌었다. 기원으로 볼 때 이 개념이 외부에서 작용하는 물체에 근육이 저항할 때 느끼는 감각에서 유래되었다는 점은 명백하다. 근육을 용수철저울로 대체함으로써 다소 거친 이 개념은 정량화될 수 있는 기반을 가질 수 있으며, 용수철저울 대신 다른 탄성체를 이용해 작용하는 힘을 변형의 형태로 측정할 수도 있다. 물론 이 아이디어를 물리적으로 수행할 때 고려해야 할 대책은 복잡하다. 예를 들어 [계측장치에 변형을 주는] 온도 변화에 대한 대책이 가장 쉽게 이해할 수 있는 것 중 하나이다. 이렇게 정의된 힘 개념은 정역학계로 한정된다. 즉 정지한 계에서 힘들 사이의 관계를 찾는 것이 정역학의 과제인 것이다. 이제 가속도가 있는 계로 힘 개념을 확장하고, 모든 실험이 중력장이 존재하지 않는 아주 멀리 떨어진 빈 공간 속에 고립된 실험실에서 이루어진다고 생각하자. 우리는 여기서 새로운 개념, 즉 질량 개념과 마주치게 되는데, 질량 개념을 처음 만나게 되었을 때 이것이 힘 개념과 얽혀 있었지만 나중에 보일 연속 근사를 통해 [질량과 힘 개념 사이의] 얽힘을 풀 수 있다. 근사 과정의 여러 단계에 관한 상세한 내용은 모든 물리학 방법의 전형으로 매우 교훈적이긴 하지만, 여기서 너무 정성 들여 설명할 필요는 없다. 즉 강체마다 [질량에 해당하는] 물체의 수치 속성을 부여한 다음, 용수철저울이 준 힘에 의한 강체의 가속도에 이 수치를 곱한 값이 완전한 정지 상태에서―보정을 제외하고―저울의 변형 형태로 정의된 힘과 수치적으로 같다고 언급하는 것만으로도 충분하다. 특히 질량, 힘, 가속도 사이에서 알려진 관계가 힘이 작용하는 용수철저울 자체에도 적용되기 때문에, 저울 자신의 가속도로 인해 저울에 작용하는 힘을 제거해 주는 보정이 필요하다.

이제 실험실을 지구 중력장이 있는 곳으로 가져옴으로써 측정 영역을 확장하자. 그러면 물체에 작용하는 용수철저울이 없어도 (즉 힘이 없어도) 물체가 지속적으로 가속되는 것을 보면서 우리는 경험을 즉시 확대할 수 있다. 즉 힘 개념을 확장해 가속하는 임의의 물체에는 힘이 작용하고 있다고 말하고, 그 힘의 크기는 같은 물체가 무중력 공간에서 용수철저울에 의해 같은 크기의 가속도를 내는 데 필요한 힘의 크기와 같다고 정의한다. 중력장 내에서 물체가 얻은 가속도를 반대 방향으로 특정 크기만큼의 힘을 용수철저울로 작용하여 제거할 수 있기 때문에 이런 확장은 물리적으로 정당화될 수 있다. 힘에 대해 이렇게 확장된 아이디어는 전기 작용이 있는 계에도 적용될 수 있다.

이로써 우리는 힘을 측정하는 조작이 변했기 때문에 힘의 관념이 정지 상태에 있는 물체에서 운동하는 물체로 확장되었고, 이로써 힘에 관한 개념의 속성이 변했다는 것을 알게 된다. 물체에 작용하는 힘은 이제부터 가속도 형태로 측정된다. 그러나 가속도로부터 힘을 결정할 때 우리는 질량을 알아야만 한다. 이 질량은 힘에 관한 원래 개념과는 무관하게 측정될 수 있어야 한다. 그렇지 않다면 우리는 중력에 의해 물체에 작용하는 힘이 그 질량에 비례한다는 식의 단순한 진술의 근거를 갖지 못할 것이다. 이 모든 것은 느린 속도에서 이루어지는 일상적인 실험 범위에 적용된다. 만일 우리가 측정 범위를 확대한다면 예상치 못한 현상들을 발견하게 된다. 예를 들어 하전된 원자와 같은 물체의 속도를 무한히 증가시키는 데는 어려움이 있을 것으로 보인다. 우리는 다음과 같이 세세한 질문들부터 시작해야 한다. 즉 빠른 속도로 운동할 때 중력에 의한 힘은 속도에 대해 독립적인가, 또는 이 같은 조건에서 질량은 속도에 독립적인가, 아니면 중력장에 독립적인가? 등.

이 질문에 답하고자 할 때, 우리는 질문을 구성하는 개념에 어려움이 있다는 것을 알게 된다. 즉 질량을 먼저 알지 못하면 힘이 속도에 대해 독립적인지를 알 수 있는 조작을 찾을 수 없게 되거나, 우리가 힘을 알지 못하면 질량을 측정할 수 있는 조작을 알 수 없다는 것이다. 우리가 실험 지식으로 아는 한, 가장 빠른 속도를 가진 순수한 역학계는 천체뿐이다. 수성을 예외로 한다면 천체 운동은 일반 역학 법칙으로 예측될 수 있기 때문에, 이를 통해 비교적 빠른 속도를 가진 물체의 역학 법칙을 일단 확정할 수 있다. 그러나 우리가 천체에 대해 관찰할 수 있는 모든 것은 그들의 위치뿐이며, 지상의 현상에 대한 역학 법칙을 확인할 수 있는 모든 조작이 이들 천체에 적용될 수 없다는 점을 염두에 두어야 한다. 예를 들어 질량과, 중력이 질량에 작용한 힘 모두가 똑같이 속도의 영향을 받는다면, 천체 운동 역시 현재 관찰되고 있는 바와 완전히 똑같아야 할 것이다. 따라서 우리가 속도의 범위를 넓힘에 따라 동시에 힘과 질량 개념은 개념의 확실함을 잃고 부분적으로 융합된다. 이것이 실험적으로 도달할 수 있는 한계 근처에서 우리가 항상 기대했던 바의 전형이다. 즉 경험할 수 있는 것이 점점 줄어들고, 물리적 조작의 선택은 더욱 제한되며, 개념들이 변해 그 수가 점차 줄어들게 된다. 우리가 개념의 수를 형식적으로 똑같이 유지할 수 있다면, 우리는 임의의 규약(conventions)이나 정의들을 도입해야 할 것이다. 그런 정의는 대개 편의성(convenience)을 위해 도입된다. 역학계에서 편의성을 위한 이러한 동기는 역학 현상의 영역 밖에서 고찰했기 때문에 도입된 것이다. 실제에서 가장 빠른 속도는 역학적으로 도달할 수 없고, 진공관 등으로 실험하는 전기계에서 얻어진다. 따라서 편의성에 대한 고찰은 전기적 관점에서 온 것이다. 나중에 이 고찰들을 좀 더 상세하게 다루기로 한다. 결론적으로 우리가 여기서 필요한 모든 것은 전자의 전하가 속도에 관계없이 일정한 값을 갖는다고 가정하는 것이 편리하며, 이는 전자의 질량이 속도에 따라 어떤 특정한 방식으로 변하는 값이 되어야 한다는 것을 뜻한다. 이제 상대성 원리를 받아들인다면, 역학적 물체의 질량은 전하의 질량과 같은 방식으로 속도에 따라 변해야 한다. 전하의 질량이 변할 수 있다는 점이 확정되었기 때문에 역학적 질량은 속도의 특정한 함수로 되며, 따라서 어떤 특정한 물리 상황에서도 힘 또한 확정된다.

[중력의 영향을 받지 않는] 멀리 떨어진 빈 공간이라는 가설적 실험실에서 수행하는 실험을 포함해, 위에서 본 바와 같이 힘에 대한 기본 정의는 매우 관념적이다. 이 과정 중 일부는 역학 문헌들에서 어느 정도 명시적으로 언급한 진술과 일치하는 듯 보인다. 실제 조작에 의해 이런 정의에 부여된 의미에는 복잡한 추론적 사고가 포함된다. 정의할 때 다소 근사적으로 현실화할 수 있는 조작으로서 빈 공간에서 이루어지는 가설적 조작을 마찰 없는 수평 테이블 위에서 미끄러지는 물체로 대체했더라면, 우리는 실제 실험 조건에 더 가깝게 연결할 수 있었을 것이다. 역학 법칙에 관한 직관적 느낌으로 볼 때, 우리는 성간(星間) 공간에서의 실험실로 서술하거나 테이블의

실험으로 서술하거나 [힘에 대한] 이들 정의가 실질적으로 동등하다고 확신한다. 그러나 조작이 다르면 원칙적으로 개념도 다르다는 점을 알아야 하며, 만일 우리가 물리적으로 어쩔 수 없이 테이블에서의 정의와 등가인 어떤 것을 선택한다면, 정밀도가 충분히 증가할 때 중력장 내에서 질량의 방향 속성(directional attributes)과 같은 현상들을 현존하는 반그림자 안에서 발견하게 될 가능성에 대해 생각을 열어놓아야 한다.

이제까지 느린 속도에서 빠른 속도로 옮겨갈 때 일상적 크기 규모에서 마주치는 문제들을 고려해 보았다. 만일 아주 작은 규모에서 이루어진다면 힘과 질량 개념이 어떻게 될까? 원자 규모로 내려갈 때까지는 새로운 물리적 어려움을 적어도 무시해도 될 듯싶다. 왜냐하면 실제 원자를 갖고 실험할 수는 없지만, 그럼에도 예컨대 중력장 내에서 유체에 떠 있는 부유물의 브라운 운동[11]을 측정할 수 있고, 이를 원자 수준까지 외삽(外揷)하는 것은 그다지 큰 문제가 아니기 때문이다. 원자 규모에서도 질량 보존 법칙이 성립한다고 가정할 때, 개별 원자의 질량은 수를 세는 과정과 똑같은 방식으로 구할 수 있다. 이는 모든 화학적 경험에 의해 정당화된다. 우리가 알고 있는 전기장 법칙에 따라 전자를 전기장 내에서 가속함으로써, 원자의 구성 성분인 전자에도 그 질량에 유일한 의미를 부여할 수 있다. 여기서 원칙적인 의문이 드는 것은 전자의 구성 요소들이 지닌 질량에 무슨 의미를 부여할 수 있는가에 대한 것이다. 명백한 것은 적어도 현재로 볼 때 이것은 경험할 수 있는 범위를 넘어서는 것이고, 또 경험이 더 어려워지면서 개념의 수가 감소한다는 점이다. 우리가 이제 요구하는 것은 수의 특정한 조합들, 즉

---

11) 이 현상은 J. Perrin, *Brownian Movement and Molecular Reality*, translated by F. Soddy, Taylor and Francis, London, 1909에서 자세히 논의되었다.

그 수들 중 일부는 역학적 질량을 대표하고 일부는 전하를 대표하는 조합들이 전자 전체에 대해 적분할 때 서로 적절한 관계를 갖도록 하는 것이다. 전자의 각 부분들끼리 서로 작용하는 힘이 무엇인지에 대해 물을 때도 역시 유사한 문제에 직면하게 된다. 나중에 전기 개념의 본질을 다루게 될 때 이 질문을 다시 고려할 것이다. 이 영역에서는 어떤 사건이라도 힘과 질량의 개념이 완전히 변하게 된다.

내친김에 한마디 더 한다면, 현재의 전기 이론이 전자의 구성 요소들의 질량에 대해 어떤 의미도 주고 있지 않다는 점은 흥미로운 일이다. 왜냐하면 전자의 전자기적 전체 질량은 구성 요소들의 **상호작용** 형태로 표현되지, 구성 요소들의 작용을 **선형적으로** 합한 결과가 아니기 때문이다.

에너지

에너지 개념을 검토할 때 순수한 역학적 에너지부터 먼저 시작하자. 오직 보존력만 존재하는 역학적 고립계에서는 운동 에너지와 퍼텐셜 에너지의 합이 일정하다. 운동 에너지는 물체의 모든 부분을 포함하는 $\sum \frac{1}{2}mv^2$ 로 정의된다. 퍼텐셜 에너지는 계의 부분들이 차지하는 위치에 의해 결정되며, 기준점과의 관계에 의해서만 물리적 의미를 갖는다. 즉 퍼텐셜 에너지의 변화만이 조작의 형태로 의미를 갖게 된다. 기준점을 임의로 선택할 수 있다는 점에서 계에 부여된 총 에너지는 임의성이라는 요소를 가지게 되었고, 따라서 에너지는 역사를 기준점의 시기로 되돌릴 때만 의미를 지니게 된다.

우리는 에너지 개념을 역학계에서 시작해 우리가 얻을 수 있는 모든 계로 확장할 수 있다. 확장된 에너지 개념에 의미를 부여하는 조작은 일반화된 보존 원리나 열역학 제일법칙을 포함한다. 열역학계까지 확장하는 것은 즉시 가능하다. 대상에 광학계와 전기계를 포함시키는 것은 가장 중요한 물리적 단계이지만, 여기에는 주의 깊은 실험적 정당화가 필요하다. 적용될 수 있는 범위가 매우 넓기 때문에 에너지 개념은 이제 물리학에서 가장 중요한 것 중 하나가 되었다. 이 아이디어는 이미 이십 몇 년 전 오스트발트[12]가 주장했던 것이지만, 상대성 이론이 알려준 질량과 에너지 사이의 연관과 스펙트럼 분석 때 에너지 준위에 부여된 중요한 역할 때문에 이제는 훨씬 더 부각되고 있다.

그러면 에너지의 일반 개념이 지닌 정확한 본질과 의미는 무엇인가? 우선 에너지의 보존 속성은 물질이 지닌 가장 간단하고도 가장 명확한 속성 중 하나이기 때문에 에너지에 물질의 몇 가지 속성을, 그중에는 특히 가장 중요하다 할 수 있는 공간에서의 국소화 속성을 부여할 근거를 여기서 찾을 수 있다. 그러나 공간에서의 위치라는 이 생각은 전적으로 우리 자신이 상황에 끼워 넣은 것이기 때문에 여기에 직접 대응하는 실험 조작은 아무것도 없다는 점을 알아야 한다.⑤ 그럼에도 이 아이디어는 아주 중요한 효과를 주었다. 예컨대 캘빈이 발견했던, 전기장의 총 에너지를 공간에 퍼져 있는 것으로 나타낼 수 있는 함수[13]의 중요성이 그 증거이다. 이것은 매질이라는 관점이 주었던 가장 중요한 소득 중 하나였다.

---

12) W. Ostwald, *Die Energie*, Barth, Leipzig, 1908.

13) 이 함수는 전기력과 변위의 스칼라 곱에 $\frac{1}{8\pi}$ 을 곱한 것이다. 만일 변위에 대한 맥스웰의 정의를 사용한다면 $\frac{1}{8\pi}$ 은 $\frac{1}{2}$ 로 대체되며, 압축된 용수철에 저장된 탄성 에너지와 에테르에 저장된 에너지 사이에는 정확한 유비 관계가 생긴다.

좀 더 비판적으로 검토한다면, 물질과 에너지 사이에서 도출된 순진한 이 유비(類比, analogy)가 더 이상 우리를 만족시켜 주지 못한다는 것을 알게 될 것이다. 물질이라는 관점에서 물질이 공간에서 위치를 차지하고 있다고 말하는 것까지는 그런대로 참을 수 있지만, 물질의 보존이라는 관점에서 물질에 공간의 위치를 부여한다는 것은 아주 다른 것이다. 어떤 의미에서 물질이 보존된다는 것인가? 우리가 한번은 생각해 봤던 질량과 관련된 것은 분명히 아닐 것이다. 그럼에도 여기에 보존 속성을 지닌 어떤 것이 존재하고 있다는 느낌을 부인할 수 없으며, 우리는 그것을 전자와 양성자 수가 가설적으로 일정하다는 식으로 궁색하게 나타냈던 것이다. 비슷한 생각으로 뉴턴이 고심 끝에 질량을 물질의 양이라고 정의하고 난 다음, 엄격하고 냉정하게 해석해 보고 나서 이것이 완전히 무의미한 정의였다는 것을 알았을 때 혼란스러웠을 것이라고 나는 오랫동안 생각했다.[6] 다른 한편으로는 물질 보존에 대한 우리 생각에 무슨 의미가 존재하든, 적어도 한 가지 중요한 측면에서 볼 때 그것은 에너지 보존과 같은 것이 결코 아니다. 고립된 역학계의 에너지는 그것이 서술되는 기준계의 함수이다. 역학계를 변경하는 것이 아니라 단지 기준계에 대한 속도를 부여함으로써 역학적 에너지를 변화시킬 수 있고, 따라서 어떤 크기의 에너지이든 그것의 전체 값도 달라진다. 이것은 일반 물질과 아주 근소한 유사성도 없다. 나는 에너지가 물질계의 속성 이상이라고 말하는 것을 정당화해 줄 수 있는 에너지 개념과 등가인 조작을 찾을 수 없다. 즉 조작들이 에너지와 연관된 위치에 어떤 유일한 의미도 줄 수 있을 것으로 보이지 않는다.

이제 우리가 에너지의 보존이라는 것에 어떤 의미를 부여할 수 있는지에 대해 알아보기로 하자. 먼저 우리 자신을 역학계로 제한하자. 역학계의 운동은 특정한 이차미분 방정식들을 만족하며, 실제 운동은 이 방정식들을 적분함으로써 얻어진다. 미분 방정식을 적분할 때 초기 조건에 의해 결정되는 어떤 상수들이 등장하며, 그 상수는 미래에 벌어지는 계의 운동 내내 동일하다. 명백히 이 운동 상수가 보존 속성에 대응한다. 물론 이 논리는 즉시 확장될 수 있다. 즉 역학적이든 아니든 운동이 미분 방정식에 의해 결정되는 어떤 계도 일종의 보존 속성을 지니게 된다. 역학계에서 에너지는 보존 함수 중 하나이며, 다른 보존 함수는 선 운동량이나 각 운동량이다. 에너지는 그것이 간단한 식 $\sum \frac{1}{2}mv^2$에 의해 계의 측정 가능한 속성들과 연관된다는 점에서 특히 단순할 뿐 아니라, 역시 물질의 양에 대한 하나의 속성인 스칼라이기도 하다. 그러나 더 나아가 에너지에 물질의 다른 속성, 예컨대 공간에서의 국소화 같은 속성을 부여하는 것은 물질과 에너지의 양을 측정하는 조작 특성의 본질적 차이를, 즉 이들의 물리적 특성에서 본질적 차이를 간과하는 것이다.

열 현상이 본질적으로 역학적 특성을 지니고 있다는 관점에 따라 에너지 개념을 역학에서 열역학으로 확장하는 것은 물리적으로 충분히 설명될 수 있다. 전파 속도의 효과가 무시된 간단한 전기계나 자기계에서도 이 아이디어가 확장될 수 있다는 점은 이들 계의 운동 방정식이 역학적 일반 형태와 동일하다는 사실의 결과로서, 맥스웰은 이런 계의 방정식이 일반화된 라그랑주 형태로 표현될 수 있음을 증명했다. 그러나 전파 속도가 중요해지는 계로 식을 확장하게 될 때(즉 우리가 일반적인 형태로 장 방정식을 고려하게 될 때), 우리는 라그랑주 방정식이 물질 자체에 더 이상 적용될 수 없으며, 에너지가 원래 의미에서 더 이상 보존되지 않음을 알게 된다. 그러나 에너지가 앞서 행동했던 방식과 똑같이 수학적으로 행동하는 새로운 함수가 등장한다. 만일 계의 역학 부분에 공간의 전기장과 자기장이 추가된다면, 계의 운동 방정식은 형식상 라그랑주 방정식의 형태를 유지한다. 따라서 우리는 이렇게 확장된 형식으로 과거와 다름없이 보존 함수를 얻게 되며, 에너지 개념은 이렇게 확대된 관점에서 존속될 수 있다. 하지만 에너지를 확정하는 물리적 조작이 완전히 달라지고, 개념의 물리적 특성이 변하게 된다. 과거처럼 공간에서 국소화된 에너지에 대해 정당성이 더 이상 존재하지 않게 되거나, 에너지에 물질의 다른 속성들을 부여할 수 없게 된다. 그럼에도 에너지가 물질화한다는 개념과 그 결과 에너지가 공간에서 국소화되어야 한다는 희망은 매질의 존재에 관한 여러 의견들 가운데 가장 강력한 쟁점 중 하나이다.

내가 아는 한, 보존 함수는 자연 현상을 미분 방정식으로 서술할 수 있을 때 존재한다. 더 나아가 역학에서 정밀한 형식의 보존 함수가 존재한다는 것은 방정식의 특별한 형식과 힘의 본질이 만든 결과이다. 이 특별한 역학적 함수와 관련해 자연의 힘들이 보존되는 듯이 보인다는 사실이 중요한 의미를 가지는지 의문을 제기하는 것은 매우 흥미 있는 일이지만, 이것은 현재 우리의 직접적인 관심사가 아니다. 오히려 우리가 더 큰 관심을 갖고 있는 것은 어떤 일반 조건 아래에서 보존 함수를 얻을 수 있는가에 대한 것이다. 양자 이론은 우리가 충분히 작은 규모의 현상을 서술할 때 미분 방정식을 더 이상 사용할 수 없을지도 모르며, 따라서 운동과 관계된 상수의 존재에 대해 앞서 언급한 이유도 사라지게 된다는 점을 강력히 암시한다. 이제 이렇게 좀 더 일반적인 상황에 대해 확실히 언급해야 할 것이 있다. 우리가 임의의 미래 배열(configuration)로부터 현재를 추적할 수 있을 만큼 한 계의 미래가 계의 현재 조건과 연관되어 있을 때마다, 우리는 언제든지 보존 함수를 항상 얻을 것이다. 우리가 임의의 미래 상태로부터 유일한 현재 상태를 재구성할 수 있다는 점에서, 어떤 미래의 배열도 일정한 불변적(또는 보존적) 특징을 지니기 때문이다. 하지만 불변적 특징을 찾게 만드는 조작이 역학처럼 항상 간단하리라고 기대를 할 만한 근거는 없다. 이제 현재에 의해 미래를 결정하는 것과 역으로 미래로부터 현재를(또는 현재로부터 과거를) 재구성할 수 있는 가능성은 우리가 이제까지 도달했던 이상의 작은 규모의 크기로 현상을 축소하였을 때까지도 적어도 근사적으로 참인 속성이라는 점이 확실하며, 그래서 우리는 이제까지 익숙해 있던 어떤 계보다 훨씬 더 일반적인 궁극적 운동법칙을 가진 계에서 그러한 보존 함수들을 발견할 수 있다고 기대한다. 보존 함수의 특별한 형식은 계의 특성에 의존한다. 물론 일상적인 계에 스칼라 보존 함수가 존재한다는 점은 계의 특별한 속성에 의존하겠지만, 우리는 스칼라 보존 함수가 반드시 이차 미분 방정식을 의미할 필요가 없다는 점에 대비해야 한다.

이 관점과 관련해 한 계의 퍼텐셜 에너지는 특별한 의미를 지닌다. 일상적인 역학계에서 퍼텐셜 에너지는 초기 위치에서 최종 위치까지 이동할 때 가한 힘에 의해 이루어진 일을 단순히 측정한다. 즉 퍼텐셜 에너지는 초기 위치로부터 벗어난 크기이며, 따라서 계 역사의 어떤 특징을 측정한다. 미분 방정식이 없을 수도 있는 좀 더 일반적인 계에서는 퍼텐셜 에너지와 유사하게 계의 초기 배열로부터 계의 변위를 측정할 수 있는 어떤 것을 찾아볼 수도 있을 것이다. 현재로부터 과거가(또는 미래로부터 현재가) 재구성될 수 있다면, 이런 측정은 항상 가능하다. 만일 보존이 명백히 성립하지 않는 계가 있다고 할 때 보존을 가능케 하는 새로운 형태의 퍼텐셜 에너지를 단지 고안하기만 하면 되기 때문에, 우리는 필연적으로 보존을 항상 지녀야만 한다는 취지로 말한 푸앵카레[14]의 지적을 상기할 필요가 있다. 이 지적

---

14) Henri Poincaré, *Wissenschaft und Hypothese*, translated into German by F. and L. Lindemann, Teubner, Leipzig, 1906, Chap. VIII.

이 전적으로 일반적인 것은 분명 아니지만, 여기서 고려되고 있는 계, 즉 현재로부터 과거를 재구성할 수 있는 그러한 계에 대해서는 적용될 수 있다.

특정한 양자 현상을 근거로 판단하건대, 빛이 방출되고 흡수될 때는 오직 통계적 의미에서만 보존을 유지하되 세부적으로 적용되는 원리로서 보존을 포기한다는 제안에 대해 최근 많은 논의가 있어왔다. 내가 보기에 물리학자들의 생각에는 이 문제가 항상 그저 편의의 문제에 불과하며, 혹시 있다 하더라도 소수의 물리학자들만이 푸앵카레 원리를 궁극적으로 적용할 수 있는지에 대해 의문을 품고 있거나, 아니면 과거가 현재로부터 재구성될 수 없는 아주 일반적인 계에 우리가 관여하고 있을 뿐이라고 생각한다. 단지 문제는 퍼텐셜 에너지를 정의하는 변수가 직접 실험적 의미를 지닌 다른 것과 밀접하게 연관되어 있는지, 아니면 전체적으로 퍼텐셜 에너지를 유지하는 것이 편의상 선택한 통계적 관점을 정당화하는 것보다 문제가 없는지에 대한 것이다. 그러나 이것은 모두 대체로 과거지사가 되었다. 왜냐하면 최근 확장된 콤프턴의 실험[15]에 의해 간단한 퍼텐셜 에너지에 대응하는 원자의 양자 과정에 세부적 보존 법칙이 타당하다는 실험 증거를 얻었다고 생각하기 때문이다.

하지만 좀 더 깊이 들어가 보면 여전히 통계적 방법으로 다루어야 할지도 모르는 양자 현상이 존재하며, 이것은 보존 원리를 세부적으로 포기한다는 것을 뜻할 수도 있다. 예컨대 우리는 전자가 한 양자 궤도에서 다른 궤도로 전이하는 동안 전자가 무엇을 하는지에 대한 실험 증거를 갖고 있지 못하다. 이 같은 상황은 과거에 의해 미래를 결정하는 세부 사항들이 구조

---

15) W. Bothe and H. Geiger, *2S. f. Phys.* 32, 639-663, 1925; A. H. Compton, *Proc. Nat. Acad. Soc.* 11, 303-306, 1925.

속에 아주 깊이 존재할 수도 있어서 이에 대한 직접적인 실험 지식을 현재로는 알지 못하며, 당분간 확률에 기반을 둔 통계적 관점으로 다룰 수밖에 없다는 것을 의미할 뿐이다. 그러나 어쩌면 노먼 캠벨[16]을 제외하고 어느 누구도 이런 상황이 아주 일시적인 것이라고 주장하지 않을 것이며, 실험적 검증이 이루어질 수도 있는 구조의 세부 사항이 주는 결과들을 찾는 일을 멈추지 않을 것이다.

똑같이 방사능 붕괴를 우연의 문제로 이해하려는 설명에 우리는 끝까지 만족할 수 없다.

이 모든 논의로부터 일반적으로 내릴 수 있는 결론은 에너지에 근본적 지위를 부여하고 싶은 물리적 사고에도 불구하고 에너지에는 그럴만한 자격이 아마도 없을 것이라는 점, 에너지는 더 깊이 내재된 속성들의 다소 부수적인 결과라는 점, 그리고 깊이 내재한 이 속성의 특징이 오직 가장 일반적인 구속 조건에만 의존하고 있어서 어떤 에너지 함수가 존재한다고 하더라도 이로부터 추론할 수 있는 세부 사항의 본질을 거의 알 수 없다는 점이다.

열역학

여기서는 논문 주제로나 적합할 수 있는 기술적인 여러 열역학 문제를 제외하고 일부 기본 개념들만 검토할 것이다.

아주 단순한 대상을 제외하고 열역학을 시작하게 만든 것 중 가장 기본적인 것은 아마 온도 개념일 것이다. 힘에 관한 역학 개념이 생리적이었듯

---

16) Norman Campbell, *Time and Chance*, Phil. Mag. 1, 1106-1117, 1926.

이, 근원으로 본다면 이 개념도 의문의 여지없이 생리적인 것이다. 그러나 힘 개념을 더 정밀하게 만들 수 있었던 것처럼 온도 개념도 직접적인 감각 형태의 거친 의미에서 벗어나 더 정밀한 의미를 갖게 할 수 있으며, 이것의 정밀성은 평형 상태라는 관념을 통해 얻을 수 있다. 우선 우리는 다음과 같은 기본적인 실험 사실을 알고 있다. 시간에 따라 온도가 비교적 변하지 않는다고 인정할 수 있는 큰 계 안에 작은 물체가 놓여 있을 때, 작은 물체는 곧 정상 조건(steady condition), 즉 자신의 주변 환경과 평형에 도달하게 된다. 여기에 다음과 같은 실험 사실을 추가로 갖고 있다고 하자. 만일 작은 물체 A가 환경과 평형 상태에 있고 물체 B 역시 같은 환경과 평형인 상태에 있다면, A와 B가 서로 접촉하게 될 때 A와 B의 조건에는 변화가 없을 것이다. 다시 말해 A와 B가 상대방과 서로 평형 상태에 있고 또한 주변 환경과도 평형이면, 자명하게 A와 B는 주변 환경과 같은 온도이다. 이제 주변의 온도는 순수한 경험으로 알게 된 A와 B의 감각적 온도에 따라 달라지는 A와 B 속성의 형태로 측정된다. 따라서 온도에 대한 생리적 관념은 평형이라는 물리 현상과 연결되면서 좀 더 정교하게 되었다.

하지만 여기서 분명한 것은 얼핏 보더라도 참이 아닌 것을 우리가 아무 조건도 없이 이야기하고 있다는 점이다. A가 어떤 환경과 평형에 있고 B가 같은 환경에 대해 평형일 때, A는 B와 평형을 이룰 것이라는 것은 일반적으로 참이 아니다. 예를 들어 물의 흐름이 환경이고, A는 베어링이 있는 축으로 자유롭게 회전하는 작은 수차(水車)이며, B는 큰 마찰을 지닌 비슷한 수차라고 가정해 보자. 그러면 우리는 B의 온도가 올라갈 것이고, 따라서 B를 A와 접촉하게 할 때 B는 A와 평형을 이루지 않게 될 것이라는 점을 알게 된다. 또는 온도계의 구부(球部)가 접착제 반죽으로 덮인 수은 온도계를 A라고 하고, 백금으로 덮인 수은 온도계를 B라고 한다면, 두 온도계는 흐르는 물속에서 같은 온도를 가리키지 않을 것이라는 점을 우리는 알고 있다. 좀 더 간단하게는 구부가 은도금된 온도계와 검댕이로 그을린 온도계를 갖고 맑은 날 정원의 기온을 측정할 수도 있다. 이때 우리는 두 온도계의 온도가 서로 다르다는 것을 알게 된다. 따라서 우리가 온도 개념에 대해 정밀한 의미를 부여하려고 한다면, 평형 조건을 아주 조심스럽게 명시해야 한다는 점은 명백하다.

우선 대규모의 역학적 운동이 존재하는 계들을 제외해야 한다는 점은 확실하다. 즉 온도에 대한 순수한 관념은 우리에 대해 운동하고 있는 계에는 적용되지 않는다. A와 B라는 두 온도계가 물의 흐름과 같은 속도로 운동하고 있을 때, 우리는 물 흐름, A, B 사이에 있는 3중의 평형을 얻게 된다. 우리는 이것을 다음과 같은 방식으로 진술할 수 있다. 즉 움직이는 물체의 온도는 이 물체에 대해 정지하고 있는 온도계로 측정되어야 하지만, 좀 더 적절하게 말한다면 온도 개념은 서로가 정지하고 있는 두 물체 사이 관계의 한 특정 측면에만 적용된다는 것이다. 여기서 우리는 운동하는 온도계들의 차원 변화를 보정하는 것과 같은 상대성 문제들을 완전히 무시하였다.

만일 온도를 측정하려는 물체의 각 부분이 같은 속도로 운동하고 있지 않다면, 균일한 속도를 갖는 아주 작은 부분으로 물체를 분할하고, 각 부분에 대해 상대적으로 정지하고 있는 온도계로 온도를 측정함으로써 우리는 여전히 국소온도(local temperature)에 의미를 부여할 수도 있다. 여기서 우리는 어느 정도까지 분할의 과정을 수행할 수 있는지에 대한 문제에 직면하게 된다. 일상적 크기의 규모를 가진 도구로 측정했을 때 완전히 난류(turbulent) 운동을 하는 유체가 있다고 하자. 물체 A와 B가 충분히 커서 그런 크기의 규모에서 이루어지는 유체 운동이 완전히 난류라면, 그런 유체에서는 측정 중인 두 물체 A, B와 유체 사이에 기본적인 평형 비율이 성립한다. 그렇게 되면 이들 큰 규모의 물체라는 관점에서 우리는 난류의 온도를 정의할 수 있다. 하지만 우리는 또 각각이 유체의 국소적 속도에 따라 이동하는 아주 작은 온도계들로 측정한 평균값의 온도를 작은 규모의 관점에서 정의할 수도 있다. 이들 두 온도는 일반적으로 다를 것이기 때문에, 우리는 우리가 진정한 온도라고 정의하는 하나를 다소 임의적으로 선택해야만 한다. 완전히 난류라고 운동을 판단할 수 있는 규모를 특정할 때는 어느 정도 임의성이 존재하기 때문에, 작은 규모의 온도가 선택하기에 더 좋다고 생각한다. 그러나 다른 한편에서는 우리가 분자 자체의 운동까지 도달해 조작에 의해 온도 개념에 의미를 부여할 수 없게 될 때까지 난류가 점점 더 세밀하게 되기 때문에, 작은 규모에서 정의하는 것에는 어려움이 존재한다. 분자 수준의 난류가 있는 경우, 우리는 일상적인 물리적 실제에 확실히 대응하는 큰 규모의 정의로 되돌아오게 된다.

따라서 온도 개념은 모든 경험에 적용될 수 있는 명쾌한 것이 아니라, 측정 도구의 크기가 포함되는 다소 임의적인 것이다. 어떤 특별한 경우에도 온도 개념의 의미는 특별한 규약에 의해 지정된다. 대부분의 경우, 온도계에 비해 큰 규모의 운동이 존재하지 않기 때문에 실제에 있어서 온도 개념은 문제를 자주 일으키지 않는다.

이제 검게 그을린 구부와 은도금한 구부를 가진 두 온도계가 햇빛을 받고 있을 때 나타나는 평형 문제를 생각해 보자. 만인의 경험에 따라 우리는 이 상황을 일상적 목적을 위해 어떻게 효과적으로 다루어야 할지 알고 있다. 우리는 온도의 평형이 복사에 의해 교란되고 있다는 사실을 알고 있기 때문에 적절한 차단 장치를 이용해 온도계의 구부를 햇빛의 복사선으로부터 보호할 수 있다. 그러나 이것은 문제를 단지 최소화할 뿐이다. 왜냐하면 차단 장치가 햇빛에 의해 가열되면서, 장치로부터 발생하는 복사선이 그

안의 구부를 어느 정도 가열하게 되기 때문이다. 어느 온도든 모든 물체는 복사선을 항상 방출하며, 따라서 온도계의 구부도 항상 복사장(radiation field) 안에 있다는 것을 알아야 한다. 이것은 평형에 관한 총체적 문제와 온도의 의미에 관해 우리를 심각한 곤경에 빠뜨리게 한다. 이 상황은 모든 온도계에 똑같이 영향을 주는 특별한 복사장의 존재, 즉 전체가 동일한 온도에 있는 무한한 크기의 물체 내부에 장이 존재한다는 것을 실험적으로 관찰함으로써 해결할 수 있다. 하지만 무엇이 동일한 온도인지를 우리가 아직 정의하지 않았기 때문에 이것은 논리적 악순환이다. 물리적으로 많은 경우, 점근적 근사(asymptotic approximation) 과정을 통해 이런 논리적 순환을 피할 수 있다. 그 과정은 아마도 이렇게 될 것이다. 다른 물체들과는 아주 멀리 떨어져 고립되어 있으면서 생리적 감각으로 대략 같은 온도에 있다고 거칠게 판단되는 더 큰 물체들을 가지고 실험하자. 구부가 그을렸다는 것과 은도금을 했다는 것 이외에는 동일한 두 온도계는 시간이 흐르고 물체에 아주 깊이 잠기게 되면 점점 더 같은 온도를 나타내게 될 것이다. 물론 실제에서는 대부분의 물체가 복사를 잘 차단하기 때문에 외부의 복사 효과를 막는 대책을 보통 무시해도 된다. 하지만 높은 온도에서는 복사 효과를 확실히 고려해야 한다.

이상과 같은 고찰로부터 우리가 얻은 결론은 온도 개념이 복사 개념과 조작적으로 연관된다는 것이다. 즉 온도의 평형 개념은 결코 엄격하게 정확히 적용될 수 없다. 그것은 단지 복사장이 특별한 종류의 것, 다시 말해 흑체 복사장일 때만 적용될 수 있는 개념일 뿐이다.

우리는 온도를 정의할 때 복사를 고려해야 한다는 점을 명백히 알고 있으면서, 예컨대 기체 분자의 운동 에너지에 의해 결정되는 기체 온도를 묘사할 때처럼 일상적인 물리적 과정의 메커니즘을 생각할 때는 복사를 전혀 고려하지 않는다. 이제 나는 이런 식의 무시가 정당화될 수 있다는 점을 의심하지 않지만, 이에 필요한 논리적 분석이 매우 복잡하며, 이것은 방출, 흡수, 반사, 산란, 형광, 열전도 등과 같은 여러 물리 상수를 만드는 데 사용되는 점근적 근사 방법의 수많은 실험들을 포함한다. 이를 분석할 필요는 없지만, 시도해 보는 것도 때로는 가치 있을 것이다. 그런 분석은 아주 자주 사용되는 원리를 정당화할 것이다. 즉 만일 한 물체가 열적 평형에 있다면, 복사나 열전도 따위를 포함하는 다양한 과정들도 독립적으로 평형 상태에 있어야 한다. 하지만 우리의 경험을 태양과 같이 아주 높은 온도로 한정한다면, 독립적으로 작용하는 서로 다른 메커니즘에 대해 이런 인식을 갖는다는 것은 명백히 더 어려울 것이다.

이제 다음으로 열역학의 다른 기본 개념, 즉 열의 양에 대한 개념을 생각해 보자. 먼저 우리는 이것을 직접 경험 형태로 주어지는 상대적으로 간단한 개념이라고 생각하겠지만, 우리가 열의 양을 측정하는 조작들을 분석한다면 실제로는 상황이 아주 복잡하다는 것을 알게 될 것이다. 예를 들어 낙하하는 추에 의해 수차가 통 안의 물을 휘저었을 때 상승한 물의 온도를 측정함으로써 열의 역학적 당량을 측정하는 줄(Joule)의 실험을 생각해 보자. 우리는 물의 온도 상승이 수차가 물에 작용하는 역학적 운동에 기인한다는 점에 의문을 제기하지 않는다. 그러나 물통의 온도 상승은 어떤가? 우리는 이것의 일부는 물통에 접촉한 더운물과 교환된 열에 의해, 또 일부는 물의 난류 충격이 주는 역학적 일에 의해 발생한다고 확실히 말할 수 있다. 하지만 물통에 전달된 에너지의 어느 부분이 열이고 어느 부분이 역학적 일인지를 우리가 어떤 조작으로 측정할 수 있겠는가? 우리는 이 질문에 대한 이상적인 답변으로 아주 작은 측정 도구를 갖고 용기의 경계 모든 부분에 위치시킨 맥스웰의 악마(Maxwell's demon)를 가지고 설명해 볼 수 있다. 임의의 지점에서 출입하는 열을 측정하기 위해 소인국(小人國) 관찰자가 할 수 있는 것은 두 경계의 모든 지점에서 서로 다른 두 온도를 측정해 온도 기울기를 결정하고, 온도 기울기와 벽의 소재가 지닌 열전도율로부터 유입되는 열의 양을 계산하는 것만으로 충분하다. 이것 이외에 열 흐름을 측정할 방법은 없어 보인다. 역학적 에너지의 유입량은 탄성파와 벽의 여타 대규모 변형에 대한 자세한 정보로부터 계산되어야 한다. 이때 이 절차에 임의적 요인이 또다시 존재하게 된다. 즉 우리의 역학적 측정 도구가 아주 큰 규모로 작동하는 것이라면, 더 세밀한 도구가 잡아낼 수 있는 역학적 에너지를 놓치게 될 것이다.

나는 방금 분석한 이 상황이 전형적인 일반 상황이라고 생각한다. 즉 이런 식의 열을 찾는다는 것은 일반적으로 불가능하다. 좀 더 자세히 조사하지 않는다면 오직 다른 물체와 다른 종류의 에너지 교환이 없을 때만 한 물체가 열을 얻고 잃는 것에 대해 확실히 말할 수 있다는 것이다. 이 경우 열은 물체의 온도 변화라는 형태로 측정된다. 부정적으로 정의한다면, 일반적으로 열 개념은 다른 모든 형태의 에너지를 고려하고 남은 에너지에 해당하는 휴지통 같은 개념이다.

열의 양이 오직 온도 변화의 형태로만 정의될 수 있다는 사실은 통상적인 열역학 분석 방법으로 볼 때 뭔가 모호하다. 예컨대 카르노 기관을 서술할 때, 열기관은 열원(source)과 열흡수(sink) 장치에서 방출되고 흡수되는 열에 의해 장치의 온도가 변하지 않을 정도로 일을 하도록 되어 있어서, 열이 온도 변화와 무관하게 어떻게든 측정될 수 있다는 느낌을 자연스럽게 갖게 된다. 물론 이것은 맞지 않는 말이다. 즉 우리가 단지 원하는 것은 열원과 열흡수 장치의 온도 변화가 작동 물질 자체의 온도 변화의 규모와 크게 다를 정도로 열원과 열흡수 장치가 충분히 커서, 열원과 열흡수의 온도가 작동 물질에 비해 일정하다고 생각될 수 있기만 하면 된다.

이렇게 개념이 의미를 갖게 되는 경우 열의 양을 측정할 수 있다고 가정하고, 다음과 같이 표현되는 열역학 제일법칙을 검토해 보자.

$$dQ + dW = dE$$

여기서 dQ는 다른 물체들로부터 주어진 물체에 전달된 열이고, dW는 외부에서 이 물체에 해준 모든 종류의 일이며, dE는 내부 에너지의 증가이다. 이제 이 방정식을 첫눈에 본 대로 말한다면, 측정된 양 dQ, dW, dE 사이에서 이 관계식이 항상 성립한다는 것을 우리가 실험적으로 안다는 것이다. 우리는 dQ, dW에 대해, 또 어쩌면 이들의 합에 대해서도 유일하게 조작적 의미를 부여하는 것이 일반적으로 불가능하다는 점을 알고 있다. 당분간 이 문제는 무시하고 관심을 dE로 제한해 보자. 우리는 이것을 어떻게 측정할 수 있을까? 나는 그런 dE를 측정할 수 있는 물리적 조작이 존재하지 않으며, 따라서 제일법칙을 표현하는 방정식이 겉보기와 다른 의미를 지녀야만 한다는 점을 확신하는 데 많은 수고를 할 필요가 없다고 믿는다. 이것은 제일법칙의 핵심이 dE는 물체의 내부 조건(internal condition)을 확정하는 변수에 의해서만 결정되는 완전 미분 함수이지, 물체가 한 내부 조건에서 다른 내부 조건으로 이행되는 경로 함수가 아니라는 식으로 종종 이해된다. 그러나 내부 조건이 뜻하는 것이 무엇이며, 그것을 완전히 특정하는 데 필요한 모든 변수를 우리가 알았다고 어떻게 확신할 수 있겠는가? 내부 조건은 아주 복잡할 수 있어서, 예컨대 그것이 복잡한 자기(磁氣) 이력을 가진 철 조각이나 과잉 변형을 받은 후 재결정화를 거친 알루미늄 조각에서 보듯이 [경로에 따라 달라지는] 많은 변수를 필요로 할 수도 있다. 나는 여기서도 내부 조건의 개념에 일반적 의미를 부여할 수 있는 물리적 절차가 존재하지 않는다고 믿는다. 우리는 특수한 경우에만 무엇이 내부 조건을 결정하는 변수인지를 말할 수 있으며, 또 우리가 그동안 옳은 내부 변수들을 찾는 데 사용했던 기준은 dE가 내부 변수에 의해 완전 미분 가능해야 한다는 것이었다. 보존되지 않는 에너지 개념은 무의미하기 때문에 에너지가 보존된다는 진술은 열역학 제일법칙을 올바르게 이해한 것이 아니다. 제일법칙의 핵심은 에너지 개념이 존재한다(또는 에너지 개념은 조작의 형태로 의미를 지닌다.)는 진술 안에 포함되어 있다.

종종 제일법칙이 물리학에서 가장 보편적인 법칙 중 하나라고 생각하지만, 에너지 개념에 보편적 의미를 부여할 수 없고 단지 특별한 경우에 특수한 의미만을 부여할 수 있기 때문에 역설적으로 그것은 모든 법칙 중 가장 특별한 것이다. 제일법칙이 지닌 완벽한 보편성은 여러 특별한 경우에서 제일법칙이 적용되지 않는 특성을 가진 특수한 경우가 이제까지 발견되지 않았을 정도로 포괄적이라는 사실에 있다.

검토해 본다면 이 관점이 즉시 정당화될 것이다. 그래서 우리는 압력과 온도의 두 변수로 충분히 서술되는 매우 많은 계들을 발견하게 되는데, 이를 계에서 미분이 $dQ + dW$와 같아지는 P와 T의 함수를 찾을 수 있다. 6개의 변형력 성분과 T가 dE를 결정한다는 의미에서 변형력과 온도가 내부 조건을 완전히 확정하는 계도 있다. 다른 계에서는 자기장이나 전기장, 혹은 중력장에 대한 세부 설명이 필요할 수도 있다. 적절한 외력(external forces)의 작용을 다루지 못할 사례는 발견되지 않았다. 그러나 이에 대한 일반적인 절차는 존재하지 않으며, 제일법칙의 일반성은 특별한 경우들을 망라하고 있다는 데서 기인한다.

이제 앞서 논의를 중단했던 $dQ + dW$의 모호함으로 되돌아가 보자. dE를 정의하는 특정 변수들이 발견될 수 있는 모든 경우에는 dQ와 dW도 의미를 지닌다. 예를 들어 T와 P로 특성이 서술되는 내부 조건을 가진 한 기체를 생각해 보자. 역학적 변수(P) 하나가 포함된 두 변수(T, P)에 의해 내부 조건이 규정될 수 있다는 단순한 사실은 물질이 역학적으로 동질적(homogeneous)이라는 것을 말해 준다. 역학적으로 동질하기 때문에 측정 도구의 크기에 따라 변하는 dW는 모호한 값을 가질 가능성이 없으며, 실제로 우리는 $dW = PdV$라는 것을 안다. 이와 유사하게 동질적이고 전체적으로 정지해 있는 기체는 유일한 dQ 값을 허용한다. 물론 이것이 그러한 기체라고 하더라도, 우리가 충분히 작은 규모로 진입할 때 브라운 운동과 같은 것에 의해 나타나는 비동질성을 발견하게 된다는 물리적 사실을 감추는 것은 아니다. 우리의 진술이 실질적으로 의미하는 것은 비동질성들의 규모가 아주 작아서 넓은 영역의 측정 도구 크기에 산재하고 있기 때문에 우리가 똑같이 일정한 결과를 얻게 된다는 것이다. 좀 더 복잡한 계에도 같은 방식으로 적용할 수 있다. 만일 dE가 T와 여섯 개의 변형력 성분으로 표현되는 완전 미분이라면, 이것 역시 물체가 동질적이라는 것을 의미하며, 따라서 물체의 상태는 물체 전체에 걸쳐 동일한 온도와 변형력에 의해 결정되기 때문에 여기서도 dW와 dQ를 측정하는 도구의 크기로 인해 모호함이 발생할 가능성은 없다. 그렇다면 만일 물체가 dE에 의미를 부여하는 조작들을 허용한다면, dW와 dQ가 동시에 결정된다는 점은 일반적으로 가능해 보인다. 이 아이디어를 완전하게 자세히 완성할 때는 미분 차수에 주의를 약간 기울여야 한다. k를 열전도도라고 할 때 단위 시간과 단위 부피에 대해 dQ는 엄격히 $k\nabla^2 T$와 같으며, 따라서 dQ를 결정할 때는 온도의 이차 미분이 개입된다.

만일 물체가 명백히 비동질적이라면, 조각마다 그 자체로 충분히 동질적으로 되도록 물체를 작은 조각으로 나눈 다음에 제일법칙을 일상적인 형태로 각 조각에 적용할 수 있는지 여부는 여전히 경험의 문제가 된다.

　마지막으로 우리는 이미 은연 중 언급했던 사실, 즉 열 흐름에는 어떤 물리적 의미도 직접 부여될 수 없고 이를 측정할 조작도 존재하지 않는다는 점을 강조하겠다. 우리가 측정할 수 있는 모든 것은 온도 분포와 온도 증가율이다. 현재 정의된 바와 같이, 측정 가능한 양의 변화 없이 솔레노이드 벡터[즉 $\nabla \cdot \vec{V} = 0$이 되는 $\vec{V}$]를 추가함으로써 정해진 어떤 열 흐름도 임의로 바꿀 수 있기 때문에 열 흐름은 물리적 실재를 지니지 않는 순수한 고안물이다. 만일 어떤 이가 모든 공간에서 북극성 방향으로 $10^6 \, cal/cm^2 \cdot sec$의 균일한 열 흐름이 존재한다고 주장한다고 할 때, 이런 흐름은 솔레노이드 흐름으로서 시간당 유입되는 흐름만큼 닫힌 표면의 모든 부분을 통해 열이 흘러나가기 때문에 이 주장을 반박할 수 없게 된다. 이런 솔레노이드 흐름은 조작에 관해 무의미하다. 그러나 우리는 측정 도구를 이용해 솔레노이드 조건을 약간 바꿈으로써 그런 흐름에 의미를 부여할 수 있다. 모든 일반적인 조건하에서 간단한 관계식 $q = k \nabla T$로 주어지는 열 흐름은 원자론적 관점이 구체적으로 설명할 수 있는 경우에 예측할 수 있는 것과 정확히 일치한다. 그러나 일반적인 열 흐름($k \nabla T$)에 순수하게 가상적인 솔레노이드 흐름을 추가하는 것은 장점이 될 수도 있다. 왜냐하면 솔레노이드 조건들이 약간 달라졌을 때 나타나는 새로운 현상들을 이 방법으로 설명할 가능성이 있기 때문이다. 따라서 우리가 만일 일정한 전류가 흐르는 균일한 온도의 도체에서 열 흐름도 전류에 비례하여 흐르며, 그렇기 때문에 열 흐름이 솔레노이드 흐름이라고 말한다면, 자기장 아래에서 균일하지 않은 온도를 가진 도체에 전류가 흐르는 더 복잡한 조건에서 발견된 현상들을 간단한 상관관계로 나타낼 수 있는 가능성을 얻을 수 있을 것이다. 이런 특성을 고려할 때만 열 흐름이 **유일하게** 결정된다면, 그렇지 않았을 때는 이런 식의 일이 '열 흐름'이라는 고안물에 물리적 실재를 부여하도록 만들게 하는 순수한 형식 주의로부터 벗어나게 된다.

열역학적 기본 특성에 대해 여러 흥미로운 문제들이 있다. 예를 들어 엔트로피 개념이 측정 도구의 크기와는 독립적으로 어떤 보편적 의미를 지니고 있는지, 열역학 개념들을 복사에 적용할 수 있는 조작적 의미가 무엇인지 등이 그것이지만, 여기서 우리는 이런 문제들을 고려하지 않겠다.

전기

이제 우리는 '전기'가 의미하는 바가 무엇이라는 것을 이해하고 있다고 가정하고, 전기계의 거동을 서술할 여러 개념들의 의미를 찾는 문제에 전념하고자 한다. 가장 간단한 전기계들, 즉 큰 규모로 정적 현상을 다루는 전기계부터 시작하자. 전하가 실제로 기하학적인 한 점에 집중되어 있다는 조건이 충족된다면, 이 계에서 임의의 전하량 크기를 알아낼 수 있는 독립적인 물리적 조작들이 존재한다. 이 조작에 포함된 측정은 통상적인 역학적 힘을 측정하는 것이다. 이때 우리는 우리의 역학 지식에 의해 그런 측정이 어떻게 이루어지는지 이미 알고 있다고 가정한다. 전기적으로 대전된 물체는 힘을 받게 되는데, 그 물체에 끈을 매달고 물체가 평형을 유지할 수 있게 용수철저울로 끈을 충분히 잡아당김으로써 그 힘을 측정할 수 있다. 만일 세 전하가 각각 단위 거리만큼 서로 떨어져 있고 세 번째 전하(혹은 다른 전하)가 없을 때도 그 힘들의 크기가 항상 같다면, 세 전하의 크기는 모두 같다. 더 나아가 힘들이 단위 크기라고 정의한다면, 전하들은 단위 전하라고 정의될 수 있다. 이렇게 얻은 단위 전하를 가지고, 우리는 임의의 다른 전하의 크기가 이 전하를 단위 전하로부터 단위 거리에 놓았을 때 그것이 받는 힘의 크기와 동일하다고 정의할 수 있다. 이것은 물론 매우 진부한 이야기이다. 우리에게 중요한 것은 단지 전하의 크기(전하량), 혹은 전기의 양(전기량)이 독립적인 물리 개념이고, 이를 결정하기 위한 유일한 조작들이 존재한다는 것이다. 이들 조작은 특정한 역학적인 조작들을 수행할 수 있는 능력을 전제로 하고 있다. 이제 전하량을 어떻게 측정할 수 있는지를 알았다고 할 때, 우리는 힘의 역 제곱 법칙을 실험적으로 알아낼 수 있으며, 나중에는 [이를 통해] 전기장 개념에 도달하게 된다. 우리가 앞서 보았던 바와 같이 장(場)은 하나의 고안물이다. 여기서 우리는 이 개념을 오직 이 고안물이 만들어진 목적을 위해서만 사용하게 될 것이며, 장에 대해 물리적 실재성을 부여하는 어떤 암시도 하지 않을 것이다. 우리가 오직 점전하만을 취급하고 있는 한, 시험전하를 점점 작게 만드는 극한 과정의 방식으로 장의 세기를 정의하지 말아야 한다는 점을 염두에 두기 바란다. 왜냐하면 극한의 작은 전하는 단지 시험전하가 장을 발생하는 전하들의 위치에 영향 주는 것을 피하는 데만 필요하기 때문이다. 이것 역시 진부한 이야기이다. 중요한 점은 조작들이 전하에 대한 지식을 포함하고 있기 때문에 역 제곱 법칙과 장 개념을 성립하게 하는 조작들은 전하가 독립적인 개념으로 주어졌다는 것을 전제로 하고 있다는 사실이다. 또 조작은 용수철저울로 수행되는 일상적인 **정역학적** 힘의 측정을 포함한다. 이제 전하의 중요한 특성을 설정해 보자. 그것이 유한한 크기에 고립되어 있는 한, 물체에 있는 전하가 근처의 다른 물체들에 있는 전하의 운동에 의해 어떻게 재배치된다고 하더라도, 그 물체 안에 있는 총 전하량은 보존된다는 것이다.

위에서 말한 바와 똑같은 방식으로 우리는 전하량에 대응하는 자기(磁氣)의 양을 다룰 수 있다. 즉 두 현상 사이에는 형식에 있어서 대응관계가 존재하지만, 자기의 경우는 아주 긴 막대자석을 사용함으로써 자기 홀극(monopole)이 실현될 수 있다는 물리적 차이가 존재한다.

이제 전하의 운동을 허용함으로써 전기계에 자유를 부여해 보자. 즉시 갖게 되는 의문은 전하가 운동을 할 때 전하가 계속 보존될 수 있는지, 또는 고립계의 총 전하량이 계의 속도 함수인지 여부이다. 이 문제에 답하기 위해 정지 전하에 값을 부여하는 절차를 일반화해야 한다. 아마도 가장 단순한 방법은 두 개의 단위 전하가 단위 거리를 유지하면서 서로 등속도로 운동하게 하고, 이들이 일정한 거리를 유지하는 데 필요한 힘을 용수철저울로 측정하는 것이다. 이제 우리는 이 조건에서 힘이 변한다는 것을 즉시 알게 되고, 따라서 가장 먼저 전하가 속도의 함수라고 말하려는 충동을 느끼게 된다. 그러나 실험을 더 해보면, 상황이 매우 복잡하다는 것을 알게 된다. 운동하는 임의의 순간에 두 전하 사이의 힘은 전하량, 둘 사이의 거리, 둘의 속도에 의존할 뿐만 아니라, 그들을 연결하는 선과 운동 방향 사이의 각도에도 의존하게 된다. 다른 실험을 더 해보면 또 다른 정보를 얻는다. 즉 자기장 안에서 전하가 등속도 운동을 할 때, 혹은 전기장 안에서 자기 홀극이 운동할 때도 힘을 받는다. 운동하는 전하는 정지한 자기 홀극에 대해 힘을 작용하기 때문에 운동하는 전하가 자기장을 발생한다는 것은 분명하며, 이와 마찬가지로 운동하는 자기 홀극은 전기장을 발생한다. 운동하는 두 전하로 되돌아가 질문을 해보자. 만일 이 모든 복잡한 상황이 가능한 것이라면, 전하량이 속도의 함수이듯 힘의 역 제곱 법칙의 상수(정지 전하에 대해 1)도 속도의 함수일까? 만일—확실히 그렇게 해야 하겠지만—우리가 이런 방식으로 문제를 확대한다면, 우리는 두 가지 서로 다른 문제를 하나의 측정만으로, 즉 운동하는 전하 사이의 힘이라는 한 가지 측정만으로 답을 구해야 하기 때문에 문제를 확정할 수 없게 된다. 나는 다른 측정 방법을 찾지 못했다.

전하량이 명백히 속도의 함수인가에 대한 질문에 유일한 의미를 부여할 수 있는 조작이 존재하지 않는다. 이런 상황이 실제 나타나게 될 때 어떻게 진행해야 하는지 알게 되면서 처음에 당황하지만, 곰곰이 생각해 보면 이 당혹감은 우리 때문이 아니라 물리적 사실과 관계된 것이라는 점을 알게 된다. 유일하고도 독립적인 존재로서 전하 개념은 근본적으로 정지계에 대해서만 관계 있다. 우리의 편의를 위해 이 개념을 운동계로도 확장할 수 있겠지만, 이 확장은 우리의 고안물이지 자연의 실제가 아니라는 점을 인식해야 한다. 이제 우리는 그런 확장을 하되 가장 단순하게 가능한 방법, 즉 운동하는 고립된 물체의 전하란 우리가 '정지 상태로 환원해 일상적인 정적 절차에 따라 측정했을 때 우리가 얻게 되는 것'이라고 정의하는 방식으로 확장한다. 이것이 실행하기 편리하다는 것은 그렇게 얻은 전하가 속도를 물체에 부여하는 또는 물체에서 제거하는 방법과는 독립적이기 때문이다. 이를 다른 말로 표현하자면, 물체를 정지 상태로 환원하기만 하면 물체에서는 동일한 전하량이 항상 발견된다는 것이다.

이것이 우리 입장에서 이루어진 순수한 정의이지만, 이는 운동하는 전하를 이런 방법으로 다루겠다고 결정한 이후 발견된 실험 사실들과 가장 단순하고도 편리한 연관을 갖고 있다. 그 발견은 전기의 원자 구조이다. 모든 기본 전하마다 속도와 무관한 상수 값을 붙이는 데 동의한다면, 한 물체의 총 전하는 단지 물체에 있는 원자가 지닌 전하들의 총 개수에 비례하게 된다는 것이며 이는 분명 매우 편리하고도 시사적이다.

운동하는 전하량의 의미를 확정하게 되면, 우리는 운동하는 대전체로 구성된 계의 거동에 대한 일반 문제로 전환할 준비가 된 것이다. 당분간 오직 일상적 경험의 규모에서 이루어지는 현상만 생각하자. 여기서 의미 있는 가장 일반적인 문제는 실험이 보여주는 데이터에 의해 계의 측정 가능한 모든 속성을 임의로 지정할 수 있다고 결정하는 것이다. 우리는 전자기장 그 자체는 고안물이며 직접 관찰을 통해 얻어진 것이 결코 아니라는 점을 이미 강조했다. 우리가 관찰하는 것은 전하를 지녔건 지니지 않았건(이 범주에서는 결국 전자를 말한다.) 물질로 구성된 물체, 이들의 위치, 운동, 그리고 이들이 받고 있는 힘 등이다. 힘은 정의에 따라 역학적 형태로 측정될 수 있는데, 만일 계가 평형 상태에 있다면 기준계의 모든 구성물의 변형으로 측정되거나, 평형 상태가 아닐 때에는 가속도와 질량의 형태로 측정된다. 전기장 따위가 계산의 최종 목표가 **아니라**, 이를 계산하는 것은 단지 만들어내기 쉬운 보조적 중간 단계에 불과하다는 점이다. 왜냐하면 수학적 관계식이 전자기장, 전하, 역학적 작용들 사이의 연관을 아주 간단하게 제공해 주어서, 후자가 전자의 형식으로 즉시 계산될 수 있기 때문이다. 실제로 이 연관은 아주 단순하기 때문에 전자기장을 계산할 수 있다면, 장이 경험에 대해 직접적 의미를 지니지 않는다는 사실에 개의치 않고도 많은 경우 우리는 문제를 풀었다고 여긴다.

전자기 이론은 우리에게 일반 문제에 대한 해를 제시하고 있다. 이 해는 네 개의 맥스웰 장 방정식, 구성식(構成式, constitutive equations), 그리고 장에 의해 전하나 전류, 또는 유전체에 작용하는 힘을 부여하는 추가 방정식들 (종종 잊고는 한다.) 안에 들어 있다. 이제 이들 방정식의 물리적 타당성을 어떻게 테스트할 수 있는지 질문해 보자. 가장 단순하고도 가능한 테스트 중 하나로서 전기장 안에서 운동하는 전하에 작용하는 힘이 단지 전하와 장 세기의 곱과 같은지를 확인함으로써 방정식이 맞는지를 탐구해 볼 수 있다. 겉으로 볼 때 이것은 아주 놀라운 진술이다. 장 자체는 장을 발생하는 전하 운동에 영향을 받으며, 반대 현상도 당연히 일어나리라 기대할 수 있다. 더욱이 매질의 관점에서 볼 때, 매질 안에서 전하를 붙잡고 여기에 힘을 작용하는 것이 무엇이든 전하가 운동하는 동안 이렇게 계속 유지한다는 것은 더 어려울 것이라고 생각할 수 있다.

이 진술을 실험적으로 확인하고자 할 때, 앞서 검토했던 정지 상태보다 유일하게 어려운 점은 전하의 운동이다. 우리가 운동 중에 있는 전하의 크기를 정의했기 때문에 전하 크기를 정하는 데는 아무런 어려움이 없고, 더 나아가 장이 정지 전하에 의해 발생한다고 가정했기 때문에 당초 장을 정의하는 절차가 여기에 적용될 수 있느냐고 묻는 데도 아무 문제가 없다. 따라서 방정식을 검토하는 일은 이동하는 전하에 작용하는 힘을 측정하는 단순한 물리적 작업으로 환원된다. 우리는 이것을 어떻게 할 수 있을까? 만일 속도가 매우 작다면, 우리는 전하를 끈으로 연결하고 용수철저울로 (또는 이와 동등한 것으로) 힘을 측정할 수 있다. 그러나 방정식을 검토해 보면 좀 더 복잡한 현상에서는 정지 상태에서의 거동에 비해 느낄 정도의 차이를 기대할 수 있는데, 이것은 끈과 용수철저울로 전하를 잡아당겨 얻을 수 있는 속도보다 훨씬 더 큰 속도에서만 기대할 수 있기 때문에 움직이는 전하에 작용하는 힘에 대한 간단한 방정식을 아주 큰 속도에서도 점검해 볼 필요가 확실히 있다. 힘을 측정하는 데 사용하는 용수철저울 방식은 아주 빠른 속도에서 적용될 수 없기 때문에, 우리는 뉴턴 역학의 제일법칙에 의해 힘을 계산하는, 즉 합성 가속도의 형태로 측정하는 절차만을 사용해야 한다. 그러나 이를 위해 움직이는 물체의 질량에 대해 알아야 하는데, 우리는 일반적으로 이것이 속도의 함수일 수 있다는 점을 알고 있다. 역학 개념을 논의할 때 역학적 질량이 정의되는 조작들이 빠른 속도에서 수행될 수 없다는 점을 이미 보았기 때문에, 빠른 속도에서는 역학적 질량의 개념이 무의미해진다고 여기거나 아니면 다른 정의를 선택해야만 한다. 빠른 속도에서 질량에 대한 새로운 정의를 제시하고자 할 때 우리는 특수 상대성 이론의 결과, 즉 모든 질량, 그것이 역학적으로 측정한 질량이건 전기적으로 측정한 질량이건 똑같이 속도의 함수이어야 한다는 점에 도달하게 된다. 만일 전기적 질량이 속도의 형태로 표현된다면, 우리의 긴급한 문제는 해결된 것이고 방정식을 실험적으로 확인한 상태가 될 것이다. 그러나 실제로는 전기적 질량을 결정하기 위해 우리는 지금 만들고자 하는 방정식을 사용해야만 한다. 우리는 다시 논리적 악순환에 직면하게 되고, 물리적으로 이는 빠른 속도에서 전하에 작용하는 힘 개념에 유일한 의미를 부여하는 독립적 조작이 존재하지 않는다는 것을 의미한다.

우리는 방금 전 우리 목표에 아주 근접한 듯이 보였다. 즉 논리적 틈을 뛰어넘어 방정식이 옳다고 가정하는 것이다. 이제 전기적 질량이 속도의 확실한 함수로 되며 역학적 질량도 같은 함수가 되어, 우리는 방정식에 의해 계산된 결과와 장에서 한 전하가 받는 실제 가속도를 비교할 수 있는 위치에 서게 되었다. 현재까지의 모든 경험을 근거로 볼 때, 우리는 두 가속도가 일치할 것이라고 믿는다.

개별 항에 대해 의미를 부여할 수 있는 조작들이 존재하지 않기 때문에 방정식 자체가 말해 주듯이 방정식이 무의미하다는 사실에도 불구하고, 방정식의 결과가 실험적으로 검증될 수 있다는 점에서 방정식은 어떻게든 경험과 올바른 연관을 갖는다. 느린 속도에서는 개별 항들이 조작적으로 의미를 지니기 때문에 방정식은 자신이 말하고자 하는 바를 실제로 말하고 있으며, 한 걸음 더 나아가 방정식이 말하는 바는 실험과 일치한다. 빠른 속도에서 방정식은 겉으로 보이는 바를 전혀 이야기해 주지 못한다. 즉 방정식은 그 자체로 의미를 갖고 있지 않다. 이것은 오직 방정식들로 구성된 계의 한 구성원으로 여겨질 수 있을 때에만 의미를 지니며, 방정식의 계가 오직 물리적으로 수행될 수 있는 조작의 형태로 의미를 갖는 진술을 하는 한 의미를 지닌다. 빠른 속도에서 계의 방정식에 있는 개별 항들은 의미를 지니지 않으며, 존재하는 독립적인 물리적 조작들보다 더 많은 항들이 실제로 존재하고 있다.

빠른 속도에서 방정식의 의미를 조작적 관점에서 정확히 분석하는 것이 어쩌면 한 번도 이루어지지 않았겠지만, 이것이 우리의 당면한 목적에 필요한 것은 아니다. 하지만 전하량의 의미와 빠른 속도로 움직이는 전하가 장에 의해 받는 힘의 의미를 순수하게 형식적으로 정의를 했다는 점은 물리적으로 독립인 개념의 수가 적어도 두 개라는 사실을 알려준다. 이 분석에 관해 유일한 어떤 것이 존재한다거나, 또는 전하와 힘이 아닌 다른 개념에 형식적 정의를 할 수 없다고 생각할 이유는 없다. 단지 물리적 내용이 성립하는 한, 우리는 방정식들이 적어도 두 개의 자유도를 갖는다고 말할 수 있을 뿐이다. 따라서 경험과 아주 똑같이 일치하는 매우 다른 종류의 방정식을 발견하는 것은 가능할 것이다. 특히 운동하는 전하에 작용하는 힘이 독립적인 조작 형태로는 의미가 없다는 것을 알았기 때문에, 임의의 정의에 의해 이 힘을 우리가 만족하는 어떤 속도의 함수로 만든 다음(물론 느린 속도에서는 특정한 값으로 환원된다.), 방정식들 전체가 실험과 모순 없이 양립할 수 있도록 나머지 방정식들을 결정하는 것이 가능해야 한다. 내가 알고 있는 바로는 어느 누구도 방정식을 이렇게 변형한 세트로 만들려고 시도한 적이 없었는데, 그것은 현재의 방정식들이 충분히 간단할뿐더러 변형된 방정식들이—현재의 방정식과는 형태가 많이 다르다고 하더라도—더 광범위하거나 다른 물리적 내용을 갖는다는 특별한 장점을 갖지 않을 수 있기 때문에 어느 누구도 이것을 고민해야 할 이유가 사실상 없다.

그러나 지금 상태가 언제나 지속되리라고 생각할 이유는 없다. 개념의 수가 감소한다는 것은 빠른 속도에서 여러 종류의 물리적인 것들을 느린 속도에서 개념의 수만큼 측정할 수 있어야 한다는 것을 의미하지만, 우리는 이것이 불가능하다는 것을 알고 있다. 빠른 속도에서의 측정 가능성을 다듬어 두 개의 자유도로 복원하는 것이 이제 미래 실험물리학자의 과제이다. 특히 빠른 속도에서 질량은 역학적 형태로 측정 가능해야 한다. 이 복원이 이루어지고 우리 방정식의 모든 양이 독립적인 물리적 의미를 획득하게 된다면, 형식적 외형이 변하지 않는다고 하더라도 조작의 형태에서는 방정식의 의미가 아주 달라질 것이다. 그런 다음, 현상의 범위가 달라질 때 언제나 그랬듯이, 우리는 현재 형식의 방정식들이 사실과 전혀 부합하지 않으며 지금의 두 자유도에 의해 허용된 대체 형식들 중 하나가 옳은 형식이라는 점을 발견할 준비가 되어 있어야 한다. 그러나 새로운 실험 사실들을 얻게 될 때까지, 방정식과 현재의 실험을 일치시킬 수 있는 형식을 이중으로 무한히 나열할 필요는 거의 없다.[17]

지금까지 우리는 일상적 전기 현상을 빠른 속도라는 방향으로만 확장해 왔다. 물리적으로 아주 더 중요한 또 다른 확장이 있는데, 그것은 크기가 아주 작은 방향으로의 확장이다. 이 확장은 내부에서 물질의 속성, 즉 일찍이 확립된 원자의 전기적 성질을 이해하는 데 필요하다. 우리 문제는 수많은 전자들의 통계적 평균 거동이 관찰 범위 내에 있으면서 방금 논의했던 방정식으로 서술되는 큰 규모에서 어떤 효과를 주는지 보이는 일이다. 이 통계적 평균을 얻기 위해 개별 전자들의 거동에 대해 최소한 어떤 특정한 면모들을 계산할 수 있어야 하는데, 이것은 전자의 차원 규모나 그보다 더 작은 규모까지 방정식의 형태를 알아야 한다는 것을 의미한다. 이제 어떤 이가

---

17) 이 책이 집필되고 난 이후 V. Bush, *Jour. of Math. and Phys.*, vol. V, No. 3, 1926은 전자가 운동하게 될 때 전하가 변한다고 가정하는 것에 대한 장점을 보였다.

전자에 가정된 차원의 크기를 독립적 실험으로 이들 방정식을 검증하는 데 사용할 수 있는 가장 작은 차원과 대조한다면, 그가 직접 실험에 의해 도달할 수 있는 한계를 넘어 방정식의 유형을 바꿀 수 있는 수많은 가능성이 존재하지만 그 결과 방정식을 작은 차원까지 올바르게 확장할 수 있으리라 추측할 가능성은 거의 없게 된다는 것을 인정해야 한다.(지름 규모가 상당히 많은 수의 원자들의 크기에서 벌어지는 브라운 운동이 우리가 할 수 있는 직접적으로 가장 근접한 실험이라고 말할 수 있는데, 이것은 전자 크기보다 10^6이나 10^7배 정도 큰 규모에서 실험하고 있다는 것을 의미한다.) 그렇지만 이에 반하는 명백히 수많은 가능성에도 불구하고, 장 방정식을 작은 차원까지 확장하고 결과를 철저히 규명하려는 이 프로그램이 바로 로렌츠가 노력했던 프로그램이다.[18] 로렌츠가 이런 프로그램이 수행될 수 있을 것이라고 본 것은 뛰어난 천재적 시각이라고 인정해야 하며, 그가 수년간 힘들게, 그리고 자세하게 이를 계산하는 데 기꺼이 헌신했던 것은 그가 최고의 도덕성을 끈질기게 추구했다는 증거이다.

이제 이 프로그램을 비판적으로 검토하고, 로렌츠가 성취했던 성공의 의미가 무엇인지 알아보기로 하자. 그가 정밀하게 확장한 방정식은 아주 간단하다. 그 이유는 큰 규모를 다루는 맥스웰의 방정식을 가능하면 거의 변화시키지 않고 받아들였기 때문이다. 방정식들은 우리에게 익숙한 형태이기 때문에 여기서 자세히 적을 필요가 없다. 이들 식은 전기력 벡터와 자기력 벡터(힘과 전자기 유도는 이제 동일한 것으로 되었는데, 질량을 지닌 물체에서 둘 사이의 차이는 전자electron에 의해 설명될 수 있다.), 전하의 공간 밀도, 전하의 속도, 그리고 기본 전하에 작용하는 힘 사이의 관계를 표현하고 있다. 비록 방

18) 예컨대 H. A. Lorentz, *The Theory of Electrons*, B. G. Teubner, 1916을 보라.

정식이 형식적으로 외형상 거의 변하지 않았지만, 그럼에도 조작의 관점에서 판단한다면 물리적 내용이 크게 달라졌다는 점에 주목해야 한다. 예를 들어 전하 밀도의 의미를 생각해 보자. 맥스웰 방정식에서 ρ는 단순히 부피당 불연속적인 기본 전하들의 개수였고, 기본 전하들 사이의 거리는 관련된 현상의 크기에 비해 아주 작아서 이들의 평균 효과가 전하의 개수로 잘 표현될 수 있다고 가정했다. 그러나 로렌츠 방정식에서 전자 내부에서만 ρ가 0이 아니고, 그 이외에서는 $\rho = 0$이었다. 이제 전하의 크기가 속도의 함수인지에 대해 질문했던 앞서 논의한 바를 검토해 보면, 전자 내부의 각 점에서 ρ에 의미를 부여할 수 있는 어떤 물리적 조작도 존재하지 않는다는 것을 알게 될 것이다. 이 ρ에는 한 가지 조건만 존재하는데, 즉 전자에 주어진 전체 부피에 대해 ρ를 적분한 것은 전자의 총 정지 전하와 같다는 것이다. 단 하나의 스칼라 조건만으로는 한 점에 대한 함수를 전체 부피에 걸쳐 결정하기에 확실히 무딘 도구이다. 그래서 방정식들은 전자 내부의 점마다 전하의 속도를 또 언급하게 된다. 실험적으로 접근할 수 없는 영역에 있고 구조를 지니지 않은 무정형 물질의 속력에 의미를 부여할 수 있는 어떤 물리적 조작이 존재할 수 있을까? 여기서 한 점에서의 거동에 대한 상세한 서술로서 개념은 또 무의미하게 되고, 여기에는 다시 단 하나의 적분 조건, 즉 각 ρ마다 관련된 속도 v는 전자 부피에 대해 적분할 때 총 이동한 전하가 운동하는 전자가 운반한 전하와 같게 만들어야 한다는 조건만 존재하게 된다. 이것은 다시 공간에 퍼져 있는 한 함수에 관한 유일한 조건이 된다. 그래서 방정식은 전자 내부의 점들에서 전기 벡터와 자기 벡터를 다시 포함한다. 조작의 측면에서 이들 장 벡터에 대해 가능한 의미는 무엇일까? 한 점에서 장을 찾으려는 우리의 절차에는 그 점에서 전하에 작용하는 힘을 찾는 것을 당연히 포함한다. 그러나 전자보다 더 작은 전하는 존재하지 않기 때문에 우리의 절차는 소설과 다름없게 된다. 여기에는 장 벡터에 대해 하나의 적분 조건만 또다시 존재하게 된다. 전자가 부피를 가진다고 인정했을 때, 가정된 전하 밀도에 작용하는 힘을 적분한 것이 실험에 대응하는 값을 보여주어야 한다. 이 하나의 조건을 제외하고는 전자 내부의 점들에서 장 개념은 물리적 실재가 없는 고안물인 것이다. 전자 내부의 점들에서 장 개념은 무의미할 뿐 아니라 전자 밖의 일정한 거리 내에 있는 점에서도 무의미한데, 왜냐하면 전하를 탐색하는 것이 전자 자체보다 작게 수행될 수 없으며, 따라서 어떤 일정한 거리보다 더 가깝게 접근할 수 없기 때문이다.

실제 상황은 앞서 본 것보다 더 열악하다. 시공간을 논의할 때, 개별 전자의 거동을 서술하는 데 가정했던 것만큼 작은 길이와 시간에 독립적인 물리적 의미를 부여할 수 없다는 점을 알고 있다. 따라서 장 방정식에 등장하는 연산 Div, Curl, $\frac{d}{dt}$ 는 이들이 뜻하는 것과 같은 의미를 물리적으로 지니지 못한다. 방정식들이 충분히 큰 부피에 걸쳐 적분되었을 때, 이들이 아주 복잡한 방법으로 물리적 양상을 얻게 만든다는 수학적 의미만 가질 뿐이다.

따라서 아주 작은 규모에서는 장 방정식에 등장하는 개념들이 큰 규모에서의 의미를 완전히 상실하게 된다는 점은 명확하다. 그 개념들은 [경계가] 희미해지고 서로 융합하며, 그 수가 감소하게 된다. 이 상황의 정밀한 분석은 어쩌면 전혀 시도해 보지도 않았을 것이고, 했다고 하더라도 분명히 어려웠을 것이다. 어쨌든 이 현상에서 정말 얼마나 많은 독립적 개념들이 존재할 수 있는지 알아보는 것은 흥미 있을 것이다. 물리적으로 독립인 개념들의 수를 확장할 수 있는 가능한 실험들을 제안할 때, 분석을 시도하는 것은 물리적 관점에서 보면 어쩌면 가치 있는 일일 것이다.

장 방정식에서 물리량들이 방정식에 등장하는 그대로는 무의미하기 때문에, 방정식 그대로를 참이냐 아니냐고 묻는 것은 무의미하다. 실험 지식에 대한 우리의 현재 상황에서, 예를 들어 전하들 사이에 역 제곱 법칙이 계속 유효한지, 또는 가속하는 전하가 복사선을 방출하는지 묻는 것도 역시 무의미하다. 이런 질문들은 실험이 가능할 정도로 충분히 큰 규모에서의 현상에 적용될 때에만 의미를 갖는다.

장 방정식이 참이냐고 묻는 것이 무의미하다는 진술을 역으로 하는 것, 즉 장 방정식이 거짓이라고 말하는 것은 무의미하지 않을 수 있다는 진술이 오히려 흥미를 더 줄 수 있다. 모든 특별한 경우마다 참이 아니라면 명제는 참이 아니지만, 단 하나의 특별한 경우에 거짓이면 명제는 거짓이다. 실험이 가능할 수 있게끔 적분하거나 평균했을 때 로렌츠 장 방정식의 한 결과가 거짓이라고 우리가 증명할 수 있다면, 방정식은 거짓이 되어야 한다. 작은 규모에서 물리적 거동을 완벽하게 서술하는 문제와 관련해 볼 때 방정식은 거짓이라고 판단되는데, 그 이유는 이들이 양자 현상을 시사하지 않기 때문이다.

우리가 방정식이 거짓이라는 것을 인정한다고 하더라도, 방정식이 실제의 주요 부분과 부합한다는 점과 물리학에 큰 기여를 해왔다는 점에 대해서는 의문의 여지가 없다. 방정식들이 성취한 성공의 의미는 무엇일까? 일상적 의미에서는 크지 않은 규모의 현상이라고 하더라도 로렌츠 방정식이 성공적으로 적용된 모든 현상은 아주 많은 원자들의 협동을 포함하는 현상으로서, 개별 전자를 포함한 현상에 적용했을 때는 방정식이 명백히 실패한다는 점에 주목할 필요가 있다. 현재 우리의 가장 훌륭한 증거로 볼 때, 작은 규모에서 자연의 거동은 양자 원리의 지배를 받으며, 따라서 우리가 맥스웰 방정식의 지배를 받고 있다고 알고 있는 큰 규모의 거동과 매우 다르다고 생각한다. 여기에는 물론 현상의 특성이 양자에서 맥스웰로 옮겨가는 전이 구간이 존재함이 틀림없다. 이제 우리가 전이 구간으로 접근할 때 로렌츠의 프로그램과 같은 그 어떤 것도 옳은 결과를 필연적으로 보이기 시작해야 하는데, 그 이유는 맥스웰과의 관련성이 방정식에 이미 들어와 있어서 양자와의 관련성들이 사라지게 되는 순간에는 언제나 [맥스웰과의 관련성이] 등장할 준비가 되어 있다는 단순한 이유 때문이다.

로렌츠 프로그램의 성공이 주는 물리적 의미가 있다면 개별 원자 수준까지 충분히 내려간 단계에서 맥스웰로부터 양자 현상으로 전이가 발생한다는 것이다. 맥스웰로부터 양자 현상으로의 전이에 대한 정확한 세부 사항을 알아내는 것은 가까운 미래의 대부분 프로그램을 구성한다.

로렌츠의 고전적 연구에 대해 이렇게 회의를 품는 것은, 특히 다른 선택의 여지가 없었을까 하고 상상할 때 더 짜증나고 우울해질 수 있다. 실제로 우리는 곤경에 빠졌다고 생각한다. 로렌츠는 수학적 조작이 물리적으로 무의미하다는 것을 알고 있었음에도 불구하고, 자신이 선택한 수학적 도구의 특성 때문에 자신이 수행한 과정을 사실상 어쩔 수 없이 받아들여야 했다. 우리는 전통적 수학이 물리적 실제와 부합하지 않는다는 점을 이미 알고 있다. 즉 수학은 한계에 대해 적합한 진술을 쉽게 할 수 없으며, 물리적으로 큰 것과 작은 것 사이의 차이와 수학적 기호의 조작적 의미에 있어서 이에 상응하는 변화도 인식하지 못한다. 수학은 일상적 크기에서 일어나는 현상을 다룰 때 아주 유용한 도구가 되면서 시작되었지만, 좋든 싫든 그것이 덜미를 잡아 우리에게 알 수 없는 무의미한 말을 반복하게 강요하는 전자 내부로 밀어 넣음으로써 끝나게 되었다. 라모어는 이것을 인식하고 있었고, 로렌츠의 이론과 실제로 같은 시기에 개발한 자신의 전자 이론에서 전자 내부에 대해 무의미한 진술을 하지 않고 전자를 전체로 다루려고 노력했다.[19]

---

19) Joseph Larmor, *Æther and Matter*, Cambridge University Press, 1900. 이 책에서 전자는 에테르 내에서 특이점(point singularity)으로 취급되었다.

그러나 그는 물리적 결과를 제시하는 데 있어서 로렌츠보다 훨씬 더 성공적이지 못했는데, 사람들은 이것이 부분적으로는 그가 사용한 도구의 어려움에서 기인한 것이라고 추측한다.

우리가 할 수 있기를 바라는 것은 쉽게 알 수 있다. 우리 방정식 안으로 들어온 것은 독립적으로 물리적 의미를 지녀야 하고, 수학식의 특성은 항에 의미를 부여하는 물리적 조작이 변함에 따라 보조를 맞추어 같이 변해야 한다. 예를 들어 전기 밀도는 큰 규모의 현상에 대해 의미를 지니지만, 작은 규모에서는 아무런 의미가 없다. 우리의 궁극적인 전기 단위는 전자이다. 우리가 이 크기의 규모로 내려갈 때, 우리의 수학은 불연속적 전자의 상대적 거동에 관해 진술해야만 하고, 전자 내부 한 점의 밀도에 대해서는 암시조차 할 수 없다. 그러나 이런 종류의 일을 이제까지 명백히 할 수 없었다. 즉 적합한 수학 언어가 아직 개발되지 않았기 때문이다. 그런 언어가 개발되었을 때는 전자 내부로 파고들고 싶은 유혹을 견딜 수 있어야 하고, 또 대단히 많은 물리적 남용의 주범으로 알려진 장 개념 없이도 설명해 낼 수 있어야 하며, 복잡한 전기계에서 나타나는 효과를 물리적 의미를 지닌 궁극적 기본 요소들로—즉 전하가 존재하지 않는 곳에서 벌어지는 물리적 작용과는 무관하게 전하 쌍들 사이의 이중 작용(dual action)으로—환원해야 한다.

빛의 본질과 상대성 개념

그동안 다루었던 일부 기본 개념과 관련해 상대론의 여러 측면을 이미 논의한 바 있다. 그러나 상대성과 관련되고 주목해야 할 다른 주제들이 여전히 존재한다. 이들 대부분은 빛의 속성을 포함한다. 따라서 빛의 속성과 상대성 개념을 함께 논의하는 것이 편리할 것이다. 우리는 빛에 대한 논의를 상대론과 관련된 간단한 속성들로 한정하겠다.

광학 현상에 관한 우리의 모든 사고는 현상을 일상적인 역학적 경험의 형태로 동화시킴으로써 사고를 더 쉽게 할 수 있게 만드는 고안물을 통해 실질적으로 이루어졌다. 고안물이 여기서 작동하고 있다는 것을 보이기 위해, 우리는 경험이 직접 감각의 형태로 주어지는 그러한 소박한 정신적 틀을 생각해 보겠다. 빛이 무엇인지를 직접 경험의 형태로 아주 초보적으로 검토를 해보면, 우리가 빛 그 자체를 경험해 본 적이 없고 다만 비추어진 것들만 우리 경험이 다루고 있다는 점을 알게 된다. 이 기본 사실은 이제까지 고안된 가장 복잡하거나 세련된 물리 실험에 의해서도 달라지지 않는다. 조작 관점에서 볼 때 빛은 오직 **비추어진 것들**을 의미할 뿐이다. 이제 실험에서 비추어진 물체들이 다양한 관계로 서로 서 있게 하자. 이들 관계를 규칙과 이해 가능한 것으로 환원하고자 할 때, 우리는 일종의 고안을 해야 한다. 몇 가지 주요 실험 사실이 이것을 말해 준다. 첫 번째로, 빛을 받은 물체들 사이를 연결하는 직선 위에 놓인 스크린은 빛을 받은 어떤 하나나 다른 물체의 밝기를 억제하기도 하며 그들 자체가 빛을 받게 된다는 점에서, 빛을 받는 물체들은 간단한 기하학적 관계를 지닌다. 이로부터 빛살이 직진한다는 개념을 얻게 되지만, 이 개념은 빛을 받은 물체들 사이의 기하학적 관계를 서술하는 것 이외에 어떤 것도 아니다. 그런 다음 우리는 방출(source)과 흡수(sink)로 서술되는 빛을 받은 물체들의 비대칭적 관계에 대한 실험 사실을 얻게 된다. 마지막으로, 우리는 아주 나중 단계에서 이루어졌고 물리적 측정이 고도의 정밀성에 도달할 때까지 불가능했던 발견, 즉 빛이 물질적인 것의 속도와 유사한 속성을 지닌다는 발견을 했다. 이것은 목성의 위성에서 식(蝕)이 일어나는 시간이 이동한다는 것과 광행차라는 천문학 현상에서 처음 발견되었지만, 충분히 정교한 도구를 이용할 때 멀리 있는 거울에서 반사된 빛살이 일정 시간이 지난 다음 비로소 광원으로 되돌아간다는 사실로부터 이 현상이 순수한 지상(地上) 현상에 대해서도 성립한다는 점을 나중에 알게 되었다. 시간이 경과한 다음 되돌아오는 이 속성은 마치 답변을 가지고 파견된 전령, 또는 벽에 부딪친 공이나 물결파처럼 물질적인 것들의 속성과 정확히 같다. 빛이 지닌 이런 속성들은 아주 자연스럽고도 거의 불가피하게 빛은 **진행하는** 물체, 즉 물질적인 것을 반드시 암시할 필요가 없는 어떤 '물체(thing)'라는 고안으로 이끌었다.

이제 의문은 이것을 사고의 편의를 위해 만들어진 단순한 고안물로서 받아들여야 하느냐, 아니면 더 나아가 여기에 물리적 실재를 부여해야 하는가, 즉 우리가 빛이 광원을 구성하는 물질과 거울 사이의 공간에 독립적인 물리적 존재가 가능한 것이라고 생각해야 하느냐에 대한 것이다. 이제 앞서 지적한 유사성에도 불구하고, 진행하는 물체와 빛에는 적어도 하나의 보편적이고도 근본적인 차이점이 존재한다. 예를 들어 우리는 공이 그것이 있는 공간의 모든 지점에 연속적으로 존재한다는 독립적인 물리적 증거를 갖고 있다. 우리는 그것을 볼 수 있고, 들을 수 있으며, 공이 휙 지나갈 때 바람을 느낄 수 있고 심지어 만질 수도 있다. 이 모든 현상은 처음과 마지막 현상과는 독립적이며, 따라서 고안물에 물리적 실재성을 부여하는 기준에 따라 우리는 통과 중인 공에 물리적 실재를 부여할 정당성을 갖는다. 그러나 빛살(beam of light)에 대해서는 완전히 다르다. 우리가 중간에 빛살이 존재한다는 물리적 증거를 얻을 수 있는 유일한 방법은 일종의 스크린을 끼워 넣는 것이지만, 이 행위는 우리가 스크린에 의해 존재한다고 탐지한 빛살의 일부를 파괴하게 된다. 방출과 흡수(거울은 흡수에 포함된다고 이해한다.) 현상을 떠나서 빛을 탐지할 수 있는 어떤 물리적 현상도 존재하지 않는다. 즉 우리로 하여금 어떤 것이 진행한다고 생각하게 만드는 현상 이외에 다른 현상이 존재하지 않는다. 따라서 조작적 관점에서 보면 공간의 중간에서 빛에 대해 물리적 실재성을 부여하는 것은 무의미하거나 하찮은 것이며, 진행하는 어떤 물체로서 빛은 순수한 고안물이라고 받아들여야 한다.

빛의 상태는 [앞서 논의했던] 전기장의 그것과 완전히 동일하다. 진공의 지점마다 물리적 실재를 부여할 최소한의 근거도 존재하지 않는다. 즉 한 점에서 빛과 장은 우리가 그 지점으로 가서 어떤 물질적인 것으로 실험하기 전까지는 의미를 지니지 않는다. 빛과 장의 본질과 이론에 대한 우리의 견해가 옳은 한, 빛의 전자기 이론이 이러한 유사점을 지닌다는 것은 당연히 필연적이다.

무비판적으로 생각했던 일부 현상이 빛이 진행하는 어떤 물체라는 사고를 정당화하는 것처럼 보인다는 점은 부인할 수 없다. 가장 의미 있는 논의는 일반적으로 에너지 현상에서 도출된다. 방출원으로부터 흡수원으로 빛이 통과하는 과정에는 에너지 전달이 수반된다. 그러나 에너지가 보존되기 때문에, 우리는 방출원으로부터 빛의 방사와 흡수원에서 빛의 흡수 사이의 시간 간격 동안 에너지가 어디에 있느냐고 질문해야만 한다. 여기에는 명확한 답변이 있다. 즉 에너지는 물론 방출과 흡수 사이의 중간에 있는 공간 어딘가에서 통과 중에 있다. 만일 우리가 빛은 매질을 통해 전파되는 것이라고 생각한다면, 빛의 전자기 이론에서처럼 매질은 에너지가 머무를 수도 있는 곳이 되며, 만일 빛이 속성상 더 물질적이고 입자적이라면 진행하는 물체 자체가 에너지를 갖게 된다. 우리가 보존된다고 말하는 것은 어떤 순간에 우주의 전체 에너지가 일정하다는 것을 뜻하기 때문에, 우리는 보존 원리가 시간 개념을 포함한다는 점에 우선 주목한다. 말하자면 이것은 우리가 어떤 순간에 국소 에너지를 모든 공간에 대해 적분해야 한다는 것이며, 시간 개념을 모든 공간에 걸쳐 전개해야 한다는 것을 말한다. 우리가 시간 개념을 공간에 정확하게 전개할 수 없다면, 보존을 얻을 수 없다. 보존될 수 있도록 공간에 시간 개념을 전개하는 것이 가능한지를 증명하는 것은 빛의 속성에 대한 지식을 포함한다. 그러나 상세한 분석이 이루어질 때까지 이런 생각을 최종적인 것이라고 받아들일 수 없으며, 이것은 아마도 가장 복잡한 일일 것이다. 그러나 에너지 개념에 대해 앞서 비판에서 도출된 더 중요한 생각이 있는데, 즉 에너지가 공간에 국소화된다고 주장할 근거가 전혀 없다는 것이다. 에너지는 물리적 사물이 아니라, 오히려 전체에 대한 계의 속성이라고 불러야 할 것이다. 만일 에너지에 대한 이 관점이 인정된다면, 진행하는 물체로서 빛과 그리고 매질의 존재에 관한 에너지의 모든 논의는 무너지게 된다. 나는 이 생각이 운동량 보존에 대한 논의에도 적용될 수 있다고 믿는다.

빛을 진공에서 스크린으로 탐지할 수 있다는 점은 빛이 진행하는 물체라는 생각으로 연결하는 고리 역할을 하는 것으로 보인다. 나는 이 관점이 특수 상대성 이론에 관한 정리를 연역할 때 아인슈타인이 지녔던 모든 태도의 특징이라고 생각한다. [특수 상대론을] 연역하기 위한 목적으로 아인슈타인은 빛 신호가 광원으로부터 퍼져나가는 단순한 구면파이고, 이것이 퍼져나갈 때는 마치 물결파를 관측하는 것과 같은 방식으로 계 밖에 있는 관찰자에 의해 목격될 수 있다고 생각했다. 물론 통과 중인 빛 신호가 실제로는 관측될 수 없지만, 우리는 파동을 시각화하기 위해 모든 점에 스크린을 놓음으로써 이 생각에 아주 근접할 수 있다. 빛의 존재를 입증하는 단순한 행위가 탐지된 빛살의 일부를 손상한다는 점은 사실이지만, 스크린이 빛을 보이기 위해서는 무한히 작은 양의 빛만 필요하고, 따라서 일반적인 물리적 논의에 의거해 검출 스크린은 전체 원래의 빛 중 무한히 작은 변화만을 초래한다고 가정할 수도 있다.

빛의 본성에 대한 현재의 양자 관점이 옳다면, 이 모습에 대한 우리의 만족은 사라지고 만다. 우리는 더 환원될 수 없는 가장 단순화된 것으로서 구면파를 더 이상 생각할 수 없다. 빛은 매우 복잡한, 어쩌면 운동론 관점에서 얻은 기체보다 더 복잡하며, 빛을 구성하는 기본 양자 과정의 효과들을 일부 평균함으로써 단순성을 흉내 낼 수 있다. 상대성 원리들을 근본적인 것이라고 계속 인정하거나 심지어 그 원리들이 여전히 지성적으로 이해될 수 있다고 한다면, 우리의 추론을 구면의 가지파동(wavelet)이 아니라 가지파동들을 구성하는 [양자적] 기본 과정에 적용해야 한다. 이때 기본적인 양자 행위는 근본적으로 이중적이다. 즉 어떤 한 불연속적인 물질 입자에서 불연속적인 방출 행위가 있고, 다른 어떤 불연속적 입자에서 다른 불연속적 행위에 의해 소모되는 행위(흡수나 산란)가 존재한다. 아직까지 우리가 이 이중의 과정에 관한 세부적인 것을 완전히 특정하지 못하고 있지만, 흡수가 일어나는 곳을 방출이 일어나는 곳과 통계적 관점으로 연결해야 한다. 그러나 빛의 방출을 한 물체가 공간을 통과해 가듯 구면 가지파동의 진행과 같은 어떤 과정의 시작이라고 생각하는 것은 전적으로 잘못된 관점으로서, 그 이유는 파동에는 파동이 끝나는 불연속적 지점에 대한 어떤 암시도 갖고 있지 않기 때문이다. 우리는 어떤 불연속적 물질 입자가 방출 과정을 완료하는지를 파동이 **알 수 있는** 길은 존재하지 않는다고 투박하게 말할 수도 있다. 어쩌면 우리는 구면파가 편광되어 있어서 이와 관련된 특정 방향을 갖고 있다는 점을 기억하면서 상황을 구제하려고 노력할 수도 있다. 그러나 자세히 검토해 보면, 특정 방향이라는 것은 에너지 흐름의 방향이 아니며 흡수는 이 방향을 **제외하고** 어떤 방향으로도 일어날 수 있기 때문에, 이것은 도움이 되지 않는다. 그래서 진행하는 물체라는 관점은, 우리가 이 관점을 이용해 기본적인 양자 행위가 근본적으로 이중의 본성을 지닌다는 것을 묘사하려고 할 때 도움이 된다기보다 긍정적인 혼란을 주는 것이라고 생각된다.

진행하는 물체로서 빛에 대해 있음직한 또 다른 논의는 연관성 원리에서 도출될 수 있다. 순간적으로 빛을 발광할 수 있도록 여닫을 수 있는 셔터를 가진 검은 손전등과 멀리 있는 거울, 그리고 광원 근처에 있는 수광(受光) 장치를 생각해 보자. 우리가 항상 가정하고 있는 빛의 속성 중 하나는 광원에는 빛의 방출 행위의 흔적이 영원히 남지 않는다는 점이다. 손전등과 섬광이 방출되고 시간이 얼마 지난 후 손전등 주변에 관해 모든 것을 아주 세밀히 조사해 본다면, 우리가 총 에너지나 운동량을 측정하지도 못하고 섬광이 방출되지 않았을 때 에너지와 운동량이 어떻게 될 것이라고 아는 어떤 방법도 갖고 있지 않는 한, 섬광의 방출을 기억하고 있다는 것을 알려줄 어떤 현상도 이제까지 발견되지 않았으며, 또 임의의 사건에서 과거에 신호가 방출되었던 시간의 순간을 우리는 특정할 수 없다. 같은 방법으로, 거울을 검사한다고 해도 거울이 빛살을 과거 언제 반사했는지 여부를 알아낼 도리가 없다. 이제 하나의 광원과 3×10^8m 떨어져 있는 하나의 거울로 구성된 계 두 개가 있는데, 한 계에서는 빛 신호가 1.5초 전에 광원에서 방출되었고 다른 계에서는 0.5초 전에 방출되었다는 것을 제외하고 모든 것이 동일한 두 계를 생각해 보자. 우리의 가설에 따라, 두 계에서 광원과 거울을 아주 완벽하게 검토하였을 때 아주 약간의 차이도 나타나지 않지만, 그럼에도 두 계에 대해 한 계에서는 빛 신호가 스크린에 0.5초에 도달하였고, 다른 계에서는 1.5초가 될 때까지 도달하지 못했다는 근본적인 차이가 존재한다. 이것은 물리학 전체에서 핵심적이고 가장 일반적인 원리, 즉 두 계 사이의 차이들은 다른 차이들과 결합되어야 한다는 본질적 연관성의 원리라고 우리가 제안했던 것을 위배한다. 우리의 원리를 유지할 수 있는 가장 확실하고도 간단한 방법은 단지 계가 우리가 조사한 것 이상의 것을 정말 포함하는지 찾아내는 것이다. 계는 광원, 거울, 스크린, 그리고 사이에 있는 공간으로 적절히 구성되어 있어서, 우리가 만일 사이에 있는 공간을 검사한다면, 두 계의 각각 다른 지점에서 통과 중인 빛을 발견하게 되며, 따라서 이것은 그다음에 일어나는 역사의 차이와 연관된다. 나는 어쩌면 이 논의가 진행하는 물체로서 빛이라는 관점보다 더 진보한 관점이 될 수 있는 가장 강력한 것이라고 본다. 그러나 결정적인 것은 아닌 듯하다. 본질적 연관성의 원리는 시간 개념에 대해 아무런 언급도 하지 않지만, 위와 같이 적용할 때 우리는 어떤 식으로든 시간 개념을 묻혀 들여왔다. 우리는 어떤 지점에서 한 순간에 우리 계를 완벽히 서술하려고 했으며, 이것은 시간 개념을 공간에 퍼뜨리는 것을 포함하였다. 이 자체는 문제가 있는 조작이며, 다른 방법으로도 수행될 수 있다. 그러나 더 중요한 것은, 한 지점에서 한순간에 측정 가능한 부분 모두를 완벽히 서술함으로써 계를 완전하게 서술할 수 있다고 가정하는 것을 무엇이 정당화해 줄 수 있는가? 가장 일반적인 경우, 본질적 연관성의 원리는 계의 '초기 조건' 개념에 과거의 모든 역사가 포함되어 있다는 점을 인정해야만 한다는 것을 알고 있으며, 여기에 적절한 사례를 들어보겠다. 해답은 오직 실험에 의해서만 주어진다. 우리가 국소시간과 확장시간을 구별할 필요가 없고 광학 현상을 취급하지 않는 일상 경험을 다룰 때, 경험은 미래의 거동이 현재 조건에 의해 결정되며 현재 조건은 계에서 이루어지는 현재 조작의 결과 형태로 특정될 수 있다는 기대를 적어도 근사적으로 정당화한다. 그러나 우리가 국소시간과 확장시간을 구별해야 하는 현상으로 이 원리를 확대하기 전에, 이제 고려 중인 의문, 즉 명백히 빈 공간인 곳에서 발생하는 물리 현상이 존재하는지, 그래서 빈 공간이 계에 포함되어야 하는지에 대한 질문에 답해야 한다. 우리는 여기서 자신이 또 악순환을 따르고 있음을 알게 된다. 경험에 의하면 연관성 원리를 광학 현상까지 확장하는 것은 다음과 같다. 즉 물질계의 임의의 지점에서 미래는 바로 인접한 계의 **현재** 상태에 대한 완벽한 서술과 조금 더 떨어져 있는 지점에서 거동의 **역사**에 의해 결정되며, 이 역사는 그 지점이 멀어짐에 따라 긴 시간 간격으로 확장된다.

그러나 이런 가능성은 매우 만족스러워 보이지 않는다. 대부분의 물리학자는, 시간이 적절한 방식으로 공간으로 확장되는 순간 배열의 형태로 완벽히 서술할 수 있게끔 미래가 결정된다고 생각하는 경향이 있다. 만약 빛의 방출이 광원에 영원한 기록을 남기지 않는다는 가정이 틀린다면, 미래가 현재에 의해 결정된다는 직관적 요청은 빈 공간에서 빛이 물질적으로 존재한다는 것을 포함하지 않아도 광원, 거울, 스크린으로 구성된 두 계에서 나타나는 광학 현상과 쉽게 들어맞는다. 빛을 방출하고 난 다음 광원을 자세히 조사한다면, 방출 순간을 외삽에 의해 알아낼 수 있는 영원한 흔적을 찾을 수 있을 것이다. 만일 미래에 관해 결정론을 굳게 믿는다면, 물리학자는 그런 방출의 기억을 나타내는 새로운 현상을 찾으려고 애쓸 것이다.

그러나 빛이 진행하는 어떤 물체와 동일하다는 생각을 포기해야 한다면, 물리 구조가 어떻게 영향을 받게 될지에 대해 알아보자. 하나의 결과는, 직접적인 경험으로 볼 때 속도는 한 지점에서 다른 지점으로 이동하는 것들의 속성이기 때문에 빛을 속도의 속성을 가진 것이라고 더 이상 생각할 필요가 없다. 진행하는 물체라는 빛의 속성을 포기하는 것은 우리로 하여금 속도에 대한 다른 개념으로 본질을 서술하는 대안적 방법을 채택하게 만든다. 앞서 우리는 느린 속도에서는 보통의 수치적 결과를, 그러나 **빠른** 속도에서는 다른 결과를, 특히 빛에 대해서는 무한한 속도를 부여하는 것과 같은 방식으로 일상적 조작과는 다른 조작으로 속도를 정의할 수 있다는 것을 보

았다.[20]

만일 빛이 물리적 속도를 지닌 것이 아니라면, 빛과 관련된 무한값에 반대할 이유는 없다. 원한다면 우리는 편의상 빛의 속도에 대해, 이 속도에 무한값을 부여한다는 것과 빛에는 속도의 물리적 개념이 모든 측면에서 적용되지 않는다는 사실이 부합한다는 점을 확실히 이해하면서, 계속 이야기할 수 있다. 앞서 빛에 유한 속도를 부여하는 과정을 수행했기 때문에 이제부터는 시간 개념을 공간으로 확장하기 위한 과정을 수정해야 한다. 우리는 지금 이 속도가 무한대가 되도록 할 수 있는데, 이것은 영(0)으로 맞추어진 우리 시계에서 방출된 빛 신호를 멀리 떨어진 시계가 받는 순간을 영으로 세팅함으로써 간단히 실현할 수 있다. 이제 물질적인 것들의 거동은 단순한 측면을 택하게 된다. 즉 물질체에 부여될 수 있는 속도에는 유한한 상한이 존재하지 않으며, 빛은 유한한 양만큼 서로 차이가 있는 두 물질계 각각에 똑같이 유한한 관계를 지니게 되는 역설적 속성을 더 이상 갖지 않는다. (즉 모든 기준계에서 빛의 속도가 $3 \times 10^8 \text{m}$ 라는 상대론의 첫 번째 가정을 말한다.) 그 대신 빛은 이제 단지 유한한 양만큼 서로 차이가 있는 두 계에 대해 무한량의 관계를 갖게 되며, 이것은 수학적 관점에서 자연스러운 것이다.

하지만 시계를 세팅하는 방법을 이런 식으로 변경함으로써 모든 것이 다 단순해지는 것은 아니며, 이에 대한 대가를 치러야 한다. 대가란 사물의 속도와 그것이 "가고 오는" 시간 사이의 단순한 연관을 포기해야 한다는 것이다. 이런 변경은 국소시간에 영향을 주지 않는다. 빛이 멀리 떨어진 거울까

---

20) 빛에 무한 속도를 부여할 때 빛의 [방출과 흡수라는] 비대칭적 특성 때문에 발생되는 어려움은 없다. 왜냐하면 어느 것이 광원이고 어느 것이 흡수원인지를 찾아내는 물리적 조작이 속도를 측정하는 조작과 완전히 다르기 때문이다. 다른 말로 한다면, 극한의 경우에도 무한 속도가 속도와 연관된 방향을 지니고 있다고 말하는 것은 여전히 유의미하다.

지 갔다가 광원으로 되돌아오는 데 걸리는 시간은 변하지 않으며, 따라서 우리가 빛의 속도를 무한하다고 기술하더라도 시간은 여전히 유한하다. 이제 검토해 보면 "속도" 개념과 "가고 오는" 시간 개념 사이에 직접적인 연관이 존재하지 않는다는 것을 알 수 있다. 우리의 정의에 따라 직선 속도를 측정하는 일에는 서로 다른 장소에 있는 두 시계를 포함하거나, 그렇지 않다면 "가고 오는" 시간이 단일한 한 지점에 오직 단일한 하나의 시계만을 필요로 하기 때문에 필연적으로 측정 중인 물체가 되돌아간다는 것을 포함하고 있는 한, 물체와 같이 움직이는 시계 하나를 포함하게 된다. 그러면 속도에 관해 채택한 정의에 따라, 우리는 아인슈타인이 특수 상대론에서 했던 것과 같이 하여 속도에 아주 단순하게 관련된 "가고 오는" 시간을 구하거나, 아니면 세련된 물리 측정을 통해 운동 방향이 역전될 때 뭔가 의미 있는 일이 발생하고, 그래서 방향의 역전과 관련해 현상이 대칭적이지 않다는 점을 보일 수 있다. 운동 방향의 역전이 만드는 비대칭성을 우리는 양 끝이 발산되도록 호(弧)의 작은 일부를 펴는 것처럼 일종의 시공간 곡률로 시각화할 수 있다. 속도를 다루는 이러한 대안적 방법은 속도가 단순히 특별한 상황에 처한 관찰자에 의해서만 측정될 수 있다는 것을 의미한다. 이것은 사실상 조작들이 그런 관찰자에 대해서만 정의되기 때문에 혼란을 준다고 생각할 필요는 없다.

속도를 취급할 수 있는 가능한 이 두 가지 방법 중 어느 것이 채택되어야 하는지는 우리에게 가장 흥미를 주고 가장 단순화를 기대할 수 있는 현상들에 의해 결정되는, 어느 정도 편의의 문제이다. 아인슈타인의 주요 관심사는 광학 현상에 관한 것이기 때문에 그가 선택한 동기는 확실하다. 아인슈타인이 이것을 선택하는 데 있어서 "가고 오는" 시간을 단순히 속도와 연관시키려는 욕구가 매우 중요한 역할을 했다는 것이 아주 확실하지는 않지만,

나는 유한한 속도로 진행하는 물체로서 빛을 생각하려는 욕구가 오히려 더 큰 영향을 주었다고 본다. 빛을 이런 방식으로 생각하는 것은 특수 상대론을 다루는 모든 것에 기본이 된다. 이런 관점이 아니고는 모든 수학적 연역은 단순성과 설득력을 상실하게 된다. 그 이유는 모든 연역을 할 때 우리는 빛이 어떤 물체처럼 앞뒤로 진행한다고 관찰하면서 자신을 필연적으로 외부 관찰자라고 생각하기 때문이다.

선택의 여지가 있을 때 편의성과 단순성이 중요한 고려 대상이 된다는 점은 명확하다. 그러나 나는 물리적 상황을 완벽하게 재구성할 수 있는지 여부가 더 중요하다고 생각한다. 이 관점에서 볼 때 아인슈타인과 그 밖의 현대 물리학자들이 빛을 진행하는 물체라고 선택했을 때, 단순함과 수학적 용이함을 위해 큰 대가를 치르지 않았는지에 대해서는 의문의 여지가 있다. 물리적으로 빛의 본질은 빛이 진행하는 물체가 **아니라는** 점인데, 빛을 그렇게 취급할 때 우리가 가장 심각한 어려움을 어떻게 피해갈 수 있을지 나는 알 수 없다. 물론 빛의 본질에 관한 문제 전체가 현재 가장 심각한 어려움을 주고 있다. 아인슈타인마저 빛이 진행하는 물체라고 생각했던 관점은 우리를 논리적으로 완전히 만족시키지 못한다. 우리는 두 가지 종류의 진행하는 물체에 익숙해 있는데, 하나는 매질에서의 교란이고, 다른 하나는 발사체와 같은 입자적인 물체이다. 그러나 빛은 매질의 교란이 아니다. 만일 그렇지 않다면 우리가 매질에 대해 상대 운동할 때 빛의 속도가 달라져야 하지만, 그런 현상이 존재하지 않기 때문이다. 또한 빛은 발사체도 아닌데, 왜냐하면 빛 속도는 광원의 속도와 독립적이기 때문이다. 다른 한편으로 우리는 발사체가 보여주는 것과 유사한 현상을 광행차에서 볼 수 있다. 빛을 발사체로 보는 이론(ballistic theory of light)⑦에 대한 라 로사의 논문21)에서 보듯이, 빛의 속성은 어쩌면 흔히 알고 있는 것보다 발사체의 속성에 더 가깝다. 우리가 빛의 속성을 물질적인 형태라고 생각할 때 빛의 속성들은 서로 앞뒤가 맞지 않고 일관성이 없다. 아인슈타인의 특수 상대성 이론은 현상을 잘 무리 짓고 통합해 속성들을 모두 간단한 수학 공식으로 포괄할 수 있게 하는 데 큰 공헌을 했지만, 그가 빛과 같은 것에서 물리적으로 간단하거나 쉽게 파악될 수 있도록 속성을 제시했다고 보이지 않는다. 아인슈타인의 이론에는 해석적 측면이 완전히 배제되어 있다.

현존하고 있는 어려움으로 볼 때, 우리는 처음부터 다시 시작해 물리적 실재에 더 가까이 있는 모든 광학 현상을 취급할 수 있는 개념을 고안하려는 노력이라도 해야만 한다. 이것이 하기 가장 어려운 일이라는 점을 어느 누구도 나보다 더 생생하게 깨달은 사람은 없다. 만일 우리가 그런 수정을 성공적으로 이룩했다면 물리학 대부분의 구조가 바뀔 뿐 아니라, 상대성 이론에 의해 지금 다루어진 이들 현상에 대해 특히 형식적 접근이 바뀌어야 하며, 따라서 전체 이론의 양상도 변해야 한다는 점은 확실하다. 나는 우리가 그런 변화를 영원히 볼 수 없게 될지, 그리고 아인슈타인의 전체 형식 구조가 그저 잠정적인 사안이 아닌지는 아주 심각한 의문 사항이라고 생각한다.

미래를 다루는 일이 어떻게 될지를 내다보는 것은 비록 매우 어려운 일이지만, 그것의 특성을 추측하는 일은 쉽다. 복사(radiation)라고 이해하는 모든 복사의 기본 과정은 본질적으로 이중적이다. 일부 과정은 방출원에, 수반된 일부 과정은 흡수원에 존재하며, 그리고 우리가 물리적 증거를 갖고 있는 한, 그 이외에는 존재하지 않는다. 더욱이 방출원과 흡수원이 물리적으로 서로 구분되어 있다는 점에서 기본 작용은 비대칭적이다. 이것은 물

---

21) M. La Rosa, *Scientia*, July-August, 1924.

리적 사실을 가장 완벽하게 표현한 것이다. 제3의 요소(에테르)를 포함하고 있다는 물리적 증거는 어디에도 없다. 따라서 관찰자에 의해 감지된 모든 현상은(이것이 모든 물리 현상을 말한다.) 방출원과 흡수원, 그리고 이들 사이의 상호관계에 의해서만 결정될 수 있다. 그것은 이것 이외에 조작의 형태로 물리적 의미를 지니는 것이 존재하지 않기 때문이다. 이 공식은 광행차나 도플러 효과와 같은 일차항 현상들의 가능성을 포함할 뿐 아니라, 마이컬슨과 몰리가 찾고자 했던 것과 같은 이차항 효과가 존재하지 말아야 한다는 것을 보여주고 있다. 따라서 상대성 이론의 귀결 중 일부는 아주 폭넓은 관점에 암암리에 포함되어 있다는 점을 알게 된다. 새롭게 다룸으로써 아주 많은 것을 성취하기 전에 우리가 답을 알아야 할 흥미로운 질문 중 하나는 **필연적인** 이중성, 또는 흡수 없이 방출이 가능한지, 즉 빈 공간에서 방사가 가능한지에 대한 것이다. 나는 루이스가 최근 논문에서 이것이 불가능하다는 점을 암시했다고 생각한다.[22] 이것이 맞는다고 가정한다면, 천문학자들은 행성의 온도 평형과 같은 현상을 설명할 때 겪게 될 난점들을 이미 지적한 바 있다.

상대성의 여러 개념들

이제 상대성의 나머지 개념에 주목하자. 이들 중 가장 중요한 것은 '사건(event)'이다. 실제로 이 개념은 화이트헤드에 의해 심층적으로 다루어진 바 있다.[23] 앞서 우리는 이 개념이 아주 밀접하게 관여된 '동일성' 개념 안에서

---

22) 예컨대, G. N. Lewis, *The Anatomy of Science*, Yale University Press, 1926, p. 129.

'사건' 개념을 논의한 바 있다. 일반적으로 아인슈타인은 사건을 3차원 공간과 일차원 시간으로 구성된 4차원 좌표들의 집합에 불과하다고 생각했다. 즉 자연법칙을 수학적으로 구성할 때 불변식(invariant)의 형태로 되어야 하는 일반 상대성 이론의 원리는 자연이 사건의 형태로 분석될 수 있다는 가정을 포함하고 있으며, 사건 사슬의 좌표 사이의 수학적 관계는 불변이어야 함을 요구하고 있다. 같은 생각이 아인슈타인에 의해 다른 형식으로도 표현되었는데, 말하자면 자연은 시공간의 일치(space-time coincidence)에 의해 완벽히 특징될 수 있다는 것이다. 이 아이디어를 다듬어서 아인슈타인은 모든 측정 결과가 이런 일치 형태로 주어질 수 있다고 가정했다.

그런데 내게는 자연을 사건들로 분석하는 것이 가능한지, 또는 충분한지가 의문스러워 보인다. 일치의 관점에서 볼 때, 우리의 직접적인 **감각**이 일치로 서술될 수 없다는 점은 아주 명백하다. 예컨대 두 발광체의 세기를 빛 측정으로 비교하는 것, 혹은 두 소리의 높낮이를 비교하는 것, 또는 두 귀의 효과를 이용하여 음원의 위치를 알아내는 것을 우리는 시공간의 일치 형태로 어떻게 기술할 수 있을까? 일치의 관점을 정당화하기 위해 우리는 감각적 인식을 넘어 무색 중립적 요소까지 내려가 분석해야 한다. 우주가 모든 전자와 양전자의 시간 함수인 위치에 의해 완벽히 결정된다고 기대하는 것은 비합리적으로 보이지 않는다. 그러나 이런 주장을 도입하는 것은 현재 실험이 보증할 수 있는 범위를 확실히 넘어서는 것이고, 사물의 미시 구조에 대해서는 어떤 기준계도 존재하지 않는다는 상대성의 일반 정신과도 상충된다. 이런 반박을 기꺼이 무시한다고 하더라도, 전자와 양전자 사이의

---

23) A. N. Whitehead, *An Enquiry Concerning the Principles of Natural Knowledge*, Cambridge University Press, 1919, Chap. V.

차이점은 단순히 좌표를 특정하는 데 있는 것이 아니라는 점이다.

자연을 사건들로 분석할 수 있을 가능성이라는 원리에 대해 더 크고 중요한 의구심은 사건 개념의 특성 그 자체에 의해 발생한다. 사건이라는 개념에는 불연속적인 것들의 존재가 포함되어 있으며, 이 사실은 더욱 세련되게 측정할수록 불연속적인 것들이 자신의 불연속성을 확실히 잃게 되기 때문에 오직 근사적으로만 물리적 사실과 부합한다는 점을 보았다. 자연을 미시적 규모의 불연속성으로 서술할 수 있다는 테제는 너무나 특이해서, 상대성 이론이 일반적으로 주장하는 이론의 핵심으로 되는 것이 어려워 보인다. 이에 대한 고려를 나중에 언급하겠지만, 실제로 이것은 일반 상대론의 논의와 결과가 본질적으로 거시적 현상으로 제한될 수 있다는 점을 시사한다.

이제 조금 특별해 보이는 이런 질문들에서 벗어나서, 아인슈타인이 명백히 순수하게 수학적인 특성을 일반적으로 추론함으로써, 일반 상대성 이론에서 새롭고도 올바른 물리적 결과를 얻어낼 수 있었던 이유가 무엇인지 물어보자. 우리는 순수한 수학적 사유가 물리적 결과를 결코 만들어낼 수 없다는 것, 즉 만일 물리적인 어떤 것이 수학에서 도출된다면 그것은 다른 형식이어야 한다고 믿는다. 우리의 문제는 물리학이 보편 이론으로 되는 곳을 찾는 일이다.

여기에는 해결해야 할 두 가지 문제가 있다. 첫 번째로, 아인슈타인이 자연의 관계들을 수학적 형태로 서술할 수 있었다는 사실이 주는 의미를 생각해야 한다. 두 번째로, 그가 오직 형식 수학적 가정(일반화 좌표계에서 자연법칙의 불변성)에서 출발해 순수 수학적 특성을 추론함으로써 이러한 물리적 관계들의 수학화에 도달할 수 있었다는 사실을 고려해야 한다. 이제 상대성 이론은 수리물리학의 여타 분야, 예컨대 전기와 자기에 대한 고전적 수학 이론과 달라 보이지 않으며, 이 문제는 앞의 장에서 이미 다룬 바 있다. 자연의 거동이 많은 경우 수학 언어로 높은 정밀도까지 표현될 수 있다는 것이 사실이라는 점에서 상대론도 다르지 않다. 어떤 경우에도 이런 수학적 형식화의 가능성이 물리 지식은 본질적으로 오직 근사적이라는 핵심 사실을 은폐할 수 없으며, 따라서 예컨대 오늘날 뉴턴의 중력 법칙에서처럼 더 높은 정밀도로 측정하게 될 때 법칙에 대한 우리의 수학적 표현이 아주 정확하지 않다는 점을 언제든지 발견하게 될 것이다. 나는 아인슈타인이 상대성에 관한 진술은 자연에 관한 우리의 진술과 이 점에서 다르다고 주장하리라 생각하지 않는다. 여기서 그의 추종자들 중 일부는 확실히 '무엇인가 더' 알고 있었을 것이다.(조작적 관점에서 볼 때, '무엇인가 더' 다음에 오는 의미는 '모호한 어떤 것'이다.)

두 번째 문제에 대해, 우리는 특수 상대성 이론이 일반 상대성 이론과 아주 다른 위치에 있다는 점에 더 이상 주목하지 않아도 좋다. 특수 상대론은 전적으로 더 물리적이다. 이것의 가정들은 속성상 물리적이며, 가정을 통해 물리학이 결과를 얻게 된 것은 확실하다. 아인슈타인은 이미 대중적으로 사용하고 있는 개념을 약간 변경함으로써 아주 단순한 언어로 기술될 수 있는 물리 현상들 사이에 상호관계가 존재한다는 것을 인식했다는 점에서, 그가 대단히 천재적인 직관적 통찰력을 보여주었다는 점에는 의문의 여지가 없다. 그러나 빛의 본질에 관한 그의 언급을 볼 때, 심지어 특수 상대론마저 식이 언제나 유효할지는 의문이다. 심지어 중력장이 존재하지 않는다고 하더라도 자연의 **모든** 사실이 특수 상대론의 간단한 식과 서로 연관될 수 없다는 점이나 물리적 관계들은 오직 하위 집단 안에서만 간단하다는 점, 그리고 빛 신호의 방출이 단순한 현상이 아니며 빛은 본질상 진행하는 사물이 아니기 때문에 만일 우리가 **모든** 광학 현상을 다루고자 한다면, 우리가 단순화를 지나치게 앞서 나아간 것이라는 점은 옳다고 생각한다. 특수 상대론이 했던 것처럼 빛을 다룰 때 무시되었던 바로 그 물리적인 것들이 물리학자들의 생각에서 점점 더 중요하게 되었으며, 이것이 궁극적으로는 아인슈타인의 특수 상대론이란 자연의 관계를 완전하고도 완벽하게 진술한 것이 아니라, 단순히 중요한 물리 현상들을 하나의 큰 집단으로 묶는 아주 규약적 방법이라고 그냥 여길 수 없는지 궁금한 이유이다.

하지만 일반 상대론에 관해서 볼 때, 나는 상황이 아주 다르다고 생각한다. 모든 좌표계에서 자연법칙이 불변식의 형태라는 기본 가정은 고도의 수학적인 것이며, 전적으로 인간이 만든 특성이다. 인간이 자연 현상의 서술을 어떻게 선택하게 되고, 우리 서술 과정의 한계가 서술한 것을 제한할 것이라고 어떻게 기대할 수 있는지가 자연하고 무슨 상관이란 말인가? 더욱이 네 개의 사건(세 개의 공간과 하나의 시간 좌표)에 의한 동시성이라는 방법으로 수학 형식과 자연을 연결하는 아인슈타인의 방법은, 그것이 단지 네 사건에 물리적 의미를 떠맡김으로써 서술 배경을 완전히 무시하였기 때문에 실재에서 아주 많이 벗어난 것이라고 생각한다. 그럼에도 불구하고 마술쟁이 아인슈타인은 요술 부리듯이 물리적 우주에 대해 세 가지 확실한 결론을 얻었기 때문에(수성의 원일점 이동, 태양 근처에서 별의 겉보기 위치의 변화, 그리고 중력장 내에서 광원으로부터 방출되는 빛의 적색편이) 물리학자로서 우리에게 주어진 문제는 무슨 과정을 통해 이런 결과를 얻게 되었는지를 찾는 것이다.

결과를 도출할 때 아인슈타인이 실제로 무엇을 했는지를 검토해 본다면, 위에서 제시했던 것과는 정말 다른 상황을 보여준다. 우선 예를 들어 일반화 좌표계로 중력의 역 세제곱 법칙을 표현할 때 누구라도 알게 되듯이, 자연법칙이 불변식의 형태가 되어야 한다는 요청은 실제로 제한을 요구하지 않는다. 이런 법칙을 표현하는 작업은 아주 기계적인 방식으로 수행될 수 있다.(특수 상대론과 일반 상대론에서 불변성 요청에 대한 본질적 차이에 주목할 필요가 있다. 예컨대 특수 상대론에서는 허용된 모든 계에서 빛의 속도가 같은 **숫자** 값을 가져야 한다는 것이고, 일반 상대론에서는 단지 모든 법칙의 **문자** 형식이 같아야 하는 반면 수치가 변한다는 것이다.) 그러나 아인슈타인이 말했듯이 어느 누가 보통의 좌표계에서 역 세제곱의 법칙을 표현하는 작업을 수행하고자 한다면, 그는 이 일이 하지 못하는 것이나 다름없는 매우 복잡한 것이라는 점을 알게 될 것이며, 따라서 더 간단한 형식을 찾으려고 할 것이다. 따라서 아인슈타인이 실제로 했던 것은 자연법칙이 일반화된 형식으로 **단순**해야만 한다는 요구였다. 이제 우리는 과거에 일상적 좌표계로 표현된 역 제곱의 법칙으로서 중력 법칙이 근사적으로 정확하며 또한 단순하기도 하다는 점을 알고 있다. 이 법칙에서 벗어나는 어떤 편차도 작기 때문에 모든 경험이 작은 양들의 첫 번째 차수까지 편차가 수학적으로 이 법칙에서 작은 보정항 형태로 다루어질 수 있다고 기대하게 만든다. 그러나 작은 보정항은 무한히 많은 방법으로 방정식에 추가될 수 있기 때문에 이것 자체는 주는 것이 아무것도 없다. 하지만 보정항을 추가한 다음에 방정식이 어떤 특정한 유형으로 되어야 한다는 것을 우리가 안다면, 가능한 것들은 제한되고 보정항 형식은 정해질 수 있을 것이다. 가능한 방정식의 유형을 논의할 때 아인슈타인은 물리적 상황을 고려했다.

우선 특수 상대론은 자가 운동할 때 짧아지듯이 측정 도구가 중력장 내에서 변형될 수 있는 가능성을 알려주었다. 실제로 특수 상대론은 가속계에서 변형이 이 이론으로 다루기에는 너무나 복잡하다는 점을 보여주고 있다. 따라서 구체적인 정보가 없다면 우리는 중력장 내에서 시공간의 가장 일반적으로 있을 수 있는 변화에 대해 준비하고 있어야 한다. 시공간을 서술할 때 가장 일반적으로 있을 수 있는 관계들을 다룰 좌표를 사용해야 하는데, 이것이 리만의 일반화 좌표이며 수학자들이 이미 논의해 왔던 것이다. 이제 방정식이 단순해야 한다는 아인슈타인의 기준으로 되돌아가서, 우리는 일반화 좌표에서 방정식이 단순해야 함은 물론 중력장이 없는 공간에서는 일반 방정식(즉 특수 상대론 방정식)으로 환원되어야 한다는 요구를 하게 된다. 무슨 유형의 방정식이 가능한가라는 다음 질문을 결정할 때, 물리적인 고려만큼이나 편의성을 고려하는 것도 영향을 준다. 수학적으로 다룰 수 있는 유일하게 실용적인 방정식은 선형 방정식이기 때문에 우리는 이런 유형의 방정식이 계속 성립하지 않을 수도 있는지를 먼저 시험해 보아야 한다. 이제 역 제곱의 뉴턴법칙은 구 직교좌표계에서 이차 미분 선형 방정식의 형태(푸아송 방정식)로 표현될 수 있으며, 따라서 즉석에서 우리는 방정식이 일반화 좌표에서도 이차 미분의 선형 방정식을 유지해야 한다는 제안을 할 수 있다. 실제로 이 요구 조건은 상미분 방정식의 일반화에 필요한 작은 보정항을 정하는 데 충분하다는 것이 증명되었다. 이것이 세부적으로 어떻게 성립하는지를 알기 위해서는 아인슈타인의 논문을 연구해야 한다.

이 모든 것은 아주 수학적으로 보이지만, 이차 미분의 선형 방정식에 의해 서술될 수 있는 계들은 명확한 물리적 속성을 지니고 있기 때문에 사실상 여기에는 많은 물리적 내용이 담겨 있다. 방정식이 선형적이어야 한다는 조건은 우주의 가장 기본적인 속성 중 하나이다—비선형 방정식에 의해 지배되는 우주에서는 인과성 개념이 불가능하게 되거나, 아주 많이 변형될 것이다. 왜냐하면 같이 작용하는 두 원인의 합동 효과가 따로 작용할 때 효과들의 합이 아닐 수도 있기 때문에 상황을 단순한 요소들로 분석하는 것이 불가능하며, 어쩌면 인과성 개념이 발생하지 않을 수도 있다. 게다가 푸아송 형태의 이차 미분 방정식은 전파(傳播) 현상이 존재한다는 것을 의미하며, 역학에서 이차 미분 방정식은 스칼라 에너지 함수의 존재를 포함하고 있다. 우주의 거동이 전적으로 미분 방정식에 의해 기술될 수 있다면, 우주가 가장 광범위한 물리적 속성들을 갖기 위해 이들 방정식은 이차 선형 방정식으로 되어야 한다. 아인슈타인이 실제로 한 것은, 시공간이 중력장의 존재로 인해 뒤틀리게 된다고 하더라도 미분 방정식의 형태로 서술되는 이들 물리 현상이 이차 미분 선형 방정식으로 계속 서술될 것을 요구한 것이다. 즉 자연은 전파 현상과 간단한 에너지 함수를 지닌 인과성 개념의 형태로 계속 서술될 수 있다는 것이다. 자연의 속성에 대해 이 같은 추측은 물리적 직관으로 볼 때 추구할 가치가 있으며, 실험적으로도 정당하다는 것을 우리는 알고 있다.

이런 방식으로 도달한 설명 구조에 대해 몇 가지 일반적인 논평을 할 수 있겠다. 첫 번째로, 전체 구조는 속성상 오직 서술적이다. 우리는 설명이나 기계론의 어떤 새로운 요소를 도입하지 않고도 수학 방정식으로 꽤 완벽하게 서술된 자연에서 일정한 관계들을 찾아냈다. 우리가 일상적인 현상 영역에서 다른 특성을 지닌 현상으로 범위를 확장하면서 설명 과정이 당분간 확실히 중지되는 단계에 도달하게 되고, 여기서 우리는 요소들 사이의 단순한 상관관계를 진술하는 것으로 만족해야 한다. 그러나 나중에 이들 요소는 확장된 설명 구도(scheme) 안에서 궁극적 기본으로 인정될 수 있으며, 여기서 설명의 과정이 다시 시작된다. 일반 상대론이 이제 그런 단계에 있는 것은 아닐까, 그리고 아인슈타인의 상관관계들에 근거해 설명의 새로운 구도가 나중에 만들어질 수 있을까? 이것은 개별적인 판단의 문제이다. 나는 개인적으로 시공간의 곡률과 같은 아인슈타인 형식의 요소들이 이제까지 설명 구도에서 궁극적 기본으로 수용되었던 직접적인 물리 경험과 충분히 밀접하게 관련되어 있는지에 대해 의문이 들며, 더 본질적인 물리 항들로 구성된 형식이 필요하다고 생각한다.

두 번째로, 시간을 논의할 때 이미 했던 언급, 즉 식에서 시간이라고 부르는 항만으로는 물리적 시계와 시간의 물리적 측정을 식별할 방도가 없다는 점에서 이론과 그것의 물리적 응용 사이에는 아주 넓은 간극이 여전히 존재한다는 생각을 또 이야기하는 수밖에 없다.

어째서 아인슈타인이 적색편이가 일반 상대론의 적분 부분이고 만일 적색편이가 발견되지 않는다면 이론이 와해되어야 한다고 열렬히 고집했는지 이해하는 일은 언제나 당혹스럽다. 다른 말로 표현하자면, 아인슈타인은 한 원자가 시계라는 가정이 그의 이론에서 적분 부분에 해당한다고 주장한다. 나는 이런 자세가 우리가 지금 강조하고 있는 논리 구조의 바로 그 결함을 아인슈타인이 드러냈기 때문일 수 있다고 생각한다. 최소한 시계 하나의 세부 구성을 지정할 어떤 방법도 없는 상대론은 시계로서 기능할 수 있는 구체적 사물이 자연에 존재하지 않는 한, 순수한 탁상공론이 되어버렸다. 아인슈타인은 시계를 어떻게 구성할 수 있는지를 말할 수 **있어야 하거나**, 아니면 시계에 대한 특별한 사례를 지정할 수 **있어야만 한다**. 그는 원자를 특별한 것으로 선택했다. 의심의 여지없이 그 이유는 같은 원소의 원자들이 방출하는 진동수가 정확하게 동일하다는 데서 보듯이 원자의 진동 메커니즘이 지니고 있는 명백한 단순성 때문이었다. 만일 원자가 시계가 아니라면, 자연 어디서 시계를 찾을 수 있는가? 그러나 최근 수년간 우리는 한 원자의 아주 복잡한 양자 구조를 알게 되었고, 아인슈타인의 테제는 그의 직관적 호소력을 잃게 되었다.

아인슈타인이 상대성 이론을 창안한 이래, 원자가 시계라는 가정이 이론에서 적분 부분이라는 것을 명기하려는 그의 권리에 의문을 제기하는 것은 어쩌면 무례한 일일 수도 있다. 그러나 이것은 단지 언어상의 문제로 변질시키는 것이며, 절차의 임의적 본성을 언급하는 것은 아니다. 이것은 아인슈타인의 시계 대신 X라는 시계, 정확히 말한다면 아인슈타인의 시계를 방사능 붕괴하는 한 원소의 수명이라는 방식으로 구성된 '시계'로 대체하는 것처럼 우리가 두 번째 상대론을 갖게 되는 것을 막지 않는다. 임의성을 제거할 수 있는 유일한 방법은 **모든** 자연의 과정, 즉 우리가 무엇을 하든 독립적으로 자신 스스로가 자연적으로 작동하는 과정이 시계로서 동등하게 역할을 잘 할 수 있고 동일한 결과를 낳는다고 가정하는 것이라고 생각한다. 그러나 '우리가 무엇을 하든 독립적으로'라는 말에 대한 조작적 의미가 무엇이냐는 질문에 답할 때, 우리는 무엇이 시계인가라는 질문에 실질적인 답을 해야만 한다. 그러나 이 관점은 한 시계의 구조를 어떻게 지정하는지를 찾는 우리의 목적에 아주 조금 더 가까이 데려다줄 수 있다.

마지막으로 일반 상대론은 완전히 일반적이지 않다. 특수 상대론이 모든 광학 현상을 포괄하고 있지 못하다는 점을 앞서 보았듯이, 일반 상대론은 현상의 어떤 특정한 범위에 대해서만 적용된다. 일반 상대론은 미분 방정식의 형태로 기술될 수 있는 현상, 즉 대규모 현상에 대해서만 **특히 탁월하다**(par excellence). 만일 양자 현상이 미분 방정식에 의해 서술될 수 없다면,[24] 일반 상대론은 자신의 본질상 양자 현상에 적용될 수 없다. 일반 상대론은 우리에게 모든 자연의 거동에 대한 포괄적 형식을 제공해 주지 않으며, 우리가 알고 있는 한 우리는 이제까지 그랬던 것처럼 그러한 일반 형식에서 여전히 멀리 떨어져 있다.

---

24) 최신의 양자 파동역학(1927년 3월) 관점에서 볼 때, 이제 이 명제는 매우 의심스러운 측면을 지니게 되었다.

회전 운동과 상대성

등속 직선 상대 운동에서 계의 거동과 등속 회전 상대 운동에서 계의 거동 사이에는 물리적으로 아주 큰 차이가 존재한다. 특수 상대성 이론은 서로에 대해 가능한 모든 등속 직선 속도를 가진 계가 세 겹의 무한 수만큼 존재하며, 이 모든 계에서 물리 현상은 정확히 동일한 상호관련, 즉 동일한 자연법칙을 갖는다고 말한다. 이제 원리를 형식화했다는 것은 여기서 '계'가 사용되고 있다는 것을 의미할 뿐이며, '계'는 우주의 한 부분에 불과하다는 것을 뜻한다. 우리는 만일 우리가 실험해야 할 무한한 수의 우주를 가지고 있다면 무슨 일이 생길 것인가와 같은 희망 없는 탁상공론의 진술을 하는 것이 아니라, 우리의 우주에서 근사적으로 실현될 수 있는 조작들에 관해 말하고 있는 것이다. 형식에 의해 서술된 '계'는 천체들이 영향을 미치지 못할 정도로 아주 멀리 떨어져 있는 빈 공간에 완벽히 설비된 실험실이라고 가정한다. 다른 형식의 계는 완전히 같은 설계도로 지은 서로 다른 실험실이다. 상대성의 가정들이 적용될 수 있는 현상은 이들 실험실 중 어떤 하나나 다른 하나에만 오직 관계한다. 이 제한은 완전히 확정적 의미를 지니는 것이 아니고, 어떤 특별한 경우 상황에 의해 부분적으로 결정된다. 어떤 속도로 통과하는 다른 실험실을 한 실험실의 창을 통해 보는 것은 허용된 현상이 확실히 아니다. 전 우주의 중력 중심이 실험실에 대해 어떤 속도를 가지고 이동하는 것을 관찰하는 것 역시 허용된 현상이 아니다. 따라서 상대성의 특별 원리는 물리 현상의 상당히 크고 중요한 부류들이 우주의 나머지로부터 고립되어 영향받지 않고 발생하는 것으로 취급될 수 있다는 명제를 암시하고 있다. 이러한 고립이 가능하다고 하더라도, 우리는 특수 상대성 원리의 명제 전부인 듯 보통 취급되고 있는 두 번째 명제, 즉 서로 상대 운동하고 있는 계들과는 독립적으로 이들 현상이 똑같은 방식으로 작동하는 세 겹의 무한 집합의 계들이 존재한다는 명제를 갖고 있다. 조작의 관점에서 절대 운동이 무의미하다는 사실을 되새길 때, 우리는 이 마지막 명제가 가장 단순하고 만족스러운 측면을 지닌다고 보지만, 실상은 [이 명제개] 아주 단순하고도 불가피하기 때문에 우리는 여기서 상황의 완벽한 핵심을 보면서 절대 운동의 무의미함이 특수 상대성의 원리를 결정적으로 증명한 것이라고 생각하는 경향이 있다.

이제 이런 생각으로 회전 운동을 검토해 보면, 이들이 아주 다르다는 것을 알고는 당황하게 된다. 측정의 조작 관점에서 절대 직선 운동과 다름없이 절대 회전 운동에 대해서도 의미를 부여할 수 없지만, 그럼에도 불구하고 서로 다른 계에서 일어나는 상대 회전 운동 현상은 (예컨대 파열 현상) 완전히 다르기 때문에 절대 회전 운동의 개념이 일정한 물리적 의미를 얻게 되는 물리 현상이 존재한다는 점은 분명하다. 빈 공간에서 우리 세계와 같지만 [서로 들여다볼 수 없도록] 투명하지 않은 구름으로 둘러싸인 두 세계가 있다고 하고, 각 세계에 푸코 진자(Foucault pendulum)를 설치했다고 하면, 우리는 두 세계 중 하나에서 진자의 진동 평면이 정지한 상태로 있는 반면, 다른 하나는 방향을 점점 바꾸고 있는 것을 발견할 수 있다는 것이 물리적으로 가능하다고 생각한다. 이 차이는 진자의 회전과 인과적으로 관련된 다른 물리 현상을 수반하지 않아도 가능하며(물론 무한 강체로 이루어진 두 세계를 만들고, 순수하게 우연으로 간주될 수 있는 다른 현상들은 제거해야 한다.) 이는 본질적 연관성(essential connectivity)의 주요 물리적 원리와 모순된다. 우리는 분명 우리의 원리를 포기하고 싶지 않으며, 만일 구름이 증발할 수 있다면 한 세계에 있는 관찰자가 붙박이별들의 계에 대해 자신이 회전 운동하고 있다는 점을 발견하게 된다는 것을 물리적 사실이라고 믿는다. 따라서 진자 평면의 회전이 진자가 설치된 전 세계의 우주 나머지 부분에 대한 회전과 연관되어 있다는 점에서 우리의 본질적 연관성 원리는 유지된다. 내가 알고 있는 한, 이 원리를 유지할 수 있는 다른 방법은 이제까지 제시된 적이 없다. 그러나 이것은 우리가 한 계를 고립시킬 수 있다는 물리적 가설을 포기할 것을 요구한다. 여기서 거동의 극한 문제는 존재하지 않는다. 즉 회전하는 우리 세계가 우주의 나머지와 얼마나 멀리 떨어져 있다고 하더라도 푸코의 진자는 언제나 같은 방식으로 행동하게 될 것이다. 계는 결코 고립될 수 없으며, 진자 평면의 불변성과 같은 국소 현상은 언제나 우주의 나머지 부분에 의해 본질적으로 결정된다.

우리 계가 고립될 수 없다면, 우리는 직선 운동의 현상으로 되돌아가야 한다. 원칙적으로 고립시키는 행위가 수행될 수 없고 우주의 나머지 부분도 무시될 수 없으며, 또 우주의 나머지 부분에 대한 회전 운동의 서로 다른 상태들뿐만 아니라 직선 운동의 서로 다른 상태들도 현상에 영향을 주게 된다고 예상하게 된다. 우리는 직선 운동과 회전 운동의 현상 사이에 이 명백한 큰 차이를 이해하는 문제에 봉착해 있다. 원칙적으로 명백한 차이가 있다고 해도 모든 측정의 근사적 속성 때문에 이것은 규모에 의한 차이에 불과할 수 있으며, [따라서] 직선 운동의 효과는 너무 작아서 감지될 수 없을 정도라고 말할 수 있다. 이런 차이가 물리적으로 한쪽에 치우쳐 있다는 것은 우주의 나머지 부분에 대해 실제로 얻을 수 있는 직선 속도와 회전 속도가 수치적으로 아주 큰 차이를 갖고 있다는 점에서 나타난다. 우주 규모의 현상을 서술할 때, 우리는 현상의 크기와 부합하는 단위로 현상을 측정할 수 있다. 직선 거리를 측정할 때는 항성 우주의 지름을 길이 단위로 선택할 수 있으며, 회전을 측정할 때는 전 우주에 대해 방향을 한 바퀴 돌리는 것을 단위로 선택할 수 있다. 후자는 2π만큼 각도 방향의 변화를 의미하지만, 전자는

10^5광년 규모의 길이를 의미한다. 이렇게 우주적 단위로 측정되었을 때 실제로 얻을 수 있는 각속도는 직선 속도와 비교할 수 없을 정도로 크다. 이제 우리는 실제 상태가 다음과 같다는 점을 알게 된다. 즉 어떤 계도 현상은 운동이 직선이든 회전이든 상관없이 전 우주에 대한 운동의 영향을 받으며, 그 효과의 규모는 속도가 우주 단위로 측정되었을 때 단위 차수(order)의 인자만큼 운동 속도와 연관된다. 이 마지막 이야기는 미지의 수치 인자들의 규모 차수에 관해 물리학에서 자주 논의되는 것을 적용한 것에 불과하며, 이는 나의 저술 『차원 분석』 88쪽에 상술되었다. 실제에서 얻을 수 있는 직선 운동 속도는 아주 작아서 그 효과가 아직 실험적으로 측정되지 않았지만, 각속도는 커서 그 효과를 쉽게 보일 수 있다. 이것으로 보아 특수 상대성 원리는 그 속성에 있어서 여느 물리법칙과 다를 바 없다. 이것은 단지 근사적이며, 언젠가는 측정이 이론의 한계를 알아낼 수 있을 정도로 충분히 세련될 것이다.

　우리는 여기서 하나의 가설을 세웠는데, 이는 일종의 우주 내재론 가설(hypothesis of the immanence)로서 고립이 불가능하다거나 아무리 멀리 떨어져 있어도 우주의 나머지 부분이 적어도 일부 현상에는 국소적 영향을 항상 준다는 가설이다. 이것은 근본적으로 마흐(E. Mach)의 가설[25]®로서, 많은 물리학자들이 이것을 속성상 거의 반물리적이라고 여기고 있음에도 불구하고 나는 이것이 논리적으로 냉정하게 심사숙고할 만한 가치가 있다고 생각한다. 물론 대부분의 물리적 경험은 결과의 원인으로부터 충분히 멀리 떨어짐으로써 결과를 우리가 원하는 만큼 작게 만들 수 있다는 생각을 정당

25) E. Mach, *The Science of Mechanics*, translated by McComack, The Open Court Publishing Co., Chicago, 1893. 특히 235쪽을 보라.

화하고 있다. 그러나 만일 앞서 고려한 사항들을 받아들인다면 현상이 변함에 따라 나란히 그 속성도 변할 수 있으며, 이들 새로운 영역에서 우리는 상관관계에 관한 단순한 명제에 우선은 적어도 만족해야만 한다는 것을 받아들일 수 있어야 한다. 확실히 우리는 푸코 진자와 우주의 나머지 부분 사이의 형식적 상관관계에 대해 아주 강력한 물리적 증거를 갖고 있다. 그러나 이런 종류의 상관관계는 너무나 광범위하기 때문에 무의미한 것일 수도 있다. 우리는 우주의 나머지 부분이 존재하지 않은 실험을 수행해 상관관계의 의미를 결코 증명할 수 없다. 우리는 결코 논박될 수 없는 그런 형식 상황에 그냥 빠지는 것 이상의 어떤 것을, 즉 이미 언급했듯이 사고의 단순한 법칙들이 항상 열려 있는 것처럼 생각될 수 있는 가능성을 정말 제시했었던가, 아니면 우리가 한 것에 대해 어떤 물리적 내용이 존재하는가? 만일 우리의 상관관계가 다른 현상들에 의해서도 제시된다면, 물리적 내용을 갖는다고 인정할 수 있다. 이제 우주 내재론에 관한 우리 가설이 다른 방법에서는 필요할 수 있다는 아주 희미한 암시가 존재한다. 중력 상수와 빛의 속도는 다른 현상들과 연관되지 않고도 외부로부터 우주에 끼어든 임의의 값이라고 항상 취급했다. 그럼에도 나는 어느 누구도 이 상황을 궁극적으로 만족스럽게 여기지 않으며 언젠가는 우리가 이 상수 값들을 설명하게 될 것이라는 희망을 포기하지 않는다고 생각한다. 이들 상수와 전자의 전하량이나 질량처럼 작은 규모의 현상 사이의 어떤 연관성을 발견하는 데 지금까지 성공하지 못했지만, 언젠가는 우주적인 것으로부터 어떤 연관성이 발견될 수 있을 것이라고 기대할 만한 어떤 개연성은 있다. 실제로 일반 상대론은 이미 우리에게 이 가능성을 준비해 주었다. 이제 빛의 속도와 중력 상수는 작은 규모의 실험을 지배하고 있는데, 그 이유는 물론 두 상수가 국소적 실험에 의해 측정될 수 있기 때문이다. 만일 우주적 연관성이 발견된다면 우리는 우주적인 것들이 국소적 거동을 지배하고 있으며, 따라서 이는 전체 우주 내재론에 대한 또 다른 사례가 된다. 이 모든 것이 고도의 추상적 특성을 지녔다는 점을 사과하는 데 시간을 낭비할 필요는 없다. 하지만 '설명'의 의미에 관한 우리의 일반 고찰이 우리로 하여금 우주 내재론 가설에 포함된 일종의 설명을 합리적인 것으로 받아들일 준비를 하게 만들었다는 점과 그런 고찰이 일반적으로 만족스럽지 않으며 많은 이들에게는 물리학 정신에 위배되는 것처럼 보인다는 사실에도 불구하고, 우리에게 이런 종류의 가능성에 대한 물리적 사고의 여지를 남겨주었다는 점은 강조할 가치가 있다.

양자 개념[26]

우리 사고의 모든 것이 역학적 형태로 이루어졌다는 점에서 현재까지 양자 이론의 역사는 여러모로 전기에 대한 초기 이론의 역사를 되풀이하고 있다고 할 수 있다. 우리가 지금 알고 있는 한, 양자 현상은 언제나 원자와 관련되었다. 원자에 대해 우리는 일상적 크기를 갖는 기계론의 모든 속성에다 새로운 양자 관계를 의미하는 속성들을 아주 조금 추가한 사고 모형을 만들었다. 이제 상상해 보면, 원자는 질량을 지닌 핵을 갖고 있고 그 주위를 역 제

---

26) 이 절은 최근 문헌들을 아직 접하지 않았던 1926년 초에 집필되었다. 그 이후 '새로운' 양자역학에 의해 양자 현상에 대한 우리의 자세가 아주 많이 변했기 때문에, 여기에 나오는 많은 진술들은 오늘날의 견해에 의한 진술로 대체된다. 그러나 새로운 역학에서 실제 성취된 발전의 대부분이 그렇게 성취되어야 한다고 여기서 촉구하는 노선을 따르고 있기 때문에, 또 그것이 이 글의 관점을 흥미 있게 확인해 주고 있는 이상, 당초 집필된 대로 이 절을 그대로 두는 것도 가치 있다고 생각한다.

곱 법칙에 따라 전자들이 공전하고 있다. 이 법칙은 뉴턴 역학에서는 일반적이라 할 수 있는 전자의 질량, 그것의 가속도, 여기에 작용하는 힘들 사이의 연관성을 말한다. 전자가 공전하고 있는 공간은 유클리드적이라고 생각하고 있으며, 시계를 갖고 보통의 방법으로 측정될 수 있는 시간으로 운동이 서술된다. 전기동역학의 일반 방정식은 적용되지 않는다. 즉 원자 내부에는 전파(propagation) 효과가 존재하지 않으며, 전자 운동은 자기장을 만들어내지 않고, 전자가 있을 수 있는 어떤 안정 상태에 있을 때는 가속도에도 불구하고 복사가 일어나지 않는다. 운동 특성을 이해하고자 할 때 원한다면 역 제곱 법칙의 전기적 기원을 무시해도 좋으며, 이것을 더 내포된 의미 없이 그냥 주어진 힘이라고 취급할 수 있다. 모형은 보통의 공간적, 시간적, 역학적인 특징에다 추가로 양자 속성들을 중첩하는데, 그중 하나는 전자가 운동하는 특정 궤도를 결정하는 것이며(즉 $\int pdq = nh$), 다른 하나는 전자가 허용된 한 궤도에서 다른 궤도로 이동할 때 방출하는 복사 진동수를 결정하는 것이다. 비록 조건들이 역학적인 형태로 구성되었음에도 불구하고, 이러한 양자 조건들을 설명하는 기계론은 제시되지 않았다.

이제 우리는 조작의 관점에서 시공간과 역학의 일상적 개념의 의미가 이 규모의 현상에 적용될 때 무엇이냐고 물어야 한다. 이미 강조했듯이, 우리가 자를 가지고 지름을 재거나 빛이 지름을 통과할 때 소요되는 시간을 재어서 전자 궤도를 측정할 수 없기 때문에 개념의 속성이 완전히 변했다는 것은 명백하다. 이렇게 변화된 상황에서 즉시 주목할 것은 원자 수준에서 우리 개념 수의 변화이다. 나는 이 수준에서 정확히 분석해 독립 개념의 수가 얼마나 되는지를 찾지 않겠다. 아마도 이런 분석은 가능하지 않을 것이다. 그러나 우리는 근사적인 제안을 할 수 있다. 양자계 내부의 관계를 서술할 때, 가장 중요한 개념은 일상적 크기의 에너지 개념이다. 에너지 변화는 원자들과 전자들이 충돌하는 동안의 관계들뿐 아니라, 방출된 복사의 진동수도 결정한다. 이들 충돌 관계는 전자에 전압을 걸어준 충돌 실험에서 실험과 직접 연관을 갖게 된다. 콤프턴 효과에서 보듯이 운동량 개념과 유사한 것이 독립적 의미를 지니고 있다고 생각된다. 또한 방출된 복사 진동수도 독립된 실험적 의미를 지닌다. 나는 세 가지 모두가 현재까지 이루어진 양자 실험에 대해 직접적인 의미를 가지고 있다고 믿는다. 어떤 사건에서도 양자 수준에서 현재 조작적 의미를 지닌 개념의 수가 일상적 경험 수준보다 현저하게 적다는 것은 확실하다.

편의성의 문제를 떠나, 여기서 새로운 실험 관계가 제시된다면 우리 사고의 낡은 역학적 형식을 계속 사용하는 것이 정당화될 수 있을 것이다. 이렇게 아직 밝혀지지 않은 매우 많은 관계들이 어떻게든 이런 방식으로 제시될 수도 있다는 점은 즉시 확실하다. 우리는 전자가 한 에너지 수준에서 다른 수준으로 이동할 때 관련된 어떤 현상에 대해 현재로는 알고 있지 못하다. 이동하는 데 시간이 얼마나 걸리는지? 어떤 경로로 이동하는지? 이동하는 동안 일반적인 전기동역학 법칙을 따르는지? 이동과 관련해 복사가 언제, 어디서 일어나는지? 전자가 안정된 한 궤도를 떠날 때 전자가 최종적으로 안착하게 되는 궤도는 사전에 결정된 것인지? 한 에너지 수준에서 다른 수준으로 변하는 동안 방출되는 연쇄적 복사가 공간에서 일정한 길이를 갖는지, 또는 길이가 변할 수 있으며 이에 따라 변하는 진폭에 해당하는 어떤 것을 가질 수도 있는지? 양자 방출이 완료되기 전에 전자 이동이 간섭을 받으면 복사에 무슨 일이 생기게 되는지? 양자 조건을 부여하는 메커니즘은 무엇인지? 순수한 양자 거동에서 고전역학적 거동으로 전이하는 방식의 수수께끼에 대한 단서의 일부가 한 에너지 수준에서 다른 수준으로 이동하는 동안 전자의 거동에서 발견될 수 있는지? 전자 이동에 관련된 시간이 전체

시간에서 아주 중요한 부분이 될 것이라고 기대할 수 있는 높은 온도나 강하게 응집된 계와 같은 조건에서 우리는 이를 고전적 거동으로 설명하려는 경향이 분명히 있다.

이 문제와 관련해 아직 밝혀지지 않은 많은 현상이 존재함은 틀림없고, 따라서 역학적 관점은 이런 효과들을 찾는 실험을 제안하는 데 가치 있다. 물론 여기서 최종 결과가 어떤 것으로 될 것이라는 점을 아는 것은 아주 쉽다. 우리는 거동에 관한 새로운 종류의 실험이 독립 개념의 수를 일상적 경험의 수준에 해당하는 수로 복원하는 데 충분한지를 알 수 없으며, 정말로 아주 많은 개념의 수가 필요하다고 밝혀지게 될지에 대해서도 알 수 없다. 아주 많은 수나 아주 적은 수가 우리에게 부자연스럽지 않을 것이라 기대하는 것은 우리의 본능상 맞지 않지만, 이 글의 고찰은 우리에게 그럴 가능성에 대비해 주어야 한다.

흔히 사람들은 양자현상이 일상적인 역학과 부합하지 않는다고 말하며, 이런 주장에 대한 증명들은 여러 번 제시된 바 있다. 나는 이런 시도가 일반적으로 이루어진 정신에서는 그런 증명이 정확할 수 없다고 생각하는데, 그 이유는 아주 충분히 복잡하다면 어떤 거동도 역학계로 흉내 낼 수 있다는 푸앵카레의 말을 적용한 것이라고 보이기 때문이다. 이에 대한 결정적인 증명은 생기론을 믿지 않는 사람에게나 주어질 수 있다. 분별력이 있는 존재를 역학계로 여길 수 있다면, 우리는 각 원자 내부에 양자 규칙에 따라 원자가 반응하도록 **지시받은** 맥스웰의 악마를 단지 가져다 놓기만 하면 될 것이다. 양자 현상을 이렇게 역학적 형식으로 환원하는 사고방식과는 반대로, 개념의 수가 독립적인 조작의 의미를 지닌 개수, 즉 최소의 수로 감소할 때만 우리 개념 구조의 특성을 논하는 것이 의미 있다는 점을 기억해야 한다.

그때까지 우리는 시공간에 대한 일상 개념을 양자 현상에 적용하지 못할 수도 있다는 보어의 이야기가 현재 실험에 비추어볼 때 무슨 의미인지를 검토해 보기로 하자. 이 생각은 시공간이 양자 수준에서는 본질적으로 불연속적이라는 명시적 표현으로 자주 언급된다. 조작적 관점에서 볼 때, 이 명시적 진술이 당초 정의되었던 조작의 형태에서 최소 길이와 시간이 무엇을 의미하는지 아는 것은 아주 어려운 일이다. 따라서 만일 공간이 불연속적이라면, 이것은 예컨대 일 미터 자를 14번 재어서 도달할 수 있는 점이 존재하고 16번 재어서 도달할 수 있는 다른 점이 존재하지만 15번 재었을 때는 어떤 점도 발견할 수 없다는 것을 어쩌면 의미하는 것일 수 있다. 이 상황은 연속적 조작에 대한 우리의 정의와 일치하지 않으며 공간의 어떤 속성과도 관계없는 것으로 보인다. 15번째를 구분할 수 없다면, 16번째를 구분한다는 것이 무엇에 의미가 있을까? 어떤 극한을 넘어 미터자로 거리를 계속 구분하는 것에는 피할 수 없는 물리적 장애가 존재할 것이라는 의미에서 공간이 끝나게 될 것이라고 생각하지만, (나는 우리가 이런 상황을 공간의 끝으로 여기기보다 빈 공간의 닫힘의 문제로 서술하는 경향이 있다고 생각하지만) 공간이 불연속일 수 있다고 말하는 것은 무의미하다고 생각한다. 같은 방식으로 나는 시간의 불연속을 말하는 것이 무의미하다고 믿는다. 시공간의 불연속 현상이 있을 수는 있겠지만, 불연속적인 시간이나 공간은 있을 수 없을 것이다.

따라서 우리는 양자 영역에서 일상적인 시공간 개념이 맞지 않을 것이라는—특히 이들이 불연속적일 것이라는 의미에서—생각을 포기해야 한다. 이 개념이 실패한다는 것을 좀 더 일반적 의미에서 어떻게 이해할 수 있을까? 물론 어느 누구도 개념이 한 원자 내부에 대해 일상적인 크기와 동일한 조작적 의미를 궁극적으로 가질 것이라고 기대하지 않는다. 이미 전기동역학의 장 방정식에서 보았던 것과 같이, 이것은 우리가 관심 가진 개념을 수정한 형태가 될 것이다. 양자 수준에서 조작적으로 독립인 개념의 수가 일상적인 경험 수준에서 개념의 수와 동일하다고 입증된다면, 또 양자 영역의 조작에서 일상적 경험으로의 조작으로 연속적 전이가 가능하다면, 일반적인 시공간 개념이 여전히 양자 영역에서도 적용될 수 있다고 말할 수 있다. 그러나 조작적으로 독립인 개념의 수가 일상적 수준에서의 수보다 더 많거나 더 적다면, 시공간에 대한 일상 개념이 적용될 수 없다고 말해야 할 것이다. 양자 수준에서 개념의 복잡성으로부터 일상 수준에서 시공간 개념으로 연속적으로 변화할 수 있는 집단을 분리해 낼 가능성을 여전히 모색할 수도 있지만, 나는 이런 과정에서 개념의 수가 변한다는 것과 또 한 개념을 한 영역에서 다른 영역으로 외삽하게 만드는 정의의 수가 변하는 구역에서는 유일하지 않다는 점을 생각해 본다면, 그럴 가능성은 매우 거리가 있다고 생각한다.

만일 시공간이 근본적인 양자 현상을 서술하는 데 사용될 수 없다는 보어의 생각이 참이라면, 실험이 가장 직접적으로 함축하는 의미 중 하나는 안정된 궤도들 사이에 있는 전자에 대응하는 현상이 존재하지 않을 수도 있다는 것이다.

마지막으로, 양자 상황을 다룰 전반적인 전술을 언급할 필요가 있다. 궁극적으로는 무엇인가 아주 다른 것이 포함되어야 한다는 기대를 정당화하기 위해 일상적인 역학 형태로 양자 거동을 형식화하는 일은 이제까지 많은 경우 성공하지 못했다. 일상적인 역학 관념을 수정하지 않은 채 양자 현상으로 넘어가는 데 어려움이 있다는 간단한 사례를 보일 수 있다. 반지름 r이고 마찰 없는 궤도를 회전하고 있는 질량 m인 입자를 생각해 보자. 양자 조건에 따르면, 이 입자는 어떤 특정한 속도들, 즉 $\int pdq = mv\,2\pi r = nh$인 값을 가졌을 때만 이 궤도에서 안정적으로 운동할 수 있다. 이제 입자가 허용된 속도 중 하나의 속도로 회전하고 있고, 접선 방향으로 힘이 작용하고 있다고 가정하자. 만일 힘에 대한 일반적인 역학 관념이 여전히 유효하다면, 입자는 속도가 연속적으로 증가함에 따라 궤도가 이동하는 반응을 보여야 한다. 속도를 조금 증가시킨 후 힘을 제거해 보자. 운동은 이제 더 이상 허용된 운동 중 하나가 아니며, 입자는 어떤 방법으로든 자신의 속도를 변화해야 한다. 즉 속력이 감소하거나 증가해야 한다. 전자의 경우, 우리가 단순한 역학적 속성을 지녔다고 가정한 계로서는 할 수 없는 에너지를 방출하거나, 아니면 에너지 보존 법칙에 어긋나야 할뿐더러 안정 조건을 얻는 동안에는 운동에 관한 뉴턴의 첫 번째 법칙도 적용될 수 없다. 다른 한편에서 만일 입자의 속력이 증가한다면, 입자는 아무데도 아닌 곳에서 에너지를 가져와 증가시켜야만 하기 때문에, 여기에서도 역시 일상적 역학이 적용될 수 없다.

따라서 양자 조건을 일상적인 역학 관념(즉 운동량과 일상적이거나 일반화된 라그랑지안의 위치 좌표)으로 형식화하려는 시도는 잘못이라고 생각한다. 다른 한편에서 볼 때, 역학 자체가 기본적인 것이 아니라, 역학은 어떤 방식으로든 아주 많은 기본 양자 과정들이 집합적인 작용에 의해 형성된 효과에 불과한 것이라고 생각하는 것은 충분한 가치가 있어 보인다. 예를 들어 경험의 일상적 수준에서 온도가 원자들의 평균 운동 에너지라는 통계적 모습이듯이, 복사 진동의 진폭은 아주 많은 과정의 통계적 모습과 같은 것일 수도 있다. 이런 종류의 한 가지 가능성이 이미 분명히 제시된 바 있다. 즉 복사 방출의 기본 과정에서 진동수와 에너지는 독립적으로 부여되는 변수가 아니라, $E = h\nu$의 형태로 연관되어 있다는 것이다. 다시 말해 양자 수준의 복사는 오로지 하나의 속성만 가지며, 그 속성은 당연히 에너지도 아니고 진동수도 아니다.(우리는 이제 복사의 편광은 무시하기로 한다.) 보통의 복사가 일어나는 더 상위 레벨에서 단일한 기본 속성은 복합적인 복사를 할 때, 기본 양자 과정의 변수가 추가되면서 그 자체가 (에너지와 진동수라는) 두 개의 속성으로 확장된다.

가까운 미래의 프로그램은 이런 종류의 확장, 즉 양자 수준에서 실험적으로 독립인 것들에 대응하는 새로운 개념을 고안하는 일(아마도 복사에 대해 에너지와 진동수 개념을 융합한 결과물 같은 것)이 되어야 하며, 따라서 보통의 역학 개념들이 (십중팔구 시공간 개념들도 역시) 많은 개수로 이루어진 집합체 내에서 통계적 효과에 의해 어떻게 발생하는지를 보이는 일이 되어야 할 것이다. 정교한 이론적 고찰의 결과를 뒤엎을 수도 있는 새로운 실험적 발견의 가능성이 여전히 너무 많기 때문에, 이런 시도를 하기에는 어쩌면 너무 이른지도 모르겠다. 만일 이것이 정말 그런 경우라고 느껴진다면, 나는 물리학이 당분간 이 분야에서 이론적 활동을 부분적으로 중단하고, 가능하면 신속히 필요한 실험 사실들을 얻는 데 집중해야만 한다고 믿는다. 우리는 이렇게 그럴듯한 프로그램이 실시될 가능성이 실험에 의해서만 입증될 수 있다는 점을 한 번 더 강조해야 한다. 이는 양자 수준이 일상적 경험 수준보다 더 많은 개념들을 필요로 할 것이라는 점을 의미한다.

새로운 개념들을 고안하는 일은 확실히 쉬운 일이 아니며, 마치 사물의 가장 작은 구조까지 역학적 관념을 적용하려고 끈질기게 시도했던 사례에서 보듯, 물리학이 신중하면서도 어쩌면 당당하게 언제나 회피해 왔던 것이다. 물리학이 일상적 경험 범위 근처의 현상에 주로 관심을 가져온 이상, 이 회피는 나쁜 결과가 아니라 그 반대로 좋은 결과를 가져왔지만, 나는 일상 경험으로부터 점점 멀리 벗어날수록 새로운 개념의 고안이 점점 더 필요하게 될 것이라고 믿는다.

옮긴이 주

① 시간의 역전 문제에 대한 브리지먼의 관점은 그의 저술 *Reflections of a Physicist*(1955)에서 볼 수 있다.

"만일 우주의 엔트로피가 감소한다고 알려졌다면, 우리는 시간이 거꾸로 흐른다고 말해야 하는가, 아니면 엔트로피가 시간에 따라 감소하는 것이 자연의 법칙이라고 말해야 하는가? 나는 자연의 개념들이 지닌 의미를 어떤 조작적 관점에서 본다고 하더라도, 시간의 방향에 대한 관념은 분석될 수 없고 오직 받아들여야만 하는 근본 개념처럼 사용되어야 하며, 그래서 시간의 되돌림에 대해 말하는 것은 무의미한 것이라고 생각한다. 나는 시간적으로 앞서 있다거나 뒤에 있다는 인식을 이해된 것이라고 가정하지 않고는 기저에 있는 조작들을 구성할 방도가 없다고 생각한다."

 P. W. Bridgman, "Statistical Mechanics and the Second Law of Thermodynamics", in: *Reflections of a Physicist*, New York, Philosophical Library, 1955, 251쪽. 이 글은 *Science*, Vol. 75, No. 1947(Apr. 22, 1932), pp. 419-428에 게재된 그의 논문을 재수록한 것이다.

② 인과성에 관해 저자의 달라진 입장에 대해서는 P. W. Bridgman, "P. W. Bridgman's 'The Logic of Modern Physics' After Thirty Years", in: *Dædalus*, Vol. 88, No. 3, Summer, 1959, pp. 518-526을 참조할 것.

"세계에 대해 궁극적으로 만족스런 모든 설명에 담을 구성 요소로서 인과성과 결정론에 관한 나의 태도가 변했다는 것이 가장 중요하다. 나는 이와 관련해 『현대 물리학의 논리』(이하 『논리』) 117쪽에서 언급한 바 있다. "방사능 붕괴를 우연의 문제로 이해하려는 설명에 우리는 끝까지 만족할 수 없다." 내가 이렇게 이야기했던 것은 아마도 '충분한 이유의 원리(principle of sufficient reason)'라는 구실하에 결정론과 인과론의 필요성이 합리적이라는 어떤 사고에 대해서도 피할 수 없는 요청이라고 생각했기 때문이라고 추측한다. 이런 의견은 '우연'을 세계의 근본 요소로 인정하지 않으려는 아인슈타인이나 다른 이들의 비타협적 거절을 지지하는 것이었기 때문에 여기에서 나는 남들과 같은 실수를 저질렀다. 내가 변한 이유는 그것이 우리 사고에 필연적으로 요청되는 사항이 아니라는 점을 알았기 때문이다. 이런 요청 없이도 어떻게 사고할 수 있는지를 다른 이들이 배운다는 점을 알게 되었으며, 나 자신도 배우게 되었다. 내게는 양자 이론에 대한 공식적 '코펜하겐' 해석이 정말로 가능하며, 현재까지 볼 때 모순 없는 사고방식을 제시하고 있다고 보인다. 문제는 실험적 근거이고, 결정적 실험은 아직 수행되지 않았다. 이것이 실현될 때까지는 코펜하겐 해석이 실험에 의한 새로운 효과들을 탐색하도록 자극할 수 있을 만큼 충분한 잠재력을 가지고 있기 때문에, 아직까지 드러나지 않은 인과적 세부 사항들이 숨어 있을 수 있다는 생각은 자기 발견적 측면에서 아마도 유용하게 남아 있게 될 것이다."

③ 플랑크 길이를 말하는 것으로서 에딩턴의 논문으로 볼 때 브리지먼이 4×10^{-33} cm 를 잘못

인용한 것으로 보인다. 또한 인용한 논문의 정확한 제목은 "Report on the Relativity Theory of Gravitation"이다. 에딩턴 논문 중 해당 부분을 인용하면 다음과 같다.

"53. 중력의 법칙에 관한 이 논의에서 우리는 중력 법칙의 원인에 관한 어떤 궁극적 설명도 추구하지 않았고, 또 거기에 도달하지도 않았다. 우리가 중력장과 공간의 측정 사이에는 일정한 연관이 있다는 것을 가정했지만, 이것은 오히려 중력 그 자체보다 우리의 측정이 지닌 본질을 더 밝혀주었다. 상대론이 물질과 빛에 관한 가설과 무관한 것처럼 역시 중력의 본질에 관한 가설과도 무관하다. 오늘날 우리는 자연적 힘들의 행태를 물질의 익숙한 특성을 가진 역학적 모형으로 더 이상 설명하려 하지 않는다. 즉 우리는 더 이상 분석할 수 없는 공리적 속성으로서 어떤 수학적 표현을 받아들여야 한다. 하지만 나는 중력의 경우 이 단계에 도달했다고 생각하지 않는다. 자연에는 다음과 같이 세 가지 기본 상수가 존재한다.(C.G.S 단위계)

빛의 속도: 3.00×10^{10}. 차원 LT^{-1}

양자 상수: 6.55×10^{-27}. 차원 ML^2T^{-1}

중력 상수: 6.66×10^{-8}. 차원 $M^{-1}L^3T^{-2}$

이것으로부터 우리는 길이의 기본 단위가 4×10^{-33}cm 라는 것을 얻을 수 있다. 길이에 대해서는 다른 자연 단위들이 있다. 기본 양전하와 음전하의 반지름이 그것이다. 그러나 이것들은 위 값보다 더 큰 규모의 값을 갖는다. 물질에 대한 오스본 레이놀즈의 이론을 예외로 한다면, 어떤 이론도 이렇게 작은 크기에 도달하려고 시도해 본 적이 없었다. 언젠가는 중력의 과정에 대해 확실한 지식을 얻게 될 것이라는 기대가 허황된 것은 아닐 것이다. 그리고 정밀한 메커니즘에 대한 특별한 연구는 상대론이 지닌 최고의 일반성과 초월성을 밝혀주게 될 것이다."

A. S. Eddington, "Report on the Relativity Theory of Gravitation", *Lon. Phys. Soc.*, 1918, p. 91.

④ 여기서 양전하는 양성자를 말하며, 진스에 관한 이야기는 태양이 방출하는 에너지 문제와 관련 있다. 브리지먼이 이 책을 출판한 1927년까지 물리학계는 태양이 방출하는 에너지의 근원이 수소의 양성자-양성자 결합에 의한 핵융합이라는 것을 알지 못했다. 당시에는 아인슈타인의 질량-에너지 등가 원리가 이미 알려진 상태였기 때문에 태양 에너지의 근원이 질량 소멸에 의한 에너지 방출일 것이라고 짐작했지만, 이것이 핵융합에 의한 질량 감소에서 비롯된다는 점을 몰랐다. 1910년대까지 천문학계에서는 크게 두 가지 문제가 해결되지 않은 상태였다. 하나는 우주의 나이에 관한 것이고, 다른 하나는 태양, 즉 별에서 방출되는 에너지의 근원에 관한 것이었다. 이들 문제는 핵분열과 핵융합에 대한 지식이 축적되면서 1930년대 이후에 모두 해결된다. 핵융합이 별들의 에너지 근원이라는 것을 알게 되기 전까지 태양에서 나오는 막대한 에너지의 원천에 대해 여러 이론들이 존재했다. 그중에는 중력에 의해 물질들이 응축되면서 에너지를 방출한다는 이론(1854년 켈빈 경)이나, 양성자-전자의 소멸에 의한 에너지 방출 이론(1917년 에딩턴) 등이 있었다. 진스가 1924년 *Nature*지에 기고한 짧은 글에서 태양 에너지는 전자가 양성자에 포획될 때 전자와 양성자가 서로 소멸하게 되고 이때 아인슈타인의 에너지-질량 등가 원리에 따라 방출된 에너지에 기인한다는 주장을 다시 하면서, 그 이후 천문학자들

은 양성자-전자의 소멸 이론을 지지하는 분위기였다. 그러나 1934년 양전자가 발견되면서 전자가 양성자와 충돌하여 소멸되는 것이 아니라 전자의 반입자인 양전자와 충돌에 의해 소멸되고, 이때 에너지를 방출한다는 것이 밝혀졌다. 이후 에딩턴은 자신의 이론을 철회했다. 1938-39년 베테가 별에서 방출되는 에너지는 수소 원자핵이 헬륨 원자핵으로 변환되는 핵융합 과정, 즉 양성자-양성자의 핵융합에 의한 탄소-질소 순환 반응에서 기인된 것이라는 점을 밝혀냈고, 이에 대한 공로로 그는 1967년 노벨상을 받았다. 이 책에서 브리지먼은 연속성의 개념이 부정될 수 있는 사례로서 핵 안에서 양성자-전자 소멸의 가능성을 "현재 논의 중에 있는" 가정이라는 관점에서 제시했던 것이다. 다음을 참조할 것. J. H. Jeans, *Nature* 114, 828-829, 1924; Gingerich, O., "Report on the progress in stellar evolution to 1950", in: *Stellar Population*, P. C. van der Kruit and G. Gilmore(eds.), pp. 3-20, 1995, International Astronomical Union.

⑤ 이 책의 출판 30년을 회고하는 글에서 브리지먼은 자신의 이 생각이 틀렸다는 점을 지적했다.

"『논리』에서 취했던 입장 중 내가 지금 확실히 틀렸다고 생각하는 것이 하나 있다. 그것은 공간에서 에너지의 국소화를 다룬 것이다. 『논리』에서 나의 입장은 에너지를 국소화하거나 공간의 특정한 지점들에서 에너지가 변화하는 것에 대한 조작적 방법이 존재하지 않으며, 오직 우리가 정당하게 이야기할 수 있는 것은 전체계와 연관된 에너지의 변화라는 것이었다. 이렇게 생각했던 것은 내가 나중에 『열역학의 본질』에서 설명했던 바를 제대로 고려하지 않았기 때문이다. 열역학 제일법칙의 dE, dQ, dW는 전체계에 대한 에너지 등의 변화로서 이것은 내 논의의 기반이었다. 내가 고려하지 못했던 것은 물리적으로 가능한 모든 것에 분배(partition)가 대응하는지 여부에 상관없이, 또는 그것이 '종이와 연필(paper and pencil)'의 조작으로서 단지 상상만으로 가능한지에 상관없이, 제일법칙이 임의의 주어진 계에서 만들어질 수 있는 모든 부분계에 적용될 수 있다는 점이다. 이 조건을 완전히 만족시키기 위해서는 에너지(또는 에너지의 변화)가 완전히 국소화될 수 있어야 할 뿐 아니라, 열역학 제일 및 제이법칙이 에너지와 엔트로피 다발(flux)들의 형태로 공간의 모든 지점에서 편미분으로 표현되어야 한다.

제일 및 제이법칙의 주요 구성 요소로서 이 다발은 다소 새로운 것이었으며, 두 법칙이 다발의 형태로 표현된다는 것은 낯설어 보인다. 더욱이 관찰계의 운동에 따라 다발들이 변환되는 방식 때문에 조작의 형태로 이 다발의 세부 내용은 근저가 되는 물리적 '실재'에 대응하는 상태를 갖지 못한다. 이것은 연관된 '에너지'에 대해서도 동일하다. 비록 이것이 주어진 어떤 기준계에서도 유일한 국소화를 갖지만 에너지에 '사물 같은' 성질이 있다는 생각과 일치하지 않는 방식으로 기준계가 운동할 때 국소화는 변하게 된다. 『열역학의 본질』에서 새롭게 분석한 것으로부터 얻은 결론은 완전한 에너지 개념이 우리가 일반적으로 생각하는 것보다 훨씬 더 '추상적'인 요소를 지닌다는 것이며, 일상적으로 다루는 개념은 정당화된 것보다 훨씬 더 많은 '구체적'인 요소를 포함한다는 것이다. 이 결론은 『논리』에서 이루어진 분석으로부터 도출되었다.

나의 달라진 입장과 관련해 에너지에 관계된 또 한 가지 사항이 있다. 나는 115쪽에서 만일 우리가 에너지 보존에 위배되는 것을 발견하게 된다면, 그 간격을 메울 수 있는 새로운 종류의 퍼텐셜 에너지를 고안함으로써 우리는 에너지가 항상 보존되게 할 수 있다고 언급한 푸앵카레의 주장에 동의한 바 있다. 이것은 다른 물리 개념들이 그렇듯이 에너지에 대한 '규약주의적(conventionalist)' 관점이다. 지금 나는 이 관점을 받아들이는 것이 지나치게 자기만족적인 태도라고 생각하며, 비록 우리가 새로운 상황들을 해결하기 위해 새로운 형태의 에너지를 고안할 때 규약적 요소가 있을 수 있다고 하더라도 이것은 결코 사태의 모든 것이 될 수 없다고 생각한다. 여기에는 우리가 통제할 수 없는 어떤 것이 존재하며, 우리가 보존이 계속 유지된다고 주장하게 된다면(또는 그렇게 유지된다면) 이는 정말 감사의 기도를 드려야 할 일이다. 예를 들어 과거에는 완전히 무시되었던 자기적 현상을 발견했다고 하자. 우리는 일(work)을 할 수 있는 능력이 있는 자기력을 이용해 이 새로운 현상을 설명하며, 따라서 자기장과 특히 관련된 퍼텐셜 에너지를 포함한 여러 형태의 에너지들이 존재하게 된다. 여기서 우리는 퍼텐셜 에너지의 변화가 장에서 받는 힘이 되게끔 에너지를 구성할 수 있다. 이것이 여기에 있어야 할 모든 것이라면, 장의 퍼텐셜 에너지는 일종의 고안물(invention)일 뿐 아니라, 여기에 수반되는 에너지 보존은 규약에 불과한 것이다. 그러나 이것은 거기에 있는 모든 것이 아니다. 왜냐하면 열역학 제일법칙은 우리가 과거에는 알지 못했던 현상들과 자기 에너지의 고안이 필요하지 않았던 현상들 사이의 교차 관계를 요구하기 때문이다. 예컨대 열역학은 투자율(透磁率, magnetic permeability)에 영향을 주는 압력의 효과와 물체가 자화되었을 때 부피 변화 사이의 관계를 요구한다. 이것은 측정 가능성의 여부와는 독립적으로 우리가 통제할 수 없는 것들 사이의 관계이기 때문에 이 관계는 결코 규약이 아니다. 이 관계가 만족되는지 여부는 오직 테스트에 의해서만 말할 수 있다. 만일 만족스럽다면 에너지가 보존된다고 말할 수 있으며, 그렇지 못하다면 보존된다고 말할 수 없다. 따라서 보존이라는 것은 규약 이상의 것이며, 보존은 우리가 어쩔 수 없이 새로운 형태의 에너지를 인식하게 만드는 것 이상으로 더 넓은 영역의 환경에서 예측 가능하게 만든다. 비록 주어진 상황에서 우리가 기여하는 것(즉 '규약적' 요소)을 '외부' 세계가 기여하는 부분(이것은 '실재'에 해당한다.)과 만족스럽게 확실히 분리하는 것이 논리적으로나 철학적으로 불가능할 수 있고, 어쩌면 실제로 불가능하더라도 우리가 통제할 수 없는 일이 발생하기 때문에 우리의 경험은 규약의 방식으로 완전히 해결되지 않는다."

P. W. Bridgman, "P. W. Bridgman's 'The Logic of Modern Physics' After Thirty Years", in: *Dædalus*, Vol. 88, No. 3, Summer, 1959, pp. 518-526.

⑥ 뉴턴의 *principia* 제1권의 첫머리에서 소개된 8가지 정의 중 가장 첫 번째 정의가 질량이다. 그는 질량은 'quantitas materiae', 즉 '물질의 양'이며 밀도와 부피가 결합해 만든 양과 동일한 것이라고 정의했다. 질량을 부피와 밀도의 개념으로 설명한 뉴턴의 이 정의는 사실상 동어반복으로서 질량의 본질에 대해 오랫동안 논란을 불러일으켰다.

⑦ 빛의 본성이 입자라는 이론에는 뉴턴(1704)의 'corpuscular theory', W. Ritz(1908)의 'emission theory', La Rosa(1924)의 'ballistic theory' 등이 있다. 뉴턴 이론은 호이겐스의 파동 이론과 대립했고, 리츠나 라 로사의 이론은 특수 상대성 이론과 대립했다.

⑧ 마흐의 영역본 1989년도 reprint판에서는 287쪽이다. 브리지먼이 언급한 부분에 해당하는 마흐의 문구는 다음과 같다. "… 우리가 외견상 단지 두 질량 사이의 상호작용을 취급하는 가장 간단한 경우라 하더라도 세계의 나머지 부분을 무시하는 것은 불가능하다."(옮긴이) 우리말 번역서에 대해서는 마흐, 고인석(옮김), 『역학의 발달』, 한길사, 2014, 377쪽을 참조할 것.

제4장

자연에 대한 특별한 견해들

이 마지막 장에서는 자연의 구조에 관한 특별한 가설들과 우리가 기본 개념의 검토를 완료할 때까지 남아 있을 수 있는 여러 문제들을 논의하겠다.

앞서 우리는 자연을 서술하고 서로 관련 지을 수 있게 하는 일반 규칙을 만들 때 은연중 빠질 수 있는 특별한 가설을 허용하지 않게끔 극도로 주의해야 한다는 점을 보았다. 그 이유는 그렇게 하지 않는다면 있을 수 있는 미래 경험을 구속할 수도 있기 때문이다. 여기서도 특별한 것과 일반적인 것을 분리할 수 있는 견고하고도 빠른 길은 존재하지 않으며, 만일 관념이 지나치게 소심하다면 탈출할 수 없는 어려움에 빠질 수도 있다. 예를 들어 다음과 같이 비판한 사람에게 어떤 대답을 할 수 있겠는가? "미래의 경험을 제한하지 않을 정도로 원리를 광범위하게 형식화하겠다는 당신의 노력은 조작의 측면으로 볼 때 **과거**의 경험에서 얻은 원리들이 미래를 제한하지 말아야 한다는 것을 추구하고 있다는 뜻이다. 사물의 진정한 본질 안에서 과거 경험이 함축한 모든 것으로부터 벗어나는 것은 불가능하며, 따라서 완전한 일반 원리를 찾는 것도 불가능하다." 나는 이 비판이 옳다는 점을 인정해야만 하며, 엄밀히 말해 우리 목적을 성취하는 것은 불가능하다고 믿는다.

우리는 이 글에서 모든 논의가 하나의 명백한 가정, 즉 우리의 정신 활동이 이해된다는 가정에 의존하고 있다고 다소 자기방어적으로 말할 수 있는데, 여기에는 당연히 우리 정신이 과거와 다름없이 미래에도 같은 방식으로 계속 기능한다는 가정이 포함되어 있다. 이런 조건에서 우리가 과거와 관련된 것들을 엄밀하게 피할 수 없다고 하더라도, 자연의 거동에 관한 어떤 가정들은 아주 특수해서 물리적 가능성을 심각히 제한한다거나 다른 가정들은 더 느슨하게 구속한다고 인식할 수 있는 실제 문제들은 존재하지 않는다. 앞선 논의에서 우리는 가정을 해야 했지만, 이들 가정이 아주 광범위해서 우리를 심각하게 제한하지 않는다는 점을 모든 물리적 경험을 통해 알게 될 것으로 희망한다. 그러나 우리가 실험 지식의 영역을 확대하려 할 때 좀 더 특별한 가정이나 가설들은 아주 유용하다. 그 이유는 이들이 새로운 실험을 제안하거나 이미 획득한 정보를 연관시키는 것을 도울 수 있기 때문이다. 이 특별한 가설들은 아주 넓은 범위의 보편성을 감당할 수 있다. 이들 중 일부는 특성상 여기서 충분히 논의될 수 있을 정도이다.

이 특별한 가설들 중에는 물리학자 대부분의 사유에서 중요한 역할을 하면서 공통된 특징을 지닌 그룹이 있다. 이것은 자연의 단순함, 미시 세계로의 방향에서 자연의 유한함, 현재에 의한 미래의 결정에 관한 가설들이다. 만일 우리가 가설적으로 특별한 경우를 생각해 본다면, 이들 관점이 유사하다는 것은 분명하다. 전자와 양성자보다 더 작은 물리적 구조가 발견될 수 없다거나, 아니면 알려진 어떤 현상에 의해 그런 구조가 제시되어 한 계의 미래 전체 거동이 그 계의 전자와 양성자 전부의 현재 관계에 의해 결정될 수 있다고 가정해 보자. 이 경우 자연은 단순하고도 유한하며, 미래는 현재에 의해 결정될 것이다.

자연의 단순성

이들 가설 가운데 어쩌면 가장 중요한 것이 자연의 단순성(simplicity)에 관한 가설로서, 그것은 이 가설이 아주 널리 확산되어 왔고 그 결과 물리적 사고 위에 자리 잡았기 때문이다. 단순성 가설은 몇 가지 형식으로 표현된다고 가정할 수 있다. 즉 일부 물리학자는 자연을 지배하는 법칙이 단순하다고 믿지만, 다른 사람들은 자연을 구성하는 근본 실체(아마도 양성자, 전자, 그리고 에너지와 같은)가 단순하다고 믿기도 하며, 또는 우리가 단순한 법칙에 따라 행동하는 단순한 궁극의 요소들(ultimate elements)을 발견하게 될 것이라는 두 관점의 조합도 있다. 그러나 한 가지 점에서 자연은 단순하지 않다는 것, 즉 수치상으로 볼 때 (예를 들어 전자나 원자, 또는 별을 세어보라!) 자연이 단순하지 않다는 점은 확실하다.

이제 단순성 테제에 대한 이들 관점 중 첫 번째 것, 예컨대 힘의 역 제곱 법칙이나 열역학 제2법칙, 또는 굉장한 정밀도로 확실하게 적용되고 있고 어쩌면 여전히 더 좋다고 할 수 있는 기본 양전하와 음전하가 동등하게 있다는 사실과 같이 전 우주의 거동이 아주 폭넓고도 단순하며 적은 수의 원리들로 파악될 수 있다는 믿음을 생각해 보자. 우주를 바라볼 때 미적 만족감을 얻을 수 있다는 점에서 이 관점을 설명할 때는 제일 먼저 정신적 충동이 있고, 두 번째로는 경험에서 얻은 강한 암시가 있다. 실제로 물리학 전체의 역사는 복잡한 것을 더 간단한 것으로 단순화한 역사이다. 예를 들어 직접 경험할 수 있는 세계의 거동 대부분은 간단한 역학 법칙으로 단순화될 수 있다. 자연 현상 중 다른 하나인 대규모 집단의 거동은 열역학으로 단순화될 수 있다. 처음에는 톨레미 천체계에서 아주 복잡한 방식으로 서술되었던 천체 거동이 우리 주변에서 발견할 수 있는 똑같은 역학 법칙에 만유

인력 법칙 하나를 더 추가한 형식으로 단순화될 수 있었는데, 나중에 정밀한 실험에 의해 만유인력 법칙도 우리 주변 환경에 정말 작용하고 있다는 것을 알게 되었다. 이와 유사하게 열역학 법칙(복사를 다루는 부분은 제외하고)은 물질이 원자로 구성되어 있다는 것을 추가로 가정함으로써 일상적인 역학 법칙으로 환원되었다. 이는 우리의 미래 전체에 대한 전망을 잘 특징지을 수 있는 엄청난 성과였다. 여기서 사람들은 자연 모두가 궁극적으로는 비슷한 단순성으로 환원될 수 있다는 믿음을 정당화할 수 있었고, 특히 자연 모두를 역학 법칙의 작용으로 설명하려는 시도를 정당화할 수 있었다. 물론 물리적, 역사적 사실을 볼 때 이 계획은 성공할 수 없었고, 그저 냉혹한 물리 현상들만 발견되었을 뿐이다. 전기 현상의 경우 처음에는 아주 유망해 보였지만 계획대로 되지 않았고, 그 반대로 역학적 효과를 전기적 효과로 설명하려는 시도 역시 실패했다. 우리는 일상적 역학 관념들을 아주 작은 전기적 효과의 영역까지 여전히 끌어내리고 있고, 전자를 결합시키는 비전기적 **힘들**에 대해 여전히 이야기하고 있다. 뿐만 아니라 양전하를 지닌 핵의 질량 전체가 속성상 전기적이라고 믿을 수 있게 충분한 근거를 제시한 실험도 존재하지 않는다. 또 우리는 전하가 명확한 경계를 갖고 있고 작은 거리에서는 힘의 법칙이 변하는 등 식별 가능한 속성을 지닌 것이라고 생각하고 있는데, 분명 이는 큰 규모에서의 우리 경험으로부터 얻어진 속성이다.

자연법칙이 역학 법칙이나 전기 법칙의 그 어느 하나로 환원되지 않으며, 양자 현상에서 알게 되었듯이 어쩌면 두 가지의 조합으로도 환원되지 않을 것이라는 점은 아주 확실해 보인다. 물론 이것은 법칙이 다른 형식으로 표현될 때 간단해질 수 있는 가능성을 결코 배제하지 않는다. 역학이나 전기동역학보다 더 심오하게 들어간 폭넓은 일반 법칙과 같은 사례 중 하나는 아마도 복사 현상을 포함할 수 있게 확장된 열역학 제2법칙에서 나올 것이다.

간단한 법칙을 찾으려는 노력의 사례로서 톨먼의 '유사성 원리(Principle of Similitude)',[1] 루이스의 '궁극적 합리적 단위(Ultimate Rational Units)'[2] 이론과 그가 최근 발표한 '완전 가역성(Complete Reversibility)'[3]의 원리 등이 있다. 내가 어디선가 언급했듯이,[4] 이들 시도 중 앞의 둘은 성공적이라고 생각되지 않으며 세 번째 것도 좀 의심스러워 보인다.

간단한 법칙에 대한 보편적 질문과 관련해 적어도 두 가지 입장이 있다. 하나는 아직까지 발견되지 않은 간단한 일반 법칙이 어쩌면 존재한다는 것이고, 다른 하나는 자연이 간단한 법칙을 선호한다는 것이다. 나는 첫 번째 입장에 대해 어떻게 논쟁할 수 있는지 알 수 없다. 이제 두 번째 입장을 검토해 보기로 하자. 우선 '간단한'이라는 것은 우리 개념으로 진술될 때 '우리에게' 간단하다는 것을 뜻한다는 점에 주목해야 한다. 이는 그 자체로 이런 태도에 반하는 가정을 제기하기에 충분하다. 우리 생각이 사고 메커니즘의 본질이 부여한 길을 따라야 한다는 점은 명백하다. 그러나 자연 모두가 이같은 한계를 받아들일까? 만일 이것이 맞는다면, 우리 개념은 자연에 대해 간단하고도 확실한 관계 위에 서 있어야 한다. 지금까지 우리 논의가 밝힌 어떤 것이 있다면, 그것은 개념들이 잘 정의되었다는 것이 아니라 모호하고도 자연에 완전히 잘 들어맞지 않으며, 이들 개념 중 많은 것이 제한된 범위 안에서만 근사적으로 들어맞는다는 것이다. 자연을 충실히 서술하면서 동시에 우리가 쉽게 다룰 수 있는, 즉 간단한 개념들을 찾는 작업은 물리학

1) R. C. Tolman, *Phys. Rev.*, 3, 244-255, 1914; 6, 219-233, 1915; 15, 521, 1920; *Jour. Amer. Chem. Soc.*, 43, 866-875, 1921.
2) G. N. Lewis, Vol. 15, 1921 of the Contribution from the Jefferson Physical Laboratory, dedicated to Professor Hall, Cambridge, Mass.; *Phil. Mag.*, 49, 739-750, 1925.
3) G. N. Lewis, *Proc. Nat. Acad. Sci.*, 11, 179-183, 422-428, 1925.
4) P. W. Bridgman, *Phys. Rev.*, 8, 423-431, 1916; *Dimensional Analysis*, p. 105.

에서 가장 중요하고도 어려운 일이지만, 우리는 근사적이고도 잠정적으로 성공하는 이상의 것을 결코 성취하지 못한다. 예를 들어 시간을 생각해 보자. 원래의 국소시간 개념은 오랫동안 만족스러운 것 같았지만, 부적절하다는 것이 밝혀지면서 확장시간으로 대체되었다. 그러나 이 개념은 너무 복잡해서 우리가 한 유용한 개념 내에서 확신을 갖고 정말 이 개념을 파악할 수 있을지에 대해 의문이 든다.(여기서 '파악'이라는 말은 관여된 조작들이 지닌 모든 함축적 의미를 직관적으로 장악한다는 뜻이다.) 우주의 시간 관계를 간단하게 서술하는 개념은 아직 발견되지 않았다.

개념들이 개념의 경계 주변에서는 모호해지기 때문에 자연에 완전히 들어맞지 않을 뿐 아니라, 우리가 선택했던 것 이외의 다른 것이 현재 현상에 들어맞을 수도 있을 가능성이 항상 존재한다. 자연에 맞는 개념을 찾는 일은 마치 크로스워드 퍼즐을 푸는 것과도 같다. 퍼즐에서는 우리가 완전하고 쉽게 채워 넣을 수 있는 칸들이 있기도 하다. 그러나 때로는 잘 들어맞지 않는 하나나 둘의 단어를 제외한 모든 것을 채울 수 있는 부분을 찾고는 우리가 옳은 길을 선택했다고 확신을 하면서 빠진 단어들을 위해 머리를 쥐어짜다가, 영감이 떠오르는 순간 이미 받아들인 단어들을 완전히 바꿔야 들어맞지 않았던 단어들을 모두 맞출 수 있다는 것을 알게 된다. 이것은 빛의 본성에 대한 우리 개념이 비슷하게 변화했던 바를 방금 목격한 것일 수 있다. 크로스워드 퍼즐과 자연 사이의 중요한 차이는 언제 우리가 자연이라는 퍼즐의 어떤 부분에서 모든 칸을 채우게 될지 알지 못한다는 것이다. 즉 현재 우리 사고의 틀이 다루지 못하는 새로운 현상의 가능성은 항상 존재한다.

그렇다면 우리가 사용하는 개념 소재의 본질을 고려할 때, 지나친 가정이 자연법칙이 개념들로 공식화될 때 단순해지는(이는 단순함이 뜻하는 모든 것이다.) 경향을 막고 있다고 보이며, 놀라운 것은 아주 많은 간단한 법칙들이 분명 존재한다는 것이다. 이제까지 만들어진 간단한 자연법칙들을 살펴보면 이렇게 말할 수 있다. 즉 이들 법칙은 오직 어떤 특정한 범위에서만 적용된다는 것이다. 우리는 중력 법칙을 작은 물체까지 확장하지 못했고, 전기 법칙이 우주 규모에서도 작동할 수 있다는 것을 찾지 못했다. 가장 중요한 현상들이 제한되는 특정 영역까지도 자연이 비교적 간단한 규칙에 따라 작동해야 한다는 것은 그리 놀라워 보이지 않는다.

형식화의 방식과는 상관없이, 역 제곱 법칙과 같은 **정말** 간단한 자연법칙이 존재하지 않을 수도 있는지는 솔깃한 의문이다. 나는 이 질문이 의미를 지니는지에 대해 독자의 판단에 맡기겠다. 이런 맥락에서 역 제곱 법칙을 제멋대로 고치는 것에 대해 일반 물리학자들이 강한 저항감을 가지고 있다는 점은 의미심장할 수 있다. 예컨대 역 제곱 법칙에서 약간 다르게 벗어난다는 가정을 도입해 지금까지 잘 들어맞지 않았던 전자와 양성자의 효과들이 지닌 광범위한 다양성을 설명하려는 스완[5]의 최근 논문과 같은 그런 시도는, 내가 이 글에서 어떤 고찰을 하더라도 정당화할 수 없을 정도로 동정이 가지 않는다. 물론 이런 느낌이 편견이 아니기를 바라지만, 역 제곱 법칙으로부터 벗어남이 실험으로 직접 검출될 수 있는 범위를 영원히 넘어설 정도로 아주 작아서 무의미하다는 관찰 같은 것들이 있다면 아마도 정당화될 수 있을 것이다. 하지만 그렇게 될지는 결코 확신하지 못한다.

이제 자연을 구성하는 물질들이 몇 가지 원소들로 환원될 수 있기 때문에 자연이 간단할 수 있다는 두 번째 관점을 고찰해 보자. 이 논의에서는 간단한 법칙에서 유래한 간단함이 간단한 원소들에 작용하고 있다는 점을 동시에 고찰하는 것이 편리할 것이다. 여기서 우리에게 즉시 주어지는 질문

---

5) W. F. G. Swann, *Phys. Rev.*, 25, 253, 1925.

은 한 가지 사실에 관한 것이다. 즉 자연은 우리가 작은 크기의 현상으로 접근함에 따라 본질적으로 더 간단해지는가? 여기에는 견해 차이의 여지가 많다. 개인적으로 나는 기대하는 간단함이 적어도 우리가 바랄 수 있는 정도까지는 확실하지 않다고 생각한다. 예를 들어 전자가 전기적 속성과 역학적 속성 둘 모두를 지녀야 한다는 사실은 이 방향에서 사소한 것이다.

자연의 실제 구조가 어떻든 한계 근처에서는 가능한 실험 조작들의 수가 적어지고 우리 개념의 수도 적어지게 된다는 단순한 이유 때문에, 우리가 실험 지식의 한계로 접근하면서 간단함을 어느 정도 흉내 내는 것이 불가피하다는 점을 기억해야 한다. 따라서 우리가 답을 찾으려고 노력하는 문제는 있을 수 있는 미래의 형태로만 의미를 갖는다. 만일 우리가 현재 개척지와 미개척지 경계의 한 지점에 말뚝 박고 자리 잡을 때, 이 지점이 물리학 발전에 따라 계속 풍부해지는 경험을 점점 갖게 되면서 이 지점에서 자연이 점점 복잡해질 것이라고 믿는가? 아니면 이런 확장 과정이 금방 종료될 것이라고 기대하는가? 실험 사실로 볼 때 나는 어느 수준에서도 우주는 평균적으로 점점 복잡해지며, 뚜렷했던 간단함의 영역이 계속 줄어든다는 점에는 의문의 여지가 없다고 생각한다. 그러나 이것이 모든 관찰자의 의견은 아니다. 예컨대 버트런드 러셀은 『나의 믿음(*What I believe*)』 10쪽에서 "물상 과학이 이제 완성되는 단계로 접근하고 있고, 그래서 흥미를 잃고 있다."고 썼던 것이다.

도달 가능한 영역의 아주 가장자리에서 새로운 양자 현상들이 이제까지 생각지도 않았던 관계들을 풍부하게 보여주고 있기 때문에, 아마도 물리학 역사상 지금은 자연의 근본적 복잡성을 특별히 강조하고 있는 시대일 것이다. 이 점에서 특히 의미 있는 것은 현상을 통계적 방법으로 서술해야 한다는 것이 양자 관계의 한 측면, 또 원자핵 구조의 본질에 관한 우리 생각의 한 측면이라는 사실이다. 오늘날 통계적 방법은 사실에 대한 방대한 양의 무지를 감추는 데 이용되거나, 아니면 대부분 우리 목적에 필수적이지는 않지만 방대하고 실제 물리적으로 복잡한 문제의 세부 사항들을 처리하는 데 이용된다. 통계적 방법이 이들 현상에 적용될 때 무지 전체를 드러내게 된다는 점에는 의문의 여지가 없지만, 특히 이것이 핵에 적용될 때 실제 물리적 복잡성의 방대한 양을 망라하고 있다는 점을 설득력 있게 보여준다. 라듐 원자핵은 평균 약 10^4년마다 불안정하게 되는데, 이것은 10^4년마다 라듐의 핵이 자발적으로 어떤 특정한 배열로 변한다는 암시라고 볼 수 있다. 원자 안에서 발생한다고 여겨지는 사건의 시간 크기와 방사능 붕괴가 외부 작용으로부터 영향을 받지 않는다는 사실을 고려하면, 이것이 내부 구조에 대해 알려주는 것은 거의 없다고 할 수 있다. 이와 비슷하게 우리는 마치 아인슈타인이 흡수하고 방출하는 원자와 복사 사이의 평형을 세부적으로 분석했던 사례처럼 양자 이론을 통계적 방법으로 다루게 된다.

사건이 순수하게 우연히 발생한다는 가정은 연관성에 대한 우리의 기본 가정을 완전히 부정하는 것이기 때문에, 통계적 방법이 무관한 세부 사항들을 제거하는 데 사용되는 것이 아니라면 이 방법이 우리에게 잠정적 진보 이상의 성과를 줄 수 있다는 점을 결코 받아들일 수 없다. 이런 통계적 방법은 우리가 궁극적으로 해결해야 할 복잡한 물리 문제가 존재한다는 것을 늘 암시하고 있다.

현재의 실험 증거로 볼 때 전자와 양자(量子)를 넘어서는 아주 가능한 구조들이 있는 것으로 보인다. 심지어 더 나아가서, 더 작은 규모로 진입하게 됨에 따라 자연에서 현상의 연속(sequence)이 연속의 끝이라는 실험적 증거가 없다고 말해야 하거나, 물 한 방울은 그 자체가 본질적으로 무한하지 않다고 말해야 한다.(이 말은 우리가 무한에 집착한다는 의미를 함축하고 있다.) 게다가 우리가 작은 규모로 깊이 파고들수록 자연이 **간단함**으로 환원된다는 증거도 존재하지 않는다.

법칙이든 자연의 물질 구조든 간단함에 대한 생각이 어떻건, 그런 믿음을 가진 사람들이 물리적 발견을 위한 경쟁에서 실질적으로 유리하다는 점에는 의문의 여지가 없다. 간단한 많은 연관(connection)들이 아직도 확실히 발견되고 있으며, 그런 연관의 존재를 강하게 믿는 사람은 연관이 존재한다는 확신이 없이 그저 모든 것을 사냥하는 사람들보다 연관들을 발견하게 될 가능성이 더 크다. 이것은 거의 심리학의 문제인 것이다. 문제에 답이 있다는 단순한 제안이나 누군가 이미 문제를 풀었다는 사실을 안다는 것은 그렇지 않다면 주목하지 못했을 관계(relation)를 암시하기에 충분하다. 따라서 현상 사이의 관계는 관계가 존재한다고 일찍이 확신했던 사람들에 의해 발견될 가능성이 크다. 관찰해 보면, 발견의 대부분은 자신이 옳다는 믿음을 자연스럽게 강화한 특별한 확신을 가진 사람에 의해 이루어졌다. 그러나 이 모습은 동전의 앞면만 본 것이다. 관계가 존재하지 않는 곳에서 관계가 존재한다고 믿는 사람은 관계를 찾기 위한 자신의 모든 시간을 허망하게 낭비할 수 있다. 만일 자연이 간단한 관계에 대해 특별한 경향을 가지고 있지 않다면, 그런 관계가 존재한다는 확신은 어느 개인의 관점에서 보더라도 도움보다는 걸림돌이 될 가능성이 크다. 한편 물리학회의 관점에서 볼 때 그런 확신이 있는 것이 바람직하다. 그 이유는 그러한 학회에는 그렇지 않은 학회보다 더 많은 발견이 존재하기 때문이다. 우리는 여기서 다시 한 번 개인과 학회 사이의 오랜 갈등을 볼 수 있다. 이와 유사한 다른 모든 갈등과 마찬가지로, 학회에 어떤 이득이 된다고 하더라도 학회가 개인에게 참이 아닌 어떤 확신이나 신조를 받아들이라고 요구할 수는 없다. 만일 자연이 간단하지 않다면, 물리학자들은 그런 확신이 발견의 횟수가 증가한다고 하더라도 자연이 간단하다고 믿는 것을 중지할 것이다. 그러나 한 물리학자가 이런 태도를 유지할 수 있다고 기대하는 것은 불가능하다. 그렇다면 이것은 오도되었지만 행운을 가진 열광자가 점점 감소하면서 물리학이 점차 지루해지고 새로운 발견은 더 드물어지게 되는 따분한 미래에 직면하고 있다는 것을 뜻하는가? 어쩌면 그럴 위험이 존재할 수도 있지만, 위험의 본질을 명쾌하게 인식했다면 위험의 대부분을 피한 것이다. 미래의 문제 중 하나는 관찰자가 미리 예상한 견해와 상관없이 새로운 관계들을 발견하는 더 강력한 기술이 자체적으로 발전하고 있다는 것이다.

여기에는 종종 시야를 잃은 물리학 연구의 단면, 즉 연구자 수에 비해 성공적 발견의 비율이 아주 낮다는 양상이 있다. 대발견을 했던 운 좋은 개인이라 하더라도, 성공하지 못한 수많은 시도가 성공한 시도보다 확실히 훨씬 더 많다.(패러데이가 0.1%의 보답에도 만족했다는 유명한 이야기가 내 가슴에 와 닿는다.) 이것은 새로운 어떤 이론이 옳을 수 있다는 가능성을 판단할 때 항상 참작되어야 한다. 아주 많은 물리학자들이 새 이론의 고안에 참여하게 되면서, 많은 현상들이 새로운 관계로 맞추어질 수 있었지만 결국에는 다른 현상들과 부합되지 않다고 입증됨으로써 폐기되는 잘못된 수많은 이론들을 만들 가능성이 크다. 물리학이 진보하고 연구자들과 물리적 소재가 전체적으로 증가함에 따라, 물리학자는 새로운 이론을 점점 더 흥분해서 갈망하게 된다. 특히 물리학자는 수치의 일치에 반하는 것을 감시해야 한다. 희망에 부풀어 발표된 수치 관계에 대해 흥미로운 내용으로 한 장(chapter)이 집필될 수 있었다 하더라도 나중에는 무의미한 것이라고 폐기되어야만 했다.

결정론

　만일 자연이 아래 방향으로 유한하다는 생각을 보증할 물리적 증거가 없다는 우리 가정이 옳다면, 우리는 간단함이라는 테제를 거부하고 있을 뿐 아니라 이 장 첫머리에서 언급했던 다른 일반 테제, 즉 물리적 결정론이라는 테제에 관해 아주 중요한 관찰을 한 것이다. 우리는 결정론이 전체 우주의 미래나 우주에서 고립된 부분의 미래가 현재 우주의 조건을 완전히 서술함으로써 결정된다는 믿음이라고 이해한다.(현재의 조건이 뜻하는 바에 대해서는 나중에 논의할 것이다.) 우리는 모든 물리학자가 이것을 결정론 테제라고 인정한다고 보통 가정한다. 그러나 이제 우주의 한 고립된 작은 부분조차 무한한 구조가 존재한다면, 이를 완전하게 서술하는 것은 불가능하기 때문에 출발의 교리(doctrine)로서 [이 테제는] 폐기되어야 한다. 나는 현재의 모든 물리적 증거가 이런 가능성을 허용하고 있다고 생각한다. 그러나 대부분의 물리학자들이 당초의 이 테제를 약간 변형한 다음 같은 노선에는 동의할 것이라고 믿는다. 물리적 의미를 지닌 가장 완전한 언어로 물리적 우주의 고립 부분에 대한 서술이 주어졌다면, 즉 우리의 물리적 조작이 우리에게 인지될 수 있는 가장 작은 요소들까지 내려갔다면, 계의 미래 역사는 불확실성을 지닌 일정한 반그림자 안에서 결정된다. 우리가 계 구조의 더 자세한 세부 사항까지 들어가거나, 또는 계의 총 에너지와 같이 원래 계의 아주 일반적인 어떤 속성들을 모호함 속에서 완전히 상실할 때까지 시간이 흐르면서 이 반그림자는 점점 더 넓어지게 되고 결국 우리는 예측 불가능한 계를 갖게 된다. 내가 생각하기에는 충분히 정밀하게 측정함으로써 미래의 임의의 한 지점에서 모호함 전체를 무한정 작게 만들 수 있다는 믿음을 꽤 많은 물리학자들이 갖고 있으며, 심지어 더 나아가 많은 이들은 모호함을 (아마도 통계적인 방법으로) 연구함으로써 이제까지 경험했던 영역을 넘어선 구조에 대해 일부 추론적 증거를 얻을 수 있다는 희망을 갖고 있다. 만일 우리가 측정 방법을 더 정교하게 할 수 없을 단계까지 도달하게 된다면, 위 마지막 구절은 궁극적 탐구 방법의 맹아(萌芽)를 실질적으로 포함한다고 볼 수 있다.

물리학자에게 결정론이란 자연의 연관성에 대해 그들의 믿음이 함축된 것을 진술하는 하나의 방법에 불과하다. 우리는 연관성 테제에 대한 가장 폭넓게 가능한 진술이 다음과 같은 것이라고 생각해 왔다. 즉 동일한 과거를 가진 두 고립계가 어떤 특정한 시점까지 도달했다고 할 때, 미래의 역사 역시 동일할 것이다. 우리가 **모든** 과거 역사의 동일함이 미래 거동의 동일함이 아닌 오직 현재 조건의 동일성에 대해서만 필수적이라고 가정하고 있다는 점에서, 현재에 의해 미래가 결정된다는 결정론 테제는 이 일반 테제의 특별한 경우가 된다. 일반 테제와 특별 테제는 결코 등가(equivalent)가 아니다. 만일 과거 역사가 동일하다면 현재 조건 역시 동일하지만, 현재 조건이 동일하다고 해서 과거 역사도 동일하다는 것이 필연적으로 성립하는 것이 결코 아니기 때문이다.

이제 나는 일반 테제(이것을 모든 물리학자가 받아들이겠지만 이것의 진리성은 경험에 의해 검증되지 않는다고 생각한다.)가 과거가 현재를 거치지 않고 미래에 영향을 줄 수 있는 방법은 없다는 식의 약간 형이상학적 느낌을 갖는 특별 테제로 바뀌었다고 생각한다. 우리는 현재를 뛰어넘어 현재를 전혀 접촉하지 않고 미래에 영향을 미치는 과거 먼 원인의 결과를 생각하지 않는다. 그런 정신적 태도는 공간의 원격 작용을 믿지 못하는 것과 비슷한 태도이다. 여기에 있는 물체가 매개 공간을 통해 작용을 전파하지 않으면서 저기에 있는 물체에 영향을 준다고 믿는 것이 어려운 것처럼, 과거의 원인이 시간을 뛰어넘어 중간에 매개하는 시간을 통한 인과 사슬의 연속 없이도 미래의 결과를 낳는다고 생각하고 싶지 않다.

지금까지 우리는 의도적으로 느슨하게 논의했다. 이제 '현재 상태(present state)'가 의미하는 바를 정의할 필요가 있다. 이것이 의미하는 바는 자연의 구조에 관해 선택한 특정 가설에 어느 정도 의존할 것이다. 역사적으로 결정론적 미래에 대한 확신은 우주 구조에 관한 역학적 관점과 밀접히 관련되어 왔기 때문에 이 관점에서 시작하는 것이 좋겠다. 기체 분자 운동론처럼 구조가 없이 질점으로 구성된 가능한 가장 간단한 계를 생각해 보자. 어떤 종류의 세부 사항이 이런 계의 현재 상태를 확정하는 데 필요하다고 생각하는가? 역학적 자연관이 명확한 답을 준다. 우리에게 현재 상태란 모든 질량의 위치와 속도를 의미한다. 입자들 사이의 힘이 오직 그들의 상대적 위치의 함수인 임의의 순수 역학계에서는 완전한 결정론을 위해 이들만으로도 충분하다. 역학계에 적용될 수 있는 이 아이디어를 확장해서 사람들은 **어떤** 계에서도 현재 상태는 계를 구성하는 근본 입자들의 위치와 속도를 완전히 파악함으로써 결정된다고 보통 생각한다.(물론 입자의 수가 유한하다는 조건에서 그렇다.) 그러나 복사가 일어나는 전기계에 적용할 때 실험해 보면, 이 원리가 적용되지 않는다는 것을 알 수 있다. 뒤처진 퍼텐셜(retarded potential)① 정리에 의하면 이런 계는 바로 근처에 있는 전하들의 현재 위치와 속도, 그리고 과거의 적절한 시기에 멀리 떨어진 지점들에서 이에 해당하는 데이터에 의해 결정된다는 것을 보여준다. 따라서 이 경우 과거와 현재 역사는 미래를 결정하는 데 필수적이다. 그러나 전기장을 계의 일부로 생각한다면, 우리는 전하와 그 속도, 그리고 공간 전체에 걸친 장 벡터 값들의 현재 위치에 의해 미래를 확정할 수 있고, 따라서 역학계와 형식적 유사성을 갖게 되면서 전기장에 대해 물리적 실재를 부여할 수 있는 이유를 갖게 된다. 그러나 역학계와의 이런 유추(analogy)는 엉성하기 짝이 없다. 완전한 유추를 하려면 장에 대한 시간 미분 함수의 순간 값도 주어져야 하는데, 이것은 불가능하다.

속도가 계의 **현재** 상태를 나타내는 특성이라고 엄격하게 여길 수 있을까? 확실히 속도를 측정하는 일반 조작들은 우리가 서로 다른 두 시간에 계의 배열을 알고, 이 두 시간에 계의 어떤 차이에 의해 속도를 계산할 것을 요구한다. 속도는 극한의 결과로 정의되지만, 극한에서조차 우리가 두 시간에서 계의 위치를 알아야만 하는 핵심의 물리적 사실이 사라지지 않는다. 이제 더 나아가, 속도가 계의 현재 속성들에 정확하게 포함되어 있다면, 더 높은 모든 차수의 시간 미분의 세부 사항을 역시 포함시키지 말아야 할 이유가 없다. 현재 고려 중인 간단한 기체 계의 경우, 그런 계의 미래를 결정하는 작업을 실제 수행하는 조작들을 검토함으로써 이 문제의 답을 찾을 수 있다. 이런 계의 미래 조건을 결정하는 문제는 계의 모든 부분의 운동 미분 방정식을 쓰는 문제로 환원된다. 이 경우와 같이 만일 계가 역학계라면, 이들 방정식은 위치 좌표에 대해 시간의 이차 미분의 형태이고, 또 계의 부분들의 상대적 위치의 형식으로 알려진다고 생각하는 힘을 포함하고 있다. 이제 위치가 주어지고 또 부분들의 상대적 위치에 힘이 의존하는 방식이 주어졌다고 하면, 계의 어떤 배열에 대해서도 운동 방정식을 쓸 수 있으며, 이들 방정식은 적절한 초기 조건들의 형태로 (적어도 근사적으로) 적분될 수 있다. 이차 미분 방정식에 대한 유일한 경계 조건은 초기 위치와 속도이다. 이것이 계의 현재 조건을 부여할 때는 속도가 특정되어야 하고 더 높은 차수의 미분 함수가 필요하지 않은 이유이다. 확실히 우리가 계의 현재 속성들 가운데 속도를 본능적으로 포함하려는 이유는 속도가 본질적으로 엄격히 계의 입자들의 현재 속성이기 때문이 아니라, 오히려 역학계에 대한 우리의 광범위한 경험이 이런 계에서 미래의 운동을 결정하기 위해 속도가 실제로 필요하다는 이유를 보여주기 때문이다.

그러나 이제 계의 부분들에 대한 운동 방정식이 역학 방정식이 아니라면 이들은 일반적으로 외견상 훨씬 더 복잡할 것이며, 시간에 대해 이차 이상의 고차 미분 함수를 포함하게 될 것이다. 방정식이 미분 함수와 계 부분들의 상호 위치만을 포함한다고 당분간 가정해 보자. 그러면 방정식을 적분해서 운동을 결정하기 위해 우리는 초기 위치와 방정식에서 발생하는 가장 높은 차수보다 한 차수 낮은 것까지 모든 미분 함수의 초기 값을 알아야 한다. 전자의 운동 방정식은 계에서 멀리 있는 부분들의 위치가 그냥 순간이 아니라 어떤 시간 간격을 갖고 주어져야 한다는 점에서 이보다 더 복잡하다. [따라서] 계의 현재 상태가 위치와 속도에 의해 결정될 수 있다는 생각은 우리가 경험하는 모든 계에 사실상 적용될 수 없어 보인다.

여기까지 논의는 만일 우리가 시간의 함수로 각 부분의 위치를 부여할 수 있다면, 계의 거동이 완전히 결정된다는 가정에 의존한 것이다. 이 가정은 상대성의 일반 원리에 대한 아인슈타인의 형식화, 즉 물리계에는 시공간 동시성의 집합 이외에는 어느 것도 존재하지 않으며 모든 부분의 시공간 좌표에 의해 계가 확정된다는 것 안에 암암리에 포함되어 있다. 이미 상대성의 가정을 논의할 때, 사건들의 시공간 좌표만 주어진 곳에서 방정식의 서술 배경이 완전히 생략되었기 때문에 우리는 모든 경험의 재생산 수단으로서 이 가정이 불만족스러운 이유를 지적한 바 있다. 이 논의는 계의 입자들의 위치, 속도, 그리고 (필요하다면) 높은 차수의 미분 함수를 세부적으로 명시하는 것이 가능하다고 가정하고 있는데, 이것은 근본적으로 계가 오직 유한한 수의 입자만을 갖는다는 가정에 해당한다. 우주 구조가 유한하다고 가정할 근거가 없다는 실험 사실로 볼 때 이 결론은 수정되어야 하지만, 나는 필요한 수정이 기본 논의에 영향을 줄 것이라고 믿지 않는다. 무한 구조가 가능하다는 관점에서 보면, 우리는 미래가 불확정성의 일정한 반그림자 내에서 현재에 의해 결정된다는 것 이상의 어떤 것을 기대할 수 없을 것이며, 현재 조건을 특정할 때 구조 안으로 깊이 들어갈수록 이 반그림자는 더욱 중요하지 않게 될 것이다.

우리는 계가 공간에 퍼져 있을 때 '현재' 조건에 있는 모호함을 소홀하게 다루었다. 아마도 '현재'에 대해 의미를 유일하게 부여하는 것이 확장 계에 대해서는 불가능할 것이지만, 상대성 이론에 의해 최소한 한 가지 가능성은 제시되었다. 통상적인 방법으로 빛 신호에 의해 어미시계와 동기화된 시계들과 필요한 측정 장비들을 각기 갖추고 공간에 포진한 조수들 중 한 사람을 생각해 보자. 이 부분에 대한 논의에서 계의 '현재' 상태란 나의 기준 시각(어미시계의 시각)에 내 주변에서 내가 관찰한 궁극적 요소들(ultimate elements)의 **위치와 속도**에 관한 모든 정보의 집합에다 모든 조수가 수행한 똑같은 관찰 활동, 즉 자기 시계의 기준 시각(동기화된 시계의 시각)에 수행한 국소적 개별 관찰을 합한 것을 뜻한다.

이제 논의의 중심으로 되돌아가서, 우리는 우주의 현재 조건이 위치와 속도에 의해 규정된다고 느끼는 것이 순수 역학계에 대한 경험에서 유래되었다는 점과 속도에다 높은 차수의 시간 미분 함수를 추가하게 되는 좀 더 일반적인 형식화는 이차 이상의 고차 미분 방정식을 따라 궁극적 요소들이 운동하는 계에만 오직 적용된다는 점을 보였다. 게다가 분석 결과, 우리는 복사가 일어나는 계는 그런 것으로 규정되는 현재 조건에 의해 미래가 결정되는 것을 허용하지 않을 수 있다는 점도 보였다. 그러나 현재에 의해 미래가 정해진다는 결정론의 일반 원리는 계의 현재 조건이 무엇을 뜻하는가라는 정의를 현재 조건에서 그의 역학적 관련성과 다른 특별한 관련성들을 제거하고 직접 실험과 더 밀접한 연관을 갖게끔 수정함으로써 구제될 수 있다고 생각한다. 이제 이 분석으로부터 가설적인 근본 물리 요소들을 추출하지 않고, 위에서 언급했던 방식으로 '지금'의 개념을 공간에서 먼 지점까지 확장해 측정이 **지금** 이루어질 수 있다는 조건하에서 어떤 물리적 수단에 의한 것이든, 어떤 물리적 도구를 이용하건, 얻어질 수 있는 모든 정보의 집합을 계의 현재 조건이라고 이해해 보자. '현재'의 의미를 이렇게 일반적으로 정의함으로써, 우리의 조수들이 물질 주변뿐 아니라 빈 공간에도 위치해야만 한다는 점에 유의하면서 이제 우리는 복사가 존재하는 계를 다룰 수 있게 된다. 즉 우리가 앞서 보았던 손전등과 스크린, 거울로 각각 구성된 두 계에서 한 계는 빛 신호를 0.5초 전에 방출했고 다른 계는 1.5초 전에 방출했다는 점을 상기해 보면, 이것이 복사를 충분히 다룰 수 있다는 것을 알 수 있다. 한 계에서는 빛 신호가 1.5초 지난 다음 도착하고, 다른 계에서는 0.5초 후 도착한다는 점에서 두 계의 미래 역사가 다르기 때문에, 우리의 테제는 이들 두 계에 현재의 차이가 존재해야 한다는 점을 요구한다. 이제 손전등과 거울 중간에 위치한 조수가 한 계에서는 손전등 쪽으로 향한 스크린에서 섬광을 보았지만, 다른 계에서는 거울 쪽으로 향한 스크린에서 섬광을 보았다고 보고하고 있기 때문에, 조수들의 보고에는 현재의 차이가 **존재한다**.

더 일반적인 이 관점이 속도를 계의 현재 속성으로 여길 수 있는지에 대한 의문에 답을 준다. 즉 운동 중인 계의 부분들(빛)이 운동량을 갖고 있고, 미세한 변형이 있겠지만 계의 부분들보다는 상대적으로 견고한 구성물(거울과 스크린)을 놓음으로써 (빛의) 운동량을 검출할 수 있기 때문에 속도는 한순간에 이루어진 물리적 측정에 의해 의미를 갖게 된다.

여기에는 미묘하고도 어려운 문제가 존재하는데, 말하자면 측정의 조작들에 관해 말할 때 우리가 시간에 함축된 의미를 완전히 제거할 수 있는지, 따라서 시간적 함축이 존재하는 계의 조건이 '현재'라고 옳게 서술될 수 있느지에 대한 것이다. 나는 이 문제에 대한 답을 찾으려 하지 않을 것이다. 하지만 서로 다른 차수들의 수학적 미분에 대응하는 물리적 유사물(類似物, analogue)을 포함하면서 우리가 자주 볼 수 있듯이 현재라는 개념이 무의미해지는 수준의 정밀한 분석까지는 못 미치지만 실용적으로 만족스러운 답은 틀림없이 존재한다.

계의 현재 상태가 뜻하는 바를 이렇게 확대해 이해할 때, 물리적 증거는 현재가 미래를 결정한다는 견해를 더 선호하며 적어도 대규모 현상을 다루고 있는 한, 반그림자의 조건에 지배받는다고 생각한다. 하지만 우리가 작은 규모의 현상으로 진입할 때는 이것이 점점 더 의심스러워지는데, 특히 원리가 양자 과정의 세부 사항에 적용될 수 있는지 여부가 의문이며, 사실상 이것이 의미를 지니는지도 확실하지 않다. 만일 이것이 참이라면, 이제까지 검출되지 않았던 것 이면에 막대한 양의 구조가 내포되어 있다는 것이 분명하다.

분석에 의해 자연을 완전히 서술할 수 있을 가능성에 관하여

자연이 아래 방향으로 유한하다는 관점, 즉 우리가 작은 크기의 사물로 우주를 서술하는 것이 가능하고 작은 크기의 사물들은 작은 크기의 구성물들에 의해 대규모 현상을 설명한다는 관점과 느슨히 연결된 한 테제가 존재하는데, 이것은 다른 말로 큰 것의 모든 속성은 작은 것의 속성을 포함하고 있고, 큰 것은 작은 것으로 해체될 수 있다는 테제이다. 이 같은 테제 중 일부는 많은 물리학자들이 지닌 일반적인 자세로 보인다. 이제 이에 대한 물리적 기반을 검토해 보자. 이 테제를 정당화하기 위해서는 사물들의 집단이 수가 많다고 해서 사물들이 개별적으로 아직 갖고 있지 않은 속성들을 획득할 수 있다는 것은 결코 아니라는 점이 필요하다. 이것이 과연 참일까? 예를 들어 구의 표면 위에 있는 2차원 기하를 생각해 보자. 이것은 비유클리드적 평면이다. 그러면 구의 표면 위의 개별 요소들의 기하학은 여전히 비유클리드적인가, 아니면 크기가 변하면서 요소들이 이 속성을 획득했을까? 전류처럼 전체가 함께 움직이는 수많은 전자들의 운동 에너지는 개별 전자들의 운동 에너지의 합일까, 아니면 여기에는 다른 항들이 더 있을까? 전자의 질량은 전자를 구성하는 요소들 질량의 합일까?

수학적으로 고찰해 보면 이에 대한 시사점을 얻을 수 있다. 선형 미분 방정식으로 서술될 수 있는 계의 속성은 덧셈적이다. 수많은 요소들이 주는 효과는 각각이 주는 효과들의 합이며, 개별 요소에는 존재하지 않았던 새로운 속성들은 집단에서도 나타나지 않는다. 그러나 (예컨대 장의 제곱을 포함하는 전기 에너지에서처럼) 조합항이 존재한다면, 합은 부분들의 합 이상(또는 다른 형태)이며, 집단에서는 새로운 효과가 나타날 수 있다. 물론 선형 방정식이 자연을 서술하는 데 있어서 대단히 중요하기는 하지만, 전자기적 질량에 대한 앞의 사례처럼 다른 유형의 방정식을 가진 계들의 많은 사례가 발견될 수 있다. 자연에서 덧셈적이지 않은 효과를 발견하고자 할 때는 자연이 미분 방정식의 지배를 받는다는 견해를 가질 필요가 결코 없지만, 만일 다른 방정식이 근본적인 것이라고 증명되거나 심지어 어떤 것이 현재의 수학적 형식을 넘어 근본적이라고 증명된다면 유추를 통해 유사한 효과를 기대할 수 있을 것이다.

만일 전체 작용이 부분들의 작용에 의해 얻어질 수 있다면 요소들 사이의 연관성을 구축하는 분석을 더 쉽게 수행할 수 있기 때문에, 물리적으로 계를 취급하는 것이 분명히 훨씬 더 쉬워진다. 이런 조건에서 설명이 옳다는 것을 보이는 일은 확실히 더 쉬운데, 그 이유는 대표적 요소들을 가진 실험이 존재하지 않는다든지 변형되었다는 점을 설명할 수 있기 때문이다. 또 큰 것보다는 작은 것을 조절하는 일이 더 쉽다. 따라서 작은 것부터 이루어지는 작업을 설명하는 일이 먼저 수행될 것이며, 이는 그 반대의 과정과는 다른 중요성을 보여줄 것이다. 큰 것으로부터 작은 것으로 가는 설명은 아마도 중력 상수의 값과 빛 속도의 값을 설명하는 곳에 있을 것이며, 일반 상대론에 의한 현상들에 대한 설명은 푸코의 진자 실험처럼 우주의 모든 물질에 의존하게 될 것이다. 물론 우리는 아직 탐색되지 않은 양자 현상 영역에서 비선형적 효과와 같은 것에 대해 준비하고 있어야 한다.

전망

이 글에서 이루어진 전반적 고찰 중 일부는 이론물리학과 실험물리학 모두의 미래에 아주 좋은 역할을 할 수 있을 것이다. 가장 중요한 결과는 물리 개념의 조작적 특성을 더 명확하게 인식하게 된다는 것이다. 실제로 이 글을 집필하는 동안 전자 개념 같은 기본 개념들을 물리적 조작으로 이해할 필요가 있다는 점을 강조하는 일이 새로운 양자역학(1925-26년 사이 하이젠베르크, 보른, 슈뢰딩거에 의한 양자역학)에서 현저하게 증가했다.

따라서 첫 번째로 우리는 모든 물리 개념의 조작적 구조에 대해 더 자의식적이고 세부적인 분석을 기대할 수 있다.(이 특성을 체계적이고 완전하게 분석하는 시도는 이 글의 시야를 벗어난다.) 미래에 있을 이런 분석은 우리 경험의 범위가 확대됨에 따라, 예컨대 역학에서 힘의 관념이 빠른 속도에서는 사라지고 운동량 관념으로 대체되듯이 개념을 정의했던 조작에 따라 조작의 물리적 특성이 어떻게 변하는지를 정밀하게 보여주게 될 것이다. 개념의 본성이 변하는 영역에서는 새로운 개념이 낡은 개념과 등가가 되는 수준까지 정확히 알 수 있도록 정밀하게 물리적 측정을 하고, 더 정밀한 새로운 실험들을 고안하는 특별한 연구를 수행하게 될 것이다. 우리는 일상적 조작으로는 어렵기 때문에 개념의 조작적 특성을 바꾸어야 하는 이런 영역에서 새로운 현상이 발견될 수 있다는 점을 과거의 경험으로부터 알고 있다. 여기에는 답하기에 다소 형식적인 본성을 지닌 질문들, 예를 들어 여러 가지 가능한 방법들이 열려 있을 때, 개념을 확장하는 **최선의** 방법이 무엇이냐 따위 같은 질문이 있을 수 있다.

그러나 일상적 경험을 훨씬 벗어나서 독립 개념들의 **수**가 명백히 감소하는 결과를 낳을 정도로 가능한 물리적 조작의 특성이 제한될 때, 우리는 더 흥미로운 결과를 기대할 수 있다. 예를 들어 공간이 광학적으로 측정될 수 있는지 아니면 접촉에 의해 측정될 수 있는지와 같이, 자연의 구조가 개별 개념들의 구조에 대한 정밀한 세부 사항보다는 완전한 서술에 필요한 독립 개념의 수와 더 근본적으로 연관되어 있다는 생각은 의미 있어 보인다. 개념의 수가 감소하는 영역에서는 개념의 수가 정상으로 되돌아가게 하는 새로운 종류의 조작이 가능한지를 찾기 위해 실험적으로 아주 철저히 검토해야 한다. 이런 새로운 실험 조작을 탐색할 때, 예컨대 우리가 현재 방사능 붕괴를 세는 여러 가지 스핀새리스코프(spinthariscope)[2] 방법들이나 윌슨의 β선 궤적 실험[6]에서 얻은 제한된 능력처럼 개별 원자와 전자의 과정들을 다루는 우리 능력이 개선된다면 가까운 장래를 위한 큰 희망을 얻게 될 것이다. 조작적으로 독립인 개념의 수가 증가하는 현상을 이렇게 의식적으로 찾을

6) C. T. R. Wilson, *Proc. Roy. Soc.*, 87, 277, 1912.

때, 우리는 새롭고 본질적으로 중요한 물리적 사실의 발견으로 향하는 강력한 체계적 방법을 찾을 수 있을 것이다.

기본 개념의 수가 더 증가하는 것이 불가능하다고 증명될지 또는 아닐지에 대해서는 오직 추측만 할 수 있지만, 현재 경험으로 보자면 우리가 깊이 들어갈수록 기본 개념의 수가 항상 감소하는 경향을 가질 가능성이 더 크다. 원자 크기로 들어갈 때 온도 개념이 사라진다는 것에서 우리는 한 가지 확실한 사례를 이미 갖고 있으며, 일상적인 복사의 기본 양자 과정을 특징지으면서 조작적으로 간단한 것을 아주 많이 조합함으로써 에너지와 진동수에 대해 독립인 개념들을 구축하는 데서 아마도 두 번째 사례를 볼 수 있을 것이다.

개념의 수가 변하는 전이 구역에서는 개념들 사이에 서로 다른 유형의 관계들이 생길 수 있다. 나머지 사례들은 온도의 경우와 같을 것이다. 즉 온도 개념은 일반적인 역학 개념에 의해 개별적으로 서술될 수 있는 아주 많은 현상들의 통계적 효과에 불과하기 때문에, 온도에 의해 많은 개념들이 간단히 제거되고 다른 것들은 거의 변하지 않은 채 남아 있게 된다. 또는 개념 모두가 아주 밀접하게 서로 엮여 있기 때문에, 전체 개념의 수가 변할 때는 개념을 정의하는 조작들이 변하지 않게 개념 집단을 분리하는 것이 불가능할 수도 있다. 이 경우 당초 개념들은 새로운 수준에서 적용될 수 없다. 이 아이디어가 가장 직접 적용된 사례를 시간과 공간 개념에서 이미 언급한 바 있다. 일상적 규모에서 시간과 공간을 측정하는 조작들이 양자 현상 영역까지 아래 방향으로 전부 적용될 수 없다면, 우리는 시간과 공간의 일상적 개념이 이 현상에 대해 적용될 수 없다고 말해야 한다.

개념들의 조작적 구조를 예리하게 분석하는 것과 긴밀하게 연결하면 미래에 우리의 정신적 고안물들도 자세히 분석할 수 있을 것이다. 이것은 우리의 고안물에 물리적 실재의 특성을 부여하는 새로운 물리적 사실들을 찾는 형태가 될 것이다. (어쩌면 현재 전기동역학의 장 개념을 다룰 때처럼) 긴 연구를 하고도 이런 현상을 밝히는 데 실패한다면, 우리가 수수한 고안물을 다루고 있지 물리적 실재를 다루는 것이 아니라는 사실을 우리의 사고에서 확실히 구체적으로 나타낼 방법을 찾아야 할 것이다.

옮긴이 주

① '뒤처진 퍼텐셜'이란 장(場)이 빛의 속도로 전파됨으로써 인과관계가 시간 지연을 갖게 되기 때문에 한 점에서 원인이 시공간의 다른 한 점의 결과로 나타나는 데 일정한 시간이 요구된다는 것을 의미한다.

② Spinthariscope는 1903년 윌리엄 크룩스(William Crookes)가 발명한 것으로서 원자 붕괴를 관찰할 수 있도록 고안된 것이다. 그는 원자가 붕괴될 때 방출되는 방사선이 황화아연으로 코팅된 스크린에 충돌하면서 발생하는 빛을 관찰할 수 있었다.

옮긴이 해제

일러두기

1. 같은 연도에 출판된 동일 저자의 다른 문헌들은 (1959a), (1959b), …와 같이 연도에 알파벳 순서를 추가했다.

2. 참고하거나 인용한 문헌의 연도 표기는 "초판 연도/인용한 문헌의 출판 연도"로 표시한다.

3. 인용문에서 원저자의 강조는 굵은 이탤릭체로 표시하고, 옮긴이가 강조한 것은 굵은체로 표시한다.

4. 인용문에서 이해를 돕기 위해 옮긴이가 추가한 내용은 [ ] 안에 넣었다.

5. 원문과 번역문이 있는 인용문의 경우, 예컨대 독일어 원문에 영어 번역문, 혹은 외국어 원문에 한글 번역문이 있는 경우, 원문을 중심으로 우리말로 옮기고 번역문을 참고해 문장을 다듬었다.

제1장에서는 브리지먼의 생애를 개관하고 그에 관한 전기물과 연구물들을 살펴보겠다. 그리고 브리지먼의 연구와 저작들을 간단히 일별(一瞥)한 다음, 브리지먼에 대해 잘 논의되지 않았던 두 부분, 즉 실험물리학자로서 활동과 업적, 그리고 스탤로(J. B. Stallo)의 과학 사상과 이것이 브리지먼에게 미친 영향을 허용된 범위 내에서 살펴보기로 한다. 제2장에서는 브리지먼의 조작에 관한 테제와 조작주의자들의 논쟁을 살펴보겠다. 제3장에서는 비엔나 서클과 브리지먼의 관계를 살펴보고, 비엔나 서클이 그의 조작 사상을 흡수하기 위한 회원들의 노력을 서술했다. 제4장은 브리지먼의 조작 사상과 논리실증주의와의 관계, 양자 사이에 서로 공유할 수 있었던 부분과 궁극적으로 일치할 수 없었던 문제를 서술하겠다. 또 이 논쟁 속에서 브리지먼이 궁극적으로 돌파구를 찾았고 이로 인해 주관주의자라고 비난받으며 고립되었던 상황을 검토하겠다. 맺는말에서는 그의 『논리』 개요와 의미, 이것이 미친 영향을 다루고, 그의 조작적 관념이 남긴 자취와 의미를 논하겠다.

이 글은 브리지먼에 관한 본격적인 전기적 연구나 그의 학문적 성과에 대한 비판적 평가가 아니며, 더욱이 그로부터 시작된 조작주의[1]의 과학철학적 의미, 의미론, 인식론에 대한 본격적 학술적 논의도 아니다. 이 글은 브리지먼의 저작물들을 설명하고 그에 관한 기존 연구물과 평가들을 종합해 논의한 것에 옮긴이의 해석과 관점을 추가한 것에 불과하지만, 국내에는 아직까지 그에 관해 종합적으로 개관한 연구가 없었다는 점에서 이 글을 통해 한 물리학자이자 한 과학철학자로서, 또 한 인간으로서 그의 삶을 서술하는 데 목적을 두겠다. 이 글을 위해 옮긴이는 절판된 문헌들을 포함해 그 동안 출판된 자료의 대부분을 수집하여 집필에 참고했지만, 열람할 수 없었던 그의 미출판 기록물과 교신은 출판된 연구물에서 재인용했다.

---

1) '조작주의(operationalism 혹은 operationism)'라는 용어를 브리지먼이 극도로 싫어했을 뿐 아니라 실제로도 이 용어를 거의 사용하지 않았기 때문에 이 글에서는 이 용어를 가급적 쓰지 않고 내용에 따라 브리지먼이 사용했던 용어로 표현하겠다.
- operational method: 조작적 방법
- operational approach: 조작적 접근
- operational analysis: 조작 분석, 또는 조작적 분석(조작을 분석한다는 의미일 때는 '조작 분석', 분석을 조작적으로 한다는 의미일 때는 '조작적 분석'. 보통 "조작을 분석한다."는 의미로 많이 쓰임)
- operational definition: 조작적 정의
  일반적으로 브리지먼의 조작 개념과 여기서 파생된 조작적 관점들을 모두 뭉뚱그려 '조작주의'라고 지칭하기 때문에 연구자들이 브리지먼을 포함해 모든 조작적 방법을 말할 때는 '조작주의'라고 표기하며, 특히 '행동주의 심리학의 조작주의'를 말할 때는 그들의 표현 방식에 따라 'operationism'으로 표기한다.

제1장 한 실험물리학자의 이야기

1. 삶과 죽음

생애

브리지먼은 1882년 4월 21일 매사추세츠 케임브리지(Cambridge)에서 태어났다. 그의 아버지는 레이먼드 랜던 브리지먼(Raymond Landon Bridgman)이며, 어머니는 메리 앤 마리아 윌리엄스(Mary Ann Maria Williams)로서 모두 올드 뉴잉글랜드(old New England) 출신이다. 아버지는 저널리스트이자 사회 개혁과 정치 사상에 관심을 가진 작가로서 이상주의자, 공화주의자였으며 세계 국가(World State)를 옹호했다. 레이먼드는 엄격한 조합주의 교회(Congregational Church) 신자로서 매일 아침마다 가족이 모여 성경을 읽는 신앙심 깊은 청교도 가정을 꾸려나갔다. 어머니는 전통적이면서 명랑하고 경쟁적인 인물로 묘사된다. 1883년에는 여동생 플로렌스(Florence)가 태어났다. 어릴 적 친구의 증언에 의하면 브리지먼의 가정은 활기가 넘치고, 토론이 무성한 행복한 가정이었다. 그의 아버지는 정치와 사회 문제에 대해 많은 이야기를 해주었다고 한다. 브리지먼은 어릴 적부터 독립적이고 근면했지만 사교적이지 않았다. 수줍음을 많이 탔으며, 솔직하고 직선적이었고, 특히 책임 회피, 핑계, 기만을 싫어했다. 브리지먼의 딸 제인은 아버지를 이렇게 회상했다.

> 내 아버지[브리지먼]는 에너지가 충만하고 고귀한 정신을 가졌지만, 동시에 수줍었다. 적어도 소년이었을 때는 수줍었고, 성인이 되어서도 결코 사교적이지 않았다. 그는 종교적 미션의 정신을 가진 가정에서 자랐다. … 아주머니는 찬송가를 작사했고, 아버지[레이먼드]는 세계 통합에 관한 책을 썼으며, 『세계 형제 시집』에 수록된 시를 썼다. 반면 어머니[메리]의 성격은 좀 더 세속적이었다. … [그의 부모는] 그를 많이 기대했고, 그는 자신에게 많은 것을 요구했다. 그는 학교와 대학에서 공부를 잘했고 체스를 두었으며, 나무를 깎아 만드는 것을 좋아했다. 그는 트랙 경주팀에 속했고, 등산을 좋아했다. 전문적 암벽 타기보다는 밤새 긴 도보 여행을 했다. 그는 피아노를 연주했다. 그의 활동이 마음과 육체의 많은 것을 요구하는 것이었지만, 단체 활동은 드물었다.[1]

그는 가냘픈 몸매에 강인한 체력을 가졌고 에너지가 넘쳤으며 병치레를 거의 하지 않았다. 술과 담배를 하지 않았고 지적 정직성에 대한 의무감이

---

1) Jane Bridgman Koopman, *Personal Recollections of PWB for AIRAPT*(미출판 회고록, 1977년 7월 25일). Walter(1990), 14에서 재인용.

확고했다. 엄격한 기독교 가정에서 자랐지만 브리지먼은 청년 시절부터 종교를 갖지 않았다. 그가 대학에서 과학을 배우면서 교회를 더 이상 다니지 않고 기독교 신자가 되는 것을 공개적으로 거부했을 때 아버지는 매우 상심했다. 그러나 브리지먼이 양심을 따르고 종교와 도덕적으로 동등한 정직성과 청렴함을 받아들이겠다고 했을 때, 아버지는 "내면적 인도에 의해 모든 것에서 정직하고 신심이 깊은 사람이 된다고 진심으로 결정하는 것은 … 신에 대한 개인의 순종, 신의 사랑과 개인의 삶의 조화를 의미하는 회개"[2]라고 이해하고 아들을 인정했다. 브리지먼이 신을 믿지 않기로 하고 종교를 포기했음에도 불구하고 근면하고 책임감 있게 양심적인 삶을 사는 청교도적 가치는 평생 그의 삶을 결정했으며, 이런 점에서 Walter(1990)와 Moyer(1991c)는 그를 가리켜 '과학 청교도'라고 불렀다.

그는 태어난 매사추세츠 케임브리지에서 오번데일(Auburndale)로 이사해 근처의 뉴턴(Newton)에서 1900년 6월까지 대단히 우수한 교육 시스템을 갖춘 문법학교와 고등학교를 다녔고, 이어 하버드대학교 물리학과에 입학했다. 그가 대학에서 물리학을 선택하게 된 동기 중에는 "고등학교 시절 훌륭한 두 교사"[3]가 있었다고 한다. 그는 1904년 하버드대학교 학부를 졸업하고 1905년 석사를 마치고, 1908년 박사학위를 취득했다. 1908년 연구원(research fellow), 1910년 강사, 1913년 조교수, 1919년 정교수, 1926년 수학 및 자연철학 홀리스좌 교수(Hollis Chair of Mathematics and Natural Philosophy)가 되었고, 1950년부터 히긴스 대학 교수(Higgins University Prof.)가 됨으로써 학과와 전공에 관계없이 교육과 연구를 수행할 수 있는 자격을 갖게 되었다. 1954

---

2) 레이먼드가 아들에게 보낸 1924년 10월 31일자 편지. *Ibid.*, 15에서 재인용.

3) P. W. Bridgman, "Autobiographical remarks by P.W. Bridgman". Okamoto(2004), 12에서 재인용.

년 72세에 46년간 대학 생활을 마치고 은퇴해 1961년 세상을 떠날 때까지 명예 교수로 남았다.[4] 그는 전쟁 때 병역 의무 대신 전시(戰時) 연구를 위해 잠시 떠나 있었던 것을 제외하고는 죽을 때까지 하버드를 떠난 적이 없었다.

그는 사빈(Wallace Clement Ware Sabine) 교수의 지도 아래 "Mercury resistance as a pressure gauge"로 1908년 박사학위를 받았지만 이는 당시 등장한 양자 이론을 반영하지 않은 고전물리학이었다. 그러나 그가 박사학위 논문을 지도했던 켐블(Edwin Kemble)은 슈뢰딩거와 디랙의 양자 이론에 의한 물리학 혁명을 미국에서 처음으로 이해했던 사람들 중 하나였다. 한때 브리지먼의 대학원생이었던 오펜하이머(Robert Oppenheimer)는 나중에 맨해튼 프로젝트 책임자가 되었다. 브리지먼 자신은 평생 고전물리학에 바탕을 둔 실험물리학을 거의 벗어나지 않았으나 제자들이 양자물리학 이론과 실험을 연구할 수 있는 길을 만들어주었다.

브리지먼은 1912년 올리브 웨어(Olive Ware)와 결혼해 슬하에 두 자녀를 두었다. 브리지먼은 결혼하던 날 그답게 실험 노트에 "결혼했고, 논문 썼다."[5]고 간략히 기록했다. 아내 올리브는 지도 교수 사빈의 비서였는데, 브리지먼과 달리 매우 사회성이 있었고 세속적이었다. 그녀의 아버지 에드먼드 아사 웨어(Edmund Asa Ware)는 해방된 흑인들의 교육을 목적으로 설립된 애틀랜타대학교 설립자이자 초대 총장이었다. 올리브 가족이 흑인 거주지에서 살았을 때 그녀는 흑인 유치원에서 유일한 백인 아이였다고 한다. 그녀는 사교 활동을 즐겼고 소비적이어서 그녀에게는 자선 행사, 바자회, 친구나 이웃에 대한 의례적 방문, 차 모임, 어머니 연구회 등의 참여가 끊이지

4) Kemble and Birch(1970), 25-26.
5) Walter(1990), 18.

않았다.

> 아이들이 아직 어리고 막 학교를 다니기 시작하던 결혼 초기에 [브리
> 지먼의 가족사(家族史)에는 남편의 재정을 잠식하는 올리브의 씀씀
> 이에 대한 비가(悲歌)가 자주 등장한다. 젊은 하버드대학교 물리학 교
> 수의 봉급이 그의 사회적 모임에 적합할 만큼 생활을 유지하기에 충
> 분치 않았다는 점은 사실이다.[6]

한편 브리지먼이 아이들에게 엄격한 행동 기준을 요구한 반면, 올리브는
때가 되면 아이들이 부주의한 습관이나 비사회적 행동에서 벗어날 것이라
고 참을성 있게 믿었다.

1914년 딸 제인(Jane)이 태어나고, 1915년 로버트 웨어(Robert Ware)가 태어
났다. 맏딸 제인은 1948년 수학자 쿠프먼(Bernard Osgood Koopman)과 결혼했
다.[7] 쿠프먼은 전시(戰時)에 군사 작전과 군수 물자 보급을 위한 'Operations
Research'(OR) 이론들을 수학화하는 데 공헌했으며, 여기서 브리지먼의 조
작 사상을 접목했다. 로버트 웨어 브리지먼(1915-74)은 하버드대학교에서
지질학을 전공하고 광산 회사와 광물 자원 거래 정부 기관 등에서 일했고,

6) *Ibid.*
7) 버나드 쿠프먼은 하버드의 수학자 버코프(George D. Birkhoff) 밑에서 학위하고 컬럼비아대
   학교에서 교수를 했다. 그는 순수수학보다는 동역학, 수리물리에 관심이 더 많았고, 오랫동안
   수학계에서 논쟁이 되던 에르고드(ergodic) 문제를 폰노이만과 함께 힐버트 공간에서 해결했
   다.(Koopman-von Neumann Classical Mechanics) 그는 대학원 시절 브리지먼의 열역학 강의를
   들었고, 그의 어머니 랜돌프 여름 자택은 브리지먼 옆집이었다. 그는 첫 번째 아내와 사별 후 브
   리지먼의 맏딸과 재혼했다. 쿠프먼 약전(memoir, 略傳)으로는 Morse(1982)가 있다. OR에 대
   한 그의 학문적 기여는 제2장의 5절 '개념의 조작적 정의'를 참조할 것.

광물 관련 개인 회사를 운영했다.[8]

　브리지먼 가족은 학기 중에 하버드가 있는 케임브리지에서 지냈고, 여름에는 뉴햄프셔의 마운틴 애덤스 끝자락에 있는 랜돌프(Randolph) 마을의 여름 별장에서 지냈다. 산속 시골의 랜돌프는 상류층의 여름 휴양지로서 교수, 총장, 장관들이 가족과 함께 여름을 보내는 곳이었다. 따라서 명사들의 사교 활동이 늘 이어졌다. 브리지먼은 이들과 대화하며 건강한 정신을 나누었지만 사교를 위해 시간을 많이 쓰거나 깊이 들어가지 않았다. 하지만 그는 랜돌프의 여름 자택에서 가족과 함께 지내는 것을 정말 좋아했다. 여기서 그와 그의 가족은 오랜 지인들과 함께 등산을 다니고, 정원과 텃밭을 가꾸며, 피아노를 치고, 사진을 찍었다. 지인들과 어울려 등산할 때면 자신의 뛰어난 체력에 사람들이 놀라는 것을 은근히 자랑스러워했다. 그는 또 손으로 일하는 것을 좋아했는데, 실험실에서나 랜돌프의 정원에서나 비상한 기계적 재주와 창의성을 갖고 있었다.[9]

　브리지먼은 아침 식사 전 아이들에게 이야기하는 시간을 갖고 식사 후에는 두 시간 동안 정원과 텃밭에서 일했다. 이어 냉수욕을 한 다음, 점심 식사를 제외하고 오후 네 시까지 연구를 했다. 저녁 식사 전후에는 가족들과 독서를 했다. 그러나 그는 야외 활동 이외에도 홀로 논문을 쓰거나, 실험 결과를 정리하고, 책을 읽고 철학적 사색하기를 좋아했다. 이를 위해 그는 아예

---

8)　그가 하버드에서 지질학을 전공하게 된 때는 아버지 브리지먼의 초고압 연구 성과에 지질학계와 광업계가 주목하고 인공 다이아몬드 합성에 대한 희망이 커지던 1930년대 중반이다. 그는 뛰어난 탐광, 현장 지질학자였지만, 주된 활동은 과학 연구보다 탐광, 광산, 광물 거래에서 협상, 재원 조달이었고, 광산 및 광물 거래 관련 컨설팅 회사를 운영해 상당히 성공한 것으로 알려져 있다. 그의 약전으로는 Donald(1976)가 있으며, 이는 미국지질학회 홈페이지 https://www.geosociety.org/documents/gsa/memorials/v06/Bridgman-RW.pdf에서 볼 수 있다.

9)　Newitt(1962), 30.

집에서 약 200야드 정도 떨어진 숲속에다 통나무집을 직접 지었다. 그는 "아침마다 한두 시간씩 꽃과 채소 등을 가꾸었다. 그런 다음 언덕에 있는 작은 오두막에서 수 시간 동안 집중적으로 연구를 했다. 그 위쪽에는 큰 산들이 있었다."[10] 전화기도 없이 외부 방문객뿐만 아니라 가족과 완전히 단절된 채 하루에 너덧 시간을 이곳에서 사색과 집필에 몰두했다.[11]

그는 대학에 재직하면서 "아주 소수의 박사 과정 학생만 지도했으며 거의 모든 대학 모임을 피하고 … 연구와 집필에만 전념했다."[12] 아침이면 어김없이 자전거를 타고 와서 실험복을 입고 선반이나 압력 펌프 앞에서 펌프질하면서 측정하는 그의 모습(잘 알려진 그의 사진들이 있다.)이 말해 주듯 그는 내내 실험, 제작, 측정에 매달렸고 연구 이외의 대부분 활동을 피했다. 그의 추도식에서 하버드대학교 전 총장 코넌트(James Conant)는 그를 이렇게 기억했다.

> 아직도 나는 그를 교수 모임에서 본 기억이 없으며, 그가 대학교 공동체에 봉사한 적이 있었다고 하더라도 거의 없었다고 확신합니다. 그의 강좌 규모는 언제나 작았습니다. … 그러나 그는 많은 미래의 과학자들을 자신의 저작들로 가르쳤고, 그의 열정적이고도 현명한 조언으로 자신의 학과가 성장하는 데 영향을 주었습니다.[13]

---

10) 그의 어릴 적 친구 챈들러 목사의 추도사에서 인용했다. Robert E. Chandler, "A Deep and Rich Friendship", in: *Percy Williams Bridgman 1882-1961. Expression of Appreciation as arranged in the order given at the memorial meeting for Professor Percy Williams Bridgman*, October 24, 1961. (이하 *Memorial Meeting*)

11) Walter(1990), 20-21.

12) Holton(2005b), 73.

13) James B. Conant, "A Truly Extraordinary Man", in: *Memorial Meeting*(1961).

그는 겸손하고 솔직했으며, 원칙주의자였다. 타인의 말을 곧이곧대로 듣는 편이어서 그 이면에 있는 어떤 기만이나 믿을 수 없는 다른 의도를 용서하지 않았다. 그의 박사학위 제자로서 저명한 고체이론물리학자가 된 슬레이터(John C. Slater)는 "그의 사고에는 완곡하거나 흐릿한 것이 없었다. 어떤 것이 참이고 의미 있다면 그걸로 끝이었다."고 말했고, 미시간대학교에서 그를 초빙하려고 했을 때 노벨 화학상을 받은 하버드대학교 리처즈(T. W. Richards) 교수는 그에 대한 평가에서 "외골수 타입"이라고 표현했다.[14]

이는 곧 소통의 어려움으로 이어진다. 즉 소통의 어려움과 무력감, 이것은 그를 지속적으로 좌절감에 빠지게 만든 근원이었을 뿐 아니라, 나중에 그가 양자역학과 상대성 이론에서 관점의 극명한 전환을 보여주었던 현대 인식론을 쉽사리 받아들이지 못했던 이유이기도 했다. 이는 또 그가 현대 인식론의 문제를 집요하게 파고들었던 배경이 되기도 했다.

다른 한편에서 그는 정직했지만, 남들도 그런 행동 규칙을 따라야 한다고 기대한 이상주의자였다. 그의 이러한 성격은 『논리』에서 보듯이 글에서도 나타난다. 군더더기 없이 간결하면서도 명쾌하고, 현란한 표현이나 장황한 설명이 없이 언어의 모호함을 허용하지 않았다. 그의 제자 켐블은 브리지먼의 개인적 특성이 단순함, 솔직함, 사고에서 까다로운 독립성, 인생을 그 핵심 목적으로 지향하게 만드는 일편단심 불굴의 의지라고 말하면서, 자신의 에너지를 분산시키는 교수협의회의 요청을 받아들이지 않았던 그를 추도식에서 "무자비한 논리의 사도(使徒)"라고 불렀다.[15]

---

14) Walter(1990), 16, 26.
15) Edwin C. Kemble, "Apostle of Ruthless Logic", in: *Memorial Meeting*(1961). 같은 이야기가 Kemble and Birch(1970), 24에 언급되었다. 켐블은 그의 박사학위 제자이자 하버드 물리학과 교수였다. 브리지먼이 그를 하버드로 불러들였다.

그가 평소에 말 한마디와 숫자 하나에 얼마나 신뢰성 있는 자세를 가졌는지, 그에 대한 일화를 홀턴(Gerald Holton)은 이렇게 증언했다.

> "그의 모든 말은 신뢰할 수 있었다. 그가 세상을 떠난 다음 그의 실험실에 있는 실험 노트들을 챙기라는 요청을 받았을 때, 내가 발견한 것은 그것을 넘어선 것이었다. 그는 모든 측정값의 끝자리 숫자를 제외하고 출판했던 것이다. 그것은 [측정값의 불확실성이 개입되는 [오차] 영역이었던 것이다."16)

그는 시간을 아껴 사용했고, 일을 할 때는 다른 것에 신경 쓰지 않았으며, 그가 실험실이나 공작실에 있을 때는 어느 누구도 방해할 수 없었다. 월터는 마치 우리가 컴퓨터나 스마트폰을 사용하듯 그는 전화하면서 한 손으로는 타자기를 즉석에서 쳤다고 말했으며, 그의 친구는 그가 랜돌프로 운전하면서 갈 때 자기 앞에 다른 차가 있는 것을 용납하지 않고 늘 추월했다고 말한다.17)

그의 전기와 약전에서 산발적으로 언급되고 있는 교육관을 보면 다소 특이하다고 할 수 있다. 우선 그는 강연을 싫어하고 잘하지도 못했을 뿐 아니라 그의 수업 역시 어려우면서도 도전적이어서, 자신의 요지를 전달하는데 실패했다는 소통의 무력감을 종종 언급했다. 그러나 공들여 준비한 강연과 수업을 청중이나 학부생들이 반응하지 않거나 이해하지 못했을 때, 그는 이들이 미숙하고 자기 훈련이 부족하다고 생각했다.

---

16) Holton(2005a), 279.
17) Walter(1990), vi 및 Newitt(1962), 30.

실제로 브리지먼의 높은 기대치는 자신과 타인 모두에게 문제를 만들었다. 그는 자신에게 요구한 것을 타인에게서도 기대했고, 그들이 그의 기대를 충족하지 못했을 때 그는 절망했다. 그가 낙담한 것은 그가 자신의 방식대로 하지 못했기 때문이 아니라, 그가 자신은 최선을 다하고 있고 다른 사람들도 똑같이 해야 한다고 생각했기 때문이다. 그는 자신의 높은 가치가 무시되거나 일축되었을 때 어떤 방식으로든 상처받았다. 하버드의 학부생들은 개인적으로 너무 거리가 멀었고, 일반 대중이 이 사람의 개인적 반응을 느끼거나 알기에는 너무나 난해한 존재였다.[18]

그뿐 아니라 그는 "대학원생 지도에 상대적으로 적은 시간을 사용했고, 가장 적게 지도할 때 가장 즐거워했다."[19] 그가 카네기 연구소의 지구물리 실험실에 모든 권한을 부여받은 책임자 제안을 받았을 때 자신은 오직 순수 물리학에만 관심이 있고 하버드에 남겠다고 한 말이나, 행정 업무와 강의 대신 연구에만 집중할 수 있게 대학에 요청한 것으로 보면 그는 강의와 교육보다는 실험과 연구에 더 집중한 것으로 보인다. 그러나 어릴 때 친구였던 챈들러(Robert E. Chandler) 목사는 그가 교육에 대해 관심 없다고 한 것은 그의 겸손함 때문이라고 말한다.

우리에게 이에 관해 이야기할 때, 그는 이를 경시했습니다. 그는 비효율적이라고 생각했던 것 같습니다. 어쨌든 그는 연구하는 데 주어져

---

18) Walter(1990), 22.
19) Kemble and Birch(1970), 30.

야 할 시간을 아까워했습니다. 약 11년 전 나는 제안받은 교직을 수락했다는 이야기를 피터[브리지먼]에게 쓴 적이 있습니다. 그는 다음과 같이 답장했습니다. "네가 가르치게 되었다는 새로운 모험이 흥미 있게 들린다. … 나는 그것을 할 수 없다. 나는 다른 사람을 지도하는 것을 즐길 만큼 충분히 인간적이지 않다."

"충분히 인간적이지 않다!(not human enough!)" 그가 장난하듯 쓴 이 말은 그의 겸손함의 사례라 할 수 있습니다. 어디선가 그가 썼습니다. "나는 내가 사회로부터 받은 것 이상을 사회에 환원하는 일을 나의 필생 사업으로 선택했다."[20]

따라서 그의 교육관은 통념적인 의미의 교사 같은 역할이 아니었다. 코넌트가 말했듯이 "그는 능률적 교사라는 단어가 보통 말하듯 그런 의미의 교사가 되려고 하지 않았다."[21] 사실상 그의 교육관은 그의 독특한 교육 방식에 있었다고 할 수 있다. 켐블은 그의 반이 늘 소규모였지만 이를 수강했던 젊은 물리학자에게는 잊지 못할 경험이었으며, 통찰력과 사고의 성실성, 과학 지식의 한계를 증명하려는 그의 부단한 습성이 학생들에게 과학적 의미에 대한 명확한 이해를 갖게 만들었다고 했다.[22]

특히 대학원에서 그의 강의를 수강했고 같은 과 교수가 되었으며, NMR 현상의 발견으로 1952년 노벨 물리학상을 받았던 퍼셀(Edward Mills Purcell) 교수는 '교사와 실험과학자'라는 제목으로 브리지먼에 대한 추도사에서 이렇게 증언했다. 퍼셀은 오전 8시 반부터 10시까지 일주일에 두 번 진행한 브

20) *Memorial Meeting*(1961). 챈들러의 추도사.
21) *Ibid.* 코넌트의 추도사.
22) *Ibid.* 켐블의 추도사.

리지먼의 열역학 수업에 대해 "그의 강의는 세련되지 않았습니다. 그것은 전혀 수업이 아니었습니다. 이것은 그냥 주제를 파악하는 것입니다. 그러나 이것은 열역학의 구조와 범위를 보여주는 것 이상이었습니다."라고 회상했다.

그는 열역학이 명확하게 답하는 데 실패한 문제들이 있는 **외곽**에 늘 관심이 있었습니다. 거기서 곤란한 점들을 회피하려고 하지 않았습니다. 우리는 그에게 가장 특징적인 일, 즉 자신의 이해의 한계를 겁내지 않고 검토하는 일에 몰두하는 그를 분명히 볼 수 있었습니다. 그는 단순히 관객이 아니라 참여자, 즉 지적 문제 앞에서 진지하게 탐구하는 마음을 가진 모든 사람은 다 동등하다는 그의 일목요연한 가정에 따라 만들어진 관계로 우리를 함께 받아들였습니다. … 열역학에 대한 우리 이해의 한계를 측정하고 확장하기 위해 그는 끈질긴 방식으로 특이한 문제 세트를 만들어냈습니다. 이 문제들은 문장이 당황스럽게 간결하고, 의외로 미묘했지만, 자주 그랬듯이 문제를 간파했을 때는 의외로 단순했습니다. 이것의 교육적 힘은 처음부터 문제가 무엇을 의미하는지 알기 어렵다는 데 있었습니다. … 이 문제들은 코넌트 홀에서 계속 불을 밝히는—맹렬하게 타오르는—힘을 결코 잃어버린 적이 없었습니다.[23]

그는 철저한 실험실의 경험주의자였지만, 당시 물리학의 개념과 이론이 지녔던 모호함과 현대 물리학의 등장으로 인한 지적 불안이 그로 하여금

23) *Ibid.* 퍼셀의 추도사.

'물리학의 해석적 측면'에 관심을 갖게 만든다. 그 결과가 여기 번역된 『논리』로서, 이는 그 이후 학계의 분야마다 큰 관심을 불러오게 되면서 그는 과학철학의 한 장(章)을 차지하게 된다. 그러나 그는 체계적으로 (과학)철학을 공부한 사람이 아니며, 그가 실증주의와 실용주의 영향을 받았다는 점 이외에 특정한 사회 사상, 특정한 과학철학의 계보에 속한 사람도 아니었을 뿐 아니라, 어떤 계보에 속하려 하거나 그의 조작 이론으로 사상적, 철학적 계보를 만들고자 하지도 않았다. 그렇기 때문에 조작적 분석의 기법이 학문의 여러 분야에서 각광을 받은 한편, 반작용으로 비판과 비난이 모든 분야에서 쏟아졌을 때 그는 외로웠고 혼자 힘겹게 자신의 사고를 방어해야 했다.

물리학에 대한 브리지먼의 학문적 성과는 무엇보다도 1946년 노벨 물리학상 수상으로 정점에 이른다. 이것은 그가 대부분의 시간을 실험실에서 측정과 측정 장치 개발을 통해 그동안 도달하지 못했던 $100,000\text{kg}/\text{cm}^2$ 압력의 기술적 진보와 초고압 상태에서 물성 변화에 대한 업적의 결과이다. 이 과정에서 브리지먼은 어느 누구도 이룩하지 못했던 미지의 영역에서 측정 기술과 실험 장비의 문제뿐 아니라, 기존 개념이 새로운 영역으로 확장될 때 나타나는 정당성과 의미 해석에 문제가 발생할 수 있음을 『논리』에서 설명했다. 그리고 초고압에서 물성 연구에 대한 브리지먼의 공헌은 인공 다이아몬드 제조의 길을 열었고, 지구 내부의 물리적 상태 연구를 개척하는 데 기여한다. 고압물리학에서 브리지먼의 개척자적 업적은 당시 새로운 과학 혁명에 의한 아이디어가 아직은 직접 적용될 수 없는 분야였다.

브리지먼은 자신이 비록 고전물리학을 벗어나지 못했지만, 제자들을 통해 하버드에서 양자물리학이 자리 잡는 데 적극 기여했다. 하버드대학교 물리학은 켐블에 의해 고전물리학 기반의 실험물리학에서 벗어나 양자물리학의 이론을 본격적으로 도입하게 되었고,[24] 버치(Francis Birch)를 통해 양자물리학을 실험적으로 다루게 되었다. 브리지먼이 박사 논문을 지도했던 슬레이터는 양자 이론에 바탕을 둔 고체물리학 이론의 대표적 인물이 되었다. 그뿐 아니라 브리지먼으로부터 박사학위를 받은 홀턴은 브리지먼에게 특별 연구원 방문을 왔던 과학철학자 파이글(Herbert Feigl), 브리지먼이 애써 돌보아주었던 물리학자, 과학철학자이자 망명자였던 프랑크(Philipp Frank)의 영향을 받아 과학사학자가 되었다. 나중에 맨해튼 프로젝트의 책임자가 된 오펜하이머는 원래 화학 전공이었으나 브리지먼의 대학원생이 되었다. 실험물리학자가 되기 위해 영국 케임브리지로 갔다가 여러 번의 좌절을 겪은 후, 독일 막스 보른에게 가서 양자 이론 물리학을 공부하면서 성공을 거두게 된다.

브리지먼은 미국물리학회 회장(1942), 미국과학아카데미 회원, 미국과학진흥협회(American Association for the Advancement of Science), 미국인문학 및 과학아카데미(American Academy of Arts and Sciences), 미국철학학회의 회원, 영국물리협회 명예회원, 영국왕립협회 외국인 회원이었고, 미국인문학 및 과학아카데미의 럼퍼드 메달(Rumford Medal, 1917), 프랭클린 연구소(Franklin Institute)의 크리슨 메달(Cresson Medal, 1932), 네덜란드왕립아카데미(Royal Academy of Sciences of the Netherlands)의 루즈붐 메달(Roozeboom Medal, 1933), 국립과학아카데미(National Academy of Sciences)의 콤스톡 상(Comstock Prize, 1933), 과학진흥연구협회(Research Corporation for Science Advancement)의 뉴욕상(New York Award, 1937), 유변학회(Society of Rheology)의 빙엄 메달(Bingham Medal, 1951)을 수상했다.

---

24) 켐블의 제자 반 블렉(John Hasbrouck Van Vleck)은 상자성 문제를 양자 개념을 통해 설명했고, 과학사학자 쿤(Thomas Kuhn)은 반 블렉으로부터 박사 논문을 지도받았다.

그는 1961년 8월 20일 79세로 세상을 떠난다. 그해 봄부터 느끼기 시작한 다리 통증은 점차 심해졌고, 7월에는 이것이 뼈에서 빠르게 진행되는 수술 불가능한 암이라는 것을 알게 되었다. 엄청난 통증으로 고통받던 브리지먼은 안락사를 원했으나, 결국 그는 여름 자택의 펌프 창고에서 자살로 삶을 마감한다. 바지 주머니에서 발견된 메모에서 그는 "한 사람이 이런 일을 직접 하게 만드는 사회는 품위 있지 않다. 아마도 이것이 내가 직접 할 수 있는 마지막 날일 것이다. P.W.B."[25]라는 글을 남겼다. 유해는 화장되어 그가 사랑하고 직접 심어 가꾸던 랜돌프 자택 정원 근처, 마운틴 애덤스를 바라보며 홀로 서 있는 나무 곁에 묻혔다.[26]

많은 사람들이 안락사의 정당성을 주장하기 위해 그가 남긴 첫 번째 문장을 자주 인용하고 있다. 즉 자신을 이렇게까지 만든 사회는 온당한 사회가 아니라고. 그러나 그의 죽음은 자신의 철학의 마지막 실천으로서 두 번째 문장에서 그 의미를 찾을 수 있다. 그는 과학에서 개인의 자유를 위해 논리실증주의자들, 행동주의 심리학자들과 외롭게 투쟁하면서, 나의 과학과 당신의 과학 사이에는 환원 불가능한 영원한 분리가 존재한다고 했다. 그런데 이 분리가 역전되는 곳은 내가 당신의 경험을 경험하는 순간 나의 경험이 중지되는 곳, 바로 '죽음'이며 "이것이 내가 직접 할 수 있는 마지막"인 것이다. 너와 나, 우리의 의식에서 서로 영원히 공유될 수 없는 부분을 초월할 수 있는 것은 오직 너와 나의 경험이 교차하는 죽음에서만 만날 수 있으며, 그 경험은 나의 의지에 의해서 수행할 수 있는 마지막 경험인 것이다.[27]

---

25) "It isn't decent for Society to make a man do this thing himself. Probably this is the last day I will be able to do it myself", Kemble and Birch(1970), 48.

26) *Memorial Meeting*(1961), 홀턴의 추도사.

27) Bridgman(1940). "Freedom and the Individual", in: *Bridgman*(1950/55), 68.

그는 생을 스스로 마감하는 날까지 "시간을 헛되이 쓰지 않았다. *The Sophisticate's Primer of Relativity*를 완성했고, 자신의 실험 논문 전집의 색인을 준비했으며, 받은 편지에 정중하게 답장했으며, 7월 28일 늦게 그는 *Science*에 서평 쓰는 것을 수락하고 이를 8월 6일 송부했다."[28]

현재 그의 이름은 '조작주의' 이론의 대명사로만 기억되는 것이 아니라, 국제고압과학 및 기술진흥협회(AIRAPT)에서 1977년부터 격년으로 수여하는 '브리지먼 상(Bridgman Award)'과 2014년 '브리지머나이트(Bridgmanite)'라는 이름을 얻게 된 광물에도 남아 있다.

전기물들

지금까지 알려진 브리지먼 삶에 대한 출판물로는 전기 두 편과 여러 편의 약전들이 있고, 그의 제자나 동료들에 의한 회고와 추도글 등이 있다.

메일라 월터(Maila Walter)와 타쿠지 오카모토(Takuji Okamoto)는 브리지먼에 관한 학술 전기를 썼는데 모두 박사학위 논문이다. 월터의 전기는 하버드대학교 박사학위 논문으로서 *Science and Cultural Crisis. An Intellectual Biography of Percy Williams Bridgman*(1990)이라는 제목으로 스탠퍼드대학교 출판사에서 단행본으로 출판되었는데, 이는 브리지먼에 대한 최초의 완전

"이 관계가 역전되는 기묘한 상황은 내가 당신의 것을 경험하면서 동시에 나의 것을 경험하지 못하는 상황이다. 이것은 죽음과 관계 있다. … 나는 어떤 이가 죽었는지를 판단할 수 있게 해주는 정의(定義)들을 갖고 있다. 내가 마치 다른 사람의 죽음인 양 나의 죽음에 대해 언제든지 말할 수는 있어도, 이 정의를 나 자신의 죽음에는 적용할 수는 없다."

28) Walter(1990), 308. 그의 실험 논문 전집은 모두 7권으로 편집된 *Collected Experimental Papers* 로서 1964년 출판되었다. "그가 생의 마지막까지 완성한 이 책의 색인 원고는 그가 세상을 떠난 다음날 하버드대학교 출판부에 배달되었다." *Memorial Meeting*(1961), 홀턴의 추도사.

한 학술 전기이다. 타쿠지 오카모토의 전기 *Percy Williams Bridgman and the Evolution of Operationalism*(2004)은 도쿄대학교 박사학위 논문이지만 아직 단행본으로 출판되지 않았다.

브리지먼에 관한 약전으로는 Newitt(1962), Kemble and Birch(1970), Holton (1995b) 등이 있다.[29] 『영국왕립학회 회원 약전(*Biographical Memoirs of Fellows of the Royal Society*)』 제8권에 수록된 Newitt(1962)은 브리지먼이 1961년 타계한 지 1년 후 나온 글로서 브리지먼의 생애 전반을 서술했던 가장 이른 자료라 할 수 있다. Kemble과 Birch(1970)는 미국물리연구소(AIP)에서 출판한 약전을 집필했고, 홀턴은 Holton(2005a; 2005b) 외에도 여러 글에서 브리지먼의 삶, 지적 특성, 학문적 의미 등을 분석했다. 이들 셋은 모두 브리지먼으로부터 박사학위 논문을 지도받았던 학생들로서, 이들의 글에는 브리지먼의 개인사 이외에도 그와의 개인적 경험들이 포함되어 있다.

그가 랜돌프 여름 자택에서 자살로 세상을 떠난 지 2개월 후 10월 24일 하

---

29) D. M. Newitt, "Percy Williams Bridgman", *Biographical Memoirs of the Royal Society*, vol. 8, London: Royal Society, 1962; John H. Van Vleck, "Percy Williams Bridgman", *Year Book of the American Philosophical Society*, 1962, Philadelphia: American Philosophical Society, 1963; Francis Birch, Roger Hickman, Gerald Holton, Edwin C. Kemble, "An Ingenious Invention, Percy Williams Bridgman", *The Lives of Harvard Scholars,* Cambridge, Mass.: Harvard University Information Center, 1968; E. C. Kemble, Francis Birch, and Gerald Holton, "Percy Williams Bridgman", in: Charles Coulston Gillispie, ed., *Dictionary of Scientific Biography*, New York: Charles Scribner's Sons, 1970; Edwin C. Kemble and Francis Birch, "Percy Williams Bridgman, 1882-1961", *Biographical Memoirs*, vol. 41, New York: Columbia University Press for the National Academy of Science of the United States, 1970; Albert Moyer, "Percy Williams Bridgman", in: John A. Garrity, ed., *Dictionary of American Biography*, Supplement 7 (1961-65), New York: Charles Scribner's Son, 1981; Katherine R. Sopka, "Percy Williams Bridgman. American physicist", in: Robert F. Gorman, Frank N. Magill (eds.), *The 20th Century 1901-2000 Vol.1 Alvar Aato-Pierre Boulez*, Pasadena, California: Salem Press, 2008.

버드대학교의 'Memorial Church'에서 열린 추도식을 위해 발간된 소책자 *Memorial Meeting*(1961)은 그와 가까웠던 지인이자 하버드대학교 전 총장 코넌트, 제자이자 대학 동료가 된 켐블과 홀턴, 어릴 적 친구 챈들러 목사, 물리학과 교수 퍼셀의 추도사가 있는데, 여기에는 그의 개인적 면모, 가정사, 기억들에 대한 이야기들이 담겨 있다. 본격적인 전기물은 아니지만 브리지먼의 과학 사상을 그의 인생 궤적과 동시대의 문화적 조건 속에서 분석한 연구가 있다. 그중 대표적인 연구로는 모이어(Albert Moyer)와 아서 밀러(Arthur I. Miller)가 있다. Moyer(1991a; 1991b)는 브리지먼의 조작적 담론의 기원과 발전을 분석했고, Miller(1983)는 브리지먼의 아인슈타인 특수 상대론 비판을 중심으로 분석했다.

월터와 오카모토의 전기는 브리지먼의 개인적, 학문적 삶의 역사와 함께 그의 조작 사상, 더 나아가 그의 과학 사상을 조명했다. 특히 Walter(1990)는 브리지먼의 지적 고뇌와 갈등을 '의미'의 문제에 대한 인식론적 관점에서 분석하면서 브리지먼의 삶을 심층적으로 서술했으며, 오카모토는 브리지먼의 조작 사상의 기원과 전개, 진화를 중심으로 서술했다. 이들이 한 역사적 인물의 인간적 삶만을 서술하는 것이 아니라, 그의 지적, 학문적 발전 과정과 그 영향, 그리고 그의 내면적 고뇌까지 깊이 분석했다는 점에서 이들 전기는 전형적인 '과학 전기' 혹은 '학술 전기(wissenschaftliche Biographie)'이다. 그러나 학술 전기는 한 인간의 삶의 따뜻함과 여운보다 한편으로는 한 인간의 개인적 인생사에 대해 지극히 절제된 묘사를, 다른 한편으로는 전문적인 영역에 대해 무미건조하고도 난해한 학술적 해설로 흐를 수 있는 위험이 있어서 전문 학술적 내용을 대중적으로 풀어내 접근성을 높이는 데 한계가 있다.

책의 부제(副題)를 '지적 전기(intellectual biography)'라고 했던 월터는 하버드대학교 문서실에 있는 브리지먼 자료와 그의 딸 제인 쿠프먼(Jane Koopman)이 개인적으로 소장하고 있는 가족 기록, 브리지먼의 메모, 서신 등을 방대하게 조사했고, 가족들의 증언을 청취해 그동안 잘 알려지지 않았던 가정사나 브리지먼의 과학 사상을 둘러싼 논쟁들을 서술했다. 그러면서 월터는 브리지먼의 개인적, 학문적 삶과 동시대의 사건을 내러티브하게 해석하면서 여기에 풍부한 문학적 표현을 가미하고, 문화적 의미의 위기에 직면했던 브리지먼의 고뇌를 학술적으로 상당히 깊이 있게 서술했다. 그녀는 전기에서 특히 브리지먼의 조작적 관점이 형성되는 과정에 특수 상대성 이론과 양자역학이 주었던 자극과 두 이론 사이에서 부딪쳤던 브리지먼의 조작적 관점의 한계를 규명하면서, 그의 조작 이론을 초기에 찬양했던 두 집단, 한편으로는 행동주의 심리학자들, 다른 한편에서는 논리실증주의자들과 치열한 논쟁 속에서 결국에는 그가 주관적 유심론(subjective solipsism)을 사수할 수밖에 없었던 기이한 상황을 설명하고 있다. 그녀는 더 나아가 그의 조작적 관점의 뿌리를 그가 상대성 이론과 양자역학으로부터 받은 충격 이전에 벌써 열역학에 대해 고심했던 문제와 그의 최초 저서 『차원 분석(Dimensional Analysis)』(1922)에서 찾았다. 그러나 월터가 전기에서 밝혔던 가장 중요한 점은 브리지먼의 조작 이론이 지닌 인식론적 본질과 한계이다. 그녀는 브리지먼의 조작적 사고가 새로운 물리학, 즉 상대성 이론과 양자역학을 이해하기 위해 뉴턴적 사고를 벗어난 관점을 추구하고 있었지만, 그의 인식론 자체가 본질적으로 아리스토텔레스의 시공간 개념, 더 나아가 유클리드 기하에 기반을 두고 있다는 점을 증명하고, 이로 인해 그가 자신의 조작 개념과 현대 물리학 사이에 존재했던 인식론적 모순을 극복하지 못했다는 점을 밝혔다.

20세기 물리학의 발전을 해석하기 위한 도구로서 조작주의는 **측정의 중립성 가정**, 즉 측정은 측정되는 대상의 상태에 실질적으로나 이론적으로 모두 영향을 주지 않는다고 가정한 경험주의적 선개념이라는 약점을 지니고 있었다. 이러한 비상호작용 개념은 이상적 사물에 관한 고전적 인식론에 기초하고 있는데. 그 인식론은 항구적인 질적 속성에 관한 형이상학에 의존하며, 그 형이상학은 시간의 경과, 즉 작용의 과정을 알지 못한다. ··· 전반적으로 조작 세계는 여전히 정적, 또는 이와 동등한 의미의 평형의 세계였다. 기본 측정은 원칙적으로 개입하지 않고 시간을 소비하지 않으면서(엔트로피를 증가시키지 않는다.) 정밀도에서는 본질적으로 제한 없이 같은 것들을 비교함으로써(무게에 대해서는 다른 무게로, 길이에 대해 길이로, 시간은 반복되는 주기로) 수행된다. 아리스토텔레스는 이렇게 정의했다. "계량은 측정되는 것과 항상 같은 유(類)의 것이다. 그것은 크기의 계량은 크기이기 때문이다. 특히 길이의 계량은 길이, 너비의 계량은 너비이며, 목소리의 계량은 목소리, 무게는 무게, 단위는 단위가 된다." 측정에 대한 아리스토텔레스의 이 정의는 20세기가 될 때까지도 의식적으로 타도된 적이 없었다. 게다가 측정의 정의에 관여된 것 자체가 근본적으로는 **아리스토텔레스적 인식론과 형이상학**에 ··· 의존하고 있었다.[30]

오카모토는 물리학에 대한 브리지먼의 조작적 관점이 어떻게 유래되고 발전했는지를 중점적으로 서술했다. 그는 하버드 문서실에 있는 브리지먼 아카이브의 미공개 자료들로부터 브리지먼이 청소년 시절 (과학)철학에 접

---

30) Walter(1990), 208-214.

하게 된 과정부터 대학 시절, 실험물리학자로서 조작적 사고를 심화시킨 과정, 상대성 이론과 양자 이론을 조작적 관점에서 통찰하면서 조작 이론 이 사회적, 개인적 지적 영역으로 확대되어 간 과정을 섬세하게 설명했다. 한편 브리지먼의 조작적 사고의 초기 기원과 진화, 발전 과정에 대해서는 무엇보다 Moyer(1991a, 1991b)의 연구가 있다. 그는 브리지먼의 조작적 사고 가 싹트게 된 지적 환경과 그의 사고 경향이 『논리』에서 말한 상대성 이론 과 양자역학에 의한 충격 훨씬 이전 시기부터 시작되었다는 점과 『논리』 출판 당시 보스턴에서는 브리지먼과 독립적으로 조작 사상이 이미 유통되 고 있었음을 밝혔다.

2. 브리지먼의 저작들

브리지먼의 저작들 가운데 가장 대표적인 저서를 꼽으라고 한다면 모두 가 『현대 물리학의 논리』를 말할 것이다. 브리지먼은 『논리』의 출판 30년 후 『논리』는 "근본적으로 자신을 위해 집필되었고, 그 주된 동기가 자신의 불안감" 때문이었다고 했다.[31] 상대성 이론과 양자역학의 등장에서 시작 한 새로운 물리학의 인식론적 해석 문제에 직면해 실험물리학자로서 느꼈 던 물리학의 개념에 대한 지적 불안감이 주요 동기였고, 따라서 그는 물리 학자의 입장에서 집필했다. 그렇기 때문에 이 책은 원래부터 철학자들은 물론 심리학자들을 위한 것이 아니었다. 그러나 이 책이 출판되었을 때 물 리학자들의 반응은 열광적이지 않았던 반면, 철학자들, 특히 논리실증주의

31) Bridgman(1959b), 518.

자들과 행동주의 심리학자들, 더 나아가 일부 사회학자와 경제학자들까지도 반응은 상당히 컸다. 브리지먼은 자신의 조작적 방법이 환호와 논쟁으로 번지는 것에 아주 놀라고 당황했다.

『논리』의 출판과 반응

브리지먼이 1926년 1월 말에서 9월 사이 유럽에서 반년의 안식년을 보내면서 원고를 마무리하고 난 다음 1927년 『논리』를 출판했을 때, 상대성 이론은 이미 견고한 자리를 차지하고 있었던 반면 양자역학은 하루가 다르게 발전하고 있었다. 1913년 보어의 원자 모형을 필두로, 1915-16년 두 개의 양자수를 지닌 보어-좀머펠트 이론, 1920년 보어의 대응원리, 1923년 드브로이 물질파 이론, 1925년 파울리 배타 이론과 하이젠베르크의 행렬역학, 1926년 페르미-디랙 통계와 슈뢰딩거 파동 방정식 등 새로운 이론과 해석이 연속적으로 등장했다. 이런 상황에 직면해 그는 "새로운 양자역학에서 이루어진 아주 최근 연구가 양자 영역에서 특별한 현상이 존재함을 알려줄 기본 사항들을 새롭게 검토해야 한다는 점을 암시하고 있다."[32]고 보았다. 『논리』가 출판되던 1927년에는 하이젠베르크의 불확정성 원리가 발표되었고 역사적 사건이 될 양자역학에 관한 제4차 솔베이회의가 열렸지만, 특히 그가 집필에 집중하던 1925-26년 등장한 행렬역학과 파동 방정식만큼 그에게 양자역학에서 조작적 관점을 깊이 숙고하게 만든 것은 없었다. 여기서 그는 "임시방편의 급조된 철학이 아니라 … 물리학의 전 영역을 포괄적으로 비판"[33]할 필요성을 느끼게 되었고, 그동안 준비해왔던 『논리』를

---

32) Bridgman(1927/48), Preface, v.

긴급히 마무리했다. 특수 상대성 이론의 동시성 결정에서 아인슈타인의 조작적 방법의 성공을 확인한 브리지먼은 양자 영역에서도 벌어지는 이론의 발전도 조작적 형태로 전개될 것이라고 예상하고 있었다.

그의 의도는 아인슈타인이 자연에 대한 우리의 정신적 관계를 발전적으로 이해하게 만들었지만 과거의 개념들이 부적절했다는 점을 깨닫기 위해 아인슈타인이 꼭 필요했던 것은 아니기 때문에, 자연에 대해 변치 않는 **관계의 속성**을 완전히 이해할 수 있는 새로운 사실을 맞이할 준비를 함으로써 미래의 아인슈타인들이 불필요한 일에 헌신하지 않도록 하는 데 있었다.[34] 자연에 대해 변치 않는 관계의 속성을 알아내는 방법론적 비법이 그에게는 '**조작**'이었다. 나중에 『한 물리학자의 회고』 서문에서 이렇게 말했다.

> 그 책[『논리』]에서 나는 상대론과 양자 현상의 영역에서 새로운 사실들의 발견으로 인해 물리학자들이 위기를 느꼈던 물리 개념들에 대한 새로운 태도를 분석하는 데 주된 관심을 보였다. 이 새로운 태도를 나는 '조작적(operational)'이라고 불렀다. 이 태도의 핵심은 한 사람이 사용하는 **용어의 의미**는 그가 이 용어를 특정한 상황에 적용할 때나 명제들의 진위 여부를 검증할 때, 또는 의문에 대한 답을 찾을 때, **수행하는 조작들을 분석함으로써 발견**될 수 있다는 것이다. 조작적 접근이 내가 그 책에서 적용했던 물리 현상뿐 아니라 더 넓은 환경에서도 타당했다는 점은 확실하다.[35]

---

33) *Ibid.*, Introduction, ix.

34) *Ibid.*, Chap.1.

35) Bridgman(1950/55), vii. 이 책은 『논리』 출판 이후 그의 조작적 접근 방법과 사회 사상에 관해 집필된 에세이나 논문들을 수록했다. 1950년 초판이 나왔고, 여기에 10편의 논문을 추가해

『논리』가 사회적으로 큰 반향을 불러일으키면서 학계가 주목하게 되었지만, 책에서는 전반적으로 간략하게 진술되었기 때문에 다양한 해석과 논란의 씨앗이 되었다. 이후 그는 한편으로 자신의 입장을 명확히 하거나 조금씩 확장해 갔으며, 다른 한편에서 "조작 분석을 지속적으로 실천하면서 생각이 변하고 성장하며, 일반화되면서"[36] 이런 변화를 『논리』의 출판 이후 발표한 저작들에서 반영했다.

조사해 보면 당시에는 『논리』가 미친 충격이 꽤 컸다는 점을 알 수 있다. 브리지먼도 자신의 의도와 상관없이 특히 행동주의자들과 논리실증주의자들, 그리고 의미론자들에 의해 사방으로 번지는 조작주의 논란에 당황스러워했다. 하지만 사람들의 관심과는 별개로 그 자신이 논란의 확대를 부채질한 것이 있다. 예컨대 그는 조작적 사고가 사람들에게 아주 간단한 용어라도 그 의미를 계속 묻기 때문에 비사회적 경향을 갖고 있음에도 불구하고, 이런 사고는 우리의 사회적 삶에서 정밀한 사고를 하도록 개선해 줄 수 있다고 말함으로써 조작적 사고가 물리 영역 밖으로 외연을 확장할 수 있는 가능성을 강력히 암시했다.

> 조작적 관점에서 검토할 때 사회나 철학 주제에 관한 많은 질문들이 무의미하다는 것을 알게 될 것이다. 만일 물리학뿐 아니라 모든 탐구 영역에서도 사고의 조작적 방식을 채택한다면, 의문의 여지없이 사고의 명쾌함에 크게 기여할 것이다. … 우리가 사회를 낙관한다면, 궁극적으로 조작적 사고는 아이디어의 상호교환을 더 격려하고 흥미

1955년 제2판이 나왔다.
36) Frank(ed.)(1956), 76. 또는 Bridgman(1954a), 224.

롭게 만드는 개인 역량이 방출되게 만들 것이다. 조작적 사고는 대화
의 사교 기법을 개혁할 뿐 아니라, 사회적 관계의 모든 것을 쉽게 개
선할 것이다.[37]

　게다가 그는 자신의 조작적 관점에서 부인할 수 없는 조작의 개인적 속
성을 발견하면서 조작의 객관성에 논란의 불을 붙였다. 그가 누구도 침범
할 수 없는 '내 과학'의 내밀함과 엄혹한 '개인적 자유'의 공포를 느끼면서
급진적 주관주의를 고수했을 때 사람들은 그를 외면하거나 비난했고, 그는
고립되었다. 이 과정에서 그는 행동주의자들과 논리실증주의자들이 개인
의 내면적 경험을 공적 과학으로 전환한 곳에서 해결될 수 있다고 믿었던
확신에 감추어진 뼈아픈 취약점을 건드렸다. 『논리』로부터 벌어진 다양한
해석과 논쟁에 대한 브리지먼의 입장이 사람들이 기대했던 관점과는 양립
할 수 없는 방향으로 전개되었지만, 그는 여기서 사람들이 은연중 갖고 있
던 과학에 대한 깊은 믿음, 즉 그가 말했던 나쁜 의미의 형이상학적 믿음을
흔들어놓았던 것이다. 그럼에도 그의 조작 사상이 미친 여파는 과학(물리
학), 논리실증주의, 심리학, 경제학, 여타 사회과학 이외에도 의미론, 인식
론, 존재론 영역까지 번졌고, 사회 사상까지 확대되었다.

　당초 브리지먼은 책 제목으로 『현대 물리학의 논리(The Logic of Modern
Physics)』를 원하지 않았다. 그가 출판사에 처음 제안했던 제목은 『우리 현
대 물리학의 개념 기반(The Conceptual Foundation of Our Modern Physics)』이
라고 알려져 있다. 맥밀런 출판사는 이 제목이 너무 길다고 하면서 두 가지
대안을 제시했는데, 이를 브리지먼이 거절하고 자신이 선호하는 순서로 다

---

37) Bridgman(1927/48), 31-32.

섯 개의 제목을 다시 제안했다. 그러나 출판사와 몇 차례 교신이 오간 끝에 이들 제목 중 어느 것도 아닌 지금의 *The Logic of Modern Physics*로 합의되었다. 이때 오간 제목들을 모두 나열하면 아래와 같다.[38]

브리지먼의 최초 제안	The Conceptual Foundation of Our Modern Physics
출판사의 대안	Physics and Modern Thought Concepts of Modern Physics
브리지먼의 2차 제안 (우선 순)	1. The Metaphysics of a Physicist 2. The Reality of the Concepts of Physics 3. The Meaning of the Concepts of Physics 4. The Nature of the Concepts of Physics 5. Critique of the Concepts of Physics
최종 제목	The Logic of Modern Physics

출판사는 대중에게 관심을 끌 수 있게 '현대 물리학'이라는 단어에 초점을 맞추었고, 브리지먼은 자신의 관심인 '형이상학', '실재', '개념', '의미', '본질' 등을 부각하고자 했다. 따라서 '논리'라는 단어는 브리지먼이 당초 원했던 방향이 아니었다. 실제로 이 책의 구성과 전개를 보면, 그가 정말 말하려고 했던 것은 개념의 조작적 속성을 먼저 다루고, 이어 물리학에 내재된 형이상학과 개념들, 그리고 개념의 실재성에 관한 검토였음을 알 수 있다. 예컨대 형이상학에 해당하는 것들로는 기계론, 인과성, 동일성, 자연의 단순성, 결정론과 같은 믿음이고, 개념과 실재성에 해당하는 것으로는 모형, 구성물, 장(場), 스트레스, 빛의 본질 등이다. 그런데 책 제목이 최종적으로 "… 논리"로 결정되면서 출판 직후 초기에는 논쟁의 상당 부분이 저자의 원래 의도와는 달리 '의미'의 문제가 아닌 '논리'와 '언어 규칙'의 문제로 흘러

38) Okamoto(2004), 282-283.

갔다. "이는 브리지먼의 의도가 아니었다. 그는 반복해서 맹렬하게 그런 해석에 항의했다."[39]

　브리지먼이 『논리』를 물리학자, 무엇보다 자신을 위해 쓴 것이지만, 철학적으로 체계적인 훈련을 받지 않았던 그는 자신의 이야기에 대한 철학자들의 반응이 궁금했다. 출판사가 홍보 대상을 요청했을 때 그는 그 대상이 주로 물리학자이지만 철학자, 수학자도 포함해야 한다고 했으며, 출판사에다 자신의 원고 검토를 요청할 때 "철학자가 내 논의에 대해 무슨 말을 하고 싶어 하는지" 궁금하다고 썼다.[40] 따라서 브리지먼이 출판사에 원고를 송부했을 때, 브리지먼의 요청에 의해 출판사는 『논리』의 초고 검토를 두 명의 철학자에게 부탁했다. 이들 중 한 사람은 듀이(J. Dewey)로 추정되는 "철학자이자 심리학자"였고, 다른 한 사람은 브리지먼이 서문에서 밝힌 회른리(Alfred Hoernlé) 교수였다. 그런데 처음부터 브리지먼의 초고에는 참고문헌이나 주석이 없었고, 이를 지적한 한 철학자의 비평을 받아들여 그는 아마도 마지못해 극히 일부를 추가한다. 그러면서 이에 대한 답변처럼 『논리』의 서문에서 이렇게 말했다.

　　과거의 저작들 어느 것도 의식적으로, 혹은 직접적으로 이 글의 세부 내용에 **영향을 주지 않았다**. 실제로 나는 최근 몇 년 사이 이 저작들의 그 어느 것도 **읽어보지 않았다**. 만일 여기에 쓰인 내 글귀의 일부가 과거에 이미 쓰인 다른 이들의 문구를 연상케 한다면, 그것은 그 생각이 이미 내게 동화되어 정확한 원래의 것이 **잊혔기 때문**일 것이다. 그런

---

39) Walter(1990), 131-132.
40) Okamoto(2004), 281-284.

생각들은 **독립적으로도 얻어질 수** 있기 때문에, 그 구절들을 수정하지 않고 그대로 두는 것도 어쩌면 가치가 있을 것이다.[41]

『논리』가 근본적으로 물리학자들을 위해 집필되었음에도 물리학자들의 주목을 크게 끌지 못했다. 오히려 당시 여러 저널들에 게재된 서평과 독자들의 초기 반응은 주로 철학자들로부터 나왔는데, 그 반응은 개념을 정의하는 조작적 방법의 참신함에 대한 호평과 극단적이고 급진적인 조작적 정의에 대한 비판으로 갈라졌다. 그럼에도『논리』의 출판은 본인의 의도와는 관계없이 한 실험물리학자를 순식간에 철학자의 반열에 올려놓았다. 일부 대학에서는 즉시 교재로 사용하기도 했고, 브리지먼에게 강의를 요청하거나 그를 세미나에 초청하기도 했다. 비엔나의 논리실증주의자들은 그를 과학철학자라고 생각했고, 미국의 심리학자들은 그의 책에 고무되어 행동주의 심리학 이론을 본격적으로 구축하기 시작했다. 당시의 서평과 독자 반응에 대해서는 Walter(1990)의 제6장 및 제7장, Moyer(1991b), Okamoto(2004)의 제4장을 참조하기 바란다.

『논리』에 대한 유럽의 반응

『논리』출판 이후 브리지먼의 조작 사상이 검토되고 진화하는 과정에는 유럽의 실증주의, 특히 비엔나 서클의 철학이 있었다. 또『논리』가 나왔을 때 독일에는 독자적인 조작주의자가 이미 있었다. 따라서 여기서는 서클의 지도자였던 슐릭(Moritz Schlick)과 독일의 조작주의자로 불리는 딩글러

---

41) Bridgman(1927/48), Preface, vi.

(Hugo Dingler)의 서평을 중심으로『논리』에 대한 유럽의 초기 반응들을 알아보겠다. 이들의 서평은 그동안 브리지먼 연구에서 거의 알려지지 않았던 부분이다. 슐릭의 서평에 대해서는 아주 최근에야 알려졌을 뿐 아니라 비엔나 서클의 초기 철학이 브리지먼의 조작적 관점을 어떻게 수용했는지에 대해서는 아직까지 충분히 분석되지 않은 것으로 보이며, 딩글러의 서평과 두 사람 사이의 갈등에 대해서는 Okamoto(2004)가 비교적 자세히 조사하고 분석했지만, 조작에 대한 개념을 놓고 벌어진 딩글러와 브리지먼 사이의 논쟁에 대해서는 깊이 들어가지 않았다.

브리지먼, 비엔나 서클, 딩글러 사이의 삼각관계에는 서로에 대한 호감과 비판이 있었다. 예컨대 딩글러가 비엔나 철학과 아인슈타인의 상대론에 반대했지만, 슐릭은 일찍부터 아인슈타인의 상대론 해석에 관심 있었고 브리지먼의 조작 사상을 조심스럽게 평가하려고 했다. 브리지먼은 아인슈타인의 상대성 이론을 조작적 관점에서 비판했지만, 논리실증주의 철학에는 깊은 애정과 함께 호감을 느꼈다. 브리지먼의 조작주의는 딩글러의 조작주의보다 비엔나의 (당시) 논리실증주의에 더 가까웠지만, 실험에 대한 브리지먼의 분석은 비엔나의 논리실증주의보다는 딩글러의 관점에 더 가까웠다.[42]

비엔나 서클의 지도자였고 1930년 제자 파이글을 브리지먼에게 보냈던 슐릭은 1929년 브리지먼의『논리』에 대한 서평[43]을 썼다. 비엔나 서클이

---

42) Okamoto(2004), 315.
43) Moritz Schlick, "Percy W. Bridgman, The Logic of Modern Physics", *Die Naturwissenschaften* 17, 1929, Heft 27 vom 5. Juli, 549-550. 이 서평은 Friedrich Stadler(Wien) und Hans Jürgen Wendel (Rostock)(hrsg.), *Moritz Schlick Gesamtausgabe, Abteilung I: Veröffentlichte Schriften Band 6. Die Wiener Zeit. Aufsätze, Beiträge, Rezensionen 1926-1936*, herausgegeben und eingeleitet von Johannes Friedl und Heiner Rutte, Springer Verlag, 2008, 183-191에 재수록되었다.

처음에는 브리지먼의 조작 사상에서 서클 철학과 친근성을 느꼈고, 이후에는 브리지먼과 밀접하면서도 치열한 논쟁을 주고받았을 뿐 아니라 인적 교류도 있었기 때문에 그 서클의 중심에 있었던 슐릭의 서평은 상당히 의미 있다. 그런데 이 서평은 아주 최근에야 그 존재가 알려졌다. 즉『슐릭 총서』 시리즈(2008)에 재수록되어 Verhaegh(2020)가 이 사실을 언급할 때까지 90여 년 가까이 브리지먼 연구자들은 서클의 수장인 슐릭이『논리』의 서평을 썼다는 점을 모르고 있었던 것이다. 당시 여러 저널에 게재되었던『논리』의 서평들을 검토했던 모이어, 월터, 오카모토의 문헌 목록에는 모두 슐릭의 서평이 포함되어 있지 않았다.[44] 그 이유에 대해서는 자세한 조사와 분석이 있어야 하겠지만, 아마도 그것은 그들의 자료 출처가 공통적으로 브리지먼의 아카이브 소장 문서 박스 PBP 4234.12였기 때문으로 보이며,[45] 따라서 어쩌면 브리지먼 자신도 슐릭 서평의 존재를 모르고 있었거나, 적어도 서평을 스크랩하지 않았을 것이다. 이들이 공통적으로 유일하게 인용했던 독일어권 서평은 딩글러의 것이었다.

뒤에서 보겠지만 파이글의 기억에 따른다면 비엔나 서클이『논리』를 알게 된 시점은 미국에서 온 블룸베르크를 1929년 여름 파리에서 만났을 때였다.[46] 월터, 모이어, 오카모토 등 브리지먼의 전기 작가들은 비엔나 서클에『논리』가 알려진 시점에 대해 한결같이 파이글의 증언을 따르고 있다. 심지어 슐릭의 서평을 재수록했던『슐릭 총서』의 편집자들조차도 비엔나 서클이『논리』를 알게 된 과정에는 슐릭에게 박사학위 논문을 쓰기 위해 미

---

44) Moyer(1991b), 390; Walter(1990), 345; Okamoto(2004), 497.
45) Moyer(1991b), 387과 주석 44).
46) Feigl(1968), 644.

국에서 온 블룸베르크가 있다고 했다.[47] 그런데 슐릭은 같은 해 5월 27일 미국으로 출발하는 여객선을 탔고, 그의『논리』서평은 7월 5일 출판된 독일 저널 *Die Naturwissenschaften*에 게재되었다. 슐릭의 미국 출발이나 저널의 게재 시점은 사실로 특정할 수 있지만 파이글의 증언은 기억에 의존한 것이기 때문에, 슐릭의 일정으로 보았을 때 슐릭이『논리』를 알게 되었다고 추정되는 시점과 파이글의 증언 사이에는 시간적으로 일치하기 어려운 점이 있다. 실제로 비엔나 서클이 브리지먼의『논리』를 정확히 언제, 어떤 경로로 알게 되었고, 서클에서 언제 토론되었는지에 대해서는 아직 명확하지 않은 부분이 있다.[48]

비록 슐릭의 서평이 비영어권에서 독일어로 작성된 서평으로 비록 최초가 아니지만, 몇 가지 측면에서 그 중요함이 있다. 우선 이 서평이『논리』에 대한 비엔나 서클 지도자 슐릭의 반응이었다는 점이다. 당시 비엔나 서클은 세상에 자신의 세계관을 공개적으로 드러내기 위해 준비하고 있었고, 슐릭은 비트겐슈타인의 *Tractatus*를 받아들여 비엔나 서클의 통일되고도 독창적인 철학 이념과 이론을 정립하는 데 집중하고 있었기 때문에 그는 대서양 반대편에 있는 신대륙에서 등장한 유사한 사상을 비판적으로 검토해야 했다. 두 번째, 뒤에서 상술하겠지만 더욱 중요한 것은 슐릭이 서평에서 제기했던 문제가 개념과 조작에 관한 브리지먼의 '등가성' 테제와 '유일성'

---

47) Moyer(1991b), 392 및 주석 46); Okamoto(2004), '4.2.8. Responses and Reviews', 284-296; Walter(1990), 제7장 164; Stadler(Wien) und Hans Jürgen Wendel(Rostock)(hrsg.), 183.

48) 파이글이 블룸베르크를 통해『논리』를 알게 된 시점에 앞서 슐릭이『논리』를 이미 알고 있었다는 점을 베르하흐(S. Verhaegh)가 슐릭의 유고집(*Nachlass*)으로부터 밝혀냈다. "파이글의 설명은 블룸베르크가 비엔나에 오기 이전에 슐릭이 브리지먼 서평을 게재했기 때문에 틀렸다고 보인다. 실제로 파이글은 슐릭의 서평이 [1929년 7월 5일] 출판되고 난 다음 슐릭에게 보낸 [7월 21일] 편지에서 블룸베르크를 처음 언급했다." Verhaegh(2020)의 주석 25)를 참조할 것.

테제에 관한 것이었다는 점이다. 게다가 이는 이후 비트겐슈타인과의 대화에서 이어지고 있었는데 이를 서클 회원 바이스만이 속기로 남긴 바 있다. 사실상 조작의 등가성과 유일성 테제는 물리학에서뿐 아니라, 예컨대 1945년 미국 심리학회 주도로 열렸던 조작주의 심포지엄에서 11개 질문 중 하나였듯이 행동주의 심리학에서도 관심 있었던 문제였고, 슐릭과 비트겐슈타인의 대화에서는 언어적 측면에서 다루었을 정도로 조작주의 논쟁에서 중요한 위치를 차지한다. 세 번째, 슐릭의 서평에서 보듯이 브리지먼의 조작 사상에 대한 서클의 반응이 파이글의 이야기처럼 모두 우호적이지 않았다는 점이다. 서클 회원들은 나름대로 브리지먼의 조작 사상을 해석했는데, 그 입장은 비판적 평가부터, 논리실증주의의 북미(北美) 버전이라고 보는 입장, 그리고 적극적 수용에 이르기까지 그 스펙트럼이 상당히 넓었다. 그런데 『논리』가 비엔나 서클에 처음 알려졌을 때 서클 반응은 거의 파이글의 입을 통해 미국에 소개되었다. 파이글은 『논리』의 조작주의와 자신들의 논리실증주의 사이의 전반적인 연결 가능성을 넘어 논리실증주의 안에서 조작주의를 해석하려고 했고, 『논리』를 자신들의 논리실증주의가 지닌 철학적 보편성을 국제적으로 확인하는 증거라고 보았지만, 슐릭은 『논리』의 조작 사상과 자신들의 입장 사이의 차별성, 즉 조작 사상의 구체적인 부분이 내재한, 혹은 수용할 수 없는 문제들에 관심을 가졌기 때문에 『논리』를 비판적으로 보았다. 슐릭이 서평에서 제기했던 문제, 즉 브리지먼의 '조작'을 비엔나 서클, 특히 당시 서클 우익(右翼)의 관점에 따른 '검증'의 문제로 해석했던 사항에 대해서는 뒤에서 다루기로 한다.

　브리지먼의 『논리』가 출판되었을 때—영어권을 제외하고—반응을 먼저 보였던 유럽인은 비엔나 서클 회원이 아니었다. 『논리』 출판 이후 여러 전문가들에 의한 서평이 있었지만 이들은 거의 영어권에서 이루어진 것이었고 브리지먼도 자신의 책에 대한 세평(世評)에 계속 주목하고 있었다. 독일에서는 열렬한 "대륙의 조작주의자"였던 딩글러가 1928년 『논리』에 대해 서평49)을 썼고, 그가 부추겨 크람프(Wilhelm Krampf)가 번역한 독일어판 『논리(*Die Logik der heutigen Physik*)』(1932)에 서문도 썼다. 딩글러가 『논리』에 대한 서평을 썼을 당시, 브리지먼은 그 사실을 알지 못한 채 *Physical Review*의 요청으로 딩글러의 저서 『실험의 본질과 역사(*Das Experiment, sein Wesen und seine Geschichte*)』(이하 『실험』)에 대한 서평50)을 요청받았다. 딩글러의 『실험』은 그가 조작적 정의라고 말하지는 않았지만, 실험의 역사를 근본적으로는 실험 절차의 조작적 측면에서 조망한 것이었다.

양측은 상대방 저작이 조작적 관점을 갖고 있다는 점에 서로 호감을 느끼면서도 상대방의 조작 개념을 비판적으로 보았다. 브리지먼은 딩글러의 『실험』에 대한 서평에서 딩글러가 실제 절차에 의해 개념을 정의한다는 것에 "진심으로 공감"하며, 이를 자신은 "조작적 관점"이라고 불렀다고 했다.51) 딩글러는 브리지먼의 『논리』에 대한 서평에서 "물리 개념들을 조작적 등가물로 분석한 것은 저자의 아주 훌륭한 취급이라고 할 수 있으며 … 우리는 저자의 이 책을 아주 의미 있는 출판이라고 환영한다."고 했다.52) 『논리』 출판을 계기로 조작적 관점이라는 공통분모 위에서 브리지먼과 딩글러 사이에는 교신이 수년간 지속되었지만, 둘 사이에는 조작의 관점에

---

49) H. Dingler, "Besprechung: P. W. Bridgman, The Logic of Modern Physics, XIV u. 228 New York, The Macmillan Company. 1927", *Physikalische Zeitschrift* 29(1928), 710.

50) Bridgman, "Book Reviews. *Das Experiment, Sein Wesen und Seine Geschichte*, Hugo Dingler", *Physical Review* 32, 1928, 316-317.

51) *Ibid.*, 316.

52) Dingler(1928), 710.

대해 서로 접근할 수 없는 간극이 있었다. 브리지먼은 그답게 딩글러의 조작 해석을 인정하지 않았고, 딩글러는 딩글러대로 조작을 해석했다.[53] 브리지먼의 입장에서는 딩글러가 조작을 "조작들의 결과"로 정의하는 것을 받아들이지 않았고, 딩글러는 브리지먼의 조작의 유일성 테제에 반대했다.

> 저자는 … 개념이 속하는 조작들이 다르면 개념도 다르다는 점에 특화시켰다. … 당연히 이 관점은 물리학을 서로 무관한 부분들로 분열하는 결과를 낳는다.[54]

게다가 딩글러는 『논리』에 대해 서평을 할 때 자신이 브리지먼에 앞서 조작적 사고에 대해 더 우월한 관점을 이미 갖고 있었다는 주장까지 했다.

> 물론 저자[브리지먼]는 조작을 논리로부터 완전히 분리하는 데 성공하지 못했다. … 저자는 필자[딩글러]가 거의 20여 년간이나 이런 조작적 관점을 지속적으로 추구해 왔다는 것을 확실히 알지 못하고 있다. 저자의 연구는 물리 개념의 정의에 조작을 적용하는 것에 한정하며, 이런 점에서 개념을 연구하였지만, 조작 자체는 더 이상 깊이 탐구하지 않았다. 필자는 이것을 나의 『실험』에서 일목요연하게 수행했는데, 여기서 나는 저자가 어쩔 줄 모르고 대립했던 많은 문제들을 해결했다.[55]

---

53) 딩글러와 브리지먼 사이에 있었던 조작 논쟁에 대해서는 아마도 오카모토의 연구가 유일할 것이다. 특히 Okamoto(2004), "5.1.2. Hugo Dingler and the Philosophy of Experiment", 309-316 을 보라.
54) Dingler(1928), 710.
55) *Ibid.*

브리지먼은 딩글러의 조작 관념이 자신과 아주 다르다는 것을 교신을 통해 알고 난 다음, 딩글러가 주도한 『논리』의 독일어판 번역을 취소하려고 했다. 그러나 딩글러는 번역을 강행했고, 이후 둘 사이에 수년 동안 지속되었던 교신은 중지되었다. 또 오카모토는 브리지먼이 『논리』의 독일어판이 출판된 이후 딩글러와 독일어판 『논리』에 대해 더 이상 언급하지 않았다고 했다.56)

브리지먼의 다른 저작들

여기서는 『논리』 이외에 브리지먼의 주요 저작들을 간단히 소개하겠다. 연도별 브리지먼의 논문, 에세이, 저술 등의 완전한 목록은 이 책의 부록으로 첨부했다.

브리지먼이 집필한 저작과 논문들은 크게 두 가지로 구분된다. 하나는 그가 평생 대부분의 시간을 보냈던 고압에서 물성에 관한 실험물리학 관련 저술들이고, 다른 하나는 그를 과학철학의 영역으로 진입하게 만들었던 개념의 조작적 의미를 다룬 소위 조작주의에 관한 논의와 더 넓게는 과학철학, 인식론, 사회 사상에 관한 저작들이다. 브리지먼에 관한 연구나 논쟁에서는 전자보다는 후자에 집중되어 있다. 이에 관한 저술들로는 『차원 분석』을 포함해 9권의 단행본과 약 45편의 에세이, 논문이 있다. 그런데 조작주의, 인식론, 사회 사상에 관한 그의 저서나 논문, 에세이들을 보면 그는 자신의 느낌과 사유, 경험을 '서술적'으로, 그것도 '일인칭'으로 기술했을 뿐 논쟁이 벌어진 사안들에 관해 어떤 이론을 체계적으로 제시하지 않았다. 파

---

56) Okamoto(2004), "5.1.2. Hugo Dingler and the Philosophy of Experiment", 309-316.

이글은 그가 철학적으로 체계적이지 않았다고 했고, 브리지먼 자신도 어떤 학파나 주의(主義)를 만들려고 하지 않았으며, 그에게는 과학철학을 공부하는 제자도 없었다.

브리지먼이 연구한 저작들 대부분은 놀랍게도 과학철학이 아니라 실험 물리학에 해당하는 것으로서, 이에 관한 논문을 매년 수 편씩 써서 모두 200여 편이 넘는다. 물성에 관한 그의 실험 연구는 『열역학 공식집(*A condensed Collection of Thermodynamic Formular*)』(1925), 『고압물리학(*The Physics of High Pressure*)』(1931), 『금속 전기현상의 열역학(*The Thermodynamics of Electrical Phenomena in Metals*)』(1934) 등 단행본으로 출판된 것이 있고, 그가 세상을 떠난 후 실험에 관한 그의 논문들을 모두 편집해 출판된 7권의 유작 『실험 논문 총서(*Collected Experimental Papers*)』(1964)가 있다.

브리지먼은 자신의 최초 저서 『차원 분석(*Dimensional Analysis*)』(1922)에서 물리량의 차원 분석을 통해 물리적 개념과 물리량의 의미를 파악하려 했다. 그의 이러한 고찰은 물리 개념의 의미 해석과 의미를 획득하는 방법의 문제로 발전했고, 이는 수년 후 1927년 물리 개념의 조작 분석을 다룬 『논리』로 출판된다. 행동주의 심리학자, 사회과학자들(특히 경제학자들)이 물리학에서 시간, 거리, 질량과 같은 기본 물리량에 해당하는 측정 가능한 기본량들(fundamental quantities)을 자신들의 학문 분야에서도 정의하고, 연구 대상의 상태를 규정할 수 있는 유도량들(derived quantities)을 이들 기본량에 의한 차원 분석과 조작 분석을 통해 조작적으로 정의하려는 시도는 브리지먼의 두 저술로부터 영향받은 것이라고 볼 수 있다. 논리실증주의자 파이글이, 그리고 심리학과 보링 교수가 브리지먼의 조작적 관점과 차원 분석의 방법을 적용해 심리학의 기본 차원을 정의하도록 하버드 행동주의 심리학자들을 자극한 것이나, 계량경제학의 창시자인 시카고대학교의 경제학자 슐츠

(Henry Schultz)가 브리지먼의 조작 이론에 따라 경제학을 재구성하고 그의 제자이면서 나중 노벨경제학상을 받은 새뮤얼슨(Paul A. Samuelson)이 그의 첫 번째 저술에서 부제를 '경제 이론에서 조작의 중요성(*The Operational Significance of Economic Theory*)'이라고 한 것은 그의 『논리』의 조작 분석 방법과 『차원 분석』의 기법을 적용한 것이었다.

한편 브리지먼이 스탤로의 『현대 물리학의 개념과 이론(*The Concepts and Theories of Modern Physics*)』(제4판, 1960)에서 쓴 서문은 연구자들 사이에서 크게 주목받지 않았던 글이다. 브리지먼이 말년에 쓴 글이기는 하지만, 여기서 그가 과학 이론과 개념에 대한 초기 관점을 형성하는 데 『논리』 서문에서 언급했던 스탤로와 마흐의 관점이 그에게 어떻게 영향을 주었는지를 알 수 있다.

브리지먼이 『논리』 출판 이후 이와 관련된 논쟁들에 대해 자신의 입장을 밝힌 저술로는 자신의 조작 이론을 바탕으로 물리 이론과 개념, 인식론적 문제들을 다룬 『물리 이론의 본질(*The Nature of Physical Theories*)』(1936), 『지성적 개인과 사회(*The Intelligent Individual and Society*)』(1938), 『열역학의 본질(*The Nature of Thermodynamics*)』(1941), 『우리 물리 개념의 본질(*The Nature of Some of Our Physical Concepts*)』(1952)이 있다. 한편 『한 물리학자의 회고(*Reflections of A Physicist*)』(1st ed. 1950, revised 2nd. ed. 1955)는 조작 이론, 과학과 개인의 문제, 과학과 사회 등에 관해 발표했던 주요 논문들을 모아 재수록한 저술이다.

『논리』가 출판되었을 때 과학철학계(논리실증주의)와 심리학계(행동주의), 그리고 그의 조작적 관점에 관심을 가졌던 여러 사람들은 초기에 명쾌하고도 객관적인 과학적 방법의 등장에 열광했으며, 이는 새로운 물리학 이론으로 등장한 양자 이론과 상대성 이론이 자리 잡던 개념의 혼란과 위기의 시기에 크게 관심을 끌었다. 그러나 조작적 방법의 인식론을 둘러싼 논란이 물리학, 과학철학, 심리학, 사회학 분야로 확산되면서 이들의 환호는 점차 실망과 격렬한 논쟁으로 변했다. 특히 그의 인식론은 주관주의, 내관주의(introspectionism), 유아론(solipsism)이라는 비판을 받게 되었는데, 그가 기존의 과학적 인식론에 본격적으로 도전하기 시작한 것이 1935년 12월 프린스턴대학교의 Vanuxem 강연 시리즈를 정리해 출판한 『물리 이론의 본질』(1936)이다. 아마도 제2의 『논리』라고 할 수 있을 이 책은 그의 조작적 관점이 더욱 명확해지고 확대되면서 인식론으로 깊이 들어가는 과정에 있다는 사실을 보여준다. 이어 1939년 「과학. 공적인가, 개인적인가?(Science. Public or Private?)」, 1940년 「자유와 개인(Freedom and the Individual)」 등을 발표함으로써 그는 과학은 궁극적으로 개인적이라는 입장을 분명히 했다.

한편 *The Way Things Are*(이후 『세상 그대로』)(1959)는 그의 인식론을 나타냈던 마지막 저술이다. 이 제목을 굳이 우리말로 옮긴다면 '세상에 있는 그대로'(혹은 '사물 그대로')라는 의미가 될 수 있겠다. 브리지먼이 『현대 물리학의 논리』의 제목을 마음에 들어 하지 않았던 것처럼 *The Way Things Are*도 마음에 들어 하지 않았다.

> 마지막으로 이 책의 제목에 대해 한마디 하겠다. 이 제목은 'The Way It Is(있는 그대로)'와 거의 동일하다. 이 제목이 의도한 것은 책 내용이 주로 서술적 수준이라는 것을 암시한다.[57]

이에 대해 홀턴은 이렇게 회상했다.

---

57) Bridgman(1959a), Preface vii.

"하나부터 열까지 그의 과학은 '사물 그대로(the way things are)'를 깨닫기 위한 개인적 투쟁이었고, 실제로 이 문구는 그의 마지막 저서 중 한 책의 제목이 되었다. 사실 그는 내게 이 책을 'The Way It Is'라고 부르고 싶어 했다고 말했다." 그러면서 브리지먼은 "출판사가 싫어했다. 하지만 아직도 나는 '사물들'이 정말 존재하는지('the things' really exist)를 여전히 확신할 수 없다."[58]

실제로 평생 그는 세상을 '있는 그대로' 알고 싶어 했다. 브리지먼이 '사물 (things)'이라는 단어를 꺼려 했다는 사실에 대해 홀턴은 브리지먼이 비엔나 서클에 대한 공감을 보인 것이라고 말한다.[59] 이 책은 『논리』출판 이후 벌어졌던 조작주의 논쟁과 자신의 인식론에 대한 비판에 대해 자신의 입장을 밝히는 것이었기 때문에 어쩌면 『논리』의 최종판이라고 할 수 있다. 그의 저술 가운데 특히 『논리』(1927)-『물리 이론의 본질』(1936)-『세상 그대로』(1959)로 이어지는 저작들은 브리지먼의 사상적 연속성과 발전 과정을 대표적으로 보여주고 있다. 저자가 자기 자신과 대화하듯이 썼던 『세상 그대로』는 많은 사람들로부터 관심을 받았던 『논리』와 달리 사람들의 관심을 거의 끌지 못했다. 이 책에서 브리지먼은 조작과 언어 사용이 본질적으로 개인적이며(따라서 과학에서는 일인칭 보고가 의미를 갖는다.), 괴델(Gödel)의 정리로부터 모든 분석은 완벽할 수 없으며, 궁극적으로 자신의 한계를 넘어

---

58) Holton(2005a), 283. 홀턴은 브리지먼의 책 제목 *The Way Things are*에 대해 Holton(1995), 226; Holton(2005a), 75; Holton(2005b), 283에서 같은 내용을 언급하고 있다.

59) "노이라트(Otto Neurath)는 실재(reality)나 사물(things)과 같이 '형이상학적' 의미가 담긴 단어를 사용하지 말라고 했다." Holton(2005b), 75 주석 12). 사물과 실재에 대해서는 뒤에서 논의한다.

설 수 없다는 점을 밝히고 있다.

같은 해 저널 *Daedalus*[60]가 당대 저명한 저작들에 대해 저자 자신으로 하여금 자기 비평을 하도록 초청한 '평론'에서 그는 『논리』 출판 이후 비판에 대한 입장과 그동안 달라진 자신의 관점을 밝힌 「현대 물리학의 논리 출판 30년(The Logic of Modern Physics after thirty years)」(1959)을 게재했다. 한편 그의 사후 유고로 출판된 『한 교양인의 상대론 입문서(*A Sophisticate's Primer of Relativity*)』(1962/83)는 아인슈타인의 상대론을 조작적 관점과 인식론에서 비판한 것이다.

브리지먼에 대한 논쟁과 연구는 무엇보다 개념의 획득과 의미에 관한 그의 조작적 방법과 인식론에 관한 것이다. 여기에는 아인슈타인(Einstein), 린제이(Lindsay), 톨먼(Tolman), 마제너(Margenau)와 같은 물리학자나 과학자들과 벌였던 물리 개념이 본질적으로 조작적 속성을 갖는지에 관한 논쟁, 파이글을 비롯한 헴펠(Carl Gustav Hempel), 프랑크(Philipp Frank), 그륀바움(Adolf Grünbaum) 등 논리실증주의자들과 개념의 의미에 관한 논쟁, 스티븐

---

60) 《대달로스》는 American Academy of Arts and Science에서 발간하는 저널이다. 1959년 저자가 자신의 저술에 대해 평가하는 '논평(reputations)'이라는 새로운 섹션을 개설했는데, 이때 가장 먼저 초대받은 평론 중 하나가 브리지먼의 『논리』였다. '논평'을 개설하면서 편집자는 이렇게 말했다.

"《대달로스》는 평론에 관한 새로운 파트를 신설했다. 이 '논평'에서는 … 오랜 시간의 평가를 거쳐 살아남아 이제는 진정 재음미해 볼 가치를 지닌 독창적인 저술과 논의에 관심을 가질 것이다. … 퍼시 윌리엄스 브리지먼의 『현대 물리학의 논리』(1928)와 루이스 멈퍼드의 『기술과 문명』(1934)의 충격이 주었던 지속적인 참신함 때문에 사람들은 이들 저술이 거의 한 세대 전에 출판되었다는 사실에 놀란다. 두 사람 모두 자신의 저술에 대해 가장 신랄한 비평을 보여야 할 것이라는 염려에도 불구하고, 자신의 저술을 논평하는 데 동의했다. 저자만큼 자기 책을 잘 아는 사람은 없겠지만, 출판을 전제로 균형 잡힌 자기 비평을 하는 것은 쉬운 일이 아니다. 우리는 현재 독자들에게만 한정되지 않을 가치를 지닌 두 분의 기여에 감사한다."

스(Stevens)나 스키너(Skinner)를 중심으로 한 행동주의 심리학자들과 조작의 개인성(privacy)과 공공성(publicity)에 관한 논쟁, 당대 최고의 가톨릭 신학자이자 형이상학자 마리탱(Jacques Maritain)과 과학에서 형이상학과 반형이상학에 관한 논쟁, 그리고 브리지먼을 내내 지치게 만들었던 몇몇 개인들(Bently, Klyce, Korzybski)[61]과의 지루한 논쟁 등이 포함된다. 『논리』 출판 이후 조작적 방법에 관해 학계의 관심이 집중되면서 위의 개별 사안들에 대해 쏟아졌던 비평과 논쟁은 심포지엄, 논문, 편지, 서적 등 학술 대회나 지상(紙上)에서 벌어졌고, 이는 저널이나 단행본에 수록되었다.

대표적인 논쟁으로는 1944년 하버드대학교 심리학과 보링 교수의 주도로 개최되었던 '조작주의 심포지엄(Symposium on Operationism)'이 있다. 여기서 조작주의를 둘러싼 쟁점을 주제로 논리실증주의자, 행동주의 심리학자, 브리지먼 등 모두 6명이 발표했고, 이 발표 논문들과 이에 대한 각자 자신의 입장을 다시 밝힌 「2차 답변과 재고(再考)(rejoinders and second thoughts)」는 이듬해 *Psychological Review*, 52(1945)에 게재되었다. 또 1953년 보스턴에서 AAAS 연례 학술 대회가 열렸는데, 여기서 과학 이론의 정당성과 이를 정당화하기 위한 기준에 관해 모두 22편의 논문들이 발표되었고 이는 AAAS가 발간하는 저널 *The Scientific Monthly*(1954; 1955)에 연속 게재되었다. 이들 논문을 프랑크가 편집해 단행본 『과학 이론의 정당화(*The Validation of Scientific Theories*)』(1956)로 출판했다. 여기에는 브리지먼을 포함해 조작주의에 관한 7명의 논문이 한 장(章)에 수록되어 있다. 1949년 실프(Paul Arthur Schilpp)가 편집한 아인슈타인 자신의 자전적 요약과 그의 물리학 및 과학 사상에 대한 비

---

61) 벤틀리는 브리지먼의 조작 사상을 알리고 그 기원을 추적하려고 노력했던 사람으로서 브리지먼과 오랫동안 서신을 교환했지만 결국에는 견해 차이를 좁히지 못했다. 이들과의 논쟁에 대해서는 Walter(1990)와 Okamoto(2004)를 참조할 것.

평들을 수록했던 Schilpp(ed.)(1949/95), *Albert Einstein. Philosopher- Scientist*에는 아인슈타인의 이론을 조작적 관점에서 비판한 브리지먼의 글과 이에 대한 아인슈타인의 짧은 논평이 포함되어 있다.

3. 20세기의 패러데이

'브리지머나이트'

*Physics Today*는 브리지먼의 타계를 알리는 부고(訃告)에서 브리지먼이 우주 물질의 1%를 제외한 나머지가 1,000기압보다 큰 압력하에 있기 때문에 고압에서 물성을 이해하는 것은 우주적 관점에서 매우 중요하다고 지적한 사실을 독자에게 상기한 바 있다.[62] 그가 세상을 떠난 지 60여 년이 지난 지금 천문학 지식의 발전으로 현대 우주론 관점(암흑물질의 존재)에서 이 말이 여전히 유효한지는 단언할 수 없어도, 적어도 지구 환경에서, 더 나아가 태양계 안에서 거의 모든 물질이 1,000기압 이상의 초고압 상태에 놓여 있다는 것은 확실하다.[63] 따라서 지구에 존재하는 가장 흔한 물질은 역설적으로 우리가 가장 흔하게 경험할 수 없는 물질이다.

2014년 국제광물협회(International Mineralogical Association: IMA)는 페로브

---

62) "Obituary: Percy W. Bridgman", *Physics Today* 14(10), 1961. 78. 똑같은 내용이 브리지먼의 타계 다음날인 8월 21일자 지역 일간지 *The Boston Herald*(Monday, Aug. 21, 1961)의 부고 기사에 실렸다.

63) 그는 1938년 *Scientific American*에 기고한 글에서 "지구를 구성하는 물질의 최소 99.8%와 태양을 구성하는 물질의 99.99975%가 1,000기압보다 큰 압력하에 있다."고 말했다. *Scientific American*(August, 1938), 80.

스카이트(perovskite) 구조를 지닌 (Mg, Fe)SiO₃를 고압물리학 분야의 개척자인 브리지먼을 기념해 '브리지머나이트(Bridgmanite)'라고 명명하기로 결정했다. 이 광물은 지표로부터 약 670-2700km 사이에 있는 하부 맨틀에 존재하는 것으로 알려져 있는데, 하부 맨틀의 약 70%를 차지하고 있고, 전체 지구 부피의 38%를 차지하는 것으로 추정되고 있다.

직접 검사될 수 있는 시료가 발견되었을 때야 비로소 광물에 공식 명칭을 부여한다는 IMA 규정에 따라 그동안 이 광물의 이름은 '페로브스카이트 구조의 광물'[64]로 남아 있었다. 그런데 1879년 오스트레일리아 퀸즐랜드 오지에 대규모로 떨어졌던 운석들(Tenham meteorites)을 2014년 네바다대학교 연구팀이 분석해 이 광물의 존재를 밝힘으로써 고유 명칭을 붙일 수 있게 되었다. 연구자들은 운석이 대기에 진입하면서 받은 고온과 충격파에 의한 고압이 지구 내부에서 받는 온도와 압력에 맞먹었을 때 브리지머나이트가 생성된 것을 확인한 것이다. 그들은 초고압물리학 연구를 통해 지구 내부의 물질 상태에 대한 정보를 알 수 있게 기여한 브리지먼에게 이 광물의 명칭을 헌정했다.[65] 따라서 브리지머나이트는 지구에서 가장 흔한 광물

---

64) '페로브스카이트'는 원래 칼슘타이타늄산화물의 일종인 칼슘티타나이트(CaTiO₃)를 말하는 것으로서 사방정계(orthorhombic) 결정 구조를 갖는다. 이 같은 결정 구조에 ABX₃의 화학식을 가진 물질을 통칭해 '페로브스카이트 구조'의 물질이라고 부른다.(A와 B는 양이온이고 X는 음이온이다. 일반적으로 A는 B보다 매우 큰 이온이다. '브리지머나이트'는 X가 특별히 Si인 경우이다.) 페르브스카이트 구조를 지닌 물질들은 대단히 다양하며, 이러한 구조의 물질들이나 이와 결합한 물질들 중에는 특별한 전기적, 자기적 특성을 보이기 때문에 최근 이론적으로나 산업적으로 많은 관심을 끌고 있다. 예컨대 태양광 소자로 사용할 수 있는 광기전력(photovoltaic) 성질, 레이저, LED, 섬광장치(scintillator) 소자, 광전해성(photo-electrolysis) 물질, 고온초전도체 등에 연구되고 있다.

65) Tschauner et al.(2014), 1100-1102. 브리지머나이트는 절대온도 2300K, 압력 약 24GPa 정도에서 생성되는 것으로 알려져 있다. https://www.iycr2014.org/learn/crystallography365/articles/

이지만, 지구 깊숙이 높은 압력과 높은 온도 아래에 존재하고 있어서 지상 어디서도, 아무도 찾아볼 수 없는 아주 흔치 않은 광물인 것이다.

대장간의 물리학

실제로 브리지먼의 초고압 기술은 지구물리학 분야에서 결정적이었다. 그가 고안한 장비와 연구 결과 덕분에 지구물리학자들은 지구의 수백 킬로미터 이상의 깊이에서 벌어지는 현상을 실험실로 가져올 수 있었고, 여기서 지구 내부의 압력이 물질의 역학적 특성을 급격히 변화시킨다는 점을 알게 되었다.

> 그가 얻은 압력 범위 내에서 관찰된 수많은 새로운 변형들은 지구 표면에 흔한 광물들의 일부가 지구 내부 아주 높은 압력에서도 안정되어 있을 것이라는 결론으로 이끌었고 이후 확증했다. 자신의 연구가 지질학과 지구물리학에 중요하다는 의식은 지질학자들의 … 관심으로 고조되었다. … 브리지먼 연구의 모든 것이 실제로 지구 내부에서 물질의 거동에 대한 이해에 도움 될 것이다.[66]

브리지먼은 매년 평균 6편의 논문을 발표했는데, 대부분의 논문은 예컨대 「100,000kg/cm²의 압력하에서 72개 원소, 합금, 화합물의 저항」과 같은 제목처럼 고압에서 실험물리학 내용이었다. 고압물리학의 연구로 노벨 물

20140708.

66) Kemble and Birch(1970), 34-35.

리학상까지 받게 된 그를 사람들은 '고압물리학의 아버지'라고 불렀다.[67] 그의 실험 논문의 주요 주제들을 분류했던 Kemble and Birch(1970)에 의하면 그는 압축(59편), 융해(12편), 동질다형성(polymorphism)(35편), 전기저항(48편), 탄성계수(9편), 열전기(9편), 균열강도(fracture strength) 및 소성(plasticity)과 같은 역학적 특성(37편), 점성(4편), 열전도율(6편), 기타 기술적 사항(11편)의 논문을 발표했다. 그가 "측정에서 한번 성공을 하고 난 다음에는, 이를 실질적으로 적용할 수 있는 모든 원소나 모든 화합물에 신속히 적용했다."[68]

그는 하버드에서 재직한 46년간 학기 중 대부분의 시간을 실험실과 공작실에서 보냈는데, 대학원 시절 그의 열역학 강의를 들었던 퍼셀 교수는 당시 그의 존재는 모든 면에서 실험물리학에 대한 헌신으로 각인되어 있다고 말했다. 브리지먼이 "큰 선반(旋盤)을 갖고 하는 작업에 아주 몰두하면서 허리를 굽히고 있는, 실험복을 입고 활기찬 그의 모습을 공작실 동쪽 아래에서 볼 수 있다. … 그는 자신의 근육이 수축하면서 최종적으로는 일($-PdV$)을 제공한다는 점에 만족스러워한다는 것도 추측할 수 있다." 공동연구를 거의 하지 않았던 브리지먼이 실험실에서 혼자 이루어낸 연구 성과는 대형 연구소의 명성과 맞먹었는데, 그것도 숙련된 조수 두 명만으로 이루어낸 것이다.[69] 그가 실험실에서 생활하는 모습에 대해 홀턴은 박사 과정 대학원생이었을 때 경험을 이렇게 묘사했다.

나는 브리지먼이 매일 실험실에서 일하고 있는 하루 일상을 관찰하지 않고는 그를 완전히 이해할 수 없을 것이라고 믿는다. 보통 그는

---

67) Holton(2005b), 73.
68) Kemble and Birch(1970), 32-33.
69) *Memorial Meeting*(1961). 퍼셀의 추도사.

상점 점원을 제외하고 누구보다 더 일찍 자전거를 타고 출근한다. 마르고 상대적으로 작은 체구를 가졌던 그는 마지막 해까지 최상의 컨디션으로 실험실에 들어와 늘 입던 실험복으로 갈아입고 선반에 설치된 장비로 작업하면서(그는 장비 대부분을 스스로 제작했다.) 일상적 '과업'을 수행하는 동안 장비와 측정 장치 사이를 경주하다시피 왕복했다. 시간제로 그를 돕는 공작실 조수나 측정값 읽는 일을 돕는 조수를 제외하고, 그는 비좁은 실험실 환경에서 혼자 있는 것을 좋아했다.[70]

홀턴은 브리지먼이 일하는 모습을 볼 때, 실험의 단순함과 여기서 얻은 결과에 대한 철저한 연구라는 점에서 마치 패러데이(M. Faraday)를 연상하게 한다고 말했다.[71] 브리지먼 밑에서 고압물리로 박사학위를 받아 물리학과 교수진에 합류하면서, 다른 한편으로 과학철학, 심리학에 관련된 브리지먼 활동에도 참여하였던 그는 결국에는 과학사학자가 되었다. 따라서 홀턴은 브리지먼의 실험물리학과 과학 사상, 사회 사상, 그리고 인간적 삶을 가장 잘 알고 있는 사람이라 할 수 있다.

그가 목격했던 사건들 가운데 브리지먼이 실험실에서 얼마나 시간을 허비하지 않고 신속하게 행동하면서 자신의 일을 집중했는지에 대한 흥미로운 기억을 전해주는 사례로서 노벨상 수상 소식이 있다. 1946년 가을 스톡홀름에서 노벨 물리학상 수상자로 브리지먼을 발표했을 때, 공작실에서 박

---

70) Holton(2005b), 72.
71) Holton(2005a), 278. 이 글에서 브리지먼에 관해 논의한 내용 중 자신의 경험과 사건에 관한 이야기는 Holton(1995), 221-227에서도 볼 수 있다. 두 글은 모두 브리지먼이 과학에서 강조했던 지적 성실성과 정직성을 주제로 한 이야기이다.

사 논문 준비를 위해 실험 장비를 만들고 있던 홀턴은 AP 통신사에서 걸려온 전화를 받았다. 일반적으로 브리지먼은 실험실에서 데이터 측정을 하고 있을 때면 전화를 받지 않았다고 한다. 그가 브리지먼에게 달려가 노벨상 수상 소식과 함께 전화 인터뷰 요청을 전달하러 갔을 때, 브리지먼은 전혀 놀라는 기색 없이 펌프질을 계속하면서 이렇게 말했다고 한다.

그들에게 이야기하시오. 내가 확인하면 믿을 거라고.[72]

실제로 그의 글 도처에는 브리지먼에 관한 이야기가 자주 등장하는데, 이때 가장 먼저 언급하는 것이 실험물리학자로서 브리지먼이다. 이는 자신이 브리지먼으로부터 고압물리학 분야로 박사학위 지도를 받으면서 그의 실험실 활동을 직접 지켜보았기 때문만이 아니라, 그가 고압 영역을 개척하는 기술적 해결 방법의 진화, 이를 통해 물질의 새로운 물리적 성질에 대한 지식의 확장, 미지의 영역으로 경험이 확대될 때마다 기존의 지식과 개념을 확장하고 이를 정당화하는 문제, 경험하지 못한 영역으로 진입했을 때 측정값을 외삽하고 이를 이론적으로 정당화하는 문제 등, 이 모든 것이 브리지먼의 조작적 관점의 기반을 이루고 있으며, 궁극적으로는 그의 인식론, 사회 사상으로 연장된다는 것을 알고 있었기 때문일 것이다.

그러나 브리지먼의 물리학은 무심하게도 철저히 고전물리학에 머물러 있었다. 홀턴은 자신이 박사 과정에 처음 들어갔을 때 실험실에서 보았던 놀라운 경험을 이야기한 바 있다.

72) Holton(2005a), 280.

나는 고급 펄스 회로 장비를 갖고 수행했던 전시(戰時) 연구를 막 끝내고, 하버드의 브리지먼 실험실에 들어갔다. 나는 [그의 실험실에] 전자장비 대신 오직 직류 저항기와 전위 측정기, 켈빈 브릿지들(Kelvin Bridges)만 있는 것을 보고는 놀랐다. 더 큰 프레스 내부의 작은 프레스 안에 들어 있는 손톱 크기의 작은 시료를 갖고 실험할 때, 변하는 물리적 속성들에 관한 모든 정보는 낡은 갈바노미터(Galvanometer)에 연결된 한 가닥의 전선으로 전달되었다. 이것이 그때까지 가장 중요한 실험이었다.[73)]

브리지먼 자신도 지인에게 쓴 한 편지에서 이렇게 말했다. "나는 이런 책[『현대 물리학의 논리』] 따위를 쓰는 데 많은 시간을 소비하는 것이 아니라, 갈바노미터 지지대에 붙어 있는 수염이나 찾고 전기 접촉점의 오물을 닦는, 아주 추상적이지 않은 작업에 모든 시간을 사용하는 지저분한 물리학자들 중 한 사람이라는 점을 알아야 합니다."[74)] 확실히 그의 물리학은 20세기 '대장장이 물리학'[75)]이었던 것이다.

브리지먼은 1943년 *American Scientist*에 게재한 글 "Recent Work in the Field of High Pressure"에서 자신이 고압하의 물성 연구를 시작하게 된 배경과 성과를 설명한 바 있다.[76)] 그리고 1946년 노벨상을 받았을 때 수상 강연

---

73) *Ibid.*, 278. 켈빈 브릿지는 작은 저항을 측정할 수 있게 고안된 저항 측정기이다. 회로 내의 기생 저항(도선이나 접촉점에 의한 저항 따위)보다 작거나 비슷한 작은 저항(일반적으로 1Ω 이하)을 측정할 때 사용한다. 갈바노미터는 작은 전류를 측정할 수 있는 장치(검류계)이다.

74) 브리지먼이 『논리』 출판 직후 코르치브스키(Korzybski)에게 보낸 1927년 11월 13일자 편지. Walter(1990), 58에서 재인용.

75) Moyer(1991b), 381.

76) Bridgman(1943), 1-35.

"General survey of certain results in the field of high-pressure physics"에서도 이와 비슷한 이야기를 했다.[77] 따라서 고압물리학에 대한 전문적 연구가 아니라면, 고압물리학의 압력 기술, 물성, 측정 분야에서 브리지먼의 개척자적 업적은 그의 이 두 편의 글만으로도 충분히 개관할 수 있다. 하지만 사실 그의 1943년도 논문이 고압 연구 영역에서 단지 자신의 개척자적 성과만을 기술한 것은 아니다. 이 글은 자신이 새로운 미지의 경험 영역을 개척할 때마다 개념과 이론을 확정하는 과정을 조작적으로 어떻게 수행했는지를 설명하고 있기 때문에, 그의 『논리』에서 이야기하는 조작적 방법을 실험실 수준에서 구체적으로 벌어지는 사건의 형식으로 설명했다고 볼 수 있다.[78]

브리지먼은 고압 연구에 대한 설명에서 고압 현상의 유형이나 고압 기술의 방식에 따라 이어지는 몇 개의 압력 영역으로 나누었다.[79] 그는 300기압까지 영역, 이로부터 $3,000kg/cm^2$까지 영역, $3,000 \sim 20,000kg/cm^2$까지 영역, $20,000 \sim 50,000kg/cm^2$까지 영역, $50,000 \sim 400,000kg/cm^2$이나 그 이상의 영역으로 구분했다.[80] 브리지먼 이전에 있었던 첫 두 영역 중 첫 번째 영역은 1890년대까지 사용했고, 단순한 기술로 도달할 수 있었다. 보통 가는 관을

---

77) Bridgman(1946).

78) 브리지먼의 고압 실험과 이에 관한 조작적 방법에 대해서는 브리지먼이 쓴 이 두 편의 글 이외에도 브리지먼의 업적을 아주 압축한 형태로 서술한 노벨재단의 Prof. A. E. Lindh에 의한 시상 연설(The Nobel Foundation 1946, Award Ceremony Speech presented by Prof. A. E. Lindh, member of the Nobel Committee for Physics), Kemble and Birch(1970)의 약전, Walter(1990) 제2장, Chang(2004/16; 2019)을 참조하기 바란다.

79) Bridgman(1943), 1-3.

80) 그의 문헌에는 atm(대기압), psi(pound per square inch), kg/cm^2 등 여러 가지 압력 단위가 사용되었으나, 시간이 지나면서 최종적으로 kg/cm^2 단위를 썼다. 여기서 kg은 중력에서 질량, 즉 무게이다. 단위 변환의 세부 수치를 무시한다면 $1kg/cm^2$은 대략 1기압(약 0.97기압)에 가깝다.

가진 두꺼운 유리에 기체로 압력을 가하는 방식으로서 왁스로 밀폐했고 현상을 시각적으로 관찰했다. 이 압력 수준에서는 금속의 전기적 저항의 변화가 너무 작아서 측정하기 쉽지 않았다. 두 번째 영역은 아마갓(Émile Amagat) 방법으로 도달할 수 있는 한계로서 1900년대 초까지 사용했다. 이 압력은 당시 포신(砲身) 안에서 도달할 수 있는 압력에 해당했다. 나사식 장치로 압력을 가했는데 이 한계에 도달하면 밀폐가 누출되는 문제가 발생했다.

따라서 기존의 압력 한계를 넘어서기 위한 브리지먼의 관심은 "누출이 이전 실험의 범위로 한정되게 만들기 때문에 첫 번째 단계는 '누출이 없는 밀봉(leak-proof packing)' 방법을 고안하는 일이었다."[81] 그는 압력 장치를 나사식에서 유압식으로 바꾸면서 용기에 가하는 압력에 따라 스스로 밀폐가 증가하는 '자기 밀폐(self-sealing)'의 원리를 '우연히' 발견했다. 그때까지는 압력의 한계가 밀폐된 실린더에서 누출에 의해 결정되었지만, 브리지먼의 새로운 두 가지 방법('자기 밀폐'를 통한 '누출 없는 밀봉')으로 인해 압력의 한계는 용기의 강도로 바뀌게 되었다. 이로써 그는 획기적인 기술의 영역을 개척했을 뿐 아니라 연구 분야의 새로운 지평을 활짝 열게 되었다. 이렇게 세 번째 압력 영역부터는 브리지먼이 개척한 영역이 되었는데, 여기부터는 압력을 견딜 수 있는 용기 설계와 소재의 발굴이 중요하게 되었다.

브리지먼은 당시 압력의 한계라고 생각되던 $3,000 \text{kg}/\text{cm}^2$을 넘어서게 된 것이 우연한 사건에서 비롯되었다고 말한다. 1908년 브리지먼이 박사학위를 취득했을 때 학위 논문은 수은의 전기적 저항을 이용한 압력 게이지(Mercury Resistance as a Pressure Gauge, 1908)였다. 그러나 1905년 시작했던 그의 원래 연구 주제는 이와 달리 압력하에서 물질의 광학 현상(액체의 굴절률)에

---

81) Bridgman, Nobel Lecture(1946).

관한 것으로서 이를 관찰하기 위해 유리로 된 압력 용기를 사용했다.

1905년 연구가 시작되었을 때, 내 의도는 특정한 광학적 효과를 연구하는 것이었다, … 장치를 만들고 나서 몇 가지 예비 조작을 했을 때 유리가 폭발했다 — 아주 변덕스러운 유리에서 분명 뭔가 일어났을 것이다. 이것이 장치의 핵심부를 파괴했는데, 이를 유럽에서 다시 주문해야 했다. 당시 미국은 도구의 독립성이 현재 수준까지 도달하지 못했다. 교체할 수 있을 때까지 기다리는 동안 나는 압력을 만들 다른 장치를 만들고자 했다. 빨리 조립하고 분리할 수 있도록 압력 용기의 밀폐부를 디자인하는 동안, 나는 새 디자인이 당초 의도했던 것보다 더 잘된다는 것을 알았다. 즉 압력이 가해질 때 용기는 자동적으로 더 밀착되어 더 누출될 이유가 없었다. … 이는 즉시 완전히 새로운 압력 분야를, 즉 압력의 한계가 누출이 아니라 **오직 용기의 강도**에 의해서만 결정된다는 점을 열게 된 것이다. 따라서 내가 의도했던 광학 실험은 중단되었다. 실험실은 교체부와 이미 만든 장치 비용을 포기했고, 새로운 분야의 발전이 시작되었다. 나는 원래 주제로 다시 돌아가지 않았다.[82]

브리지먼은 20,000kg/cm^2 영역에서 압력 용기가 기존 강철로는 견디지 못한다는 것을 알았다. 용기가 파괴되는 유형들을 새롭게 발견했고, 더 큰 압력을 견딜 수 있는 새로운 소재를 처음에는 당시 미국에서 빠르게 발전하던 야금 기술을 이용해, 나중에는 브리지먼 자신이 습득한 야금 지식을 이

---

82) Bridgman(1943), 3-4.

용해 찾았다. 그의 대부분 실험은 12,000kg/cm²(대략 11,614기압) 영역에서 이루어졌는데, 그는 이 장치로 이 압력에서 용기의 파괴 없이 수백 번까지 실험할 수 있었고 정밀도 0.1%를 쉽게 유지할 수 있었다고 한다! 그러나 그는 "유효 수명이 압력에 수차례 노출되는 것 이상으로 지탱될 수 없는 부분들에 불필요한 노동을 '투자'하지 않았다. 1935년경 수행된 대부분 연구에서는 최대 압력으로 12,000kg/cm²을 선택했다. 이 압력은 파괴될 위험이 거의 없이 반복해서 도달할 수 있으나, 이를 넘어서면 아주 약간의 압력 증가에도 실린더의 수명이 크게 감소했다."[83]

이 영역에서 압력 문제는 해결되었지만 그가 부딪쳤던 또 다른 문제는 측정의 문제, 즉 측정 게이지라는 도구의 문제와 측정 결과를 정당화하는 문제였다. 우선 새 압력 영역은 기존 게이지의 측정 한계를 넘어서기 때문에 그는 새로운 게이지를 고안해야 했다. 여기서 그는 그 압력 영역에서 저항값이 신뢰할 만큼 변한다고 판단되는 소재를 찾아야 했고, 압력 영역의 경계에서 새로운 게이지의 눈금을 먼저 게이지의 눈금과 일치시켜야 했다. 그는 1차 게이지와 2차 게이지로 측정했는데, 실제로 압력을 측정하는 것은 2차 게이지였고, 1차 게이지는 2차 게이지를 눈금 맞추기(calibration)하는 데 사용했다. 그는 온도 측정에서 온도 고정점(fixed point)을 설정하듯 압력 기준점을 설정했고, 그런 압력 고정점으로 특정 온도에서 기준 물질의 융해 압력이나 다형 전이(polymorphic transition)가 일어나는 압력을 사용했다.[84] 브리지먼(과 그 이후의 많은 연구자들)이 대부분 사용했던 압력 고정점은 0℃에서 수은의 융해 압력이었다. 그 이유는 전기 저항과 부피를 압력의

---

83) Kemble and Birch(1970), 30-31.

84) Bridgman(1943), 7.

합수로 측정할 때 압력이 불연속적으로 변하는 것을 저항이나 부피 어느 쪽에서든 관찰할 수 있었기 때문이다. 그가 1911년 사용한 수은의 융해 압력은 7,640kg/cm²으로서 이후 눈금 맞추기 표준으로 사용되었는데, 이는 그로부터 50여 년이나 지난 후 더 정밀한 장비로 재확정한 값에서 불과 1% 오차를 보일 정도로 정밀했다.[85]

따라서 그다음에 그가 부딪쳤던 문제는 정밀도였다. 정밀도를 결정하는 데 실험자가 실질적으로 판단하는 과정과 그 결과를 정당화하는 고뇌를 그는 아주 사실적으로 서술했다.

> 결과가 정밀하다는 것을 확신하게 만들기 위해 예비 작업에 얼마나 많은 시간을 쏟아야 하는가? 늦은 시간에 모든 일을 다시 해야 한다고 생각하면 불쾌하고, 그래서 더 정교하게 실험하는 것을 미루고 싶은 유혹이 있다. 조사 중인 현상이 정밀도를 통제하는 상황에서는 정밀도를 결정할 수 있는 **절대 기반**이 존재하지 않는다. 새로운 영역에서 어떤 종류의 현상이 있으리라 어떻게 기대할 수 있으며, 혹은 무엇이 다듬어야 할 중요한 측정이 될 것인지를 알기 위한 물리 이론의 과정을 어떻게 예측할 수 있는가? 연구자가 선택한 타협은 대부분 **자신의 기질과** 중요할 것이라는 **직감**에 따른 결정일 것이다. 나 자신의 경우, 자연이 대부분 그 과정을 선택하도록 허락된 것이 아닌가 하는 걱정이 든다. 어느 정도의 정밀도 수준은 새로운 영역에 사용된 압력 게이지를 갖고 큰 노력 없이 도달할 수 있었고, 나는 이것이 충분할 것이라는 희망을 갖고 받아들였다. 12,000kg/cm²까지는 쉽사리 약 0.1%의

---

85) Kemble and Birch(1970), 31의 주석 2.

정밀도로 압력의 측정이 가능하다는 점이 입증되었다. 0.1%에 만족하는 정당성은 당시 물리 이론이 그 압력에서 자연스럽게 연구될 수 있는 현상들의 정밀도만큼이나 지식을 정밀하게 **요구하지 않았기 때문**이라고 말할 수 있다.[86]

그는 '자기 밀폐'와 '누출 없는 밀봉' 기법으로 고압 영역으로 진입한 다음, '브리지먼 모루(Bridgman anvil)'나 이중 고압용기 등과 같은 설계나 디자인 기법, 카볼로이(탄화텅스텐)와 같은 새로운 소재 사용을 통해 그 이후의 압력 장벽을 연속적으로 돌파해 100,000kg/cm^{2}까지 도달했고, 특별한 경우에는 500,000kg/cm^{2}까지 기록했다.

그는 광물, 금속, 화합물, 플라스틱, 유리, 달걀노른자까지 조사했고, 고압에서 이들의 비저항, 온도 계수, 부피, 전기 전도도, 전단력, 전기 저항, 밀도, 인장 특성, 압축성 등을 연구했다. 그가 미지의 압력 영역으로 들어갈 때마다 물질들에서 새로운 물리적 성질들을 발견했는데 대표적인 것이 물의 동소체(allotrope), 즉 50,000kg/cm^2, 80℃에서 존재하는 소위 '뜨거운 얼음(hot ice)'이었다.

그러나 무엇보다도 그가 누구도 도달하지 못했던 고압 영역을 개척하면서 사람들이 자연스럽게 관심을 집중하게 된 것은 인공 다이아몬드(synthetic diamond)의 합성이었다.

지난 25년간 [1930년대부터] 매년 평균 2-3명이 내 연구실로 찾아와서, 내가 [고압] 장치를 만들어주고 내 아이디어를 사용하게 해주면,

---

86) Bridgman(1943), 7-8.

그 대가로 자신들의 다이아몬드 제조 비법과 생산에서 얻은 이익을 나누어 주겠다고 제안했다. 문제가 스릴러 문학 수준이었고, 이 문제를 해결하는 사람은 다이아몬드 신디케이트로부터 생명의 위협을 받을 것 같았다.[87]

　그가 인공 다이아몬드 제조 때문에 생명의 위협을 받는 공포 소설을 연상하면서 거기서 벌어질 수 있는 살인 사건들을 느닷없이 농담처럼 언급한 것은 까다롭고 엄격한 논리를 지켰던 그의 엄숙한 모습과 비교할 때 상당히 그답지 않아 보인다. 그러나 그가 평소 추리 소설을 즐겨 읽었고 그의 집에는 상당히 많은 추리 소설들이 소장되어 있었다는 한 지인의 이야기[88]로 미루어 보면, 아마도 그가 여가 시간조차 미지의 사건을 조작적으로 탐색해 문제를 해결하는 데 관심을 가졌기 때문이었을 것이다.

　브리지먼은 열역학적으로 흑연보다 높은 퍼텐셜 상태에 있는 다이아몬드가 자연 상태에서는 흑연보다 더 안정적이지 않기 때문에 우리가 경험할 수 있는 온도와 압력에서는 다이아몬드가 흑연으로 진행한다고 말했다. 그러나 열역학 퍼텐셜 함수로 볼 때 그 반대의 과정은 일상 온도에서 압력을 아주 높일 때 가능하다는 점을 브리지먼이 밝혔다. 단 "그런 변환이 언제 **일어날 수 있는지**는 말할 수 있지만, **언제 일어날지**는 말할 수 없다."[89]

　1941년 브리지먼은 제너럴 일렉트릭(GE)이 포함된 컨소시엄에서 5년간

---

87) Bridgman(1955), 42. 이 글은 브리지먼이 성공하지 못했던 인공 다이아몬드 합성을 GE 팀에서 1955년 마침내 성공했을 때 그가 기고한 글이다.

88) Newitt(1962), 30. 뉴윗에게 이 이야기를 전한 사람은 프랑스의 고압물리 연구자인 보다르(Prof. Boris Vodar)였다.

89) Bridgman(1955), 43.

지원하는 인공 다이아몬드 합성 프로젝트에 참여한다. 이 컨소시엄은 산업 등급의 다이아몬드 연마제를 개발하는 데 목적을 두고 있었다. 그는 대기압과 1,500도에서 다이아몬드가 흑연으로 되는 과정의 역과정(逆過程)을 연구했지만 성공하지 못한 채 연구는 중단되었다.

그러나 다이아몬드는 기대했던 것보다 더 까다로웠다. 탄소는 브리지먼이 열과 압력을 가하는 직접적인 방법에 답하지 않았다. 10년 후 GE의 연구팀은 화학 촉매가 열쇠라는 점을 알았다. 그사이 시도는 실패한 것으로 판명되었다. 실험한 지 5년 후 경영진은 프로젝트를 중단하기로 결정했다. 스폰서들은 '교수'가 흑연을 다이아몬드로 만드는 것이 아니라 다이아몬드를 흑연으로 만드는 것을 보면서 지치기 시작했다. 그들의 돈이 비싼 재료를 값싼 상품으로 만드는 데 쓰였던 것이다. 물론 교수는 이를 그렇게 보지 않았다. 다이아몬드는 없었지만, 여기에는 가치 있는 과학 지식으로 될 만한 것들이 많이 있었고, 기술을 갖고 있었다. 그러나 스폰서는 다이아몬드를 원했지, 과학 데이터를 원했던 것이 아니다. 컨소시엄은 해체되었고, 프로젝트는 종료되었다. 교수는 집으로 갔다.[90]

브리지먼은 다이아몬드를 순수하게 물리적으로만 합성하려고 했다. 그러나 여기에는 화학적 과정, 촉매가 필요했던 것이다. 높은 압력이 핵심 요소였지만, 역학적으로 무지막지하게 가열하고 압력을 가하는 그의 대장간식 방법은 결정화를 위해 적절한 화학적 환경이 필요하다는 점을 무시했던

---

90) Walter(1990), 53.

것이다. 이후 인공 다이아몬드는 두 가지 방식으로 합성될 수 있다는 것이 밝혀졌다. 하나는 가열 방법으로서 높은 온도로 흑연을 가열해 탄소원자들을 흔들어 흑연 구조가 다이아몬드 구조로 이행할 수 있게 하거나, 다른 하나는 이보다 낮은 온도에서 촉매로 흑연 구조를 약화시키는 방식이다. 일단 다이아몬드가 형성되면 높은 압력 아래에서 냉각하면서 다이아몬드가 흑연으로 되지 않도록 천천히 압력이 해제된다. GE가 성공했던 처음 방식은 촉매 방식이었고, 나중에는 촉매 없이 온도를 4,747도까지 높여 다이아몬드를 합성할 수 있었다.

이론물리학의 사산아

한편 브리지먼은 실험에만 열중하지는 않았다. 그는 이론에도 도전한 적이 있었다. 1910년대 후반부터 그는 다른 물리학자들과 마찬가지로 온도와 압력이 금속의 전기 현상에 미치는 효과를 이론적으로 설명하고자 했다. 당시에는 보어의 원자 모형이 막 등장하고 고체에서 양자 현상에 대한 이론들이 아직 완성되지 않은 상황이었기 때문에 금속에서 전도 현상을 설명하기 위한 여러 가설들, 즉 순수하게 고전적으로만 설명하려는 시도부터 막 등장하기 시작한 양자적 관점을 절충하려는 아이디어에 이르기까지 모든 가능성이 열려 있던 상태였다.

브리지먼은 실험실 경험에 근거해 온도와 압력에 따라 금속에서 전기 전도 현상을 주기적으로 열진동함으로써 열렸다 닫혔다 하는 원자들 사이의 간격을 통과하는 전자의 이동이라는 개념으로 설명하려고 했다. 금속 이론에 대한 그의 도전적 노력으로 그는 1924년 솔베이 3차 회의에 초대받는다. 솔베이 3차 회의 주제는 '금속에서 전도 현상(Conductibilité électrique des métaux)'으로서, 여기에 당시 조직위원장이던 로렌츠가 하버드의 브리지먼과 홀 교수를 초대했다. 브리지먼은 솔베이회의에서 자신이 아인슈타인과 보어의 대열에 나란히 초대받았다는 자부심과 함께 실험을 넘어 이론물리학자로 인정받을 수 있는 기회라는 희망에 들떠 있었다. 컨퍼런스에서 그는 로렌츠의 기조 강연 '금속 특성에 관한 전자 이론(La théorie des électrons aux propriétés des métaux)' 다음으로 '금속의 전도도에 관한 이론적 설명(Conductibilité dans les métaux leur explication théorique)'을 발표했다.[91] 그러나 브리지먼의 아이디어뿐 아니라, 1924년 3차 솔베이회의 자체가 물리학의 역사에서는 별로 주목받지 못한 사건으로 되어버렸다.

이 회의에서 금속 도체의 물리적 특성에 관해 제시되었던 여러 이론적 모형들의 문제는 1931년 발표된 '온사거 역관계식(Onsager reciprocal relations)'과 특히 1927년 제4차 솔베이회의 전후 발전한 양자 이론들에 의해 모두 해결되었기 때문이다. 나중에 브리지먼은 당시 자신의 이론을 '사산아(死産兒)'라고 불렀지만, 사실은 3차 솔베이회의에서 발표되었던 이론들 대부분이 사산아가 되어버린 것이다.[92]

> 이제는 영향력을 거의 찾아 볼 수 없을 뿐 아니라 온사거(Onsager)의 우아한 공식으로 거의 완전히 대체되어 버린, 초보적이고 세련되지 못한 수학을 사용했던 이 책을 [초판 이후] 사반세기가 지난 후 재판(再版)하게 된 것에 대해서는 약간의 설명이 필요해 보인다. 이 책의

---

91) Institut international de physique Solvay(1927). *Conductibilité électrique des métaux et problèmes connexes: rapports et discussions du quatrième Conseil de physique tenu à Bruxelles du 24 au 29 avril 1924*. Paris: Gauthier-Villars.
92) 1924년 제3차 솔베이회의와 브리지먼의 금속 이론이 지녔던 한계에 대해서는 Walter(1990), 제3장을 참조할 것.

핵심 아이디어는 1924년 솔베이회의에서 발표되었다. 같은 사고의 연장선에서 이루어진 발전은 1~2년 후 비입방 결정(non-cubic crystal)에서 새로운 열전 효과(thermoelectric effect)의 발견으로 이어졌다. 이것이 나의 열역학적 해석의 성과들과 함께 내가 1933년 국립과학아카데미(National Academy of Science)의 콤스톡 상(Comstock Prize)을 받게 된 이유 중 하나였다. 그러나 이 상을 제외하고 이 책의 아이디어들은 대부분 **사산아**가 되어버렸고, 온사거의 강력한 분석 방법이 발표(1931년)된 이후 내 아이디어들은 역사적 완성을 위한 참고문헌으로만 언급되었다.[93]

사실 그가 연구 대부분을 이론보다는 현상론적 측면에서 접근할 수밖에 없었던 이유는 당시의 원자 이론이 순수 물질의 압축률, 전도 현상, 비열마저도 예측하는 데 오랫동안 도움이 되지 않았기 때문이다. 1930년대 후반에 가서야 브리지먼의 많은 실험적 발견은 초전도 이론과 트랜지스터 발명으로 노벨상을 두 번이나 받았던 바딘(John Bardeen)이 알칼리 금속을 설득력 있게 정확히 설명함으로써 이론적으로 해결되었다. "이론이 결국 해내었다는 이 신호에 브리지먼이 감격해 만족했다는 것을 우리는 기억합니다."[94]

실험 결과의 조작적 해석

이제 브리지먼의 실험으로 되돌아와서 실험실에서 그의 물리적 조작들을 검토해 보자. 브리지먼은 당시까지 어느 누구도 경험하지 못했던 새로

---

93) Bridgman(1925/34/61), Preface to Dover edition v.
94) *Memorial Meeting*(1961), 퍼셀이 추도사에서 증언한 말이다.

운 압력의 영역으로 들어가면서, 여기서 지식을 얻는 절차, 이를 가능할 수 있게 만드는 기술과 그 해결의 과정, 얻은 지식과 개념들의 이론적 정당화, 이를 확인할 수 있는 절차, 기존 경험 영역에서의 개념들과의 관계 등을 조작적으로 고찰하게 되었고, 이는 그의 실험실 경험에서 비롯되었다. 이는 또 그가 상대론에서 깨달은 것이기도 했다.

> 상대론에서 얻은 최근 경험이 주는 첫 번째 교훈은 … 실험이 새로운 영역으로 진입할 때는 과거 경험과 완전히 다른 특성을 지닌 새로운 사실을 맞이할 준비가 되어 있어야 한다는 점을 강력히 강조한 것에 불과하다.[95]

그에게 새로운 경험 영역의 측정에서 가장 중요한 첫 번째 문제는 새로운 측정 방법을 선택하고 여기에 고정점을 확정하는 일이었다. 그러나 인접한 서로 다른 경험의 영역에서 기존의 측정 방법으로 얻은 물리 개념이 경험하지 못했던 다른 영역에서 다른 방법으로 얻은 개념하고 같다는 것을 어떻게 보장할 수 있겠는가? 우리는 측정 영역의 경계에서 서로 다른 측정 범위를 갖는 소자(device)들 사이의 눈금 맞추기가 개념의 연속성을 보장한다고 '경험적으로' 확신하며, 허용할 수 있는 오차 범위 내에서 서로 수렴하는 두 측정값은 개념적으로 동등하다는 것을 '실용적으로' 정당화한다. 예컨대 알코올 온도계의 상한 측정 한계에서 얻은 수치가 더 높은 온도를 측정할 수 있게 고안된 디지털 온도계의 하한 경계에서 얻은 수치와 같다고 했을 때 두 온도는 같은 것이라고 어떻게 확신할 수 있겠는가? 브리지먼에

---

95) Bridgman(1927/48), 2.

의하면 하나의 개념을 결정하는 조작들의 집합은 유일하기 때문에, (『논리』에서 언급한 '광학 길이'와 '접촉 길이'처럼) 측정 방법이 다르면 '원칙적으로' 개념도 달라져야 한다. 그러나 우리는 이것이 같다는 것을 경험적으로 알고 있고 이를 실용적으로 정당화했지만, 미지의 경험 영역을 다루었던 상대성 이론과 양자역학에서 보듯이 이를 위해 미래의 안전을 담보물로 잡아야 한다.

우리가 브리지먼이 새로운 압력 범위를 개척할 때마다 직면했던 개념 확장과 연속성 문제, 측정 문제를 장하석(2004/16)이 온도 측정에서 역사적으로 나타났던 문제를 분석한 것과 비교해 본다면, 압력과 온도의 개념들이 확장되고 정당화되는 둘의 과정 사이에는 놀라울 만큼 유사성(실제로는 같은 문제)이 있다는 것을 발견할 수 있을 것이다.[96]

한편 새로운 양자역학과 상대론의 출현은 브리지먼이 압력 측정에서 경험했던 것과 똑같이 모두 기존의 경험 영역 밖에서 벌어진 일이었지만, 그것은 근본적으로 다른 인식의 범주에서 벌어진 경험들이었다. 즉 브리지먼이 압력 측정에서 개척했던 영역들은 모두 고전물리학 안에 있는 서로 다른 경험의 집합들이었다. 브리지먼은 고압 연구에서 구분했던 서로 인접한 다섯 개의 압력 영역을 거칠 때마다 압력이 동일한 의미를 지니는지(압력 영역에 따라 압력을 측정하는 방법과 소자가 달라져야 했다.), 측정의 불연속 구간의 경계에서 측정값들이 외삽(外揷)되거나 서로 수렴될 수 있는지를 확인해야 했지만, 이 과정은 고전물리학이라는 동일한 인식의 범주 안에 있던 미지의 세계를 개척하는 과정이었다. 그러나 상대성 이론과 양자역학은 고전적 인식, 고전적 관찰 관념의 범주로부터 벗어날 것을 요구한 영역이었다. 따라서 고압에서 물성에 관한 실험이 고전물리학 범주를 벗어났을 때, 그것이

---

96) Chang(2004/16), 277-295와 Chang(2019)을 참조할 것.

이제까지 경험하지 못한 새로운 영역의 현상이라는 점을 알고 있었지만 인식의 문제를 극복하지 못했다.

브리지먼은 새로운 물리학의 개념도 조작 분석을 통해 이해할 수 있다고 믿었고, 그 증거를 아인슈타인의 특수 상대론에서 동시성 결정의 절차에서 찾았다. 그리고 그는 고체의 물리적 성질을 양자역학적으로 이해하는 것을 받아들이지 않고, 새로운 물리학에 있는 미지의 경험 영역을 자신이 고전 물리학 안에서 미지의 영역에서 경험했던 것과 동일한 방법, 즉 조작적으로 분석하려고 했다. 1920년대 전반 양자역학은 아직 혼란스러운 상태였고, 고체의 물리적 성질, 특히 당시 금속의 전기 전도, 비열 등의 현상이 양자역학적 관점의 전자 가스(electron gas) 모형이나 밴드 갭(band gap) 개념으로 아직 완전히 설명되지 않았던 시기였다. 여기서 브리지먼은 자신이 측정했던 데이터를 여전히 고전적 모형으로 설명하려고 했다. 고전적 인식론에 기반을 두었던 이 조작적 방법은 근본적으로 다른 인식론 범주에 있었던 상대성 이론과 양자역학을 이해하는 데 이론적 한계를 가질 수밖에 없었다. 금속에서 온도, 압력, 밀도 차이에 의해 발생하는 기전력에 대한 그의 모형은 결국에는 온사거 모형으로 대체되어 버렸고, 금속의 전기 전도를 설명하려던 그의 고전적 모형은 나중에 양자역학으로 설명됨으로써 그는 실망감을 느끼게 되었다. 그럼에도 브리지먼의 실험 연구가 조작 이론의 경험적 토대가 되었던 것은 분명하다.

4. 형이상학으로부터 탈출

브리지먼은『논리』에서 자신의 사고에 영향을 주었던 사람들로 클리퍼드, 스탤로, 마흐, 푸앵카레를 언급하면서, 이들이 과학의 원리에 관해 폭넓게 연구했음에도 그동안 과학의 원리에 대한 문제들을 거의 다루지 않았기 때문에 자신이『논리』를 집필하게 된 이유를 애써 변명하지 않겠다고 말했다. 그리고『논리』의 기본 자세가 이제는 물리학자들에 의해 "대부분 정당화되어 버린 경험주의"이지만, 이들 중 "일부는 우리의 물리적 사고 속에 완전히 통합되어 있어서 [자신이 굳이 언급"할 필요가 없다고 했다.[97]

그는 1927년의『논리』에서 자신이 참조했던 이들 문헌을 구체적으로 제시하지 않았다. 게다가 브리지먼은『논리』에서 참고문헌 목록 없이 필요할 때마다 참조한 문헌들을 드문드문 주석에 밝혔다. 그가『논리』에서 특히 자신의 조작적 관념의 근거가 되는 출처들을 자세히 밝히지 않았던 것은 확실하다.[98]

이에 대해 브리지먼은 이들 저작 중 "어느 것도 의식적으로, 혹은 직접적으로『논리』의 내용에 영향을 주지 않았기 때문"이라고 자신을 변호했다. "나는 최근 몇 년 사이 이 저작들의 그 어느 것도 읽어보지 않았다." 또 자신이 "주장하려는 많은 부분이 다분히 공유된 지적 자산이며, 모든 독자들이 공감하는 글귀들은 자신이 말하고 싶었던 것을 내가 앞질러 말한 것에 불과

---

97) Bridgman(1927/48), Preface, v-vi.
98) 이마저 원래『논리』의 초고(草稿)에는 참고문헌 목록조차 없었다고 한다. 아마도 듀이(J. Dewey)였을 것으로 추측되는 초고 평가자가 이렇게 말했다고 한다. "그는 아주 일상적으로 이 사람 저 사람, 이런 현상 저런 효과, 이런 언급 저런 일반화를 단 하나의 출처도 표기하지 않고 지칭하고 있다." Okamoto(2004), 276.

하다."[99]고 말한 점으로 보아, 그의 조작 분석에 대한 사고는 언급한 철학자, 물리학자, 수학자들로부터 받은 직접 영향이었다기보다 자신의 지적 불안과 고독하게 치열한 싸움 속에서 통찰을 통해 스스로 얻어낸 것이 분명하다.

브리지먼과 스탤로

『논리』가 출판되고 30여 년이 지난 다음 회고한 글에서 그가 물리학의 '해석적 측면'에 관심을 갖게 된 동기는 당시 물리학 개념에 널리 퍼진 "나쁜 의미의 형이상학"이 주는 폐해였다.

> 이 책은 근본적으로 나 자신을 위해 쓰였고, 그 주된 동기는 나 자신의 불안감이었다. 전기동역학과 열역학을 강의하면서 나는 심지어 저명한 물리학자들마저 그들의 물리학에 대한 기본 이해가 줄잡아 말하더라도 적절하지 않았다고 판단되는 많은 상황에 직면하곤 했다. 나는 그동안 차원 분석에서 상대적으로 소규모로 세부 상황을 다룬 적이 있었다.[100] 여기서 이 주제에 관해 많은 분량의 전문저술들이 내게는 정말 유감스럽게도 나쁜 의미에서 '형이상학'의 나열에 불과한 것으로 보였다. 나는 이 상황을 통찰하면서 쭉정이로부터 밀알을 골라내고 형이상학으로부터 차원의 전 상황을 구제할 수 있었다.[101]

---

99) Bridgman(1927/48), Introduction, x.
100) 브리지먼이 1922년 출판했던 『차원 분석』을 의미한다.
101) Bridgman(1959b), 518.

여기서 그가 말한 '형이상학의 폐단'은 그가 일찍이 고등학교 시절 읽었다는 스탈로 책을 연상케 한다. 즉 스탈로는 서문에서 자신의 목적이 "이 소책자의 어느 장이든 … 그것의 흐름은 과학에 잠재된 형이상학적 요소를 과학에서 완전히 제거 … 하는 데 있다."고 선언하고, 이를 위해 자신은 책에서 그 근거들을 제시하겠다는 것이다. "이 책의 어느 페이지도 주의 깊게 읽어본다면, 이런 노력이 낡은 형이상학적 정신으로 과학하는 사람의 고찰에 음흉하게 침투한 것에 의해 지속적으로 좌절되어 왔다는 점이 확실해질 것이다."[102]

실제로 브리지먼은『논리』서문에서 언급한 이들 가운데 특히 스탈로에 관한 글을 남긴 바 있다. 그는 말년에 스탈로의 저작『현대 물리학의 개념과 이론(*The Concepts and Theories of Modern Physics*)』제4판(1960)[103]에서 22쪽에 달하는 편집자 서론(Introduction)을 썼는데, 여기서 그가 물리학의 철학적 사고, 즉 해석적 측면에 관심을 갖게 된 배경을 볼 수 있다. 그는 스탈로의『현대 물리학의 개념과 이론』의 편집자 서론에서 스탈로에 관한 전기적 연

---

102) Stallo(1960), Preface, 4.
103) 스탈로의『현대 물리학의 개념과 이론』제3판(1888)은 제2판(1884)의 재판(reprint)이다. 따라서 제4판(1960)은 제2판에다 브리지먼의 서문을 추가한 것이다. 출판 및 번역판 이력은 다음과 같다.

미국판(스탈로의 원본)	영국판	독일어판	프랑스어판
초판(1881)	초판(1881) 제2판(?): 재판 제3판(1890): 재판	초판(1901): 마흐 서문 추가 제2판(1911): 초판의 재판	초판(1881?) 제2판(?): 재판 제3판(?): 재판 제4판(1905): 재판
제2판(1884): 저자 제2판 서문 추가	제4판(1900): 제2판 서문 포함		
제3판(1888): 제2판의 재판			
제4판(1960): 브리지먼 서문 추가			

구에 가까울 정도로 스탤로의 출신 배경과 이력, 사상적 편력, 마흐와의 관계, 그의 인식론을 상세히 다루었다. 브리지먼은 고등학교 시절 자신을 물리학과 과학철학으로 이끌게 만든 스탤로 책에 서론을 쓰기 위해 스탤로를 상당히 연구한 것으로 보인다. 그는 스탤로 저작들에 대한 자신의 분석 이외에도 1902년 스탤로가 죽고 난 다음 그의 가까운 친구 문학가 래터맨(라터만, Heinrich Armin Rattermann)이 쓴『독일계 미국인 철학자, 법률가, 정치가 스탤로. 신시내티 독일인 클럽에서 강연한 그에 대한 회고』, 1901년 클라인페터(Kleinpeter)의 독일어 번역판에 실린 마흐의 서문(Vorwort), 같은 해 《과학철학 계간지》에 게재된 클라인페터의 「인식론 비판가 스탤로」, 갈릴레오 연구로 유명한 과학사학자 드레이크(Stillman Drake)로부터 제공받은 미간행 원고 '스탤로와 고전물리학 비판'을 참고해 심층적으로 집필했다.[104]

브리지먼이 스탤로의 저작에 접하게 된 시기가 그의 고등학교 졸업반 때였음을 모이어와 오카모토가 밝혔지만, 브리지먼의 과학 사상, 특히 조작적 사고가 스탤로의『개념들』로부터 구체적으로 어떤 영향을 받았는지에 대한 상세한 연구는 아직 없다. 스탤로의 저작이 자신에게 동화되어 잊힌 다음 수십 년 후 1950년대 후반 하버드대학 출판부 편집장 존스(Howard M.

---

104) Stallo(1960), Introduction by P. W. Bridgman. 다음을 참고할 것. Rattermann(1902); Mach, E., "Vorwort zur deutschen Ausgabe", in: Stallo(1901), übersetzt und herausgegeben von H. Kleinpeter; Kleinpeter, Hans, 'J. B. Stallo als Erkenntniskritiker', in: Barth, Paul(hrsg.)(1901). 401-440; Drake, S.(1999), 364-377. 브리지먼이 스탤로에 대한 서론을 썼을 당시 미출판 원고였던 드레이크의 글은 Evans, H. M.(ed.), *Men and Moments in the History of Science*, University of Washington Press, 1959에 게재되었고, Drake, S., *Essays on Galileo and the History and Philosophy of Science*, vol. 3, Toronto, University of Toronto Press, 1999에 재수록 되었다.

Jones)로부터 스탤로 저술의 재판(reprint)을 편집해 달라는 요청을 받았을 때, 브리지먼은 청소년 시절 읽었을 때의 열정과 달리 성숙한 물리학자로서 스탤로의 저술을 다시 냉정하게 검토하면서 스탤로의 인식론을 비판적 관점에서 서술하게 된다. 브리지먼의 1960년 서론 이후 스탤로에 대한 평가와 그가 미국 과학 흐름에 남긴 영향을 심층적으로 연구한 저술은 아마도 Moyer(1983/86)가 대표적일 것이다.[105]

브리지먼이 스탤로 책의 서론에서 말했듯이 "오늘날 이 책은 거의 잊혔다. 심지어 미국 역사가들뿐 아니라 미국 과학자들 대부분이 스탤로를 모른다."[106]고 할 정도로 지금은 스탤로의 존재를 사람들이 알지 못하지만, 그의 저술은 미국에서 1881년 초판이 나온 이래 1884년 제2판, 1888년 제3판이 나왔고, 1910년대까지 영국에서는 3판, 독일어 번역판으로 2판, 프랑스어 번역판으로 4판까지 출판되었을 정도로 당시에는 인기 있었던 것이 확실하다.[107] 브리지먼은 그의 저술이 "오늘날 출판되었다면 즉시 과학철학으로 분류되었을 것"이라고 말한다.[108] 브리지먼에게 스탤로의 저술이 중요했던 이유는 이 책이 물리학의 기존 이론과 개념에 만연된 형이상학적 관념을 비판하고 있을 뿐 아니라, 스탤로에서 마흐의 인식론과 상통하는 점을 발견했기 때문이었을 것이다.

---

105) 모이어는 19세기 말부터 20세기 초에 이르는 시기 미국 과학자들의 지적 성향을 Moyer(1983/86)에서 설명했다. 여기서 그는 스탤로의 인식론 비판부터 시작해 브리지먼 이전 미국의 물상과학자들 사이에서 유통되던 조작적 사고를 상세히 조사했다.

106) 브리지먼은 저자의 추상적 관념과 주제가 지닌 비대중성 이외에도 스탤로 자신이 물리학자가 아니었다는 점에서 이 책의 한계를 분석했다. Stallo(1960), ix.

107) Drake(1959)는 이 책이 출판되고 30년 사이에 6개 언어의 번역판을 포함해 모두 15개 판본이 나왔다고 말한다.

108) Stallo(1960), vii.

스탤로의 인식론

스탤로(미국식 이름. John Bernard Stallo. 1823-1900)는 독일 올덴부르크 출신의 미국 이민자로서 다양한 학문을 대부분 독학하면서 St. Xavier's College에서 수학하고 독일어 교사를 거쳐 St. John's College에서 물리, 화학, 수학 교수를 했다. 그는 미국 최초의 '헤겔주의자' 중 하나[109]라고 알려져 있으며, 이때 집필한 것이 『자연철학의 일반원리(*General Principles of the Philosophy of Nature*)』(1848)이다. 그러나 그가 한때 "지적 유아(乳兒)"가 가졌던 "헤겔의 존재론적 망상의 주문(呪文)"[110]에서 벗어나 형이상학적 자연철학을 포기하고 30여 년 후 완전히 다른 관점에서 집필한 것이 『현대 물리학의 개념과 이론』(1881. 이하 『개념들』)이다.

그사이 그는 놀랍게도 법학을 공부해 변호사, 주정부 판사를 거쳐 정치가로 변신했다. 남북전쟁 때는 북군을 위해 신시내티와 인근의 독일 이민자들로 구성된 '스탤로 연대(聯隊, Stallo Regiment)'를 결성했고, 1884년 클리블랜드의 대통령 선거전에서 활약한 공로로 이탈리아 대사가 되었다. 로마에 파견된 이후 죽을 때까지 이탈리아(플로렌스)에 머물렀다. 그가 법조계와 정계에서 활동하는 30여 년간 과학철학적 인식론의 사상적 전환을 하게 된 동기가 무엇이었는지는 분명하지 않지만, 브리지먼은 이미 1873-74년 그의 사고가 근본적으로 완성되었을 것으로 추측한다.[111]

---

109) Easton(1961). 이스턴은 스탤로가 헤겔철학을 미국에 최초로 소개한 사람이라고 설명하고 있다. 그는 미국의 최초 헤겔주의자로 스탤로 이외에 카우프만(Peter Kaufmann), 콘웨이(Moncure Conway), 윌리치(August Willich)를 거론했다. Carnap(1963, 40)은 "과거 미국에서 헤겔주의적 독일 관념론 운동이 아주 영향력 있었지만, 그사이 거의 사라졌다."고 했다.

110) Stallo(1960), Preface 6.

스탤로는 『개념들』의 제2판 서론[112]에서 자신의 책이 "물리학(physics)이나 형이상학(metaphysics)을 위한 것이 아니라, 인식론에 기여하기 위해 디자인"되었는데, "과학에는 논리적, 심리학적 전제와 관련된 오개념이 만연"[113]해 있어서 "당대 물리학자들의 사고에는 드러난 것보다 더 큰 규모로 낡은 형이상학적 잔재가 있으며, … 이것을 제거하는 것이 과학자들의 과제"[114]라고 지적했다. 이 이야기는 앞서 인용한 『논리』 출판 30년에 대한 브리지먼의 자기 평가에서 "… 이 상황을 통찰하면서 쭉정이로부터 밀알을 골라내고 '형이상학'으로부터 차원의 전 상황을 구제"하기 위해 『논리』를 집필하게 되었다는 관점과 놀랍게도 일치한다.

스탤로는 "형이상학적 사고란 사물에 대한 우리 개념으로부터 사물의 본성을 연역하려는 시도"라고 정의하면서, 사고에 있어서 형이상학적 오류를 네 가지로 나열했다. 즉 객관적 실제마다 이에 대응하는 개념이 존재한다는 오류, 더 일반적이고 외연적인 개념들과 여기에 대응하는 실재들이 덜 일반적이고 내포적인 개념과 이에 대응하는 실재에 앞서 존재하며, 전자에 속성을 추가함으로써 후자가 도출된다는 오류, 개념의 발생 순서가 사물의 발생 순서와 일치한다는 오류, 사물들은 그들의 관계와 독립적으로 선행하여 존재한다는 오류.[115] 이런 관점은 나중에 논리실증주의자들이

---

111) Stallo(1960), xvi-xix. 스탤로는 이 시기 *Popular Science Monthly*에 'The Primary Concepts of Modern Physical Science I, II, III, IV'와 'Speculative Science'를 잇달아 게재했는데, 이들 내용 대부분은 1881년 출판된 『개념들』의 근간을 이룬다.

112) 제2판에는 스탤로가 초판(1881)에 대한 세평이 우호적이지 않았던 것에 대해 자신의 입장을 밝힌 다소 긴 '제2판 서론'이 포함되어 있다.

113) Stallo(1960), Preface 3.

114) *Ibid.*, 159-160.

115) *Ibid.*, Introduction 및 160.

다루었던 실재(reality)와 개념의 문제들에 아주 근접해 있다.

브리지먼은 스탈로가 "최근 성장한 현대 인식론은 사고와 언어의 진화 법칙을 물상과학에서 채택한 방법과 유사한 방법으로 탐구한 것에 근거한 이론"으로서 "사고는 사물 그 자체를 다루는 것이 아닌, 사물에 관한 우리의 **표상**(representation)"이고, "객체들은 다른 객체와의 **관계**(relations)를 통해서만 알 수 있다."고 주장한 그의 인식론적 원리가 대부분 "아주 분별력 있다."고 평가하면서, 그가 이에 대한 정당성이나 근거를 제시하지 않은 것을 아쉬워했다.116)

스탈로가 사물(object)의 본질을 그 자체의 [절대적] '속성(properties)'이 아닌 오직 다른 것과의 [상대적] '관계'를 통해서만 알 수 있다고 주장한 것은 곧 상대성 관념으로 연결된다. 즉 질량은 질량 자체가 지니고 있다고 가정된 어떤 절대적 속성에 의해 알 수 있는 것이 아니라, 다른 질량과의 관계나 다른 물리량과의 관계 속에서 정의된다는 것이다. 실제로 우리는 길이는 길이로, 무게는 무게로 측정하며, 질량은 측정 가능한 다른 물리량과의 관계(F=ma)로 정의된다. 이것이 상대주의자 마흐가 그에게 관심을 갖게 된 이유 중 하나이다.

『논리』의 기본 관점으로 볼 때, 브리지먼이 일찍부터 과학의 개념 문제, 특히 '상대성'과 '관계' 개념의 문제를 인식하고 과학 개념에 무의식적으로 잠재되어 있던 형이상학을 제거하는 데 스탈로로부터 자극을 받았던 것은 확실하다. 그런 다음 그는 물리학에 은연 중 만연해 있던 형이상학의 병폐로부터 탈출하기 위한 방법론으로 선택했던 조작적 분석에 의해 물리적 의미를 찾을 수 있을 때 형이상학을 극복할 수 있다고 믿었다.

116) *Ibid.*, xviii-xx.

기계론 비판

한편 브리지먼은 스탤로의 상대론뿐 아니라 '원자론적 기계론(atomo-mechanical theory)' 비판에도 주목했다. 즉 스탤로는 원자 가설이 정당한 물리적 논거라는 점에 반대했을 뿐 아니라, 순수한 논리적 논거라는 점에 대해서도 반대했던 것이다. 브리지먼은 스탤로의 관점을 이렇게 평가한다.

> 그[스탤로]는 이것이 지도적 물리학자들 … 사고의 기본으로 되고 있다고 주장했다. 스탤로 시대에 '역학적'이라는 단어 … 의미는 모든 자연 현상이 궁극적으로 뉴턴 역학의 원리만을 포함하고 있다는 것이다. 이것은 그다음으로 모든 현상이 기본 질량들의 운동으로 환원될 수 있다는 주장을 포함하게 되었다. … 이 이론의 가장 순수한 형태는 물질의 근본 구성물(constructs)이 모두 동일하며, 모두 질량을 갖고 있고, 딱딱하고, 서로 침투할 수 없으며, 사물의 다른 성질인 운동에 대해서는 완전히 비활성인 아주 작은 입자들이라는 것이다. 우리가 감각적으로 느끼는 물질의 모든 속성은 서로 다르게 운동하는 근본 입자들이 서로 다르게 배열된 것으로 설명될 수 있다. … 스탤로는 이런 상황의 필요성을 확신하게끔 유도한 논의들이 **나쁜 의미에서 근본적으로 '형이상학'이라는 점과 물리학자들이 이런 논의를 받아들이는 한 그들이 형이상학적이라는 혐의를 벗을 수 없다**는 점을 어렵지 않게 증명했다. 이제 와서 볼 때 나는 스탤로의 관점이 다음과 같은 점에서 전적으로 옳았다고 생각한다. 즉 보통의 물리학자들의 배경에는 일반적으로 알고 있는 것보다 훨씬 더 많은 형이상학적 요소들이 있으며, 이에 대한 관심을 촉구하는 데 있어서 그가 상당히 중요한 이

야기를 했고, 『개념들』이 당시 견해의 실제 상황을 생생하게 묘사하고 있기 때문에 이 책은 오늘날 물리학 역사학자에게 매우 중요하다. 그러나 스탤로는 공격을 여기서 멈추지 않고 더 나아가, 원자론적 역학 이론을 일반화한 물리학자들의 잘못된 수많은 관점을 상세히 비판했다. 사실상 그는 원자가 보편적으로 쓸모 있는 것은 아니라고 했다. 그는 원자가 '실재'의 구성물이 될 수 없으며, 단지 고정된 결합 비를 갖는 화학에서와 같은 특별한 상황에서나 유용한 편의상의 허구라고 여겼다.[117]

스탤로가 과학자들은 자연 현상을 설명할 때 무의식적으로 원자론과 기계론으로 환원하고 있다고 공격한 것이 마흐와 브리지먼의 관심을 끌었다. 특히 브리지먼의 『논리』 제2장에서 다룬 '설명과 기계론' 절에서는 스탤로가 지적했던 형이상학적 병폐와 일치하는 시각을 볼 수 있다. 즉 브리지먼이 우리의 사고 습관에 대해 언급하면서, 조작적 관점에서 볼 때 설명한다는 것은 상황을 설명의 기본 단위인 요소들로 환원하고, 상황을 구성하는 현상들 사이에서 익숙한 상관관계(correlation)를 찾아내는 것이라고 했을 때, 우리의 설명이 경험 세계에서 유래된 원자론과 역학적 기계론의 성공적 서술에 의존하는 경향을 지적했던 것이다.

그에 의하면 이 설명의 과정에는 "현재 범위 안에서 현상의 설명을 발견하려는 노력을 통해 경험의 한계를 넘어서 **현재 경험의 요소들** 일부와 같은 것으로 만들어진 구조를 고안하려는 노력"이 있다. 그리고 많은 설명에는 설명의 최종 요소로서 역학적 기계론이 포함되어 있는데, 설명을 기계론에

---

117) *Ibid.*, xx-xxi.

의지하려는 정신적 충동은 "있을 수 있는 모든 경험이 이미 익숙한 경험과 똑같은 유형으로 되어야 한다는 가정"에서 유래되었다. 새로운 경험에 과거 경험의 요소들이 반복되고 있는 경우도 종종 있으나, 중력 이론, 양자론, 상대성 이론 등에서 보았듯이 "우리가 점점 깊이 들어갈수록 과거의 경험 요소가 또다시 반복될 것이라는 확신을 **보장할 수는 없다.**"[118] 따라서 복잡한 것을 단순한 것으로 환원하려는 노력은 단지 모르는 것을 완전히 다른 익숙한 것으로 환원하는 것에 불과했다.

한편 원자론과 기계론 비판이 주었던 충격은 대서양 건너편에 있던 초기 비엔나 서클 회원들에게도 있었다. 1907년부터 시작되었던 제1차 비엔나 서클에서 토론되었던 도서들과 이들 도서가 주었던 영향에 대해서는 프랑크가 상세히 설명한 바 있다.[119] 프랑크가 나열한 토론 도서 목록에는 아인슈타인과 브리지먼이 깊은 인상을 받았다던 마흐와 푸앵카레의 저작들이 포함되어 있었지만, 스탤로의 『개념들』은 없었다. 대신 그들은 레이(Abel Rey)의 『현대 물리학자들 사이의 물리 이론(La théorie de la physique chez les physiciens contemporains)』(1907)(이 책은 그의 박사학위 논문이다. 이하 『물리 이론』)에서 충격을 받았다.

> 저명한 프랑스 역사학자이자 철학자, 과학자였던 아벨 레이가 책을 출판했는데, 이 책은 내게 큰 충격을 주었다. 세기 전환기에 **기계론적 물리학**의 쇠퇴와 함께 과학적 방법 자체가 우리에게 "우주에 대한 진리"를 제공하는 데 실패했다는 믿음이 생겨났다. … 그는 사람들이

---

118) Bridgman(1927/48), 37-52.
119) Frank(1949b), "Introduction. Historical Background".

자연에 대한 설명은 **순수하게 역학적인 것**이라고 믿고 있었다고 말했
다.[120]

그는 레이의 말을 인용해 19세기 중반까지 전통적 물리학은 '물질의 형
이상학'이며 이론에 존재론적 가치를 부여함으로써 모두 기계론적 이론으
로 되어버린 도그마라고 했다. 레이가 물리 현상의 전통적 설명에는 기계
론적 존재론과 원자론이 무의식적으로 내재되어 있다는 점을 비판한 것으
로부터 이들이 받은 충격은 브리지먼이 스탤로 책으로부터 받았다던 충격
과 근본적으로 동일했다.[121] 그러나 초기 서클 회원들은 1908-12년 시기에
레이의『물리 이론』을 읽고 토론했지만 브리지먼은 고등학교 졸업반이던
1900년 즈음 스탤로의『개념들』을 혼자 읽었고, 스탤로 책은 양자역학도
상대성 이론도 등장하지 않았던 1881년 출판되었지만 레이의 책은 양자역
학이 시작되고 특수 상대성 이론이 등장한 1907년이었다. 과학자가 아니었
던 스탤로의 책은 물리학에서 지적 위기가 본격적으로 등장하기 전 물리학
이 지닌 형이상학적 속성을 파헤쳤지만, 과학철학자였던 레이의 책은 물리
학의 지적 위기 속에서 양자역학과 상대성 이론이 대안 이론으로 제시되었
을 때 해석의 문제를 제기했던 것이다.

스탤로와 마흐

스탤로의『개념들』이 세간(世間)에 알려지게 된 배경에는 마흐가 있었

---

120) *Ibid.*, 2-3.
121) 레이가 비엔나 서클에 미쳤던 영향에 대해서는 Brenner(2018), 77-95를 보라.

다. 마흐는 러셀(Bertrand Russell)의 책122)을 통해 스탤로의 저술을 알게 되었으며, 스탤로를 수소문한 끝123)에 이탈리아에 있던 그와 서신 교환을 하게 되었다.124) 마흐의 권유로 독일의 클라인페터(Hans Kleinpeter)는 1901년 독일어 번역판을 출판하게 되는데, 클라인페터는 출판 직전 독일 학술지《과학철학》에 게재한 40쪽 분량의「인식론 비판가 스탤로」125)에서 그의 저서를 소개했다. 독일어 번역판에서 마흐는 서문을 썼다. 그는 이 책이 미국 이외에 영국과 프랑스에서도 이미 출판되었지만 제대로 평가되지 않은 점을 아쉬워하면서 독일에서는 올바르게 평가받기를 간절히 바란다고 말했다.

---

122) Russell, B., *An Essay on the Foundations of Geometry*, 1897. 이『기하학 기초』는 러셀이 케임브리지의 트리니티 칼리지 펠로십 청구논문으로 작성한 것이다. 여기서 그는 네 번에 걸쳐 스탤로의『개념들』을 언급했는데, 여기서 마흐는 스탤로에 관심을 갖게 된다. 러셀이 스탤로의 책에 인용한 것은 스탤로가 비유클리드 기하(metageometry), 특히 리만 기하의 논리적 문제를 언급하면서 반대한 것 때문이다. 러셀의 책을 참조할 것.

123) 마흐에게 스탤로에 관한 정보를 알려준 사람은 카루스(Paul Carus)이다. 마흐는 스탤로의 독일어판 서문에서 "러셀이『기하학 기초』에서 인용한 것을 통해 스탤로의『현대 물리학의 개념과 이론』을 알게 되면서 이 사람의 과학 목적이 나와 아주 가깝다는 점에서 이 사람에 대해 자연스럽게 흥미를 갖게 되었다. 영국에서는 내게 누구도 스탤로에 대해 알려준 사람이 없었고, 단지 맨체스터의 슈스터(Schuster) 교수가 스탤로가 어쩌면 미국 사람일 거라고 추측한 바 있었다. 미국 일리노이의 라살(LaSalle)에 사는 카루스 씨의 호의로 나는 마침내 플로렌스로 이사한 스탤로의 주소를 얻을 수 있었다."고 썼다. Stallo(1901), "Vorwort zur deutschen Ausgabe", III. 카루스는 튀빙겐대학교에서 박사학위를 한 독일계 이민자로서 시카고 근처의 라살에 살던 문학가이자 (종교)철학자였고, 자신의 출판사 'Open Court'에서 The Monist라는 저널을 발간했다. 그는 미국에 마흐가 소개되는 데 결정적 역할을 했던 인물로서 마흐의 철학 사상을 따랐고 마흐의 저술을 미국에 알리는 데 힘썼다. 그의 노력으로 마흐의『대중 과학 강의(*Popular Scientific Lectures*)』는 독일어 원판보다 먼저 나왔고,『역학사』의 영문판은 독일어 원판보다 더 많이 팔렸다. Holton(1993a), 4-7을 참조할 것.

124) 스탤로가 마흐에게 보낸 1899년 8월 11일자 편지 원문에 대해서는 Thiele(1969), 541-542를 참조할 것. 여기서 스탤로는 자신의 약력을 알렸고, 이를 마흐가 Stallo(1901) 서문에서 소개했다.

125) Kleinpeter(1901), 401-440.

내 힘을 다해 이 사람과 그의 저작이 독일어 지역에서 알려지고 평가받는 데 기여하는 것이 나의 진심이다. 미국과 영국에서는 이 책이 잘 알려져 있다. 그러나 이 책이 전문가들에 의해 적절하게 평가되었는지는 여러 증거로 볼 때 의문스럽다. 심지어 프랑스어 판에 추가된 서문은 이 책을 평가 절하하려는 의도 이외에는 아니라고 보인다. 한편 그의 원래 대중이라 할 수 있는 철학적으로, 과학적으로 교육받은 독일의 독자들에게는 이 책이 거의 알려지지 않았다.[126]

스탈로는 마흐만큼이나 철저한 상대주의자였지만, 그가 마흐와 달랐던 중요한 부분이 있었다. "그러나 스탈로의 무자비한 상대주의는 한 가지 점에서 무너졌다. 그는 비유클리드 기하학이 물리 문제와 관련 있다는 것을 허용하지 않았던 것이다."[127] 이를 마흐가 독일어판 서문에서 언급한 바 있다. 즉 그는 서문에서 자신이 스탈로의 견해와 모두 일치하지는 않지만, 스탈로가 지적한 사항들, 즉 과학에서 형이상학적 요소의 제거, 기계론-원자론적 이론의 거부, 물리 개념을 그 자체의 속성이 아닌 관계로부터 해석하는 것, 모든 물리적 속성의 상대성에 대해서는 공동의 인식이 있다고 했다.

나는 모든 점에서 스탈로와 일치하지 않는다. 즉 나는 [그가] 소위 비유클리드적 연구를 강력히 반대하는 일에 가담할 수 없다. 그러나 "과학으로부터 잠재된 형이상학적 요소를 제거"하기 위한 노력에는 완전히 동의하며 … 물리학 연구나 서술의 도구가 아니라 물리학의 보편적 기반, 세계관으로서 특히 기계론-원자론적 이론을 거부한다

---

126) Stallo(1901), "Vorwort zur deutschen Ausgabe", IIV.
127) Drake(1959), 31.

는 것이 서로 일치하는 중요한 점이다. 더 나아가 공통된 것은 특별한 실재가 아니라 현상의 특정한 요소들이 지닌 다른 요소들과의 단순한 **관계, 관련**으로 질량, 힘 등과 같은 물리 개념의 해석이다. 공간적인 것과 시간적인 것이 포함된 **모든 물리적 속성과 측정이 상대적**이라고 가정함으로써 궁극적으로는 우주에 관한 모든 진술을 거부해야 한다는 데 일치하고 있다.[128]

스탤로의 한계는 그가 전문 과학자가 아니었고, 전문적인 철학자도 아니었다는 점이지만, 바로 그 한계 때문에 그는 전문 과학자들이나 철학자들이 볼 수 없었던 그들의 한계를 벗어날 수 있었고, 그들의 문제점들을 냉정하게 포착할 수 있었다. 그것은 마치 브리지먼이 과학 사상, 사회 사상에서 어떤 계보에도 속하지 않음으로써 누구도 인지하지 못했던 새로운 관점을 제시할 수 있었던 것과도 유사하다.

마흐는 스탤로와 교신에서 많은 것을 기대하고 있었으며, 일찍이 그를 알지 못했음을 안타까워했다. 특히 마흐는 서문에서 "내가 1860년대 중반쯤 비판적 연구를 시작했을 무렵 스탤로와 같은 동료들의 노력을 알았다면 용기를 얻고 아주 신이 났을 것"이라고 말했다. 따라서 그들 사이의 교신이 마흐의 철학에서 '중요한 잠재력'을 지닐 수 있었겠지만, "처음에는 내[마흐]가 깊은 병에 걸려서, 그다음에는 스탤로의 죽음으로 금방 끝났기 때문에 짧은 기간 동안만 이루어지게 되었다."[129]

---

128) Stallo(1901), "Vorwort zur deutschen Ausgabe", XII.
129) *Ibid.*, III.

제2장 『논리』와 조작 사상

1. 조작적 사고의 기원과 배경

브리지먼은 『논리』의 머리말에서 자신의 조작적 사고에 영향을 주었던, 그러나 "그 어느 것도 의식적으로, 혹은 직접적으로 이 글의 세부 내용에 영향을 주지 않았던" 책들의 저자가 "클리퍼드, 스탤로, 마흐, 푸앵카레"라고 짧막하게 나열한 바 있다.[1] 브리지먼은 1936년에 쓴 한 편지에서 자신이 매사추세츠의 뉴턴고등학교 졸업반이었을 때(1899/1900) 물리 수업을 처음 들었고, 이때 이들의 저작을 읽었다고 했다.

> 고등학교 졸업반 때 칼 피어슨, 에른스트 마흐, 앙리 푸앵카레, 윌리엄 클리퍼드, 존 스탤로의 저작들을 읽었으며, 이들 저작이 아마도 십중팔구는 자신의 조작적 관점의 기반을 형성했다.[2]

---

1) Bridgman(1927/48), Preface, v.

이렇게 본다면 브리지먼의 조작 사상의 철학적 뿌리는 그의 고등학교 시절까지 거슬러 올라가는 셈이다. 앞서 보았지만 이때 그에게 큰 영향을 주었다고 보이는 인물은 마흐 말고도 스탤로였을 것이다.[3]

여러 뿌리들

브리지먼은『논리』를 쓰게 된 직접적인 동기가 당시 새로운 물리학이 주는 개념의 의미에 대한 해석 문제였다고 했다.『논리』의 머리말, 서론, 제1장에서 '상대성 이론'과 '양자 이론'의 충격이 물리학자들에게 "물리학의 해석적 측면"의 관심을 갖게 만들었고 자신에게는 기존 물리학 기반 전체를 비판적으로 재검토하게 만들었다고 했지만,[4] 조작적 관점의 배경과 동기, 기원에 대해서는 상당히 포괄적으로만 진술했다.[5] 그런데 그가 1953년 발표한 글에서는 자신의 조작적 사고의 배경이 '상대성 이론'과 '차원 분석'이라고 말함으로써 양자 이론보다는 1920년부터 시작했던 차원 분석을 강조

---

2) 1936년 9월 21일 벤틀리에게 보낸 편지. Moyer(1991a), 244에서 재인용.

3) Bridgman(1960), "Introduction", in: Stallo(1881/1960), 제4판(제2판의 재인쇄판)을 참조할 것. 브리지먼은 스탤로의 재인쇄판과 자신의 서문을 준비하면서 출판사에 보낸 편지에서 이렇게 말했다. "나는 스탤로에 대해 다정한 느낌을 언제나 갖고 있다. 고등학교 졸업 학년 때 뉴턴의 공공 도서관에서 그를 발견했는데, 나는 그가 나를 물리학으로 방향을 틀도록 실제 영향을 주었다고 생각한다." Moyer(1991a), 245에서 재인용.

4) Bridgman(1927/48), v-xi, 1-25.

5) Moyer(1991b), 377. "자연과학에 대한 브리지먼의 초기 저작들에는 다른 철학자-과학자들에 대한 참조가 이따금 등장할 뿐이었다.『논리』도 같은 패턴을 따르고 있었다." Okamoto(2004), 151에서도 "많은 역사가들이 브리지먼이 물리학에 대한 철학적 분석을 시작하게 된 이유를 명쾌하게 설명하는 정도까지는 시도하지 않았던 것 같다."고 말하면서, 역사가들은 브리지먼이 공적으로나 사적으로 자신의 철학적 노력의 시작을 몇 번 언급한 것을 그저 인용하는 정도라고 했다.

했다.6) 실제 『논리』를 보면 그가 '차원 분석'을 언급하고 있지만, 그는 이것이 자신의 조작 사상과 어떤 관계가 있는지, 무슨 영향을 주었는지에 대해서는 말하지 않았었다. 그는 『논리』 출판 이후 상당한 시간이 흐른 다음에야 자신의 조작적 사고의 배경으로 차원 분석을 언급했다. 따라서 그가 공식적으로 언급한 조작적 사고의 배경과 기원에는 '상대성 이론', '양자 이론' 외에도 '차원 분석'이 있음을 알 수 있다.

브리지먼의 조작 사상의 뿌리에 관한 Walter(1990), Moyer(1991a; 1991b), Okamoto(2004)의 연구를 종합해 보면, 그의 조작 사상의 형성에는 그가 말한 이 세 가지 배경 말고도 '고등학교 시절의 독서', '학부 및 대학원 시절의 지적 경험', '전문 물리학자로서 실험실 경험', '열역학과 통계역학에서 형성된 조작 관점' 등 네 가지가 더 있어 보인다. 이들을 모두 심도 있게 분석하는 일은 이 글의 수준을 넘어서는 일이기 때문에 여기서는 그의 조작 사상의 동기와 배경들 중 일부만 검토해 보겠다.

우선 가장 이른 시기에 이루어졌고, 평생 그의 사상적 틀을 주조(鑄造)했던 첫 번째 영향은 그가 고등학교 졸업반 시절 과학 사상에 관한 도서들을 광범위하게 접했을 때였다. 이때 읽었던 문헌들은 그가 1928년 컬럼비아대학교에서 『논리』에 대한 세미나를 하면서 처음 언급한 것으로 알려져 있다. 그것은 스탤로의 『현대 물리학의 개념과 이론(*The Concepts and Theories of Modern Physics*)』(New York: D. Appleton, 1881), 클리퍼드의 『정밀과학의 상식(*The Common Sense of the Exact Sciences*)』(London: Kegan Paul, 1885), 마흐의 영어 번역판 『역학의 과학. 그 원리의 비판적, 역사적 해설(*The Science of Mechanics: A Critical and Historical Exposition of Its Principles*)』(Chicago: Open

---

6) Bridgman(1954a), 75.

Court, 1893)이었다. 모이어는 브리지먼이 이 책들을 이미 고등학교 졸업반 때 접했고, 푸앵카레의 『과학과 가설(*La Science et l'Hypothése*)』(1902)은 아주 나중에 읽었다고 했다.[7] 그는 이미 고등학교 시절 나중에 논리실증주의라고 알려졌던 사상과 매우 가깝고 또 그 사상에 직접 영향을 주었던 마흐나 스탤로의 경험주의와 상대주의로부터 영향을 받았던 것이다. 특히 앞의 '형이상학으로부터 탈출'에서 보았듯이 브리지먼은 고등학교 졸업 이후 60여 년이나 지난 다음에도 스탤로 저서의 재인쇄판(1960)에 편집자 서문을 상당히 길게 쓸 정도로 스탤로의 영향은 크고도 지속적이었다. 한편 브리지먼은 『논리』에서 클리퍼드와 푸앵카레에 관해서도 잠시 이야기했다. 수학자 클리퍼드에 대해서는 자신의 조작적 관점의 사례로 들었다. 즉 브리지먼은 클리퍼드가 우주의 절대적 척도가 모두 변했을 때 그것이 변했다는 것을 어떻게 알 수 있는가라고 제기한 질문에 대해 그런 것을 확인할 수 있는 조작이 존재하지 않기 때문에 무의미하다고 했다.[8] 푸앵카레에 대해서는

---

7) Moyer(1991a), 245.

"한 편지에서도 브리지먼은 푸앵카레의 *La Science et l'Hypothése*를 『논리』가 집필되기 전 언젠가 읽은 바 있다는 것을 확인했다. 한 지인에게 1927년 『논리』를 완성한 후 여름 동안 그 책의 "프랑스어 원전을 다시 읽었다."고 말했다. 그가 고등학교 졸업 학년이었던 1899-1900년 1902년판 *La Science et l'Hypothése*를 처음 읽었을 리는 없었겠지만(그는 이 책이 출판되고 난 이후부터 『논리』의 초고가 작성되는 사이 어딘가에 읽었을 것이다.) 졸업반 학생이었을 때 20세기가 되기 전 인쇄되었던 푸앵카레의 철학 논문들을 접했던 것이다. 그중에는 미국 저널 *Monist*에 영어로 번역된 에세이가 포함되었다."

8) Bridgman(1927/48), 28. 그러나 클리퍼드에 대한 사람들의 관심은 브리지먼이 언급했던 우주적 척도의 절대적 변화보다는 그의 공간론에 있다. 그는 아인슈타인이 일반 상대론에서 발표하기 이미 45년 전에 리만 기하를 언급하면서 공간이 물질에 의해 곡률의 편차가 발생할 수 있음을 논한 바 있다. 그는 이 논문을 1870년 발표했는데 현재 남아 있는 것은 2쪽 분량의 초록이다. William Kingdon Clifford(1876), "On the Space-Theory of Matter", in: *Proceedings of the Cambridge Philosophical Society*, Vol. II, 1876, 157-158을 보라. 또한 현대 물리학에서 클리퍼드

에너지 보존에 관한 규약주의 관점이나 과학에서 기계론적 설명을 논했다.

두 번째는 브리지먼이 하버드대학교 재학 시기에 접했을 것으로 추정되는 경험주의와 실용주의 영향으로서 이 부분에 대해 브리지먼이 명시적으로 언급한 바가 없다. 실제로 학부와 대학원 시절 브리지먼에게 형성되었을 사상에 대한 구체적 자료들이 많지 않고, 다만 그의 수강 목록과 이를 담당했던 하버드대학교 교수진들의 성향에서 확인할 수 있을 뿐이다. 당시 하버드에는 모더니즘 충격, 미국적 진보주의와 청교도주의 가치관에 의해 형성된 분위기가 지배적이었고, 실용주의와 과학에 대한 신뢰가 있었다. 이에 대해 하버드대학교 총장이었던 코넌트가 언급한 것이 있다. 즉 나중에 사람들이 브리지먼 사상을 그가 학생이었을 당시 대학의 지적 분위기를 결정했던 하버드 교수들의 교육에서 연관성을 찾으려 하겠지만, 찰스 퍼스 (Charles Peirce)의 실용주의(pragmatism) 사상과 이것에 대한 윌리엄 제임스 (William James)의 해석이 1900년대 초 브리지먼에게 어느 정도 미묘하게 영향을 주었는지는 **"어느 누구도 장담할 수 없다."**고 하면서도 **"**내가 이야기할 수 있는 정도에서는 **직접 연관의 증거가 없으나**, 그가 청년이었을 때 숨쉬었던 지적 공기는 그 자신도 정말 **의식하지 못한 영향**을 주었을 것이라고 믿는 것은 가능하다."[9] 모이어는 브리지먼이 학부와 대학원 시기에 실용주의와 물리철학으로부터 받은 영향으로 보인 흔적들을 좀 더 상세히 조사하고 나서, 그가 하버드에서 '무의식적'으로 받은 영향은 그가 '의식적'으로 숨쉬었던 지적 공기로부터 왔다는 결론을 내렸다.

의 공간론이 차지하는 의미에 대해 야머가 논의한 바 있다. Jammer(1993/2012), 163을 보라.
9) *Memorial Meeting*(1961), 코넌트의 추도사.

[실용주의 창시자] 제임스나 퍼스가 브리지먼에게 직접 영향을 주었다는 것을 입증할 **문헌적 증거는 없지만**, 젊은 물리학자는 하버드에서 '지적 공기'를 그냥 숨 쉰 것이 아니라 **완전히 스스로 의식하면서** 숨을 쉬었다. … 학부 시절 조교수 조지 산타야나(George Santayana)는 동료이자 멘토였던 제임스의 실용주의 관점들을 반영하고 있었다. 브리지먼이 기억하고 있는 산타야나 강의는 '역사철학' 아니면, '철학사' 혹은 '형이상학'이었을 것이다. 브리지먼이 3학년이었을 때 제임스는 실제로 '자연철학'이라는 제목의 강좌를 지도하고 있었다. … 브리지먼은 하버드 철학 강좌 하나에 공식 등록한 바 있는데, 그것은 제임스 강좌였다. …

강의실과 실험실에서 물리학자들과의 개인적 교류는 브리지먼의 조작적 관점에 대해 추가적인 자극을 제공했다. 하버드에서 그의 교수에는 베냐민 퍼스(Benjamin O. Peirce), 시어도어 라이먼(Theodore Lyman), 에드윈 홀(Edwin Hall), 월리스 사빈(Wallace C. Sabine)이 있었다. 실험과 측정에 대한 그의 헌신은 … 특히 라이먼, 홀, 사빈에 의해 길러졌다. … 첫 두 사람은 자외선 스펙트럼의 '라이먼 계열(Lyman series)'과 전류가 이동하는 금속에서 '홀 효과(Hall effect)'를 발견한 사람들이다. 사빈은 음향 현상을 연구했다. 덧붙여 퍼스와 홀은 브리지먼이 물리학의 철학적 이해를 자극하는 데 일조했을 것이다. … 초기에 브리지먼이 책이나 강의, 논의에서 자신의 조작적 관점을 자극했던 철학자들, 철학자-과학자들, 물리학자들의 견해에 얼마나 많이 노출되었는지는 **아직 확실하지 않다**. 그러나 1907년이 되면 그는 우리가 나중에 물리학에 대한 조작적 접근의 어린 싹이라고 할 수 있는 것들을 주장하고 있었다.[10]

이렇게 본다면 당시 하버드를 지배하던 지적 공기에는 브리지먼이 조작주의 사상을 틔우게 될 씨앗들이 "공중에서 떠다니고 있었던 것"[11]이다.

나머지 배경들에 해당하는 시기는 1905년 박사 과정에 들어가면서부터 『논리』가 출판되던 1927년까지로서, 말하자면 브리지먼이 전문 과학자로 입문하는 시기부터 실험물리학자로, 또 하버드대학교 교수로 견고하게 자리를 잡아가는 시기이다. 이 시기에 조작적 사고에 대한 확신과 이를 구체화한 요소로는 '초고압 현상에 대한 그의 실험실 연구와 경험', '차원 분석', '열역학', '고급 전기동역학과 특수 상대성 이론', '양자역학'을 들 수 있다.[12] 그가 실험실 경험으로부터 형성된 조작적 관점에 대해서는 앞서 언급했지만 장하석의 『온도계의 철학』(Chang, 2004/16) 제3장부터 제5장도 참고하기 바란다. 열역학과 차원 분석이 그의 조작적 사상 형성에 미친 영향에 대해서는 Walter(1990)의 제4장과 제9장, Okamoto(2004)의 제3장을 참고하기 바란다.

상대성 이론, 양자역학, 차원 분석

『논리』 서론에서 브리지먼은 자신의 지적 불안을 해소하기 위한 돌파구

---

10) Moyer(1991a), 246-248. 또한 Okamoto(2004)의 Appendix 487-493을 참조할 것. 특히 오카모토의 부록에는 브리지먼의 학부와 대학원 수강 목록이 포함되어 있다.

11) Walter(1990), 115.

12) 모이어는 브리지먼이 특수 상대론을 마주치기 전에 조작적 태도의 기반이 될 수 있었던 사건들을 네 가지로 구분했다.
   "브리지먼은 자신의 철학적 발전의 초기 단계에서 19세기 후반의 과학 비판적인 고전들을 읽었으며, 최소한 산타야나, 로이스, 뮌스터베르크의 강좌를 형식적이든 비형식적이든 수강함으로써 철학에 대해 공공연히 관심을 추구했고, 퍼스, 라이먼, 홀, 사빈 교수 밑에서 물리학을 공부했으며, 1907년이 되면 열역학에서 조작에 관한 맹아적 관점을 확실히 보였다."
   Moyer(1991a), 249.

로서 물리학 개념의 조작적 의미에 관심을 갖게 된 직접적 동기가 '특수 상대성 이론'과 '양자역학'이라고 말했다.

> 새로운 운동이라 할 수 있는 이런 반응은 명백히 아인슈타인의 **특수 상대성 이론**에 의해 시작되었다. … 아인슈타인은 우리가 기본 개념의 일부를 약간 바꾸면 모든 것을 아주 단순하게 재구성할 수 있다는 점을 보였다. … 하지만 실험이 시간과 공간 개념 이상의 것들에 관해 비판적 고찰을 강요하게 된 것은 명백히 **양자물리학**의 영역에서 발견된 새로운 사실들 때문이었다.[13]

그런데 그가 상당히 나중에 1953년 보스턴 AAAS 심포지엄에서 발표했던 「조작주의의 현재 상태」(1956)[14]에서는 자신의 조작적 사고에 대한 아이디어 배경과 기원이 '상대성 이론'과 '차원 분석'이었다고 하면서 다소 상세하게 언급했다. 그는 이 글에서 한 개념이 갖는 의미를 알기 위해서는 "사물(objects)이나 어떤 실재물(entities)보다는 활동(doings)이나 일어난 일(happenings)을 분석"하는 것이 더 필요하다는 확신이 들게 만든 것에는 두 번의 계기가 있었다고 했다. 하나는 1927년 『논리』의 출판 훨씬 이전이던 1914년 고급 전기동역학에 관한 두 강좌를 준비하면서 특수 상대론을 다루었는데,[15] 이때 "전체 분야에 깔려 있는 개념적 상황이 매우 모호하다고 보였기 때문에 지적 고통"을 느꼈다는 것이다. 그리고 "고통의 다른 한 원인은 차원 분석(dimensional analysis)의 상황"이었다고 말했다. 그는 차원 분석을 연구

---

13) Bridgman(1927/48), viii.
14) Bridgman, "The Present State of Operationalism", in: Frank(1956), 74-79.
15) 원래 이 강의를 담당하던 베냐민 퍼스 교수가 갑자기 세상을 떠나면서 브리지먼이 맡게 되었다고 한다.

하면서 실험의 필요성에 대한 의문을 갖게 되었는데, 이때 수행했던 차원 분석이 비록 조작이라는 단어를 명시적으로 사용하지 않았어도 "**근본적으로는 조작적 방법**이었다."[16]

그가 1914년 갑자기 떠맡게 된 고급 전기동역학의 두 강의를 준비하면서 특수 상대성 이론의 문제를 깊이 고찰하게 되었을 때, 특수 상대성 이론이 성공하게 된 것은 아인슈타인이 과거와 다른 조작적 방법을 적용했기 때문이라는 확신은 1927년의 『논리』나 1953년의 심포지엄에서나 공통적이다. 그러나 그에게 1920년대 급격히 출현한 실험 증거들을 언어로 서술하고 해석하도록 "비판적 고찰을 강요한" 양자 현상이 그의 조작적 사고의 배경이 되었다는 초기 이야기는 1953년 발표에서 "지적 고통을 주었다."는 차원 분석으로 대체되었다.[17] 브리지먼은 자신의 조작적 사고의 중요성을 확신하게 된 동기의 방점이 『논리』 출판 이후 왜 달라졌는지를 설명한 바 없다. 다만 브리지먼의 조작적 방법을 중심으로 몇몇 사람들과 벌어졌던 논쟁들, 특히 물리학자 린제이와 15년 이상 벌어졌던 논쟁과 Moyer(1991a; 1991b), Walter(1990), Jammer(1974)의 연구로부터 몇 가지 이유를 추측할 수 있을 뿐이다.

우선 물리학자들에게 조작적 사고는 물리 활동을 할 때 무의식적으로 사용하는 익숙한 관념이었을 뿐 아니라, 조작 활동과 직접 관련 있는 '연산자(演算子, operator)'나 '관측 가능한 양(observables)', '측정 가능한 양(measurables)'이라

---

16) Frank(1956), 74-75.

17) 그는 늦어도 1951년까지는 자신의 조작적 사고의 확신이 특수 상대성 이론과 양자역학이라고 말했다. Bridgman, "Some Implications of Recent Points of Views in Physics", *Revue Internationale de Philosophie*, Vol. 3, No. 10(Ocktobre 1949), 479-501 및 Bridgman, "The Nature of Some of Our Physical Concepts III", *The British Journal for the Philosophy of Science*, Vol. 1, No. 4(Feb. 1951), 142-160.

는 단어는 양자역학에서 광범위하게 사용하고 있는 용어였다. 양자역학에서는 브리지먼이 나중에 '종이와 연필'의 조작이라고 불렀던 비물리적 조작인 연산자를 통해 물리적 조작에 의해 확인할 수 있는 '측정 가능한 양', 혹은 '관찰 가능한 양'이 얻어졌다. 월터는 브리지먼이 『논리』를 집필한 전후에 양자 이론의 형식, 특히 하이젠베르크의 행렬역학에서는 조작적 방법을 뒷받침해 줄 수 있는 증거들이 "양자역학에서는 조작주의 어휘들이 진부한 단어들"일 정도로 명확했다고 말한다.[18] 실제로 양자역학 개념들의 의미를 파악하는 데는 조작 분석이 아주 적합하다고 생각했기 때문에 브리지먼은 특히 하이젠베르크의 행렬 연산자를 자신의 조작적 방법의 성공이라고 생각했고, 1930년대 초에는 양자역학과 조작 기법의 관련성을 더욱 확신하게 된다.

그러나 브리지먼은 자신과 하이젠베르크가 소위 마흐의 학생[19]이라고 스스로 여긴 아인슈타인의 방법을 따라 각자가 조작적 방법과 행렬역학을 완성했다는 점을 의식하게 된다. 즉 브리지먼이 하이젠베르크의 행렬역학은 자신의 조작적 방법과 인식론을 독립적으로 확증한 것이라고 받아들였던 것이 사실은 "자신도 일부였던 **동일한** [실증주의] **철학 조류가 서로 다른 방식으로** 드러난 것에 불과했다. 브리지먼의 조작주의와 하이젠베르크의 물리철학은 그들이 마흐적으로 포장된 아인슈타인의 상대성 이론에서 공동의 뿌리를 공유하면서 서로를 강화했던 것이다."[20] 이에 대해 브리지먼은 『물리 이론의 본질』에서 이렇게 말한 바 있다.

---

18) Walter(1990), 199-223.
19) 마흐의 답장을 받고 아인슈타인은 1909년 8월 17일자 편지에서 겸손하게 말했다. "당신을 존경하는 학생(Sie verehrender Schüler)으로부터". Holton(1973/75), 227에서 재인용.
20) Moyer(1991b), 375-377.

수학적 모형의 흥미로운 측면을 강조한 사람은 하이젠베르크이다. … 하이젠베르크는 [수학 이론과 물리계가 대응한다는] 이 관점과 물리적 조작에 의해 정의될 수 있는 물리 개념만이 의미를 지닌다는, 즉 특히 정량적 물리 개념이 측정 가능한 어떤 것에 대응할 때야 비로소 의미를 지닌다는 점을 뜻하는 조작주의자의 격언을 환상적으로 결합한 것으로 보인다. 물리학의 모든 방정식이 본질적으로 수를 다루고 있기 때문에, 하이젠베르크는 원래부터 측정 가능한 양들만이 방정식에 들어와야 할 것을 요구했다. … 그러나 나는 하이젠베르크의 이러한 요구가 이론을 만드는 데 절대 필요한 부분이었다기보다, 어쩌면 [이론이 만들어진] 사건 이후에 이 성공을 **철학적으로 정당화하기 위해 만들어진 것**이 아닌지 항상 궁금했다.[21]

따라서 브리지먼조차 "행렬역학에 대한 하이젠베르크의 조작적 표현이 이론을 형식화하는 데 필수 불가결한 역할을 했다기보다는 어쩌면 성공에 대한 일종의 철학적 정당화로서 사건 이후에 형식화된 것"[22]이라고 생각했고, 결과적으로 양자역학이 조작적 방법으로 형식화된 증거라고 보았던 브리지먼의 시도는 성공하지 못했다. 하이젠베르크나 브리지먼이나 잠시 행렬 역학이 조작적 방법의 성공이라고 보았지만, 해석의 문제에서는 이 방법이 작동하지 않는다는 점을 곧 알게 된 것이다. 게다가 아인슈타인마저 물리 이론을 구성하는 데 조작적 방법이 꼭 필요한 것은 아니라고 생각

---

21) Bridgman(1936/64), 64-65.
22) Walter(1990), 200. 그래서 그녀는 "조작 분석이 양자역학에 직면할 시점이 되었을 때 브리지먼의 조작 분석이 작동하지 않았던 것이다."라고 평가하면서, 이를 구체적으로 입증하기 위해서는 "실제로 양자역학에서 조작주의 어휘의 용례가 브리지먼 때문인지 하이젠베르크의 덕분인지를 확인할 수 있는 더 많은 연구가 필요하다."고 했다.

하고 있었다.[23]

양자역학에 대한 브리지먼의 한계는 무엇보다도 조작적 해석의 기반에 대한 것이다. 조작적 해석에서 핵심 활동인 측정은 **조작자와 측정 대상 사이에 상호작용이 배제된 중립성 가정**에 기반하고 있었다. 측정 행위가 측정 대상에 직접 개입하지 않기 때문에 고전적 측정은 계의 엔트로피를 증가시키지 않으며, 원칙적으로 정밀도에 제한이 없다. 이것이 곧 측정과 관찰에 관한 고전적 인식론이다. 그러나 관찰자, 즉 조작자가 관찰 대상과 하나의 계를 구성하고 있어서 자신이 포함된 계를 자신이 관찰함으로써 발생하는 문제가 미시 세계에서는 거시 세계와 달랐다. 하이젠베르크는 1933년 노벨상 수상 연설에서 관찰 행위(조작)에 의한 섭동이 관찰 대상의 거동에 영향을 주는 미시 세계에서는 **관찰과 형식이 모순**된다고 말했다.

> 게다가 관찰 결과는 일반적으로 후속 관찰의 특정 결과들의 확률에 관한 언명들로 이어지기 때문에 보어(Bohr)가 보여준 것처럼 섭동마다 **근본적으로 검증될 수 없는(unverifiable) 부분은 양자역학의 무모순 조작(non-contradictory operation)에 대해 결정적**이어야 한다. 고전 물리학과 원자물리학 사이의 이런 차이는 이해할 수 있는데, 왜냐하면 태양 주위를 도는 행성들과 같이 무거운 물체의 경우 그 표면에서 반사되어 이들을 관찰하는 데 필요한 태양빛의 압력을 무시할 수 있지만, 가장 최소 구성 단위의 물질인 경우 작은 질량 때문에 측정할 때마다 이들의 거동에 결정적인 영향을 주기 때문이다. … 실험이 고전적 운동을 계산하는 데 필요한 한 원자계의 모든 특성의 정확한 측정을 허용

---

23) Schilpp(1949/95), 679 및 이 글의 제4장 '조작에 대한 아인슈타인의 논평' 참조.

한다면, 또 예컨대 특정 시간에 계에서 **각 전자들의 위치와 속도에 대해 정확한 값을 제공할 수 있다면, 이 실험들의 결과는 형식론(formalism)에 서는 전혀 사용될 수 없고, 오히려 형식론에 직접 모순된다.**[24]

브리지먼은 양자역학의 해석 문제를 놓고 입장이 난처해졌다. 그는 양자역학에서 측정자와 측정 대상이 상호작용한다는 점을 미시 세계의 물리적 내용을 결정하는 데 조작자가 적극 개입한다는 의미로 해석했지만, 그의 조작 관념은 조작자가 현상에 개입하되 조작자와 조작 대상이 상호작용하지 않는다는 고전적 측정 이론에 기반을 두고 있다. 게다가 양자역학에서는 조작자와 조작 대상 사이의 소통(상호작용)에 의해 의미가 구성되지만, 그에게 조작의 밑바닥에는 본질적으로 소통 불가능한 개인적 사건이 자리 잡고 있었다.[25] 사실상 일반 상대성 이론의 형성과 양자역학의 발전에 조작적 방법이 꼭 필요했던 것은 아니었다.

그는 일반 상대성 이론이 조작적 방법을 포기했다고 비판했고, 양자역학에 대해서는 조작적 방법을 더 이상 적용하지 않고 차원 분석으로 옮겨갔다. 그 변화는 린제이와의 논쟁에서 볼 수 있다. 앞서 말했듯이 1953년 AAAS 대회의 조작주의 세션에서 브리지먼은 발표 논문 「조작주의의 현재 상황」에서 조작적 사고의 동기를 언급할 때 '양자역학' 대신 '차원 분석'을 언급했다. 그런데 검토해 본다면 차원 분석은 양자역학에 비해 근본적으로

---

24) Werner Heisenberg, *The Development of Quantum Mechanics*, Nobel Lecture, December 11, 1933. https://www.nobelprize.org/prizes/physics/1932/heisenberg/lecture. 그는 1932년 노벨상 수상자로 선정되었지만 수상은 1933년에야 이루어졌다. 1933년 수상자는 디랙과 슈뢰딩거였다.

25) 이에 대해 보다 자세한 논의는 Walter(1990), '제8장 양자역학. '지금 여기서' 너머에서 온 신호'를 참조할 것.

다른 위치에 있다. 즉 차원 분석은 양자역학과 달리 새로운 물리학을 만들 거나 그 현상을 해석하는 데 필요하지 않았고, 고전물리학과 현대 물리학 의 두 영역에서 여전히 유효하게 사용될 수 있었다.

브리지먼은 이 논문에서 1920년 봄부터 물리학과 대학원 컨퍼런스에서 다섯 번의 강의 시리즈로 차원 분석을 운영하게 되었을 때 차원 분석의 과 정 자체가 본질적으로 조작 분석이었음을 의식하게 되었다고 말했다. 그는 이 연구 결과를 1922년 『차원 분석』[26]이라는 제목으로 출판했는데, 특수 상대론을 포함해 전기동역학을 다룰 때 이론물리학에서 개념들의 문제 이 외에도 차원 분석 기법으로 열전도율(thermal conductivity)이나 스트레스 (stress), 장(field)과 같은 물리량의 차원과 차원 상수를 결정하는 문제가 그로 하여금 물리적 조작의 의미를 구체적으로 깊이 고찰하게 만들었다고 했 다.[27]

그는 차원 분석이 연구자들 사이에서 점차 중요해지고 있는데, 특히 차 원 상수(dimensional constants) 결정이나 비례 상수의 수치 인자(numerical factors)의 규모에 관한 근사적 정보를 얻는 데 유용하지만, 차원 분석 방법의 원리를 체계적으로 설명한 곳이 없다고 하면서 "차원 분석 방법은 지금까 지 수행되었던 것 이상으로 이론 연구의 도구로서 훨씬 더 중요한 역할을 할 수 있다. 연구자는 얻게 될 해의 본질을 차원 분석한 다음, 근저의 방정식 에 내재된 관점이 실험에 대해 유효하다는 것을 확신할 때야 비로소 문제의 상세한 해로 접근할 수 있다."[28]고 했다. 또 그는 차원 분석을 고찰한다면 최종 결과의 수치 계수가 계의 원래 운동 방정식에서 수행된 "수학적 조작

26) Bridgman(1922/31/63), *Dimensional Analysis*, New Haven: Yale University Press.

27) Bridgman, "The Present State of Operationalism", in: Frank(1956), 75-76.

28) "Preface, Preface to the Revised Edition", in: Bridgman(1922/31/63), 88.

(mathematical operations)"의 결과이며, 이러한 수학적 조작에서는 지나치게 크거나 지나치게 작은 수치 인자들을 보통 도입하지 않는다면서, "단위 크기를 정할 때 보편적 사건(universal occurrence)의 차원 상수로 한정한다면 보편 사건에 일어나는 어떤 현상에도 적용"할 수 있기 때문에 이런 방식으로 절대 단위계를 도입할 때 수학적 조작에 의한 수치 인자는 그 의미를 판단하는 데 활용될 수 있음을 여러 사례를 통해 보였다.[29] 사실상 그에게는 차원 분석이 양자역학보다 자신의 조작적 관점을 더 잘 설명해 줄 수 있는 확실한 증거였다.[30]

'조작' 용어의 기원

1953년 린제이 비판에 대한 발표에서 브리지먼은 자신이 '조작(operation)' 이라는 단어를 처음 명시적으로 사용했던 때가 1923년 보스턴에서 열린 AAAS의 상대론 심포지엄이었다고 말했다.[31] 그러나 그가 말한 AAAS 심포지엄이 실제로는 1922년 12월에 열렸다는 점을 Moyer(1991a, 253-254)가 당시 심포지엄 문서로부터 밝혔기 때문에, 브리지먼 연구자나 조작주의 연구자들은 브리지먼이 '조작'이라는 용어를 1922년 말부터 명시적으로 사용

---

29) *Ibid.*, 88-103.

30) 그는 Bridgman(1922), Chap. VIII, 'Application to Theoretical Physics'에서 다양한 예시를 들어 차원 분석의 의미를 설명했다.

31) Bridgman, "The Present State of Operationalism", in: Frank(1956), 75. 브리지먼이 벤틀리에게 쓴 편지에서도 같은 이야기를 했다. Walter(1990), 95-96에서 재인용.

　　"차원 분석과 관련한 내 관점이 조작적 관점과 아주 밀접하게 연결되었다고 생각한다. 실제로 내가 이들 단어에서 차원 분석을 표현하지는 않았지만, 차원 분석에 관한 내 아이디어를 통해 작업한 다음부터 조작적 관점에 관한 연구를 시작했다."

한 것으로 보고 있다.

하지만『차원 분석』을 읽어본다면 이것이 사실과 다소 다르다는 점을 알게 될 것이다. 그가 1922년 출판한『차원 분석』텍스트에는 'rules of operation', 'mathematical operations', 'physical operations'와 같은 용어가 이미 자주 사용되고 있었다. 이에 관해 브리지먼은 집합론의 조작 문제를 논하는 자리에서 "'조작적(operational)'이라는 것과 매우 같은 과정이 이미 수학자들에 의해 광범위하게 사용되고 있다."고 말했을 때,[32] 그는 수학에서 사용하는 'operation(수학에서는 이를 보통 '연산'이라고 부른다.)'과 물리적으로 사용하는 'operation(조작)'이 각각 '정신적 조작(종이와 연필의 조작)'과 '물리적 조작'을 의미한다고 말하고 싶었을 것이다. 따라서 그가 1920-22년 사이 언젠가부터, 늦어도『차원 분석』을 집필할 때는 '조작'이라는 용어를 본격적으로 사용하고 있었다고 보는 것이 타당하다. 즉 브리지먼이 '조작'이라는 용어를 명시적으로 사용하게 된 시기는 그가 말한 1923년도 아니고, 월터, 모이어, 오카모토가 주장하는 1922년 말 AAAS 심포지엄도 아니라, 그가『차원 분석』초판의 서문을 썼던 1922년 9월 이전으로 거슬러 올라간다. 그 자신도 비록 조작적이라는 단어가 **사용되지 않았어도** 본질적으로 조작 분석이었다는『차원 분석』에서는 'operation'이라는 단어를 **실제로는 자주 사용**하고 있었다. 더 자세한 분석이 필요하겠지만, 그는『차원 분석』에서 용어 'operation'을 광범위하게 사용하고 있었을 뿐 아니라, '수학적' operation과 '물리적' operation으로 구분하면서 개념을 '물리 영역의 조작'으로 확장하는 시도를 한 것으로 보인다.『차원 분석』을 검토하면, 그가 텍스트에서

---

32) Bridgman, "A Physicist's Second Reaction to Mengenlehre", *Scripta Mathematica*, 2(1934), 101-117 and 224-234.

'operation'을 수학적 연산 행위라는 의미로 여전히 사용하고 있지만 물리적 측정과 관련했을 때는 'mathematical operation'과 'physical operation'을 구분해 사용했다. 따라서 브리지먼이 1922년 『차원 분석』에서 'operation'이라는 용어를 수학의 '연산(operation)'에 해당하는 개념에서 물리적 '측정' 영역으로 확대했고, 그 이후 1927년 『논리』에서는 (여전히 측정 조작을 강조하고 있지만) 물리 개념의 정신적 조작까지 조작 개념을 일반화했고, 더 나아가 언어와 사회 영역에서도 적용될 수 있는 조작 개념으로 확장할 수 있는 가능성을 제시한 것으로 보인다.

조작 관념의 유통

한편 당시에는 '조작'이라는 용어나 그런 관념이 적어도 브리지먼 말고도 케임브리지 지역에서 이미 유통되고 있었다는 모어와 월터의 연구가 있다. Moyer(1991a, 244)와 Walter(1990)에 의하면 "상대론과 양자 이론이 등장하기 이전에도 사실상 물상과학자들은 조작적이거나 이에 가까운 관점을 사용하고 있었다." 예컨대 브리지먼이 잘 알고 있고 MIT에서 물리학 교수를 했던 윌리엄 프랭클린(William S. Franklin)이 1918년부터 조작적 관점을 지속적으로 언급하고 있었으며, 특히 브리지먼이 『논리』를 집필하던 1926년 물리학에서 경험주의적 철학과 형이상학적 철학의 경향을 다룬 「물리학에서 조작적 철학 대 추상적 철학(Operative Versus Abstract Philosophy in Physics)」이라는 제목으로 *Science*에 권두 논문을 게재한 바 있었다.

그러나 우연히도 이 논문이 《사이언스》에 출판되었을 때 브리지먼은 취리히의 한 컨퍼런스에 있었고, 3년 후 프랭클린은 MIT에서 은

퇴해 케임브리지를 떠나고 1년 후 자동차 사고로 세상을 떠났다. 둘 중 한 사람이 다른 사람의 조작적 아이디어를 알았는지에 대해서는 문헌적 증거가 남아 있지 않다. 두 사람 사이의 직접적인 영향의 가능성은 보류하더라도 우리는 적어도 프랭클린의 주도적 제안이 19세기 초 물리학 사고에 있어서 조작적 아이디어가 어느 정도까지 퍼졌는지를 설명한다고 말할 수 있다.[33]

게다가 앞서 보았듯이 유럽에서는 뮌헨대학교의 실험물리학 교수였던 딩글러가 브리지먼과 유사한 조작주의를 주장했다.[34] 그는 비록 '조작'이라는 용어를 명시적으로 사용하지는 않았지만 브리지먼의 조작 사상을 환영했던 유럽의 조작주의자였다. 그는 브리지먼의 『논리』에 대한 서평을 썼으며, 그가 주도해 『논리』의 독일어 번역판이 출판될 수 있었다. 슐릭과 딩글러 사이에 경험주의라는 공감대가 있었지만 "물리학의 기반에 대해" 양측 사이에 격렬한 논쟁이 있었고, 딩글러는 비엔나 서클의 철학과는 거리를 두고 있었다.[35] 게다가 딩글러는 철학을 방법론이라고 보았기 때문에 포퍼와 카르납이 그를 극단적 '규약주의자'라고 했다.[36]

이렇게 보면 당시 케임브리지의 하버드와 MIT, 비엔나의 실증주의자들, 독일의 물리학자들 사이에는 조작주의 아이디어가 떠돌던 것으로 보인다.

---

33) Moyer(1991b), 382.
34) Okamoto(2004), "§5.1.2. Hugo Dingler and the Philosophy of Experiment"를 참조할 것.
35) 오카모토는 딩글러와 브리지먼의 조작적 관점을 비교분석한 바 있다. 또 F. Stadler, *Der Wiener Kreis*, Springer, 2015, 24를 보라.
36) R. Carnap, "Rudolf Carnap. Intellectual Autobiography", in: Schilpp(ed.)(1963/91), 15. 카르납은 자신의 1920년대 초의 논문들이 딩글러와 푸앵카레의 규약주의로부터 영향을 크게 받았다고 했다.

이런 정신적 흐름 속에서 브리지먼에게는 특히 고등학교 시절 접촉했던 마흐와 스텔로의 경험주의와 실증주의, 학부와 대학원 시절 하버드의 실용주의와 경험주의적 환경, 실험 연구를 통해 얻은 물리적 조작과 개념과의 관계 고찰, 전기동역학의 전통적 개념에 대한 불만과 아인슈타인 특수 상대성 이론에 의한 충격, 거시 세계에서 수용하기 어려운 양자 현상에 대한 해석의 필요성, 열역학, 차원 분석이 배경과 동기로 직접 작용했다. 이것은 브리지먼이라는 한 개인 안에서 외적으로는 거의 각각 독립적으로, 서로 다른 방향에서, 순차적이거나 동시적으로 작용하면서, 내면적으로는 하나의 관념, 즉 조작 사상을 체계적으로 완성하는 데 기여했다. 이 과정에서 그가 1922년 말 AAAS 심포지엄 이전 『차원 분석』에서 '조작'이라는 용어를 명시적으로 사용했을 때 용례와 개념을 물리적 의미로 확장했고, 『논리』에서는 더 일반화될 수 있는 계기를 마련했다.

『논리』의 자세

『논리』의 제1장은 개념의 조작적 특성을 다루고 있다. 여기서 '길이'라는 물리적 개념을 사례로 한 개념은 조작에 의해 의미가 부여된다는 점을 설명했다. 그리고 한 개념의 의미를 조작적으로 분석을 할 때, 개념들이 **절대적** 의미를 지니지 않고 **상대적** 속성을 지닌다는 점을 논의했다. 이 내용은 출판 이후 여러 학문 분야, 특히 개념의 주관적 속성을 탈피해 객관적이고도 측정 가능한 형태로 구성하려는 열망을 가진 모든 분야에서 지속적으로 흔적을 남기게 된다. 제2장에서는 과학 지식이 지닌 특성을 다루었다. 여기서 그는 경험의 근사적 특성 때문에 과학 개념 자체가 본질적으로 **근사적**이라는 점을 명확히 하면서 이를 개념의 '반(半)그림자(penumbra)'라고 불렀다.

그리고 설명의 과정을 논의하면서 많은 과학적 설명이 원자적 기계론으로 환원되는 이유를 검토했다. 이어 원자와 장(場) 개념을 사례로 모형(model), 구성물(construct),[37] 실재(reality)를 논의했다. 제3장에서는 조작적 관점에서 주요 물리 개념들을 다루었고, 이 관점이 나중에 달라졌던 사항에 대해서는 Bridgman(1955; 1959b)에서 논의한 바 있다. 제4장은 사람들이 갖고 있는 자연에 대한 몇 가지 믿음, 즉 형이상학적 관점을 언급했다.

그는 『논리』를 시작하면서 자신의 입장부터 분명히 밝혔다. 즉 "물리학자에게 사실이란 호소가 필요 없는 단 하나의 궁극적인 것이자, 그 앞에서는 거의 종교심에 가까운 겸허함만이 유일하게 가능한 자세"이기 때문에 자신의 자세는 **"경험은 오직 경험에 의해서만 결정"**되는 "순수한 경험주의"라고 했다.[38] 그에게 개념은 그 개념의 절대적 속성(properties)에 의해서가 아니라 "오직 실험에 관련되었을 때만 절대적"[39] 의미를 가지며, 그런 의미에서 경험은 우리가 호소할 수 있는 "최후의 상소 법원"[40]이다. 그의 조작 관념과 관련해 볼 때 이러한 경험주의는 다소 극단적이면서도 독특한 모습으로 구체화된다.

그의 순수한 경험주의에서는 오직 사실만이 궁극적인 것이었고, "자연을 실제로 하나의 공식(formula)으로 나타낼 수 있다고 결국 증명된다고 하더라도 그 식이 필연적인 것"은 아니다.[41] 즉 한 개념의 의미는 형식론(formalism)[42]에 의한 것도 아니고, 사물(thing) 그 자체에 의한 것도 아닌, 오

---

37) '구성물(construct)'이란 실재 혹은 경험에 대응하는 개념, 정신적으로 만들어진 것을 뜻한다. 브리지먼이 『논리』에서 (정신적) '고안물(invention)'이라고 표현한 것과 동등한 의미이다.

38) *Ibid.*, 2-3.

39) *Ibid.*, 26. "The absolute is **absolute** only **relative** to experiment".

40) Benjamin(1955), 13.

41) Bridgman(1927/48), 26.

직 사물에 대한 경험의 특별한 형태, 즉 조작(operations)에 의해 획득된다.[43] 그에 의하면 우리는 사물이 존재하는지를 직접 알 수는 없고 다만 조작을 통해서만 사물을 경험할 수 있기 때문에 실재하는 것은 '사물(things)'이 아니라 그것을 인식하게 만드는 '조작'이다. **따라서 개념은 사물이 아니라 경험, 즉 조작과 동의어이다.**[44] 그가 "나는 사물이 정말 존재하고 있는지를 확신할 수 없다."고 한 말은 오직 이를 경험하는 조작만이 실재하는 것이라는 의미였다.

조작에 관한 테제들

개념의 조작적 정의를 언급했던 『논리』의 5쪽(이후 쪽수는 원문 기준)은 브리지먼의 조작 관념의 거의 모든 핵심이 담겨 있는 곳이다. 브리지먼의 조작 이론에 대한 비판이든 옹호든 모든 논의는 『논리』의 첫 9쪽 이내의 내용에 대한 것이고, 더 깊이 언급한다고 하더라도 구체적 사례로서 '길이' 개념을 설명한 23쪽까지 내용을 다루는 것이 대부분이다. 사실 제2장부터 나머지 부분은 전적으로 물리학에서의 개념과 이론, 형이상학적 관점을 조작적 측면에서 분석한 것이기 때문에 물리학을 알지 못하는 많은 독자들은 여기에 관심을 가질 필요가 없었다. 따라서 린제이나 그륀바움, 그리고 몇몇 논리실증주의자들과 물리학에 관한 논쟁을 제외한다면 그가 『논리』의 입장을 부연 설명하거나 주석을 단 것도 대부분 제1장에 관한 것이고, 그동안 대

---

42) 브리지먼은 「과학. 공적인가, 개인적인가?」 논문에서 삼단논법을 사례로 형식주의가 불완전함을 보였다. Bridgman(1940a), 42-43.

43) Frank(ed.)(1956), 75. 또는 Bridgman(1954a), 224.

44) Bridgman(1927/48), 5.

부분의 논쟁도 여기에 한정되었다. 논쟁과 찬양의 대상이 되었던 5쪽의 원문을 여기 인용하겠다.

> 길이 개념은 길이를 결정하는 조작들의 집합 그 자체이며, 그 이상의 것이 아니다. 일반적으로 **어떤 개념도 조작들의 집합 이상의 것이 아니다.** 말하자면, 개념이란 이에 대응하는 **조작들의 집합과 동의어**이다. 만일 길이처럼 개념이 물리적인 것이라면, 조작은 실제 **물리적인 조작**, 즉 길이가 측정되는 그런 조작이어야 한다. 또 개념이 수학적 연속성처럼 정신적인 것이라면, 조작들은 주어진 값의 집합이 연속적인지를 결정하는 것과 같은 **정신적 조작**이 된다. 그러나 이것이 물리적 개념과 정신적 개념 사이에는 견고하고도 확실한 구분이 있다거나, 한 종류의 개념에는 다른 종류의 개념 요소가 항상 배제되어야 한다고 의미하는 것은 아니다. 이런 식의 개념 구분은 앞으로 우리의 논의에서 중요하지 않다. 우리는 **한 개념과 등가(等價)인 조작들의 집합이 유일한 집합이어야 함**을 요구한다. 만일 그렇지 않다면 실제에 적용할 때 우리가 받아들일 수 없는 모호함의 가능성이 존재하기 때문이다.[45)]

여기서 그의 조작 사상은 세 개의 테제로 구분될 수 있다. 실제로 이 테제들을 중심으로 다양한 해석과 비판이 이루어졌고, 심층적으로 논의되면서 개념의 의미론, 조작의 본질, 개념과 조작의 관계 등에 대해 이해만큼이나 혼란도 깊어졌다. 첫 번째 테제 "어떤 개념도 조작들의 집합 이상의 것이 아니다."는 문장은 **'개념과 조작(들의 집합)의 등가성(equivalence)'**에 관한 명제

---

45) *Ibid.*, 5-6.

(命題)이다. 이 등가성 명제는 브리지먼의 조작 사상을 언급할 때 가장 많이 인용되는 문장으로서, 마치 조작주의의 기본 원리를 상징하는 대명사처럼 언급된다. 두 번째 테제는 조작들의 한 집합에 대응하는 개념은 유일하기 때문에 조작의 집합이 다르면 개념도 다르다는 **'개념과 조작의 유일성(uni-queness)'** 명제로서 첫 번째 명제와 관련 있다. 그러나 브리지먼이 언급했듯이 실제에서는 '접촉 길이'와 '광학 길이'처럼 다른 조작들로 구성된 여러 집합들이 '길이'라는 같은 용어를 사용하고 있기 때문에 서로 다른 집합에 같은 개념을 사용하기 위해서는 **동일성**을 판단하는 조작에 따라 어제의 조작과 오늘의 조작을 같다고 볼 수 있는 조작의 **반복 가능성**(또는 재현 가능성)과 이들 사이의 등가가 허용될 때 가능하다.[46] 세 번째 테제는 **'조작의 유형'**에 관한 명제이다. 그는 조작을 '물리적 조작'과 '정신적 조작'으로 구분했다. 그러면서 이들 사이에는 확실한 경계가 없으며 어느 하나가 다른 하나를 항상 배제하지 않는다고 했다. 나중에 그는 정신적 조작의 중요성을 논의할 때 이를 '종이와 연필(paper and pencil)'에 의한 조작'과 '언어적 조작'으로 세분했다.

이 테제들을, 특히 첫 번째 테제를 신봉하는 사람들 대부분은 열렬한 조작주의자가 되었고, 이 교리에 의문을 제기했던 사람들은 두고두고 이 테제를 집요하게 공격했다. 게다가 사람들은 조작 명제들을 제각기 해석하고 각자 자신의 전문 영역에서 나름대로 적용하면서, 조작주의자들마다 자신의 조작주의를 주장했다. 그러나 브리지먼은 『논리』에서 조작에 대해 더 이상 자세하게 말하지 않았을 뿐만 아니라 조작의 정의를 명시적으로 밝히지 않았으며, 뒤에서 보겠지만 『논리』 이후에도 오랫동안 구체적으로 언급

---

46) *Ibid.*, 91-97.

하는 것을 '신중하게(deliberately)' 피했다. 따라서 이 부분을 놓고 많은 조작주의자들이 제각기 해석하기 시작했다. 그런데 조작주의자들이 자신의 학문 분야에서 추구했던 조작주의는 브리지먼의 의도와 달랐다. 그렇게 조작주의는 브리지먼의 손을 떠나 일반 이론으로 확장되어 갔지만, 그럼에도 그들은 브리지먼의 조작적 방법이 자신들이 바라는 조작 이론으로 되기를 요구했다. 이에 대해 브리지먼은 당황했고 실망했다. 점차 그와는 관계없는 여러 조작주의들로 확산되고 진화해 갔지만, 그러면서도 사람들은 그에게 어떤 해결책, 새로운 해석, 보다 완전한 이론으로 만들어주기를, 혹은 자기편에서 옹호해 주기를 바랐다. 그의 조작 관념에 대해 옹호자와 적대자로 갈라졌지만, 흥미로운 것은 두 집단 사이의 경계는 모호했던 반면, 브리지먼과 두 집단 사이의 간극은 화해할 수 없이 점점 더 커졌다.[47]

여기에는 그의 관점 자체가 가졌던 한계가 있었고, 그 자신이 모호하게 진술한 것도 있었으며, 사고의 지속적 발전이라는 측면에서 그의 조작적 관점이 완성되지 않은 점도 있었다. 또 일부는 독자들이 그의 의도와 달리 해석했기 때문에 발생한 것이기도 했지만, 다른 일부는 그가 조작적 관점의 외연을 확장할 수 있는 여지를 남겼기 때문이기도 했다.

---

47) 베냐민은 두 집단 사이의 경계가 분명하지 않았던 이유가 '조작'이라는 용어가 논쟁을 거치면서 물리적인 것에서 정신적인 것까지 포함하는 의미로 점차 일반화되었기 때문이라고 했다. 이를 통해 조작은 단지 정량적 측정에만 한정되지 않고 '경험적'이라는 모호한 요구를 통해 '이해'를 구성하기만 하면 되었기 때문에 양측의 극단적 입장은 서로 식별될 수 없는 정도까지 접근할 수 있었다. Benjamin(1955), 42을 참조할 것. "그러나 우리가 논쟁들을 깊이 분석해 본다면, 또 이 글에서 논의한 바에 따른다면, 옹호자와 반대자 두 집단 사이의 경계는 점차 모호해졌지만 브리지먼과 양 집단 사이의 간극은 시간이 갈수록 선명했고 화해할 수 없이 갈라졌다는 사실을 알 수 있다."

2. 조작과 개념의 등가성

말과 행동

브리지먼은 한 개념의 의미가 무엇인지 알기 위해서는 개념에 관해 **말**로 이야기함으로써 알 수 있는 것이 아니라, 이 개념을 알기 위해 해야 하는 **행동과 사건**에 의해 알 수 있다고 했다. 이를 위한 자세가 조작적 자세로서 개념은 경험적으로 수행 가능한 **조작**들에 의해 정의되어야 한다는 것이었다.

> … 한 용어의 진정한 의미는 이 용어로 **무엇을 하는지** 관찰함으로써
> 알 수 있지, 이 용어에 대해 **말하는 것**으로 알 수 있는 것이 아니다.[48]

그는 자신의 조작적 관점에 대한 비판에 답하는 글 「조작 분석」(1938)[49] 에서 『논리』에서 이야기했던 것을 반복하면서, 하늘에 "얼마나 많은 행성들이 있는지 알고 싶다면, 행성의 수를 세어야지 철학자에게 정확한 수가 얼마나 되느냐고 물을 수는 없는 일"[50]이라고 했다.

> 『논리』 5쪽에서 의미는 **조작과 동의어**라는 명제를 맥락 없이 인용할
> 때 이는 명백히 초점에서 벗어나게 된다. … 나의 이 명제에 대해 다
> 음과 같은 공식 견해, 즉 한 사람이 어떤 용어로 의미하는 바는 그가

---

48) Bridgman(1927/48), 7.
49) Bridgman, "Operational Analysis", *Philosophy of Science* 5(2), 1938, 114-131. 이 논문은 Bridgman, *Reflections of a physicist*, Philosophical Library, New York, 1955(2nd edition), 1-26에 재수록되었다.
50) Bridgman(1938a), 118.

그 용어로 **무엇을 하느냐**를 관찰함으로써 알 수 있는 것이지, 그가 그 용어에 관해 **말하는 것**으로 판단될 수 있는 것은 아니라는 입장이 다.[51]

따라서 한 용어의 의미가 조작에 의해 부여된다면, 그 의미를 분석하는 일은 '조작을 분석하는 일(operation analysis)'이며, 이는 최소한 "이해라는 우리의 목적"[52]을 수행하는 데 기여한다. 행성을 관찰하고 세는 일련의 행위들의 집합이 한 개념의 의미를 알기 위한 조작들의 집합인 것이며, 이것이 곧 "개념이란 이에 상응하는 조작들의 집합과 **같은 의미이다.**"라는 명제이다.

그런데 브리지먼의 이 말을 연상케 하는 똑같은 이야기를 비슷한 시기에 아인슈타인도 한 적이 있었다. 그는 1930년대 한 강연에서 경험과 이성, 실재에 대해 이렇게 말했다.

> 만일 당신이 이론물리학자들로부터 그들이 사용하고 있는 방법에 관해 어떤 것을 알아내고 싶다면, 한 가지 원칙을 고수할 것을 권한다: 그들이 말한 것을 듣지 말고, 그들이 한 것에 주목하시오!(**Höret nicht auf ihre Worte, sondern haltet euch an ihre Taten!**)[53]

---

51) *Ibid.*, 117–118.
52) *Ibid.*, 117.
53) A. Einstein, "On the Method of Theoretical Physics/Zur Methodik der theoretischen Physik", The Herbert Spencer Lecture, delivered at Oxford, June 10, 1933. 이 강연 원고는 여러 곳에 재수록되었다. 독일어 원본은 Einstein(herausgegeben von C. Seelig), *Mein Weltbild*, Ulstein Taschenbuch, 1934(2014, 32. Auflage)에 실렸다. 이 강연의 영어 번역본에는 두 가지 버전이 있다. *Mein Weltbild*의 영어판이라 할 수 있는 Einstein, *The World as I See It*, NY: Philosophical Library, 1934에 수록된 것은 대중에게 잘 알려져 있는 영어 번역본이지만, 이는 *Philosophy of*

브리지먼이나 아인슈타인이나 1920년대 말에서 1930년대에 이르는 시기에 똑같은 이야기, 즉 의미를 알기 위해서는 남들이 말로 하는 것으로 판단하지 말고 그가 하는 행동으로 판단하라고 말한 것은 다소 흥미롭다. 이렇게 브리지먼이나 아인슈타인, 논리실증(경험)주의자들은 공통적으로 개념의 의미가 "말"이 아닌 "행위"에 의해 부여되지만, 이들이 말하는 행위(경험)는 서로 다른 것을 의미했다. 우리가 나중에 다시 보겠지만, 브리지먼에게는 경험, 행위, 사건이 '조작'이었지만, 논리실증주의자들에게는 '검증'이었다. 아인슈타인도 창조물(이론적 개념)이 의미를 지니는지 여부는 '경험'에 의해 판단되지만, 그 경험은 조작이나 검증에 국한되는 것이 아니었으며, 창조물도 경험(조작)에 의해서만 구성되는 것이 아닌 상상력의 산물이라고 했다.

의미는 조작적

그는 『논리』에서 개념과 조작들의 집합이 "동의어"라고 했고, 나중에는 "[개념들의] 의미는 조작적이다."[54]라고 표현했다. 여러 텍스트에서 "의미는 조작적"이라는 표현을 "…과 같은 의미(synonymous with)", "동의어(synonym)", "동어반복(tautology)", "등가(equivalent)"라고도 표현했다. 많은 경우 사람들은 '집합(set)'이라는 용어를 생략하고 "개념과 조작은 동의어"라고 단순히 말한다. 이 단순화된 명제까지 포함해 브리지먼의 개념과 조작의 등가성

Science, vol. 1, no. 2(Apr. 1934), 163-169에 게재된 영역본과 다른 이본(異本)이다. *The World as I See It*에 수록된 이 글은 원본(original edition)에만 있고, 그 후 요약본(abridged edition)에서는 제외되어 *Ideas and Opinions*(1954)나 *Einstein's Essays in Science*(2009)에 재수록되었다.
54) Bridgman(1938a), 116 및 Bridgman(1950), 253.

테제는 그의 조작 이론을 언급할 때마다 빠짐없이 인용되는 문장이지만, 이후 그의 의도와는 다르게 어떤 신조를 의미하는 것처럼 보이는 조작주의 사상의 상징이자 교리, 기본 명제가 되었다.

베냐민(Abram Cornellius Benjamin)은 『조작주의(*Operationism*)』(1955)에서 브리지먼의 저작들을 분석해 브리지먼의 조작 관점, 특히 첫 번째 명제가 시간이 지나면서 어떻게 달라졌는지를 추적했다. 그는 브리지먼의 『논리』가 출판된 지 25년 후 브리지먼의 관점은 거의 양립할 수 없는 수준으로 변했다는 점을 입증했다.

1. 『현대 물리학의 논리』(1927): "개념은 이에 해당하는 조작들의 집합과 동의어이다."
2. 「집합론에 대한 한 물리학자의 두 번째 반응」(1934): "의미는 … 조작들 안에서 찾아야 한다."
3. 「조작 분석」(1938): "조작은 의미를 결정하는 '필요'조건이지 '충분'조건이 아니다."[55]

---

55) Lindsay(1937)의 「물리학에서 조작주의 비판」에 대한 Bridgman(1938a)의 답변 「조작 분석」을 참조할 것.
    "우리가 의미에 관한 이론을 세우거나, 의미가 **단지 조작만을 포함한다고 주장하지 않았다**는 점이다. 수학자 관점에서 보면 우리는 충분 특성화와 구분되는 **필요 특성화**를 다루고 있는 것이다. 우리는 어떤 이가 조작을 모른다면 그가 의미를 모르는 것이라고 말한다. **'의미'로 둘러싸인 총체 안에서 다른 요소들**을 아는 것은 아마도 가능할 것이다. 사람들은 주어진 상황 속에서 의미에 의해 강조된 특별한 부분을 분리하려는 이유를 설명하는 데 관심을 가질 수도 있을 것이다. 게다가 경험과 관찰이 우리의 방향을 결정한다. 나쁜만 아니라 다른 물리학자들 역시 관심 있어 하는 상황에서는 의미의 조작적 측면 이외의 것에 관여할 필요가 없다. 이런 관점에서 볼 때 **'의미들은 조작적이다.'라는 명제는 전체 상황에 대한 충분 서술이라고 경솔하게 사용되었다.**"

4. 「물리 개념의 본질」(1952): "조작의 측면은 의미의 유일한 측면이 결코 아니다."[56]

이것으로 보면 『논리』에서 개념과 조작이 '동의어'라는 관점이 조작은 개념의 의미를 결정하는 '필요조건'으로 변했고, 이는 다시 조작이 의미를 결정하는 '유일한 것은 아니다.'로 바뀌었다. 처음과 마지막 입장을 놓고 본다면 조작이 개념과 반드시 동의어일 필요는 없는 셈이다. 헴펠도 같은 이야기를 말한 적이 있었다. 즉 그는 "개념은 이에 상응하는 조작들과 동의어"라는 『논리』의 **등가성 관점**이 10년이 지난 후 1938년의 브리지먼 답변에서는 "조작은 의미 결정에 필요조건"이라는 **조건부 관점**으로 변한 것이라고 지적했다.[57]

이것의 일부는 비평가들이 말하듯 브리지먼의 관점이 점차 진화하면서 일반화되어 가는 과정에 있었던 개념의 확장에서, 나머지 일부는 아래에서 브리지먼이 주장하듯 사람들이 그의 의도를 오해한 데서 비롯된 것으로 보인다. 확실히 그가 『논리』에서 보였던 자세는 조작 관념의 외연이 확장되어 일반화될 가능성을 열어놓기는 했지만 텍스트의 맥락은 전적으로 물리학에서 도구적 조작을 사례로 설명했고, 또 개념의 의미는 최종적으로 물리적 조작에 의해 확정된다고 말했기 때문이다. 그러면서 이후 저술에서는 물리적 조작 이외의 조작 관념을 다루었을 뿐 아니라, 『논리』 출판에 대한 회고에서도 『논리』에서 이를 더 깊이 논의하지 못했던 것에 대한 반성이

---

56) Benjamin(1955), 4-6.
57) Hempel(1956), in: Frank(edited with an introduction), *The Validation of Scientific Theories*, The Beacon Press, 64. Note 8.

있었기 때문에 브리지먼 자신의 관점이 변해간 것은 사실이다. 그러나 다른 한편에서 아래에서 보겠지만, 그가 『논리』와 그 이후 텍스트 곳곳에서 자신이 처음부터 좁은 의미의 조작을 말했던 것은 아님에도 자신이 제한된 물리적 경험 영역으로 한정하다 보니 오해가 발생한 것이라는 이야기도 전혀 변명만은 아니다.

그래서 베냐민은 물리적, 계량적, 실험실의 조작이라는 '좁은 의미의 조작'과 정신적, 언어적, '종이와 연필'에 의한 조작을 포함한 '넓은 의미의 조작'으로 나누면서, 그의 조작 관념은 확실히 이 두 가지로 구분될 뿐 아니라 시간이 지나면서 논의의 초점이 전자에서 후자로 어쩔 수 없이 '수동적으로' 옮겨가는 경향이 있다고 말했다. 헴펠은 다른 관점에서 브리지먼의 조작을 관찰과 측정 도구를 사용하는 '도구적 조작(instrumental operations)'과 종이와 연필의 조작, 언어적 조작, 사고 실험 등을 포괄하는 기호에 의한 '상징적 조작(symbolic operations)'으로 구분했다.[58] 실제로 우리는 물리적 개념들을 정의할 때 물리적 조작뿐 아니라 논리적 조작, 혹은 브리지먼이 '종이와 연필'에 의한 조작이라고 불렀던 수학적 조작, 혹은 언어적 조작과 같이 그가 정신적 조작이라고 불렀던 넓은 의미의 조작들도 사용하고 있다. 그뿐 아니라 한 개념의 의미가 관계와 용례에 의해 결정된다고 본다면, 물리적 조작 이외에 정신적 조작을 포함한다고 해도 개념의 의미를 충분하게 정의할 수는 없다.

'조작과 개념이 등가'에 대한 논란이 벌어졌을 때 실제로 그는 조작 분석을 언어적 조작, 즉 개념의 의미론으로 확장했으며, 이를 그의 후기 저작 『세상 그대로』에서 다루었다. 이제부터 브리지먼의 "개념과 조작의 등가

58) *Ibid.*, 53.

성" 혹은 "의미의 조작적 특성" 명제는 개념의 정의, 의미론(semantics), 개념과 경험 혹은 형식과 실재의 관계 문제로 번지게 된다.

3. 조작과 개념의 유일성

조작의 유일성은 조작의 등가성 테제만큼이나 논란이 되었던 명제이다. 한 개념에는 조작들의 한 집합만이 유일하게 대응한다는 이 명제에는 조작과 개념이 등가라는 첫 번째 명제가 전제되어 있다. '조작과 개념의 유일함'이란 조작들의 집합이 다르면 '원칙적으로' 개념의 의미도 다르다는 점을 말한다. 브리지먼은 우리가 이렇게 개념의 의미를 구체적으로 상세화하는 것은 우리가 그동안 무시했던 것들로부터 발생할 수 있는 의미의 오해를 줄이고, 개념의 의미를 명확히 하기 위한 것이라고 했다.[59] 조작 집합의 유일성 근원은 조작 발생 사건의 시공간적 유일함, 조작 수행자의 유일함, 조작 도구와 대상의 유일함, 조작 방법과 절차의 유일함, 그리고 조작 경험 영역의 유일함이다. 즉 그에 의하면 특정 시공간에서 특정 조작자가 특정 경험 영역에서 특정 대상에 특정 도구로 수행한 조작들의 집합만이 원칙적으로 하나의 개념에 대응한다.

어떤 실제 활동도 개별적이고 유일하며 되풀이되지 않기 때문에 활동을 완전하게 상세화(specification)하는 것은 이에 해당하는 개념을 유일하게 결정하게 된다. 특히 완전한 상세화를 위해서는 시간과 공간을 특정해야 한다. 이렇게 본다면 넓게는 우주 역사, 좁게는 인류 역사나 더 나아가 개인의

---

59) Bridgman(1959a), 'Chap. 3. More Preliminary Methodology'를 참조할 것.

역사에서 각 사건들의 조작이 모든 측면에서 유일하기 때문에 모든 사건은 유일한 의미를 지니며, 따라서 역사는 반복되지 않는다. 그러나 이는 물리학뿐 아니라 우리의 일상 경험과 맞지 않는 곤란한 문제들을 만들게 된다. 이에 대해 브리지먼은 조작이 원칙적으로 유일하나 조작의 반복 가능성과 동일성 판단에 의해 서로 다른 조작들의 집합이라고 하더라도 실용적으로 하나의 개념에 대응할 수 있다고 했다. 만일 조작 활동에서 특정 시공간과 특정 조작자에 대한 효과가 무시될 수 있다고 한다면, 조작의 유일성은 조작 방법과 수단에 관한 문제와 '동일성(identity)'을 어떻게 정의하는가로 좁힐 수 있다.[60]

이 이슈는 슐릭이 서평에서 지적했던 사항을 넘어서 조작의 동일성 판단에 관한 공변성 원리(covariance principle)와 개념의 의미론까지 확대된다. 또 이것은 자연에서 동일성 판단이 실용적이고 경험적이며 근사적인 것인지, 아니면 본질적이고 자연법칙에 내재한 것인지에 대한 논란으로 번진다.

네 가지 유형

조작의 유일성과 동일성에 관해 브리지먼이 말한 네 가지 유형이 있다. 우선 첫 번째로 조작은 한 시공간에서 벌어지는 사건이기 때문에 조작 자체가 본질적인 유일함을 갖는다. 즉 동일한 조작자가 동일한 대상, 동일한 도구를 이용해도 서로 다른 시공간에서 이루어지는 조작들은 시공간적으로 유일하다.

---

60) *Ibid.*, 38-44 및 『논리』 '제3장 물리 개념에 대한 세부 고찰' 중 '동일성 개념'을 참조할 것.

실제로 **어떤** 조작도 시간과 장소에 완전히 무관하다고 증명된 적이 없다. 단지 우리가 알고 있는 것은 그런 요소들에 의한 어떤 효과도 우리가 무시할 수 있을 정도로 아주 작다는 것이다.[61]

예를 들어 한 물체의 길이를 잰다고 하자. 조작의 유일성에 따른다면 어제 자로 잰 길이와 오늘 자로 잰 길이는 다른 시간에 일어난 조작이기 때문에 원칙적으로 서로 다른 의미를 갖는다. 시공간에서 벌어진 사건으로서 조작은 시간의 비가역성으로 인해 본질적으로 재생 불가능하다. 그러나 그 서로 다른 조작의 의미가 우리 관심사와는 (거의) 아무런 관련이 없다는 것을 알고 있기 때문에, 또 계의 속성이 시공간에서 변하지 않았다고 가정하기 때문에, 우리는 이를 문제 삼지 않는다. 하지만 이것이 가능하기 위해서는 서로 다른 시공간에서 벌어진 조작들에 의한 측정이 동일한 길이를 의미한다는 점을 보증할 수 있어야 한다.

두 번째는 동일한 도구를 서로 다른 방식으로 조작해 측정하는 경우이다. 브리지먼이 「조작 분석」(1938a)에서 이야기했던 사례를 보면, 한 지점에서 자의 길이만큼 다음 지점까지 곧게 평행 이동하는 자에 의해 결정된 길이는 각 지점마다 자가 180도씩 반복해 회전하면서 측정한 길이와 원칙적으로 다른 의미를 갖는다. "이같이 길이를 측정하는 절차의 각 단계는 유일하게 규정되어야 하며, 세부적인 것이 영향을 주지 않는다는 것을 경험으로 알게 될 때까지는 절차의 개별 세부 사항을 비본질적인 것이라고 내버려 두어서는 안 된다."[62] 우리는 같은 도구를 이용한 서로 다른 두 조작이 당연히 같은 결과를 준다고 말하지만, 그에게 두 조작의 결과가 같다는 것은 경

61) *Ibid.*, 38.
62) Bridgman(1938a), 120.

험이 말해 주는 것에 불과하다. 하지만 우리가 이를 받아들이는 것은 어떤 조작도 낱낱이 세부적으로 규정할 필요 없이 실험 오차 내에서 두 측정에 의한 길이가 같다는 것이 보장되면 두 조작에 의한 측정은 동일한 의미를 지닌다고 무의식적으로 가정하기 때문이다.

시공간과 조작 방법의 유일성에 관한 이상의 두 사례는 실제로 과학 활동에서 특별히 심각한 의미를 주지 않는다. 그것은 경험의 문제이고, "실용성의 문제(a pragmatic matter)"이다. 그러나 브리지먼은 지나치게 소심할 정도로 조작의 세부 사항이 어떻게 지정되었는지를 확인하면서 조작들의 반복 가능함과 동일함이 판단될 수 있어야 한다는 점을 언제나 의식하고 있어야 안전하다고 했다. 원칙적으로는 "두 절차의 결과가 동일하다고 증명될 때까지 두 절차의 결과가 동일하다고 가정하는 것은 안심할 수 없다."[63] 그러나 역사적으로 볼 때 과학에서는 개념에 대응하는 조작들의 집합이 다른 의미를 갖는다고 주의 깊게 의식해야 하는 일은 다음 두 사례일 때 주로 발생했다.

첫째, 하나의 대상에 대해 서로 다른 도구나 서로 다른 측정 원리를 적용할 때 개념의 동일성이 문제가 되는 경우이다. 『논리』에서 브리지먼은 거리가 먼 길이를 잴 때, 자로 재는 접촉 방식에 의한 접촉 길이(tactual length)가 경위도(經緯度)에 의해 빛으로 측정하는 광학적 방식에 의한 광학 길이(optical length)로 대체되는데 이때 두 길이가 서로 같은 개념이라는 것을 보증해 줄 수 있어야 한다고 했다. 궁극적으로 이것은 이론과 기술의 발전으로 인해 우리 경험이 기존 경험 영역을 벗어나 새로운 경험 영역으로 확장되었을 때, 또는 같은 경험 영역 안에서 측정 도구나 원리가 달라졌을 때, 그

---

63) *Ibid.*, 119-120.

개념의 의미가 연속성을 지니는지를 묻는다.[64]

어떤 별이 10^5광년 떨어져 있다고 말하는 것은 축구장의 골대가 100 미터 떨어져 있다고 말하는 것과 실질적으로, 또 개념적으로 완전히 다른 **종류**의 것이다. 우리는 현상의 범위가 변할 때 경험의 특성이 변할 수 있다고 확신하고 있기 때문에 10^5광년 거리의 우주가 유클리드적인지 아닌지와 같은 질문이 중요하다고 느끼지만, 현재까지는 여기에 의미를 부여할 수 있는 방도가 없어 보인다는 점이 불만스러울 뿐이다.[65]

이는 궁극적으로 공간의 문제, 즉 '접촉 공간'과 '광학 공간'이 동일한 의미를 지닌 공간 개념인지 여부의 문제가 된다. 공간이 아주 큰 우주적 규모나 원자 혹은 그 이하의 아주 작은 규모로 진입할 때, 이들 공간은 역학적인 자로 그냥 측정될 수 없는 공간이기 때문에 광학적 방식으로 측정한다. 따라서 자의 접촉에 의한 길이와 빛에 의한 큰 규모나 아주 미시적 규모의 길이를 직접 서로 비교할 수 없다. 그는 단지 우리가 경험적으로 두 경험의 영역이 만나는 경계에서 두 조작의 집합에 의한 측정 결과가 실험 오차 내에서 일치한다는 것(측정 결과의 정합성)을 알고 있기 때문에 두 조작에 의한 길이가 같은 의미라고 판단할 뿐이라고 했다.

---

64) 예컨대 브리지먼이 미지의 압력 영역을 연속적으로 개척했을 때 경험했던 상황이나, 온도계 역사에서 기존 온도계의 측정 범위 너머에 있는 높은 온도나 낮은 온도에서 측정의 문제를 말한다. 브리지먼의 압력 측정에 대해서는 이 글 제1장의 '3. 20세기의 패러데이'를 참조하고, 온도계의 측정 문제에 대해서는 Chang(2004. 국내 번역판 장하석, 2013/16)을 참조하기 바란다.
65) Brdigman(1927/48), 18.

과거에는 접촉 길이와 광학 길이를 구분해야 할 필요성을 어느 누구도 생각해 보지 않았다. … 많은 사람들은 … 두 표현에 공통적으로 들어 있는 '길이' 단어가 나타내는 '길이' 개념으로 이해하려고 한다. 이것은 전적으로 가능한 관점이지만, 그러나 상당한 정도는 말로만 가능한 것이다. 왜냐하면 조작들이 명백히 서로 다름에도 불구하고 같은 결과를 주는 수많은 사례가 있으며, 우리는 등가(equivalent)인 서로 다른 조작들이 주는 공통의 결과를 실제로는 하나의 명칭으로 부르고 있다는 것을 경험으로 알고 있기 때문이다.[66]

  브리지먼은 『논리』에서 아인슈타인이 국소 시간(local time)과 확장 시간(extended time)을 서로 다른 동시성 측정 조작으로 구분했고, 여기서 확장 시간은 불변성을 지닌 빛의 신호를 사용함으로써 시간 개념에 공간 개념이 얽혀 있다는 점을 보였다. 한편 그는 『논리』에서 질량 개념과 힘 개념을 분리하는 조작을 설명할 때 관성질량과 중력질량 개념을 사용했다. 그는 고전역학에서 보더라도 질량 측정의 조작이 길이나 시간 측정 조작과 같은 방식이 아니라는 점을 알고 있었다. 즉 길이와 시간의 측정 조작을 검토해 보면 길이는 길이(자)로 측정하고(광학 공간에서 길이는 접촉 공간에서 자에 의한 길이를 두 경험이 만나는 영역에서 각도와 관계로 변환한 것으로 여기에는 피타고라스 정리와 유클리드 공간이 전제되어 있다.), 시간은 시간(시계)으로 측정하지만, 질량은 힘에 의한 가속도의 비로 측정하거나 중력장 내에서는 용수철저울의 늘어난 길이로 측정한다. 아리스토텔레스식으로 말한다면 고전역학에서 길이나 시간 측정은 측정되는 것과 동일한 유(類, kind)의 객체를 이용한 것

---

66) Bridgman(1938a), 121.

이지만 질량은 그렇지 못했다. 따라서 브리지먼은 힘과 분리되어 순수하게 질량과 같은 유에 의해 질량을 측정하고자 했지만, 이를 위해 사용한 관성질량과 중력질량 자체가 힘과 관련된 개념이었다. 그런데 두 질량은 완전히 서로 다른 측정 조작과 완전히 서로 다른 근원에서 유래되었다. 관성질량은 힘(가속도)에 의해 발생하지만 중력질량은 질량들 자체에서 발생한다. 만일 중력과 가속도가 등가라면 두 질량은 같은 것이라고 할 수 있겠지만, 중력과 가속도가 등가라는 것을 무엇으로, 어떻게 알겠는가? 그가 연속적 근사를 이용하거나 전기장과 같은 다른 근원의 힘을 이용해 힘과 질량의 개념을 분리할 수 있다고 생각했지만, 더 깊이 논의하지는 않았다. 이에 대해서는 질량에 대한 다양한 조작적 정의에 대해 풍부하고도 깊은 역사적 연구인 야머의『질량 개념』(2000)[67]을 참조하기 바란다.

두 번째는 운동의 상대성에 관한 것이다. 브리지먼은 특수 상대론에서 정지한 물체의 길이를 측정할 때와 동일한 물체가 빠르게 움직일 때 측정 조작이 본질적으로 서로 다르기 때문에 길이의 의미가 다르다고 했다. 고전적으로, 즉 운동 속도가 빛의 속도보다 충분히 느리거나 정지한 상태의 길이를 측정할 때 길이를 재기 위해서는 **자만으로** 충분했다. 그러나 아인슈타인은 아주 빠르게 움직이는 물체의 길이를 측정할 때 **자와 시계**가 필요하다는 점을 보여주었고, 이로써 공간에는 시간 개념이 섞여 있다는 점을 입증했다.

아인슈타인의 분석은 운동하는 물체의 길이를 측정할 때는 **자뿐만 아니라 시계**를 가지고 하는 조작들(manipulations)이 포함된다는 점을 밝

---

67) Max Jammer, *Concept of Mass in Contemporary Physics and Philosophy*, Princeton University Press, 2000. 중력질량과 관성질량 측정의 조작적 절차에 관한 논의에 대해서는 특히 '제4장 중력질량과 등가원리'를 참조할 것.

혀냈다. 이런 분석을 하기 전에는 어느 누구도 움직이는 물체를 측정하는 조작이 정지한 물체를 측정하는 조작과 동일하지 않다는 점을 생각하지 않았고, 그 결과 길이 개념에 "절대적" 의미가 부여된 것이다.[68]

아인슈타인 이전에는 관찰 대상과 관찰자라는 두 계의 상대적 운동 상태에 따라 길이의 의미가 달라진다는 점을 의식하지 못했지만, 그의 조작이 자만을 갖고 측정했던 방식과 다르기 때문에 **"그의 길이는 우리의 길이와 같은 의미를 지니고 있지 않다."**[69] 브리지먼이 조작이 다르면 개념도 다르다고 깊이 확신하게 된 것은 무엇보다도 바로 이 아인슈타인의 특수 상대성 이론에서 길이와 동시성의 측정 절차였다. 따라서 그에게 경험의 영역이 근본적으로 달라지면서 조작이 달라질 때 개념이 달라질 수 있다는 점을 의식하게 된 것은 아인슈타인 덕분이다.

아인슈타인이 특수 상대성 이론을 통해 물리학자들에게 부여한 새로운 비전은 물리학에서의 관습적 조작들이 겉보기에는 연관성이 없거나, 보편적이거나, 아니면 사소하기 때문에 우리가 일상적으로 의식하지 않았던 세부 사항들을 포함할 수도 있다는 비전이며, 우리가 아주 빠른 속도 영역으로 진입할 때처럼 새로운 영역으로 경험을 확대할 때, 낡은 관점에서 보면 역설적일 수 있는 새로운 유형의 현상들을 기대할 수 있다는 비전이고, 일상적 현상들을 다룰 때 무시했던

---

68) Bridgman(1949a), "Einstein's Theories and the Operational Point of View", in: Schilpp(1949/95), 336.

69) Bridgman(1927/48), 12.

조작들에서 세부 사항을 고려한다면 역설이 어쩌면 해소될 수도 있다는 비전인 것이다. 아인슈타인은 새로운 영역으로 밀려들어 갈 때 현재 조작의 모든 세부 사항과 그 이면에 있는 무언의 가정들을 가능한 한 생생하게 의식하고, 이제까지 우리가 무시할 수 있었던 요인들의 일부가 새로운 상황의 열쇠가 될 것이라는 점을 기대하는 것은 대단히 중요한 사항이라고 여기도록 우리를 습관화시켰다. 아니면, 부정적으로 덧붙인다면, **좁은 경험 범위에서 무시될 수 있었던 요인들의 효과를 우리가 새로운 영역으로 진입할 때 무시하는 것은 안심할 수 없다**는 것을 우리는 보았다.[70]

그럼에도 그는 우리가 사용하는 조작을 아무리 상세히 분석한다고 하더라도 그 분석이 발견하지 못한 특정 세부 사항들이 있기 때문에, 우리가 직면하게 될 새로운 상황에 적합하다는 것을 보증할 수 없다는 점을 언제나 의식하고 있어야 하며, 따라서 "길이와 시간을 측정하는 조작에 관한 아인슈타인의 분석도 결코 완전하다거나 유일한 분석은 아니다."[71]라고 일깨웠다.

동일성 판단

브리지먼도 조작의 집합과 개념이 유일하게 대응한다고 했을 때 생길 수 있는 문제를 알고 있었다. 즉 개념이 조작들에 의해 유일하게 결정된다면

---

70) Bridgman(1949a), "Einstein's Theories and the Operational Point of View", in: Schilpp (1949/95), 336-337.
71) *Ibid.*, 337.

개념의 용어는 오직 고유 명사만 가능할 것이고, 모든 사건마다 지시하는 고유 명사 용어가 무한히 증가할 것이라고 했다.

> 만일 '광학 길이'와 '접촉 길이'가 등가라는 것을 증명했다면, 하나의 명칭을 사용함으로써 어떤 것을 의도적으로 상실하는 것보다 예컨 대 '길이 1', '길이 2' … 같이 특별한 전문 용어를 고안한다면 이것은 분석 목적을 위해 기억할 가치가 있다. 잊는 것보다 이것이 기억할 가 치가 있는 이유는 잊는 것이 안전하지 않기 때문이다. **두 조작이 등가 인지 여부는 실험에 의해** 결정되며, 우리 경험의 범위나 정확도가 증가 할 때 이런 실험적 증명의 결과는 수정될 수도 있다는 자세를 항상 가 져야 한다.[72)]

그러나 조작들의 집합이 달라질 때, 즉 경험 영역이 확대되거나 측정의 정확도가 개선될 때 과거에 우리가 중요하지 않다고 가정했던 정밀함이 실 제로는 중요해진다는 것은 우리의 역사적 경험이다. 바로 이 때문에 브리 지먼이 조작의 유일성 명제에서 강조하려고 했던 것은 한 개념에 대응하는 조작들의 집합이 다르면, 같은 용어를 사용한다고 하더라도 개념의 의미가 **'원칙적으로'** 달라질 수 있다는 점을 **항상 의식해야 한다**고 한 것이다. 특히 이는 경험 영역이 본질적으로 달라질 때 개념의 의미가 달라지거나 확장될 수 있다는 점을 말한다. 따라서 빠른 속도로 이동하면서 측정할 때처럼 경 험의 본질이 달라지는 경우, 같은 용어로 서로 다른 세계의 개념을 말한다 는 것에 대비하고 있어야 한다. 실제로 우리가 상대성 이론과 양자역학으

---

72) Bridgman(1938a), 121.

로부터 조작이 달라지거나 경험의 수준과 영역이 달라질 때 개념도 달라진다는 점을 알게 된 이후, 조작의 원칙적 유일성을 항상 의식해야 한다는 깨달음을 준 것은 브리지먼의 이 조작적 관점 덕분이라고 할 수 있다.

"우리가 받아들일 수 없는 [개념의] 모호함의 가능성"[73]을 피하기 위해 한 개념과 등가인 조작들의 집합이 유일하다는 관점은 조작들의 집합이 조금이라도 달라지면 원칙적으로 그 집합마다 상응하는 개념들이 독립적으로 존재해야 한다는 성가신 문제를 만들지만, 그는 이를 개념들의 **동일성**(identity) **혹은 같음**(sameness)의 판단에 의해 회피될 수 있다고 보았다. 그러면서 그는 서로 다른 측정 조작에 의한 개념들의 동일성 여부는 개념이 동일하다는 판단의 조작(경험)에 의해 결정되기 때문에 결국 **경험의 문제**라고 했다. 그런데 그가 『논리』의 '경험 지식의 근사성'과 '동일성' 부분에서 동일하다는 관념이 '연속성' 개념과 관련 있으며, 연속성 개념은 경험과학의 속성 때문에 '근사적'이라고 했다. 따라서 동일함의 개념은 근본적으로 모호하며 '추상화'된 '근사적' 개념이다.

> '사물'은 반(半)그림자 없이 시간에 대해 동일성(identity)을 유지하는 아주 확실한 물체여야 한다. 그러나 이런 종류의 물체는 결코 경험될 수 없으며, 우리가 아는 한 경험할 수 있는 그 어느 것에도 정확히 대응하지 않는다. … 물 담은 컵을 우리의 사물이라고 하고 이를 상당히 세밀한 정도까지 관찰한다면, 우리는 물의 양이 증발과 응축에 의해 연속적으로 변하고 있다는 사실을 발견하게 되면서, 늘었다 줄었다 한 다음에도 사물이 여전히 같은 사물인가라는 난처한 질문을 겪게

---

73) Bridgman(1927/48), 6.

된다. 설령 고체라고 하더라도 결국에는 우리가 고체 위에서 고체 입자의 증발과 기체 입자들의 부착이 지속적으로 일어난다는 점을 발견하게 되며, 이때 동일성을 유지하는 사물이란 자연에는 정확히 대응하는 것이 없는 **추상화**된 것에 불과하다는 점을 알게 된다.[74]

Bridgman(1940a; 1959a)에서 동일한 물리적 사건에 대한 너와 나의 경험에서 동일성 판단을 언급하면서 서로 다른 조작 절차가 적용될 때 두 절차가 측정 오차 범위 내에서 항상 같은 결과를 준다는 '**정합성 조건**(requirement of consistency)'을 만족해야 한다고 했다. 측정의 정밀도는 기술 수준에 의존하기 때문에 현재 정합성 조건이 만족되었다는 것은 주어진 현실에서 '경험적 일반화', 즉 귀납을 말한다. 경험은 유한하기 때문에 개념이 동일하다는 판단에는 귀납의 문제이자 논리적 악순환이 존재한다. 따라서 그에 의하면 경험(측정 조작)에 의해 개념의 동일성을 판단하는 것은 논리적으로 정당화된 것이 아니라 **실용적으로** 정당화된 것이다.

브리지먼이 오늘 개념의 동일함이 내일도 같다고 보장해 주지 못하기 때문에 우리는 미래에 마주칠 놀라움에 대비해야 한다고 주장했던 것은 사실상 그의 조작 분석이 상대성 이론으로부터 받은 충격의 산물이었기 때문에 어제와 오늘의 경험이 주는 귀납적 비약에 의한 함정을 피하고 우리의 이론이 반박될 가능성에 항상 대비하고 있어야 한다는 말이다. 하지만 이 요구는 조심스러움을 넘어서 과학뿐 아니라 일상생활에도 적용되기 어려운 지나친 요구일 뿐 아니라 자연의 본질에 관계된 문제이기도 했다.

---

74) *Ibid.*, 35.

대응 규칙과 공변 원리

『논리』에서는 개념과 조작들 집합 사이에는 유일한 대응이어야 한다는 요구가 한 문장으로만 간략히 진술되어 있다. 그러나 도처에서, 특히 물리학자들과 논리실증주의자들에 의해 이 테제가 반박되기 시작했다. 예컨대 슐릭은 1931년 비트겐슈타인과의 대화에서 조작과 개념이 유일하게 대응한다는 브리지먼의 관점을 겨냥해 자신은 전자(電子)의 질량을 결정하는 데 14가지 방법이나 나열할 수 있지만 물리학에서는 전자의 질량에 14가지 개념을 사용하지 않는다고 한다고 항변했다.[75] 브리지먼은 측정 결과의 정합성에 의해 서로 다른 조작에 대응하는 개념들이 하나의 개념으로 융해될 수 있는 조작의 동일성(혹은 같음) 판단이 가능하며, 이는 측정 정밀도와 관계 있는 '근사적'이고 '경험적' 속성을 지닌다고 했지만, 근본 문제는 다른 곳에 있었다. 여기서는 조작과 개념의 유일한 대응 관계에 대한 논의의 사례로서 카르납의 대응 규칙과 아인슈타인의 공변 원리를 간략히 언급하겠다.

실증주의자들은 아주 다른 방식으로 이 문제에 접근했는데, 그것은 개념의 **정의 기준**을 확장하는 것이었다. 카르납은 만일 우리가 길이에 대해 여러 조작적 정의를 가진다면 우리는 하나의 길이 개념을 말할 수 없으며, 따라서 개념의 조작적 정의도 포기해야 한다고 했다.[76]

---

75) 'Sonntag 4. Januar 1931(bei Schlick), Verifikation der Sätze der Physik', in: Friedrich Waismann, *Ludwig Wittgenstein und der Wiener Kreis, Gespräche, aufgezeichnet von Friedrich Waismann, aus dem Nachlaß herausgegeben von B. F. McGuinness*, Ludwig Wittgenstein Werkausgabe Band 3, Suhrkamp, 12. Auflage 2019, 158.

76) 카르납(윤용택 옮김), 『과학철학입문』, 서광사, 1993, 138. 이 책의 원문은 R. Carnap(ed. by Martin Gardner), *Philosophical Foundation of Physics. An Introduction to the Philosophy of Science*, Basic Books, Inc.: New York, 1966으로서 이 글에서는 번역판을 기준으로 인용하되, 원문과

물리학의 개념들은 조작 규칙에 의해 완벽하게 정의되는 것이 아니라, 점점 더 엄격한 방식으로 구체화되는 과정에 있는 이론적 개념들로 받아들인다고 보는 것이 더 합당하다. … 조작 규칙들은 이론물리학의 모든 공준(postulates)과 함께 어우러져 부분적 정의를 내리거나 정량 개념에 대한 부분적 해석을 해줄 뿐이다. 이 부분적 정의들은 최종적이거나 완벽한 정의라고 할 수 없다. 왜냐하면 물리학은 새로운 법칙과 새로운 조작 규칙에 의해 그 부분적 해석들을 끊임없이 좀 더 설득력 있는 방식으로 보완해 나가고 있기 때문이다. 그 과정은 끝이 없기 때문에 … 우리는 어떤 이론 용어에 대해서도 부분적이고 불완전한 해석만 할 수 있을 뿐이다. … 우리는 각기 서로 다른 조작적 절차에 의해 정의되는 길이에 대해 여러 개념이 있다고 말하는 대신, 물리학의 완전한 체계에 의해 부분적으로 정의되면서 **길이를 측정하는 데 사용하는 모든 조작적 절차를 망라한 하나의 길이 개념**이 있다고 말하는 것이 더 바람직하다.[77]

카르납은 이론 용어들과 관찰 용어들 사이를 연결하는 규칙을 확장함으로써 조작의 유일성 문제를 해결할 수 있다고 보았다. 그는 브리지먼의 조작적 정의에 상응하는 규칙을 자신의 용어로 "대응 규칙(correspondence rules)"이라고 불렀다. 접촉 길이, 광학 길이, 운동하는 물체의 길이, 자를 여러 방식으로 사용해 측정한 길이 등에 조작의 유일성을 적용한다면 대응 규칙에 따라 각각은 $L_{접촉}$, $L_{광학}$, $L_{상대론}$, $L_{방식1}$, $L_{방식2}$ … 등이라는 고유

비교해 문장 일부를 다듬었다.

77) *Ibid.*, 138-140.

명사를 갖는 길이가 될 것이다. 그러나 이들을 전부 포함하는 조작들을 한 물체의 '길이 L'이라는 개념에 대응하도록 정의한다면 $L_{접촉}$, $L_{광학}$, $L_{상대론}$, $L_{방식1}$, $L_{방식2}$ … 등은 각각 '길이 L' 개념의 부분 집합이 되며, 이로써 길이 개념은 좀 더 확장되고 더 설명력을 가진 과학 언어가 된다.[78] 대응 규칙은 브리지먼의 '조작적 정의'에 해당하는 것이지만, 실험물리학자 브리지먼은 이를 아주 좁게 해석함으로써 조작의 유일성을 발견하면서 그 늪에서 쉽게 벗어나지 못했다. 반면 카르납은 정의를 언어 틀의 하위 클래스(subclass)로 보았기 때문에 하나의 대응 규칙에 서로 다른 조작들의 집합을 분류할 수 있었다. 이에 대해서는 제4장의 '연결 규칙'에서 다시 논의한다.

다른 한편에서 관찰자와 관찰 대상 사이의 운동에 관한 상대성 이론이라는 더 넓은 관점에서 본다면, 길이라는 개념은 형식(formalism)의 공변성(共變性)과 관계된다. 아인슈타인은 1915년 일반 상대성 이론의 최종판을 발표한 직후 한 편지에서 상대성 이론은 "시공간 변수들을 임의로 변환할 때 **모든 관찰자에게 일관된 공변 방정식들을 가진 이론이 존재한다**는 점을 보여주었다."고 했다.[79] 그러면서 상대성 원리에서 공변성(covariance)은 자연법칙이 지닌 자연스러운 자기표현이라고 했다.

상대성 원리
자연법칙은 시공간적 일치들에 관한 진술에 불과할 뿐이다. 따라서
자연법칙들의 **유일하게 자연스러운 표현**[80]은 일반 공변식으로 나타
난다.[81]

---

78) *Ibid.*, 140.
79) Albert Einstein, Albert Einstein to Moritz Schlick(14 Dec. 1915), *Physics Today* 58(2005), 12, 17.
80) 여기서 아인슈타인이 의미한 것은 '단순함'이다.

아인슈타인은 공변성 그 자체가 자연법칙으로서 방정식을 인정할 수 있는 충분한 기준을 제공하지 못하지만 사건이 기준계와 독립적으로 서술될 수 있도록 모든 자연법칙을 공변(共變) 형식으로 표현하는 것은 **원칙적으로** 가능하다고 했다. 더 나아가 그는 이론이 단순함, 그리고 경험과의 호환성 조건과 결합한다면, 자신이 중력 법칙을 유도할 때 확실하게 입증했던 것처럼 공변 원리는 스스로 발견하고 풍부한 설명을 제공해 주는 가치를 지닌다고 했다.

> 일반 상대성 이론은 '$g_{\mu\nu}$ =일정'인 특별한 극한 경우에 해당하는 특수 상대론을 포함한다. **자연법칙의 형식은 임의의 변환에 대해 공변적**이어야 하고, 텐서 분석은 그런 형식화를 가능하게 만든다. 보편적 공변성이라는 이 가정 안에는 엄청난 **자기 발견적(heuristic)** 가치가 들어 있으며, 이는 있을 수 있는 **자연법칙을 공변 조건을 만족하는 법칙으로 제한**한다.[82]

따라서 경험 세계가 상대성 이론 영역까지 확장되었을 때 조작의 유일성 문제는 자연의 공변성 문제로 된다. 자연법칙에서 공변 원리의 보편성이 인정된다면, 조작의 동일성 여부를 판단하는 일은 경험의 문제를 넘어 본

---

81) Einstein, "Prinzipielles zur allgemeinen Relativitätstheorie"(일반 상대성 이론의 원리들), *Annalen der Physik*, Band 55, No. 4, 1918, 241. 이 논문은 Erich Kretschmann이 같은 저널에 1917년 게재한 논문 「상대성 가정의 물리적 의미에 관하여. 아인슈타인의 새롭고도 독창적인 상대성 이론(Über den physikalischen Sinn der Relativitätspostulate. A. Einsteins neue und seine ursprüngliche Relativitätstheorie)」에 대한 논평이다.

82) Isel Rosenthal-Schneider, "Presupposition and Anticipation in Einstein's Physics", in: Schilpp (1949/95), 138.

질적으로 자연 자체에 내재한 원리에 의해 결정된다. 하지만 브리지먼은 "[인식론적으로] 자연은 서술하는 언어의 종류에 무관하다."는 점을 인정하면서도, 조작의 관점에서 볼 때 자연법칙이 공변 원리에 본질적으로 구속된다고 생각하지 않았다.[83]

이제 이상의 논의로 본다면, 다수의 조작 집합이 하나의 개념으로 수렴하는 방식에는 경험적, 근사적, 실용적 측면(브리지먼), 대응 규칙에 해당하는 개념 정의의 확장(카르납 등), 자연법칙에 의한 불변성(슐릭)이나 공변성(아인슈타인)이라는 관점이 있음을 알 수 있다.

4. 조작의 종류

1927년 『논리』가 출판되면서 조작주의 논쟁이 시작되었지만, 브리지먼이 조작에 관해 적극적으로 언급하게 된 것은 그의 조작 관념에 대한 해석이 분분해지고 논란이 걷잡을 수 없이 확대되었기 때문이다. 브리지먼은 1930년대 들어서면서 지상(紙上)에서 공식적으로 조작과 관련된 글을 발표하기 시작했는데, 처음에는 자신의 조작적 방법을 열역학, 시간 개념, 집합론, 사회 사상 등에 적용하고 분석하는 형태였다.[84] 그러나 한편으로는 린제이를 비롯한 벤틀리(Arthur Bentley), 코르치브스키(Alfred Korzybski), 클리세(Scudder Klyce) 등 몇몇 사람들과의 논쟁 때문에, 다른 한편으로는 도드나

---

83) Bridgman(1936/64), 81.
84) 브리지먼이 『논리』 출판 직후부터 벤틀리, 코르치브스키, 클리세와 자신의 조작 사상에 대해 지속적으로 교신했지만 이 글에서는 지면으로 공식 출판된 내용만 다루겠다. 옮긴이 입장에서는 브리지먼의 미출판 교신 자료를 오직 부분적으로, 그리고 간접적으로만 확인할 수 있을 뿐이다.

하트, 베냐민에게서 보듯이 조작에 대한 개념이 심층적으로 분석되고 일반화되어 가는 과정에서, 그는 조작에 대한 자신의 생각을 좀 더 구체적으로 밝히기 시작했다.

그가 처음 이야기한 것은 조작 유형이었는데, 이는 『논리』 출판 이후에 좀 더 세분되었다. 즉 『논리』에서 조작에는 '물리적 조작'과 '정신적 조작'이 있다고 상당히 포괄적으로 말하면서 '정신적 조작'도 중요하다고 이야기했지만, 주로 '물리적 조작'의 측면에서 이야기했다. 1930년대 후반부터는 '정신적 조작' 대신 '종이와 연필'에 의한 조작과 '언어적 조작'을 말하면서 이의 역할을 많이 강조했다. 브리지먼의 독특한 사고가 드러나는 '종이와 연필'의 조작은 물리적 조작과 인지적 조작 사이를 연결하는 중간 구성물로서, 이에 대해서는 아래에서 다시 논의한다. 다른 한편으로 브리지먼의 조작에는 실용주의적, 도구주의적 측면이 있다. 즉 그는 '좋고 나쁜 조작'을 이야기하는 것보다 '유용하고 유용하지 않은 조작'에 대해 이야기하는 것이 바람직하다고 했다.[85] 따라서 그에게 조작은 이론(개념)과 경험(사실)을 연결하는 규칙일 뿐 아니라 실용적 도구이기도 했다. 그가 조작 활동의 종류를 다소 명시적으로 언급한 것은 1959년 출판된 『세상 그대로』이다.

브리지먼이 조작의 유형이나 종류에 관해 포괄적으로 조심스럽게 말했음에도 불구하고, 일부 조작주의자들과 논리실증주의자들은 조작들을 분류하고 목록을 구체적으로 작성하기 시작했다. 예컨대 베냐민은 *Operationism*(1955)에서 일반화된 조작 개념을 위한 목록들을 나열했다. 즉 여기에는 변별하기(discriminating), 연합하기(associating), 일반화하기(generalizing), 배열하기(ordering), 측정하기(measuring), 비유하기(analogizing)가 있었다.[86] 밸

---

85) Bridgman(1945), 248.

루아는 저서 *A Study of Operationism and Its Implications for Educational Psychology*(1960)에서 브리지먼이 여러 저술에서 논의한 조작들을 분석하고 그가 관심 있게 언급했던 조작들을 나열했다. 그가 분류했던 브리지먼 목록은 지시하기(pointing), 반복하기(repeating), 식별하기(identifying), 동일성(sameness) 판단, 분석하기(analysing), 소통하기(communicating), 투사하기(projecting), 기다림(waiting), 프로그래밍(programming)이 있다.[87]

여기서 이들을 포함해 조작주의자들이 작성한 조작 목록들을 세세하게 설명할 필요는 없을 것이다. 조작 목록은 전적으로 조작주의자들마다 그들의 관점에 의한 상대적인 것이고, 또 브리지먼이 의도적으로 하지 않았던 것처럼 엄격하게 분류한 절대 목록을 제시하는 것은 불가능하기 때문이다. 그러나 이들의 조작 목록을 볼 때 마치 과학 교육에서 말하는 탐구 기능 목록을 연상하게 만들 뿐 아니라, 또 블룸의 학습 목표 분류(taxonomy)를 떠올리게 만드는 것은 아마도 이들이 동질적인 조작 관념이나 인지 이론에 기원을 두고 있기 때문일 것이다.

다소 흥미로운 것은 후기 논리실증주의, 즉 논리경험주의자들의 분류이다. 파이글은 조작적 정의에 의한 개념들을 다섯 가지로 분류했다. 순수하게 정성적인 것, 반정량적인(semi-quantitative) 것, 완전히 정량적인 것 또는 계량할 수 있는(metrical) 것, 원인 발생적(causal-genetic) 개념, 이론적 구성물(theoretical constructs). 그가 '조작주의 심포지엄'(1945)에서 발표한 글에는 조작적 정의에 의한 개념들이 그 개념을 생성하거나 지시하는 조작 집합의 유형으로 분류한 것이지만 짧막하게 사례를 든 것 외에는 이에 대해 더 세부

---

86) Benjamin(1955), 124-141.
87) Valois(1960), 31-38.

적으로 논의하지 않았다.[88] 헴펠은 앞서 언급했듯이 브리지먼의 조작을 '도구적 조작'과 '상징적 조작' 두 가지로 분류했다. 상징적 조작에는 '종이와 연필'에 의한 조작, 언어적 조작, 사고 실험(mental experiments) 등으로서 상상에 의한 실험뿐 아니라 수학적 논리적 추론의 기법들을 포함하며, 후기 브리지먼의 관점은 여기로 이동했다.[89]

여기서 사례로 보인 조작 목록들의 분류 기준을 보면 파이글이나 헴펠은 조작을 속성에 따라 분류했지만, 베냐민과 밸루아는 정신적이든 물리적이든 활동을 중심으로 분류했다. 나는 베냐민, 밸루아, 파이글, 헴펠의 조작 분류에서 서로 어떤 공통점을 발견할 수 있는지 알 수 없다. 조작 목록들을 검토했던 베냐민도 브리지먼뿐 아니라 다른 조작주의자들도 조작을 분류하는 데 서로 일치하지 않는다고 말했다.[90] 게다가 베냐민 자신도 일반화된 조작 목록을 열거했을 때, 물리적 조작을 제외하고 그가 인지적 조작이라고 말하는 조작만을 제시했다. 즉 그의 조작주의에서는 오직 인지적 조작 혹은 상징적 조작만이 의미를 갖는다.[91] 그런데 브리지먼은『세상 그대로』(1959)에서 베냐민의 인지적 조작이 자신이 말하는 인지적(정신적) 조작과 다르다는 점을 지적했다. 그는 베냐민이 열거한 일반화된 인지적 조작들은 조작 활동에 앞서 "인지 이론"에 따라 분류한 것이지만, 자신은 조작에 앞서 인지 이론이 미리 필요했던 것이 아니라 조작 활동을 서술하는 동안 발생한 인지 활동을 분석했다는 것이다.[92] 이는 그가 베냐민처럼 경험에 앞

---

88) Feigl(1945), 257.
89) Hempel(1956), 53.
90) Benjamin(1955), 91-93.
91) *Ibid.*, 96-98.
92) Bridgman(1959a), 37-38.

서 어떤 이론(인지 이론)에 의해 조작을 구분한 것이 아니라 경험으로부터 도출했다는 것을 함축한다. 조작을 통해 이론 용어와 관찰 용어가 서로 대응하게 됨으로써 논리의 세계와 사실의 세계의 관계가 연결되고, 이로써 개념의 의미는 모호함이 없이 더 명확해지는 장점이 있지만, 그 조작이 구체적으로 어떤 유형이냐에 대해서는 이렇듯 다양한 견해가 있었다.

물리적 조작과 정신적 조작

브리지먼은 『논리』에서 '물리적 조작' 외에도 '정신적 조작'을 언급했고, 그 중요성에 대해서도 말했다. 그러나 조작 이론에 우호적이지 않았던 사람들은 개념의 의미를 부여하는 데 브리지먼이 특별히 물리적 조작을 선호하거나 이것에만 한정하고 있다고 생각했다. 그들이 그렇게 비난하게 된 것에는 근거가 있었다. 브리지먼은 『논리』에서 "물리적 개념과 정신적 개념 사이에는 견고하고 확실한 구분이 있다거나 한 종류의 개념에는 다른 종류의 개념 요소가 항상 배제되어야 한다고 의미하는 것은 아니다."고 말하면서도, 이어지는 텍스트에서 개념의 의미는 궁극적으로 물리적 조작에 의해 확정된다고 말했기 때문이다. 그것도 실험실 조작, 측정 조작을 주로 암시하고 있었다.

> 만일 하나의 물리 개념과 등가인 조작들이 실질적인 물리적 조작이라면 개념들은 오직 실질적인 실험 영역 안에서만 정의되어야 하며, 실험에 의해 아직 취급되지 않은 영역에서의 개념은 정의되지 않았거나 무의미하다. 엄밀하게 말한다면 아직 **실험에서 취급되지 않은 영역에 대해 우리는 결코 진술할 수 없다.**[93]

우선 브리지먼 자신이 철저한 실험물리학자였고, 그가 형이상학으로부터 탈출하기 위한 방법으로 조작을 착안하게 된 배경 중 하나에는 실험실 경험이 있다. 그런 그가 『논리』를 비롯한 여러 곳에서 모든 조작은 최종적으로 물리적 조작의 형태, 즉 우리의 경험 형태로 환원되어야 의미를 지닌다고 말했다. 따라서 사람들은 개념의 의미를 부여하는 조작은 실험실의 물리적 조작이며, 이는 도구적 조작, 좀 더 좁게는 측정 조작이라고 해석하게 된 것이다. 확실히 『논리』의 텍스트가 전반적으로 함축하고 있는 의미로 본다면, 그는 개념의 "측정 가능함(measurable)"을 지향한 '물리적' 속성을 강조하고 있었고, 정신적 조작의 중요성을 특별히 강조하지 않았다. 내포되었던 의미가 이러했기 때문에 『논리』의 제1장은 조작주의에 관한 다양한 해석과 갈래치기의 배경이 되었다.

린제이가 이를 맹렬히 비난했을 때 브리지먼은 1938년 「조작 분석」에서 사람들이 자신의 주장을 "물리학의 모든 개념은 실험실에서 수행되는 물리적 조작의 형태로만 의미를 갖는다."는 식으로 해석하는 것을 반박했다. 자신이 길이 측정에 대해 이야기했을 때, 사람들은 이를 물리적 조작(operation)이 아니라 실험실에서의 물리적 손조작(manipulation)으로만 해석하는, "조작 기법에 관련해 널리 만연된 오개념"을 갖고 있다고 했다.[94] 그러나 "'물리적'이라고 서술할 수 있는 상황이라고 하더라도 … 여기에는 '정신적' 조작이 포함되어 있으며, 더 나아가 '물리적' 조작과 '정신적' 조작 사이에는 명확한 구분조차 불가능하다."고 말했다.[95] 그는 어떤 물체의 길

---

93) Bridgman(1927/48), 5-7.
94) Bridgman(1938a), 123. "Operational Analysis"라는 제목의 이 논문은 린제이 비판에 대한 답변으로서 브리지먼이 그동안 논란이 되어왔던 물리적 조작과 정신적 조작에 대해 자신의 입장을 구체적으로 밝힌 글이다.

이를 잴 때 자를 일치시킨 횟수를 측정하는 경우를 예로 들면서, 이때 횟수를 세는 일이 '정신적'인 조작인지, '물리적'인 조작인지를 묻고는 "내 식으로 말한다면 횟수를 세는 조작은 '정신적'인 것이지만, 이것은 여전히 수많은 '물리적' 절차들의 복합체"라고 말했다. 1941년 출판된 『열역학의 본질 (*The Nature of Thermodynamics*)』에서도 같은 이야기를 하면서, 정신적 조작과 물리적 조작이 특히 밀접히 연결되어 있는 것이 유도량(derived quantities)이라고 했다. 여기 그의 이야기를 다소 길게 인용한다.

> [물리학자들의] 조작을 서로 다른 요소들로 선명하게 분석하는 것은 불가능해 보이지만, 그럼에도 경험으로 구분할 수 있는 대략적인 질적 특성들이 존재하며, 이를 인정하는 것이 쓸모 있다고 생각한다. 자를 연속적으로 갖다 댐으로써 물체의 길이를 측정하는 것과 같은 주로 도구적인 조작들이 있지만, 여기에는 갖다 댄 회수를 세는 것과 같이 [도구적 조작과] 떼어놓을 수 없는 '정신적' 요소도 존재한다. 특히 "유도량"이 포함된 측정을 생각해 본다면 이런 '정신적' 조작이 종종 도구적 조작의 핵심이라는 점은 명확하다. 예컨대 어떤 점성 (viscosity)이라는 것은 점성의 정의에 포함된 양들을 '정신적' 분석하는 일을 포함한다. 현대 물리학자들의 이론 활동에는 계속 증가하는 정신적 요소가 있다. 이론물리학자들은 수학 또는 파동역학의 ψ함수에서 보듯이 속성상 주로 수학적인 여러 구성물들을 사용하지 않고는 어떤 것도 할 수 없다. 수학자들이 하는 일을 눈으로 볼 때 그들이 손으로 기호들을 쓰고 있다고 설명할 수 있기 때문에, 수학적 조작

95) *Ibid.*

의 특징을 '종이와 연필'의 조작이라고 적절하게 서술할 수 있다.[96]

또 출판 30년을 회고한 글에서도 만일 책을 다시 쓰게 된다면 "하나의 물리적 개념이 의미를 얻게 되는 조작들은 오직 실험실의 물리적 조작일 필요가 없으며, 실제로도 그렇지 않다는 점을 더 강조하고 싶다."고 말했다.[97] 만일 물리적 조작만이 의미를 부여한다면 그렇지 못한 조작에 의한 구성물들(constructs)은 의미를 찾을 수 없을 것이지만, 실제로 물리학자들은 순수한 물리적 조작으로 정의되지 않는 온갖 정신적 구성물을 사용하고 있다는 점을 지적했다. 이때 그는 물리학자들이 구사하는 비물리적 조작으로서 '종이와 연필'의 조작을 말했다.[98] ('종이와 연필의 조작'에 대해서는 아래에서 더 논의한다.)

그는 넓은 측면에서 볼 때 모든 의미는 정신적이건 물리적이건 결국 조작적임에도, 물리적 상황이나 이와 유사한 상황에만 관심 갖고 조작 기법을 좁은 측면에 한정할 때 넓은 측면을 잊는 경향이 있다고 했다. 하지만 자신은 "과거 저작들과 일관성을 유지하기 위해 때로는 '조작들'을 좁게만 사용하면서 스스로를 구속하게 되었고 이 때문에 손이 무엇인가에 묶여 있는 듯한 느낌을 종종 갖게 되었다."[99]

이렇게 본다면 브리지먼이 말하는 자신에 대한 오해의 근원은 단순했다. 즉 자신은 조작의 의미를 물리학이라는 상황에서 논의했고, 이와 일관성을 유지하기 위해 좁은 의미로 계속 사용한 데서 오해가 발생한 것이다. 그러

---

96) Bridgman(1941/61), Introduction, ix.
97) Bridgman(1959b), 521-522.
98) Bridgman(1938a), 123-124.
99) *Ibid*, 127-128.

나 자신은 물리적 조작 이외에도 정신적 조작에 대해 이야기했을 뿐 아니라, 그것의 중요성에 대해서도 말했다. 또 하나의 물리적 상황 안에는 정신적 활동도 포함되며, 이때 벌어지는 활동에서는 물리적 활동과 정신적 활동을 구분할 수 없기 때문에 물리적 조작과 정신적 조작 사이에는 명확한 경계를 구분하기 어렵다. 따라서 자신은 넓은 의미의 'operation'을 염두에 두고 있었음에도, 사람들은 좁은 의미의 'manipulation'으로만 이해한 것이라고 해명했다.

그러나 그의 조작 사상을 지지했건 비판했건 사람들은 그렇게 보지 않았다. 여기서 조작주의자들은 다음에서 보듯이 브리지먼의 텍스트로부터 자신들이 원했던 방향, 즉 조작의 측정 가능성을 찾는 방향으로 나아갔고, 반대하는 사람들은 그가 물리적 조작에만 의미를 부여했다고 비난하거나, 의미가 물리적이든 비물리적이든 조작에 의해서만 결정되는 것은 아니라고 비판했다. 게다가 조작에 대한 오해는 브리지먼이 말한 것처럼 단순하게 해명될 수 있는 것이 아니었다. 그는 말년까지도 정신적 조작이든, '종이와 연필'의 조작이든, 언어적 조작이든, 이들의 중요성에도 불구하고 모든 조작은 최종적으로 도구적 수준에서 이루어져야 한다고 믿었다. 어쩌면 『논리』의 후속편이라고 할 수 있는 『세상 그대로』(1959)에서 이렇게 이야기했다.

> 조작을 논할 때, 만일 조작들이 과학적 맥락에서 의미를 가질 수 있는 것이라면 이들은 **궁극적으로** 도구적 수준에서 등장할 수 있어야만 하고 언어 수준에서 무한하게 머무르지 말아야 한다.[100]

---

100) Bridgman(1959a), 153.

'종이와 연필'의 조작과 언어적 조작

'종이와 연필'에 의한 조작이라는 개념은 브리지먼의 조작 사상이 진화하는 과정에서 중요한 위치에 있으며 후기로 가면서 언어적 조작의 가치도 강조되었다. 이 두 조작을 통해 그의 조작 사상은 물리적 조작 혹은 도구적 조작에만 한정했다는 비난의 덫에서 벗어나 넓은 의미의 조작 관념으로 확대될 수 있었다. 그러나 그 결과는 사람들이 기대했던 방향이 아니었다. 사실상 여기부터는 아인슈타인도 인정했듯이 논리학의 영역을 넘어선 의미론, 인식론의 영역, 더 깊게는 심리학의 영역이기 때문이다.

우선 그는 『논리』에서 '종이와 연필의 조작'과 '언어적 조작'이라는 용어를 사용하지 않았다. 이 책에서는 조작을 '물리적 조작'과 '정신적 조작'으로만 구분했는데, 출판 이후 조작 논쟁이 확대되었을 때 '물리적 조작'과 '비물리적 조작'으로 나누고, 비물리적 조작에는 '종이와 연필의 조작'과 '언어적 조작(verbal operations)'이 있다고 했다. '종이와 연필'의 조작은 정신적 조작이지만, 언어적 조작과는 달리 직간접으로 물리적 조작으로 연결되거나 연관될 수 있는 조작이다. '종이와 연필에 의한 조작'은 많은 사람들이 종종 사용하는 '중간 구성물(intermediate constructions)'에 해당하는 의미를 지닌다.

> 의미에 관한 조작적 관점은 모든 조작이 실험실의 조작들(manipulations)과 같은 물리적 조작(physical operation)이어야 한다는 식의 이야기를 자주 한다. 많은 용어들, 예컨대 길이 같은 조작들이 제일 먼저 이런 속성을 지니고 있다는 점은 분명하다. 하지만 여기서도 길이를 측정하는 일상적인 조작일지라도 사물에 접촉한 자의 횟수를 세는 식의 비도구적인 성분을 포함하고 있다. 이렇게 세는 행위는 일상적

으로 조작자의 머릿속에서 수행되며, 따라서 우리는 일반적으로 도구적 조작과 마찬가지로 정신적 조작이 있다는 것을 알게 된다. 수학을 대단히 많이 포함하고 있는 이론물리학에서 대부분의 조작들은 내가 이 상황에서 '종이와 연필'의 조작이라고 부르는 것처럼 이런 정신적인 것이다. 이것이 바로 타당한 물리 이론이 요구하는 바이며, 이것이 수학적인 것과 구별되는 물리적인 것인 한 결국에는 '종이와 연필'에 의한 조작이 도구적 조작과 연관될 수 있는 수준으로 진입하게 된다는 점이다.[101]

반면 언어적 조작은 고대 그리스 철학이나 중세 스콜라 철학의 논쟁에서 보듯이, 물리적으로 수행되지 않고 말이 끝없이 말로 이어지는 영원한 언어적 회귀와 형이상학적 정의의 가능성이 있다. 이런 문제에도 불구하고 그가 후기에 의미론 문제로 나아갔을 때 언어적 조작의 중요성을 강조하게 된다.

'정신적' 조작 가운데 가장 중요한 것은 언어적 조작이다. 이것은 내가 [『논리』의 출판] 당시 알고 있었던 것보다 더 큰 역할을 하고 있으며, 이를 나의 후기 저작들, 특히 『세상 그대로』에서 강조하고자 했다. 그러나 내가 언어적 조작이 중요하다는 것을 인정한다는 사실은 예컨대 카르납과 같은 논리실증주의자들의 대부분이 했던 것과 같이 오직 언어적 문장 분석의 중요성 때문만이라는 것을 뜻하는 것이 아니다.[102]

---

101) Bridgman(1950), 256.

한 단어의 의미가 그와 동일한 어떤 것을 지시함으로써 찾아질 수 있다면, 한 단어에 '같음이나 동일함(sameness or identity)'을 부여할 수 있는 것이 무엇이든, 단어는 그것과 연합된 활동에, 즉 단어를 방출하거나 단어를 수용하는 것과 같은 활동에 어떤 방식으로든 연결되어야 한다.[103] 이것이 지닌 의미는 용례를 통해 확정되지만, 이는 단어의 의미를 완전히 특정하지 못한다. 따라서 그는 한 단어가 사용된 조건들을 조작적으로 분석함으로써 단어의 의미를 특정할 것을 제안했다.

> 나는 한 저명한 언어학자가 한 단어의 의미를 그것의 모든 용례에 공통된 것이라고 정의했다는 것을 들었다. … 검토해 보면 그 반대로 자체 파괴의 가능성이 있을 정도로 아주 편협하다. 왜냐하면 모든 용례를 검토했다는 불가능한 요구를 충족했다고 하더라도, 그다음에는 모든 그 용례에서 비공통적 요소가 식별될 가능성이 남아 있기 때문이다. 만일 이런 종류의 아주 일반적인 의미를 원한다면, 차라리 그 단어가 사용된 **모든 조건을 열거**함으로써 단어의 의미를 특정하는 것이 더 낫다. 그러나 이것도 자체 파괴적일 정도로 아주 넓다. 우리가 원하는 것은 최대한의 특정이 아니라 최소한의 특정이다.[104]

그에게 있어서 언어적 조작의 문제는 두 가지 방향으로 진행한 것으로 보인다.[105] 하나는 물리적 세계를 서술할 때 언어의 문제이다. 단어의 의미

---

102) Bridgman(1959b), 522.

103) Bridgman(1959a), 14.

104) *Ibid.*, 16.

105) 특히 Walter(1990), 'Chap. 8. Quantum Mechanics: Signals from Beyond the "Here and Now"'

가 용례와 사용 조건에 의해 특정된다고 하더라도 이는 거시 세계에서 우리의 경험과 관련되어 있다. 따라서 미시 세계의 경험을 다룰 때 거시 세계의 언어로 서술해야 하는 문제가 생긴다. 실험과 분석을 수행하는 우리 자신이 거시적 존재이기 때문에 미시 세계를 다루는 열역학과 양자역학의 현상을 거시 세계의 언어로 서술하는 문제는 "근본적으로 조작 분석"의 문제였다.

> 미시 현상에 대해 이들이 제공한 서술이 참이냐 아니냐를 묻는 것은 무의미하다. 일반적으로 미시 수준에 관한 개념의 의미는 궁극적으로 거시 수준의 조작에서 찾아야 한다. 그 이유는 간단하다. 의미가 우리를 위해 존재하며, 우리는 거시 수준에서 조작하고 있기 때문이다. 나는 양자역학의 의미를 거시 수준으로 환원하는 것이 아직까지 완전하게 성공적으로 성취되지 못했고, 앞으로 양자 이론의 주된 과제 중 하나라고 생각한다. 열역학의 조작들이 거시적 조작이기 때문에 그동안의 열역학적 접근 정신은 이 관점에서 볼 때 논리적으로 만족스럽다.[106]

그러나 우리 언어의 태생적 한계 때문에 우리가 하는 것(도구적 조작)과 우리가 말하는 것(언어적 조작) 사이의 확실한 분리가 불가능하다.[107] 그는 이 사안을 *The Nature of Thermodynamics*(1941/61)에서 상세하게 다루었다.

다른 하나는 그가 발견한 조작의 개인성이다. "한 단어의 정체성을 부여하는 것이 무엇이든 가장 중요한 부분은 그 단어를 사용하고 있는 사람의

와 'Chap. 9. Thermodynamics: The Outer Bounds of Physical Knowledge'를 참조할 것.

106) Bridgman(1953), 554.

107) Bridgman(1959b), 525-526.

두뇌에 있다."[108] 이는 그에게는 필연적으로 과학에서 일인칭 보고(first person report)로 귀결되었다. 조작의 개인성은 1935년 프린스턴대학교의 Vanuxem 강연 시리즈를 출판한 *The Nature of Physical Theory*(1936/64)를 통해 표면에 떠올랐고, 특히 행동주의 심리학자 스키너와 격렬한 논쟁을 거치면서 발표했던 그의 논문 "Science: Public or Private"(1940)에서 논의되었다. 그리고 그가 말년에 발표한 『세상 그대로』(1959a)에서 다루었다.

  브리지먼이 '종이와 연필'이라는 용어를 글에서 공식적으로 처음 사용한 것은 적어도 내가 알고 있는 한 1932년 *Science*에 발표한 「통계역학과 열역학 제2법칙」이라는 논문일 것이다.[109] 그러나 그가 '종이와 연필'의 조작이라는 개념을 본격적으로 도입하고, 여기에 의미를 적극적으로 부여하기 시작한 것은 1938년의 논문 「조작 분석」이며, 『열역학의 본질』(1941/61)의 서론에서는 이 개념의 의미에 대해 비교적 소상히 언급했다. 그는 여기서 열역학과 통계역학의 개념들이 대부분 종이와 연필의 조작이라는 점을 보이고자 했다. 특히 그는 이 책에서 열역학을 "조작들의 우주(the universe of operations)"라고 불렀다. 예를 들어 열(heat)이나 온도와 같은 개념은 미시적으로 **물리적 측정 조작이 불가능한 순수한 사고의 산물**이었다. 자신은 열역학 법칙에서 물리학자들이 다른 법칙에서 느끼는 것과는 다른 느낌을 갖고 있다고 말하면서, 그것은 이들 개념에는 명백히 "더 인간적인 기원의 냄새"[110]가 나기 때문이라고 했다. 그뿐 아니라 "열역학의 개념 틀이 거시적일 뿐만 아니라 … 그 원리나 법칙들은 과학적으로 '수행할 수 없는 것들'이

---

108) Bridgman(1959a), 14.
109) Bridgman(1932), 421. "당분간 우리에게 중요한 점은 어떤 통계적 모형이든 순수한 '종이와 연필'의 모형이며, 그러한 모형을 사용할 때는 특별한 한계가 있을 수 있다."
110) Bridgman(1941/61), 3.

었다."[111] 그는 처음에 '종이와 연필'이라는 용어를 확률, 열, 온도, 열역학 제2법칙과 같이 열역학과 통계역학의 개념을 설명할 때 사용했고, 나중에는 양자역학에서 파동 함수 ψ를 가리킬 때도 사용했다.

이론물리학자들은 속성상 주로 수학적 구성물들을 사용하는데, 그들이 하는 일을 볼 때 정신적 사고의 결과를 종이 위에 손으로 기호들로 나타내는 활동이 대부분이다. 따라서 그는 이들이 하는 수학적 조작의 특징을 '종이와 연필'에 의한 활동이라고 보았다. 즉 '종이와 연필'의 조작은 정신적으로 이루어지는 인지적 조작의 과정을 그야말로 조작자가 연필에 의해 종이 위에다 기호의 형태로 나타내는 활동을 의미한다. 종이와 연필의 조작은 물리적 조작과 정신적 조작 사이에서 기호와 식으로 표현된 비물리적인 '중간 구성물'[112]이며, 물리학에서는 대부분 씌어진 수학적 조작의 형태로 나타난다. 또 이것은 수학이나 물리학에서 본질적이든, 아니면 기술의 한계로 인한 잠정적이든, 물리적 조작으로 아직 실현되지 않은 '정신적 구성물'이기도 하다. 그것은 비물리적인 정신적, 언어적, 논리적 조작이 물리적인 측정이나 실험실 조작으로 이행하기 위한 중간 과정이기도 하고, 또는 '가설적 구성물(hypothetical constructs)'을 의미하는 것이기도 하다.

그는 '종이와 연필'의 조작도 궁극적으로는 직접 수행될 수 있는 조작의 형태로 개념의 의미가 확정되어야 하지만, 이론물리학에서는 그런 관련이

---

111) Walter(1990), 225.
112) Bridgman(1938a; 1954), Lindsay(1954), Seeger(1954)에서 '중간 구성물(intermediate constructs/constructions)', '중간 용어(intermediate terms)', 중간자 역할(intermediate roles), 중간 명제(intermediate statements), 1945년 조작주의 심포지엄에서 '형이상학적 중간 지대(limbo of metaphysics)' 등에서 등장하는 '중간' 혹은 '중간자' 용어는 실재와 관념, 또는 주관과 객관, 개인적인 것과 공적인 것, 또는 형이상학과 물리적 실재 사이를 매개하는 개념으로 사용되었다.

엄격하지 않다고 했다. 브리지먼은 린제이 비판에 대한 답변에서 "개념의 본질이 어떠하든, 즉 그것이 실험실 내에서의 '물리적' 조작을 포함하거나 아니면 어떤 하나 또는 임의의 [개념적] 구성물에 관한 '종이와 연필'의 조작을 포함하든, 우리는 조작이 **확실하고도 직접적으로 수행될 수 있어야 한다는 것을 요구**"해야 하지만, 명확히 수행될 수 없는 조작도 존재한다고 하면서 그 사례로 무한값, 무한 집합의 개념을 들었다.[113] 특히 통계와 확률 개념이 종이와 연필에 의한 조작이며, "고전통계역학과 양자통계역학 모두는 종이와 연필의 도구라고 인정되어야 한다."[114] 그러므로 특히 이론물리학자들의 중간 구성물은 도구적 조작과의 연관이 엄격하지 않은 종이와 연필의 조작이었다.

> 그러나 중간 구성물들에 대해서는 [도구적 조작과 연관되어야 한다는] 그런 요구 사항이 엄격할 필요가 없다거나, 성공적인 이론물리학자들의 활동에서는 엄격하지 않다고 해야 할 이유는 정말 없어 보인다. 이론물리학의 많은 상황에서는 도구적 조작이 종이와 연필의 조작과 서로 혼합되는 정확한 방식이 적절하게 실현되지 않는다고 생각하며, 서로 엮인 이들을 풀어내는 것은 분석해 볼 만한 좋은 주제라고 생각한다.[115]

113) *Ibid.* 브리지먼이 무한 집합에 대해 문제를 제기했던 글로는 Bridgman, "A Physicist's Second Reaction to Mengenlehre", *Scripta Mathematica*, Vol. II, 1934, 3-29. 'Mengenlehre'는 집합론 (Set Theory)에 해당하는 독일어이다.

114) Bridgman(1953), 554.

115) Bridgman(1950), 256.

그뿐 아니라 그는 물리학자들의 이론적 활동에서는 도구적인 것과 정신적인 것을 명확하게 구분할 수 없다는 점을 분명히 했다. 그는 종이와 연필에 의한 것이 아니라고 해서 그것이 반드시 도구적이라는 의미는 아니며, 수학에서 정신적 조작이 도구적 조작으로 환원되지 못한다는 것을 의미하는 것도 아니라고 하면서, 특히 조작자가 수학적 조작에서 얻은 데이터를 컴퓨터에 입력하고 출력된 결과를 받아보는 행위에서 정신적인 것과 도구적인 활동을 구분할 수 없다고 했다. 또 그는 "사고 실험(mental experiment)"이 도구적인 것과 종이와 연필의 조작 사이에 있는 중요한 하이브리드 조작이라고 했다.116)

> 물리학자들은 순수한 물리적 조작으로 정의되지 않은 모든 종류의 [개념적] 구성물을 사용하는 것이 매우 유용하다고 생각하고 있다. 그런 비물리적 조작의 대부분은 **수학이나 논리적 조작들**이다. 현대 파동역학의 경우 많은 구성물들이 이런 종류의 것이라는 사실은 아주 명백하다. '종이와 연필'에 의한 조작은 이런 조작의 대부분을 지칭하는 것이다. 의문의 여지없이 가능한 '종이와 연필'에 의한 조작의 다양함은 실험실에서 이루어지는 조작의 다양함보다 훨씬 더 많다. 그런 조작들이 무수히 많다는 점은 이들에게 중간 영역의 구성물을 고안할 수 있는 아주 풍부한 토양을 제공한다. 이런 방식으로 만들어진 많은 '종이와 연필' 모델은 큰 가치를 지니고 있다. 예를 들면 확률 개념에 대한 나의 분석은 '종이와 연필' 개념이 매우 넓게 확장된 것이라는 사실을 보여준다.117)

---

116) Bridgman(1941/61), Preface, x.

그는 도구적 조작과 정신적 조작 사이의 경계가 명확하지 않듯이 언어적 조작과 '종이와 연필'의 조작 사이의 경계도 확실하지 않다고 했다. 실험 장치가 시공간의 모든 지점에서 함수 값을 특정할 수 없다는 이유로 파동역학에서 함수 ψ를 폐기하는 것은 옳지 않듯이, 완전히 언어적인 개념이 가치가 없다거나 폐기되어야 한다고 가정할 필요는 없다. 그것은 우리 사고에서 중간 용어로서 아주 유용하면서 언어적 특성 때문에 폐기되어서는 아니 되는 그런 특성을 지닌 개념들이 매우 많기 때문이다.[118] 그가 개념의 반그림자 속성(이는 경험의 근사적 속성에서 기인한다.)을 항상 강조했듯이, 그 어느 것도 명확하게 자르는 것이 어디서도 불가능하기 때문에 여기서도 도구적인 것, 정신적인 것, 종이와 연필에 의한 것, 언어적인 것 등으로 단칼에 자르듯 순수하게 분류하는 것은 불가능하다.

논리실증주의자 파이글은 '종이와 연필'의 조작이라는 개념의 필요성에 대해 우호적으로 보았고, 앞서 "종이와 연필의 조작을 포함하더라도 우리는 조작이 확실하고도 직접적으로 수행될 수 있어야 한다고 요구해야 한다."는 브리지먼의 주장에 공감했다. 그가 '조작주의 심포지엄'에서 발표한 글에서 모든 정의가 용어나 상징의 사용 범위를 정하는 규칙이라면 "결국 모든 정의는 속성상 조작적"이기 때문에 "사실과학의 용어가 조작적으로 정의될 수 있어야 한다고 요구할 때, 우리는 실제로 순수한 연산 조작을 포함할 수 있다.(그리고 포함해야만 한다!)" 여기서 '정신적', '종이와 연필', 또는 더 좋게 말한다면 '논리수학적(logico-mathematical)'이라 부르는 이들 조작이 경험적 기준을 지닌 근간 용어에 적용될 수 있어야 한다.[119]

---

117) *Ibid.*, ix.
118) Bridgman(1941/61), Introduction, x 및 Bridgman(1938a), 129.
119) Feigl(1945), 252.

유용한 조작과 유용하지 않은 조작

브리지먼은 조작의 가치를 '좋은 조작'과 '나쁜 조작', 혹은 '유용한 조작'과 '유용하지 않은 조작'으로 분류했다. 그는 「조작 분석」(1938)에서 언어 조작에는 좋은 조작과 나쁜 조작이 있지만 이들 사이의 경계도 명확하지 않다고 했다.

> 수많은 경험에 의해 어떤 종류의 조작들은 좋은 조작이 아니며, 다른 종류는 아마도 안전할 것이라고 분명히 확신할 수 있기 때문에, 경험이 변함에 따라 허용될 수 있는 조작들의 범위도 변한다.[120]

'좋거나 나쁜' 언어 조작이 가능하다는 점은 분명하다. 그러나 항상 그랬듯이 여기서도 '좋다'와 '나쁘다' 사이의 날카로운 구분을 설정할 수 있다는 근거는 없다. 나는 이것이 결국 의미가 비언어적 조작으로 환원될 수 있다는 용어 대부분의 용례에 근거한 무언의 양해라고 생각한다. 상황을 서술할 때 '언어적'이라는 것은 좁은 의미에서의 '나쁜' 언어화, 즉 무언의 목적에 적절하지 않은 언어화를 포함하여 모든 종류의 언어화라는 광범한 의미로도 사용될 수 있다. '나쁜' 의미에서 언어적이라는 개념은 조건이 설정되지 않은 '언어적' 개념을 흔히 말하기 때문에 '언어적'이라고 사용된 의미는 보통 맥락에 의해 판단된다. 과거의 물리학에서 절대적인 모든 것이 그랬던 것처럼, 우리에게 전해진 공동의 개념들 대부분은 주로 좁은 의미 또는 나쁜

---

120) Bridgman(1938a), 118.

의미에서의 언어적 개념이었다.[121]

1945년 하버드 심리학과 보링 교수 주도로 열린 '조작주의 심포지엄'(1945)에서 참가자들에게 사전에 질문지 목록을 제시하고 이에 대한 답변을 요구했을 때, 질문지 다섯 번째 목록이 브리지먼이 말한 좋은 조작과 나쁜 조작의 구분에 관한 것이었다. 즉 "과학적으로 좋거나 나쁜 조작이 존재하는가? 또 만일 조작들이 서로 다른 가치를 갖는다면 이를 어떻게 평가할 수 있는가?" 그런데 브리지먼은 이 심포지엄의 발표 글 「조작 분석의 일반 원리(Some general principles of operational analysis)」에서 자신이 앞서 말했던 것과는 달리 조작에는 좋고 나쁜 것이 있다기보다, '유용한 조작'과 '유용하지 않은 조작'이 있다고 했다.

> 조작은 일종의 목적을 가진 맥락 속에서 보통 사용하고 있기 때문에 사람들이 좋은 조작과 나쁜 조작에 대해 말하고 싶겠지만, 개인적으로는 유용한 조작과 유용하지 않은 조작에 대해 이야기하고 싶다.[122]

이는 그가 조작 개념을 일반화하는 과정에서 조작을 참과 거짓, 혹은 선과 악과 같은 방식의 절대적 관점이 아니라, 얼마나 쓸모 있는지라는 실용주의, 상대주의적 관점에서 파악한 것으로 보인다.[123] 실용주의가 추구했

---

121) *Ibid.*, 126-127.
122) Bridgman(1945), 248.
123) Bridgman(1938a), 119. "우리는 개념의 궁극적 본질에 관한 비법의 이론이나 '조작'의 전능함을 옹호하는 철학을 지니고 있지 않다. 이것은 단지 **실용성의 문제**로서, 말하자면 우리가 우리의 개념을 가지고 어떤 일을 할 때 어떤 특정한 방법으로 하면 개념들이 더 잘 구성된다는 점을 경험을 통해 알고 있다는 것이다."

고, 특히 브리지먼이 강조했던 유용성의 요소는 사고의 명확함(clarity), 진리의 작동 가능성(workability), 진리와 사고 사이의 절대적 관계가 아닌 검증 가능한 행위(조작)의 여부였다.

5. 개념의 조작적 정의

조작의 중요성이 부각되면서 조작이나 이에 관련된 개념들을 '조작적으로' 분석한 연구들이 등장했다. 말하자면 브리지먼을 포함해 여러 사람들의 조작 개념들이나 조작 이론에 대한 메타 분석(meta-analysis)이 등장하기 시작한 것이다.

스티븐스는 '조작주의'를 특별히 'operationism'이라고 명명하면서 '조작'을 "한 개념을 알기 위해 수행하는 행위"라고 정의했다. 그는 자신의 조작주의가 실증주의에 그 뿌리를 두고 있으며 "언어적 조작주의를 형식으로 나타냈던 카르납의 철학적 입장"이라고 하면서, 브리지먼이 개발하고 물리학과 수학에 적용했던 조작적 절차가 심리학에 가장 직접 적용될 수 있는 모델이라고 했다.[124] 그러나 행동주의와 브리지먼은 조작에 대해 입장이 서로 달랐다. 행동주의 심리학에서 개념들은 마치 실험실에서 물리학자가

---

124) Stevens(1935a), 323. "혁명들의 가능성에 종막을 고할 혁명은 개념의 정의와 검증을 위한 직접적 절차를 정의하고, 심리학의 모든 기본 개념을 깊이 숙고할 때 그 절차를 엄격하게 적용하는 혁명이다. 그런 절차는 개념이 결정되는 구체적 조작에 호소함으로써 개념의 의미를 테스트한다. 우리는 그것을 **조작주의**(operationism)라고 부르겠다. 이것은 흐릿하고 모호하며 모순된 관념으로부터 우리를 보호하며, 쓸데없는 논쟁을 잠재우는 정의의 엄격함을 제공한다."

실험할 때처럼 조작의 수행자 의식이 배제된 공적 사건이었지만, 정작 브리지먼은 조작 수행자의 의식 안으로 들어가서 개인적 사건으로 갔던 것이다. 따라서 Hart(1940)가 '조작주의'를 "조작적으로" 분석했을 때, 그는 스티븐스의 조작주의를 조작적 관점에서 비판적으로 분석하면서 스티븐스가 조작 이론에서 관찰자-조작자-실험자의 의식을 배제했다고 평가했던 것이다.125)

'조작적 정의'의 조작적 정의

흥미로운 것은 '조작적 정의'를 "조작적으로 정의"하려고 노력했던 사회학자 Dodd(1943)의 시도이다.126) 브리지먼의 『논리』를 검토해 보면, 브리지먼의 '조작적 정의'는 "물리적 개념(물리량)은 이를 측정하는 절차를 포함한 규칙들에 의해 정의되어야 한다."는 것이라고 이해할 수 있다. 그런데 도드는 조작에 대한 참신한 해석을 통해 조작 개념을 확장해 일반화했다. 그는 「조작적으로 정의된 조작적 정의(Operational Definition Operationally Defined)」라는 논문에서 '조작적 정의'를 조작적으로 정의한다.

그는 '조작적 정의'란 정의항(definer)이 (a) 사용된 '재료'를 포함해 피정의

---

125) Hart(1940), 288-313. 이는 마치 브리지먼이 아인슈타인의 일반 상대성 이론에서는 관찰자나 조작자가 사라졌다고 한탄했던 것을 연상케 한다.

126) Dodd, Stuart C., "Operational Definition Operationally Defined", *American Journal of Sociology*, 48(4) (Jan. 1943), 482-491. 그의 연구는 미국사회학회 안에 조직된 자발적 비공식 위원회 '개념통합위원회(The Committee for Conceptual Integration)' 활동과 밀접하게 관련 있다. 개념통합위원회는 같은 지시 대상(referents)에 대해 사용자마다 사회학 개념의 의미가 다르며 그 명칭(designata)도 달라서 소통을 위한 지시 대상의 기준체를 확정해야 할 필요성 때문에 조직되었다.

항(definiendum)을 식별하거나 생성하는 '절차(procedures)'를 지정하고, (b) 그 정의에 대한 높은 '신뢰도(reliability)'를 찾는 것이라고 했다.[127] 즉 정의가 조작적으로 이루어지기 위해서는, 어떤 것을 조작적으로 정의하는 용어인 피정의항은 자신의 정의 내용(definiens)으로서 조작이 가해지는 대상(재료)이 있어야 하고, 자신을 식별하고 생성할 수 있는 '절차'가 포함되어야 하며, 이를 '신뢰성' 있게 지정해야 한다. 따라서 "조작적 정의"라는 종(種, genus) 안에는 '절차'와 '신뢰도'라는 서로 다른 차(差, differentia)를 가진 두 가지 속(屬, genus)이 포함되며, 이들 속(屬)에는 공통적으로 재료가 포함된다. 그가 '조작적 정의'를 조작적으로 할 때, 조작에는 어떤 '대상'이 필요하다는 것과, '절차'가 명시되어야 하며, 그것들이 '신뢰성'이 있어야 한다고 말함으로써, '조작적 정의'의 의미를 좀 더 일반적으로 의식하게 만들었다. 따라서 한 개념의 조작적 정의 안에는 **대상, 절차, 신뢰성** 개념이 포함되어야 한다. 신뢰도를 같은 현상을 반복 관찰한 것들 사이의 일치도 정도라고 '조작적으로' 정의하게 되면, 조작성 정도는 신뢰도 지수에 의존한다. 그렇기 때문에 신뢰도가 높을수록 그 정의는 더 조작적이며, '절차'는 목적에 대한 수단으로서 인간 행위라고 정의되고 행위자에 의해 전달된다. 그리고 재료를 포함한 절차를 명시함으로써 더 신뢰성 있게 정의할 수 있다. 따라서 그에 의하면 좋은 조작과 나쁜 조작의 경계는 신뢰도가 결정한다.

도드의 조작주의는 조작이 반드시 계량적이거나 물리적일 필요가 없이 신뢰성을 담보할 수 있는 적절한 정성적 방식이 존재하기만 하면 개념을 조작적으로 잘 정의할 수 있었다. "질(質)의 신뢰성을 결정하는 적절한 식들이 존재하기 때문에 신뢰성 공식은 양(量)의 신뢰성을 결정하는 데만 한정되

---

127) *Ibid.*, 482.

지 않는다.”[128] 따라서 “소통만 된다면 심지어 상상의 조작까지도 합법적이다.”[129] 이는 조작이 반드시 물리적일 필요가 없는 사회과학에서는 조작에 대한 아주 바람직한 해석이었다. 그는 또 브리지먼의 조작 관념에서 부각되지 않았던 측면들을 발굴했다. 즉 브리지먼이 주로 조작 '행위'(절차)에 대해서만 논의한 반면, 도드는 모든 조작에는 조작 '대상'(재료)이 있다는 점을 지적했다. 말하자면 “조작은 항상 **어떤 것**에다 수행해야 한다.”[130]

한편 Dodd(1943)가 정의한 '조작적 정의'를 기반으로 하트는 「조작 용어의 조작적 정의를 향해」라는 논문에서 참여자들을 대상으로 '조작'에 대한 여러 정의가 주어진 현상에 부합하는지 여부를 조사했다.[131] 그가 '조작'에 대해 대표적인 정의라고 선택한 것은 사전적 정의, 브리지먼의 정의, 급진적 및 온건한 조작주의자들의 정의 등 네 가지이다. 그가 두 번의 실험에서 사용했던 정의를 [표 1]로 요약하겠다.[132]

그는 브리지먼의 경우 1차 실험에서는 “조작은 의식적 활동”이라는 진

---

128) *Ibid.*, 485

129) Benjamin(1955), 44.

130) *Ibid.*, 45. 그는 또 조작을 수행하는 행위를 지시 대상(referents)의 '식별(identifying)'과 '생성(generating)'으로 구분했다. 예컨대 케이크라는 지시 대상에 대해 케이크라고 판단(식별 또는 명시)하는 조작과 케이크를 만드는, 즉 케이크라는 개념을 생성하는 조작을 구분함으로써 조작 활동을 더 세분한 것이다. 그런 점에서 그는 생성의 조작을 요리의 레시피처럼 본 것이다.

131) Hart and associated(1953), 612-617. 그는 두 번의 실험을 수행했다. 1차 실험은 사회학, 정치학, 종교학, 영문학, 역사학, 경제학, 철학, 물리학 전공의 대학원생 80명 중 제때에 응답한 51명의 결과를 사용했고, 2차 실험에서는 1차 실험 참여자 중 가장 신뢰성 있게 판단한 30명 중 24명과 사회학 여름학교 수강생 30명 등 모두 54명의 결과를 사용했다. 1차 실험에서는 20개 현상을, 2차 실험에서는 이 중 19개를 포함한 26개 현상을 제시했다.

132) *Ibid.*, 613.

[표 1] '조작'에 대한 정의들

정의의 기준 ＼ '조작'의 정의	1차 실험	2차 실험
웹스터 사전(1936)	일종의 행위(action)	
브리지먼(1945; 1953)	의식적 활동(activity)	의식적으로 **지향되고 반복 가능한*** 활동
급진적 조작주의자들 [급진적 행동주의자들]**	수의근(隨意筋)에 의해 수행된 생물학적 유기체의 행위	**어떤 물질 환경 안에서** 수의근에 의해 수행된 생물학적 유기체의 **공공연한** (overt) 행위
온건한 조작주의자들	조작자(operator)가 자신 안이나 환경 안에서 의도적으로 생성한 물리적, 정신적 변화(또는 발생한 것)	

* 강조는 2차 실험 때 추가된 부분.
** 스키너를 말함.

술을 채택했다.133) 하트는 이것이 브리지먼이 조작에 대해 말한 것 중 가장 일반적인 진술이라고 판단했다. 하트는 1차 실험 결과의 잠정 보고서를 전문가들과 브리지먼에게 회람해 피드백을 받았다. 하트는 브리지먼의 응답을 반영해 브리지먼의 정의를 수정하고 2차 실험을 했고, 이때 급진적 조작주의자들의 정의도 함께 수정 반영했다. 이때 브리지먼은 회신에서 자신의 정의를 "조작은 의식적으로 지향되고 반복 가능한 활동이라는 의미로 이해될 수 있다."134)로 하는 것이 더 적절하다는 의견을 주었다. 따라서 브리

---

133) 도드가 채택한 브리지먼의 정의는 브리지먼이 조작주의 심포지엄에서 발표한 "Some General Principles of Operational Analysis"이다.

"조작을 **의식적 활동**이라는 의미에서 이해하는 가장 일반적인 관점에서 볼 때, 정의는 조작적이어야 한다." Bridgman(1945), 246.

그러나 그는 이미 1938년 린제이 비판에 대한 답변 "Operational Analysis"에서 똑같은 이야기를 한 적이 있다.

"넓은 의미에서 활동을 분석한다는 것은 조작을 분석한다는 것이다. 이것은 동어반복이다. 여기서 **조작과 활동은 같은 의미**이다. '조작'이라는 단어는 활동이 일반적으로 지향점을 갖고 있다는 사실을 강조한다." Bridgman(1938), 116.

지면이 '조작'에서 강조한 것은 '의식적 활동'과 '반복 가능함'이다. 여기에 더해 그는 조작이 '행위자(조작 수행자)'를 전제로 하고 있다는 점을 언급했다. 즉 일어난 일(happenings)이나 하는 일(doings), 활동(activities) 또는 조작(operations)을 특정하기 위해서는 활동이 **시간 내**에서 수행되고, 활동의 구성부가 **특별한 순서**로 진행되며, 여기에 **행위자**를 상세히 지정해야 하는 절차가 필요하다.[135]

> '조작'이 **행위자**(doer)를 암시하고 있다는 의미에서 이해한다면, '조작'은 아마도 '하는 일들(doings)'에 가장 가까울 것이며, 결국 이는 일반적으로 '**의식적인 목적**'을 내포하게 된다.[136]

사실 'operation'은 일상적으로 광범위하게 사용되는 용어로서 수학에서는 연산을, 군사적으로는 '작전', 의학적으로는 '수술'을 뜻한다. 이들은 공통적으로 조작 수행자에 의한 어떤 의도적 행위를 의미한다. 따라서 목적성이 명시적으로 드러나지 않은 사전적 정의와 달리 전문가들 관점에서는 행위의 목적 지향성에 관심을 갖게 된다. 이런 맥락에서 나머지 세 가지 정의에서는 '의식적'(브리지먼), '수의근'(급진적 조작주의), '의도적'(온건한 조작주의)이라는 표현에서 보듯 공통적으로 조작을 조작자의 의식이 반영된 행위로 본다. 브리지먼은 여기에 조작의 '반복 가능함'을 추가했다. 한편 스키너와 같은 급진적 행동주의자들은 조작에 대한 정의에서 조작이 생물학적 유기체 내면에 감추어진(covert) 반응이 아닌 물리적으로 관찰 가능한 겉으

---

134) Hart and associated(1953), 613.
135) Bridgman(1959a), 37.
136) *Ibid.*

로 드러난(overt) 반응이라는 점을 부각했다. 반면 온건한 조작주의자들은 조작을 의도적으로 이루어진 변화나 사건으로 보았다.

하트는 참여자를 두 집단으로 나누어 한 집단은 주어진 현상에 네 개 정의 중 어느 정의가 '더 나은지'를 판단하게 하고, 다른 집단은 '더 좋지 않은지'를 판단하게 했다. 그는 각 현상과 각 정의에 대해 두 집단의 의견의 불일치 정도를 나타내는 '비신뢰도(unreliability)'를 조작적으로 정의하고, 이를 측정해 각 정의마다 일상적으로 경험하는 현상을 조작적이라고 판단하는 데 적합하지 않은 정도를 측정했다.

그러나 그의 실험 결과는 다소 "혼란스러운" 것이었다. 그래서 그는 "여기 사용한 정의가 모든 정의를 대표하는 것이라면, 정의들이 더 큰 신뢰도를 갖는 것이 아주 필요하다."[137]고 결론을 내렸다. 이 연구는 일상 경험에 대해 '조작'이라는 용어를 정밀하게 정의하고 적용하는 것은 그다지 효과적이거나 의미 있는 것이 아니라는 평범한 결과를 확인한 것[138]에 불과했지만, 바로 이 때문에 특정한 관점에서 세부적으로 정의된 조작들은 같은 경험을 놓고 다르게 해석하는 문제를 야기했다. 이에 대해 Feigl(1945)은 "개인적으로 나는 조작주의라는 구호는 '조작적'의 의미가 경험적 개념의 정의에 한정되어 있을 때만 원하는 유익한 효과를 가질 수 있다고 믿는다."고 했다.[139] 따라서 조작에 대한 정의에서는 보편적 신뢰도보다 **관점에 따른 신뢰도**가 더 중요했다. 브리지먼은 아마도 이 문제를 의식했던 것으로 보인다. 그는 조작의 정의를 문의하는 하트에게 보낸 답장에서 이렇게 말했다.

---

137) Hart and associated(1953), 617.

138) Benjamin(1955), 5-6.

139) Feigl(1945), 252.

당신이 말했듯이, 나는 조작이 무엇인지에 대해 형식적 정의를 해본 적이 결코 없습니다. **내 입장에서는 이것에 [의도적으로] 신중했습니다.** 나는 완벽하게 선명한 정의는 얻을 수 없거나 필요하지 않다고 항상 주장해 왔습니다. 내가 어디선가 말했지만, 조작적 접근 방식이 무엇인지를 배우는 가장 좋은 방법은 많은 **구체적 사례**에 적용해 이것이 실제로 작동하는지를 보아야 한다는 것입니다.[140]

개념의 조작화

조작주의를 비판하는 사람들은 그가 물리적 조작에만 의미를 부여했다고 비난했지만, 조작주의에서 희망을 보았던 사람들은 그의 메시지로부터 직접 물리적 조작으로 정의될 수 있는 개념들을 찾거나(행동주의 심리학자 스티븐스의 '변별'이나 스키너의 '반사'), 비물리적 혹은 정신적 조작을 물리적 조작처럼 측정 가능할 수 있게 조작적 정의를 하고자 했다.(논리실증주의자 베르크만의 물리주의적인 조작적 정의나 심리학자 톨먼의 중개변수) 예컨대 심리학에서 '행동'이나 '반응'은 직접 관찰 가능하며, 조작적으로 정의만 된다면 측정 가능한 형태로 진술될 수 있기 때문에 물리적 조작이 될 수 있었다. 하지만 '교육 수준'과 같은 개념은 직접 관찰 가능한 물리적 개념이 아니기 때문에 개념의 '조작화(operationalization)'를 통해 측정 가능한 수학적 형태로 정의되어야 했다. 일부 조작주의자들은 더 나아가 물리주의적 관점이 아니더라도 비물리적 조작에 의미와 중요성을 부여할 수 있도록 조작 관념을 일반화하거나(사회학자 도드의 조작주의) 조작 분석을 수학화하려고 노력했다(쿠

---

140) Hart and associated(1953), 613.

프먼의 OR).

　직접 물리적인 조작을 찾거나 최소한 물리주의적으로 조작화하려는 시
도에서는 물리적 개념(물리량)들을 분석할 때 사용하는 차원 분석(dimen-
sional analysis) 기법이 활용되었다. 이를 위해 개념들을 더 이상 환원할 수 없
는 기본 요소들(ultimate elements)의 조합으로 구성하고, 이 기본 요소들을 측
정 가능한 독립적 차원을 지니는 기본량이라고 정의했다. 예컨대 물리학에
서는 질량, 길이, 시간 등을 더 이상 환원될 수 없는 기본 개념이자 물리적 기
본량(base quantities)이라고 정의했을 때, 에너지나 힘 개념을 이들의 조합에
의한 유도량으로 정의할 수 있고 이들 유도량은 기본량들의 차원 관계식으
로 표현된다. 따라서 개념들은 정의된 기본량이나 이들의 함수적 결합에
의한 유도량으로 나타낼 수 있다. 이런 시도는 특히 행동주의 심리학이나
경제학, 사회학에서 현상들을 설명할 수 있는 기본 요소들을 찾아 이들을
독립적 차원을 지닌 기본량이라고 조작적으로 정의한 다음, 이로부터 함수
관계를 갖는 차원식의 유도된 개념들로 관찰된 여러 현상을 설명하려는 시
도로 나타난다.[141]

　스키너는 「행동을 기술하는 데 있어서 반사 개념」(1930)이라는 논문에서
반사(reflex)를 조작적으로 정의했다. 그는 이 논문에 대한 해설에서 자신의
반사 개념의 기원을 언급했다.

　　1930년 여름에 집필한 이 논문[142]은 ⋯ **행동을 서술하는 용어들의 조**

---

141) "차원 추론은 자신의 학문을 수학적 기반 위에 세우려는 심리학자들과 사회과학자들에게
　　범례적 참조를 제공했다." Walter(1990), 102.

142) Skinner, B. F., "The Concept for the Reflex in the Description of Behavior", B. F. Skinner,
　　Cumulative Record. Definitive Edition, 1991, 419-578. 이 논문은 원래 *Journal of General Psycho-*

작 분석에 관한 초기 사례이다. 나는 반사(reflex)에 대한 정의의 단서가 버트런드 러셀에게서 왔다고 믿는다. 어디선가에서, 아마도 1920년대 후반 *Dial*에 게재된 일련의 [그의] 논문이었을 것이다, 러셀이 **생리학에서 반사 개념은 물리학에서 힘 개념과 같은 지위**라고 지적한 바 있다. 브리지먼의『논리』에서 다루었던 힘 개념에 대한 논의에다 이것을 더해 현재 관점을 갖게 되었다. 나는 역사적으로 반사에 대한 전통적 정의가 무의식적(unconscious), 불수의적(unvoluntary), 비학습적(unlearned) 행동이었다는 마흐의 분석을 지지한다. … 중요한 점은 조작적 정의가 단지 반사뿐 아니라, 충동, 감정, 그리고 본래대로의 유기체에 적절한 다른 용어들에도 사용될 수 있다는 것이다.[143]

그의 이야기로 본다면, 그는 러셀의 아이디어로부터 물리학에서 '힘'과 같은 역할을 하는 물리량을 생리학에서는 '반사'라고 보았고, 이를 관찰 가능한 양(observables)으로 만들기 위해 브리지먼의 조작적 방법을 적용했으며, 반사 개념의 의미에 마흐가『역학의 역사』에서 역학적 개념들을 역사적으로 분석한 방법을 적용한 것이다.

그는 행동을 서술할 때 자극(stimulus)을 '기본량'이고 물리적으로 측정될 수 있는 개념이라고 하면, 반응(response)은 자극의 함수인 '유도량'으로 이들 모두는 물리적으로 측정될 수 있는 개념으로서 S-R 관계가 반사를 표현

<hr />

logy, 5, 1931, 427-458에 게재되었던 것을 스키너가 논문집에 재수록한 것이다. 그는 자신의 평생 논문들을 재수록하면서 수차례에 걸쳐 다시 고쳐 쓰고 해설을 덧붙였다. 최종판에서 원본과 달라진 부분은 이탤릭체로 표시되었다.

143) Skinner(1991), 419. 이 책은 스키너의 논문 모음집으로 Skinner(1930)에 포함되어 있다. 이 책에서 1930년 논문에 대한 비평들을 반영해 자신의 의견을 덧붙였다.

하는 것이라고 보았다. 그는 이 논문(의 수정판)에서 '과학적 행동분석의 일반식(a general formulation of a scientific analysis of behavior)'이라고 부르는 것을 제안했다. 반사 개념에 기본이 되는 관찰 가능한(observable) 사실들을 $R = f(S)$의 함수로 나타낼 수 있다. 이때 S는 자극(stimulus), R은 반응(response)으로서 모두 측정 가능한 양이다. 만일 자극을 반복해서 주었을 때 반사는 '피로'를 겪게 되기 때문에 이 방정식은 $R = f(S, A)$으로 고쳐 쓸 수 있다. 여기서 그는 A를 특별히 지정하지 않고 그냥 '제3의 변수(third variable)'라고 불렀는데, 이것이 나중에 아래에서 말하는 톨먼의 '중개변수'를 의미한다는 논란에 대해 아니라고 말했다. 이 S-R(Stimulus-Response) 이론은 유기체 안에서 벌어지는 반응 과정을 고려한 S-O-R(Stimulus-Organism-Response) 이론으로 된다. 행동주의자들의 이런 프로그램들은 근본적으로 브리지먼의 조작 분석과 차원 분석에서 유래된 것이었다.

> 실증주의자들은 방법이 어떻게 이론을 보증하는지에 대한 그들 분석을 기초할 물리 이론(상대성 이론)의 완성체를 갖고 있었다. 행동주의자들은 재구성하기 위한 그런 이론을 가지지 못했다. ⋯ 조작적 정의는 심리학적 개념을 구성하고 동시에 이것의 과학적 정당성을 보증하는 것이라고 취급되었고 ⋯ 행동주의 가정에 우호적이었다. 이런 점에서 차원 분석에서 그[행동주의 프로그램의] 기원이 시작되었다는 것은 의미 있다. ⋯ 물리적 실재가 "기본량들"이라고 부르는 원소들로부터 구성되듯이, 심리학적 실재는 감각 속성으로 구성되었다.[144]

144) Walter(1990), 179.

톨먼의 중개변수

스키너와 달리 톨먼(Edward Chase Tolman)에게는 조작적으로 정의된 개념이 중개변수들이었다. 그는 논문「요구의 조작 분석」에서 원인과 결과를 연결하는 중개변수 개념을 도입하면서 심리학에서 '요구(demands)'를 일종의 "구성된"[고안된] 중개변수("constructed" intervening variable)라고 보고 이 중개변수가 독립 원인변수와 최종 종속변수를 중개한다고 가정했다.[145] 중개변수는 독립변수가 종속변수에 어떻게, 왜 영향을 주는지를 설명하기 때문에 종종 '매개변수(mediating variables)'라고도 부르며, 독립변수의 함수라고 조작적으로 정의된 중개변수는 다시 종속변수를 설명하는 함수라고 조작적 정의를 할 수 있다. 여러 용어 사전에서 중개변수의 역할을 인용하는 대표적 사례 중 하나가 교육과 수입 또는 지출의 관계이다. 교육 정도를 독립변수로 하고 수입을 종속변수로 할 때 직업 기회는 중개변수가 된다. 즉 교육 정도가 높을수록 더 좋은 직업을 얻을 수 있고, 이는 수입의 증가를 가져온다. 또 교육 정도와 지출을 원인과 결과로 한다면, 높은 교육은 좋은 직업의 기회를 만들고, 이는 수입 증가로 이어지며, 따라서 지출 증가를 가져온다고 설명할 수 있다. 이때 직업 기회와 수입은 이어지는 중간 사건을

---

145) Tolman(1936), 383-392. 쥐의 미로실험으로 잘 알려진 심리학자 톨먼은 이 논문을 논리실증주의자들이 1936년 코펜하겐에서 개최한 '제2차 통합 과학 국제 대회(Zweiter Internationaler Kongress für Einheit der Wissenschaft)'에서 발표했다. 이 대회는 물리학, 생물학, 심리학, 사회학, 과학 일반의 분과들로 구성되었는데, 양자 현상의 해석을 다루었던 물리학 분과에서는 보어(N. Bohr)가 인과성과 상보성에 관해 발표했다. 여기서 발표된 논문들은 논리실증주의 기관지 Erkenntnis(1936, 6. Bd.)에 게재되었다. 많은 심리학 문헌들은 톨먼이 '중개변수'를 처음 사용한 것이 1938년의 논문 "The determiners of behavior at a choice point", Psychological Review, 45, 1-45라고 보고 있으나, 아래 주석에서 보듯이 그의 1936년 논문은 측정 가능한 형태의 중개변수 개념을 명확하게 조작적으로 정의하고 있음을 보여준다.

설명하는 중개변수가 된다.[146] 이런 사례 말고도 동물의 행동을 설명할 때는 '굶주림', '갈증' 등이 중개변수가 되기도 한다.

톨먼이 조작적 정의를 통해 심리학 개념들을 측정 가능한 변수들의 방정식 형태로 찾고자 했다면, 논리실증주의에서는 비물리적 개념도 수학적 모형으로 서술될 수 있음을 논리적으로 보이고자 했다. 논리실증주의자들의 관심은 개념들이 객관화될 수 있다는 점을 증명하는 것이었다. 비엔나 서클의 베르크만은 논문 「비물리적 용어의 물리적 모형에 관하여」(Bergmann, 1940)에서 비물리적 용어들의 물리주의적 서술이 가능함을 보였다. 그는 생명과학이나 사회과학의 관념들이 물리학 관념들과 근본적으로 다르기 때문에 이 관념들이 물리학에서 사용하는 수학으로 기술될 수 없으며 이들의 과학 법칙이 물리 법칙으로 환원되거나 물리 법칙에서 도출되는 것이 논리적으로 불가능하다는 주장에 맞서, 이들 비물상과학의 개념들을 수학적 모형으로 서술할 가능성을 찾았다. 그에 의하면 관찰 가능하다면 어떤 과정도 물리주의(physicalism) 관점에 따라 수학적 모형으로 서술될 수 있다. 따라서 생물학이나 심리학, 사회과학의 개념들은 물리학처럼 조작적으로 정의될 수 있으며, 이들의 비물리적 용어들은 측정 가능한 수학적 형식으로 진술될 수 있다.[147]

Operations Research(OR)

수학 이론을 바탕으로 한 조작 분석의 기법에 대한 연구도 있었다. 이 연

---

146) 심리학에서 조작적으로 정의된 개념을 중개변수, 그 외 다른 것들을 가설적 구성물이라고 했다. Benjamin(1955, 113), MacCorquodale and Meehl(1948), Hilgard(1958), O'Neil(1991), Lovasz and Slaney(2013)을 참조할 것.

147) Bergmann(1940), 151-158과 Bergmann and Spence(1941), 1-14를 참조할 것.

구는 전시(戰時)에는 작전 이론에서 출발해 전후(戰後)에는 경영 관리 이론으로 일반화되는 데 중요한 디딤돌이 되었다. 브리지먼의 사위 수학자 쿠프먼은 제2차 세계대전 중 미해군에서 U보트 탐지를 위한 대잠(對潛) 작전 이론을 개발하는 데 참여했고,[148] 전후에는 탄도 미사일 탐지를 위한 수학 이론을 개발했다. 이미 영국에서는 두 번의 세계대전을 통해 상선들의 '호송 이론(convoy theory)'과 같이 U보트의 탐지, 회피, 파괴, 호송 함대의 최적 운용, 그리고 나치에 의한 폭격 피해 최소화 등을 위해 작전 이론들을 개발하고 있었는데 그들은 이를 Operations Research(혹은 Operational Research. 보통 OR로 표기한다.)라고 불렀다. 쿠프먼은 1943년 미국의 국방연구소 안에 있는 OR 그룹에 참여하면서 군사 작전(operation)에 수학화된 조작적(operational) 방법을 도입했다. 그는 고도의 불확실성과 위험이 내재된 상황에서 위험 인자의 탐색(search), 탐지(detection), 선별(screening)을 위한 수학적 확률을 부여하는 '조작적' 규칙을 찾고, 이를 바탕으로 최선의 의사 결정을 할 수 있는 수학적 모델링 기법으로 발전시켰다. 특히 그는 OR에 통계학과 확률 이론을 적용함으로써 OR이론을 수학화하는 데 큰 기여를 한 것으로 알려져 있다.[149] 따라서 OR이 원래 전시에는 군사 작전 이론이었지만, 전

---

148) 쿠프먼이 U보트 탐지를 위해 개발한 수학적 조작(함수)에 대한 해설로는 McCue(2006)를 참조할 것.

149) Koopman(1980)은 OR을 이론화하는 데 중요한 세 저작 중 하나로서 제2차 세계대전 당시 미해군의 대잠 작전을 위해 개발했던 '탐색과 선별'의 수학 이론을 다루고 있다. 주요 내용이 비밀 문서에서 해제되면서 1980년 출판된 책으로서 OR 분야에서는 고전으로 꼽힌다. 동료 Morse(1982)는 쿠프먼 사후 집필한 쿠프먼 약전에서 이렇게 말했다.

　　"우리는 '탐색과 선별'에 관해 쿠프먼이 … 집필하려는 책이 비밀 해제되는 데 많은 시간이 걸릴 것이라고 걱정했다. … 1955년 쿠프먼은 [비밀 해제를] 더 이상 기다리지 않고 '탐색과 선별'의 이론 부분을 쉽게 비밀 해제될 수 있는 형태로 집필하기로 결심했다. … [1980년 출판된] 이 책 중 일부는 많은 OR 그룹 연구원의 결과를 체계적으로 다룬 것이지

후에는 불확실한 상황에서 위험과 손실을 최대한 회피하고 최대의 성과를 얻기 위해 최적화 방법의 수학을 사용하는 경영 관리의 이론으로 발전한 것이다. Koopman(1979)은 「탐지 법칙의 조작적 비판」에서 자신이 수립한 작전 이론과 브리지먼의 조작적 방법을 기반으로 미해군의 탐지 법칙(detection laws)에 대한 수학적 최적화의 조작적 유의미성을 검사했다.

> 이 논문은 미해군에서 제2차 세계대전과 그 이후 탐색을 수학적으로 최적화하기 위해 최초로 개발했던 여러 탐지 법칙에 관한 식을 일반화하고, 이의 **조작적 유의미성**을 검사한 것이다. 여기서 "조작적"이라는 단어는 실용 OR과 브리지먼의 요구 사항에 따른 것으로서, 물질계에 수학을 적용할 때 사용된 양에 내재된 물리적 전제 조건, 이를 측정하는 조작과 이들의 일관성 법칙을 명시적으로 제시해야 한다는 의미로 사용했다.[150]

이상과 같은 노력들 외에도 심지어 조작주의를 하나의 철학 체계로 구성하려는 시도도 있었다. 비록 브리지먼이 조작적 방법은 하나의 철학 체계가 아니라고 강력히 주장했음에도 불구하고 Rapoport(1953)는 『조작 철학(*Operational Philosophy*)』에서 조작 관념을 하나의 철학으로 정립하고자 했다.

만, 나머지 일부, 특히 **탐색 활동의 최적 할당과 탐색 이론의 확률론적 측면에 관한 설명**은 쿠프먼 자신의 연구였다."

150) Koopman(1979), 115. 그는 조작적 유의미성 검사를 위해 탐지 함수를 정의하고 하이젠베르크의 불확실성 개념을 사용했다.

제3장 실증주의 운동과 브리지먼

1. 대서양 건너편에서 부는 실증주의 바람

'비엔나 서클(Wiener Kreis)'[1]이나 '베를린 그룹(Berliner Gruppe)'은 특정 학파에서 전문적으로 훈련받은 철학자 집단이 아니었지만 공통적으로 철학과 과학, 수학, 논리학 사이의 관계에 대해 깊은 관심을 갖고 있었고, 철학에

---

1) 'Wiener Kreis(비너 크라이스)'는 비엔나 서클(Vienna Circle), 빈 서클, 빈(비엔나)학파, 혹은 빈(비엔나)학단 등 여러 명칭으로 부른다. 여기서는 편의상 그냥 '비엔나 서클'이라고 쓴다. 'Wiener Kreis'라는 용어는 비공개였던 토론 모임이 1929년 국제 대회에서 공식적으로 등장하게 될 때 노이라트(Otto Neurath)가 처음 제안하면서 사용하게 되었다. 비엔나 서클의 역사, 철학, 구성원들과 관련 철학자들과의 상호작용 등에 대해서는 회원들의 개별 전기나 회고 외에 다음을 참조할 것. Friedrich Stadler, *Der Wiener Kreis. Ursprung, Entwicklung und Wirkung des Logischen Empirismus im Kontext*, Springer, 2015; Michael Stöltzner und Thomas Uebel(hrsg.), *Wiener Kreis. Texte zur wissenschaftlichen Weltauffassung von Rudolf Carnap, Otto Neurath, Moritz Schlick, Philipp Frank, Hans Hahn, Karl Menger, Edgar Zilsel und Gustav Bergmann*, Felix Meiner Verlag, 2006; Victor Kraft, *Der Wiener Kreis. Der Ursprung des Neopositivismus. Ein Kapitel der jüngsten Philosophiegeschichte*, Springer Verlag, 1968; Christian Damböck, *Der Wiener Kreis. Ausgewählte Texte*, Reclam, 2013.

서 무의미한 형이상학의 제거를 추구했다. 이들은 수학(한, 괴델, 폰 미제스 등)이나 수학과 물리학(카르납, 프랑크, 파이글), 또는 철학과 물리학(슐릭), 심지어 수학, 물리학, 철학(라이헨바흐, 헴펠)으로 교육을 받았고, 노이라트는 정치경제학자이자 사회학자였다. 구경험주의와 구논리학을 비판적으로 검토하면서 과거의 과학 이론과 개념들을 재해석함으로써 자신의 철학을 만들어갔지만, 여기에 어떤 "주의(-ism)"를 붙이는 것을 싫어했다. 그럼에도 이들과 이들의 철학에 영향을 받았던 그룹들, 또 이들 철학과 뿌리를 같이했던 브리지먼은 공통적으로 흥미로운 이야기를 했다. 즉 이들은 자신들의 세계관이 궁극의 철학으로 될 것이라고 믿었던 것이다. 논리실증주의자들은 자신들이 "기존의 모든 철학을 종식하는 철학"[2]을 완성할 것이라고 공언했고, 논리실증주의의 자극을 받아 추진력을 얻은 행동주의자들은 심리학에서 조작주의가 "혁명의 가능성을 종식하는 혁명"[3]이 될 것이라고 믿었다. 또 브리지먼은 논리실증주의의 북미판(北美版)이라고 할 수 있는 조작적 관점이 "미래에 태어날 아인슈타인들에 의한 물리학 혁명을 종식"할 것이라고 생각했다.[4] 미래 혁명의 가능성들을 완전히 끝낼 궁극적 혁명이라고 생각했던 이들의 사상이 결국에는 한낱 꿈에 불과한 것이었다고 평가되었지만, 그럼에도 이들 사상이 남긴 흔적은 지속적이었을 뿐 아니라 20세기 후반 과학철학의 토대를 마련하는 기반이 되었다.

　여기서는 논리실증주의와 브리지먼의 조작 사상이 만나게 된 배경으로 유럽의 실증주의 운동을 먼저 개관하고, 비엔나 서클의 성장과 해체, 회원들의 개별적 해외 이주, 논리실증주의와 논리경험주의의 차이, 그리고 논

---

2) "a philosophy to end all philosophy". Blumberg and Feigl(1931) 및 Feigl(1964).

3) "the revolution that will put an end to the possibility of revolutions". Stevens(1935), 323.

4) Bridgman(1927/48), 1, 24.

리실증주의가 브리지먼의 조작주의를 흡수하려 했던 노력을 언급하겠다.

비엔나 서클과 베를린 그룹

중앙 유럽에 자리 잡은 오스트리아-헝가리 제국(帝國)의 실증주의 운동을 대표하는 '비엔나 서클'과 독일 내에서 실증주의 운동을 대표하는 '베를린 그룹'은 유럽에서 독일어를 사용하는 거대 문화권의 중심이 되는 두 수도에 위치했다. 이들은 20세기 전반 유럽에서 시작한 새로운 실증주의 철학 운동을 대표하는 집단으로 20세기 과학철학의 흐름을 결정하는 데 가장 큰 역할을 했다. 두 그룹은 서로 밀접한 협동 관계에 있었고 대부분의 노선을 같이했지만, 비엔나 서클이 주도적으로 활동했기 때문에 일반적으로 20세기 전반 유럽의 실증주의 운동을 말할 때는 주로 비엔나 서클을 지칭한다.

Stadler(2015)는 비엔나 서클의 형성 과정을 네 단계로 구분했다. 첫 번째 시기는 1907년부터 1914년 제1차 세계대전 전까지 서로 다른 분야의 몇몇 지식인들이 비엔나 시내의 한 커피하우스에서 매주 목요일 저녁마다 토론 모임을 가졌는데, 이것이 '1차 비엔나 서클(der erste Wiener Kreis)' 혹은 '원조 서클(Proto-Zirkel)'이다. 빈대학교의 수학자 한(Hans Hahn), 정치경제학자 노이라트, 그리고 젊은 이론물리학 강사 프랑크가 회원이었다. 당시 모임은 정치부터 종교, 과학, 철학에 이르기까지 이것저것 암중모색하는 수준이었지만 목표와 경향은 명확했다. 그들은 전통 철학의 모호함을 피하면서 철학과 과학을 조화하고자 했고, 경험주의와 논리학을 선호했다.

두 번째 시기는 1918년 제1차 세계대전 종전부터 1924년까지로서 서클의 "형성기(Konstituierungsphase)"라고 부른다. 이 시기에 프랑크는 프라하대학교로 가서 아인슈타인 후임으로 자리를 잡았고, 한은 1920년부터 빈대학

교 교수가 되었다. 한은 또 1922년 독일에서 모리츠 슐릭을 빈대학교 철학 교
수로 데리고 온다. 그는 빈대학교가 1895년 마흐(Ernst Mach)를 위해 신설했
던 '철학, 특히 귀납과학의 역사와 이론(Philosophie, insbesondere Geschichte und
Theorie der induktiven Wissenschaften)' 교수좌에서 1901년 마흐가 은퇴한 이래
볼츠만(Ludwig Eduard Boltzmann)이 1903/04년 마흐의 철학 강의를 담당했던
적을 제외하고 오랫동안 공석이었던 자리에 슐릭을 초빙하는 데 성공한 것
이다. 이 시기에 서클은 슐릭의 지도하에 목요일 모임으로 자리 잡게 된다.
슐릭은 1904년 베를린대학교 막스 플랑크 밑에서 박사학위를 하고, 1911년
로스톡대학교에서 철학으로 하빌리타찌온을 했다. 그는 현대 철학의 논리
학과 방법론으로 해석한 자연철학을 연구했고 아인슈타인의 특수 및 일반
상대성 이론이 나왔을 때 이를 철학적으로 이해할 수 있었던 두 명의 철학
자 중 하나였다.[5] 아인슈타인이 로스톡대학교를 방문해 그를 만난 다음 막
스 보른에게 썼던 편지에서 그에게 관심을 보인 적이 있다.

> 슐릭은 명석하다; 우리는 그가 교수 자리를 얻을 수 있게 노력해야 한
> 다. 특히 무엇보다도 그는 재산의 평가 절하 때문에 이 자리가 절실히

---

5) A. E. Blumberg and H. Feigl, "Introduction", in: Moritz Schlick, Albert E. Blumberg(tr.), (1974).
XIX. 다른 한 사람은 브로드(C. D. Broad)라고 알려졌다. 아인슈타인의 일반 상대론이 1915년
11월 최종적으로 발표되기 직전 로스톡에서 사강사를 하고 있었던 슐릭이 특수 상대론과 일
반 상대론에 관한 논문을 발표했고, 이에 대해 12월 아인슈타인이 슐릭에게 보낸 편지에서 상
대론에 대한 슐릭의 해석이 옳다는 이야기를 했다. 뒤의 제4장 '선험적 종합 명제'를 참조할 것.
Fynn Ole Engler, *Moritz Schlick und Albert Einstein*(preprint), Max Planck Institut für
Wissenschaftsgeschichte, 2006; Albert Einstein, Albert Einstein to Moritz Schlick, *Physics Today*
58(2005), 12, 17; Klaus Hentschel, Die Korrespondenz Einstein-Schlick: Zum Verhältnis der
Physik zur Philosophie, *Annals of Science*, 43(1986), 475–488.

필요하다. 그러나 그가 칸트주의 철학교파에 속하지 않기 때문에 (nicht der philosophischen Landeskirche der Kantianer angehört) 이는 어려워 보인다.[6]

슐릭은 아인슈타인을 숭배했고, 그의 초기 철학 연구의 많은 것들은 아인슈타인의 영향을 받았다. 그는 1936년 대학 교내에서 제자에 의해 살해될 때까지 비엔나 서클을 이끌었다. 그러나 비엔나의 토론 모임이 운영과 철학 방향에 대해 자리 잡기까지 한이 결정적인 역할을 했기 때문에 프랑크는 한을 비엔나 서클의 "진정한 창시자"라고 불렀다.

세 번째는 1924-28년 사이의 시기이다. 서클이 대외적으로 여전히 비공개 상태였지만 이 시기의 두드러진 특징은 비트겐슈타인과 카르납의 역할이다. 이때 슐릭은 비트겐슈타인의 『논리철학논고(Tractatus logico-philosophicus)』(이하 Tractatus)의 영향을 많이 받았고, 카르납이 빈으로 오면서 그의 역할과 영향이 점차 커진 시기이다. 이 시기에 서클은 자기 철학의 이론적 기반을 갖추게 된다. 그러나 동시에 서클 내부에서 회원들 사이에, 또 비엔나 서

6) 아인슈타인이 보른에게 보낸 1919년 12월 9일자 편지. "Document 198. To Max Born", in: CP 9 (2004). 280-281. 영어 번역판은 *The Born-Einstein Letters. Correspondence between Albert Einstein and Max and Hedwig Born from 1916 to 1955 with Commentaries by Max Born*, translated by Irene Born, Macmillan, 1971, 18. 슐릭은 당시 로스톡대학교의 사강사였고 슐릭의 집안은 원래 부유했던 것으로 알려져 있다. "재산의 평가 절하"는 추정컨대 당시 제1차 세계대전 직후 발생한 독일의 초인플레이션을 말하는 것으로 보인다. 그러나 아인슈타인은 칸트철학이 득세하고 있는 독일 대학의 물리학과에서 실증주의 전통에 속한 슐릭이 자리 잡기 어려울 것으로 걱정하고 있었다. 실제로 슐릭은 독일이 아닌 오스트리아-헝가리제국의 빈대학교로 1922년 초빙되었고, 1929년 독일의 본대학교가 그를 초빙했지만 그는 빈대학교와 비엔나 서클에 남기를 결정했다. 아인슈타인이 슐릭의 개인적 사정을 염려하면서 독일적 철학전통과 달랐던 그에게 교수직을 주선해 주어야 한다고 말한 것은 그가 청년 슐릭을 얼마나 아꼈는지 살펴볼 수 있는 대목으로 보인다.

클과 베를린 그룹 사이에 이론적 갈등이 등장하는 시기이기도 하다.

네 번째는 1929년부터 1938년까지 시기이다. 이 시기에 서클은 자기 철학을 세상에 공개하고 아주 활발하게 대중적 활동을 했지만 최종적으로는 해체를 맞이했던 시기이다. 이때 이들은 북미에 자신들과 동질적 사상을 가진 브리지먼이 있다는 사실을 알게 된다. 이 시기에 서클의 공개 조직 "마흐 협회"가 설립되었고, 서클의 철학을 집약한 선언문 '과학적 세계관(wissen-schaftliche Weltauffassung)'이 대외적으로 발표되었으며, 서클 주도로 프라하에서 최초로 과학인식론 국제 대회를 개최했다. 비록 회원은 아니었으나 포퍼가 서클 모임에 참가했고, 1930년부터 서클의 기관지 *Erkenntnis*(인식)가 발간되었다. 그러나 1934년 당국에 의한 마흐협회의 강제 해산, 1936년 서클 지도자 슐릭의 암살, 1938년 독일의 오스트리아 병합(Anschluß)을 거치면서 서클은 실질적으로 해체된다. 이후 회원들은 해외로 나가 서클 철학을 이어간다.

슐릭은 베를린대학교 라이헨바흐(Hans Reichenbach)의 소개로 알게 된 카르납(Rudolf Carnap)을 1926년 빈대학교의 사강사(Privatdozent)로 불러 왔다. 이때 카르납은 이제는 논리실증주의 철학의 상징이자 고전이 된 『세계의 논리 구조(*Der logische Aufbau der Welt*)』(이하 *Aufbau*)를 하빌리타찌온으로 완성한다. 프라하대학교의 이론물리학 교수로 1926년 초빙되어 갔던 원조 서클 회원 프랑크는 과학철학 특별교수 자리를 만들어 카르납을 1931년 프라하대학교로 불러 왔다. 슐릭과 카르납은 모두 독일 출신이고, 프라하는 한때 오스트리아-헝가리 제국 안에 있는 보헤미아 공국의 수도였다. 한편 베를린 그룹의 지도자는 라이헨바흐였고 헴펠 등이 주요 멤버였다. 이로써 하나의 소규모 비공개 철학 토론 모임에 불과했던 비엔나 서클은 한편으로 중앙 유럽의 빈대학교와 프라하대학교에서 새로운 실증주의 운동의 토대를 마련할 수 있었고, 다른 한편으로 베를린 그룹과 함께 독일 내에서 베를린대학교를 중심으로 실증주의를 전파하고 반향을 얻을 수 있는 기반을 구축한다. 그러나 양측 사이에는 긴밀한 협력과 관점의 근친성만큼이나 명확한 견해 차이가 존재했다.[7]

> 소위 "비엔나 서클"의 관점은 중앙 유럽의 실증주의 토양에서 출현했던 여러 지성적 성과물 가운데 단지 특별히 통일성을 갖춘 하나의 교리(敎理)였을 뿐이다. 수학자 폰 미제스(R. von Mises), 카를 멩거(Karl Menger), 괴델(K. Gödel), 물리학자 슈뢰딩거(E. Schrödinger), 경제학자 슘페터(J. Schumpeter), 법학자 켈젠(H. Kelsen), 사회학자 질젤(E. Zilsel) 등이 이런 환경에 뿌리를 두고 있었다. ⋯ 아주 초기부터 "비엔나 서클"과 라이헨바흐를 중심으로 하는 베를린 그룹 사이에는 명백한 협력이 있었다. 그러나 **후자는 비엔나 실증주의의 급진적 프로그램을 결코 받아들이지 않았다.**[8]

이들의 운동이 유럽에서 자리를 잡게 되던 1920년대 후반, 미국에서는 브리지먼의 『논리』 출판을 계기로 조작 사상이 이들과 독립적으로 등장한다. 유럽의 새로운 실증주의와 브리지먼의 조작 사상은 마흐와 푸앵카레와 같은 구실증주의자들에 뿌리를 같이하면서 대서양 양쪽에서 비슷한 시기

---

7) 베를린 그룹과 비엔나 서클 사이의 관계에 대해서는 Nikolay Milkov, "The Berlin Group and the Vienna Circle: Affinities and Divergences", in: Milkov and Peckhaus(eds.) (2013), 3-32; 같은 이(hrsg.) (2015), 특히 "Einleitung des Herausgebers. 2. Unterschiede zwischen der Berliner Gruppe und dem Wiener Kreis", XII-XX을 보라. 두 그룹 외 영국, 프랑스, 핀란드, 바르샤바 등지에서 같은 관점을 공유했던 그룹이나 사람들에 대해서는 여기서 생략하겠다.

8) Frank(1941), 9-10.

에 서로 독립적으로 발전했다. 처음에는 서로를 알지 못한 채 양측은 과학 이론과 개념에 만연하고 있는 도그마와 형이상학적 요소들을 제거하고 이를 대체할 대안을 찾았다. 비엔나 서클은 자신들이 찾은 대안을 1929년 '과학적 세계관(Wissenschaftliche Weltauffassung)'이라고 불렀고, 브리지먼은 1927년 '조작적 방법(operational method)'이라고 불렀다. 전자는 논리실증주의(logical positivism)를 거쳐 최종적으로 논리경험주의(logical empiricism)로 종합되면서 경험주의 철학의 주류가 되었지만, 후자의 경우 조작주의(operationalism)라는 명칭에도 불구하고 브리지먼은 방법론으로 남기를 고수했다.

'과학적 세계관'

원래 독일의 대학교에는 (신)칸트주의나 형이상학적 관념철학이 득세하고 있었기 때문에 독일의 많은 지식인들은 마흐의 감각적 실증주의나 비엔나 서클의 논리실증주의에 큰 관심이 없었다. 독일의 물리학 교수들이 마흐주의나 논리실증주의에 관심을 갖게 된 것은 아인슈타인의 상대성 이론이 성공을 거두고 양자 이론이 등장하면서부터였다. 그 전환을 볼 수 있었던 사건이 1929년 프라하 대회이다. 비엔나 서클의 공식 단체인 '마흐협회'[9]와 베를린 그룹의 공식 단체 '경험철학협회'[10]는 1929년 9월 15-17일

---

9) 비엔나 서클이 비공식 단체였다면, 마흐협회는 비엔나 서클의 입장을 대외적으로 나타내는 공식 단체이다. 양측 구성원은 거의 동일했고, 실질적으로나 공식적으로나 지도자는 슐릭 교수였다.

10) '경험철학협회(Gesellschaft für empirische Philosophie)'는 1931년 '과학철학협회(Gesellschaft für wissenschaftliche Philosophie)'로 명칭을 바꾸면서 수학 분야까지 확대한다. 베를린 그룹의 지도자는 라이헨바흐이고, '경험철학협회'의 지도자는 페촐트였다가 그의 사후 라이헨바

프라하에서 열린 '정밀과학 인식론 대회(Tagung für Erkenntnislehre der exakten Wissenschaften)'를 공동으로 개최한다. 프랑크는 자신의 대학에서 독일물리학회와 독일수학자협회의 학술 대회가 동시에 열리면서 자신이 대회장이 된 기회를 이용해 주류 철학과 전통적 물리학 학술 대회에서는 다루지 않던 과학의 인식론 대회를 함께 개최했다. 많은 물리학자들은 당시 상대성 이론과 양자역학이라는 새로운 물리학에 대한 철학적 해석, 인식론적 문제가 궁금했기 때문에 이 흐름 속에서 프랑크는 비엔나 서클의 존재와 논리실증주의를 알리는 데 큰 성공을 거두게 된다.

비엔나 서클 회원들은 서클 철학에 관한 책자를 먼저 펴내고, 그다음으로 프라하 대회를 준비하고, 마지막에는 서클 회원들 논문을 인쇄할 수 있는 철학 저널 *Erkenntnis*를 확보하기로 결정했다. 그들이 대회에 앞서 발표한 비엔나 서클의 존재를 알리는 공식 책자는 '과학적 세계관'이라는 이름을 가진 선언문으로 출판되었고, 이로써 비공개 그룹이던 비엔나 서클은 세상에 공개적으로 등장한다. 비엔나 서클의 선언문은 그 표지 제목, 『과학적 세계관. 비엔나 서클. 에른스트 마흐협회 발간. 모리츠 슐릭에게 헌정함』에서 보듯이 선언문은 '마흐협회'가 작성했고, 서클의 지도자이자 마흐협회의 의장인 슐릭 교수에게 헌정하는 선언문이며, 자신들의 철학이 '과학적 세계관'이라는 점을 세상에 알렸다. 여기서 '비엔나 서클'이라는 명칭이 대외적으로 처음 공식 사용되었지만,[11] "이 서클은 고정된 조직이 아니다.

흐가 지도하면서 '과학철학협회'로 명칭을 바꾼다. 비엔나 서클과 마흐협회의 관계처럼 베를린 그룹은 소규모 비공개 토론 모임이고 경험철학/과학철학협회는 전문가들의 공개 단체였다. Milkov(2015), IX-XII를 참조하라. 경험철학/과학철학협회는 마흐협회처럼 회원뿐 아니라 여러 비회원들이 참여하는 초청 강연, 발표, 토론 등의 행사를 공개적으로 수행했다. 과학철학협회와 마흐협회, 두 협회의 활동일지는 베를린 그룹과 비엔나 서클의 기관지 *Erkenntnis*의 1930년대 출판물에서 확인할 수 있다.

이것은 같은 과학적 기본 입장을 가진 사람들로 구성되었다. … 마흐협회와의 공동 활동은 이러한 노력의 표현이다. … 이 협회의 의장은 슐릭이다." 선언문은 과학에서 **신학과 형이상학을 반대**하고 **논리학과 경험주의를 결합**한 과학철학을 내세웠을 뿐 아니라, 이 "과학적 세계관이 생활에 공헌하며 생활은 이를 받아들인다."고 했다.[12] 선언문 마지막에는 비엔나 서클 회원 명단과 이에 동조하는 여러 나라의 지식인 명단 외에 '과학적 세계관'을 대표하는 인물로 아인슈타인, 러셀, 비트겐슈타인이 포함되어 있었다. 러셀과 비트겐슈타인의 사상은 서클 철학의 이론적 토대이지만, 아인슈타인의 상대성 이론은 서클 철학이 성공적으로 적용된 증거였다. 이 선언문은 슐릭이 본대학교의 초빙을 거절하고 빈대학교에 남아 서클을 계속 지도하기

---

11) 프랑크에 의하면 자신들의 모임에는 원래 이름도 없었고(당시에는 보통 '슐릭 서클(Schlick-Zirkel)'이라고 불렀다.), 자신들의 철학을 내세우는 명칭도 없었다고 한다. 그러나 선언문과 대회를 준비하면서 노이라트의 제안으로 자신들의 모임을 '비엔나 서클'이라고 불렀고, 서클은 자신들의 철학을 '과학적 세계관'이라고 부르게 되었다고 했다. Philipp Frank, "Introduction. Historical Background", in: Frank(1949b), 38.

"우리가 [선언문] 책자를 준비했을 때 우리 그룹과 철학에 명칭이 없다는 것을 알았다. 우리 중 꽤 많은 사람이 "철학"이나 "실증주의"라는 단어를 싫어했고 이 단어가 제목에 등장하는 것을 원치 않았다. 일부는 외국 것이든 국내 것이든 모든 "주의(主義)"라는 명칭을 싫어했다. 결국 우리는 "과학적 세계관"이라는 명칭을 택했다. … 우리가 선택한 제목이 노이라트에게는 약간 건조해 보였던 것 같다. 그래서 그는 여기에 "비엔나 서클"을 덧붙였는데, 그는 이 이름이 비엔나 왈츠나 비엔나 숲처럼 인생의 유쾌한 면을 연상하게 할 것이라고 생각했다. 책자는 카르납, 한, 노이라트가 밀접히 협력해 썼다."

12) 선언문의 원문은 "Wissenschaftliche Weltauffassung. Der Wiener Kreis", in: Stöltzner und Uebel(hrsg.)(2006), 3-29를 참조할 것. 이 선언문의 역사적 배경에 대해서는 Neurath(1930/31), 311-314를 보라. 여기에는 선언문이 지향하는 바와 과학적 세계관의 이념에 근거가 되는 사람들과 이론들이 제시되어 있다. Uebel(2013), 66에 의하면 이 선언문은 놀랍게도 1973년까지 영어로 번역되지 않았다고 한다. 또한 다음을 참조할 것. "Nachwort", in: Damböck(Hrsg.)(2013), 228-229 및 주석 1; "Einleitung. 3.1 Gespräche mit Wittgenstein: der Beginn der Flügelbildung", in: Stöltzner und Uebel(hrsg.)(2006), XLVI-XLVIII; Verhaegh(2020), 4.

로 결정한 것을 기념하기 위해 9월의 프라하 대회에 맞춰 그에게 헌정한 것이다.13)

1929년 선언문 발표와 프라하 대회를 기점으로 서클은 좌익(linker Flügel)과 우익(rechter Flügel)으로 구분된다.(이 용어도 노이라트에서 유래되었다.) 서클의 우익(右翼)으로 분류된 사람들은 비트겐슈타인주의자들이라고도 불렀는데, 이들은 선언문의 방향과 내용을 불만스럽게 생각했던 슐릭, 그의 조수 바이스만과 파이글(이 두 사람은 슐릭의 제자였다.)이었고, 좌익(左翼)으로 분류된 사람들은 '과학적 세계관' 선언문을 주도했던 카르납, 노이라트, 한, 프랑크였다. 그러나 많은 사람들이 오해하듯 이 구분은 정치 사상이 아니라 논리 세계와 경험 세계를 연결하는 규칙이나 자신들의 철학을 적용할 범위에 관한 것이었다. 물론 좌익으로 분류된 사람들이 사회주의자들이고 사회적, 정치적 진보에 관심을 갖고 있기는 했지만, 노이라트를 제외하고는 서클의 철학과 자신들의 사회 사상을 분리하려고 했다.14) 비트겐슈타인의 *Tractatus*를 서클의 철학 기반으로 수용하려고 했던 서클의 우익도 드러내

---

13) 정작 슐릭은 이 선언문에 당황하고 달가워하지 않았다. 선언문의 내용과 톤이 정당(政黨)의 선전 삐라(Flugblatt)나 집단적 행동 강령을 나타내는 팸플릿을 연상시켰기 때문이다. 그가 미국에서 돌아왔을 때 선언문에 다소 충격을 받아 10월 말 비트겐슈타인에게 보낸 편지에서 이렇게 썼다. "당신도 알다시피, 내 동료들이 선의로 한 일이지만 조심성 없이 일을 저질렀습니다. 그러나 나는 이로 인해 상황이 악화되지 않기 바랍니다." F. O. Engler, "Einleitung", X, in: Engler(eingeleitet, kommentiert und herausgegeben)(2021)에서 재인용. 또한 Ayer(1959), Introduction 4 및 Uebel(2013), 66을 참조할 것.

14) Rudolf Carnap, "Intellectual Autobiography", in: Schilpp(ed.)(1963/91), 23-24.
"서클의 우리 모두는 사회적, 정치적 진보에 큰 관심이 있었다. 나(카르납)를 포함한 우리 대부분은 사회주의자였다. 그러나 우리는 우리의 철학 연구를 우리의 정치적 목적과 분리했다. … 노이라트는 사회적 진보의 적들을 돕거나 위로하는 이런 중립적 자세를 강력히 비판했다. … 사회 문제에 대한 노이라트의 관점은 마르크스의 영향을 강하게 받았다. 그러나 그는 교조적 마르크스주의자가 아니었다."

고 보수적 정치관을 보이거나 공격적인 사회 개혁 혹은 정치 참여를 추구하지 않았다. 양측은 정치적 관점보다는 명제의 검증 기준에 대해 입장을 달리했다. 보수적 우익은 비트겐슈타인의 테제를 따라 엄격한 검증 기준을 고수했지만, 좌익은 부분적으로 검증될 수 있다고 하더라도 명제가 의미 있을 수 있으며 검증 원리를 사회과학과 문화 영역까지 적용하려고 했다. 노이라트는 마르크스주의 경향을 뚜렷하게 보이면서 과학 분야 전체를 통일적으로 이해하는 통합 과학 프로그램을 추진했고, 슐릭과 바이스만은 비트겐슈타인과 함께 1929년 말부터 슐릭의 자택에서 그들만의 모임을 따로 가지면서 비트겐슈타인의 논리철학을 서클의 기반으로 삼고자 했다.[15]

한편 1929년 비엔나 서클의 공개 선언문과 프라하에서 인식론 대회는 독일 과학자들이 논리실증주의를 받아들이게 되는 계기가 된다.

> [여기서] 독일의 물리학자들은 물리학에서 실증주의 관념이 무용하다는 점을 더 이상 당연하게 여기지 않았다. 이제 그들의 자세는 수세적으로 되었다. 이것은 막스 플랑크의 저술에서도 볼 수 있었다. 그는 마흐의 실증주의에 반대하는 투쟁에서 물리학의 형이상학적 관념의 투사(鬪士)였던 것이다.[16]

---

15) F. O. Engler, "Einleitung", XI, in: Engler(eingeleitet, kommentiert und herausgegeben)(2021).
16) Frank(1941), 11-12. 프랑크는 막스 플랑크가 논리실증주의 관점과 배치되는 형이상학적 실재론을 갖고 있었다고 말한다. 그는 *Ibid.*, "Chapter V. The Positivistic and the Metaphysical Conception of Physics"에서 막스 플랑크의 형이상학적 세계관이 서술된 대표적 저술로서 Max Planck, *Wege zur physikalischen Erkenntnis. Reden und Vorträge*, Verlag von S. Hirzel in Leipzig, 1933을 지목했다. 외부 세계의 실재에 관해 막스 플랑크와 프랑크의 입장의 차이는 하일브론(정명식, 김영식 옮김), 『막스 플랑크. 한 양심적 과학자의 딜레마』, 이데아 총서 47. 서울: 민음사, 1922. 154-159에 잘 서술되었다.

비엔나 서클은 마흐의 실증주의와 구합리주의를 비판적으로 계승하고 종합해 발전시킨다. 그러나 그들은 마흐의 교리가 현대 과학의 진보에 적합하지 않은 몇 가지 문제가 있음을 알고 있었다. 첫 번째로 마흐의 교리는 과학에서 감각적 경험을 강조하고 논리수학적 형식의 의미와 고유함을 인지하지 못했다. 두 번째로 원자 가설의 풍성함을 과소평가했다. 세 번째로 마흐는 물리 명제들을 감각적 지각에 관한 명제로 보는 주관주의를 벗어나지 못했다. 또 구합리주의는 이성이 형식만 제시하는 것이 아니라 새로운 내용을 자신으로부터 스스로(a priori) 생성할 수 있다고 믿는 오류(칸트적 종합의 문제)가 있었다. 이들은 프랑스 철학에서 가져온 푸앵카레와 피에르 뒤엠의 실증주의와 규약주의로 보완하고, 영국에서 버트런드 러셀, 화이트헤드, 여기에 러셀의 학생으로 간 비트겐슈타인의 논리학을 사용함으로써 마흐의 실증주의와 구합리주의를 발전적으로 재구성할 수 있었다.[17] 서클은 특히 경험주의에 "신논리학"을 결합했는데, 그 신논리학의 기반이 비트겐슈타인의 *Tractatus*였다.

> 슐릭이 1918년 *Allgemeine Erkenntnislehre*(인식론)를 출판해 여기서 모든 연역적 추론은 삼단논법 형식이어야 한다는 테제를 옹호했지만, 나중에는 경험주의의 성공적인 방어는 "구논리학(Old Logic)"이 아닌 "신논리학(New Logic)"에 기반을 두어야 한다는 러셀의 입장을 추구했다. 수학자 한은 1922년 한 세미나에서 논리 명제들은 모두 동어반복이라는 점을 신논리학이 보임으로써 중요한 돌파구를 만들었다는 비트겐슈타인의 *Tractatus* 아이디어에 슐릭이 주목하게 만들었다.

---

17) *Ibid.*, 6 및 Carnap(1928/98), "Vorwort zur zweiten Auflage", XVII-XVIII.

이 명제[논리 명제]들은 한결같이 '무의미'하다. 즉 이들은 아무것도 말하지 않는다. 이것은 정교한 러셀식 논리 분석이 모든 실질적 지식은 경험적이라는 경험주의 원리에 위협적이지 않다는 결과를 확실히 주었다. 그의 철학적 전환의 결과로, 그리고 라이데마이스터(Reidemeister)의 격려에 호응해, 그는 서클 동료들의 토론을 *Tractatus*에 대한 세부 분석으로 방향을 틀었다. 이 주제는 1924/25년과 1925/26년 2개 학년도 전부 그들을 사로잡았다.[18]

그들은 더 나아가 마흐의 실증주의, 푸앵카레의 규약주의, 러셀과 비트겐슈타인의 논리학을 결합한 자신들의 철학이 아인슈타인의 일반 상대론에서 그 성공을 확인한 것이라고 보았고, 양자역학(하이젠베르크의 불확정성 원리나 슈뢰딩거의 파동 방정식)에서도 자신들 이론이 확증되었다는 점을 찾으려고 했다.

비엔나 서클이 마흐의 감각적 경험주의에다 러셀, 프레게, 비트겐슈타인의 논리학을 결합했다면, 베를린 그룹은 칸트와 (신)칸트주의, 프리스(Fries), 카시러(Cassirer), 넬슨(Nelson), 헤르바르트(Herbart), 헬름홀츠(Helmholtz), 힐버트(Hilbert)를 계승하고 발전시켰다. 또 양측은 철학의 목적과 방향에 대해 달랐다. 즉 비엔나 서클이 과학 전 분야에 보편적으로 통용될 수 있는 특별한 '이론들'을 찾아 이로부터 통합 과학을 추진하고자 했다면, 베를린 그룹은 수학과 과학에 있는 특별한 '문제들', 특히 확률과 상대성 이론의 해석에 집중하고자 했다.[19] 특히 라이헨바흐의 논리경험주의는 확률의 문제와

---

18) Wittgenstein and Waismann(2003), Preface, xxx.
19) Milkov(2013), 3-32와 Milkov(2015), XII-XX.

관련 있다.[20] 또 뒤에서 보겠지만 양측 사이에는 예컨대 귀납에 대해 입장 차이가 있었다.

논리실증주의와 논리경험주의

적지 않은 문헌들이 종종 논리실증주의와 논리경험주의를 명확히 구분하지 않고 서로 호환해서 사용하기도 한다. 그러나 전체적 흐름으로 보면, 브리지먼의 조작 사상은 처음에 논리실증주의 안에서 해석되었고 최종적으로는 논리경험주의 안으로 흡수되었다고 볼 수 있다. 여기서는 이들의 차이를 간략히 소개하겠다.[21]

통상 '논리실증주의'는 1920년대 중앙 유럽에서 시작한 새로운 실증주의 운동, 그 가운데서도 특히 비엔나 서클에 의해 발전된 철학 이념을 말하고, '논리경험주의'는 유럽의 실증주의 운동이 미국으로 건너가 프래그머티즘과 결합해 1950년대까지 철학의 흐름을 주도했던 분석철학 운동을 말한다. 그러나 다른 한편에서 베를린 그룹은 자신들의 철학 이념을 '논리경험주의'라고 했다. Uebel(2013)은 논리실증주의와 논리경험주의에 관련된 여러 명칭의 유래와 그 명칭 안에 내포된 관점과 입장 차이를 소상하게 밝힌 바 있다.

---

20) Uebel(2013), 76-77.
21) 논리실증주의를 포함한 논리경험주의에 대한 국내 문헌으로는 J. 요르겐센(한상기 옮김), 『논리경험주의—그 시작과 발전 과정』, 서광사, 1994(J. Joergensen, *The Development of Logical Empiricism*, International Encyclopedia of Unity of Science, Foundations of the Unity of Science Vol. 2, no. 9, Chicago: The University of Chicago Press, 1970)이 있다. 이 책은 통일과학 재단의 『국제통일과학백과사전』 제2권 제9호로 발간된 단행본으로서 논리경험주의의 역사적 발전과 쟁점들, 통일과학 운동 등을 서술하고 있다.

Blumberg and Feigl(1931)이 미국에서 유럽의 새로운 실증주의 운동, 특히 비엔나 서클의 철학을 소개할 때 자신들의 철학적 입장을 '논리실증주의'라고 하면서 처음으로 이 용어를 사용했다. 그들은 기존의 철학 운동, 즉 흄, 밀, 콩트, 마흐의 과거 경험주의는 빈약한 저들의 형식 논리에 대한 반작용으로 경험주의에 지나치게 의존하는 오류를 범했다고 비판했다. 밀은 수학과 논리학을 귀납적 경험과학으로 취급하려고 했고, 일부 실용주의자들은 순수논리학을 심리학 및 과학적 방법과 혼동함으로써 순수논리학을 무시했다. 반면 칸트적 종합은 종합적 선험 진리(synthetic a priori)의 존재를 가정함으로써 합리주의에 너무 많이 양보했지만, 자신들의 기본 테제는 "종합적 선험 명제는 존재하지 않는다."는 것이다.(제4장에서 분석 명제와 종합 명제의 구분에 대해 후기 카르납의 달라진 관점을 볼 수 있다.) 자신들은 논리학의 분석적 특성을 사용함으로써 경험적인 전통과 논리적인 전통을 서로 수렴할 수 있었으며, 이렇게 구성된 지식 이론으로 "형이상학을 무용지물이거나 불필요한 것이라는 콩트와 실용주의의 거부를 넘어서 형이상학의 명제들이 … '무의미하다'는 점을 보일 수 있었다."[22]고 했다.

한편 비엔나에서는 초창기부터 일단의 사회학자 그룹이 미국의 프래그머티즘을 지지하고 나섰지만, 당시에는 미국의 실용주의가 비엔나 서클의 논리실증주의와 관련될 수 있는 운동이라는 점을 깨닫지 못했었다. 그들이 미국의 철학 운동을 알게 되고, 또 비엔나 서클의 주요 회원들이 대거 미국으로 이주하면서 논리실증주의는 미국의 프래그머티즘과 결합하게 된다. 파이글은 논리학과 경험주의가 결합된 자신들의 철학을 '논리실증주의'라고 불렀고, 미국 시카고대학교의 모리스(Charles W. Morris)는 논리실증주의

---

22) Blumberg and Feigl(1931), 281-282.

와 미국의 프래그머티즘이 결합한 것을 '논리경험주의'라고 불렀다.

이 나라[미국]에서는 슐릭의 제자였고 나중에는 브리지먼의 제자였던 파이글(미네소타대학교)이 "논리실증주의"라는 용어를 만들었다. 몇몇 청년 미국인 철학자들이 슐릭과 카르납과 과학적인 접촉을 하기 위해 비엔나와 프라하를 방문했다. 그들 가운데는 콰인(하버드)과 네이글(컬럼비아)이 있다. 특히 시카고의 모리스는 [유럽의 실증주의 와] 미국 실용주의 사이의 연관을 인식하면서 두 그룹의 협동을 제안했다. 이 협동을 목적으로 특별 대회를 소집했는데, 노이라트가 여기에 "통합 과학대회"라는 이름을 붙였다. 이 대회를 위한 예비 컨퍼런스가 1934년 프라하에서 열렸다. 여기서 모리스는 이렇게 말했다. "비엔나 서클의 교리는 '논리실증주의'이고, 미국 실용주의자들의 교리는 '생물학적 실증주의(biological positivism)'이다." 이들의 협동 결과에 대해 모리스는 "논리경험주의"라는 명칭을 제안했고,[23] 미국에서는 이를 일반적으로 사용하고 있다.[24]

사실상 경험 세계와 논리 세계를 결합한다는 넓은 의미의 관점으로 보면 '논리실증주의'와 '논리경험주의' 사이의 철학적 기본 관점에는 큰 차이가 없다고 할 수 있다. 그러나 여기서 인용한 프랑크의 주장처럼 비엔나 서클의 초기 활동을 중심으로 보는 연구자들은 '논리실증주의'라는 단어를 선

---

23) 원래 모리스는 "논리경험주의"라는 용어보다는 "과학적 경험주의(scientific empiricism)"라고 불렀다. Uebel(2013), 72-73 및 주 36. 모리스는 프래그머티즘이 인간 행동과 심리, 특히 여러 수준의 반사(reflections)와 관련되어 있다는 의미에서 '생물학적 실증주의'라고 했다. 그는 행동주의 심리학과 기호학 관점에서 프래그머티즘을 논리실증주의와 대비했다. *Ibid.*, 70.

24) Frank(1941), 12-13.

호하고, 이것이 나중에 미국의 실용주의와 결합된 형태, 즉 후기에 종합된 철학적 태도를 관심 있게 보는 연구자들은 '논리경험주의'라는 단어를 선호한다.

하지만 베를린 그룹은 자신의 입장을 비엔나 서클과 명확히 차별화하기 위해 일찍부터 '논리경험주의'라는 용어를 이미 사용하고 있었다.[25] 그동안 비엔나 서클에 비해 과소평가되어 왔던 베를린 그룹은 1980년대 이후에야 깊이 연구되면서, 베를린 그룹과 그 후계자들(특히 Wesley C. Salmon)은 비엔나 서클과 차별된 자신들의 사상을 부각하기 시작했다. 그들은 '논리경험주의'가 비엔나 서클의 교리로만 해석되거나 베를린 그룹을 비엔나 서클의 일부로 보는 것에 반대하며, 비엔나 서클이 무의미한 명제는 과학도 아니고 "원초적 일상 언어(primitive Alltagssprache)"도 아닌 "형이상학, 신학, 신비주의"에 속한다고 했기 때문에 저들의 교리는 "논리실증주의"이지 "논리경험주의"가 아니라고 했다.[26] 또 라이헨바흐는 "논리적(logistic)[27] 실증주의가 논리적(logistic) 유물론으로 되어버렸다."고 비난했다.[28]

---

25) Uebel(2013), 75.

26) *Ibid.*

27) '논리실증주의'라는 용어를 라이헨바흐는 'logistischer(영어로 logistic)' Positivismus라고 썼고, 파이글은 'logischer(영어로 logical)' Positivismus라고 썼다. 지금은 모두 영어로 'logical', 독일어로 'logisch'라는 표현을 사용하고 이를 우리말로 '논리적'이라고 번역하지만, 원래 독일에서는 'logistisch(영어로 'logistic')'라고 표현했다. 이는 그냥 '논리학'을 의미하는 것이 아니라, '기호논리학'이나 '수리논리학'을 의미했다. 따라서 원래 의미로 엄밀하게 본다면 '논리실증주의'에는 'logistic positivism'이라는 표현이 맞다. 그러나 지금은 독일에서도 logistisch (logistic)보다는 logisch(logical)로 모두 표현한다. Uebel(2013)은 철학자들마다 서로 다른 용어를 썼고, 같은 용어를 사용하면서도 서로 다른 의미로 썼다는 점을 보이면서 당대 유통되던 여러 용어들의 기원과 의미를 밝혔다. 논리(logical)실증주의, 논리적(logistical) 실증주의, 논리화(logicising) 경험주의, 논리(logical)경험주의, 논리적(logistic) 경험주의, 논리적(logistic) 신실증주의, 과학적 경험주의 등.

이렇게 '논리실증주의'라는 용어는 베를린 그룹의 입장과 구별되는 전적으로 비엔나 서클의 관점을 의미했지만, 사실은 비엔나 서클 내에서도 이 용어에 대해 입장이 서로 달랐다. 즉 파이글이 처음 사용했던 '논리실증주의'라는 용어는 서클 내에서 합의된 용어가 아니었고, 심지어 노이라트나 카르납은 이 용어의 사용을 거부하기도 했다. 실제로 카르납은 비엔나 서클의 철학 이념이 '논리실증주의'보다는 '논리경험주의' 쪽이며 모리스의 '과학적 경험주의'에 가깝다고 생각했고,[29] 슐릭은 "정합성 있는 경험주의(Consistent Empiricism)"[30]라고 불렀다.

한편 프랑크는 실프가 편집한 '살아 있는 철학자 시리즈'의 『아인슈타인: 철학자-과학자』(1949/95)에 게재한 논문 「아인슈타인, 마흐, 그리고 논리실증주의」에서 아인슈타인이 일반 상대성 이론에서 취했던 자세를 분석하고 그의 접근 방식이 보여준 이론과 사실 사이의 '일반화'된 관념을 "논리실증주의라고 해야 할지 논리경험주의라고 해야 할지는 이를 사용하는 사람 생각의 문제"로서 술어(terminology)의 선택에 달렸다고 했다.[31]

따라서 세부적으로 볼 때 '논리실증주의'와 '논리경험주의'라는 용어는 이렇게 구분할 수 있겠다. 우선 첫 번째로 비엔나 서클의 철학을 '논리실증주의', 베를린 그룹의 철학적 입장을 '논리경험주의'라고 지칭하는 경우이다. 이것은 좁은 의미의 논리실증주의이지만, 일반적으로 논리실증주의 하

28) Reichenbach(1936), 151. 이는 카르납이 *The Unity of Science*(1934), 29에서 다음과 같이 말한 것과 관계 있다. "… 방법론적 유물론과 방법론적 실증주의는 양립 불가능하지 않다. … 실증주의와 유물론의 논리적 요소들은 서로 호환된다."

29) Carnap(1936), 422 footnote 2.

30) "나는 [비엔나 철학을] '정합성 있는(일관된, 모순 없는) 경험주의'라고 부르는 것을 선호한다." Schlick(1936), 343. 이 논문은 Feigl and Sellars(eds.)(1949)에 재수록되었다.

31) Frank, "Einstein, Mach, and Logical Positivism", in: Schilpp(ed.)(1949/95), 276.

면 비트겐슈타인의 *Tractatus*와 카르납의 *Aufbau*를 기반으로 하는 비엔나 시기의 서클 철학, 즉 엄격한 환원주의, 철저한 검증주의, 과학적 진술에서 무의미한 형이상학의 제거, 선험적 종합 명제의 거부를 의미하는 것으로 통용된다. 두 번째로 비엔나 서클 내에서도 파이글은 자신들의 서클 철학을 '논리실증주의'라고 했고, 노이라트나 카르납은 '논리경험주의'라고 했다. 따라서 아주 좁은 의미에서 논리실증주의는 비엔나 서클 내에서도 파이글과 블룸베르크를 포함한 서클 우익(소위 비트겐슈타인주의자들)의 급진적 실증주의를 말한다. 세 번째로 다소 넓은 의미에서 논리실증주의와 논리경험주의를 구분하는 경우가 있다. 즉 비엔나 서클과 베를린 그룹의 철학적 입장을 뭉뚱그려 '논리실증주의'라고 하고, 이것이 다시 미국 '프래그머티즘'과 결합한, 즉 미국화한 것을 '논리경험주의'라고 말하는 경우가 있다. 비엔나 서클과 베를린 그룹의 회원들이 미국으로 이주한 이후 미국에서 발전한 관점과 구분하기 위해, 적지 않은 많은 문헌들이 미국화하기 이전의 유럽 실증주의 운동을 모두 뭉뚱그려 논리실증주의라고 부른다. 그리고 네 번째, 프랑크, 폰 미제스, 헴펠 등은 논리경험주의와 논리실증주의를 구분 없이 아주 넓게 같은 의미로 사용한다. 이들에게는 양자 사이에 개념의 차이가 있는 것이 아니라 단지 술어 선택의 문제(a matter of terminology)가 된다.

우리는 파이글이 '논리실증주의'에서 '논리경험주의'로 전향했다고 밝힌 이야기에서 일반적으로 통용되던 논리실증주의와 논리경험주의의 차이를 볼 수 있다. 그는 1963년 미국철학회 회장 연설문에서 자신이 1924-30년대 비엔나 서클에서는 극우 "형이상학주의자"로 비난받았지만, 정작 1930년대 미국에 와서는 무자비한 극좌 "논리실증주의자"라는 낙인이 찍혔다고 했다. 그러나 자신은 1935년부터 논리실증주의가 지녔던 지나치게 편협한 관점, 즉 모든 것은 "오직 경험에 의해서만 검증되어야 한다."는 엄격한 '검증 원리'를 포기하고 초기 입장으로 되돌아가 '논리경험주의자'로 전향했다고 고백했다. 한때 논리실증주의의 열렬한 "선전 대원"으로서 블룸베르크와 함께 1931년 미국에 논리실증주의를 소개했을 때, 미국 철학계는 자신을 "무서운 아이(enfant terrible)"라고 불렀고, 그래서 학계에서는 자신이 "눈엣가시(bête noire)"와도 같았다고 했다. 그때만 해도 그는 "슐릭, 카르납, 비트겐슈타인과 함께 우리 사상이 '모든 철학을 종식하는 철학(a philosophy to end all philosophies)'이라고 생각했었다." 그와 블룸베르크가 공동 집필했던 "악명 높은 과시적 논문"이었던 「논리실증주의. 유럽철학의 새로운 운동」 발표 이후 자신에게는 '논리실증주의자'라는 딱지가 내내 따라다녔다고 했다. 그러나 그는 1935년 초 '논리실증주의자'라는 딱지를 떼고 '논리경험주의자'로 갈아탄다. 그 계기는 1935년 파리에서 열린 '통합과학 국제 대회'에서 한 프랑스 철학자가 그에게 "실증주의자들은 멍청이야!(Les positivists, çe sont des idiots!)"라고 말한 것이었다고 한다. 자신은 원래 1924-30년대 마흐주의, 현상주의적, 행동주의적 환원주의, 특히 비엔나 서클의 '검증주의'를 맹렬히 반대했으며, 그래서 당시 서클 내에서는 급진적 논리실증주의자가 아닌 그 반대의 "'형이상학주의자'라는 더러운 낙인이 찍혀 있었다."고 했다. 그런데 아버지와도 같았고 숭배했던 스승 슐릭이 비트겐슈타인과 카르납을 만나면서 급진적 실증주의로 전향하는 것을 보고 마음 아팠지만, 당시 자신은 슐릭과 카르납의 논변에 압도되어 있었다고 했다.

> 초기 비트겐슈타인이 실증주의자로 해석될 수 있는지 여부에 대해서는 논란의 여지가 있습니다만, 그런 해석은 슐릭, 카르납, 한, 그리고 노이라트가 [비트겐슈타인의] *Tractatus*를 이해했던 방식이었습니다.[32]

많은 경우 '논리실증주의'는 비엔나 시기의 서클 입장을 대표하는 좁은 의미로 사용되고, '논리경험주의'는 1920-50년대에 이르는 실증주의 흐름을 망라하는 아주 넓은 의미로 사용되거나, 서클의 디아스포라가 이루어진 비엔나 이후의 시기에 북미에서 (프래그머티즘과 결합해) 정착한 실증주의 철학을 의미한다. 여러 문헌들이 논리실증주의와 논리경험주의를 구분하지만 구분하지 않고 사용하는 문헌들도 많다. 한편 사람들은 비엔나 서클의 등장을 기점으로 이들 이전 흄이나 콩트, 심지어 마흐의 실증주의까지 포함해 '고전적 실증주의(classical positivism)' 혹은 '구실증주의(Altpositivismus)'라고 부르고, 이들 이후 '논리실증주의'와 '논리경험주의'를 묶어, 더 넓게는 브리지먼의 '조작주의'와 심리학의 '행동주의'까지 포함해 '신실증주의(neopositivism)'라고 부른다.

디아스포라

비엔나 서클의 논리실증주의가 미국에 최초로 알려진 것은 서클의 수장 격인 슐릭 교수가 1929년 스탠퍼드, 1931년 버클리에 방문 교수로 왔을 때였다. 그러나 유럽의 논리실증주의가 미국에 본격적으로 소개되고, 다른 한편으로 미국의 철학 사상, 그 가운데 특히 프래그머티즘과 브리지먼의 조작 사상에 비엔나 서클 회원들이 관심을 갖게 되는 상호 교류가 적극적으로 시작된 것은 슐릭의 방문 이후였다. 상호 교류가 본격적으로 이루어지는 초기 과정에는 슐릭과 브리지먼의 역할이 적지 않아 보인다.

---

32) Feigl(1963), 38-39를 참조할 것. 한편 파이글의 이 글에 대한 평가로는 Stanford Encyclopedia of Philosophy, 'Herbert Feigl', 2018을, 논리실증주의와 논리경험주의에 대해서는 Uebel(2013)을 보라.

유럽의 새로운 실증주의 운동, 더 구체적으로는 비엔나 서클의 논리실증주의가 미국에 알려지고 일부 회원들이 미국에 정착하게 된 것은 1930년대 유럽의 정치적 상황 변화와 무관하지 않다. 특히 1933년부터 반유대주의와 파시즘의 융성, 1934년 오스트리아 당국의 탄압에 의한 마흐협회의 활동 금지 명령,[33] 협회와 서클의 지도자였던 슐릭 교수가 1936년 제자의 개인적, 정치적 동기에 의해 대학 교정에서 살해된 사건, 1938년 독일에 의한 오스트리아 병합으로 인해 비엔나 서클과 마흐협회는 실질적으로 점차 해체되고, 흩어진 회원들은 최종적으로 미국과 영국에 정착한다. 그럼에도 그들은 해외에서 논리실증주의를 부지런히 전파했다.

비엔나 서클의 회원 중 파이글과 프랑크가 미국에 와서 프래그머티즘, 조작주의와 교류하면서 브리지먼과 밀접한 관계를 갖기 이전부터 일부 미국인들은 유럽으로 직접 건너가 서클과 교류했다. 즉 미국의 블룸베르크가 슐릭 밑에서 박사논문을 쓰기 위해 1929년 빈으로 갔고, 하버드에서 박사학위를 마친 콰인이 1932년 직접 유럽으로 건너가 논리실증주의를 접했다. 스키너의 가까운 동료였던 콰인은 베를린, 바르샤바, 비엔나(빈)를 방문하면서 논리실증주의자들과 접촉했고, 비엔나 서클 모임에 참여했으며, 카르납 밑에서 연구했다. 하버드의 콰인은 철학과 교수들 중 브리지먼과 친밀했던 유일한 교수였다. 이들은 모두 1930년대 후반부터 미국에서 논리실증주의를 발전시키고 전파하는 데 큰 역할을 했을 뿐 아니라, 콰인은 논리실증주의와 조작 사상의 한계를 넘어 현대 과학철학의 새로운 지평을 여는 데

---

33) 마흐협회는 1934년 좌파라는 부당한 이유로 당국의 금지 명령을 받았다. 슐릭 교수가 두 차례에 걸쳐 탄원서를 냈지만 협회는 결국 문을 닫게 되었다. 마흐협회의 성립과 해체, 활동, 비엔나 서클과의 관계에 대해서는 Stadler(1992), "The 'Verein Ernst Mach'—What Was It Really?", in: Blackmore(ed.)(1992), 363-377을 참조할 것.

중요한 기여를 한다.

　서클 회원이었던 빅토르 크라프트(Victor Kraft)는 비엔나 서클, 그리고 그들과 함께하지는 않았지만 이들 사상의 일부를 공유했던 사람들의 흩어진 삶을 이렇게 전했다.

　하지만 무엇보다도 비엔나 서클 자신이 심각한 손실을 겪어야 했다. 1931년 파이글은 아이오와대학교의 교수가 되었고 나중에는 거기서 미네소타대학교에 초빙되었다. 한 교수는 1934년 예기치 않게 세상을 떠났고, 하버드대학교에서 명예박사학위를 받았던 카르납은 1936년 미국에 가서 시카고대학교에서 자리를 잡았다. 같은 해 비엔나 서클은 가장 힘든 타격을 받았다. 즉 슐릭 교수가 정신병 경력을 가진 과거 학생으로부터 대학교에서 총격으로 살해되었던 것이다. 슐릭이 결실 풍부했던 작업에서 멀어지고 그의 추가 연구가 중단됨으로써 적지 않은 것들을 미완성이고 불완전하게 남기게 된 것은 대체할 수 없는 손실이었다. 서클 모임이 드디어 중단되고 1938년 오스트리아가 무력에 의해 독일과 병합된 이후 서클은 완전히 해체되었다. **구성원들은 바람처럼 사방으로 흩어졌다.** 바이스만과 노이라트는 영국으로 갔는데, 바이스만은 우선 케임브리지에, 나중에는 옥스퍼드대학교 강사가 되었고, 노이라트는 거기서 1946년 세상을 떴다. 질젤과 카우프만은 북미로 갔는데 질젤은 1946년 세상을 떠났다. 멩거와 괴델은 이미 받았던 초청을 받아들였다. [서클 기관지] Erkenntnis 는 [독일] 라이프치히에서 1938년 [네덜란드] 헤이그로 피난해 제8권을 The Journal of United Science(Erkenntnis)라는 이름으로 출판했지만, 1940년 전쟁으로 출판을 중지해야 했다. … **이제 비엔나에는 비엔**

나 서클이 더 이상 존재하지 않았다.[34]

사람들은 비엔나 서클의 이러한 집단 이주를 '망명(exile)', '디아스포라 (diaspora)', '엑소더스(exodus)'라고 표현했다.[35] 홀턴은 자신이 당시 하버드 에서 목격했던 비엔나 서클 회원들의 미국 정착 과정을 이렇게 증언하고 있다.

> 5년 후 [1936년 비엔나 서클의] 그런 활동 전부는 최고 당국에 의해 중 지되었다. 그러나 서클은 완전히 사라지지 않았다. 회원 다수는 자신 들의 아이디어와 매력을 적어도 상당한 정도까지 공유하면서 자신 들의 대회와 토론회 재개에 함께했던 과학자들과 학자들이 있는 해 외로 이주했다. 1932-33년 비엔나에서 서클 모임에 발표자로 방문했 었고, 1940-50년대 보스턴 지역에서 이와 유사한 대회에 참여했던 콰인은 자서전에서 보스턴 지역의 대회들을 말하면서 이들을 "망명 중인 비엔나 서클"이라고 불렀다.[36]

---

34) Kraft(1950/68), 6-7.

35) W. V. Quine, "Autobiography of W. V. Quine", in: Schilpp and Hahn(eds.)(1986), 19. "그다음 달 [1939년 10월] 하버드는 통합 과학 컨퍼런스가 열리는 장소가 되었다. 기본적으로 이것은 점 점 커져가는 비엔나 서클의 국제적 망명이었다." 이를 Kraft(1950/68)는 "비엔나 서클의 디 아스포라(diaspora)", Stadler(2015)는 "과학 이성의 엑소더스(Exodus der wissenschaftlicher Vernunft)"라고 했다.

36) Holton, Gerald, "On the Vienna Circle in Exile: An Eyewitness Report", in: Werner Depauli-Schimanovich, Eckehart Köhler, Friedrich Stadler(eds.)(1995), 270. 홀턴은 이 글 외에도 비엔나 서클 회원들이 미국에 정착하고 논리실증주의가 소개되는 과정을 일련의 글로 발표했다. "Ernst Mach and the Fortunes of Positivism in America", *Isis* 83(1), 1992, 27-60.(같은 글이 *Science and Anti-Science*, Cambridge, MA., Harvard University Press, 1993, 1-55에 재수록되었 다.); "From the Vienna Circle to Harvard Square: The Americanization of a European World Conception", F. Stadler, ed., *Scientific Philosophy: Origins and Development*, Kluwer Academic

나치를 피해 망명지를 떠돌던 이들은 망명지에서도 자신들의 철학을 실천한다. 다른 한편에서 논리실증주의자들은 브리지먼의 『논리』를 알게 되면서 그의 조작적 방법에 관심을 갖게 된다. 브리지먼의 조작적 관점 자체가 자신들의 실증주의와 가까웠기 때문에 양측 사이에는 서로 공유할 수 있는 사상적 공감대가 처음부터 있었다―사실은 양측의 사상이 서로 가까웠다기보다 양측이 마흐의 실증주의라는 공동의 뿌리에서 각자 진화한 것이라고 보는 것이 더 옳다. 게다가 비엔나 서클이 자신들의 논리실증주의 사상을 미국에 전파하고 정착시킬 수 있었던 배경 중에는 브리지먼이 있었다. 여기서 슐릭은 브리지먼의 조작 사상을 비판적으로 검토하려고 했고, 파이글과 프랑크는 조작주의를 논리실증주의 안에서 해석하고 그 안으로 끌어들이려고 노력했다. 더 나아가 파이글은 유럽의 논리실증주의와 브리지먼의 조작적 방법을 같은 하버드대학교의 행동주의 심리학자들에게 처음 소개했던 장본인이기도 했다.

브리지먼의 조작적 방법이 논리실증주의자들과 행동주의 심리학자들에게 관심을 끌었던 것은 다름이 아니었다. 논리실증주의자들은 조작적 정의가 형식(개념)과 사실(관찰)을 연결하는 고리라고 보았고, 행동주의자들은 이것이 심리학에서 과학 개념을 직접 구성하는 도구라고 보았기 때문이다.[37] 논리실증주의자들에게는 논리와 경험을 연결하는 규칙이 필요했고, 행동주의자들은 개인의 내면을 반사(reflex)나 변별(discrimination)이라는 조작적으로 측정 가능한 용어로 서술하고 싶었던 것이다.

Publisher, 1993, 47-73; "Philipp Frank at Harvard University: His Work and His Influence", *Synthese* 153, 2006, 297-311.

37) Walter(1990), 164.

2. 비엔나 서클과 브리지먼

『논리』가 출판되고 난 후 단상(壇上)과 지상(紙上)에서는 조작주의에 대한 논의가 활발해졌다. 행동주의 심리학, 논리실증주의, 이론물리학, 사회학, 경제학 등은 긍정적이든 부정적이든 조작적 방법에 대해 적극적 관심을 가졌다. 앞에서 부분적으로 논의했기 때문에 여기서는 브리지먼과 비엔나 서클 회원들 사이의 개인적 접촉과 관계를 중심으로 언급한다. 서클 회원 파이글과 프랑크를 이야기하고, 서클의 지도자 슐릭과 접촉하게 된 과정, 그리고 이들이 브리지먼의 조작 사상에 깊은 관심을 가지게 된 동기와 양측의 반응을 서술한다. 특히 철학적 견해 차이에도 불구하고 이들과 브리지먼 사이의 따뜻했던 인간관계를 알아보겠다.

선전 대원 파이글

파이글은 1921년 뮌헨대학교에서 수학, 물리학, 철학 공부를 했지만 반유대주의 분위기를 피해 1922년 빈대학교로 옮긴다. 그해 슐릭이 빈대학교에 왔고 당시 19세이던 파이글은 슐릭이 심사위원이던 현상논문대회에서 상대성 이론에 관한 철학 에세이로 상을 받는다. 곧 파이글은 슐릭 밑에서 공부를 시작했고 이어 박사 과정을 밟는다. 1924년 파이글은 비엔나 서클 회원이 되었고, 1927년 박사학위 논문 「우연과 법칙. 확률과 귀납 문제에 관한 자연 인식론적 설명(*Zufall und Gesetz: Versuch einer naturerkenntnistheoretischen Klarung des Wahrscheinlichkeits-und Induktionsproblems*)」을 썼다. 슐릭의 추천을 받아 파이글은 1930년 브리지먼에게 Postdoc이라 할 수 있는 방문 연구원으로 갔다.

자전적 글에 가까운 "The Wiener Kreis in America"(1969)에서 그는 비엔나 서클에 참여하게 된 배경부터 미국에 입국해 논리실증주의를 미국에 전파하게 된 과정을 설명하고 있다.[38] 1929년 파리에서 미국 대학생 블룸베르크로부터 『논리』를 알게 된 파이글은 조작적 방법이 자신들이 추구하던, 과학에서 형이상학의 제거와 객관성 보증이라는 요구를 브리지먼이 독립적으로 진술한 것이라고 보았고, 미국의 실용주의 사상이 자신들의 사상을 전파하는 데 우호적이라고 생각했다. 하지만 그때까지만 해도 논리실증주의자들은 미국의 철학 상황에 대해 무지에 가까웠다.

> 1929년 여름 파리에서 나는 볼티모어(존스 홉킨스대학교)에서 온 젊은 미국인 블룸베르크를 만났는데, 그는 비엔나에 [연구하러] 가고 싶어 했다. 나는 그에게 슐릭의 지도하에서 논문을 쓰라고 권유했다. …
> [당시] 비엔나 서클 회원 대부분은 미국 철학을 몰랐다. 물론 우리는 윌리엄 제임스와 존 듀이의 철학 저작들은 읽었지만, 찰스 퍼스에 대해서는 아주 모호한 생각을 갖고 있었을 뿐이다. 우리는 제임스와 마흐가 어느 정도 유사성이 있으며, 서로가 매우 존경하고 있었다는 정도만 알고 있었다. 그러나 나머지에 대해서는 아주 무지했다. 우리는 … 미국의 철학 운동에 관해 거의 모르고 있었는데, … 나중에 블룸베르크로부터 알게 되었다. 우리가 특히 왓슨과 그의 추종자들로

---

38) Feigl, Herbert, "The Wiener Kreis in America", in: Fleming and Bailyn(eds.)(1969), 644-665. 파이글과 블룸베르크가 미국에 논리실증주의를 처음 소개한 글은 Blumberg and Feigl(1931), 281-296이다. 이들 글을 포함해 그의 자전적 요약과 논문들을 수록한 단행본으로는 Herbert Feigl(auth.), Robert S. Cohen(ed.), *Inquiries and Provocations. Selected Writings 1929-1974*, Boston: D. Reidel Publishing Company, 1981이 있다.

대표되는 미국 행동주의라는 것에 주목하게 된 것은 러셀의 책이었다고 생각한다. 하여간 내가 그[블룸베르키]와의 개인적 만남과 미국 철학 문헌에 대한 독서를 통해 알게 된 것이 나를 아주 매혹시켰다. "저쪽에서" 내가 느꼈던 것은 우리의 비엔나 입장에 전적으로 우호적인 시대정신(Zeitgeist)이었다. 블룸베르크가 제안했었다고 생각하는데, **우리가 브리지먼의 『논리』를 알게 된 것도 1929년**이었다. 물리 개념의 의미에 대한 브리지먼의 조작 분석은 특히 **카르납, 프랑크, 폰 미제스의 실증주의** 관점, 그리고 심지어 **비트겐슈타인의 특정 경향**에 가까웠다.39)

파이글은 슐리크의 추천으로 미국 록펠러재단에 펠로십을 신청하고, 브리지먼에게 하버드에서 과학 이론의 논리를 연구할 수 있는지를 문의했다. 브리지먼은 너무 많은 것을 기대하지 말라고 답장했다.

> 나는 당신의 편지를 읽었고, 당신이 내년 여기서 물리학의 기본 문제에 관해 연구하기를 원한다는 슐리크 교수의 편지도 읽었으며, 당신의 책 한 부도 방금 도착했습니다. 나는 이 책을 완전히 읽을 시간이 아직 없었지만, 이 책이 당신의 관점을 아는 데 충분할 것이라고 생각하며, 읽었던 것은 내 마음에 들었습니다. 당신이 내년에 정말 올 수 있다면 매우 기쁠 것이라고 말하고 싶습니다. 그러나 나는 당신이 잘못된 기대를 갖게 되거나 여기에 와서 실망할 수도 있다는 점을 알리기 위해 나 자신을 짧게 소개해야겠다고 생각합니다. 물리학의 근본 문

---

39) *Ibid.*, 644-645.

제에 관한 내 연구는 전적으로 나의 형식적 학술 활동 밖의 일입니다. …. 나의 거의 모든 시간은 실험 활동의 세세한 것으로 채워져 있으며, 특히 지금은 지난 20년간 고압에 관한 실험 결과를 집대성한 책을 집필하는 데 몰두하고 있습니다. 나는 내 책[『논리』]에서 제안했던 것과 같은 주제에 대한 강의를 제공하지 못하며 … 내가 말하는 근본 문제에 관한 어떤 논의도 내게는 전적으로 부수적인 일입니다.[40]

파이글은 1930년 가을 미국에 도착한다. 그는 자신이 비엔나 서클 회원 중 '과학적 세계관'의 전파 임무를 갖고 미국에 입국했던 첫 번째 '선전 대원(propagandist)'이자, 이민 비자를 받아 미국에 입국했던 첫 번째 회원이고, 1937년 미국 시민권을 취득했던 첫 번째 회원이었으며, 미국의 대학교에 자리를 잡았던 최초의 회원이었다고 했다. 그는 또 1931년 블룸베르크와 함께 '논리실증주의'를 미국에 처음 소개한 사람이었다.[41] 파이글이 자신들의 '선전 노트(Propaganda-Notiz)'라고 불렀던 이 논문은 1930년 12월 블룸베르크와 파이글이 뉴욕에서 크리스마스 휴가 때 집필한 것이다. 논문에서 두 사람은 '과학적 세계관'을 철학의 혁명이라고 말했다. 그는 이 글에서 유럽 철학의 새로운 운동은 두 전통, 즉 실증주의-경험주의 전통과 논리학 전통의 결합으로서, "선두에 있는 철학적 대표 인물들로는 카르납(비엔나), 라이헨바흐(베를린), 슐릭(비엔나), 비트겐슈타인(케임브리지, 영국)이며, 최근 미국에서 브리지먼, 랭거, 루이스의 저작들이 이와 관련된 경향을 보이고 있다는 점이 흥미롭다."[42]고 했다.

---

40) 1930년 3월 23일자 브리지먼이 파이글에게 보낸 편지. Walter(1990), 165에서 재인용.
41) Feigl(1968), 630.
42) Blumberg and Feigl(1931), 281. 주석에 나열된 저서들은 다음과 같다. 브리지먼의 *The Logic of*

파이글은 블룸베르크와 함께 자신들은 "미국에서 '사명감'을 갖고 있다고 느꼈고, 자신들의 노력에 대한 반응은 자신들을 지지하고 있다."[43]고 보았다. 하버드의 브리지먼에게서 9개월을 보낸 그는 블룸베르크와 함께 위의 논문을 발표했다. 그리고 미국의 한 대학교에서 자리를 잡는다.[44] 파이글이 하버드의 심리학자 스티븐스와 보링에게 브리지먼의 조작적 방법을 소개했을 때 스키너는 박사 과정 학생이었다. 스키너는 자전적 글에서 대학원생이었을 당시 『논리』를 알게 된 계기를 이렇게 말했다.

> 퍼시 브리지먼 아래에서 공부하러 하버드로 온 친구[파이글]를 통해 『논리』(1927)를 알게 되었다. 나는 푸앵카레와 마흐를 읽었다. 나는 보스턴 의학 도서관에서 대부분의 시간을 보내면서, 1930년 여름 마흐의 『역학의 역사』로부터 반(半)역사적 방법을 적용해 반사(reflex) 개념에 관한 논문을 썼다.[45]

Modern Physics(1927), 랭거의 *The Practice of Philosophy*(1930), 루이스의 *Mind and the World-Order*(1929).

43) Feigl(1968), 647.

44) 파이글은 주데텐(Sudetenland) 지역의 유대인이었다. 태어날 때는 오스트리아인이었지만 1918년 혁명 이후 체코슬로바키아로 국적이 변경되었다. 그는 당시 오스트리아의 정치적 상황으로 볼 때 자신의 혈통과 출신 지역 때문에 독일이나 오스트리아 대학교에서 자리 잡기 어렵다고 생각했다. 그래서 그는 처음부터 미국으로 이민을 염두에 두고 펠로십을 신청했다. 브리지먼에게 9개월여를 보낸 후 브리지먼, 아인슈타인, 화이트헤드, 루이스의 추천을 받아 45개 미국 대학교에 지원했지만 관심을 보인 곳은 세 곳뿐이었다고 한다. 나머지는 응답이 없었거나, 자리가 없었다. 그는 아이오와대학교에서 강사 자리를 얻었고, 1940년 최종적으로 미네소타대학교에 정착했다. *Ibid.*, 650-651을 보라.

45) Skinner, B. F., "B. F. Skinner", in: Boring and Lindzey(eds.)(1966), 399.

파이글이 논리실증주의에 우호적이던 브리지먼을 완전히 논리실증주의 편으로 만드는 것까지는 성공하지 못했지만, 하버드 심리학과 교수들에게 논리실증주의와 브리지먼의 조작적 방법을 전도하는 데는 성공했다. 한편 하버드의 심리학자들 입장에서는 유럽의 논리실증주의와 같은 대학 브리지먼의 조작 사상이 자신들의 행동주의 심리학의 이론적 기반을 지지한다고 보았다. 그런 의미에서 하버드의 심리학자 보링은 브리지먼식의 조작적 관점이 "심리학에서는 새로운 것이 아니었지만, 항상 과학적 심리학의 모델이었던 물리학이 이를 위해 전면에 나섰을 때 [심리학에서는] 힘을 얻은 것이다."[46]고 했다.

이 모든 해석 활동의 중심에 있었던 인물이 비엔나 서클 회원이자 미국 학자들에게 자신들의 아이디어를 처음 소개했던 파이글이었다는 점에 대해서는 누구나 인정한다. 그는 브리지먼을 실증주의 동료로 만드는 책임을 지고 있었고, 또 행동주의자들이 브리지먼의 아이디어에 주목하게 만든 사람이기도 했다. 파이글의 임무를 즉시 스티븐스가 이어받았는데, 당시 그는 하버드대학교 심리학자 보링의 학생이었다. 파이글 자신은 논리실증주의 철학을 진흥하는 데 더 많은 관심이 있었는데, 브리지먼의 조작적 방법은 곧 그 안으로 흡수되었다.[47]

파이글이 행동주의 심리학에서 브리지먼과 독립적인 조작 사상이 등장

46) Boring(1950), 653-659.
47) Walter(1990), 164.

하는 데 자극을 주었지만 이제부터 하버드 심리학과 내에서, 그리고 전국의 행동주의 심리학자들 내에서 조작주의가 제각기 등장하기 시작했다. 하버드 심리학과의 보링, 스티븐스, 스키너는 서로 다른 조작주의를 내세웠고 서로 다른 용어(terminology)를 사용했다. 이들은 자신의 조작 관념이 독립적으로 발전했다는 점을 보이는 'operationism'(Stevens, 1935), 'operant'(스키너)처럼 차별된 용어를 사용했다. 스티븐스는 유기체의 행동을 결정하는 기본 단위를 변별(discrimination)이라고 했고, 스키너는 반사(reflex)라고 했다. 또 스키너는 보링과 스티븐스의 이론을 가리켜 '방법론적 행동주의'라고 불렀고, 자신의 것은 '급진적 행동주의'라고 불렀다.

이렇게 보면 하버드의 브리지먼을 방문했던 파이글이 브리지먼의 조작 분석과 논리실증주의를 연결해 브리지먼의 조작 사상을 자신들의 사상 안으로 끌어들이려고 노력했을 뿐 아니라, 행동주의 심리학에 브리지먼의 조작 사상과 비엔나 서클의 논리실증주의 사상을 이식하는 프로파간다 활동의 중심에 있었던 것은 분명하다. 또 파이글은 1929년 자신의 책의 영어 번역판 출판을 위해 브리지먼의 추천을 받으려고 했을 뿐만 아니라, 1932년 브리지먼과 딩글러가 조작에 대한 견해 차이로 인해 『논리』의 독일어 번역이 무산될 위기에 놓였을 때 브리지먼에게 『논리』의 독일어 번역을 제안했었다.[48] 이 모든 것이 실현되지 않았지만, 파이글이 브리지먼의 조작 사상에 깊은 관심을 가졌다는 점은 분명하다. 그뿐 아니라 확실히 그는 미국에서 논리실증주의 안에서 조작 관념을 해석하고 논리실증주의라는 '복음'을 전파했던 선전 대원이자 전도사였던 것이다. 그러나 앞에서 보았듯이 파이글은 1930년대 후반부터 엄격한 검증 원리를 포기하고 논리실증주의에서

---

48) 앞의 '제1장'의 "유럽의 반응"에서 재인용한 Okamoto(2004), 289 및 주석 260)을 참조할 것.

논리경험주의로 전향한다.

원조 서클 회원 프랑크

브리지먼으로부터 미국 정착과 학문 활동에 도움을 받았던 또 다른 비엔나 서클의 주요 회원은 프랑크이다.[49] 아마도 프랑크는 브리지먼의 조작사상, 논리실증주의, 아인슈타인의 과학관을 모두 깊이 이해하면서 동시에이들 사이의 관계를 가장 잘 평가할 수 있는 사람일 것이다. 프랑크는 원조비엔나 서클 멤버였고, 일찍부터 아인슈타인의 관심을 끌었던 물리학자였고, 아인슈타인의 프라하대학교 이론물리학 연구소 소장 자리를 이어받았으며, 빈대학교에 있던 카르납을 불러옴으로써 논리실증주의가 프라하대학교까지 확대될 수 있게 만든 장본인이었다. 그는 아인슈타인이 만족스러워했던 과학 전기를 썼고, 아인슈타인의 상대성 이론을 철학적으로 해석하면서 이를 논리실증주의적 관점이나 조작적 관점에서 조망하려고 애를 썼던 사람이다. 게다가 브리지먼은 그가 하버드에서 자리 잡을 수 있게 도와주고 논리실증주의를 전파할 수 있도록 힘을 써주었다.

프랑크는 오스트리아 빈대학교에서 물리학을 공부했다. 그는 1907년 볼츠만 지도하에 이론물리학으로 박사 논문을 썼고, 1910년 교수자격 청구논문(Habilitation)을 썼다. 그는 1907년부터 한, 노이라트와 빈 시내의 카페에 매주 모여 철학과 과학, 특히 경험주의와 규약주의의 종합에 대해 심층적으로 토론했는데, 이것이 '1차 비엔나 서클'(원조 서클)이다.[50]

---

49) 비엔나 서클의 역사와 함께 프랑크의 자전적 글에 대해서는 Frank(1941), 'Introduction' 및 Frank(1949b), 'Introduction'을 참조하고, 하버드에 온 프랑크에 대해서는 Holton(1992; 1993b; 1995a; 2006)을 참조할 것.

그가 1907년 발표한 논문 「인과론(因果論)과 경험(Kausalgesetz und Erfahrung)」[51] 은 아인슈타인의 관심을 끌었고, 그 이후 내내 아인슈타인과 밀접한 관계를 갖는다.

> 내가 이 논문(1907)을 처음 발표했을 때 과학자들 사이에서는 상당한 놀라움이 있었다. 논문에 대한 비평 중에는 비록 서로 다른 분야이긴 했어도 세계적 명성을 가진 두 사람이 있었다: **아인슈타인과 레닌**이었다. 나에게는 아인슈타인 편지가 그와 최초의 개인적 접촉이었다. 그는 내 주장의 논리는 인정했지만, 내 논문이 인과법칙에 규약적 요소가 존재하는 것**만** 보인 것에 반대했고, 이것이 단순히 규약이나 정의라는 점에 대해서는 반대하지 않았다. 그는 **천지개벽을 한다고 하더라도 인과법칙에 위배되는 일이 생기지 않는다는 점은 결코 증명될 수 없다**는 내 주장에 동의했다. … 레닌의 논평은 마음에 들지 않았다. 그는 자신의 책 『유물론과 경험비판론』(지금 우리는 이를 『유물론과 실증주의』라고 부른다.)에서 "칸트주의자인" 내가 "거의 모든 현대 과학철학"으로 칸트의 관념론을 지지할 수 있게 된 점을 "즐기고 있다."고 주장했다. 그는 푸앵카레와 칸트의 관계에 대해 내가 언급한 것을 갖

---

50) '1차 비엔나 서클' 혹은 '원조 비엔나 그룹'에 대한 증언은 프랑크의 두 서문에 근거하고 있다. Philipp Frank, "Introduction: Historical Background", in: Frank(1941); 같은 이, "Introduction: Historical Background", in: Frank(1949b). 초기 비엔나 서클과 후기 비엔나 서클의 철학적 관점과 인적 구성의 차이와 갈등은 여러 곳에서 논의되었다. 다음을 참조할 것. Thomas E. Uebel, "Philipp Frank's History of the Vienna Circle: A Programmatic Retrospective", in: Hardcastle and Richardson(eds.)(2003); Haller(1985), 341-358; Stadler(2015)의 "Prolog: Zum Aufstieg der wissenschaftlichen Philosophie im Überblick" 및 "Kapitel 1. Der Ursprung des Logischen Empirismus – Wurzeln des Wiener Kreises vor dem Ersten Weltkrieg".

51) Frank(1907), 443-150.

고 내가 관념 철학에 봉사하기 위해 푸앵카레를 이용하려고 했고, 따라서 내 논문이 **반(反)유물론적**이고 **반동적**이라는 결론을 내렸다.[52]

1912년 프랑크는 아인슈타인의 프라하대학교 이론물리학연구소 소장 자리를 이어받았다. 비엔나 시절 브리지먼의 조작주의에 관심을 가졌던 프랑크는 1938년 미국을 방문했다가 아예 눌러앉게 된다. 브리지먼 쪽에서는 일찍부터 아인슈타인의 특수 상대성 이론에 자신의 조작주의에 대한 메시지가 들어 있었다고 생각했지만, 프랑크를 비롯한 논리실증주의자들 쪽에서는 아인슈타인의 이론을 논리실증주의의 증명이라고 생각했다. 또 그들은 브리지먼의 조작적 방법이 자신들의 논리실증주의에서 경험을 확인하는 도구라고 보았을 뿐만 아니라 상대론과 양자역학에서 조작적 원리의 증거를 찾고자 했다. 그는 1930년 하버드로 왔던 파이글과 함께 유럽의 논리실증주의를 미국에 전파하고 브리지먼의 조작사상을 해석하는 데 힘썼으며 비엔나 서클의 후기 운동인 '통합 과학(Unity of Science)' 운동을 이끌었다. 학문 간 이론의 타당성을 수용하는 조건들을 주제로 1953년 보스턴에서 AAAS 대회가 개최되었을 때, 그는 대회를 조직하고 나중에 발표 논문들을 편집해 출판하는 책임을 졌다. 이 논문들은 『과학 이론의 정당화(*Validation of Scientific Theories*)』(1956)라는 이름으로 출판되었는데 여기의 한 세션이 조작주의였다. 그의 서론을 보면 비엔나 서클의 후기 운동은 명제의 엄격한 논리 분석과 검증 원리로 이론의 정당성을 부여하려고 했던 초기의 논리실증주의를 벗어나 이론의 수용 문제를 "논리적 관점"뿐 아니라 "실용주의적" 측면과 역사와 사회 현상, 심리학, 유기체와 기계 영역까지 확대했음

---

52) Frank, "Introduction. Historical Background", in: Frank(1949b), 10-11. '서론'은 본문의 논문들의 배경을 설명하는 그의 자전적 회고이다.

을 볼 수 있다. 이는 프랑크가 서클 우익(슐릭과 바이스만)과 비트겐슈타인, 카르납이 추구했던 엄격한 검증 원리로부터 1907년부터 자신이 참여했던 원조 비엔나 서클(Proto-Zirkel), 혹은 노이라트를 중심으로 하던 비엔나 서클 좌익의 관점으로 되돌아갔음을 의미한다. 또 이것은 편협한 논리실증주의가 좀 더 보편적인 논리경험주의로 발전했음을 뜻한다. 이때는 조작주의가 논리경험주의 해석 안으로 흡수되어 이론 수용의 방법론적 기준 중 한 가지라고 여기게 되었다. 그 이후 조작주의를 논하는 대규모 컨퍼런스는 더 이상 없었다.

한편 프랑크와 아인슈타인 사이에는 남달랐던 관계에 대한 이야기가 있다. 언젠가 아인슈타인이 프랑크더러 두 번이나 자신의 뒤를 밟은 사람이라고 말했을 때, 그것은 프랑크가 아인슈타인의 뒤를 이어 프라하대학교 이론물리학연구소 소장을 물려받은 것과 아인슈타인의 전기를 쓰게 된 것을 두고 말한 것이다.53) 실제로 프랑크의 저술 가운데『아인슈타인. 그의 삶과 시대(Einstein. His Life and Times)』(1947)는 수많은 아인슈타인 전기물들 가운데 대단히 중요한 의미를 지닌다. 이 영문판은 프랑크가 1942년 독일어로 썼던 원고를 번역해 독일어 원본보다 먼저 출판된 것으로서, 1949년에야 뒤늦게 독일어 초판(Einstein. Sein Leben und seine Zeit)이 나왔다. 이 전기는 아인슈타인이 생전에 유일하게 자신에 대한 전기로서 가치를 인정했던 책이다.

---

53) Frank(1979), 7.
　　 "1912년 나는 아인슈타인 후계자로 프라하대학교 이론물리학 교수가 되었다. 그리고 1938년 미국으로 이주했을 때, 이미 이곳에서 5년간 살고 있던 아인슈타인을 다시 만났다. 그의 삶과 영향을 서술하는 작업을 위해 물리적으로 가까워진 이 기회를 이용해야겠다고 생각했다. 내가 아인슈타인에게 이 계획을 설명했을 때 그는 이렇게 말했다. '당신이 내 발자국을 두 번째 밟게 되니 얼마나 기묘한 일인가!'"

영어 초판(1947)과 독일어 초판(1949)에서 생략되었던 1942년 독일어 원판의 아인슈타인 서문은 알베르트 아인슈타인 유산(Albert Einstein Estate)의 호의로 1979년 독일어 원본 복원판에 수록될 수 있었다.[54] 일이 이렇게 된 것에는 출판 과정에서 아인슈타인 서문과 본문 번역에 대해 우여곡절이 있었기 때문이다. 독일어 원본이 1942년 완성되었지만 즉시 출판되지 않고 1947년 영어 번역판이 먼저 나왔다. 그런데 Holton(2006)이 "난도질"이라고 표현했을 정도로 출판사는 영문판(1947)에서 독일어 원문 내용을 임의로 편집하고 아인슈타인 서문을 삭제한 채 출판했다. 그 이유 중 하나가 아인슈타인이 독일어판 서문에서 "[그동안 출판된] 전기들이 내 마음에 들지 않거나 매력 없다."[55]고 했기 때문이다. 그것도 서문을 시작하자마자 첫머리에서 한 말이었다. 실제로 아인슈타인은 자신에 관한 전기물을 달가워하지 않았는데, 전기 작가들이 자신의 사고 발전 과정이나 학문적 전문성보다는 자신의 사생활에 더 관심 있으며, 신뢰할 수 없는 자료들에 근거하고 있다는 불만을 터뜨렸던 것이다. 아인슈타인이 원했던 것은 자신의 사고 발전 과정을 밝힐 수 있는 '학술 전기(eine wissenschaftliche Biographie)'였지 사생활이나 시시콜콜하게 드러내는 가십(gossip)이 아니었던 것이다. 그런 의미에서 프랑크의 전기는 아인슈타인의 개인사가 아닌 진정한 '학술 전기'였다고 할 수 있다.

---

54) 프랑크가 쓴 전기의 독일어 원본 복원판은 Frank(1979)이다. 복원된 아인슈타인 서문, 아인슈타인 서문의 삭제 및 영문 번역판의 문제에 대해서는 Frank(1979)의 프랑크 서문을 참조하고 편집된 내용에 대해서는 프랑크의 영문판 Frank(1947)와 비교할 것. 아인슈타인 전기물들에 대한 분석과 평가는 Weinstein(2017), 프랑크가 쓴 전기에 대한 논의는 Holton(2006)을 참고할 것.

55) Frank(1979). Vorwort(Einstein): "Ich muß bekennen, daß Biographien mich selten angezogen oder gefesselt haben."

[세계의] 인식과 이해를 추구해 온 그런 인생을 다루고자 했던 전기가 [그동안] 하나라도 있었는가? ⋯ 내 개인을 생각해 보면, 나는 이 질문에 **아니**라고 기꺼이 답하겠다. 말하자면 [내게] 그런 전기는 **단 하나도** 없었다! 그럼에도 불구하고 나는 나의 오랜 친구 프랑크 교수에게 하나의 전기로서 모습을 갖춘 이 책을 집필하도록 격려했다.[56]

물리학자, 수학자, 과학철학자였던 프랑크가 아인슈타인 전기를 쓰게 된 배경은 다소 흥미롭다.(Holton, 2006) 1936년 오스트리아 정부가 비엔나 서클을 폐쇄한 후 나치가 프라하를 점령했을 때 유대인이던 프랑크는 1938년 미국을 방문해 여러 대학교를 다니며 초청 강연을 하고 있었다. 아인슈타인의 자리를 이어 당대 세계적 명성을 지닌 프라하대학교 이론물리학연구소의 소장이었던 그가 갑자기 본국에서 해직되면서 이제 실업자이자 망명객이 되어버렸다. 그에게 자리를 만들어주기 위해 브리지먼을 비롯해 물리학과의 켐블, 천문학자 샤플리, 과학철학자 콰인 등 하버드 교수들은 인류애 정신으로 대학과 끈질긴 협상 끝에 하버드대학교에서 어렵게 시간 강사 자리를 얻어내었지만 급여를 충분히 받지 못했다. 이런 상황에서 보탬이 되고자 "그의 부인과 아인슈타인의 권유로"[57] 아인슈타인 전기를 쓰게 되면서 받은 원고료 선급금으로 생활할 수 있었다. 말하자면 아인슈타인이 그의 생계를 위해 자신의 전기를 쓰도록 허락했고 그 원고 내용에 만족스러워했던 것이다.

한편 프랑크와 브리지먼 사이의 깊었던 인간적, 정신적 유대감도 그와

---

56) *Ibid.*, 아인슈타인 서문.
57) Weinstein(2017), 534–536.

아인슈타인 사이의 관계에 못지않았다.

> 브리지먼의 고립감은 그가 '아주 기쁜 마음으로' 보고 싶어 하던 필립
> 프랑크에게 쓴 1938년 3월 30일자 편지에서 볼 수 있다. "나는 연구를
> 실질적으로 혼자 했다. 내게는 [과학철학을 전공하는] 학생도 없고, 철
> 학과 교수들과 실제로 아무 접촉도 없을 뿐 아니라, 사실상 그들 대부
> 분이 우리 견해에 결코 동조하고 있지 않다. 내가 이곳에서 특별히 관
> 심 있는 유일한 젊은 철학자는 콰인 박사이다."58)

　1939년 통합 과학 제5차 국제 대회가 하버드에서 열렸을 때, 브리지먼과
콰인은 주도면밀한 노력 끝에 대회 조직을 프랑크에게 맡겼다. 이때 프랑
크는 자신의 학문적 능력을 부각시키는 기회를 가짐으로써 같은 해 하버드
에서 물리학 및 철학 강사 자리를 얻게 되었고, 이후 하버드에 교수로 자리
잡게 된다. 한편 브리지먼 밑에서 박사학위를 했던 홀턴은 대학원에서 프
랑크의 강의를 들었고, 그의 조교를 했다. 1950년대 프랑크의 추천으로 아
인슈타인의 미출판 원고와 문서들을 접하게 되면서 홀턴은 과학사로 연구
방향을 정하게 되었다.

> 나는 … 처음에는 하버드에서 그의 강의 중 하나를 들었던 대학원생
> 이었고, 그다음에는 그의 연구실들을 같이 썼던 그의 조교였으며, 그
> 리고 수년간 물리학과에서 동료이자 친구였으며, 마지막으로는 하
> 버드에 소장된 그의 자료들을 연구했던 사람이다. 또 나는 그에게 개

---

58) Holton(2005b), 75쪽 주석 13).

인적으로 큰 도움을 받았다는 점을 감출 수 없다. 1950년대 아인슈타인 유산에 접근할 수 있도록 그가 추천하지 않았더라면, [아인슈타인의] 미출판 편지와 원고의 귀한 자료들에 대한 역사적 연구를 할 수 있었던 최초의 사람 중 하나로서 따뜻한 환영과 허락을 받지 못했을 것이며, 이로 인해 내가 주된 경력을 과학사에서 시작할 수 없었을 것이다.[59]

홀턴은 브리지먼, 아인슈타인, 프랑크에 대한 연구, 이들과 비엔나 서클의 철학, 논리실증주의 사이의 관련, 논리실증주의의 미국 정착 등을 기록으로 남긴다.

서클 지도자 슐릭

슐릭은 파이글이나 프랑크와 달리 브리지먼을 직접 만난 적은 없었지만, 그가 『논리』를 읽었을 때 개념이 경험 안에서 입증될 때만 의미 있다는 브리지먼의 관점을 환영했고, 브리지먼의 조작 관념이 비엔나 서클의 철학과 가깝다고 생각했다. 또 브리지먼에게 제자 파이글을 보낸 사람이 슐릭이었고, 서클의 검증주의 관점에서 브리지먼의 조작주의를 해석하려고 했던 사람도 슐릭이었다. 그러나 브리지먼의 조작적 관점을 논리실증주의 안에서 해석하고 논리실증주의로 흡수하려고 했던 파이글이나 프랑크와 달리, 슐릭은 브리지먼의 조작적 관점을 수용하지 않았다. 또 그는 아인슈타인 상대론에 대한 브리지먼의 비판에도 결코 동의하지 않았다.

---

59) Holton(2006), 311. 이 논문은 2004년 프라하에서 열린 'Philipp Frank Conference'에서 발표된 것이다.

슐릭이 브리지먼과 접촉하게 된 동기에는 파이글이 있었다. 파이글은 1929년 『물리학에서 이론과 경험(Theorie und Erfahrung in der Physik)』을 출판하고, 당시 스탠퍼드에 방문 교수로 간 스승 슐릭에게 미국에서 연구할 기회와 이 책을 번역 출판할 수 있는지 물었다. 이때는 슐릭이 브리지먼의 저작들을 이미 알고 있었고, 『논리』에 대한 서평을 게재한 후였다. 슐릭은 파이글을 위해 미국의 두 사람에게 편지를 썼다. 즉 스탠퍼드에 있을 때 알게 된 1923년의 노벨상 수상자 밀리컨(Robert Millikan)과 그때까지 친분은 없었으나 『논리』를 통해 자신들과 가깝다고 생각했던 브리지먼이었다.[60] 슐릭은 먼저 파이글더러 브리지먼에게 번역 출판의 추천서를 의뢰하라고 했다. 아마도 파이글은 슐릭의 권고에 따라 자신의 책을 미국에서 번역 출판할 수 있도록 아인슈타인과 브리지먼에게 추천을 요청했던 것으로 보인다. 그런데 11월 출판사 맥밀런이 아인슈타인의 추천을 받은 파이글 저서를 번역 출판할지에 대해 브리지먼에게 문의했을 때 브리지먼은 추천하지 않았다.[61] 이때까지만 해도 브리지먼은 슐릭이나 파이글을 알지 못했던 것으로 보인다. 반면 슐릭이 파이글을 추천하는 편지를 1930년 2월 28일 브리지먼에게 보냈을 때 자신은 브리지먼의 『논리』뿐 아니라 그의 저작들을 읽었음을 밝혔다.

---

60) 슐릭의 유고에 남아 있는 1929년 7월 21일자 파이글 편지의 사본에는 "브리지먼에게 보내고, 출판사에 보낼 번역 추천서를 요청한다고 쓸 것"이라는 메모가 있고, 밀리컨에게 쓴 1930년 2월 15일자 슐릭의 편지에는 파이글이 무한히 체류하고 싶어 한다는 점을 덧붙이면서, 그를 강사로 고용할 수 있는지를 문의했다. Verhaegh(2020), 18의 주석 45)에서 재인용.

61) 브리지먼 쪽 아카이브에는 출판사 맥밀런이 11월 9일 파이글 책의 번역 출판 여부에 대해 문의했고 브리지먼은 11월 11일 답신에서 추천하지 않았다. 이유는 상업적 불확실성 때문으로 알려져 있다. Okamoto(2004), 제4장 291의 주석 265-269를 참조할 것.

내가 귀하를 개인적으로 알게 되는 기쁨을 갖지 못했지만, 나는 『현대 물리학의 논리』에 대한 당신의 뛰어난 책과 물리학의 일반적 측면에 관한 당신의 다른 연구들을 읽었습니다. 여기에 있는 내 친구이자 학생이 나와 마찬가지로 자연과학의 인식론적 기반에 대단히 큰 흥미를 갖고 있으며, 나는 나의 과거 학생 중 하나인 헤르베르트 파이글을 대신해 하버드에서 당신의 후원 아래 이 분야로 연구를 할 수 있는 가능성이 있는지를 감히 묻고자 합니다. … 그는 이 목적을 위해 록펠러재단으로부터 펠로십을 받고자 하며, 나는 그의 요청을 지원하고 있습니다. … 파이글은 가장 뛰어난 내 학생 중 하나이며, 이런 연구에 대단히 뛰어난 재능을 갖고 있습니다.[62]

록펠러재단의 펠로십을 신청한 파이글은 3월 2일 브리지먼 밑에서 일종의 포닥 연구를 할 수 있는지 문의하는 편지를 보냈고, 브리지먼은 3월 23일자 답장에서 "당신이 내년 여기서 물리학의 기본 문제에 관해 연구하기를 원한다는 슐릭 교수의 편지도 읽었으며, 당신의 책 한 부도 방금 도착했습니다."고 말하면서 조건부로 수락한다.(앞의 '선전 대원 파이글' 참조) 그런데 그때까지만 해도 슐릭을 잘 알지 못했던 브리지먼은 슐릭의 추천서를 받고 난 다음 하버드의 철학자 호킹에게 슐릭의 명성에 관해 문의했고, 3월 27일 호킹으로부터 "그가 보낸 학생이라면 과학철학에 대해 잘 훈련되었을 것"이라는 보증을 받는다.[63] 같은 날 파이글은 슐릭의 추천서를 동봉해 브리지먼에게 그의 밑에서 연구하겠다는 의사를 밝히는 편지를 다시 보냈고, 5월 록펠러재단의 펠로십을 받은 다음 9월에는 미국행 여객선에 승선한다.

---

62) Verhaegh(2020), 18에서 재인용.
63) Okamoto(2004), 291.

슐릭과 브리지먼이 파이글의 책 출판과 포닥을 매개로 접촉하는 과정을 보면, 슐릭은 대서양 건너편에서 출현한 조작주의에 적극적으로 관심을 보였지만, 정작 브리지먼은 유럽 실증주의의 최신 흐름, 특히 비엔나 서클을 잘 몰랐다. 자신들의 철학이 "모든 철학을 끝장내는 철학"이라고 생각했던 비엔나 서클은 브리지먼의 조작 사상이 자신들의 '과학적 세계관'을 적극적으로 전파할 '프로파간다'에 우호적이라고 생각했지만, 브리지먼은 그저 순수한 실험물리학자였고 『논리』는 물리학의 기본 개념에 대한 자신과의 싸움 속에서 힘겹게 얻어진 것이었다. 즉 그의 조작 사상은 우선 자신을 위한 것이었다. 게다가 비엔나 서클은 1929년 9월 프라하 국제 대회와 그 한 달 전 서클의 선언문 '과학적 세계관'을 발표하기 전까지 대중에게 공개되지 않은 토론 모임이었고, 그때까지만 해도 서클의 존재 자체를 알고 교류하던 미국인도 블룸베르크를 포함해 아주 소수에 불과했다.[64]

슐릭이 *Die Naturwissenschaften*(1929)에 브리지먼의 『논리』 서평을 게재했을 때, 그는 이 서평 앞뒤로 최근 출판된 라이헨바흐의 『시공간 이론의 철학(*Philosophie der Raum und Zeit-Lehre*)』(1928. 이하 『시공간』)과 카르납의 『세계의 논리 구조(*Der logische Aufbau der Welt*)』(1928)에 대한 서평을 나란히 게재했다.[65] 슐릭은 비엔나 서클의 지도자였고, 라이헨바흐는 베를린 그룹의 지도자였다. 비엔나 서클과 베를린 그룹은 경쟁 관계에도 불구하고 새로운

---

64) 파이글은 자전적 회고라 할 수 있는 'No Pot of the Message'(1974)에서 블룸베르크 외에도 은퇴해 유럽에 정착한 두 명의 미국인 철학 및 심리학 교수를 알았다고 말한다. 밀러(Dickinson Miller)는 1926년부터 서클 방문 회원이었고, 스트롱(Charles Strong)은 록펠러의 사위로 이탈리아에 정착해 살고 있었다. 이들 모두는 하버드에서 공부했고, 제임스, 로이스, 듀이, 산타야나로부터 영향을 받거나 이들과 교류했고, 프래그머티즘을 잘 알고 있었다.

65) 슐릭은 당시 출판되었던 물리학, 철학에 관련된 주요 서적 대부분에 서평을 썼는데 1911년부터 1930년대까지 쓴 서평은 모두 50편이 넘는다.

실증주의 철학을 추구하는 데 서로 밀접하게 협력하고 있었다. 특히 두 집단은 아인슈타인의 상대론을 자신들의 실증주의 철학이 물리학에서 성공한 증거로 보았을 뿐 아니라, 두 지도자 모두는 아인슈타인 상대성 이론의 옹호자이자 철학적 해석의 당대 권위자였다. 게다가 라이헨바흐는 자신의 책 출판 직전 슐릭에게 서평을 부탁했었다.[66] 그리고 라이헨바흐의 소개로 슐릭이 카르납을 빈대학교에 사강사로 데리고 왔을 때, 카르납이 쓴 책이 *Aufbau*다. 카르납이 책에서 전개했던 논리의 구성 이론(Konstitutionstheorie)은 비트겐슈타인의 *Tractatus*(1922)와 함께 서클 철학의 이론적 기반이 된다. 서클에서는 1924년부터 비트겐슈타인의 *Tractatus*를 집중적으로 토론했고, 1925년에는 카르납의 *Aufbau*를 읽었다.

따라서 논리실증주의자들에게는 1927-28년 사이에 출판되었던 세 권의 책 가운데 카르납의 *Aufbau*는 자신들 철학의 이론적 기반이며, 라이헨바흐의 『시공간』은 자신들 철학의 성공 사례(일반 상대성 이론)에 대한 해석이고, 브리지먼의 『논리』는 자신들의 철학에서 실천적 방법론에 해당하는 책이었다. 그런데 슐릭 입장에서는 브리지먼의 『논리』가 자신들의 실증주의 사상과 같은 뿌리(마흐와 푸앵카레)를 두고 있었지만, 다른 두 권의 책과는 달리 『논리』는 미국 토양에서 독립적으로 성장한 철학이었다. 슐릭이 서평에서 제기했던 조작의 문제, 즉 서클의 관점에서 볼 때 검증의 문제에 대해서는 뒤에서 더 논의한다.

66) Stadler und Wendel(hrsg.)(2008), 175.

제4장 조작주의와 논리실증주의에서 경험

　여기서는 경험에 대한 유럽의 새로운 철학 운동, 그리고 조작과 개념의 관계에 대한 조작주의와 논리실증주의 관점을 소개하고, 논리실증주의가 해석한 조작 사상, 경험과 실재에 관한 논리실증주의와 브리지먼의 입장, 경험에 관해 브리지먼과 논리실증주의 관점이 어떻게 공유될 수 있었고, 궁극적으로는 서로 공유할 수 없었던 양자 사이의 유사성과 본질적 인식의 차이를 이야기하겠다.

1. a priori와 a posteriori

칸트의 선험적 종합 명제

　칸트는 『순수이성비판』에서 경험과 관련 없이도 진리성을 지닌 선험적 종합 명제가 존재함을 말했다. 그러나 비트겐슈타인[1]은 *Tractatus*에서 모든 논리 명제(분석 명제)들은 동어반복(tautology) 명제[2] 아니면 모순 명제이기 때문에(*Tractatus*, 4.46) 논리 명제는 "의미를 갖지 않으며(sinnlos)" 사실에 대해 아무것도 말하지 않지만(4.461), 그 자체가 "허튼소리(unsinnig)"는 아니라고 했다(4.4611).[3] 즉 논리 명제가 "헛소리"는 아니지만 그 자체만으로는 사실 세계에 대해 "무의미(meaningless)"하다. 이것이 의미를 지니기 위해서는 선험적(a priori) 분석 명제와 경험적(a posteriori) 종합 명제 사이를 연결하는 규칙이 있어야 했다. 반면 경험과 연결되지 않으면서 선험적으로 진리성을 갖는 칸트의 선험적 종합 명제(synthetic a priori propositions)는 의미를 지니지 않는다. 명제에 의미를 부여하기 위해서는 경험적으로 확인하는 절차가 필요했는데 이것이 "검증(verification)"이었다.

분석 명제란 과학이나 수학에서 공리나 가정으로부터 순수하게 논리적 규칙에 의해 연역된 이론이나 개념을 말한다. 이것은 경험과 무관하게 얻어진 것이기 때문에 그 자체는 사실에 대해 어떤 이야기도 해주지 않는다. 반면 종합 명제란 생활에서 경험적으로(혹은 관찰로, 또는 조작으로) 얻어지는 사실에 관한 명제이다. 따라서 분석 명제는 경험과 무관한 논리의 세계를

---

1) 비트겐슈타인은 비엔나 서클 회원들과 교류했고 서클 모임에도 가끔 참석했다. 또 비엔나 서클 회원들이 그의 *Tractatus*를 읽고 심층적으로 토론도 했지만, 그는 서클의 회원으로 결코 합류하지 않았다. 비트겐슈타인 말고도 서클과 가깝게 지냈지만 결코 합류하지 않았던 또 다른 사람으로는 포퍼(K. Popper)가 있었다. 이들은 서클과 항상 일정한 거리를 유지하면서 자신의 사고의 독립성을 지켰다.

2) 많은 문헌이 '동어반복 명제'를 '항진 명제(恒眞命題)'라고 번역하고 있지만, 여기서는 단어의 의미에 따라 그냥 '동어반복 명제'로 한다.

3) 원문의 "sinnlos"는 영역판(두 가지 영역판이 있다.)에서 "without sense" 혹은 "lack sense"로 쓰이고, 연구 문헌들에서는 종종 "senseless"로 번역된다. 논리경험주의에서는 "무의미(meaningless)"라고 말한다. 반면 "unsinnig"는 영역판에서 모두 "nonsensical"로 번역되었다. 우리말로 "허튼 소리(non sense)" 또는 "헛소리"에 해당한다.

구성하고, 종합 명제는 경험에 의한 사실의 세계를 구성한다. 두 세계가 의미 있는 결합(이론과 경험의 결합)을 하기 위해서는 양자를 연결하는 '규칙'이 있어야 하고, 이 규칙에 의해 그것이 참이라는 것을 확인하는 '절차'를 거쳐야 한다. 또 경험들은 더 이상 분해될 수 없는 분석 불가능한 기본 단위인 원초적 경험으로 구성되고, 이 원초적 경험에 의한 문장은 경험을 진술하는 기본 단위(환원 문장 혹은 프로토콜 명제)를 구성한다. 검증은 경험적이어야 하기 때문에 이 환원 문장들로 진술되어야 한다.

하지만 칸트적 종합 선험 명제에 대해서는 베를린 그룹과 비엔나 서클 사이뿐 아니라 비엔나 서클 내에서도 서로 입장이 달랐고, 실증주의에 가까웠다고 알려진 아인슈타인과 브리지먼도 입장이 달랐다. 서클에서 선험적 종합 명제의 무의미함을 고수했던 사람들은 초기 비트겐슈타인을 비롯해 슐릭, 바이스만, 파이글 등 소위 서클의 강경 보수파라고 불리던 우파였다. 서클의 좌익이나 베를린 그룹은 검증 자체뿐 아니라 칸트적 종합 명제에 대해 개방적이거나 재해석했다. 그러나 1920년대 말까지 서클을 대표한 입장은 칸트적 종합 선험 명제의 거부였다.

그런데 비트겐슈타인의 영향을 받은 비엔나 서클이 칸트적 선험적 종합 명제가 존재하지 않는다는 입장을 갖기 훨씬 이전부터 슐릭이 이미 그런 생각을 하고 있었다는 점이 그의 논문과 아인슈타인의 편지에서 나타난다. 1915년 아인슈타인이 일반 상대성 이론의 최종판을 발표(11월 18일과 25일)하기 직전, 슐릭이 아인슈타인의 상대성 이론에 대해 철학적 해석을 한 논문을 발표한 바 있다.[4] 아인슈타인은 이를 읽어보고 대단히 만족스러워하면서 그때까지 알지 못했던 슐릭에게 편지를 쓴다.

4) Schlick(1915), 129-175.

나[아인슈타인]는 당신의 논문을 어제 받아보았고, 이를 완전히 연구했습니다. 그것은 상대론에 관해 이제까지 쓰인 것 중 가장 훌륭한 것에 속합니다. **상대론의 철학적 측면에 관해 과거에는 이처럼 명쾌하게 쓴 것이 없었습니다.** 동시에 당신은 이 이론 자체를 완전히 장악하고 있었습니다. 나는 당신의 해설을 비판하지 않습니다. 상대성 이론과 로렌츠 이론의 관계에 대해서는 아주 훌륭하게 설명했고, [상대성 이론과] 칸트 및 그의 제자들의 철학과의 관계에 대한 당신의 논의는 정말 탁월했습니다. 선험적 종합 판단들 중 어느 하나도 타당하지 않다는 점을 인식하게 되면서, "선험적 종합 판단"이 "논의의 여지없이 확실"하다는 것에 대한 그들의 믿음은 심각하게 흔들렸습니다. **상대성 이론이 이를[칸트적 선험적 종합 판단을] 요구하지 않는다는 점을 실증주의가 제시했다는** 당신의 주장 역시 맞습니다. … 일반 상대성 이론에 대한 당신의 논평은, 내 이론이 옳은 한, 전적으로 옳습니다. [일반 상대론 최종판에서 내가] 새로 발견한 것은 **이제까지 경험과 일치하는 이론이 존재한다**는 것으로서 그 이론의 방정식은 **시공간 변수를 임의로 변환할 때 공변(kovariant)**이라는 것입니다. 이를 통해 시간과 공간은 물리적 실재에 관해 남은 마지막 것을 잃게 됩니다. 단지 남는 것은 세계를 4차원(쌍곡선) 연속체로 파악할 수 있다는 것입니다. 행렬식이 다음 식을 만족하도록

$$|g_{\mu\nu}| = -1$$

기준계를 선택함으로써 이론의 방정식을 경험적(a posteriori)으로 단순화할 수 있다는 사실은 **인식론적으로 의미가 없습니다.**(erkenntnis-theoretisch ohne Bedeutung) … 베를린에 오게 된다면 저를 방문해 주

실 것을 요청합니다.[5]

당시 무명의 사강사였던 슐릭을 아인슈타인이 극찬하면서 만족했던 것 중 하나가 슐릭이 칸트의 선험적 종합의 관점에서 상대성 이론을 해석할 수 **없다**고 했기 때문이다.[6] 인식론적 관점에서 본다면 칸트적 종합 선험 명제는 경험과 무관하게 순수한 이론으로 구성된 참이 관찰에 앞서 존재한다는 것으로서 일반 상대성 이론이 실제로 그렇게 해석될 수 있는 증거라고 볼 수도 있었다. 그러나 아인슈타인은 1917년 슐릭에게 보낸 편지에서도 일반 상대성 이론을 그렇게 해석하는 것을 단호하게 거부한다는 입장을 명확히 한다.

> 철학자들은 일반 상대성 이론을 **칸트 체계 안으로 우겨넣으려고** 벌써부터 열심히 노력하고 있습니다. 당신은 (Riehl의 학생) 젤리엔(Sellien)의 아주 바보 같은 박사학위 논문을 읽어보았습니까?[7]

---

5) 1915년 12월 14일자 편지. "Document 165. To Moritz Schlick", in: CP 8A(1999), 220-221. 아인슈타인과 슐릭의 교신에 대한 연구로는 Hentschel(1986), 475-488이 있다. 슐릭은 아인슈타인보다 3년 아래이다. 그는 베를린대학교의 막스 플랑크에게서 물리학으로 박사학위(1904)를 했고, 로스톡대학교에서 '진리론'으로 하빌리타찌온(1910)을 한 후 철학 사강사(私講師)로 있었다. 이 편지는 슐릭이 아인슈타인과 접촉한 최초의 편지로 평가되고 있으며, 또 편지에서 아인슈타인이 일반 상대성 이론의 완성을 통해 자신의 이론에 대한 과학철학적 해석과 관점(물리적 실재, 선험적 종합, 이론과 경험)을 극명하면서도 간략하게 나타내고 있다는 점에서 매우 중요하다. 자세한 해설은 CP 8A(1999), 221쪽의 주석들, 헨첼의 논문과 저서 Hentschel(1986; 1990)을 참조할 것.

6) 아인슈타인의 일반 상대성 이론이 막 완성되던 당시까지만 해도 그의 상대성 이론은 물리학에서 소수의 전문가들 사이에서만 관심이 있었을 뿐, 거기에 포함된 그의 철학은 주목받지 못했다. 아인슈타인은 일반 상대성 이론에 담긴 철학을 슐릭이 명쾌하게 설명한 것에 매우 기뻐한 것이다.

이후 아인슈타인이 칸트적 종합 명제를 본격적으로 반박한 것은 엘스바흐(Alfred C. Elsbach)의 저작에 대한 논평이다.[8] 여기서 아인슈타인은 선험성이란 경험으로부터 도출될 수 없는 것이라고 할 때 칸트와 칸트주의자들은 선험적 개념과 관계들이 모든 과학의 기반이 되어야 한다고 주장하지만, 그것이 맞는다면 선험적 요소들은 미래의 물리 이론과 결코 충돌할 수 없다고 했다. 인간이 상상할 수 있는 어떤 것도 미래의 이론과 갈등을 겪을 수 있기 때문에 그는 칸트적 종합 선험 판단을 받아들이지 않았다.

한편 프랑크(1949a)는 아인슈타인이 일반 상대성 이론을 "이론에서 경험으로 투묘(投錨)한 것"이라는 카르납의 해석을 논리경험주의 안으로 받아들인다.[9] 이로써 논리경험주의는 이론에 앞서 상상력에 의한 자유로운 게임이 심리적으로 벌어지고, 여기서 만들어진 이론이 경험과 만남[10]으로써

---

7) 1917년 2월 6일자 편지. "Document 142. To Moritz Schlick", in: CP 9(2004), 203-204. 리흘(Riehl)은 베를린대학교의 철학 교수로 젤리엔의 논문 지도 교수이다. CP 9(2004), 204의 주석 [3]을 참조할 것.

8) Alfred C. Elsbach, *Kant und Einstein. Untersuchungen über das Verhältnis der modernen Erkenntnistheorie zur Relativitätstheorie*(1924)에 대한 아인슈타인 리뷰는 CP 14(2015)의 'Doc. 321'과 Howard and Giovanelli(2019), "Einstein's Philosophy of Science", in: *Stanford Encyclopedia of Philosophy*를 참조할 것.

9) Frank(1949a/95), "Einstein, Mach, and Logical Positivism", in: Schilpp(ed.)(1949/95), 271-286. 실프의 '살아 있는 철학자 시리즈' 『아인슈타인. 철학자-과학자』에 수록된 프랑크의 '아인슈타인, 마흐, 그리고 논리실증주의'는 아인슈타인이 두 상대성 이론을 완성하면서 그의 과학철학적 입장이 마흐적 실증주의, 논리실증주의, 논리경험주의로 어떻게 변해갔는지를 서술했다. 이 책에 참여했던 필진에는 좀머펠트, 드브로이, 파울리, 막스 보른, 닐스 보어, 브리지먼 등 당대 최고의 물리학자, 철학자들이 포함되어 있었다. 이들은 자신의 관점에서 아인슈타인의 철학 사상과 물리학 이론을 비평했고, 마지막으로 아인슈타인이 비평에 대한 답변을 달았지만, 프랑크에 대해서는 별다른 논평을 하지 않았다.

10) 수학자 하다마드가 아인슈타인에게 창의적 사고의 근원에 대한 질문을 했을 때 아인슈타인의 답변을 참조할 것. 아인슈타인은 자신의 사고 메커니즘에서 **언어나 단어**는 어떤 역할도

의미를 갖는다고 한 아인슈타인의 방식까지 흡수한다.

특수 상대성 이론에서 동시성의 정의는 물리학에서 모든 진술은 관찰 가능한 양들 사이의 관계를 진술해야 한다는 **마흐의 요구**에 기반을 두고 있다. … 마흐의 요구, 즉 "실증주의적" 요구가 아인슈타인에게는 아주 큰 설명적(heuristic) 가치를 지니고 있었음이 틀림없다. 그러나 아인슈타인은 실제로 **일반[상대성] 이론**을 개발했을 때, 물리학에서 모든 진술이 **관찰 가능한 양들 사이의 관계로 직접 번역될 수 있어야 한다고 요구하는 것은 지나친 단순화**라는 것을 알게 되었다. 실제로 아인슈타인의 일반 상대성 이론에서 물리학에 대한 일반 명제들은 결론을 도출할 수 있는 **기호들**(일반 좌표들, 중력 퍼텐셜 등) **사이의 관계**이며, 후자(중력 퍼텐셜)는 **관찰 가능한 양들에 관한 명제들로 번역**될 수 있다.11)

서클 내부에서도 선험적 종합 명제의 거부에 대해 비판과 논쟁이 있었다.

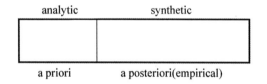

[그림 1] 서클 우익. 선험적이면서 종합적인 명제는 존재하지 않는다.

하지 않았고, 대신 **특정 기호들이나 명확한 이미지들**의 자발적 결합과 재생산이었다고 말했다. Hadamard(1945/54), 142-143.
11) Frank(1949a/95), 272-273.

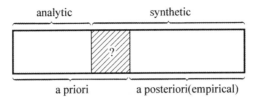

[그림 2] 칸트 및 서클 좌익. 선험적이면서 종합적인 명제가 존재한다.(빗금 친 부분)

　위 그림은 카르납이 분석(analytic) 명제와 종합(synthetic) 명제, 선험적(a priori) 명제와 경험적(a posteriori) 명제의 관계를 설명한 도식이다.[12] [그림 1]에서는 분석 명제가 선험적이고, 종합 명제는 경험적이라는 점을 보여준다. 따라서 이 도식에 따르면 선험적이면서 종합적인 명제가 존재하지 않으며, 존재한다고 하더라도 무의미하다. 그들에게 의미 있는 것은 "선험적 종합 명제(synthetic a priori propositions)"가 아닌 "경험적 종합 명제(synthetic a posteriori propositions)"였다. 이 관점은 서클의 소위 비트겐슈타인주의자들 혹은 우익이라고 일컫는 슐릭과 그의 제자들인 파이글과 바이스만이 취했던 입장이며, 1930년대 초반까지 내부 논란에도 불구하고 비엔나 서클, 혹은 논리실증주의의 이념을 대표했다. [그림 2]는 칸트가 말한 선험적이면서도 종합적인 명제가 존재함(빗금 친 부분)을 보여주는 도식이다. 이 도식에서 1930년대 초반까지 칸트적 종합 명제를 거부했던 서클 철학(논리실증주의)

---

12) 그림의 출처는 다음과 같다. Rudolf Carnap, "Chapter 18. Kant's Synthetic a priori", *An Introduction to the Philosophy of Science. Philosophical Foundation of Physics*, Basic Books, Inc.: New York, 1966, 179.(국내 번역판 카르납 지음, 윤용택 옮김, 『과학철학입문』, 서광사, 1993, 232-234) 칸트의 선험적 종합의 문제에 대해서는 18장을 참조하라. 초기 논리실증주의가 거부했던(블룸베르크와 파이글의 1931년 논문을 참조할 것) 칸트적 종합 명제가 존재할 수 있음을 보여주는 이 도식의 원형은 Carnap(1936), 433에서 볼 수 있다.

과는 달랐던 카르납의 입장(논리경험주의)을 볼 수 있다. 즉 카르납, 노이라트 등은 "경험적 종합 명제"뿐 아니라 "선험적 종합 명제"도 의미 있는 명제라고 본 것이다.

한편 브리지먼의 조작적 관점은 그로 하여금 논리실증주의자들보다 더 실증주의적인 극단적 경험주의자로 만들었고, 이는 평생 그를 돌이키기 어려운 길로 가게 만들었다. 『논리』의 첫머리에서 보듯이, 『논리』 출판 당시 아인슈타인이나 비엔나 서클이 가졌던 입장과 같이 그 역시 선험적 종합 명제를 거부하고 있었다.

> 물리학자는 새로운 경험의 가능성을 판정하거나 제한하는 **선험적 원리를 용인하지 않는다. 경험은 오직 경험에 의해서만 결정된다.** 이것은 자연 전체가 단순하건 복잡하건 어떤 식 안에 포함되어야 한다는 요구를 포기해야 한다는 점을 실질적으로 의미한다. 자연을 실제로 하나의 공식으로 나타낼 수 있다고 결국 증명된다고 하더라도 그 식이 필연적이었다는 생각은 하지 말아야 한다.[13]

브리지먼은 모든 개념과 이론이 최종적으로 경험(조작)에 의해 확인되어야 하며 조작자의 역할이 배제된 이론을 받아들이지 않았기 때문에 칸트적 종합 명제를 거부했던 논리실증주의 입장에 아주 가깝다. 게다가 그는 더 나아가 철저히 경험 주체(조작자)의 개인 문제로 깊이 파고들어 갔다.

13) Bridgman(1927/48), 3.

연결 규칙

Blumberg and Feigl(1931, 281)은 논리실증주의가 "칸트적 종합과 뚜렷이 구분되는 것은 이것이 [칸트처럼] 한 개인의 연구가 아니라 많은 논리학자, 철학자, 과학자들이 서로 독립적으로 추구해 얻은 합의"로서 "철학처럼 만장일치를 결코 기대할 수 없는 분야"에서 성취된 것이라고 했다. 또 논리실증주의는 최근 성취된 프레게와 러셀의 논리학과 수학, 푸앵카레와 아인슈타인의 물리학이 가진 이론 기반을 광범위하게 탐구해 얻은 해석을 기초로 논리적 요소와 경험적 요소 중 어느 것도 무시하지 않고 통합된 지식 이론, 즉 통합 과학(Einheitswissenschaft)을 이룩한 것이라고 했다.

논리실증주의는 근본적으로 인식론(Erkenntnislehre)에 관심 있었고, 이들에게 철학의 목적은 **"명제들의 의미를 명확히 하고 무의미한 사이비 명제들(pseudo propositions)을 제거"**[14]하는 데 있었다. '논리실증주의'라는 단어 자체가 논리 세계와 경험(실증) 세계 사이의 의미 있는 결합을 뜻하듯이, 논리실증주의자들에게는 논리적 공간과 물리적 공간의 연결이 중요했다. 그들이 "과학적 원리들은 **직접 관찰**에 관한 진술들"이라는 마흐의 실증주의와 달랐던 것은 "과학적 원리들이 단순히 감각적 경험에 의한 것이 아닌 **논리적 추론**에 의한 '경험적'인 것"이라고 여겼다는 점이다.[15] 비트겐슈타인의 테제를 이어받은 그들은 **논리 세계 안에서** 연결 공리(Verknüpfungsaxiomen)는 동어반복에 불과하기 때문에 논리 규칙만으로는 명제의 진리성을 판단할 수 없다고 보았고, 개념이 의미를 얻기 위해서는 이를 물리 세계에 적용하

---

14) Blumberg and Feigl(1931), 296. 이 문장은 그들 논문의 마지막 결론이다.
15) Frank(1949c), 353.

는 규칙, 즉 감각-경험에 관한 명제가 필요했다. 논리 세계를 서술하는 이론 용어가 사실 세계를 서술하는 관찰 용어와 아무런 관계가 없다는 것을 알게 된 실증주의자들은 이들을 서로 연결해 주는 규칙을 찾게 된다. 브리지먼 의 『논리』는 상대성 이론에서 이런 점을 이들과는 독립적으로 포착한 것이 다.(그가 『논리』를 집필할 당시 비트겐슈타인의 *Tractatus*나 비엔나 서클의 검증주 의, 대응 규칙을 알고 있었던 것으로 보이지는 않는다.)[16] 그는 시공간 좌표와 같 이 추상적 기호와 상징에 의한 논리적 규칙(이론 법칙)을 감각적 경험(경험 법칙)과 연결시킴으로써 개념에 의미를 부여하는 것을 "조작적 정의 (operational definitions)"라고 불렀다.

역사적으로 본다면, 19세기까지 고전물리학에서는 이론에서 사용하는 추상적 기호(질량, 거리, 시간 등)를 관찰 사실로 옮기는 데 큰 어려움이 없었 다. 그러나 아인슈타인의 일반 상대성 이론에서는 그런 양들을 측정하는 조작이 복잡할 뿐 아니라 이론과 관계를 해석하는 것이 쉽지 않았다.

> 논리 명제와 관찰 명제는 서로 다른 유형의 단어들을 사용한다. 전자
> 는 물리 세계에서 전혀 의미를 지니지 않는 "점", "힘" 또는 "좌표"와
> 같은 기호를 사용하는 반면, 후자는 우리 환경의 익숙한 사물들을 지
> 칭하는 소위 "주방 언어(kitchen language, 일상어)"의 단어들을 사용한
> 다. … **후자가 전자의 용어들을 갖고 있지 않기 때문에, 전자의 진술은 후**
> **자의 진술에 의해 확증되거나 반박될 수 없다.** … 따라서 과학은 두 유형
> 의 진술 언어 외에도 추상적 원리의 언어[전자]를 관찰 언어[후자]로

---

16) 오카모토는 브리지먼이 1936년 비트겐슈타인의 *Tractatus*를 콰인으로부터 소개받고 논리학 에 관심을 갖게 되었다고 말한다. Okamoto(2001), 351-352.

번역할 수 있는 **세 번째 유형**[**번역 규칙**]을 사용해야 한다는 것을 학생들에게 가르치는 것이 중요하다. 만일 원리에 "길이"라는 단어가 포함되었으면, 길이가 측정될 수 있는 물리적 조작을 서술할 수 있어야 한다. 이런 조작들은 일상 언어, 즉 관찰 명제의 언어로 표현될 수 있기 때문에, 조작의 서술은 "길이"라는 추상 용어를 관찰 언어의 용어로 **번역**하게 된다.[17]

브리지먼이 『논리』에서 뉴턴의 절대시간을 비판하면서 경험과 관련을 갖지 않은 공준은 현실 세계와 관계를 가질 수 없다고 말했을 때, 그 역시 논리실증주의자들, 그리고 당시 아인슈타인과 똑같은 이야기를 했다.

[뉴턴의 절대시간에 대한] 정의에서 가정한 바와 같은 그런 속성을 지닌 것이 과연 자연에 존재하는지 확신할 수 없기 때문에 물리학을 이런 속성을 지닌 개념들로 환원한다면 물리학은 그저 추상적인 과학이 되며, 공준(公準)에 근거한 순수기하처럼 현실에서 멀리 벗어나게 된다. 개념이 **자연에 존재하는 어떤 것에 대응하도록 정의**되었는지를 찾아내는 것은 **실험**의 과제로서, 우리는 개념들이 [자연에 있는 어떤 것에] 전혀 대응하지 않거나 부분적으로만 대응한다는 점을 발견할 것에 항상 대비하고 있어야 한다.[18]

브리지먼도 논리실증주의자들과 마찬가지로 논리 세계가 경험 세계와 결합되어야 한다고 본 것이다. 양측 사이의 이러한 동질적 관점은 양자를

17) Frank(1949b), 243-244.
18) Bridgman(1927/48), 5.

연결할 수 있는 고리로 작용했다. 논리실증주의자들은 논리(개념)와 사실(경험)이 결합됨으로써 만들어진 경험적 종합 명제(a posteriori synthetic propositions)에 의미가 궁극적으로 부여된다고 보았기 때문에 그들에게 브리지먼의 '개념과 조작이 등가(等價, equivalence)'라는 관점은 매우 중요했다. 그들은 브리지먼의 '조작적 방법'을 개념과 경험을 연결하는 '수단'이라고 보았고, 조작과 개념의 등가성으로부터 도출한 개념의 '조작적 정의'를 자신들이 말하는 개념과 경험을 연결하는 '규칙'이라고 보았다. 그럼으로써 조작적 정의를 통해 개념에 경험적 의미가 부여된다고 이해했다.

사람들마다 이런 규칙을 제각기 자신의 용어로 불렀는데, 캠벨(N. R. Campbell)은 "사전(dictionary)"이라고 불렀고, 헴펠은 "해석 체계(interpretative systems)", 노이라트는 "의미론 규칙(semantical rules)", 카르납은 "대응 규칙(correspondence rules)", 라이헨바흐는 "적용 정의(Zuordnungsdefinition, rules of coördination)", 노스럽(F. S. C. Northrop)은 "인식론적 상관(epistemological correlations)"이라고 불렀다.19) 또 이런 방식으로 아이디어를 명료하게 하는 방법과 절차를 브리지먼은 "조작 분석(operational analysis)"이라고 불렀고, 논

---

19) 'Zuordnungsdefinitionen'은 경험과 형식(논리)을 연결하는 정의로서 카르납은 이를 영어로 'correlative definitions(상관적 정의)'라고 썼고, 파이글은 'applicational definitions(적용적 정의)'라고 썼다. Carnap(1966), 236(국내 번역판 윤용택 옮김, 『과학철학입문』, 서광사, 1993) 및 Blumberg and Feigl(1931), 289-290을 참조할 것. 아인슈타인도 "Physik und Realitäten/Physics and Reality", *Journal of The Franklin Institute*, Vol. 221, No. 3, March 1936에서 개념에 감각적 경험의 총체를 연결하는 것을 'Zuordnung'이라고 했는데, 영역본에서는 이를 'coördination'이라고 썼다. 따라서 'zuordnen'은 이론(개념들)을 경험 용어들에 "관련시킨다." 혹은 형식 개념과 경험 내용을 "연관시킨다." 또는 경험의 서술에 개념의 형식 구조를 "적용한다." "대응시킨다."는 의미를 함축한다. 이 글에서는 'Zuordnungsdefinitionen'을 '적용 정의'라고 쓴다. 개념과 경험을 연결하는 브리지먼의 조작 규칙과 비엔나 서클의 규칙을 비교 설명한 카르납(윤용택 옮김)(1993), 제24장을 참조하라.

리경험주의자들은 "논리-경험 분석(logico-empirical analysis)" 혹은 "의미론 분석(semantic analysis)"이라고 불렀다.[20]

슐릭이나 아인슈타인도 개념에 감각적 경험을 연결함으로써 개념에 의미를 부여하는 것을 'Zuordnung(연관)'이라고 했지만, 아인슈타인은 어떤 '연결 규칙'도 **궁극적이지 않고 오직 성공한 것**만이 이를 결정할 수 있다고 했다.

> 감각적 경험의 질서를 만드는 것과 관련한 **성공**만이 결정 요소이다. [감각적 경험과 개념들의 **연결**들에 관한 **규칙**만이 확정되어야 한다. 왜냐하면 그렇지 않다면 우리가 추구하는 의미에서 인식이 불가능할 것이기 때문이다. 필요한 것은 규칙들의 집합에 대한 진술이다. 그런 규칙이 없다면 원하는 의미에서 지식의 획득은 불가능해지기 때문이다. 이 규칙을 **게임 규칙**과 비교할 수 있겠다. 규칙 자체가 **임의의 것**이기는 하지만, 그것의 **엄격함**만이 게임을 가능하게 만든다. 그러나 확정하는 일은 **결코 최종적일 수 없다**.[21]

아인슈타인 관점에서는 어떤 규칙도 최종적이지 않고 오직 성공한 규칙만이 궁극적으로 의미를 부여할 수 있기 때문에, 그가 특수 상대성 이론에서 거리, 시간, 동시성 측정에서 자와 시계에 의한 조작적 방법을 명백히 사용했음에도 불구하고 일반 상대론에서는 '조작'만을 통한 연결 규칙이라는 관점을 채택하지 않았다.

20) 두 언어 세계를 연결하는 규칙에 대해서는 카르납 지음, 윤용택 옮김(1993), "제24장 대응 규칙", Frank(1949b)의 "Chapter 14. The place of the philosophy of science in the curriculum of the physics student" 및 Schaffner(1969), 280-290을 보라.

21) Einstein(1936), 315-316/351-352.

그럼에도 브리지먼, 아인슈타인, 논리실증주의자들에게 공통적인 것은 경험적으로 확인될 수 없는 것에는 의미가 부여될 수 없는 무의미한 것이라고 거부했다는 점이다.[22] 논리실증주의자들은 경험적으로 검증될 수 없는 명제를 '무의미한 형이상학', '유사(類似) 명제, 또는 사이비(似而非) 명제(pseudo-propositions)', '비과학적 명제'라고 불렀고, 아인슈타인은 '헛소리(empty talk/leeres Gerede)'라고 했다.

> 사고가 '형이상학'이나 '헛소리'가 되지 않기 위해서는, 개념 체계의 충분히 많은 명제들이 감각-경험과 확고하게 결합하는 것과 감각적 경험을 배열하고 개관할 수 있게 만든다는 과제를 가능하면 최대한으로 통합적이고도 경제적으로 보이는 것만 필요할 뿐이다.[23]

브리지먼의 『논리』가 출판되었을 때 논리실증주의자들이 주목했던 이유는 브리지먼의 '조작적 정의'가 자신들이 찾던 규칙, 즉 이론 명제를 관찰 명제로 번역하는 규칙이라고 보았기 때문이다. 그러나 아인슈타인은 규칙에는 어떤 규범적 기준이 있는 것이 아니라 물리 이론을 확증하는 것만으로 충분하다고 여겼다.

---

22) Frank(1949a), "Einstein, Mach, and Logical Positivism", in: Schilpp(ed.)(1949/95), 278-280.

23) 아인슈타인이 실프의 철학 시리즈 러셀 편에서 러셀 사상을 논평할 때 언급한 것이다. 프랑크는 이 아인슈타인의 이야기로부터 아인슈타인이 "형이상학"이라는 용어를 전적으로 논리 경험주의자가 사용한 것과 같은 의미로 사용했다고 하면서, 아인슈타인에게는 "형이상학 혹은 헛소리"가 원리들의 어떤 집합이든 결론이 도출될 수 없는 것들을(즉 가능한 감각-경험에 관한 명제가 아닌 것들) 의미한다고 했다. Einstein, "Remarks on Bertrand Russell's Theory of Knowledge/Bemerkungen zur Bertrand Russells Erkenntnis-Theorie", in: Schilpp(ed.)(1946), 279/288 및 Frank(1949a), "Einstein, Mach, and Logical Positivism", in: Schilpp(ed.)(1949/95), 278을 참조할 것.

검증 원리와 환원주의

1920년대와 1930년대 전반에 이르는 시기 서클 내부에서 치열한 이론 논쟁에도 불구하고 '칸트적 종합 명제'의 거부, 엄격한 검증 규칙을 적용하는 '검증 원리', 모든 명제는 경험의 기본 단위로 진술될 수 있다는 '환원주의'가 비엔나 서클의 기본 철학이었고, 슐릭이 추구하던 입장이었다. '선험적 종합 명제의 거부'와 '검증 원리'에 대한 철학적 근거는 비트겐슈타인의 *Tractatus*고, '환원주의'에 대한 이론적 기반은 카르납의 *Aufbau*였다.

슐릭은 빈대학교에 초빙되던 1922년 서클 세미나에서 한으로부터 비트겐슈타인의 *Tractatus*를 알게 되었고, 서클은 이를 1924년부터 3개 학기에 걸쳐 읽으면서 심층적으로 토론했다. 카르납은 비트겐슈타인의 저작이 주었던 충격을 이렇게 회고했다.

> 비엔나 서클에서는 비트겐슈타인의 *Tractatus* 대부분을 문장 하나씩 큰 소리로 읽고 토론했다. 무슨 뜻인지 알아내기 위해 종종 오랫동안 숙고해야 했고, 때로는 명확한 해석을 찾을 수 없기도 했다. 그러나 우리는 대부분을 이해할 수 있었고, 이에 관해 활발하게 토론했다. ⋯ **비트겐슈타인의 책은 우리 서클에 강력한 영향을 주었다. 그러나 비엔나 서클의 철학이 곧 비트겐슈타인의 철학이라고 말하는 것은 옳지 않다. ⋯ 영향받은 정도는 구성원들마다 달랐다.**[24]

슐릭은 비엔나 서클이 과거의 전통적 철학으로부터 새로운 논리-경험

---

24) Carnap(1963), "Rudolf Carnap. Intellectual Autobiography", in: Schilpp(ed.)(1963/91), 24-25.

(logico-empirical) 철학으로 이행한 것을 "철학의 전환(die Wende der Philosophie)"[25]이라고 선언하면서 이는 비트겐슈타인으로부터 비롯되었다고 했고, 1936년 발표한 「의미와 검증」에서도 자신의 사고가 비트겐슈타인으로부터 큰 영향을 받았다는 것을 분명히 했다.[26] 따라서 슐릭이 『논리』의 서평을 썼을 당시는 그가 비트겐슈타인의 철학에 깊이 빠져들던 바로 그 시기였다.

"철학의 목적이 사고의 논리적 명료화"이며 "철학은 이론이 아니라 활동"(Tractatus, 4.112)이라는 비트겐슈타인의 테제로부터 슐릭은 검증 원리(principle of verifications)의 근거들을 끌어내고 이를 "과학은 이론이 아니라 검증"이라는 비엔나 서클 철학의 기반으로 삼았다. 논리실증주의에서 경험과 개념을 연결해 개념에 의미를 부여하는 것이 '검증 원리'였다면, 브리지먼에게 그런 기능을 하는 원리는 '조작적 정의'였다. 조작적 정의처럼 경험과 논리를 연결하는 상관(Zuordnung), 또는 대응 규칙을 통해 경험과 논리가 결합된 종합 명제는 검증에 의해 경험적 의미가 궁극적으로 부여된다.

슐릭은 「의미와 검증」(1936)에서 검증 원리란 '어떤 조건에서' 주어진 명제가 참이냐를 찾는 것이라고 말했다. 만일 그런 조건을 제시할 수 없다면 명제는 의미를 지니지 않는다.[27] 분석 명제(이론 명제)와 종합 명제(관찰 명제)는 자신들만의 구성 규칙에 의해 각각 만들어질 뿐 이것만으로는 이 명제들이 물리적 세계에 대해 아무런 "의미 있는" 이야기를 하지 않기 때문에 그들에게 명제의 의미 있음(significant)에 대한 조건이자 이를 확정하는 기준

---

25) Moritz Schlick, "Die Wende der Philosophie", *Erkenntnis* 1(1), 1930/31, 4-11.

26) "의미에 관한 이 논의들은 ⋯ 상당한 정도까지 이들 문제에 관해 내 견해에 큰 영향을 주었던 비트겐슈타인과의 대화 때문일 것이다. 나는 이 철학자로부터 받은 신세를 강조하지 않을 수 없다." Schlick(1936), 341.

27) *Ibid.*, 339-369.

이 바로 '경험'에 의한 '검증'이었다. 이들을 연결(혹은 번역)해 주는 제3의 규칙이 존재하면, 이 연결 규칙에 의해 이들 명제는 세계에 대해 의미를 주는 논리-경험적 종합 명제가 될 수 있다. 따라서 모든 명제는 오직 경험적으로 "검증될 때" 의미를 지닌다. 그런데 "검증될 때"라는 표현은 "지금 여기서 (here and now)" 명제가 "검증되었다."는 것만을 뜻하지는 않는다. 명제는 앞으로 있을 수 있는 과거에 발생했던 사건에 대한 검증이나 미래에 발생할 사건에 대한 '검증 가능성'을 포함할 때도 의미를 지녀야 한다.

> 한 문장의 의미를 진술하는 것은 그 문장이 사용될 수 있게 하는 규칙들을 진술하는 것에 해당하며, 이것은 이것이 **검증될 수 있는(혹은 반증될 수 있는) 방식을 진술하는 것과 동일하다. 한 명제의 의미는 그것의 검증 방법이다.**[28]

슐릭은 계속해서 검증 가능성(verifiability)의 두 가지 유형, 즉 "경험적 가능성"과 "논리적 가능성"이 있다고 했다. 그리고 그 사이 포퍼의 반증 논리가 등장했기 때문에 명제에 의미를 부여하는 검증에는 반증(falsification)도 포함되었다. 위 인용문은 1936년 발표된 슐릭의 논문 「의미와 검증」에서 왔다. 그런데 카르납이 같은 해와 이듬해에 걸쳐 장편의 논문을 발표했을 때 그 제목은 「시험 가능성과 의미(Testability and Meaning)」였다.[29] 이 두 논문의 제목이 말해 주듯이 의미를 부여하는 기준이 슐릭에게는 '검증'이었고, 카르납에게는 '시험 가능성'이었다. 즉 슐릭은 이 시점까지도 **일반 명제**에 대한 '검증(verification)', '검증 가능성(verifiability)', '반증(falsification)', '반증

---

28) "The meaning of a propositions is the method of its verification", *Ibid.*, 341.
29) Carnap(1936), 419-471 및 Carnap(1937), 1-40.

가능성(falsifiability)'이 의미 있음의 기준이라는 관점을 고수하고 있었던 반면, 카르납은 일반 명제를 완벽히 검증하는 것이 불가능함을 지적하고 '검증'이라는 용어 대신 '시험 가능성(testability)'이라는 용어를 사용했다. 여기서 '시험 가능성'은 **일반 명제**의 검증과 검증 가능성, 반증과 반증 가능성과 함께 **개별 명제(관찰 명제)**의 확증(confirmation)과 확증 가능성(confirmability)을 모두 포괄하는 용어이다. 검증주의는 소위 서클의 비트겐슈타인주의자들(우익)이 옹호했던 반면, 서클 좌익과 베를린 그룹, 칼 포퍼가 여기에 비판적이었다.

한편 슐릭이 "한 명제의 의미는 그것의 검증(혹은 반증) 방법"이라고 했을 때, 우리는 "개념은 이에 상응하는 조작들의 집합과 같은 의미"라고 말한 브리지먼을 연상하게 된다. 말하자면 슐릭에게 명제(또는 개념)에 의미를 부여하는 것이 '검증'이라면, 브리지먼에게는 '조작'이었다. 따라서 명제에 의미가 부여되기 위한 경험의 기준을 슐릭은 명제의 "검증 가능함"이라고 말했지만, 카르납에게는 그것이 "시험 가능함"이었고, 브리지먼에게는 "조작적 정의"였다. 슐릭은 1929년 『논리』 서평에서 조작을 검증의 관점에서 검토했고, 이후 이 문제에 관해 비트겐슈타인과 대화를 계속 나눈다.

다른 한편으로 비엔나 서클에서 경험의 기본 단위와 이로부터 세계의 논리 구조가 구성되는 이론은 카르납이 *Aufbau*에서 제시한 '구성 체계(Konstrutionssystem)'이다. 서클은 카르납이 1922–25년 사이에 완성했던 *Aufbau*의 초고[30]를 1925년에 읽고 토론했다. 여기서 그는 실재에 대한 모든 개념은

---

30) 당시 서클에서 독회했던 초고 인쇄본과 출판사 활판은 전쟁으로 소실되어 남아 있지 않다. 1925년 서클의 토론을 반영하고 이론과 개념을 수정해 1928년 수정 증보판 형식으로 다시 출판한 것이 현재 알려진 『세계의 논리 구조』이다. Carnap(1928/98) "Vorwort zur zweiten Auflage", XXII.

'즉각 주어진 것(das unmittelbar Gegebene)', 즉 원초적 경험들로 환원될 수 있음을 보였고, 이로부터 세계의 논리 체계를 구성한다.

> 이 책[*Aufbau*]에서는 … **모든 개념은 '즉각 주어진 것'으로 환원되는 것이 원칙적으로 가능하다**는 점을 관심 있게 다루고 있다.[31]

유의미한 진술은 '즉각 주어진 것(the immediate given)'들을 기본 단위로 구성되는데, 서클에서는 이렇게 구성된 유의미한 진술의 기본 단위가 "환원 문장" 또는 "원자 명제" 또는 "프로토콜 명제"였다. 브리지먼은 자연에 대한 의미 있는 진술을 '설명(explanation)'이라고 불렀다. 그는 더 이상 설명이 필요 없다고 받아들인 궁극적 요소들(ultimate elements)에 의해 복잡한 계들을 더 단순한 계들로 분석하는 일이 설명이라고 했다.[32] 따라서 그에게 설명의 기본 단위는 '궁극적 요소들'이지만,[33] 원자 명제에 해당하는 것이 무엇인지는 명확하게 이야기하지 않았다. 그가 주석[34]에서 설명의 '궁극적 요소'는 수학에서 '공리(axiom)'에 비유될 수 있다고 했기 때문에, '궁극적 요소'는 논리실증주의에서 더 이상 분석 불가능한 진술의 기본 단위인 '즉각 주어진 것'[35]과 동일한 역할이지만, 브리지먼이 말하는 '궁극적 요소'는 바로 '조작'이었다.('조작'과 '주어진 것'에 대해서는 뒤에서 더 논의하겠다.)

---

31) Carnap(1928/98), XVIII.

32) Bridgman(1936/64), 63.

33) Bridgman(1927/48) 제2장의 '설명과 기계론', 37.

34) *Ibid.*, 주석 1).

35) *Ibid.*, 38. 그는 저술들에서 '주어진 것'이라는 용어를 논리실증주의자들과는 달리 일상적인 의미로 사용했다. 즉 그에게 '주어진 것'은 경험의 기본 단위가 아니라, '나'와는 독립적으로 어떤 상황에 부여된 것이다.

자연을 해석하고 서로 연관시키는 작업은 우리가 현상을 **설명**하게 되었을 때 정점에 도달하게 된다. 즉 우리는 설명을 발견함으로써 상황에 대한 이해가 완성된다고 생각한다. … 설명의 핵심은 우리가 자명한 것이라고 받아들일 수 있을 정도로 상황을 익숙한 **요소들로 환원**하고, 그럼으로써 우리의 호기심을 진정시키는 것이라고 생각한다. 조작적 관점에서 볼 때, "상황을 요소들로 환원한다."는 것은 상황을 구성하는 현상들 사이에 익숙한 **상관관계**를 찾아낸다는 것을 의미한다.[36]

이렇듯 구체적으로 무엇이 경험인지부터, 경험의 기본 단위가 무엇인지, 경험(사실)과 지식(개념)과의 관계가 정확히 무엇이며, 이것이 어떤 방법으로 분석될 수 있는지에 대해 서클 내에서 회원들마다, 서클과 브리지먼 사이에도 세부적으로 달랐다. 게다가 '검증'은 이론이나 개념이 의미 있음을 경험에 의해 확인하는 절차이기 때문에 이는 필연적으로 귀납과 관련되었고, 따라서 결코 정당화되기 어려운 논리적, 경험적 한계를 갖고 있었다. 예컨대 관성계는 물리학에서는 아주 유용한 개념이지만 자연계에는 완전한 관성계가 존재하지 않으며 따라서 경험적으로 결코 검증될 수 없다. 즉 뉴턴의 첫 번째 운동 법칙인 관성의 법칙은 지구상에서도, 이 우주 어디에서도 온전히 경험할 수 없고 오직 근사적으로만 경험할 수 있을 뿐이다. 카르납의 환원주의에 대해서는 좌익에서 노이라트, 우익에서는 슐릭이 반박했던 소위 "프로토콜 명제 논쟁"이 있었고,[37] 나중에는 콰인의 비판이 있었다.[38]

---

36) *Ibid.*, 37.
37) "프로토콜 명제 논쟁"에 대한 문헌들로 다음을 참조할 것. Otto Neurath, "Protokollsätze", *Erkenntnis*, Vol. 3(1932/1933), 204-214; Rudolf Carnap, "Über Protokollsätze", *Erkenntnis*, Vol.

2. 경험과 형이상학

조작에 관해 그동안 벌어졌던 논쟁을 여기서 모두 다룰 수는 없을 것이다. 이 글에서는 조작에 대해 중요한 의미를 지녔다고 판단되는 몇 가지 개념 논쟁을 보겠다. 첫 번째로 경험주의 철학에서 오랫동안 논쟁이 되어왔던 귀납과 형이상학에 대한 여러 입장들을 소개했다. 두 번째는 실재에 대한 논쟁으로서 논리실증주의, 아인슈타인, 브리지먼, 비트겐슈타인의 관점을 간략히 비교했다. 세 번째는 경험의 기본 단위에 대해 논리실증주의와 조작주의가 어떤 입장을 갖고 있었는지를 분석했다. 네 번째는 비엔나 서클의 지도자 슐릭이 브리지먼의 『논리』에 대한 서평에서 논리실증주의의 검증 관점에서 비판했던 조작의 등가성과 유일성의 문제이다. 여기에다 검증에 관해 비트겐슈타인의 시각이 어떻게 달라지고 있는지도 살펴보았다.

귀납

브리지먼은 『세상 그대로』(1959)에서 귀납을 이렇게 말했다.

3(1932/1933), 215-228.(영어 번역본 Rudolf Carnap, Richard Creath and Richard Nollan, "On Protocol Sentences", *Noûs*, Vol. 21, No. 4, 457-470); Moritz Schlick, "Über das Fundament der Erkenntnis", *Erkenntnis*, Vol. 4(1934), 79-99; Thomas E. Uebel, *The Vienna Circle's debate about protocol sentences revisited: towards the reconstruction of Otto Neurath's epistemology*, MIT Ph. D. Dissertation, 1989.

38) 콰인의 분석 명제, 종합 명제 구분과 환원주의 비판은 W. v. O. Quine, "Main Trends in Recent Philosophy: Two Dogmas of Empiricism", *The Philosophical Review* 60(1), 1951, 20-43(이 논문은 Quine, *From a Logical Point of View*, Harvard University Press, 1953/61에 수정 보완된 형태로 재수록되었다.) 및 Quine, "Truth by Convention", in: H. Feigl and W. Sellars, *Readings in Philosophical Analysis*, New York: Appleon-Century-Crofts, Inc., 1949, 250-273. 고니의 문제는 Quine, "On Carnap's Views on Ontology", in: *The Ways of Paradox and Other Essays*, Random House, New York, 1966, 126-134.

귀납의 문제는 한정된 경험으로부터 보편법칙의 논리적 추론을 정당화하는 것이다. … 문제는 귀납이 어떻게 '진리'를 줄 수 있는지 아는 것이다.[39]

다른 말로 표현한다면, 귀납이란 **경험을 근거로 경험하지 않은 것이 참이라는 것을 어떻게 알 수 있으며, 그것을 어떻게 정당화할 수 있는가에 대한 것**이다. 귀납은 오랜 논쟁의 역사를 가진 주제로서 철학자들마다 귀납에 대한 해석이나 그 정당성에 대해 세세하게 논변의 차이가 있고, 그 해법에 대해서도 여러 관점이 있다. 20세기 들어와 현대 경험주의자들은 귀납에 과학적 방법의 지위를 부여함으로써 귀납을 구제하려고 노력했다. 귀납을 사이비 문제라고 보는 관점부터, 확률을 도입해 논리적 정당성을 부여하려는 입장, 실용적으로 유용하다는 행위의 정당화에 이르기까지 다양한 입장들이 있었지만, 철학자들에게 귀납의 문제는 아직도 "끝나지 않은 일"이다.[40] 이 글에서는 귀납을 형이상학 논란, 검증과 조작의 관점에만 국한해 논의하고 귀납 절차나 귀납논리까지 상세히 들어가지는 않겠다.

비엔나 서클과 베를린 그룹 사이에는 형이상학에 대해 견해가 서로 달랐다. 베를린 그룹은 '형이상학'을 모두 무의미한 명제라고 보거나 명제의 의미가 '오직' 경험에 의해서만 해석된다는 비엔나 서클의 관점은 물론, 더 나아가 명제의 의미가 경험의 특별한 형태인 '조작'에 의해 부여된다는 조작주의 관점에도 반대했다. 베를린 그룹은 비엔나 서클이 기존의 전통적 철학에서 모든 형이상학을 제거하고자 했기 때문에 그들을 "교조적 급진주

---

39) Bridgman(1959a), 115.
40) Salmon(1978), 1-19.

의"이자 편협한 '논리실증주의'라고 했고, 자신들은 형이상학을 자신의 철학 안으로 끌어들이고 재해석하려고 했기 때문에 온건한 '논리경험주의'라고 했다.[41]

하지만 논리실증주의자들, 즉 비엔나 서클도 모든 형이상학을 거부했던 것은 아니다. 그들은 '직관'이 표현할 수 없는 것을 표현하는 헛된 연구이며, 경험적 검증이 불가능한 '변증법'은 그 밑바닥에서 추론 관념을 불법적으로 사용하고 있다고 보았지만, 귀납에 대해서는 달랐다. 그들은 '귀납' 역시 경험적으로 결코 검증될 수 없지만, '과학적으로 의미 있는 형이상학'이라고 생각했다.

> 형이상학의 … 명제들은 경험적으로 명백히 검증될 수 없기 때문에, 이들은 지식으로서 의미를 갖지 못한다. … [그러나 귀납적 방법은 **형이상학의 특별한 유형**으로서 예컨대 데모크리투스의 원자론처럼 일반적으로 과학으로서 **의미 있다**. 그런 형이상학은 보통 성급한 외삽(外挿)을 포함한다. 그러나 외삽이 (이론상) 경험적으로 검증 가능한 영역 안에 남아 있는 한, 무의미하지 않다. 귀납적 형이상학을 거부할 수 있는 근거는 순전히 실천적이거나 방법론적이다. 이것은 항상은 아니지만 일반적으로 **나쁜 과학**이다.[42]

뉴턴이 *principia*에서 자신은 귀납을 통해 중력 이론을 성공적으로 도출했다고 역설한 이래 귀납이 과학적 방법으로 확고한 자리를 차지하게 되었

---

41) Milkov(2013), Chap. 1 및 Milkov(2015), Einleitung, 특히 XII를 참조할 것.
42) Blumberg and Feigl(1931), 293-294.

지만, 소위 경험주의 논리의 딜레마였던 귀납적 비약이 내포한 논리적, 인식론적 문제는 흄(D. Hume)을 비롯한 경험주의자들을 골치 아프게 만든 주제였다. 이후 귀납 문제는 20세기에 이르기까지 과학철학에서 논쟁으로 남아 있었다. 우선 뉴턴은 현상으로부터 추론될 수 없는 것을 '가설'이라고 부르고, 과학적 방법에서 이를 배제하려 했는데, 그의 가설은 선험적인 것, 즉 형이상학을 포함하고 있었다. 과학철학자들이 두고두고 언급했던 그의 유명한 주장을 여기에 인용하겠다.

> 여기서 나는 현상으로부터 중력의 그러한 본질에 관한 원인들을 찾아낼 수 없었는데, 나는 [이에 관해] '가설을 만들지 않겠다.(hypothese non fingo.)' 즉 **현상으로부터 추론되지 않는 그 어떤 것도 가설**이라고 부를 수 있는 것이다. 그리고 가설, 그것이 형이상학적이건 물리적이건, 또는 초자연적이건 기계적이건, 그것은 실험철학에서 성립할 여지가 없다. 이 철학에서 **특별 명제들은** 현상들로부터 도출된 것이며 **귀납에 의해 일반화**된다.[43]

뉴턴은 과학과 형이상학 사이에 명확한 경계선을 설정하고자 했고 그 경계선의 기준을 실험철학(experimental philosophy), 즉 '귀납적 방법'이라고 했기 때문에 현대 실증주의와는 달리 뉴턴에게 귀납은 지식의 객관성을 보증하고 자연의 법칙으로 이끄는 과학적 방법이며, 가설은 형이상학이었다. 이에 대해 Jammer(1993/2012)는 이렇게 말한다.

---

43) Isaac Newton, Andrew Motte(tr.), *Newton's Principia. The Mathematical Principles of Natural Philosophy*, New York: Daniel Adee, 1848, 506.

[뉴턴의] 유명한 "hypothese non fingo"가 비록 당초에는 중력에 대한 설명과 관련해서만 표현되었지만, 신비적이고 형이상학적이거나 초월적인 종교적 실체를 배제하기 위한 그의 모토가 되었다. 그의 목적은 **형이상학을 제거하는 것이 아니라 물리적 탐구와 거리를 두려는 것이** 었다.[44]

뉴턴이 과학적 설명(귀납)과 형이상학을 분리했지만 형이상학을 제거하지 않고 '격리'할 수밖에 없었듯이, 논리실증주의자들도 비록 그 이유는 달랐어도 귀납과 같은 형이상학을 거부하지 않았다. 그런데 귀납에 대해 비엔나 서클과 베를린 그룹 사이에는 명확한 입장 차이가 있었고, 서클 내에서도 회원들마다 견해 차이가 있었다.

논리실증주의자들 또는 비엔나 서클의 우익은 귀납을 과학적으로 '의미 있는 형이상학'이라는 중립 지대에 놓음으로써 귀납에 의미를 부여했다. 반면 서클의 좌익은 귀납에서 완전한 '검증' 자체가 경험적으로 불가능하다는 것을 알고 있었다. 경험할 수 있는 사례들은 유한하지만 가능한 사례는 무한하기 때문에 한 명제를 완전히 '검증'한다는 것은 영원히 불가능하다. 따라서 진리임을 명확히 확정했다는 의미에서 '모든 사례를 검증'했다는 표현은 사용할 수 없고 '개별 사례에 대해서만 확증'했다는 말을 사용할 수 있을 뿐이다. 이렇게 보면 검증을 통해 일반 명제에 의미를 부여한다는 검증주의는 개별 명제의 확증 가능성이라는 확률의 문제가 된다. 카르납은 이를 "확증의 정도(degree of confirmation)"라고 했다. 노이라트는 "하나는 옳

44) Max Jammer, *Concepts of Space. The History of Theories of Space in Physics*, 3rd. enlarged edition, New York: Dover Publication, Inc., 1993/2012, 98.(국내 번역판, 이경직 옮김, 『공간개념. 물리학에 나타난 공간론의 역사』, 2008)

고 다른 하나는 틀릴 수 있는 가정에서 출발해 어느 정도 노력하면 진리에 가까워질 수 있다."고 생각하는 귀납적 태도를 "사이비 합리주의(pseudo-rationalism)"라고 불렀고, 귀납을 과학에 대한 일종의 '보충하기(supplementations)' 역할과 같다고 했다.[45]

반면 베를린 그룹, 특히 라이헨바흐는 귀납을 확률의 문제로 가져감으로써 그 논리적 결함을 피하려고 했다. 그는 논리실증주의자들처럼 귀납을 용인할 수 있는 형이상학이라고 보지 않고 확률을 통해 귀납적 비약을 정당화했던 것이다.

> 흄이 말했듯이 귀납은 논리적 절차가 아니다. 라이헨바흐는 이를 인정했지만, 그는 확률을 내포한 개념을 통해 귀납에 확실성을 부여하는 오류를 범하지 않고 귀납을 합리화할 수 있는 확장된 논리를 찾았다.[46]

그러나 많은 사람들은 연역과 다르게 귀납은 전제가 옳다고 하더라도 틀린 결론(반증)이 나올 수 있기 때문에 **논리적**으로 정당화될 수 없는 사이비 문제라고 보았다. 그런데 라이헨바흐는 더 나아가 귀납의 정당화가 가정에 대한 믿음의 정당화가 아닌 "활동의 **실용주의적** 정당화"[47]라고 주장했고, 파이글은 이를 호의적으로 보았다. 즉 이들은 귀납을 프래그머티즘 안에서

---

45) 노이라트는 과학에서 귀납이 백과사전의 부록이나 보유판(補遺版, supplements)과 같은 역할이라고 여겼다. Neurath, "Chapter 23. Prediction and Induction", in: Neurath(1983), 243-244. 이 원고는 1945년 노이라트가 세상을 떠난 후 그의 아내가 편집 번역한 유고 논문이다. 원문의 분량이나 내용으로 판단할 때 미완성 논문으로 보인다.

46) Blumberg and Feigl(1931), 291.

47) Salmon(1991), 99.

해석했던 것이다.(물론 이들이 미국에서 와서 정착하고 난 이후의 일이다.)

　파이글은 과학에서 귀납과 같은 쟁론들이 비판적 고찰을 야기하면서, 이는 다시 여러 변증법적 과정을 거쳐 더 높은 수준의 정당화 문제로 진행하고, 결국에는 더 이상 논쟁이 불가능한 원칙의 문제로 간다고 했다. 이 단계까지 가면 최초의 이견이 "합리적 주장"으로 결코 제거되지 않는다. 따라서 그는 예술 비평가나 미학자들이 의견의 불일치를 취향의 문제, 즉 "취향에는 이견이 없다.(de guistibus non est diaputandum)"고 보는 것처럼, 과학에서도 서로 다른 원칙을 갖고 있는 사안에 대해 합의를 굳이 도출하려고 하는 것보다는 "원칙을 따지지 말자.(de principii non est disputandum)"고 제안했다. 그는 정당화를 "인식의 정당화(justificatio cognitionis)"와 "활동의 정당화(justificatio actionis)"로 구분하고, 귀납이 전자, 즉 논리적으로 정당화(validation)될 수 없지만 후자, 즉 그 활동은 옹호(vindication)될 수 있다고 했다.[48] 이 관점은 귀납을 정당화하는 다양한 논의 가운데 과학 활동에서 논리적 정당화와 활동의 정당화(옹호)를 구분하고, 귀납을 논리적으로 정당화하는 문제로부터 격리함으로써 귀납 활동을 옹호하려는 입장이며, 이는 라이헨바흐의 전통을 잇는 베를린 학파 후계자들에 의해 주로 지지되고 있다.[49] 한편 서클 모임에 자주 참석했지만 서클에는 결코 합류하지 않았던 포퍼는 이를 '반증'

---

48) Feigl(1950), "14. De principii non disputandum ...?", in: Cohen(1981), 237; ―(1951), "21. Validation and Vindication. An Analysis of the Nature and the Limits of Ethical Arguments", in: Cohen(1981); Feigl(1961), 212-218.

49) Wesley C. Salmon, Hans Reichenbach's Vindication of Induction, *Erkenntnis* 35(1991); ―, On Vindicating Induction, *Philosophy of Science* 30(3), 1963, 252-261; ―. The Justification of Inductive Rules of Inference. *Studies in Logic and the Foundations of Mathematics* 51(1968), 24-97; Ian Hacking, Salmon's Vindication of Induction, *The Journal of Philosophy* 62(10), 1965, 260-266; Max Black, Can induction be vindicated?, *Philosophical Studies* 10(1), 1959, 5-16.

의 문제로 해결하고자 했다. 한 법칙에 대해 모든 사례를 엄격한 의미에서 검증할 수는 없지만, 그것이 거짓이라고 '반증'하는 것은 상대적으로 간단하다. 검증과 반증의 상황은 전적으로 비대칭적이어서 하나의 법칙을 거부하는 것은 쉽지만, 이를 확증하는 것은 아주 어렵기 때문이다.

브리지먼은 『논리』에서 귀납을 논의하지 않았다, 그가 귀납을 조작의 관점에서 비교적 포괄적으로 언급한 것은 그의 말년의 저서 『세상 그대로』이다. 귀납에 대한 그의 입장은 카르납에 가깝다.

> 확률과 귀납 사이에는 밀접한 연관이 있다. 얼핏 보기에도 이들 사이의 연관이 드러나는 것은, 우리가 수많은 특별 사례들을 조사해 자연법칙을 귀납할 때마다 우리는 한 법칙을 확실히 찾았다고 결코 말할 수는 없고, 다만 우리가 제안한 법칙은 더 큰 혹은 더 작은 확률을 갖고 있다고 말할 뿐이기 때문이다. 이는 우리가 적절한 모든 사례를 결코 검사할 수 없다는 점을 되새겨 본다면 특히 명확하다. 이것이 예컨대 전통적 연역법과 나란히 "확증의 정도" 관념에 기반해 엄격한 귀납 논리를 세우기 위해 노력했던 카르납의 현대적 형식화이다. 과거의 형식화는 정신적으로 달랐다—이것은 우리가 특별한 사례들을 조사한 것으로부터 일반법칙에 어떻게 도달할 수 있는지를 설명하는 것을 귀납의 문제라고 여겼다.[50]

그는 조작주의 창시자답게 조작적 관점에서 귀납의 두 가지 속성을 언급했다. 하나는 귀납이 무한 조작이라는 것이고, 다른 하나는 '투사(投寫)'의

---

50) Bridgman(1959a), 115.

조작이라는 것이다. 즉 귀납은 속성상 무한 조작이기 때문에 귀납 조작은 인간의 유한한 경험 내에서 결코 완결될 수 없다. 무한 조작의 수행 불가능함에 대한 그의 관점은 수학에서 무한의 문제, 특히 미래에 발생할 사건을 보는 그의 시각과 관계 있다. 그는 1934년 한 수학 학술지에 게재한 논문 「집합론에 대한 한 물리학자의 두 번째 반응」[51]에서 무한 집합의 경험적, 논리적 문제를 언급했는데, 여기서 그는 무한 집합은 경험적으로 검증될 수 없기 때문에 정당화될 수 없다고 말함으로써 수학자들을 놀라게 만들었다. 그에게 귀납은 바로 이 무한의 문제와 관련되며, 조작적으로 결코 완전하게 수행될 수 없기 때문에 검증될 수 없으며, 따라서 논리적으로 정당화될 수 없었다. 그는 또 귀납이 과거의 경험을 미래에 "투사(projection)"하는 조작이라고 보았다. 귀납은 과거에 작동했다는 것을 제외하고 절차의 최종적 정당화가 존재하지 않는다. 그 이유는 과거의 경험을 미래에 투사하는 것이 유한한 관찰을 미래의 무한한 가능성으로 외삽하는 일이기 때문이다. 따라서 과거의 규칙성을 미래에 투사하는 것은 정당화될 수 없다.[52]

요약하자면 귀납의 형이상학 논란과 정당성 문제에 대한 입장들은 이렇게 말할 수 있다. 뉴턴이 귀납에서 형이상학을 '격리'할 수 있다고 보았지만, 비엔나 서클(특히 카르납)은 귀납을 여전히 나쁘지만 의미 있는 '특별한 형이상학'이라고 했다. 베를린 그룹을 이끌었던 라이헨바흐는 귀납이 확률 개념에 의해 형이상학으로부터 구제될 수 있다고 보았고, 파이글은 귀납이 논리적으로 정당화(validation)될 수 없지만 그 활동은 옹호(vindication)될 수 있다고 했다. 포퍼는 귀납적 비약이 확률 개념으로도 정당화될 수 없음을 밝혔

---

51) Bridgman(1934), 3-29.

52) Bridgman(1959a), 115-118.

고 이를 '반증' 논리로 해결했지만, 브리지먼은 조작적 관점에서 귀납이 무한 조작과 미래에 대한 과거 경험의 투사 조작(operation of projection)이기 때문에 경험적으로 완료될 수 없고 논리적으로도 정당화될 수 없다고 보았다.

명제에 의미 있음을 부여하는 것이 경험이라는 경험주의 철학은 궁극적으로 귀납의 문제로 귀결되며, 따라서 경험에 의한 의미 있음은 논리적으로 정당화될 수 없다는 딜레마로부터 벗어나기 어려웠다. 명제의 의미에 대해 경험(귀납)과 확률 문제가 제기될 때마다 이 딜레마에서 벗어나기 위해 서클 멤버들은 입장이 서로 달랐고 시간이 지나면서 개별적 입장도 변했다. 그러나 여러 과학철학적 논변에도 불구하고, 또 귀납이 사이비 문제라고 하더라도 귀납에 대한 철학자들의 다양한 해석과 정당화 노력이 과학의 역사에서 귀납의 유용성과 가치, 그리고 귀납의 공헌과 함께 그 위험성을 의식하게 만들었다는 점에 대해서는 누구도 부인할 수 없다. 철학자들에게 귀납의 정당성 문제는 아직까지 끝나지 않은 일이다.

실재

실재(reality)에 대한 모든 논의는 여기서 몇 쪽으로 다룰 수 없으며 이 글이 감당할 수 있는 수준도 아니다. 여기서는 가능한 한도 내에서 실재에 대해 브리지먼, 1930년대 비엔나 서클과 아인슈타인이 언급했던 내용들에 국한해 이야기하겠다.

논리실증주의자들은 '외부 세계(external world)'에 관한 언명이 우리 경험과 독립적으로 존재하거나 존재하지 않는다는 점을 검증할 길이 없기 때문에 이 용어는 '절대성(the Absolute)'이나 '물자체(things-in-themselves)'와 같은 용어만큼이나 무의미하다고 판단했다.

소위 외부 세계(Außenwelt)에 관한 우리의 모든 언명은 오직 우리 감
각에 의존하고 있기 때문에, 마흐는 이들 감각과 이 감각의 복합체를
이 언명들의 유일한 내용물이라고 파악할 수 있고 또 그렇게 해야만
하기 때문에 감각의 뒤에 감추어진 알 수 없는 실재(Wirklichkeit)를 더
가정할 필요가 없다고 주장했다. 이로써 물자체(Dinge an sich)의 존재
는 부적절하고 불필요한 가정이기 때문에 제거된다. 하나의 물체라
할 수 있는 육체는 감각들의 견고한 결합, 즉 시각, 청각, 열감각, 촉각
등 많거나 적거나 감각들의 복합체 외에는 아무것도 아니다. 이 세계
에는 감각과 이들의 연결 외에는 어떤 것도 존재하지 않는다. 마흐는
… "감각(Empfindungen)"이라는 용어 대신 더 중립적인 "요소(Elem-
ente)"라는 용어를 선호했다.[53]

경험과 관련되지 않은 명제들을 무의미한 형이상학이라고 보았던 이들
은 한 걸음 더 나아가 논리 분석에서도 '사물(things)', '객체(objects)', '실재
(reality)'와 같은 형이상학적 용어의 사용을 경계했다. 앞서 언급했듯이 브리
지먼은 'thing'이라는 단어 때문에 'The Way Things Are'라는 책 제목보다

---

53) M. Schlick, "Ernst Mach, der Philosoph", in: Johannes Friedl und Heiner Rutte(hrsgegeben und
eingeleitet), *Moritz Schlick. Die Wiener Zeit. Aufsätze, Beiträge, Rezensionen 1926-1936*, Springer:
Wien, 64. 이 글은 원래 빈에서 마흐의 기념비 제막식을 기념해 빈의 일간지(*Neue Freie
Presse*), 1926년 6월 12일자에 게재된 기고문이다. 기고문에는 슐릭 외에 아인슈타인과 빈대
학교 물리학 교수 에렌하프트(Ehrenhaft)와 티링(Thirring)의 글이 있다: 아인슈타인, 「마흐
의 기념비 제막식에 부쳐」; 슐릭, 「철학자 에른스트 마흐」; 에렌하프트, 「학문적 삶에서 에른
스트 마흐의 위치」; 티링, 「에른스트 마흐와 이론물리학」. 슐릭 총서 편집자 해설 및 Holton,
G., "Mach, Einstein, and the Search for Reality", in: Holton(1973/75), 216-259. 특히 248의 주석
13을 참조할 것.(홀턴의 이 글은 원래 *Daedalus* 97(2), 1968, 636-673에 게재되었던 것을 재수
록한 것이다.)

'(세상에) 있는 그대로'라는 같은 의미를 지닌 'The Way It Is'를 원했다고 했다. 비엔나 서클 회원들도 토론할 때 경험적으로 검증될 수 없는 형이상학적 용어들을 얼마나 싫어했는지에 대한 이야기가 있다.[54] 노이라트는 형식 명제에서 "적(敵)[형이상학]을 위로하는 실수를 하지 말라."고 했으며, 심지어 대학교 다닐 때는 '금지어 목록'을 작성한 적도 있다고 했다.

> 대학 시절 나[노이라트]는 '위험한 용어들'을 수집하는 아주 초보적인 일을 시작했다. 내가 이 수집을—나는 이를 농담 삼아 종종 나의 '금지어 목록(Index Verborum Prohibitorum)'이라고 불렀다—시작하기 전에는 책이나 논문들을 비판적으로 읽으려고 노력했다. … 나는 경험주의에 관한 토론에서는 다음과 같은 용어들을 피했다. 즉 '정신 세계(mental world)', '참(true)', '의미(meaning)', '검증(verification)', '진보(progress)', '병리학적(pathological)', '동기(motive)', '가치(value)', '물자체(thing in itself)', '관찰(observation)'(그러나 '관찰 명제'는 위험하지 않다.), '지각(perception)', '실재(reality)', '존재(existence)', '사물(thing)', '경험(experience)', '지식 이론(theory of knowledge)'.[55]

논리실증주의자들에게 '사물'(또는 '물체')은 오직 **경험을 통해서만** 그 존재를 알 수 있기 때문에 **의미 있음은 사물이 아니라**, 그 사물의 존재를 알려주는 **경험(사실)**이다. 따라서 경험에 앞서(a priori) 이미 존재하고 있는 듯한

---

54) Frank(1949b), 34-35.
55) Neurath(1941), "Universal Jargon and Terminology", in: Neurath(1983), 217. 그가 농담으로 이름붙인 '금지어 목록'이라는 표현은 마치 교황청이 중세부터 1966년에 이르기까지 작성했던 '금서 목록(Index Librorum Prohibitorum)'을 연상케 한다.

'사물'이나 '실재' 따위의 용어는 형이상학적 냄새가 나는 단어였다. 사실상 브리지먼과 논리실증주의자들에게 사물의 존재에 관한 문제 핵심에는 현대 물리학에서 물리적 실재에 관한 문제가 있었다. 좁게는 아인슈타인과 마흐가 원자의 실재성에 관해 논의했던 사항[56]부터, 넓게는 파동 함수와 같이 감각적으로 확인할 수 없는 (미시적) 존재의 실재성 문제나 기하학 방정식으로 대체된 중력 개념처럼 복잡한 방정식으로 연결된 수학적 기호가 말해 주는 물리적 실재가 무엇이냐가 여기에 관련되어 있었다. 여기서 브리지먼뿐 아니라 논리실증주의자들도 실재하는 것은 사물이 아니라, 경험적으로 확인될 수 있는 관념(구성물)이라고 보았다. 이들은 공통적으로 '실재'라는 단어가 형이상학적 용어라고 생각하고 있었지만, 그럼에도 "실재"라는 개념은 물리적으로 유용하다고 보았다.

> 사실 나는 "물리적 실재"를 사용하려는 충동이 물리학자가 생각하는 것과 말로 하는 것에서 **중요한 역할**을 한다고 믿고 있다. 비록 **형이상학 냄새**가 나는 단어들이라 해도 나는 물리학자가 이 단어들을 사용하는 방식을 조사해 본다면 물리학자는 상당히 명확한 물리적 기준을 함축하고 있다는 점을 보여줄 것이고, 따라서 실제로는 형이상학적 흔적은 미약하다고 나는 믿는다. 그러나 불행하게도 형이상학적으로 함축된 의미 때문에 여전히 나는 **가능하면 이 단어를 피하는 것이 최선**이라고 생각한다.[57]

---

56) 원자의 실재(reality)에 대한 아인슈타인과 마흐의 입장에 대해서는 1922년 4월 파리에서 열린 상대성 이론 학술 대회 보고, "Einstein and the Philosophies of Kant and Mach", *Nature*(Aug. 18, 1923), 253과 이에 대한 논평 Brauner, Bohuslav, "Einstein and Mach", *Nature*(Jun. 28, 1924), 927. 아인슈타인의 실재론에 대해서는 Holton(1973/75)을 보라.

그러나 아인슈타인은 형이상학적 속성을 가진 이 "실재"가 단지 **유용**한 것뿐만 아니라 물리적으로도 **의미** 있으며, 물리학자들은 실제로 **존재**하는 것이라고 **믿는 경향**이 있다고 했다. 즉 이론물리학에서 창조된 개념들은 상상력의 산물이지만 물리학자들은 이러한 창조물(Gebilde) 혹은 고안물(Erfindungen), 구성물(Konstruktion)을 너무나 자연스럽게 받아들이기 때문에 이를 개념이 아니라 정말 실재(Realität)라고 여긴다고 했다.

> 그[물리학] 분야에서 발견한 사람은 자신의 **상상력의 산물**이 아주 필연적이고 자연스럽다고 보이기 때문에, 그는 이를 자신 **사고의 창조물**이 아니라 주어진 실재(**Realitäten**)라고 여기며, 또 사람들이 그렇게 여겨주기를 바란다.[58]

수년 후 그가 발표한 논문 「물리학과 실재」에서는 '물체'가 '실제 외부 세계'에서 얻어진 **감각적 인상**이며, 여기에 의미를 부여하는 것은 "마음에 의한 **창조**"(고안물)라고 했다. 따라서 물체에 경험적 '의미'를 부여함으로써 물체는 존재하게 된다.

---

57) Bridgman(1941/53/61), 216. 또한 Bridgman(1927/48) 제2장의 '모형과 구성물'을 보라.
58) 1933년 옥스퍼드의 'Herbert Spencer Lecture'에서 '이론물리학의 방법론'에 대한 강연. Einstein, "Zur Methodik der theoretischen Physik", in: Albert Einstein(Autor), Carl Seelig(hrsg.), *Mein Weltbild*, Amsterdam: Querido Verlag, 1934, 126. 여기 참조한 것은 2014년 독일어판 Ulstein Taschenbuch, 126-132이다. 이 강연의 영문 번역본에는 두 가지 버전이 있고, 영역본마다 독일어 원본 내용에 첨가되거나 달리 표현한 것들이 있다. 하나는 Einstein(1934), *The World As I See It* 원판(original edition)에 "On the Method of Theoretical Physics"의 제목으로 수록되었다가 이후 축약판(abridged edition)에서는 제외되고, Einstein(1954), *Ideas and Opinions*에 수록되었다. 다른 하나는 "On the Methode of Theoretical Physics", *Philosophy of Science*, vol. 1, no. 2(Apr. 1934), 163-169이다.

"실제 외부 세계"를 설정하는 첫 번째 단계가 **물체**(körperliche Objekte) **개념의 형성** … 이다. 다수의 감각적 경험(Sinnerlebnisse)으로부터 우리는 … 감각적 인상의 특정한 복합체를 다루고 여기에 **물체의 의미**를 부여한다. … 이는 **인간 마음이 임의로 창조한 것**이다. 한편 개념의 의미와 정당화는 전적으로 개념과 연관된 감각 인상의 총체 덕분이다. 두 번째 단계는 우리 사고 안에서 **물체 개념에 의미**를 부여하는 일이다. 그 의미는 원래 여기서 발생한 감각 인상과는 상당한 정도로 아주 독립적이다. 이것은 우리가 물체에 "**실제 존재**"를 부여할 때 우리가 의미한 것이다. … 이들 개념과 관계, 그리고 실제 사물(reale Objekte)의 설정, 일반적으로 말한다면 "실제 세계"의 존재는 이들이 정신적 연결을 형성하는 **감각 인상과 연결되는 한에 있어서만 정당화**된다.[59]

아인슈타인은 자연과학이 '실재하는 것들(Realen)'을 다루고 있다는 점은 인정하지만, 정작 자신은 실재론자(Realist)가 아니라고 했다.[60] '사물'이든 '물체'든 브리지먼이나 논리실증주의자들이 경험과 연관되지 않은 개념들을 모두 형이상학적 용어라고 보았던 것은 분명하다. 아인슈타인에게 '물체'는 경험적 의미가 부여된 것이고, 따라서 그에게 "물리 세계는 실재한다." 그런데 그는 여기에 단서를 붙였다. 즉 이것의 진리성은 **잠정적 가설**에

---

59) Einstein(1936), 314-315/350.
60) CP 8B(1999), Doc. 624. 아인슈타인은 실재론(realism)뿐만 아니라, 칸트적 종합 명제, 규약주의, 인식론 등 과학에 대해 상당히 독특한 자신만의 철학을 갖고 있어서 어떤 철학 학파의 관점으로만 설명하기 어렵다. 일부 연구자는 그의 과학철학이 급격한 변화를 겪었다고 하고, 어떤 연구자는 평생 일관되었다고 말한다. 그러나 이를 아인슈타인의 "철학적 순례(the philosophical pilgrimage)"라고 표현한 홀턴의 말이 아마도 더 적절할 것이다. Holton(1973/75)을 보라.

불과하지만, 그 의미는 어떤 모호함도 없어야 한다고 했다.[61] 이것으로 본다면 우리는 아인슈타인에 대해 이렇게 결론을 내릴 수 있다. 즉 아인슈타인의 과학철학이 어찌되었건 그는 성공한 이론을 갖고 있었기 때문에 철학자들이 그의 이론을 해석하고 그의 이론으로부터 과학철학을 도출해야 하는 것이지, 아인슈타인에게 특정한 철학으로부터 성공한 물리 이론을 만들라고 요구할 수는 없는 일이다.

쾌인은 'things'나 'objects'라는 '사물' 개념을 상대성 이론에 기반한 존재론(ontology) 측면에서 논한 바 있다.[62] 그는 사물을 크기와 모양을 지니고 감각적으로 경험할 수 있는 어떤 것이라고 보는 고전적이고도 전통적 관념으로부터, '상태(states)'를 지니고 공간의 일부를 점유한 것(separability)이라는 관점을 거쳐, 상대성 이론에 와서는 4차원 시공간이라는 4겹(quadruples)으로 구성된 수들의 집합이라는 관념으로 이행했다고 보았다. 이렇게 본다면 '사물'은 물리적 시공간(경험 공간)에 대응하는 국소화(locality)된 추상적인 수들의 집합이라는 '사건' 개념으로 확장된 것이다.

한편 비트겐슈타인은 Tractatus[63] 첫머리에서 이렇게 말했다. "1. 세계는 일어난 것의 전부이다. 1.1. 세계는 사물(Dinge)이 아니라, 사실들(Tatsachen)

---

61) CP 8B(1999). Doc. 624.

62) 예컨대 다음을 참조할 것. W. van O. Quine, "Whither Physical Objects", in: Cohen et al.(eds.)(1976), 497-504.

63) Tractatus는 1918년 완성되었지만 1921년 오스트발트의 Annalen der Naturphilosophie, Bd. 14에 처음 게재된 독일어 제목은 Logisch-philosophische Abhandlung이며, 1922년 영어로 번역될 때 Tractatus logico-philosophicus라는 제목으로 출판되었다. 여기서 참고한 문헌은 독일어 수정본과 두 가지 영역본을 대조한 Tractatus Logico-Philosophicus. Logisch-philosophische Abhandlung, by Ludwig Wittgenstein, First published by Kegan Paul(London), 1922. SIDE-BY-SIDE-BY-SIDE EDITION, VERSION 0.53(FEBRUARY 5, 2018), containing the original German, alongside both the Ogden/Ramsey, and Pears/McGuinness English translations이다.

의 총체이다.”64) 놀랍게도 그는 세계를 ‘사물’이 아니라 ‘발생한 사건들의 집합’이라고 정의한 것이다. 그런데 그가 하위 명제(Tractatus, 1.13)에서 ‘사실’은 논리 공간에서 사실이라고 했기 때문에 그에게 세계는 물리적 공간에서 벌어지는 사건(der Fall)에 대응한 논리적 공간에서 사실(Tatsachen)이다. 블룸베르크와 파이글(1931)은 비트겐슈타인이 “프레게, 러셀, 화이트헤드 위에서 논리적인 것과 경험적인 것 사이의 관계를 구축하고, … 앎, 즉 언어 분석의 순수 논리적 문제를 공격”65)함으로써 철학적 사유가 가야 할 방향을 가리켰다고 했다. 논리실증주의가 비트겐슈타인으로부터 가져온 것은 언어란 기호들의 구문 혹은 조합 규칙이며, 논리는 구문 순서를 결정하는 규약 체계이기 때문에 언어가 실재에 관해 어떤 것을 말한다고 하더라도 논리는 바로 그 본질로 인해 경험과는 아무 관계가 없다는 점이었다. 즉 “논리는 사실에 관해 아무것도 이야기하지 않는다.”66) 여기에는 실재성을 부여하는 경험 세계와의 연결이 필요했다.(앞의 ‘연결 규칙’ 참조) 그러나 정작 비트겐슈타인은 물리적 세계와 논리적 세계의 연결 고리가 구체적으로 어떤 것인지를 명확히 언급하지 않았을 뿐만 아니라, 무슨 명제가 원자 명제인지도 확실하게 말하지 않았다.67) 따라서 그에게는 사건과 사실 사이에 대응하는 규칙이 무엇인지가 분명하지 않았다.

---

64) Wittgenstein(1922/2018), 11. “1. Die Welt ist alles, was der Fall ist. 1.1 Die Welt ist die Gesamtheit der Tatsachen, nicht der Dinge”, 여기서 ‘der Fall’은 영역본에서 ‘the case’로 번역된다. 이것은 ‘사건’, ‘사례’, ‘경우’, 심지어 ‘Es ist der Fall(It is the case)’에서 보듯이 ‘사실(진상)’이라는 의미도 있다. 여기서는 ‘일어나는 것’ 혹은 ‘사건’을 의미하는 것으로 보인다. 이영철 본(2006), 19의 주석을 참조할 것.

65) Blumberg and Feigl(1931), 282.

66) *Ibid.*, 283-285.

67) *Ibid.*, 287.

확실히 1930년대에 비트겐슈타인, 논리실증주의, 브리지먼, 아인슈타인 사이에는 선험적 이성에 의한 논리는 경험과 연결을 통해(서만) 의미가 부여된다는 세계에 대한 공동의 인식이 있었다. 여기서 이들에게는 경험적으로 의미 있음이라는 기준을 도입함으로써 참된 지식에서 형이상학을 제거하려 했다는 공통점이 있었다. 그러나 **세계**가(즉 **실재**하는 것이) 아인슈타인에게는 사물에 논리적으로 구성된 **고안물들**(inventions/Erfindungen)이 감각적 경험에 의해 의미를 부여받은 것들의 집합이었다면, 논리실증주의자들에게는 **주어진 것**(the given)들의 집합이었으며, 브리지먼에게는 **조작**들의 집합이었고, 비트겐슈타인에게는 **사건**들(cases/Fälle)의 집합이었다. 이들에게는 경험이라는 공집합이 있었지만, 그것이 구체적으로 무엇인지에 대해서는 이렇듯 서로 달랐다. 게다가 이들 사이에 선험적 이성, 혹은 논리, 또는 원자 명제(공리)가 구체적으로 무엇이냐부터 경험의 본질, 이들 사이에 연결이 어떤 형식인지에 대해서도 서로 접근할 수 없을 정도로 달랐다.

'조작'과 '주어진 것'

논리실증주의자들은 진술의 기본 단위를 '원자 명제(atomic propositions)' 혹은 '환원 문장(reduction sentences)', 또는 프로토콜 명제(Protokollsätze)라고 했다. 그들은 원자 명제나 환원 문장으로 분석하거나 분해하는 과정에서 경험적으로 유효한 표현을 의미 없는 것과 구분할 수 있어야 했다. 논리실증주의자들은 의미 있음의 기준으로 삼은 '경험'의 기본 단위를 '주어진 것 (the given)'[68]이라고 불렀고, 브리지먼은 '조작(operation)'이라고 불렀다. 즉

---

68) 적지 않은 국내 문헌에서는 'the given'을 '소여(所與)'라고 번역하고 있다. '소여'의 의미는 '주

브리지먼에게 무의미한 진술은 '조작'과 연결될 수 없고, 논리실증주의자들에게는 '주어진 것'과 연결될 수 없었다. 그러나 경험의 기본 단위가 '주어진 것'이든 '조작'이든 이는 본질적으로 개인적 속성을 지녔기 때문에 이것이 어떻게 관찰 가능한 공적 지식으로 전환될 수 있는지를 놓고 논리실증주의, 비트겐슈타인, 브리지먼, 그리고 행동주의 심리학 내에서도 입장들은 사뭇 달랐다.

'the given'이라는 용어에 대응하는 독일어는 'das Gegebene'이며, 이는 모두 라틴어 'datum'의 번역어이다. '다툼(datum)' 자체는 '경험 자료'를 뜻하지만, 경험주의자들은 이를 '주어진 것' 혹은 '존재하는 것'이라고 불렀다. 그러나 경험주의자들만 '주어진 것'을 말했던 것은 아니다. 칸트와 관념론자들, 그리고 실증주의자들은 '주어진 것'에 대해 인식론적으로 서로 대척점에 있었지만, 이들에게 '주어진 것'이 공통적으로 내포했던 의미는 "단순한 지각에 의해 포착되었지만 현실 인식이 아직 처리되지 않은 원자료"로서 경험이었기 때문에 '주어진 것'은 그저 경험이 아니라 더 이상 분해될 수 없는 '직접적이고도 즉각적인 경험(das unmittelbar Gegebene)'[69]이었다. 그런데 관념론자부터 실재론자에 이르기까지, 또 실증주의자에서 형이상학자, 현상론자에 이르기까지 모든 학파가 경험의 기본 단위로서 '주어진 것'을 언급하고 있지만, 학파들마다 부여한 '주어진 것'의 스펙트럼은 "모든 것"부터 "아무것도 아닌 것"에 이르기까지 걸쳐 있었고 같은 용어를 놓고 철학자마다 해석이 극과 극을 달렸다.[70] Schilpp(1935)[71]도 논리실증주의자들이

어진 바', '부여된 것'으로서 철학에서는 더 이상 환원할 수 없는 경험의 기본 단위라는 의미이다. 이런 점에서 'the given'을 '소여'라고 번역할 수 있겠지만, 여기서는 어려운 용어 대신 그냥 '주어진 것'이라고 번역한다.

69) Mittelstraß(hrsg.) (1995), Bd. 1, 713-714.

비판하는 관념론자 혹은 형이상학자들, 소위 '사이비 철학자들'뿐 아니라 논리실증주의자들 자신도 '주어진 것'을 광범위하게 사용하고 있지만 양측 사이의 견해 차이가 대단히 크기 때문에 '주어진 것'이야말로 반드시 철학의 과제라고 했다. 그런데 그는 논리실증주의자들의 '주어진 것'을 인식론적으로 분석하면서 그들의 관념 밑바닥에는 그들이 그토록 저주하던 형이상학적 속성이 있음을 지적했다.

> 논리실증주의자들 자신은 철학의 본질에 대한 그들의 정의에도 불구하고, '주어진 것'의 본질에 대한 깊은 분석이 필요하다고 생각하지 않는다. 이들에 따르면, 그 이유는 '주어진 것'은 **더 이상 분석 불가능한 최종체(a no-further-analyzable finality)**이기 때문이다. **당신은 이것을 가리킬 수는 있지만, 이에 관해 어떤 것도 말할 수 없다.**[72] '주어진 것'은 논

---

70) Hinshaw(1958), 312.
　　"'그것이 무엇이든 모든 것이 다 주어진 것'이라는 와일드(Wild)의 관점부터, '사고의 모든 출발점은 사고의 산물이다.'는 콜링우드(Collingwood)의 주장까지, 경험주의자의 주어진 것이 '철학적 오류'라는 주장부터 이것이 '존재한다고 하더라도, 아무것도 아닐 것'이라는 주장까지. 게다가 모든 것은 다툼(datum)이라는 실재론자의 주장과 다툼들(데이터)은 존재하지 않는다는 관념론자의 반론 사이에는 … 중재적인 입장도 상당히 많았다."

71) 실프는 당대 저명한 철학자들을 다루었던 시리즈 '살아 있는 철학자들 총서(The Library of Living Philosophers)'의 창시자이자 편집자로 잘 알려진 사람이다. 1939년부터 현재까지도 계속 출판되고 있는 이 시리즈에서 실프는 1981년까지 편집책임자였다. 그가 편집한 시리즈 단행본에는 듀이, 산타야나, 화이트헤드, 무어, 러셀, 아인슈타인, 카르납, 포퍼 등이 있다. 이 시리즈의 특징은 먼저 초대받은 주인공이 자신의 지적 성장과 경력, 자신이 기여했던 연구에 대해 자전적 약전을 쓰고, 당대 저명한 여러 철학자들이 그의 사상을 비평하면, 마지막으로 주인공이 비평에 대한 답변을 하는 것으로 구성되어 있다.(시리즈 아인슈타인 편에서는 브리지먼이 상대성 이론을 조작적 관점에서 비판했고, 이에 대해 아인슈타인이 아주 짧고도 가볍게 응수했다는 점을 뒤에서 논의하겠다.)

72) 즉 '주어진 것'은 지시될 수 있지만 정의될 수 없다. Blumberg and Feigl(1931), 286은 경험과학

리실증주의자들이 신비주의자들로 변신한 곳이다. '주어진 것'은 그저 "**그래 됐다고!**(und damit basta!)"일 뿐이다. 물론 이것이 그렇다면 얼마나 좋겠는가. 그러나 불행하게도 논리실증주의자들에게는 그렇지 않았다. 이것은 그냥 주저앉아 움직이기를 거부하는 노새와도 같았다. … '주어진 것'의 본질에 관한 논리실증주의자들의 입장은 권위적 교조주의(ex cathedra dogmatism)와 지나친 철학적 단순화의 결합일 뿐이다. … 물론 이 점에 대한 실증주의적 고집에 담긴 진리관에는 어떤 것이든 특별하게 "주어진 어떤 것"은 그것 뒤의 어떤 것으로도 더 환원될 수 없다는 주장에 있다. 이 아주 특정한 의미에서 '주어진 것'은 당연히 최종체일 수 있다. 그러나 이것은 '주어짐(given-ness)'의 본질이나 핵심이 설명될 수 없다거나 더 분석될 수 없다고 말하는 것과 동등하다는 것과는 거리가 멀다.[73]

의 모든 개념이 하나의 원초 관계(primitive relation)와 원초 요소들(primitive elements) 위에서 순수한 논리 조작에 의해서만 구성될 수 있고, 이 관계와 용어들은 논리적으로 원초적(주어진 것)이기 때문에 이들은 "정의될 수 없고, 단지 가리킬 수만 있다."고 했다.

[73] Schilpp(1935), 129. 실프는 1929년 비엔나 서클의 지도자 슐릭이 스탠퍼드에 왔을 때 박사 과정 학생이었고, 슐릭의 개인 조교였다. 그리고 슐릭이 1931년 다시 캘리포니아로 와서 버클리를 방문했을 때 실프는 슐릭을 미국의 대중과 학계에 소개하는 역할을 했다. 이때부터 슐릭은 비엔나 서클의 논리실증주의에 대한 논문을 영문으로 발표하기 시작한다. 그런데 실프가 "Is 'Standpointless Philosophy' Possible?", *The Philosophical Review*, vol. XLIV, No. 3(May 1935)에서 가치 중립적 철학이 불가능함을 언급하면서 슐릭의 논리실증주의를 비판했고, 이로 인해 두 사람 사이는 멀어지게 된다. 위에서 인용한 실프의 논문은 이런 배경을 갖고 있다. 실프에게는 논리실증주의자들이 경험의 가장 밑바닥에 있는 기본 단위로서 소통 불가한 주관적 '주어진 것'을 더 이상 분석하지 않은 채, 소통 가능한 공적 사건으로 바꾼 것은 실증주의자들이 신비주의자들로 변신한 것이나 다름없었다. 월터는 말리소프(Malisoff)를 인용해 이를 논리실증주의자들의 "흑마술"이라고 했다. 다음을 참조할 것. Sander Verhaegh, "The American Reception of Logical Positivism. First Encounters(1929~1932)", *HOPOS*, vol. 10, No. 1, Spring 2020; Johannes Friedl und Heiner Rutte(Herausgegeben und eingeleitet), *Moritz Schlick.*

논리실증주의자들에게는 경험이 사고의 논리적 명확함을 검증하는 수단이었고, 형이상학을 제거하기 위해 모든 명제는 경험과 논리의 결합을 통해 의미를 부여받아야 했기 때문에 경험의 기본 단위로서 '주어진 것'은 그들 사고의 기반이었다. 하지만 그들은 '주어진 것'을 더 이상 분석할 수 없다고 했기 때문에 **그 자체는 검증될 수 없었다!** 이 모순이 논리실증주의자들에게는 뼈아픈 약점이었다. 그런데 '주어진 것'을 놓고 모순에 빠져 있었던 것은 형이상학자들 역시 마찬가지였다.[74]

앞서 언급했듯이 브리지먼에게는 경험으로서 조작이 "의식적으로 지향되고 반복 가능한 활동"이었다. 브리지먼과 논리실증주의자들은 경험에 대해 서로 상이한 인식의 차이에도 불구하고 양측은 당분간 '경험'이라는 공분모를 통해 "진리에 대해 형이상학적으로 중립 기준을 세우고, 지식을 위해 자명한 기반을 확보"[75]할 수 있었다. 여기서 논리실증주의자들은 새로운 물리학이 준 가르침은 새로운 경험이 선험적 원리의 볼모가 되지 말아야 하며 개념은 오직 경험과 결합함으로써 의미를 지닌다는 브리지먼의 관

Die Wiener Zeit. Aufsätze, Beiträge, Rezensionen 1926-1936, Springer-Verlag/Wien, 2008, 367-368, 393; Walter(1990), Ch. 7.

74) 실프는 형이상학자들이 실재와 마음의 창조 능력을 구제하기 위해 의식과는 독립적으로 존재하는 '주어진 것'을 부인함으로써 "인식론적 이슈를 형이상학적 이슈"로 만드는 실수를 저질렀다고 했다. 반면 실재론자들(실증주의자들)은 외부 세계가 독립적으로 실재한다는 점을 살리기 위해 유기체가 지각한 '주어진 것'의 바로 그 '주어짐'을 거부하는 오류를 범했다. 즉 실증주의자들이 '주어진 것'의 본질은 유기체와 완전히 독립적이며 세계에서 독립적 실재는 '주어짐'에 있는 어떤 수용 의식의 존재나 표상을 거부함으로써만 구제될 수 있다고 생각했다는 것이다. Schilpp(1935), 129 및 133.

"그렇게 외부 세계는 구제되지만, 그동안 [그들이] 설명한 바에 따른다면 '주어진 것'은 소멸되었다. 말하자면 외부 세계는 존재하지만, 그것은 주어진 것이 아니다. 그런 해석이 어떻게 '주어진 것'의 설명이 되어야 한다고 여전히 주장할 수 있는지는 정말 이상하다."

75) Walter(1990), 167.

점과 상통할 수 있는 접점을 갖게 되었다―그들은 그렇다고 믿고 있었다!

　그런데 양자가 말하는 경험은 본질적으로 서로 조화될 수 없는 다른 것을 뜻하고 있었다. 즉 '경험'이라는 같은 용어에 대해 브리지먼은 그것이 능동적 의미의 경험으로 '조작'이라고 생각했고, 논리실증주의자들은 수동적 의미의 경험인 '주어진 것'이라고 생각했던 것이다. 그뿐 아니라 브리지먼에게 의미 있는 경험은 개인적인 것(the private), 즉 나의 것이고, 그래서 그에게 의미는 '나에게' 의미 있음이다. 반면 논리실증주의자들에게 의미 있는 경험은 공적인 것(the public)이었다. Walter(1990, 제7장)는 브리지먼과 논리실증주의 사이에 결정적인 차이가 있음을 두 가지 측면에서 지적했다. 하나는 경험(사실)과 논리(형식) 사이의 관계에 대한 것이고, 두 번째는 개인적 경험이 공적 지식으로 이행하는 문제에 관한 것이라고 했다. 월터는 논리실증주의자들이 전자에 대해 물리 세계를 형식 논리로 설명하는 데 성공한 일반 상대성 이론이라는 사례를 갖고 있었으나, 개인적 지식과 공적 지식 사이의 간극을 다루어야 하는 후자에 대해서는 명확한 답이 없었다고 했다. 브리지먼은 첫 번째를 조작적 관점에서 비판했고, 두 번째에 대해서는 경험이 본질적으로 환원 불가능하고 소통 불가능한 개인적이라는 점을 강조했다. 그는 전자로 인해 물리학적으로 고립되었고, 후자에서는 논리실증주의자들과 행동주의자들(특히 스키너)로부터 주관주의자, 유심론자(solipsist)라고 비판되었다.

　얼핏 본다면 오히려 반대로 조작이 공적 경험이고, 즉각 경험(주어진 것)은 개인적 경험이라고 볼 수 있다. 그런데 사실은 논리실증주의자들도 '지식의 밑바닥'에 있는 경험의 최소 단위, 즉 '직접(혹은 즉각) 주어진 것'이 소통 불가능한(non-communicable) 개인적 경험이라는 사실을 이미 알고 있었다. 이들은 경험이 내용 때문이 아니라 형식(언어) 때문에 소통 가능하게 된다고 보았다. 따라서 언어적 보고(verbal report)가 아직 일어나지 않은 '즉각 주어진' 개인적 경험은 소통 불가한 것이다.

> 최근 지식 이론의 가장 중요한 공헌 중 하나는 [슐릭의] '올바른 지식 (Erkenntnis)'과 '즉각 경험(Erlebnis)' 사이의, 또는 [러셀의] '서술에 의한 지식(knowledge by description)'과 '획득에 의한 지식(knowledge by acquaintance)' 사이의 차이를 명확히 형식화함으로써 '지식'이라는 용어에서 모호함을 제거했다는 데 있다. 이 차이는 논리경험주의에서 근본적 위치를 차지한다. 이로부터 **지식 혹은 소통 가능함이 형식 구조를 나타내지만 경험 내용을 나타내는 것은 아니라는** 결론이 도출된다. 즉 **'즉각 주어진 것'은 개인적인 것이기 때문에 소통 불가능하다.**[76]

이제 논리실증주의는 소통할 수 없는 개인적 지식을 소통 가능한 공적 지식으로 변환하는 형식에 관심을 갖게 된다. 그런데 그러한 관심을 특별히 강하게 보였던 다른 집단이 행동주의 심리학자들이었는데, 그들 내부에서도 개인적 경험을 놓고 그것이 관찰 가능하고 측정 가능한 공적 지식으로 어떻게 변환될 수 있는지에 대해 입장이 아주 달랐다. 하버드의 조작주의 심리학자(행동주의자) 스티븐스는 지식의 밑바닥에서 '즉각 알게 된 것'이 개인적이고 소통 불가능하다는 이야기가 정작 논리실증주의자들 입에서 나온 것이라고 하면서 그는 심리학 연구 대상에서 개인적 경험을 제외했다.[77] 특히 보링이 "과학은 개인적 데이터를 고려하지 않는다."[78]고 말했을

---

76) Blumberg and Feigl(1931), 285.
77) Stevens(1939), 238.
    "비엔나 서클도 모두 똑같은 잘못을 저질렀다: 이들은 지식과 즉각 경험 사이의 차이를 발

때 스키너는 스티븐스와 보링이 심리학 개념을 오직 공적으로 관찰된 것에만 한정했기 때문에 이들의 심리학을 '방법론적 행동주의(methodological behaviorism)'[79]라고 비난했다.

인간마다 두뇌에서 개별적으로 벌어지는 정신 활동으로부터 과학이라는 객관적 지식이 어떻게 가능할 수 있는지라는 측면에서 볼 때, 한 개인의 소통 불가능한 '주어진 것'으로부터 소통 가능하며 객관적인 공적 지식으로 전환되는 문제는 논리실증주의에서 매우 중요했다. 일찍이 카르납이 *Aufbau*에서 논리실증주의의 핵심이 되는 이론적 기반을 제시했을 때, 그는 소통 불가능한 나의 개인적 경험을 지시하는 개념들의 기반을 검토함으로써 소통 가능한 공적 지식으로 전환될 수 있는 논리 구성 체계(Konstitutionssystem)를 제시했다. 여기서 그는 개인의 주관적 경험(즉각 주어진 것)이 간주관적 과정을 거쳐 객관적 지식으로 어떻게 이행하는가를 설명했다. 따라서 논리실증주의자들은 인간이라는 유기체가 지닌 사고 구조의 상사성(相似性, similarity)에서 유래된 간주관성(intersubjective)을 통해 개인적인 것을 물리적인 것으로 번역하고(물리적 언어), 물리적인 것을 공적인 것과 같다고 놓음으로써 '주

견했다고 주장한다.(블룸베르크와 파이글을 보라.) 즉 [이들에 따르면] ***지식***은 소통 가능하지만, ***즉각 주어진 것***은 개인적이고 소통 불가하다. **이것이 논리실증주의자의 입에서 나온 말이다!** 소통 불가능한 것이 존재한다는 것을 우리가 어떻게 증명할 수 있는지 알 수 없기 때문에, 그들이 제안한 모든 규칙에 따른다면 정말로 이 문장은 검증 불가능한 명제이다."

78) Boring(1945), 244.
79) Skinner(1945), 270-277, 291-294. Strapsson and Araujo(2020)는 '방법론적 행동주의' 용어의 유래와 스키너, 파이글, 베르크만이 말하는 '방법론적 행동주의'가 각각 다른 의미를 지니고 있다는 점을 보였다. Strapasson, Bruno Angelo and Araujo, Saulo de Freitas, "Methodological Behaviorism: Historical Origins of a Problematic Concept(1923-1973)", *Perspectives on Behavior Science* 43, 2020, 415-429.

어진 것'의 인식론적 난점을 우회했던 것이다. 이로써 논리실증주의 입장에서는 브리지먼이 말하는 내 경험이나 카르납의 "다른 마음들(Fremdpsychische; other minds)"은 비로소 서로 소통 가능하게 된다.

> [내 경험이] 관찰 가능한 행동의 명제들로 (이론적으로는) 완전히 번역 가능하기 때문에 … 최종 분석에서 내 경험과 관련된 명제들로 완전히 [공적으로] 번역할 수 있다.[80]

논리실증주의자들에게는 개인적 경험이 언어라는 논리 체계에 의해 공적으로 전환될 수 있었기 때문에 그들은 경험의 개인성을 문제라고 보지 않았다. 그러나 브리지먼은 최종적으로 모든 지식이 조작의 주체인 개인 판단에 의해 확인된다고 보았고, 개인적 경험은 언어에 의해 관찰 가능한 공적 지식으로 **결코 완전히 옮겨지지 않는다**고 했다.

> "나는 이해한다."는 진술은 "내 이가 아프다."고 말할 때처럼 아주 개인적인 진술이다.[81]

논리실증주의자들이 개인적 경험으로부터 공적 지식으로 나아갔다면, 브리지먼은 그 반대로 지식의 개인성이 본질적으로 지닌 환원 불가능한 문제로 갔다. 또 개인적 경험을 놓고 벌어진 스키너와 브리지먼의 불화는 그가 죽을 때까지 이어졌다.(브리지먼의 *The Way Things Are*의 집필 동기와 내용의

---

80) Blumberg and Feigl(1931), 293.
81) Bridgman(1940), 46.

상당 부분은 스키너에 대해 자신의 입장을 나타낸 답변이다.) 바로 여기서 논리실증주의자들과 행동주의자들은 브리지먼과 화해할 수 없이 갈라서게 된다. 하지만 이 문제는 이후 논리실증주의자들로 하여금 경험의 최소 단위로서 개별성, 즉 의식과 마음의 문제에 지속적으로 관심을 돌리게 만든 계기가 된다.

슐릭의 서평과 비트겐슈타인의 '검증'

앞서 보았듯이 비엔나 서클이 정확히 언제, 어떻게 『논리』를 알게 되었는지 확실하게 알려진 바가 없지만, 『논리』의 서평이 게재된 *Die Naturwissenschaften*이 1929년 7월 5일 발간되었고 5월 27일 슐릭이 대서양 횡단 여객선을 타기 위해 프랑스 항구로 출발했다는 사실로 볼 때 늦어도 슐릭은 그 이전에 『논리』를 집중적으로 검토했을 것이다.[82] 서평의 텍스트 이력을 추적하면서 타이프로 작성된 두 가지 초안이 존재한다는 점을 밝혔던 『슐릭 총서』의 편집자들도 이 초안이 언제 작성되었는지에 대해서는 말하지 않았다.[83]

『슐릭 총서』의 편집자들은 슐릭의 서평을 논평하면서, 브리지먼의 '조작주의'가 유럽에 등장한 논리경험주의와는 독립적으로 발전한 관점이지만 당시 비엔나에는 '검증주의'라는 이와 비슷한 관점이 이미 있었다고 했다.

---

82) Verhaegh(2020)의 주석 23) 참조.

83) Stadler(Wien) und Wendel(Rostock)(hrsg.)(2008), 183-185. 총서 편집자들은 슐릭 서평에 두 가지 초안이 있는데, 슐릭의 저작물들 중 초안이 남아 있고 텍스트의 변화 이력을 추적할 수 있는 극소수의 원고라고 평가하면서 서평의 최종 텍스트가 어떻게 달라졌는지를 보였다.

브리지먼은 '조작주의'라는 이름으로 논리경험주의와는 독립적인 관점을 발전시켰는데, 바로 당시 비엔나에서는 이 관점과 확실히 유사한 것들(후에 "검증주의"라고 불렀다.)이 등장하고 있었다. 슐릭의 저술에서 가장 흥미로운 것 중 하나인 이 서평은 브리지먼식 버전에 대한 짧은 논쟁을 벌이고 있음에도 여기에는 명확한 관점에 의한 **차별화**가 보인다.[84]

조작주의와 검증주의는 모두 명제에 의미를 부여하는 방법이지만, 한 명제나 개념이 오직 경험과 관련되었을 때만 의미를 지닌다는 경험주의 관점을 서로 다른 방식으로 해석한 것이다. 이때까지만 해도 비엔나 서클은 "한 명제는 그것이 검증되었을 때 의미 있다."는 엄격한 테제를 고수하고 있었기 때문에 슐릭은 서평에서 브리지먼의 조작주의를 자신들의 검증주의 관점에서 해석했다.

슐릭은 브리지먼의 철학적 입장이 "대략 실증주의적 프래그머티즘으로 특징"되며, 그의 『논리』는 "물리 개념과 방법의 존재에 관해 전반적으로 명쾌함과 이해력 있게 말하고 있다."고 하면서도 "어떤 면에서는 극단으로 몰고 갔다."고 평가했다. 그는 개념이 경험 안에서 입증될 수 있을 때만 의미를 갖는다는 개념의 경험주의적 특성이 오늘날 물리학에서는 익숙한 관점으로서 이를 브리지먼은 "개념이 실험과학자의 처치를 통해서만 의미를 얻으며, 모든 실험과 관찰로부터 분리된다면 의미를 갖는 것이 중단되는 것으로 해석한다."고 했다.[85] 그런데 그는 개념이 지닌 경험주의적 속성, 즉

---

84) *Ibid.*, 183.
85) Schlick(1929), 549.

조작을 통해 개념에 의미가 부여된다는 관점에는 동의하면서도, 개념이 곧 조작들의 집합과 동일하다는 조작의 '등가성'을 받아들일 수 없었다. 그리고 조작들의 집합에 개념의 의미가 유일하게 대응한다는 '유일성' 테제에도 반대했다.

> 브리지먼은 … 개념은 이에 대응하는 조작들의 그룹과 **같은 의미**(*gleichbedeutend*)라고 생각한다. 이 인식은 정밀한 자연 인식의 가장 중요할 수도 있는 사실에 정당성을 결코 부여할 수 없기 때문에 **나는 이 말을 지지할 수 없다**. 즉 아주 서로 다른 조작들이지만 동일한 측정값을 줄 수 있다는 것과 이런 방식으로 여러 측정 방식의 교차점으로서 개념의 측정값이 산출될 때 물리학이 한 개념을 비로소 합법적이라고 본다는 것이다. 한 개념의 내용이 개념으로 안내하는 조작과 정말 다르지 않다면, 서로 **동일한** 크기가 아닐 것이기 때문에 서로 다른 여러 방식으로 크기를 측정한다는 것은 불가능할 것이다. 이것이 실제로 브리지먼의 의견이다. 그는 이로부터 예컨대 극미시 길이의 개념, 말하자면 10^{-10}cm는 자를 직접 갖다 대어 측정한 길이와 원칙적으로 다른 의미를 갖는다는 결론을 내렸다. 그렇지 않다. 이것이 타당하다고 하더라도, 지구 표면에서 사슬자를 직접 접촉해 확정한 임의의 거리가 광학적 관측을 통해 삼각 측량으로 측정한 길이와 **원칙적으로 다르다고 판단할 수는 없다**. 물리 개념이 오직 실험 조작에 의해서만 결정되는 것이 참이라면, 그 의미는 이 조작들 자체에 존재하는 것이 아니라, 조작들에서 얻은 어떤 **불변량**(**Invarianten**)에 존재한다.[86]

---

86) *Ibid.*

슐릭에게 개념의 의미는 조작 자체에 있지 않고 조작들에 의해 얻어진 변치 않는 속성(invariants)에 있기 때문에 개념과 조작은 같은 의미가 아니며, 하나의 개념에 대응하는 다수의 조작마다 독립적 의미가 각각 부여되는 것도 아니었다. 사실상 슐릭이 제기했던 조작과 개념의 등가성과 유일성 문제는 브리지먼의 조작 사상에서 핵심이자 가장 많이 논란이 되었던 부분이다. 그렇지만 그는 브리지먼의 관점을 자신들의 서클 활동과 비교하면서 논평을 호의적으로 마무리한다.

> 여기서 이런 분석들이 이미 많이 수행되었고(예를 들어 라이헨바흐의 공리적 연구), 이는 브리지먼이 몇 가지 점에서 보였던 것만큼 그렇게 어려운 것이 결코 아니다. 이 책은 아주 명쾌하고 읽기 쉽게 쓰였고, 꼭 읽어야 할 책이다. 사람들이 결과들을 종종 인정할 수 없을 때라도 그의 비판적이고도 회의적인 자세는 아주 건강하며, 물리학에서 사고의 진정한 자유를 촉진하고 숨어 있는 교조주의를 무력화하는 데 매우 적절하다.[87]

그가 제기했던 검증의 문제는 그가 미국에서 돌아온 다음 비트겐슈타인과 나눈 대화에서 다시 이어진다. 또 이 주제는 언어의 의미와 논리를 광범위하게 다루었던 비트겐슈타인 구술의 일부 내용에서도 확인할 수 있다. 이 자료들은 서클 회원이자 슐릭의 제자였던 바이스만이 남긴 속기록과 이를 전사하고 재구성해 타이프로 작성한 문서에서 볼 수 있다.[88]

---

87) *Ibid.*, 550.
88) 우선 1929-31년 속기로 작성한 대화록을 전사(傳寫)한 것이 『루트비히 비트겐슈타인과 비엔나 서클. 맥귀네스가 편집한 프리드리히 바이스만의 대화 기록의 유고(Friedrich Waismann,

서클은 1927년 12월부터 비트겐슈타인과 직접 접촉하게 되지만, 서클 회원 내(주로 카르납과 슐릭) 갈등과 비트겐슈타인과 회원 사이(카르납과 비트겐슈타인)의 갈등으로 1929년부터 슐릭과 바이스만은 서클 모임과는 별도로 비트겐슈타인을 정기적으로, 그러나 사적으로 만난다. 슐릭이 비트겐슈타인과 지속적인 만남을 추진했던 것은 비트겐슈타인을 서클로 끌어들여 그의 논리철학을 서클 철학의 기반으로 삼고, 그의 말을 낱낱이 기록해 서클의 철학 '과학적 세계관'의 첫 번째 출판물로 발간하려 했던 슐릭의 원대한 구상과 관련 있다. 그러나 비트겐슈타인이 서클에 합류하는 일이나 *Logik, Sprache, Philosophie*(논리학, 언어, 철학)라는 제목으로 출판될 예정이던 프로젝트89)는 모두 성사되지 못했다. 다만 기록과 접촉의 책임을 맡았던 바이스만은 엄청난 노력을 들여 수년에 걸친 슐릭과 비트겐슈타인의 대화와 비트겐슈타인의 구술을 모두 기록으로 남겼다.90)

Ludwig Wittgenstein und der Wiener Kreis, Gespräche, aufgezeichnet von Friedrich Waismann, aus dem Nachlaß herausgegeben von B. F. McGuinness)』(Ludwig Wittgenstein Werkausgabe Band 3, Suhrkamp, 12. Auflage 2019)로 출판되었는데, 여기에는 바이스만 대화 주제와 이를 토론한 날짜가 명시되어 있다. 두 번째로, 1931-36년에 걸친 시기에 작성된 나머지 원고 뭉치들을 편집해 출판한 것이 Ludwig Wittgenstein and Friedrich Waismann, *The Voices of Wittgenstein. The Vienna Circle*. Original German Texts and English Translations, Transcribed, edited and with an introduction by Gordon Baker, Translated by Gordon Baker, Michael Mackert, John Connolly and Vasilis Politis, Routledge: London and New York, 2003이다. 이는 독일어와 영문 번역 대조 형식으로 출판되었다.

89) 1959년 바이스만 사후 그의 미완성 유고가 출판된다. *Logik, Sprache, Philosophie*의 최종 텍스트는 폭격을 맞은 네덜란드 출판사의 화재로 소실되었지만 이전 초고를 갖고 복원해 1976년 출판되었다. 바이스만이 집중적으로 교정을 보았던 1936년 영역본 교정쇄는 *The Principle of Linguistic Philosophy*라는 제목으로 1965년 출판되었다. Wittgenstein and Waismann (2003), xxii 를 보라.

90) 비엔나 서클과 비트겐슈타인의 관계는 위의 책들 외에도 다음을 참고할 것. 'Kaptel 6. Wittgenstein und der Wiener Kreis—Denkstil und Denkkollektiv', in: Friedrich Stadler, *Der Wiener*

2차 미국 방문에서 돌아온 슐릭이 1931년 1월 4일 비트겐슈타인을 만났을 때 그는 한 전자의 질량과 전하가 12가지나 14가지의 독립적인 방식으로 결정될 수 있다고 말하면서 이렇게 질문을 던진다.

> 이제 물리학의 한 명제는 **여러 방식으로** 검증될 수 있다. … 한 명제의 의미가 그의 검증 방법이라면, 이를 어떻게 이해해야 하는가? 한 명제가 여러 방식으로 검증될 수 있다는 것을 우리가 어떻게 주장할 수 있는가? 나는 여기서 여러 가지 방식의 검증이 연관된 것이 자연법칙이라고 생각한다. 즉 나는 **자연법칙의 관계를 근거로 한 명제를 여러 방식으로 검증할 수 있다.**[91]

비엔나 서클은 한 개념 혹은 하나의 명제가 검증됨으로써 명제에 의미가 부여되고 그 검증의 기준이 경험이라고 했기 때문에 조작은 검증의 한 가지 방법이었다. 그런데 앞서 '검증 원리와 환원주의'에서 인용했듯이 슐릭은 "한 명제의 의미는 그것의 검증 방법이다."[92]고 했고, 비트겐슈타인의 구술을 정리했던 바이스만도 똑같은 말을 하면서 이어서 "검증의 방법은 수단이나 도구가 아니라 의미 자체"라고 했다.[93] 하지만 이들은 한 명제에 의

Kreis. Ursprung, Entwicklung und Wirkung des Logischen Empirismus im Kontext, Springer, 2015; 'Einleitung der Herausgeber, 3.1. Gespräche mit Wittgenstein: der Beginn der Flügelbildung', in: Michael Stöltzner und Thomas Uebel, *Wiener Kreis. Texte zur wissenschaftlichen Weltauffassung von Rudolf Carnap, Otto Neurath, Moritz Schlick, Philipp Frank, Hans Hahn, Karl Menger, Edgar Zilsel und Gustav Bergmann*, Felix Meiner Verlag, Hamburg, 2006.

91) 'Verifikation der Sätze der Physik', in: Waismann(2019), 158.

92) "The meaning of a propositions is the method of its verification", Schlick(1936), 341.

93) "Der Sinn eines Satz ist die Art seiner Verifikation", 'Anhang B. 6. Verifikation', in: Waismann (2019), 244. 편집자는 '부록 B'라고 분류된 항목들은 바이스만이 『논리, 언어, 철학』을 출판할

미를 부여하는 검증에는 여러 가지 방법이 있다고 생각했기 때문에 검증마다 명제의 의미가 달라진다는 점을 받아들일 수 없었다. 슐릭의 질문에 비트겐슈타인은 이런 일은 과학에서만 나타나는 것이 아니라 일상생활에서도 볼 수 있다고 말하면서 사례를 든다.

> 나는 예컨대 옆방에서 연주되고 있는 피아노 소리를 들으면서 말한다. "내 형이 그 방에 있네." 내가 그것을 어디서 알았느냐고 누군가 내게 묻는다면, 나는 이렇게 답한다. "그는 내게 이때쯤에는 옆방에 있을 거라고 말했어.", 혹은 "나는 피아노 연주 소리를 듣고, 거기서 그의 연주 방식으로 알아냈어.", 혹은 "나는 방금 발자국 소리를 들었는데, 완전히 그의 발자국 소리와 같았어." 등등. 이는 내가 **같은 명제를 언제나 여러 방식으로 검증했다**는 것을 보여주는 것이다.[94]

과학적 상황에서 명제의 의미를 확정하는 것을 브리지먼이 조작적 정의, 비엔나 서클이 검증이라고 했지만, 비트겐슈타인이 검증의 문제를 생활 속의 사건으로 가져간 것은 그의 관심이 논리철학으로부터 일상생활의 언어철학으로 옮겨가고 있음을 암시한다. 그 증거가 다른 곳에서 비트겐슈타인이 '검증'에 관해 이야기한 것에 있다. 날짜는 기록되어 있지 않지만 대략 1931-34년 사이에 작성되었을 것으로 추정되는 바이스만의 다른 기록물에

목적으로 비트겐슈타인의 사상을 항목별로 분류하고 재구성해 서클 철학에 맞춰 해석한 것이라고 한다.

94) *Ibid.*, 158-159. 주석에서는 비트겐슈타인의 형이 실제로 피아니스트였다고 말한다. 알려진 바에 의하면 그의 형은 유명한 피아니스트였을 뿐 아니라 전쟁에서 한 손을 잃은 다음에도 나머지 한 손으로 연주했다고 한다.

는 타이프로 작성된 '검증(Verifikation)'이라는 제목의 원고가 있다.

> 한 명제를 어떻게 검증하는지를 명시하는 것은 **명제 문법**의 일부이
> 다. 이는 내가 명제에 ***적용하기 전의 결정***이다. … 만일 내가 다른 명
> 제에 의해 한 명제의 의미하는 바를 설명한다면, 이 새로운 명제들이
> 무엇을 뜻하는지 내가 어떻게 아는가? 언어는 확실히 어디선가 현실
> (Wirklichkeit)과 접촉해야 한다. 이 질문은 오해에 기반하고 있다. 이
> 는 내가 이렇게 말함으로써 해소된다: 만일 **내가 한 명제의 검증을 서
> 술한다면, 나는 단순히 첫 번째 명제에 아주 특별한 방식으로 의존하는 다
> 른 명제를 제시한다.** 나는 이 문법을 더 명확하게 만들 목적으로 그 문
> 법을 확장한다.[95]

여기서 비트겐슈타인은 일상생활에서 한 명제에 대해 여러 검증 방식이
있음을 언어 게임 혹은 언어 규칙으로 설명하고 있다. 검증이란 한 명제를
다른 명제로 특별하게 바꾸어 말한 것이고, 명제의 규칙, 문법을 정하는 일
이다. 따라서 비트겐슈타인에게 한 명제가 서로 다른 여러 방식의 검증에
서 동일한 의미를 지닐 수 있는 근거는 소통의 규칙, 명제의 문법, 언어 게임
에 있었다. 그는 자신이 비엔나 서클에 결정적인 철학적 영감을 주었던 검
증 원리로부터 이미 크게 이탈하고 있었다. 검증에 관해 바이스만이 기록
한 이야기는 비트겐슈타인이 1945년에 완성했다고 알려진 『철학 탐구
(*Philosophische Untersuchungen*)』(이하 *Untersuchungen*) 제1부에서 반복된다.

---

95) Wittgenstein and Waismann(2003), 116/117.(앞의 쪽수는 독일어 원문에 해당하는 쪽수이고,
    뒤의 쪽수는 영역본 쪽수이다.)

353. 한 명제의 검증 방식과 가능성에 대한 질문은 "그게 무슨 뜻인가요?"라는 질문의 **특별한 형태**일 뿐이다. 그 답은 **명제의 문법**에 대한 기여이다.[96]

이 이야기를 보면 그는 이미 1930년대 초부터 철학적 전환을 하였음을 알 수 있다. 슐릭이 바이스만을 내세워 비트겐슈타인의 *Tractatus*의 철학을 서클의 기본 이념으로 삼기 위해 비트겐슈타인과 지속적으로 대화를 나누고, 그의 생각을 구술로 받아 기록하면서 서클의 이론서(*Logik, Sprache, Philosophie*)를 발간할 계획까지 세웠지만, 이때는 이미 비트겐슈타인이 1920년대 자신의 *Tractatus* 철학을 부정하고 *Untersuchungen*으로 대표되는 후기 사상으로 옮겨가고 있는 중이었다. 그래서 바이스만이 그를 만날 때마다 그의 생각은 바뀌었고, 거기다 그의 기행과 변덕으로 인해 바이스만은 지치게 된다. 최종적으로 비트겐슈타인이 프로젝트에서 손을 떼기로 하고 그동안 구술과 대화 자료에 대한 해석과 편집 권한을 슐릭과 바이스만에게 넘겼음에도 불구하고 그는 여러 차례 번복한다. 그는 자신의 과거 철학이 출판되거나 비엔나 서클의 기본 이념이 되는 것을 원치 않았던 것이다.

비트겐슈타인은 1931년 12월 9일 바이스만을 만났을 때 *Tractatus*의 "교조적" 테제들을 이렇게 개작하는 것을 껄끄러운 시각으로 보았다. 그는 자신의 책에서 나타난 자세가 "더 이상 정당화되지 않는다."고 선언했다. 또 비트겐슈타인은 슐릭이 *Tractatus*에 몰입하는 것을 비판

---

96) Wittgenstein(translated by G. E. M. Anscombe)(1953/2001), #353, 95. "무슨 뜻인가요?"의 원문은 "Wie meinst du das?", 영어로는 "How d'you mean?"으로 번역되었다.

했다. 그는 단호한 거부자가 되었다: **"이 책에는 내가 오늘날 동의하지 않는 아주, 아주 많은 명제들이 있다."** 간단히 말해 슐릭의 지원과 지도로 바이스만이 마무리하려는 프로젝트를 부정적으로 본 것이다. 비트겐슈타인이 볼 때, [슐릭이 계획하고 있는 책] *Logik, Sprache, Philosophie*에는 상호 일관성이 없는 아이디어들의 잡동사니가 받아들일 수 없는 교조적 스타일로 제시될 것이다. 자신의 사상에 대한 이런 풍자를 미리 제압하기 위해 그는 원래 홍보되었던 형태로 출판되는 것을 명백히 거절한 것이다.[97]

이 시기에, 즉 비트겐슈타인이 논리철학에서 언어철학으로 변하는 과정에 있었던 시기에 그가 '길이' 개념을 어떻게 보고 있었는지를 보겠다. 우선, 앞서 보았듯이 브리지먼은 『논리』에서 개념의 조작적 특성을 "개념이란 이에 대응하는 조작들의 집합과 동의어"라고 말하면서 길이 측정의 사례를 들었을 때, "원칙적으로 길이를 측정하는 조작은 유일하게 지정되어야 한다."고 했다.[98] 따라서 삼각 측량에 의한 광학적 길이와 통상적인 막대자로 측정하는 접촉 길이, 정지 관찰자에 의한 길이나 빠른 속도로 이동하는 물체의 길이는 **서로 다른 의미**의 길이라고 했다. 만일 이들을 같은 의미의 길이라고 말한다면, 그것은 서로 다른 두 경험 영역이 만나는 경계에서 측정값이 일치할 때 실용적으로 같은 '길이'라는 용어를 사용할 수 있다고 했다.(측정값의 정합성) 그런데 슐릭에게는 두 길이가 같아야 한다는 필연성이 없지만, 만일 같다면 그것은 자연법칙일 것이며, 따라서 한 명제를 여러 방

---

97) Wittgenstein and Waismann(2003), xxvi.
98) Bridgman(1927/48), 5 및 10.

식으로 검증해 같은 의미를 얻어내는 것은 가능했다.

> 내가 한번은 자를 갖다 대고 길이를 재고, 다음에는 관측경을 통해 잰
> 다. **두 결과가 일치한다는 것은 그 자체로**(an und für sich) **꼭 필요한 것은
> 아닐 것**이다. 그런데 정말 일치한다면, 거기에 **자연법칙**이 드러난 것
> 일까. (?) 나는 두 경우가 어느 정도까지 "동일하다."고 결정할 수 있
> 을까?[99]

명제의 의미가 다수의 조작 혹은 다수의 검증에 어떻게 대응하는가에 대
한 질문의 핵심에는 '동일성(identity)' 판단이 존재한다. 앞서 '검증 원리와
환원주의'에서 보았듯이 브리지먼은 측정값의 일치에 의한 동일성 판단을
경험적, 혹은 실용적(pragmatic)이라고 했지만, 슐릭에게는 자연법칙에 의한
불변성(invariants)이고, 아인슈타인에게는 형식의 공변성(covariants)이었다.
브리지먼은 조작이 다르면 개념도 원칙적으로 다르다고 했지만, 슐릭은 다
른 검증이라고 하더라도 자연법칙이 동일성을 보장해 주면 명제는 동일한
의미를 지니며 그렇지 않다면 동일한 의미가 아니다. 그에게 동일성은 자
연의 원리였다. 그런데 비트겐슈타인과 대화 속기록이나 그의 구술 곳곳에
서 발견되는 것처럼 비트겐슈타인에게 동일함을 판단하는 것은 현실과 결
합한 일상 언어였다.

우리는 예를 들어 한 선분의 길이에 대해 말한다. 그렇게 할 때 "길이"

---

99) 1931년 1월 4일(일요일) 바이스만이 기록한 슐릭과 비트겐슈타인의 대화. Waismann(2019),
158.

라는 단어의 사용 방식은 의도에 따라 변한다(absichtlich schwankend). 우리가 "이 길이는 저 방식뿐 아니라 이 방식으로도 측정될 수 있어서, 우리가 두 측정의 결과를 선분의 길이라고 부른다."고 말하는 것은 **우리 게임의 일부이다.** 그러나 가끔 우리는 "한 선분의 길이"라는 단어를 오직 한 가지 측정 결과에만 대응하는 방식으로 사용한다. 왜냐하면 이 경우에 표현의 의미가 무엇인지를 염두에 두는 것이 필요하기 때문이다. 물론 **이것은 문법적 절차에 불과하며, 이 안에 검증의 진술이 존재한다.**[100]

따라서 비트겐슈타인에게 검증 혹은 조작을 통해 의미의 동일함(identity)을 획득하는 것은 더 이상 자연의 공변성(아인슈타인)이나 자연법칙이 주는 불변성(슐릭), 혹은 측정 결과의 정합성(브리지먼) 문제가 아니었다. 그것은 언어 게임이자 표현의 문제였다.

---

100) Wittgenstein and Waismann(2003) 'Verifikation', 116/117. 편집자는 이 주제가 날짜 미상이고 이야기의 주인이 누구인지 명시되지 않은 바이스만의 원고 뭉치(Notizbuch 1, F40)에 포함되어 있다고 말한다. 바이스만의 기록 자체가 슐릭의 출판 프로젝트와 관계 있었기 때문에 원고의 주제들은 『논리, 언어, 철학』의 목차에 따라 분류되어 있다. 편집자는 출판 프로젝트의 대상이 비트겐슈타인이기 때문에 원고에서 나오는 "나"는 비트겐슈타인이며, 비트겐슈타인의 주제별 구술을 바이스만이 속기한 다음 이를 전사하거나 재구성해 타이프로 작성한 것이라고 한다. *Ibid.*, xvi-xxx, xxxiii, xxxix를 보라. 이 텍스트의 주제가 브리지먼이 『논리』에서 논한 것을 슐릭이 1929년 서평에서 문제를 제기하고, 1931년 비트겐슈타인과 길이를 사례로 한 검증 문제를 다루었던 것이기 때문에, 그리고 1936년 슐릭이 세상을 떠났기 때문에, 추정컨대 이 텍스트가 작성된 시점은 1931년 1월 슐릭과 대화 이후부터 1934년 사이라고 판단된다.

3. 물리학에서 조작주의 논쟁

브리지먼이 『논리』를 집필하게 된 동기가 새로운 물리 현상들이 등장하면서 느낀 물리학에서 개념과 의미의 혼란 때문이라고 했지만, 『논리』가 물리학 자체에 미친 영향은 크지 않았고 물리학자 대부분의 반응도 크게 열광적이지 않았다. 그것은 아마도 20세기의 물리학 상황 속에서 많은 물리학자들이 개념의 의미를 명확하게 하기 위해 개념을 정의하고 적용할 때 자연스럽게 실증적인 조작적 방법이나 조작 분석을 무의식적으로 하게 되었기 때문일 것이다. 말하자면 그들이 관심이 없었다기보다는 당연하다고 생각했기 때문일 것이다. 여기서 브리지먼의 『논리』는 단지 조작적 방법의 적용을 의식하게 만든 계기를 제공했을 뿐이다. 대부분의 물리학자들은 조작적 접근이 어떤 심오한 철학 체계라고 생각하지 않았다. 그들은 브리지먼의 주장처럼 물리학에서 개념을 명확히 하기 위한 방법과 자세라고 생각했고, 또 논리실증주의 철학을 구현하는 방법론이라고 생각했다. 오히려 브리지먼의 조작 관념은 물리학에서보다 다른 분야에서 더 환영을 받았다. 그 이유는 다름이 아니다. 물리학에서의 기본 개념들을 사례로 들었던 『논리』의 조작적 정의는 다른 분야의 개념에 적용될 수 있는 확장성이 있었기 때문이다. 실제로 물리학이 아닌 분야, 심리학, 사회학, 경제학, 교육학 등에서 많은 학자들이 조작적 접근을 더 환영했다. 앞서 보았듯이 브리지먼은 『차원 분석』에서 조작 개념을 물리적인 것으로 확장했고, 『논리』에서는 조작적 사유가 다른 분야에서도 사고를 명확히 하는 데 도움이 될 것이라고 말함으로써 일반화의 가능성을 열었다. 하지만 물리학 내에서 조작주의 논쟁이 전혀 없었던 것은 아니다. 그것은 물리학에서 성공한 이론, 즉 양자역학과 상대성 이론을 놓고 벌어진 논쟁이었다.

린제이와 그륀바움의 비판

브리지먼이 1936년 프린스턴 대학교의 Vanuxem 재단이 후원하는 강연에서 발표한 원고를 1937년 『물리 이론의 본질』로 출판했을 때, 이에 대해 린제이가 1937년 「물리학에서 조작주의 비판」을 발표했고, 브리지먼은 1938년 「조작 분석」이라는 글로 답변했다.[101] 그런데 1950년 브리지먼이 런던대학교에서 행한 강연 시리즈를 이듬해 「우리 물리 개념의 본질」이라는 제목으로 발표했을 때 린제이는 1953년의 AAAS 컨퍼런스에서 「물리학에서 조작주의. 재평가하다」를 발표했고, 여기서 브리지먼이 「조작주의의 현재 상태에 대한 논평」으로 답한다.[102] 규약주의 관점에서 비판했던 린제이의 요지는 브리지먼이 '종이와 연필'에 의한 조작을 도입하기는 했지만 궁극적으로는 도구적 수단에 의해서만 개념을 정당화할 수 있다고 주장했다는 것이다. 말하자면 브리지먼이 실험물리학자의 한계를 벗어나지 못한 조작적 관점으로 물리학 이론의 본질을 설명하려고 했다는 것이다.

한편 그륀바움은 AAAS 컨퍼런스에서 브리지먼이 『논리』를 집필할 때 아인슈타인의 특수 상대성 이론이 조작적 관점을 옹호하는 데 영감을 주었다고 말했지만, 자신은 그의 특수 상대론의 철학적 해석을 용인할 수 없을

101) Bridgman(1936/64), *The Nature of Physical Theory*, published on The Louis Clark Vanuxem Foundation, New York: Princeton University Press(1936), Science Editions(1964); Lindsay, R. B.(1937), "A Critique of Operationalism in Physics", *Philosophy of Science*, 4(4). 456-470; Bridgman(1938a), "Operational Analysis", *Philosophy of Science*, 5(2). 114-131.

102) Bridgman(1952), *The Nature of Some of Our Physical Concepts*, New York: Philosophical; Lindsay(1954), "Operationalism in Physics Reassessed", *The Scientific Monthly*, 79(4). 221-223; Bridgman(1954a), "Remarks on the Present State of Operationalism", *The Scientific Monthly*, 79(4). 224-226.

뿐만 아니라 그가 그 자신의 관점을 지지하기 위해 아인슈타인의 시공간 분석을 인용할 자격이 없다고까지 주장했다. 우선 그는 상대론 자체를 논의하기에 앞서 브리지먼의 의미론부터 먼저 공격했다. 그는 물리 이론처럼 해석된 기호체계를 다루는 기호론(semiotics)에서는 물리학의 기호들과 자연에 있는 지시 대상(designata) 사이의 관계를 다루는 의미론(semantics)과 기호와 사용자 사이의 관계를 다루는 어용론(pragmatics)으로 구분되지만, "물리학의 논리적 관점에서 볼 때 … 우리의 관심은 물리 이론과 자연에 있는 이 이론의 지시 대상"이지 기호와 사용자(조작자) 사이의 관계가 아니라고 했다. 따라서 "물리학의 논리는 물리 이론에 대한 의미론"이다. 그런데 "브리지먼의 테제는 근본적으로 불법적이고도 근거 없이 어용론과 의미론을 구분하고, 의미론을 그저 어용론의 일부로 취급했다."103)

브리지먼의 상대성 이론 해석에 대한 그륀바움의 비판은 브리지먼의 사후까지 이어진다. 브리지먼이 세상을 떠나기 전까지 조작적 관점에서 아인슈타인의 상대성 이론을 분석하고 비판한 마지막 결정체가 사후에 출판된 『한 교양인의 상대론 입문서(*A Sophisticate's Primer of Relativity*)』(이하 『입문서』)(1962/83)이다. 그는 1961년 자살로 생을 마감할 때까지 지병으로 인한 고통 속에서도 이 책의 원고를 계속 손질하면서 완성했다. 그러나 브리지먼 사후에 출판되었을 때 이 책을 편집했던 그륀바움은 프롤로그와 에필로그를 쓰면서 브리지먼의 조작적 관점을 비판했다. 그륀바움은 브리지먼이 이 책에서 비판했던 베를린 그룹의 지도자 라이헨바흐의 상대성 이론 해석을 따르는 철학자였고, 조작 이론에 대해서도 브리지먼과 대립했다. 그래서 브리지먼의 유작은 정작 원저자의 내용을 앞뒤로 비판한 편집자의 프롤

---

103) Grünbaum, Adolf(1956), "Operationism and Relativity", in: Frank(ed.)(1956), 84-94.

로그와 에필로그로 뒤덮인 책이 되어버린 것이다. 그륀바움은 프롤로그에서 이렇게 썼다. "『입문서』는 특수 상대성 이론의 철학에 관한 한스 라이헨바흐의 뛰어난 주요 저작에 대해 브리지먼 교수의 비판을 포함하고 있기 때문에 흥미를 더해주고 있다. 이 책의 이런 특징을 나의 에필로그 주제로 다루겠다."[104] 그는 심지어 161쪽의 브리지먼 본문에다 자신의 프롤로그와 에필로그로 모두 28쪽을 추가해 원저자의 내용을 반박해 버렸다. 따라서 1983년 도버 출판사가 그륀바움의 프롤로그와 에필로그를 삭제해 원판을 복원하고 대신 밀러 교수의 서론을 추가한 제2판을 출판한 것은 원저자의 의도가 편집자에 의해 지나치게 훼손되었다고 보았기 때문일 것이다. 밀러의 "제2판 서론" 역시 27쪽이나 되는 분량이지만, 여기서 그는 그간의 특수 상대성 이론과 동시성 문제에 대한 논의들을 분석하면서 브리지먼의 상대성 이론을 재평가했다. 밀러는 브리지먼의 미출판 노트와 초고를 검토해 브리지먼 관점의 조작적 근거와 그 관점이 어떻게 변해갔는지를 추적하고 브리지먼의 사고를 재구성했으며, 그의 상대성 이론 비판, 특히 동시성 문제에 대한 그의 관점의 정당성과 그 한계, 그가 완성하지 못한 부분까지 밝혀냈다. 특수 상대성 이론에서 브리지먼이 조작적 관점에서 포착했던 주요 문제 중 하나가 동시성 문제, 좀 더 구체적으로는 빛의 속도 측정에 관한 것이었다.[105]

조작적 관점에서 보았을 때 동시성 결정에서 빛의 속도는 조작적으로 검증될 수 없는 문제이며, 따라서 아인슈타인의 방법은 **규약**(convention)에 불과했다. 그래서 그는 이 책의 서론에서 "서로 떨어진 곳에서 동시성을 '정

---

104) Grünbaum(1962), "Prologue", in: Bridgman(1962), viii.
105) Miller(1983), "Introduction to Second Edition. P. W. Bridgman and the Special Theory of Relativity", in: Bridgman(1962/83).

의'할 때 '규약적' 요소를 피할 수 있을까?"라는 의문을 제기했던 것이다.106)
아인슈타인의 빛 속도 측정 방법이 실용적으로 정당화된, 그러나 논리적으
로 정당화될 수 있는지를 확인할 수 없는 하나의 규약이라는 점에는 논쟁의
여지가 없다. 이 때문에 브리지먼은 조작적 정당화를 거치지 않고도 성공
한 이론을 만들어낸 아인슈타인을 시샘하듯 "요술쟁이"107)라고 불렀지만,
그는 이런 방식으로 물리 이론이 만들어지는 것을 용납할 수 없었다.

상대성 이론 비판과 아인슈타인의 대구

브리지먼은『논리』에서 특수 상대성 이론은 조작적 방법이 성공적으로
적용되었다는 증거이며, 여기서 보였던 아인슈타인의 조작적 태도가『논
리』의 기본 입장이라고 했다. 그는 이후에도 상대성 이론을 조작적 관점에
서 지속적으로 고찰했는데, 우선『물리 이론의 본질』(1936)에 수록한
'Relativity'가 있다. 이 글은 나중에 실프가 편집한『아인슈타인. 철학자-과
학자(*Albert Einstein. Philosopher-Scientist*)』(이하『아인슈타인』)(1949)에 수록된
브리지먼의 상대성 이론 비평 '아인슈타인 이론과 조작적 관점(Einstein's
Theories and the Operational Point of View)'의 기본 내용이 되었다. 실프의 시리
즈가 그렇듯이 이 책 말미에는 아인슈타인의 이론과 사상에 대한 비평(모두
25명이 기고했다.)에 대해 아인슈타인의 답변이 있는데, 여기서 아인슈타인
은 물리학에서 조작적 방법에 대해 짧게 논평했다. 그러나 상대성 이론의
비판적 고찰에 대한 종합적 최종판은 앞서 언급한『입문서』(1962/83)이다.

---

106) Bridgman(1962/83), "Introduction", 2.
107) Bridgman(1927/48), 171.

그는 아인슈타인이 상대성 이론의 가장 기본 개념인 '동시성' 개념을 확정할 때 채택했던 관점에 주목했다. 실제로 아인슈타인 자신이 동시성 개념을 "실험에 의해 결정하는 수단"으로 확정했다고 말했는데, 이는 자와 시계(조작 도구), 관찰자(조작자)를 이용한 조작적 관점을 채택했다는 의미이다. 아인슈타인은 이렇게 말했다.

> 개념이 **실제 사례를 충족하는지** 여부를 발견할 가능성을 가질 때까지 물리학자에게 개념은 존재하지 않는다. 따라서 우리는 물리학자가 두 섬광이 동시에 발생했는지 여부를 실험으로 결정할 수 있는 수단을 제시하도록 동시성이 정의될 것을 요구한다. 이 조건이 충족되지 않는 한, 내가 동시성 진술에 의미를 부여할 수 있다고 상상한다면 물리학자로서 나 자신을 속이고 있는 것이다.[108]

브리지먼은 『논리』 서론에서 물리학자들이 "물리학의 해석적 측면"에 관심을 갖게 된 것은 명백히 아인슈타인의 특수 상대성 이론에서 기인한 것이며, 여기서 아인슈타인이 관찰자(조작자)와 자와 시계(측정 도구)로 동시성을 확정하는 조작적 절차를 명시함으로써 이 개념을 사건의 절대적 속성이 아닌 사건들 사이의 관계들로 서술하고, 이로써 동시성을 측정 가능한 의미로 사용했다고 주장했다.

　　그것은 한 용어의 진정한 의미는 이 용어로 **무엇을 하는지 관찰함으로**

---

108) Einstein, *Relativity*, translated by Lawson, Henry Holt and Co.(1920), 26. 이 대목은 Bridgman (1949a), "Einstein's Theories and the Operational Point of View", in: Schilpp(1949/95), 335에서 재인용되었다.

써 알 수 있지, 이 용어에 대해 말한 것으로 알 수 있는 것이 아니기 때문이다. 특히 **동시성**을 다루었던 아인슈타인의 방식을 검토함으로써, 우리는 이것이 실천적 의미에서 개념을 사용한 것이라는 점을 보일 수 있다. … 두 사건의 속성이란 두 사건의 관계가 시간으로 서술될 때 한 사건이 다른 사건 이전인지, 아니면 그 이후인지, 또는 동시에 발생되었는지를 말하는 것이다. 따라서 동시성이란 두 사건이 동시적인지 아닌지에 관한 **두 사건만의 속성**이며, 그 이외에는 아무것도 아니다. … 두 사건의 절대적 관계에 대응하는 우리의 경험이 없기 때문이다. 이 때 아인슈타인은 두 사건을 동시적이라고 서술할 수 있게 하는 조작에는 관찰자에 의한 두 사건의 측정을 포함하며, 따라서 '동시성'이란 두 사건의 절대적 속성이 아니라 **관찰자와 사건들 사이의 관계**를 포함해야 한다고 비판했다. … 아인슈타인은 물리학의 개념이 무엇이어야 하는가에 대해 … **조작적 관점**을 실질적으로 채택했던 것이다. … 여기서 아인슈타인이 선택했던 것은 **빛의 편의성과 단순함**이었다.[109]

그런데 브리지먼은 『논리』의 기본 자세였던 특수 상대성 이론에 조작적 결함이 있다는 것을 알게 되면서 비판적으로 깊이 분석하기 시작했고, 일반 상대성 이론에서는 더욱 당황하게 되었다. 그는 "특수 상대성 이론이 일반[상대성] 이론과 아주 다른 기반 위에 놓여 있다."[110]고 하면서, 특수 상대성 이론에서는 실험적 토대는 견고하나 조작적 고찰이 약하다고 생각했고, 일반 상대성 이론은 특수 상대성 이론처럼 표준적인 측정 시계나 자 없이

---

109) Bridgman(1927/48), 7-8.
110) Bridgman(1936/64), 84.

사건 자체보다 좌표계에 초점을 두고 있어서 관찰자가 배제되었다고 생각했다.111) 아인슈타인 자신도 특수 상대성 이론과 일반 상대성 이론은 관념의 토대가 서로 다르다고 말한 적이 있었다.

§3. 시공간 연속체. 보편적 자연법칙을 표현한
방정식을 위해 요구되는 보편적 공변성

특수 상대성 이론에서처럼 고전역학에서는 **공간과 시간 좌표가 직접적인 물리적 의미**를 지니고 있었다. … 우리는 다음과 같은 결과에 도달하게 된다: 즉 일반 상대성 이론에서는 공간과 시간이 공간 좌표들 사이의 차이가 측정 막대의 단위로 측정되거나 시간 좌표에서 표준 시계의 시간 차이로 직접 측정될 수 있는 **그런 방식으로 정의될 수 없다.**112)

특수 상대성 이론과는 달리 일반 상대성 이론에서 아인슈타인이 관찰자의 흔적을 지우면서 물리적 조작 절차를 거치지 않고 '종이와 연필'의(수학적) 조작만으로 이론을 구성함으로써 관찰자가 좌표계로 대체되고 조작자가 사라진 것을 브리지먼은 수용할 수 없었다. 따라서 그는 『아인슈타인』의 기고문을 다음과 같은 말로 시작하고 있다.

이 글에서는 아인슈타인이 자신의 특수 상대성 이론에서 우리에게 가르쳤던 교훈과 통찰이 일반 상대성 이론에서는 **이루어지지 않았다**

---

111) *Ibid.*, 85 및 Miller(1983), "Introduction to Second Edition. P. W. Bridgman and the Special Theory of Relativity", in: Bridgman(1962/83), xvi, xli.
112) Einstein(1916). 773-775.

는 점을 보이는 데 노력할 것이다. … 우선 그는 용어의 의미가 용어가 적용될 수 있게 사용된 조작들 안에서 찾아져야 한다는 점을 알고 있었다. 만일 용어가 '길이'나 '동시성'처럼 구체적인 물리적 상황에 적용될 수 있는 것이라면, 구체적인 물리적 사물의 길이가 결정되는 조작 안에서, 또는 두 구체적인 물리적 사건이 동시에 이루어졌는지 여부를 결정하는 조작 안에서 찾아질 수 있다.[113]

브리지먼이 『아인슈타인』의 기고문에서 일반 상대성 이론을 조작적 관점에서 비판했고, 1962년의 유고작 『입문서』에서는 두 상대성 이론에서 기본이 되는 개념들, 즉 빛의 역할과 속성, 동시성, 관찰자, 기준계를 조작적으로 고찰했다. 결국 그는 조작적 관점에서 일반 상대성 이론을 수용하지 않았다. 『입문서』서론에서 밀러 교수가 말했던 것처럼 아마도 그는 상대성 이론이 조작적으로 완벽할 수 있을 가능성들을 검토했던 것 같다.

브리지먼이 조작적 관점에서 일반 상대론을 비판했지만, 아인슈타인은 여기에 개의치 않았다. 아인슈타인의 물리 이론에 대한 관점은 여러 사람들에 의해 분석된 바 있는데, 상대성 이론이 완성되어 가면서 형성된, 그러나 지속적으로 변했던 아인슈타인의 관점은 논리실증주의이든, 규약주의(conventionalism)이든, 순수 수학적 형식론(formalism)이든, 심지어 조작주의이든, 실용주의이든, 경험과 일치하는 성공한 이론을 만들 수만 있으면 좋다는 입장이었다. 그는 특정한 관점이나 철학 체계만이 물리학에서 성공한 이론을 만든다고 생각하지 않았다. 앞서 말했듯이 '철학적 순례자'답게 과

---

113) Bridgman(1949a), "Einstein's Theories and the Operational Point of View", in: Schilpp(ed.) (1949/95), 335.

학에 대한 그의 관점이 지속적으로 변했다.114)

브리지먼이 조작적 관점에서 상대성 이론을 비판했을 때 아인슈타인은 다소 냉소적인 반응을 보였다. 아인슈타인은 자신의 이론과 과학관에 대한 여러 비평가의 평론에 대한 답변에서 브리지먼의 조작적 관점에 대해 아주 짤막하게 논평했다.

> 지금까지 논의된 내용은 브리지먼의 글과 밀접한 관련이 있고, 그래서 내가 오해받을 것이라는 두려움을 너무 많이 품지 않고도 나 자신을 아주 간단하게 표현할 수 있을 것이다. 논리 체계를 물리 이론이라고 생각할 수 있기 위해 논리 체계의 모든 주장이 독립적으로 해석되고, "조작적으로" "테스트"될 수 있어야 한다고 **요구할 필요는 없다**. 사실상(de facto) 이것은 어떤 이론에 의해서도 **아직 성취된 바 없으며, 또 결코 성취될 수도 없다**. 한 이론을 '물리' 이론이라고 생각할 수 있기 위해서는 일반적으로 **경험적으로 시험 가능한** 주장을 함축하는 것만 필요하다. "시험 가능성"이 단지 주장 자체뿐 아니라 그 안에 포함된 개념들을 경험과 조화하는 것을 가리키는 한, 이 [그의 조작] 공식은 전적으로 정확한 것이 아니다. 이 점에 대해 본질적인 의견 차이가 있을 것 같지 않기 때문에 이 성가신 문제를 논의할 필요는 거의 없을 것이다.115)

"아인슈타인의 마음의 자세는 … 개별 관찰자의 특정 관점에서 벗어날 수

---

114) Holton(1968), 636-673. 또한 Giovanelli(2018)를 참조할 것.

115) Einstein, "Remarks Concerning the Essays brought together in this Co-operative Volume", in: Schilpp(ed.)(1949), 679.

있다고 믿기" 때문에 그는 개별적인 것을 "공적(public)"이고 "사실(real)"인 것으로 승화했지만, 브리지먼은 모든 것의 세부 분석이 개별적인 출발점에서 벗어나는 것이 보편적으로 불가능하다고 생각했다.[116) 그에게 이는 일반 상대론에서 좌표계에 조작적 의미를 부여할 수 없다는 문제로 귀결된다.

116) Bridgman(1949a), "Einstein's Theories and the Operational Point of View", in: Schilpp (ed.)(1949/95), 349.

맺는말

1. 조작주의의 퇴조

조작주의 열광은 1950년대 들어오면서 급속히 퇴색한다. 그 모습을 1953년에 열린 통합 과학 운동 컨퍼런스에서 단적으로 목격할 수 있다. 통합과학연구소(Institute for the Unity of Science), 과학철학학회(Philosophy of Science Association), AAAS(American Association for the Advancement of Science)의 분과 L(과학사 및 과학철학 분과)이 후원하고, 국립과학재단(National Science Foundation)과 미국인문학 및 과학아카데미(American Academy of Arts and Sciences)가 공동으로 후원한 AAAS 연례학술 대회가 '과학 이론의 정당화'라는 주제로 1953년 12월 보스턴에서 열렸다. 대회는 모두 5개 세션으로 구성되었는데 그중한 세션이 "조작주의의 현재 상태"였다. 대회에서 발표된 논문들은 모두 AAAS 기관지 *The Scientific Monthly*에 게재되었고, 나중에 프랑크가 이 논문들을 편집해 단행본으로 출판했다.[1]

프랑크는 서론에서 '진리'는 사실이 아니라 보편 가설이나 이론으로 구성되고, 어떤 이론과도 혼합되지 않은 '사실'은 최종 분석에서 서로 연관이 주어지지 않은 감각적 인상들이지만, 한 가설이나 이론을 받아들이는 기준에는 '사실'뿐 아니라 상당한 정도까지 심리적이고 사회적 특성을 갖고 있다고 하면서 한 이론의 정당화는 그 과학자가 받아들인 가치와 말끔하게 분리되지 않는다고 했다.[2] 컨퍼런스는 한 과학 이론을 수용하는 보편적 이유로서 논리적 관점뿐 아니라 실용주의까지 포함함으로써 논리실증주의가 미국화라는 진화 과정에 있음을 보여주었다. 그리고 과학 이론의 논리적 구조를 다루는 "이론들의 이론(메타이론)"이 물상과학 중심이었던 것을 탈피해 논의의 범위를 조작주의 평가 외에도, 과학 이론의 수용의 동기와 근거, 과학으로서 심리 분석, 물상과학과 생명과학 사이의 연결, 사회적, 역사적 현상으로서 과학으로 확대했다.[3] 컨퍼런스가 내건 이슈들을 1929년의 프라하 대회와 서클 회원들의 디아스포라 이후 1930-40년대 논리실증주의, 혹은 엄격한 논리경험주의에서 벌어졌던 논쟁들(검증주의 대 조작주의, 환원주의와 프로토콜 명제, 선험적 종합 명제, 대응 규칙 등)과 비교해 보면 확실히 과학에 대한 인식에서 큰 변화가 있음을 알 수 있다. 이 대회는 한 과학 이론을 수용하는 기준으로 그동안 논쟁의 중심에 있었던 조작주의를 다시 불러왔는데, 그 이유는 조작주의가 한 이론이 수용되기 위한 시험 가능성 기준의 핵심이었기 때문이다.

---

1) *The Scientific Monthly*에서는 다섯 세션의 논문들을 1954년 9, 10, 11월호, 1955년 1, 2월호에 나누어 게재했고, 이는 Frank, Phillip(ed.)(1956), *The Validation of Scientific Theories*, Boston: Beacon Press로 출판되었다.

2) Frank(ed.)(1956), "Introduction", vii-viii.

3) 다섯 세션의 주제는 다음과 같다: 과학 이론의 수용, 조작주의의 현재 상태, 프로이트의 심리 분석 이론, 유기체와 기계, 사회 및 역사 현상으로서 과학.

컨퍼런스는 과학 이론을 수용하는 보편적 이유를 논의하면서 시작되었다. 이 논제는 논리적 관점에서만 다루지 않았다. 연역 논리와 귀납 논리와 함께 수용하게 되는 "실용주의적(pragmatic)" 이유가 강조되었다. ⋯ 한 이론의 수용은 이론이 실험에 의한 테스트에 얼마나 적합한지에 크게 의존한다. 이것은 이론의 원리로부터 관찰될 수 있는 현상에 관한 진술을 얻어낼 수 있다면 확실히 가능하다. 물상과학에서 관찰은 물리적 조작을 포함한 측정에 의해 수행된다. 이 방법이 성공적이었기 때문에, 모든 과학 이론은 이런 방법으로 테스트되어야 한다는 견해가 근거를 갖게 되었다. 이것은 **모든 시험 가능한 이론은 테스트가 이루어지는 조작들의 서술을 포함해야 한다**는 것을 의미한다. 만일 한 이론이 이 요구 조건에 들어맞는다면 ⋯ 이는 "조작적 의미"를 갖는다. 이 요구 조건은 "조작주의"라는 이름으로 알려졌다. 이 기준을 완전히 만족스러운 방식으로 형식화하는 것은 확실히 어렵다. 다른 한편으로 볼 때 이것이 이론을 시험 가능하게 만드는 핵심이기 때문에, 컨퍼런스에서는 한 파트를 "조작주의의 현재 상태"에 할당했다.[4]

조작주의 세션에는 브리지먼을 비롯해 모두 7명이 참여했는데 발표자와 주제는 다음과 같다.[5]

Henry Margenau, "Interpretation and Misinterpretation of Operationalism"

---

4) Frank(ed.)(1956), "Introduction", viii-ix.
5) *The Scientific Monthly*, Vol. 79, No. 4(Oct. 1954), 209-231. 단행본으로 출판될 때 내용의 변화는 없이 린제이의 제목은 "Operationalism in Physics"로, 브리지먼의 제목은 "The Present State of Operationalism"으로 변경되었다.

Gustav Bergmann, "Sense and Nonsense in Operationism"

Carl G. Hempel, "A Logical Appraisal of Operationism"

R. B. Lindsay, "Operationalism in Physics Reassessed"

P. W. Bridgman, "Remarks on the Present State of Operationalism"

Raymond J. Seeger, "Beyond Operationalism"

Adolf Grünbaum, "Operationism and Relativity"

그러나 이 세션에서 "조작주의와 관련해 제기된 이슈는 실증주의 틀에 맞추는 데 한정되었고, 철학자 그륀바움의 아주 간략한 인사말을 제외하고는 과학 지식의 개인성에 관련된 브리지먼의 관심에 대해 어떤 언급도 없었다."[6] 브리지먼의 조작 사상을 다소 긍정적으로 평가하려고 노력했던 헴펠을 제외한다면, 브리지먼의 자기 변호에도 불구하고 세션에 참가했던 사람들은 브리지먼의 조작적 방법에 대해 매우 비판적이었고 아주 가혹했다. 이때는 이미 양자역학과 상대성 이론이 완전히 자리 잡으면서 물리 개념과 이론의 정당화를 위해서는 조작적 방법이 꼭 필요한 것은 아니라는 입장들이 널리 받아들여지고 있었고, 다른 한편에서는 개념이 오직 경험에 의해서만 의미를 갖게 된다는 논리실증주의 관점이 퇴색하고 있었기 때문에 경험의 특별한 형태인 조작도 같은 운명을 겪고 있었다. 명제의 의미 있음의 기준인 경험을 논리실증주의에서는 검증이라고 불렀고, 브리지먼은 조작적 정의라고 불렀다. 논리실증주의에서는 검증을 위해 명제를 분석했고 브리지먼은 측정 행위(물리적 조작)를 분석했지만, 논쟁을 거치면서 한계가 드러났을 때 양자는 자신이 설정했던 엄격하고도 편협한 기준에서 후퇴해야

---

6) Walter(1990), 175-176.

했다. 논리실증주의의 검증은 "시험 가능성"으로 물러났고, 브리지먼의 물리적 조작은 정신적 조작, "종이와 연필"의 조작, 언어 조작으로 외연을 확장해야 했다. 게다가 사람들은 조작이 과학의 경험적 타당성을 구축하는 데 과학 자체에 이미 포함되어 있는 활동이기 때문에 조작주의가 특별한 원리나 체계적 철학이 아니라고 생각하게 되었다. 이제 조작주의는 더 이상 이론과 의미에 대한 철학 체계가 아니라 하나의 방법론이라는 점을 자연스럽게 받아들이게 되었지만, 사실은 이를 처음부터 브리지먼이 자신의 조작적 정의, 조작 분석은 이론과 의미에 대한 원리나 체계가 아니라 하나의 과학적 방법이고 과학을 대하는 자세에 불과하다고 맹렬하게 주장했던 사항이다. 당시 브리지먼의 관심은 조작의 개인성이었지만, 컨퍼런스에서는 내내 무시되었고 논의조차 되지도 않았다. 이에 대해 브리지먼은 이렇게 말했다.

> 이 논의를 여는 데 내가 다른 누구보다 더 적합하다는 이유는 없어 보인다. 논문들에 따르면 나는 '조작주의'라고 부르는 이것과 그저 역사적으로만 연관되어 있다는 느낌이다. 간단히 말하자면, 내가 나로부터 더 이상 떼어낼 수 없는 **프랑켄슈타인**을 창조했다는 느낌이다. 나는 어떤 도그마나 적어도 어떤 테제를 함축하는 듯이 보이는 **조작주의**(operationalism 또는 operationism)라는 **단어를 혐오**한다. 내가 직면했던 일은 너무 단순해서 그렇게 뽐내는 명칭을 붙일 수 없다. 오히려 그것은 조작 분석의 지속적 활동이 만들어냈던 **자세나 관점**이다. 어떤 도그마라도 여기에 개입되어 있다면, 그것은 사물(objects)이나 어떤 존재물들(entities)보다는 활동(doings)이나 일어난 일들(happenings)을 분석하는 것이 우리를 더 진전시키기 때문에 그것이 더 좋다는 확신에 불과한 것이다.[7]

브리지먼은 조작 사상이 자신의 손을 떠나 저들마다 조작주의를 논하면서 그의 조작적 관점을 비판하기 시작했을 때, 조작주의는 자신과 무관한 도그마가 되었고 자신의 조작 사상은 괴물이 되어버렸다고 한탄했다. 게다가 이 조작주의 세션이 브리지먼에게는 예일대학교의 물리학자 린제이와 10여 년 넘게 벌어졌던 조작주의 논쟁뿐 아니라, 라이헨바흐부터 시작해 그륀바움으로 이어지고 그가 세상을 떠난 다음까지 지속된 끈질긴 상대성 이론 논쟁의 연장선이었다.

조작주의의 창시자라고 불리던 그는 이제 컨퍼런스에서 가혹하게 비판받았고, 아웃사이더가 되었다. 조작적 방법은 마침내 그를 떠나 실증주의 안으로 흡수되었고, 그와는 무관한 사항으로 되었다. 이제는 조작주의자들만큼이나 조작주의가 존재하게 되었을 뿐만 아니라, 사람들은 조작적 방법이 원래부터 과학 활동의 속성에 속하는 것으로서 그동안 의식하지 못했던 것을 브리지먼이 의식하게 만들어주었을 뿐이라고 생각하게 되었다.

2. 조작 사상이 남긴 것

조작적 관점들

심리학, 물리학, 수학, 군사 작전학 등과 같은 여러 분야에서는 브리지먼의 조작적 관점과는 독립적으로 개념의 의미를 명확히 부여하고 현상을 체계적으로 측정하기 위한 조작적 사고의 경향들이 이미 있었다. 또 현장에

---

7) Bridgman(1956a), "The Present State of Operationalism", in: Frank(ed.)(1956), 74-75.

서는 주어진 목표를 달성하기 위한 체계적 절차를 명시한 매뉴얼이나 레시피, 처방전, 군대의 야전 교범 등이 사용되고 있었다. 준비되어 있던 그런 토양 속에서 등장한 브리지먼의『논리』는 이들 관점에 보편적으로 적용될 수 있는 어휘와 관념들을 제공하고, 조작적 절차를 의식적으로 체계화해 진술하는 계기가 되었다. 실제로 그의 조작적 관점은 물리학자나 과학자들보다도 사회학자나 심리학자, 경제학자들에게서 더 큰 호응을 발견할 수 있었고 이들에 의해 널리 채택되었으며, 그 흔적은 곳곳에 남아 있다.

대학에서 이수하는 교직 내용 가운데는 학습 목표에 관한 것이 있다. 일반적으로 여기서는 학습 목표의 '조작적 정의'를 배운 다음, 이를 분석하고 적용하는 활동을 한다. 대부분의 교육 과정이나 교사 지도서에는 교과별, 학년별, 단원별, 차시별로 학습 목표가 '조작적으로' 제시되어 있다. 학습 목표의 조작적 정의란 어떤 단원의 내용을 지시된 절차대로 지도했을 때 학습 전후에 학생들이 달라져야 할 행동 목표를 진술한 것이다. 주어진 내용을 학습하고 나면 학생들은 '조작적으로' 관찰 가능하고 측정 가능한 어떤 구체적인 행동을 할 수 있어야 하기 때문에, 학습 목표는 학습자의 태도, 지식, 기능을 관찰 가능하도록 지정해야 한다. 교육의 관점에서 볼 때 학습 목표가 모두 조작적으로 진술되어야 할 필요는 없겠지만, 측정(성취도 평가)을 목적으로 하는 것이라면 학습 목표가 측정 가능하도록 세부 절차를 조작적으로 정의해야 한다.

조작적 사고의 또 다른 흔적은 약간 관찰만 하더라도 쉽게 발견할 수 있다. 브리지먼의『논리』이전부터 수학이나 물리학에서는 연산자(演算子, operator)를 다루고 있었다. 그것은 함수에 작용하는 수학적 조작 장치로서, 예컨대 초기 조건(initial conditions)과 경계 조건(boundary conditions)을 가진 어떤 물리적 함수에 라그랑지안이나 해밀토니안과 같은 연산 조작을 수행했을 때 그 결과는 함수의 고유값(Eigenwert)으로 나온다. 경험 세계의 측정 조작과 논리 세계의 함수적 조작 사이의 관계를 브리지먼이 '조작과 개념의 등가성'[8] 혹은 물리적 조작과 수학적 조작 사이의 '이종동형',[9] 카르납이 '대응 규칙',[10] 노이라트가 '의미론 규칙', 라이헨바흐가 '적용 정의', 아인슈타인이 '연결 규칙'[11]이라고 말했듯이, 만일 연산자와 함수가 물리계의 물리적 상태에 대응하는 어떤 것이라면 우리는 물리적 조작에 의해 고유값에 대응하는 물리량의 값을 얻게 될 것이다. 이것이 물리학에서 이론 계산 과정과 실험에 의한 측정 과정이며, 두 조작이 완결되어 실험 오차 내에서 서로 일치한다면 물리 개념에 의미가 궁극적으로 부여된다. 연산자(연산 장치)나 기호를 이용해 수행하는 수학적 조작(연산 행위)이나 논리적 조작, 그리고 물리적 장치를 이용한 물리적 조작(측정 행위) 등은 각각 한 개인(조작자)이 어떤 대상에 '의도적으로' 정신적, 물리적 조작을 가해 의미 있는 결과를 얻는 과정이다. 실제로 물리량이나 물리 개념의 의미를 부여하기 위해 조작적 절차나 방법을 구사하는 일은 그것이 상태 방정식의 계산이든 물리량의 측정이든 물리학에서는 일상적으로 일어나는 일이다.

다른 한편에서는 인지 발달 단계에 대한 피아제(Jean Piaget) 이론이 있다. 피아제가 말한 인지 발달 단계는 어린 아이의 미발달 '조작 행위'에서 관찰될 수 있고 '조작 수준'으로 구별된다. 피아제와 브리지먼의 조작 관념 사이에 무슨 연관성이 있는지는 판단하기 어렵겠지만, 그들이 공통적으로 인간의 조작 행위에 관심을 가졌다는 것은 확실하다. 피아제와 브리지먼의 조

---

8) Bridgman(1927/48), 5.

9) Bridgman(1959a), 135-141.

10) Carnap(1928/98).

11) Einstein(1936), 315-316/351-352.

작 관념은 각각 아이와 과학자라는 아주 다른 대상에게서, 인지적 측면과 물리적 측면이라는 아주 서로 다른 관점 속에서, 그리고 발달 단계의 보편성과 과학의 개별성이라는 상당히 다른 인식론을 기반으로 전개되었다. 그러나 브리지먼식으로 본다면, 피아제의 구체적 조작 단계는 아주 원초적인 물리적 조작에 해당하고, 형식적 조작은 상징과 기호에 의한 '종이와 연필'의 조작이나 언어적 조작에 해당하는 정신적 조작의 시작이다. 피아제에게 실재(reality)는 인지 발달 과정에 의존하기 때문에 같은 조작 수준의 아동들에게 세계는 동질적이지만, 브리지먼에게 실재는 조작의 개인성에 의존하기 때문에 각자마다 세상은 서로 다르다. 아마도 글라저스펠트(Ernst von Glasersfeld)의 '급진적 구성주의'는 피아제 인지 발달 단계의 보편성과 브리지먼의 조작의 내면적 개인성이라는 실재론(realism)에 기반을 두고 있을 것이다.[12] "나는 사물(things)이 정말 존재하는지를 여전히 확신할 수 없다."는 브리지먼이 '내 과학'은 '너의 과학'과 다르기 때문에 "과학은 '궁극적으로' 또는 '본질적으로' 개인적"이라고 말한 것에서 글라저스펠트는 오직 실재하는 것은 개인이 환경과 상호작용에 의해 구성된 인식이라는 관점을 포착한 것으로 보인다. 즉 글라저스펠트에게는 브리지먼이 말한 "과학하는 사람들만큼이나 과학이 존재한다!"[13]

확실히 19세기 후반부터 20세기 전반에 이르는 시기에 수학, 물상과학, 심리학 등에서는 조작 사상의 씨앗을 다양한 형태로 제각기 틔울 수 있는 지적 토양이 마련되어 있었다. 이들 사이에 어떤 상호작용과 내적 연관성

---

12) Glasersfeld(1987/92). 특히 99-121을 보라.

13) "... there are as many 'sciences' as there are people engaged in 'sciencing'." Bridgman(1945a), "Bridgman's reply", in: *Psychological Review* 52(5), (Sep. 1945), 282; Glasersfeld(1984), "Einführung in den radikalen Konstruktivismus", in: Watzlawick(ed.)(1984), 17-40.

이 있었다고 명시적으로 말하기는 쉽지 않겠지만, 이제 와서 평가해 볼 때 그 시기에는 조작에 대한 다양한 아이디어의 맹아(萌芽)들이 이미 있었거나 그런 아이디어를 받아들일 준비가 되어 있었던 것이 분명하다. 그리고 20세기 후반이 되면 작전학에서 경영 관리 이론으로 된 OR(Operations Research)이나 계량경제학, 급진적 구성주의처럼 여러 조작 관념들이 서로 융합되어 새로운 학문 분야로 탄생하게 된다.

지적 성실성

브리지먼의 조작적 관점은 조작의 개인성으로 들어가면서 그의 정신적 배경과 결합해 그만의 사회 사상과 지적 자세를 만들어냈다. 월터는 전기에서 브리지먼의 전반적인 지적 경향을 무신론적 '과학 청교도(scientific puritan)'라고 보았다. 그에게 "과학은 인간성의 해방자, 개인 자유의 수호자"[14]였다. 과학자는 성직자와 같이 어떤 불의와도 타협하지 않고 오직 과학의 원리만을 따르는 금욕적이면서 윤리적으로 신성한 직업을 수행해야 하는 사람이었다.

> 브리지먼은 과학 청교도였다. 그가 과학을 옹호했을 때, 그는 과학을 더 높은 차원의 소명에 자발적으로 헌신하는 참된 직업으로서 옹호했다. 브지리먼은 과학자란 과학 그 자체가 지시한 것이 아닌 어떤 권위의 지배도 인정하지 않는다고 주장했다.[15]

14) Walter(1990), 257.
15) *Ibid.*, 264.

과학이 브리지먼에게는 종교와도 같았지만, 계몽적 합리주의와 청교도적 도덕성이 서로 철학적으로 불안한 동맹을 유지하면서 만들어낸 미국적 가치에서 성장한 그는 계몽정신의 아들인 전통적 물리학이 무너지고 새로운 물리학이 의미의 위기를 일으켰을 때 혼란스러워했다. 물리학에서 합리주의 사고에 위기가 왔을 때 그를 지탱했던 것은 청교도적 가치관이었다. 모이어는 한 걸음 더 나아가 그의 삶과 정신적 태도를 산타야나의 1935년 소설 『마지막 청교도(The Last Puritan — A Memoir in the Form of a Novel)』에서 포착했다.16) 모이어는 산타야나가 보스턴 태생의 '마지막 청교도'를 "모든 부끄러움에 대한 증오, 모든 겉치레에 대한 경멸, 그리고 엄연한 사실에 대한 무자비한 기쁨"이라고 묘사한 것을 브리지먼에게서 찾은 것이다. 산타야나가 가톨릭의 가치를 믿는 무신론자였듯 브리지먼은 청교도 가치를 믿는 무신론자였다. 그러나 월터와 모이어가 브리지먼의 청교도적인 엄격함과 근면성, 자기 절제를 말하고자 그를 그저 '청교도'라고 지칭했던 것은 아니다. 이들은 산타야나가 주인공을 청교도 후예로서 청교도적 삶을 살았지만, 청교도였기 때문에 그의 삶을 모순된 문화적 비극이라고 보았던 것처럼 브리지먼을 그렇게 보았던 것이다. 브리지먼은 조작적 관점이 지닌 인식론적 자기모순에서 헤어나지 못했다. 브리지먼의 이러한 삶에 대해 월터는 그가 오이디푸스와 같은 고전적 영웅도 아니고 아서 밀러(Arthur Miller)의 『세일즈맨의 죽음』(1949)에서 주인공 윌리 로먼(Willy Loman)과 같은 비영웅

16) Moyer(1991c). 이 글은 Walter(1990)에 대한 서평이다. 산타야나는 하버드대학교에서 철학과 문학을 강의했는데, 브리지먼은 하버드대학교 학생 시절 산타야나의 철학 강의를 수강한 바 있다. "나는 언제나 '철학하는 것(philosophizing)'에 다소 흥미가 있어서 학부생이었을 때 그런 강좌 몇 개를 수강했다. 하나는 산타야나의 자연철학 강의이고 또 하나는 특별히 기억나는 데데킨트(Richard Dedekind)에 관한 강의이다." Moyer(1991a), 246. 산타야나의 『마지막 청교도』는 일종의 철학 소설이자 산타야나의 자서전이다.

적 인물도 아닌 '비극적 아이러니의 영웅'이라고 불렀다.

> 그러나 이 스토리가 문학적 의미에서 확실히 비극적이기는 해도, 이
> 는 아주 고전적 형식도 아니고(즉 마지막에는 숭고한 인격을 가진 영웅
> 이 어쨌든 자신의 운명이 지닌 우주적 의미를 이해하게 되는 것), 현대적
> 인 아이러니 형식도 아니다.(이제는 그저 평범한 사람에 불과한 영웅이
> 구원의 희망도 없이 단지 더 이상 고귀하거나 우주적 의미가 더 이상 존재
> 하지 않는다는 단순한 이유 때문에 의미 없거나 수치스러운 죽음을 "비영
> 웅적으로" 겪게 되는 것) 브리지먼은 오이디푸스도 아니고 [『세일즈맨
> 의 죽음』의 주인공] 윌리 로먼도 아니다. 실제로 브리지먼 스토리의 아
> 주 미묘한 아이러니 중 하나가 역사의 물결이 그의 삶을 냉혹하게 파
> 고들어 단지 비극의 아이러니 형식으로만 이야기할 수 있게 만들지
> 만, 그는 사력을 다해 스며드는 이 무의미함을 되물리고자 했고, 그렇
> 게 함으로써 비극적 줄거리의 구성에서 미묘한 반전에 영향을 주었
> 다는 점이다.[17]

그럼에도 뉴잉글랜드의 토착 이주민의 엄격한 금욕적 청교도 가정에서 배양된 청교도 정신은 그의 사회 사상과 개인적 자유에 대한 저술에서 볼 수 있다. 그는 실제로 이 주제에 대해 적지 않은 수의 저술을 했지만 그동안 이 저작들은 많이 연구되지 않았고 크게 관심받지도 못했다. 그는 당시 점 차 힘을 얻으면서 등장하기 시작한 전체주의에 강력히 저항했고 어떤 권위 주의에도 굴복하지 않았다. 그것은 과학의 신성함과 엄혹한 개인의 자유를

---

17) Walter(1990), 5-6.

침해하는 일이기 때문이었다. 가장 결정적 사건이 1939년 자신의 실험실에 전체주의 국가의 과학자 방문을 금지하기로 한 결정이었다. 그는 「한 물리학자의 선언(Manifesto by a Physicist)」[18]을 개인적으로 발표하고, 이를 2월 24일자 *Science*에 게재한다.

나는 지금부터 어떤 전체주의 국가이든 그 시민들에게 나의 실험 장비를 보여주거나 실험에 관한 논의를 하지 않기로 결심했다. 그런 국가의 시민은 더 이상 자유로운 개인이 아니며, 그 국가의 목적을 수행할 수 있는 어떤 활동이라도 참여할 것을 강요받을 수 있다. 전체주의 국가의 목적은 자유국가의 목적과 화해할 수 없는 갈등임을 스스로 보여주고 있다. 특히 전체주의 국가는 자유로운 과학 지식의 육성이 그 자체로 인간 노력의 훌륭한 결과라는 점을 인정하지 않고, 그들 시민의 과학 활동을 그들의 목적을 위해 봉사하도록 명령한다. 따라서 이들 국가는 과거에 서로 다른 국가의 개인들 사이에서 과학 지식의 자유로운 공유를 정당화했고 향유했던 기반을 말살해 버렸다. 이렇게 바뀐 상황에 대한 자존심은 이런 관행이 중단되어야 할 것을 요구한다. 전체주의 국가와의 과학 교류 중단은 이들 국가가 과학 정보를 오용하는 것을 어렵게 만들고 저들의 관행을 혐오한다는 의사 표현의 기회가 되는 이중의 목적을 달성하는 데 기여한다.
이 선언은 전적으로 나의 개인 자격으로 이루어진 것으로서 대학의 정책과는 하등의 관련이 없다.[19]

18) Bridgman(1939), 179.
19) 이 선언문은 P. W. Bridgman(1950/55), *Reflections of a Physicist*, New York: Philosophical Library, 314-316에 재수록되었다.

그뿐 아니라 그는 1955년 6월 9일 퍼그워시에서 발표되었던 반전반핵과 인류의 평화를 위한 '러셀-아인슈타인 선언(The Russell-Einstein Manifesto)'에도 당대 11인의 지성인 중 하나로 서명했다. 그가 평생 지키면서 알렸던 사회 사상은 자신의 조작 사상과 인식론으로부터 출발한 지적 태도의 연장선에 있다. 그는 현대 사회에 은밀히 숨어 있는 "지성의 부패"에 맞서기 위해 지성인이 가져야 할 "지적 성실성(intellectual integrity)"과 "지적 정직성(intellectual honesty)"을 강조했다. 그는 지성과 교양이라는 이름 뒤에 자각 증상도 없이 은폐되어 있는 '지적 기만'과 '사이비 지식인(pseudo-intellects)', 그리고 이를 정당화하는 논리의 허구를 고발했던 것이다.

3. '세상 그대로'

브리지먼이 『논리』에서 개념의 의미를 확정하기 위한 조작적 정의를 이야기했을 때, 물리학이라는 맥락에서 말한 것이고 현대 물리학이 성공한 방법을 논한 것이었다. 그때는 새로운 물리학이 찬란한 성공을 거두면서 자리를 잡아가고 있었고 다른 분야의 학문들은 물리학을 부러운 눈초리로 바라보고 있었다. 따라서 그들은 물리학과 같은 방법론, 즉 성공의 비법을 갈망했다. 『논리』를 읽었던 독자들은 브리지먼의 조작 기법이 자신의 분야에도 적용될 수 있다는 희망을 발견했고, 안내해 줄 교리가 필요했던 그들은 물리학에서 성공의 방법을 제시했다는 브리지먼의 이론을 따르기 시작했다. 너도나도 조작적 방법을 채택하기 시작했고, 이에 대해 자기 나름의 해석과 버전을 만들기 시작했다. 그래서 항간에서는 조작주의자들만큼이나 조작주의가 있었다고 말한다. 그러나 행동주의 심리학에서 스티븐스(방법론적 행동주의)와 스키너(급진적 행동주의)의 조작 이론이 서로 달랐듯이 그들마다 이를 제각기 해석하고 변형하기 시작했다. 따라서 비록 브리지먼의 조작적 사상 자체가 확장되고 일반화되면서 나타난 미묘한 사고의 변화가 혼란을 부추긴 점은 있다고 해도, 그 이후에 벌어진 논쟁들, 즉 비물리적인 다른 개념도 조작적 방법에 의해 정의될 수 있는지 여부나 자신들의 학문 영역에서 사용하는 개념들이 물리적 속성을 지니도록 전환하거나 이에 대응하는 개념들을 찾을 수 있는지 여부는 사실 그 책임을 브리지먼에게 물어야 할 사항이 아니었다. 원래 브리지먼이 『논리』에서 말하고자 했던 것은 그가 현대 물리학의 본질이라고 보았던 조작적 특성에 관한 것이었기 때문이다. 20세기 초 물리학에서 의미의 위기에 직면하면서 브리지먼은 미래의 아인슈타인들에 의한 정신적 태도의 혁명이 다시는 일어나지 않게 하기 위한 자세를 이야기했던 것이다. 그러나 사람들은 그에게 그 짐을 지웠고 그는 그 짐에 힘겨워했다.

"물리학자에게는 *사실*이란 호소가 필요 없는 단 하나의 궁극적인 것이자, 그 앞에서는 거의 종교심에 가까운 겸허함만이 유일하게 가능한 자세"[20]라고 했던 그는 어느 실증주의자들보다도 더 실증주의적이었고, 반형이상학자이자, 무신론자였다. 따라서 그는 조작적 관점에 적극적 관심을 보였던 논리실증주의가 프랑스의 규약주의, 미국의 프래그머티즘과 결합해 논리경험주의로 변신하는 것[21]을 보고도 자신의 조작주의가 지닌 인식

---

20) Bridgman(1927/48), 2-3.

21) 브레너는 비엔나 철학과 프랑스 규약주의가 결합한 것을 "프렌치 커넥션"이라고 비유했다. Brenner(2002), "The French Connection: Conventionalism and the Vienna Circle", in: Heidelberger and Stadler(eds.)(2002), 277-286. 디아스포라 이후 유럽의 신실증주의가 미국 실용주의와 융화되는 과정에 대해서는 예컨대 Holton(1992; 1993b; 1995a; 2006), Feigl(1961; 1969), Frank(1941; 1949b; 1956) 등이 있다.

론적 한계를 받아들이지 않았다. 따라서 그가 짊어진 짐은 더욱 힘겨울 수밖에 없었다. 그럼에도 불구하고 그는 조작의 가장 밑바닥에 있는 "즉각 경험(immediate experiences)"의 개인성을 받아들이지 않은 행동주의자들과 투쟁해야 했고, 말년까지 스키너와 치통(齒痛) 공방을 벌였다. 그가 깊이 파고들었던 상대성 이론의 조작적 정당화 문제나 한 개인의 내면에서 은밀하게 벌어지는 개인적 경험의 소통 불가능함은 당시로서는 사실상 답이 없는 문제였다. 상대성 이론은 과학 이론이 조작적 정당화를 거치지 않아도 성공할 수 있다는 점을 보였고, 은밀하고(covert) 개인적(private) 사건을 공공연하고(overt) 공적인(public) 사건으로 전환하는 문제는 그 메커니즘을 인간 신경계에서 벌어지는 원자 수준의 신경생리학적 반응이 공적 사건으로 관찰될 수 있을 때나 가능한 일이었다.

논리실증주의자들은 자신들의 세계관이 논리와 경험의 결합에 관한 이론적 틀을 갖고 있었다. 그들은 이 철학이 적용되어 성공한 물리 이론(상대성 이론)을 갖게 되었을 뿐 아니라, 자신들의 실증주의를 실행할 수 있는 방법론적 수단(조작적 방법)까지 모두 갖게 되었다고 생각했다. 이것은 아인슈타인, 논리실증주의자, 브리지먼 사이에 실증주의적 공감대라는 기반이 있었기 때문이었지만, 딱 여기까지만이었다. 곧 이들 사이에는 서로 양립할 수 없는 관점의 차이가 있다는 점이 드러나게 되었다. 아인슈타인은 이 한계를 넘어 논리실증주의만으로는 설명할 수 없는 창의적 사고의 심리적 측면뿐 아니라 순수 수학적 논리에 의한 구성물이 경험적 실재와 연결될 수 있다는 점을 증명하면서 이런 관점의 규약주의, 실용주의 측면까지 담아냈지만, 브리지먼은 논리실증주의자들의 기대와는 반대 방향으로 나아가 더욱 철저하게 경험의 개인성으로 갔다.

내가 과학에서 개인 역할의 중요성을 고집하는 이유는 없었더라면
과학이 불가능했을 "증명(proof)"이라는 것이 전적으로 개인의 사안
이기 때문에 개인적이라는 것이며, 그 결과 어떤 창의적 과학도 필연
적으로 공적이라기보다 개인적이기 때문이다.[22]

그에게 있어서 모든 인식의 중심은 나이고 최종적으로 나에 의해 분석되
어야 하기 때문에 과학의 공공성(publicity)은 과학의 본성에서 도출된 것이
아니라 사회적 합의에 불과했다. 이것까지는 충분히 논쟁해 볼 만한 문제
였다. 왜냐하면 우리들 사이에 무의식적으로 공유하고 있는 지식의 공공성
이라는 관념이 개인의 의지와 무관한 문화적 강요일 수 있다는 점을 알게
되었기 때문이다. 그러나 고전물리학, 더 깊이는 아리스토텔레스적 관점의
해석에 바탕을 둔 그의 조작 관념은 관찰자(조작자)가 대상을 관찰(측정)하
지만 이들 사이의 상호작용은 관찰 대상에 영향을 주지 말아야 했기 때문에
미시 세계에서 벌어지는 현상을 설명할 수 없었다. 그의 조작적 관점은 우
리의 거시적 일상생활을 설명하기에 충분했을 뿐이다.

그런데 놀라운 것은 조작의 소통 불가한 개인적 경험이 소통 가능한 공
적 경험으로 어떻게 전환할 수 있는지에 대한 그의 마지막 답변이 『세상 그
대로』(1959)에서 제시되었다는 점이다. 그것도 미시적 수준에서 제시된 해법
이었다. 그는 물리학자답게 '원자 분석의 충분성 테제(thesis of the sufficiency
of atomic analysis)'를 이야기했다. 즉 두뇌나 신경계에서 벌어지는 원자들의
상태를 완전히 분석할 수 있다면, 개인적 경험(의식)은 공적 사건으로 전환
될 수 있을 것이다. 이는 논리실증주의자들이 개인의 소통 불가한 '즉각 주

---

22) Bridgman(1959a), "Preface", v.

어진 것(the immediate given)'이 사회적 합의에 의한 언어와 간주관성을 통해 공적 언어로 번역될 수 있다고 본 것[23]이나, 행동주의자들이 "고통", "의식", "느낌"과 같은 내관적 단어를 거부하고 오직 공적으로 보고(관찰) 가능한 단어들만 사용해 개인의 언어를 공적으로 번역하려 했던 것과는 아주 다른 관점이다. '원자 분석의 충분성 테제'를 여기서 자세히 논의하지 않겠다. 다만 여기에는 유기체에서 벌어지는 원자나 분자 수준의 상태와 개인의 의식 상태가 서로 대응한다는 평행론(parallelism) 혹은 브리지먼의 표현대로 이종동형(isomorphism)이 전제되어 있으며, 이는 유기체가 지닌 특별한 현상으로서 생기론(vitalism)을 거부한 유기체적 유물론(materialism) 관점이라 할 수 있다.

> 생명체의 기능을 설명하기 위해 무생물의 물리학과 화학에서는 조작적이지 않은 새로운 어떤 원리를 가정할 필요가 없다는 말이다. … 이 표현은 이렇다. "**어떤 유기체에 물리적으로 완전한 서술이 주어졌다면, 완전히 명시된 환경 안에서 유기체의 모든 현재 행동과 미래 행동이 확정되었다는 의미에서 여기에 더 이상 줄 수 있는 것은 없다.**" 여기서 "완전한" 서술이 의미하는 바는 이것이 유기체에 있는 **모든 원자의 상태가 완전히 특정되어야 할 것**을 요구한다고 말함으로써 명시될 수 있다. 이는 그렇게 작은 것까지 세세하게 상세화하는 것은 불필요하다고 하겠지만, 극한까지 가서 우리가 최소한 해를 끼치지 않았다는 것을 보일 필요는 있으며, **미래 실험**은 이것이 필요하다는 것을 보여줄 것이다. 나는 이것을 "원자 분석의 충분성 테제"라고 부를 것이다.[24]

---

23) 이에 대한 해법을 제시한 것이 카르납의 『세계의 논리 구조』이다. Carnap, Rudolf(1928/98), *Der logische Aufbau der Welt*, Hamburg, Meiner Verlag GmbH.

그는 계속해서 최근 심리학자와 생물학자들도 이 테제를 인정할 것이라고 했다. 이 테제에서 현상의 "설명"[25]이란 원자의 상호작용을 제어하는 알려진 기존 법칙으로부터 유기체의 기능을 연역하는 것을 의미한다고 했다. 그는 더 나아가 이것이 "고전적 전(前) 양자(prequantum) 형식으로 된 테제"이기 때문에 원자나 분자 수준에서 벌어지는 양자 현상이나 통계적 요동(statistical fluctuation)에 의한 "본질적 상황 변화"는 필요하지 않다고 했다.[26]

그는 이 테제를 조작적으로 수행하는 것이 "원칙적"으로 불가능하다고 증명되지 않았기 때문에 조작적으로 정당화된 프로그램이며, 따라서 소통을 위한 기반을 제공한다고 했다. 또 이 테제가 심지어 "합의되지 않은 행동주의자와 골수 내관주의자에게도 수용될 수 있을 정도로 충분히 유연하다."고 했다.[27]

내가 놀라움으로 그의 테제에 주목하는 이유는 그가 말한 것이 지금은 현실로 되었기 때문이다. 왜냐하면 현대 의학 기술의 발전으로 영상 진단 장치들 중에는 두뇌나 신경계의 원자 수준에서 벌어지는 현상을 모니터링하고 이를 대상자의 의식 상태와 대응할 수 있게 되었기 때문이다. MRI (Magnetic Resonance Imaging)라고 부르는 장치는 원자핵의 자기 공명을 이용해 원자 수준에서 벌어지는 현상을 이미지화하고, 이를 통해 개인의 생리

---

24) Bridgman(1959a), 201. '원자 분석 충분성 테제'는 "제5장 심리학의 언저리"에서 본격적으로 논의되었다.

25) 그는 『논리』에서 현상의 "설명"이란 자연을 해석하고 서로 연관시키는 작업으로서, "우리가 자명한 것이라고 받아들일 수 있을 정도로 상황을 익숙한 요소(element)들로 환원"하는 것이라고 말했다. 이를 조작적 관점에서 볼 때 "상황을 요소들로 환원한다."는 것은 상황을 구성하는 현상들 사이에 익숙한 상관관계(correlation)를 찾아낸다는 것이다. 그는 설명의 궁극적 단위가 수학에서 공리에 해당한다고 했다. Bridgman(1927/48), 37.(페이지 수는 원문 기준임.)

26) Bridgman(1959a), 201.

27) Ibid., 202-203.

적 상태를 공적 사건으로 실시간 관찰할 수 있는 장치이다. 브리지먼의 이 이야기는 1950년대 말에 집필되었지만 의학용 영상 진단 장치로서 MRI가 개발된 것은 1970년대였다. 그러나 그 원리인 NMR(Nuclear Magnetic Resonance)[28] 현상이 물리학에서 알려지고 원자와 분자 수준에서 실험된 것은 1938년이었고, 고체나 액체와 같은 벌크 상태에서 실험하는 기법이 개발된 것은 1946년이었다. 전자의 공로로 1944년 라비(Isidor Rabi)가 노벨상을 받았고, 후자의 공로로 1952년 블로흐(Felix Bloch)와 퍼셀이 노벨상을 받았다. 그런데 퍼셀은 하버드 물리학과 교수로서, 학생일 때 브리지먼에게 강의를 들었고, 브리지먼이 세상을 떠났을 때는 하버드대학교 추모 교회에서 거행된 추도식에서 "교사와 실험자"라는 제목으로 추도사를 읽었던 다섯 명 중 하나였다.[29] 아마도 브리지먼은 같은 학과에서 진행되고 있던 퍼셀 교수의 연구가 그동안 심리학에서 내관적(introspective) 단어라고 기피했던 '의식'이나 '느낌'과 같이 개인의 내면에서 벌어지는 현상을 조작적으로 관찰할 수 있게 해줄 것이라고 직감했던 것 같다.

　그는 세상을 떠날 때까지 조작적 관점에서 논란을 해명하고 자신의 관점의 정당성을 입증하려고 애썼다. 그 주제들 가운데 특히 상대성 이론과 조작의 개인성 논쟁에 관해 남긴 두 권의 책이 있다. 앞서 언급했듯이 유작으

---

28) NMR(핵자기공명)이나 MRI(자기공명영상)나 원리는 같다. 다만 MRI는 의학에서 선호하는 용어이고 NMR은 과학에서 사용하는 용어이다. 그 이유는 "핵"이라는 단어가 들어간 것을 환자들이 두려워했기 때문이라고 한다.

29) *Memorial Meeting*(1961). 추도사를 읽은 다섯 명의 명단은 다음과 같이 기록되어 있다: 명예총장이자 전 독일연방공화국 주재 고등판무관인 제임스 코넌트, 물리학과 명예교수 에드윈 켐블, 브리지먼의 오랜 친구이자 전 미국해외선교 중국 주재 교육 선교사 로버트 챈들러 목사, 게르하르트 가데(Gerhard Gade)좌 대학 교수이자 노벨상 수상자 에드워드 퍼셀, 물리학과 교수 제럴드 홀턴.

로 출판된 『한 교양인의 상대성 이론 입문서』(1962)와 그동안 논쟁에 관한 자신의 입장을 서술한 『세상 그대로』(1959)가 이들 책이다. 이 저작들이 브리지먼의 조작 사상의 결정체이자 모든 반박에 대해 자신의 답변을 담은 최후의 작품이라 할 수 있겠지만, 이들은 아직까지 분석되지 않았고 또 거의 읽히지도 않았다. 그의 조작 사상이 빠르게 여러 분야에서 흡수되고 비판적으로 수용되었던 것과는 달리, 그의 후기 저작들은 오직 소수의 사람들의 기억에만 남은 채 빠르게 잊혔다. 제자 홀턴이 애정 어린 기억을 기록한 연구물들과 월터와 오카모토의 전기, 또 모이어와 밀러의 연구물을 제외하고 그의 후기 저작들에 대한 연구들은 사실상 거의 없다시피 하다. 게다가 『논리』를 제외한 그의 후기 저작들 대부분은 재인쇄판 없이 절판된 상태로서 지금도 중고 서적 온라인 몰에서 구하는 것조차 쉽지 않다. 이 해제에서도 그의 후기 사상, 사회 사상, 개인적 경험들(other minds) 사이의 소통, 개념의 의미론을 깊이 다루지 못한 것이 아쉬울 뿐이다.

| 참고문헌 |

Ayer A. J. (ed.) (1959). *Logical Positivism*. New York: The Free Press.

Benjamin, A. Cornelius (1955). *Operationism*. Springfield, Ill.: Charles C. Thomas.

Bergmann, Gustav (1940). "On Physical Models of Non-Physical Terms", *Philosophy of Science* 7. 151-158.

Bergmann, G. and Spence, K. W. (1941). "Operationism and Theory in Psychology", *Psychological Review*, Vol. 48, No. 1, (Jan. 1941). 1-14.

Black, Max (1959). "Can induction be vindicated?" *Philosophical Studies* 10(1). 5-16.

Blumberg, Albert and Feigl, Herbert (1931). "Logical Positivism, a New Movement in European Philosophy", *Journal of Philosophy* 28, No. 11. 281-296.

_____ (translation and introduction) (1974). *Moritz Schlick, General Theory of Knowledge*. Springer Verlag.

Boring, Edwin G. (1933). *The Physical Dimensions of Consciousness*. New York: Century Co.

_____ (1936). "Temporal Perception and Operationism", _Am. J. Psychol._ 48. 519-522.

_____ (1945). "The Use of Operational Definitions in Science", _Psychological Review_, Vol. 52, No. 5 (Sept., 1945). 243-245.

_____ (1950). _A History of Experimental Psychology._ New York: Appleton-Century-Crofts.

Brauner, Bohuslav (1924). "Einstein and Mach", _Nature_ 113, (Jun. 28, 1924). 927.

Brenner, Anastasios (2002). "The French Connection: Conventionalism and the Vienna Circle", in: Heidelberger and Stadler(eds.) (2002). _History of Philosophy and Science._ Kluwer Academic Publishers. 277-286.

_____ (2018). "From Scientific Philosophy to Absolute Positivism: Abel Rey and the Vienna Circle", _Philosophia Scientiae_ 22(3).

Bridgman, Percy Williams (1922/31/63). _Dimensional Analysis_ (1st and revised ed. reprint). New Haven: Yale University Press.

_____ (1927/48). _The Logic of Modern Physics_(reprint). New York: Macmillan.

_____ (1928). "Book Reviews. Das Experiment, Sein Wesen und Seine Geschichte, Hugo Dingler", _Physical Review_ 32. 316-317.

_____ (1934). "A Physicist's Second Reaction to Mengenlehre", _Scripta Mathematica_ 2. 101-117 and 224-234.

_____ (1935). "The Struggle for Intellectual Integrity", _Harper's_, Dec. 1935.

_____ (1936/64). _The Nature of Physical Theory._ published on The Louis Clark Vanuxem Foundation, New York: Princeton University Press(1936), Science Editions(1964).

_____ (1938a). "Operational Analysis", _Philosophy of Science_ 5(2). 114-131.

_____ (1938b). _The Intelligent Individual and Society._ New York: Macmillan.

_____ (1938c). "Properties of Matter under High Pressure", _Scientific American_

(August, 1938). 80-82.

_____ (1939). "Manifesto by a Physicist", *Science* 89. 179.

_____ (1940a). "Science: Public or Private?" *Phil. Sci.* 7. 36-48.

_____ (1940b). "Freedom and the Individual", in: Ruth Nanda Anshen, ed., *Freedom: Its Meaning.* New York: Harcourt Brace and Co., 1940.

_____ (1941/61). *The Nature of Thermodynamics.* New York: Harper Torchbook edition, Harper & Brothers.

_____ (1943). "Recent Work in the Field of High Pressures", *Am. Scient.* 31. 1-35.

_____ (1945). "Some General Principles of Operational Analysis", *Psychol. Rev.* 52 (Sept. 1945). 246-249.

_____ (1946). "General survey of certain results in the field of high-pressure physics", Nobel Lecture, Dec. 11, 1946.

https://www.nobelprize.org/prizes/physics/1946/ bridgman/speech.

_____ (1947). "Science and Freedom", *Isis* 37. 128-131.

_____ (1949a). "Einstein's Theories and the Operational Point of View", in: Schilpp(1949/95). 335-354.

_____ (1949b). "Some Implications of Recent Points of View in Physics", *Revue Internationale de Philosophie*, Vol. 3, No. 10. 479-501.

_____ (1950). "The Operational Aspect of Meaning", *Synthese* 8. 251-259.

_____ (1950/55). *Reflections of a Physicist* (2nd ed.). New York: Philosophical Library.

_____ (1951a). "The Nature of Some of Our Physical Concepts. I", *The British Journal for the Philosophy of Science*, Vol. 1, No. 4 (Feb. 1951). 257-272.

_____ (1951b). "The Nature of Some of Our Physical Concepts II", *The British Journal for the Philosophy of Science*, Vol. 2, No. 5 (May 1951). 25-44.

_____ (1951c). "The Nature of Some of Our Physical Concepts III", *The*

British Journal for the Philosophy of Science, Vol. 2, No. 6 (Aug. 1951).
142-160.

_____ (1952). *The Nature of Some of Our Physical Concepts*. New York:
Philosophical Library.

_____ (1953). "Reflections on Thermodynamics", *American Scientist*, Vol. 41,
No. 4 (Oct. 1953). 548-555. 같은 논문이 *Proceedings of the American
Academy of Arts and Sciences*, Vol. 82, No. 7 (Dec. 1953). 301-309에 게재
되었다.

_____ (1954a). "Remarks on the Present State of Operationalism", *Sci. Mon.*
70 (Oct. 1954). 224-226.

_____ (1954b). "Science and Common Sense", *Scient. Mon.* 79 (July 1954).
32-39.

_____ (1955). "Synthetic Diamonds", *Sci. Amer.* 193. 42-46.

_____ (1956a) "The Present State of Operationalism", in: Frank (ed.) (1956).
74-79. 이는 (1954a)와 동일한 논문이다.

_____ (1956b). "Science and Broad Points of View", *Proc. Nat. Acad. Sci.* 42
(June 1956). 315-325.

_____ (1957). "Some of the Broader Implications of Science", *Physics Today*
10 (Oct. 1957). 17-24.

_____ (1958). "Society and the Individual", *Bull. Atom. Scient.* 14 (Dec. 1958).
413-416.

_____ (1959a). *The Way Things Are*. New York: The Viking Press.

_____ (1959b). "P. W. Bridgman's 'The Logic of Modern Physics' After
Thirty Years", *Dædalus*, Vol. 88, No. 3. (Summer, 1959). 518-526.

_____ (1960a). "Introduction", In: Stallo (1960).

_____ (1960b). "The Nature of Physical Knowledge", in: Friedrich(ed.)
(1960). 13-24.

_____ (1961). "The Present State of Operationalism", in: Frank (ed.) (1961). 74-80.

_____ (1962/83/2002). *A Sophisticate's Primer of Relativity* (1st and 2nd ed. reprint). Middletown, Conn.: Wesleyan University Press.

Carnap, Rudolf (1928/98). *Der logische Aufbau der Welt*. Hamburg: Meiner Verlag GmbH.

_____ (1932/33). "Über Protokollsätze", *Erkenntnis*, Vol. 3. 215-228.(영어 번역본 Rudolf Carnap, Richard Creath and Richard Nollan, "On Protocol Sentences". *Noûs*, Vol. 21, No. 4, 457-470)

_____ (1934/95). *The Unity of Science. Translated with and Introduction by M. Black*. Thoemmes Press.

_____ (1936). "Testability and Meaning", *Philosophy of Science*, Vol. 3, No. 4 (Oct. 1936). 419-471. (continued).

_____ (1937). "Testability and Meaning", *Philosophy of Science*, Vol. 4, No. 1 (Jan. 1937). 1-40.

_____ (1963), "Rudolf Carnap. Intellectual Autobiography", in: Schilpp (ed.)(1963/91). 3-84.

_____ (ed. by Martin Gardner) (1966). *Philosophical Foundation of Physics. An Introduction to the Philosophy of Science*. New York: Basic Book Inc. (국내 번역판. 카르납(윤용택 옮김).『과학철학입문』. 서광사, 1993)

Chandler, Robert E. (1961). "A Deep and Rich Friendship", in: *Memorial Meeting* (1961).

Chang, Hasok (2009/19). "Operationalism", first published Jul. 16, 2009, substantive revision Sep. 17, 2019.
https://plato.stanford.edu/entries/operationalism.

_____ (2004/16). *Inventing Temperature. Measurement and Scientific Progress*. Oxford University Press, 2004.(국내 번역판. 장하석 지음, 오철우 옮김.

『온도계의 철학. 측정 그리고 과학의 진보』, 도서출판 동아시아, 초판 제 10쇄 2016)

Clifford, William Kingdon (1876). "On the Space-Theory of Matter", in: *Proceedings of the Cambridge Philosophical Society*, Vol. II, 157-158.

Cohen, Robdert S. (ed.) (1981). *Feigl. Inquiries and Provocations. Selected Writings 1929-1974*. Vienna Circle Collection V. 14. Boston: D. Reidel Publishing Company.

Conant, James B. (1961). "A Truly Extraordinary Man", in: *Memorial Meeting* (1961).

CP 8A (1999). *The Collected Papers of Albert Einstein. Vol. 8 Part A: The Berlin Years: Correspondence 1914-1917*. Robert Schulmann, A. J. Kox, Michel Janssen, and József Illy (eds.). Princeton: Princeton University Press.

CP 8B (1999). *The Collected Papers of Albert Einstein. Vol. 8 Part B: The Berlin Years: Correspondence 1918*. Diana Kormos Buchwald, Robert Schulmann, József Illy, Daniel J. Kennefick, & Tilman Sauer (eds.). Princeton: Princeton University Press.

CP 9 (2004). *The Collected Papers of Albert Einstein. Vol. 9: The Berlin Years: Correspondence, January 1919-April 1920*. Diana K. Buchwald, József Illy and Tilman Sauer (eds.). Princeton: Princeton University Press.

CP 14 (2015). *The Collected Papers of Albert Einstein. Vol. 14: The Berlin Years: Correspondence, April 1923-May 1925*. Diana K. Buchwald, József Illy, Ze'ev Rosenkranz, Tilman Sauer, and Osik Moses (eds.). Princeton: Princeton University Press.

Damböck, Christian (2013). *Der Wiener Kreis. Ausgewählte Texte*. Stuttgart: Reclam.

Dingler, Hugo (1928). "Besprechung: P. W. Bridgman, The Logic of Modern Physics, XIV u. 228 New York, The Macmillan Company. 1927",

Physikalische Zeitschrift 29. 710.

Dodd, Stuart C. (1943). "Operational Definition Operationally Defined", *American Journal of Sociology* 48(4) (Jan. 1943). 482-491.

Donald, Norman H., Jr. (1976). "Memorial to Robert Ware Bridgman 1915-1974", in: *Memorials* vol. 6, the Geological Society of America.

Drake, S. (1999). *Essays on Galileo and the History and Philosophy of Science*, vol. 3. Toronto: University of Toronto Press.

Easton, Loyd, D. (1961). *Hegel's first American followers. The Ohio Hegelians: J. B. Stallo, Peter Kaufmann, Moncure Conway, August Willich*. Athens: Ohio University Press.

Einstein, Albert (1916). "Die Grundlage der allgemeinen Relativitätstheorie", *Annalen der Physik*, No. 7, IV. Folge, 49, 1916. 769-822.

_____ (1918). "Prinzipielles zur allgemeinen Relativitätstheorie", *Annalen der Physik*, Band 55, No. 4. 241-244.

_____ (1934). "On the Method of Theoretical Physics/Zur Methodik der theoretischen Physik", The Herbert Spencer Lecture, delivered at Oxford, June 10, 1933. In: Einstein (herausgegeben von C. Seelig) (1934/2014). *Mein Weltbild*, Ulstein Taschenbuch(독일어); - (1934). *The World as I See It*. NY: Philosophical Library.(영어); - (1954). *Ideas and Opinions*; - (2009). *Einstein's Essays in Science*; - (1934). "On the Methode of Theoretical Physics", *Philosophy of Science*, vol. 1, no. 2(Apr. 1934). 163-169.

_____ (1936). "Physik und Realitäten/Physics and Reality", *Journal of The Franklin Institute*, Vol. 221, No. 3, March 1936, 313-347/349-382.

_____ (1946). "Remarks on Bertrand Russell's Theory of Knowledge/ Bemerkungen zur Bertrand Russells Erkenntnis-Theorie", in: Schilpp(ed.) (1946), 277-291.

Engler, Fynn Ole (2006). *Moritz Schlick und Albert Einstein*(preprint). Max

Planck Institut für Wissenschaftsgeschichte.

_____ (eingeleitet, kommentiert und herausgegeben) (2021). *Moritz Schlick. Texte zur Quantentheorie*. Felix Meiner Verlag Hamburg.

Evans, H. M. (ed.) (1959). *Men and Moments in the History of Science*. University of Washington Press.

Feigl, Herbert (1934a). "The Logical Character of the Principle of Induction", *Phil. Sci.* 1. 20-29.

_____ (1934b). "Logical Analysis of the Psycho-physical Problem", *Phil. Sci.* 1. 420-445.

_____ (1945). "Operationism and Scientific Method", *Psychological Review*, Vol. 52, No. 5 (Sep. 1945). 250-259.

_____ (1961). "On The Vindication of Induction", *Philosophy of Science* 28(2). 212-218.

_____ (1969). "The Wiener Kreis in America", in: Fleming, Donald and Bailyn, Bernard (eds.). *The Intellectual Migration: Europe and America, 1930-1960*. Cambridge, Mass.: Harvard University Press. 630-673.

Frank, Philipp G. (1907). "Kausalgesetz und Erfahrung", *Annalen der Naturphilosophie*. Bd. 6. 443-450.

_____ (1941). *Between Physics and Philosophy*. Cambridge, Mass.: Harvard University Press.

_____ (1947). *Einstein: His Life and Times*. New York: Alfred A. Knopf.

_____ (1949a). "Einstein, Mach, and Logical Positivism", in: Schilpp(ed.) (1949/95). 271-286.

_____ (1949b). *Modern Science and Its Philosophy*. Cambridge, Mass.: Harvard University Press.

_____ (1949c), "Einstein's Philosophy of Science", *Review of Modern Physics*, Vol. 21, No. 3 (July, 1949). 349-355.

_____ (ed.) (1956). *The Validation of Scientific Theories*. Boston: Beacon Press.

_____ (1961). *The Validation of Scientific Theories*. Boston: Beacon Press.

_____ (1979). *EINSTEIN. Sein Leben und seine Zeit. Mit einem Vorwort von Albert Einstein*. Wiesbaden: Friedr. Vieweg & Sohn Braunschweig.

Friedrich, L. W. (ed.) (1960). *The Nature of Physical Knowledge*. Bloomington: Indiana University Press.

Giovanelli, Marco (2018). "Physics Is a kind of metaphysics: Emile Meyerson and Einstein's late rationalistic realism", *European Journal of Philosophical Science* 8. 783-829.

Glasersfeld, Ernst von (1984). "Einführung in den radikalen Konstruktivismus", in: Paul Watzlawick(ed.), *Die Erfundene Wirklichkeit*, München, Piper, 1981, 16-38. (English Translation: "An Introduction to Radical Constructivism", *The Invented Reality*, New York: Norton, 1984, 17-40)

_____ (1987/92). *Wissen, Sprache und Wirklichkeit. Arbeiten zum radikalen Konstruktivismus*. Autorisierte deutsche Fassung von Wolfram K. Köck, Verlag Vieweg, 1. Auflage 1987, Nachdruck 1992.

Grünbaum, Adolf (1956). "Operationism and Relativity", in: Frank(ed.) (1956). 84-94.

_____ (1962). "Prologue", "Epilogue", in: Bridgman(1962). vii-viii, 165-191.

Hacking, Ian (1965). "Salmon's Vindication of Induction", *The Journal of Philosophy* 62(10). 260-266.

Hadamard, Jacques (1945/54). *An Essay on The Psychology of Invention in the Mathematical Field*. Dover Publications, Inc.

Haller, Rudolf (1985). "Der erste Wiener Kreis", *Erkenntnis* 22(1/3). 341-358.

Hart and associated (1953). "Toward an Operational Definition of the Term 'Operation'", *American Sociological Review*, 18(6) (Dec. 1953). 612-617.

Heisenberg, Werner (1933). The Development of Quantum Mechanics, Nobel

Lecture, December 11.

https://www.nobelprize.org/prizes/physics/1932/heisenberg/lecture.

Hempel, Carl G. (1956), "A Logical Appraisal of Operationism", in: Frank(edited with an introduction) (1956). 52-67.

Hentschel, Klaus (1984). "Die Korrespondenz Einstein-Schlick: Zum Verhältnis der Physik zur Philosophie", *Annals of Science* 43. 475-488.

_____ (1990). *Interpretationen und Fehlinterpretationen der speziellen und der allgemeinen Relativitätstheorie durch Zeitgenossen Albert Einsteins.* Basel.Boston.Berlin: Birkhäuser Verlag.

Hilgard, Ernest R. (1958). "Intervening Variables, Hypothetical Constructs, Parameters, and Constants", *The American Journal of Psychology*, Vol. 71, No. 1 (Mar. 1958). 238-246.

Hinshaw, Virgil Jr. (1958). "The Given", *Philosophy and Phenomenological Research*, vol. 18, No. 3 (Mar. 1958). 312-325.

Holton, Gerald (1973/75). *Thematic Origins of Scientific Thought, Kepler to Einstein.* Cambridge, Mass.: Harvard University Press.

_____ (1992). "Ernst Mach and the Fortunes of Positivism in America", *Isis* 83 (1). 27-60. 같은 글이 *Science and Anti-Science*, Cambridge, MA., Harvard University Press, 1993, 1-55에 재수록되었다.

_____ (1993a). *Science and Anti-Science.* Cambridge, Mass.: Harvard University Press.

_____ (1993b). "From the Vienna Circle to Harvard Square: The Americanization of a European World Conception", in: Stadler, F. (ed.), *Scientific Philosophy: Origins and Development.* Kluwer Academic Publisher, 1993, 47-73.

_____ (1995a). "On the Vienna Circle in Exile: An Eyewitness Report", in: Werner Depauli-Schimanovich, Eckehart Köhler, Friedrich Stadler(eds.).

The Foundational Debate. Complexity and Constructivity in Mathematics and Physics. Vienna Circle Institute Yearbook [1995], Kluwer Acadmic Publishers, 1995.

_____ (1995b). "Einstein, History, and Other Passions", in: *Masters of Modern Physics* Vol. 16. American Institute of Physics, AIP Press.

_____ (2005a). "Candor and Integrity in Science", *Synthese* 145. 277‒294.

_____ (2005b). *Victory and Vexation in Science. Einstein, Bohr, Heisenberg and Others*. Cambridge: Harvard University Press. 65-80.

_____ (2006). "Philipp Frank at Harvard: His Work and His Influence", *Synthese* 153. 297-311.

Hornell, Hart (1940). "Operationism Analysed Operationally", *Philosophy of Science* 7(3) (Jul. 1940). 288-313.

Howard, Don and Giovanelli, Marco (2019). "Einstein's Philosophy of Science", in: *Stanford Encyclopedia of Philosophy*. First published Wed Feb 11, 2004; substantive revision Fri Sep 13, 2019.

Jammer, Max (2000). *Concept of Mass in Contemporary Physics and Philosophy*. Princeton University Press.

_____ (1993/2012). *Concepts of Space. The History of Theories of Space in Physics*. 3rd. enlarged edition, New York: Dover Publication, Inc. (국내 번역판. 이경직 옮김, 『공간개념. 물리학에 나타난 공간론의 역사』, 2008)

Kemble, Edwin C. (1961). "Apostle of Ruthless Logic", in: *Memorial Meeting* (1961).

Kemble, Edwin C. and Birch, Francis (1970). "Percy Williams Bridgman 1882-1961", in: *Biographical Memoirs*, vol. 41. New York: Columbia University Press for the National Academy of Sciences of the United States.

Kemble, Edwin C., Birch, Francis and Holton, Gerald (1970). "Percy Williams

Bridgman", in: Charles Coulston Gillispie (ed.), *Dictionary of Scientific Biography*. New York: Charles Scribner's Sons.

Kleinpeter, Hans (1901). "J. B. Stallo als Erkenntniskritiker", in: Barth, Paul (hrsg.), *Vierteljahrsschrift für wissenschaftliche Philosophie*, Fünfundzwanzigster Jahrgang. Leipzig: O. R. Reisland. 401-440.

Koopman, Bernard Osgood (1979). "An Operational Critique of Detection Laws", *Operational Research*, Vol. 27, No. 1 (Jan.-Feb.). 115-133.

_____ (1980). *Search and Screening: General Principles with Historical Applications*. New York: Pergamon Press.

Kraft, Victor (1950/68). *Der Wiener Kreis. Der Ursprung des Neopositivismus Ein Kapitel der jüngsten Philosophiegeschichte*. Springer Verlag.

Kretschmann, Erich (1917). "Über den physikalischen Sinn der Relativitätspostulate. A. Einsteins neue und seine ursprüngliche Relativitätstheorie", *Annalen der Physik*, Band 53, No. 16. 576-614.

Lindsay, R. B. (1937). "A Critique of Operationalism in Physics", *Philosophy of Science* 4, No. 4 (Oct. 1937). 456-470.

_____ (1954). "Operationalism in Physics Reassessed", *The Scientific Monthly*, Vol. 79, No. 4 (Oct. 1954). 221-223.

_____ (1956). "Operationalism in Physics", in: Frank(ed.) (1956). 이는 (1954) 와 동일한 논문이다.

Lovasz, Nathalie and Slaney, Kathleen L. (2013). "What makes a hypothetical construct 'hypothetical'? Tracing the origins and uses of the 'hypothetical construct' concept in psychological science", *New Ideas in Psychology* 31. 22–31.

MacCorquodale and Meehl(1948). "On a distinction between hypothetical constructs and intervening variables", *Psychological Review* 55, (Mar. 1948). 95-107.

Mach, E. (1901). "Vorwort zur deutschen Ausgabe", in: Stallo (1901).

McCue, Brian (2006). "Visual Detection of U-Boats from Aircraft", *Phalanx*, Vol. 39, No. 2 (June 2006). 12-14.

Memorial Meeting (1961). "Expressions of Appreciation as Arranged in the Order Given at the Memorial Meeting for Professor Percy Williams Bridgman", Oct. 24, 1961.

Milkov, Nikolay (hrsg.) (2015). *Die Berliner Gruppe. Texte zum Logischen Empirismus*. herausgegeben, eingeleitet und mit Anmerkunegen versehen von Nikolay Milkov, Hamburg: Felix Meiner Verlag.

Milkov, Nikolay and Peckhaus, Volker (eds.) (2013). *The Berlin Group and the Philosophy of Logical Empiricism*. Boston Studies in The Philosophy and History of Science, Vol. 273, Springer.

Miller, Arthur I. (1983). "Introduction to Second Edition. P. W. Bridgman and the Special Theory of Relativity", in: Bridgman, P. W., *A Sophisticate's Primer of Relativity. Second Edition with an Introduction by Arthur I. Miller*. New York: Dover Publications, Inc.

Mittelstraß, J.(hrsg.) (1995). *Enzyklopädie Philosophie und Wissenschaftstheorie, Bd. 1: A-G.* Verlag J. B. Metzler, 713-714.

Morse, Philip M. (1982). "In Memoriam: Bernard Osgood Koopman, 1900-1981", *Operational Research*, Vol. 30, No. 3. 417-427.

Moyer, Albert E. (1983/86). *American Physics in Transition: A History of Conceptual Change in the Late Nineteenth Century. The History of Modern Physics, 1800-1950*. Vol. III. Los Angeles/San Francisco: Tomash Publishers.

_____ (1991a). "P. W. Bridgman's Operational Perspective on Physics. Part I: Origins and Development", *Studies in History and Philosophy of Science*. Vol. 22, No. 2. 237-258.

_____ (1991b). "P. W. Bridgman's Operational Perspective on Physics. Part II: Refinement, Publications, and Reception", _Studies in History and Philosophy of Science_, Vol. 22, No. 3. 373-397.

_____ (1991c). "A Puritan of Science?" Book Reviews. _Medical Assessment_ 15. 815.

Neurath, Otto (1930/31). "Historische Anmerkungen", _Erkenntnis_, Vol. 1(1930/31), 311-314.

_____ (1932/33). "Protokollsätze", _Erkenntnis_, Vol. 3. 204-214.

_____ (1983). _Philosophical Papers 1913-1945 with a Bibliography of Neurath in English(Edited and Translated by R. S. Cohen and Marie Neurath)_. D. Reidel Publishing Company.

Newitt, D. M. (1962). "Percy Williams Bridgman", _Biographical Memoirs of the Royal Society_, vol. 8. London: Royal Society.

Newton, Isaac, Andrew Motte(tr. 1848), _Newton's Principia. The Mathematical Principles of Natural Philosophy_. New York: Daniel Adee.

Okamoto, Takuji (2004). _Percy Williams Bridgman and the Evolution of Operationalism_. Dissertation, University of Tokyo.

O'Neil, W. M. (1991). "In what sense do tolman's intervening variables intervene?", _Australian Journal of Psychology_, 43: 3. 159-162.

"Obituaries: Percy W. Bridgman", _Physics Today_ 14(10). 1961. 78.

Quine, W. V. (1949). "Truth by Convention", in: H. Feigl and W. Sellars, _Readings in Philosophical Analysis_. New York: Appleon-Century-Crofts, Inc., 1949, 250-273.

_____ (1951). "Main Trends in Recent Philosophy: Two Dogmas of Empiricism", _The Philosophical Review_ 60(1), 20-43. 이는 Quine, _From a Logical Point of View_. Harvard University Press, 1953/61에 수정 보완된 형태로 재수록되었다.

_____ (1966). "On Carnap's Views on Ontology", in: Quine, W. V., *The Ways of Paradox and Other Essays*. Random Hounse, New York, 1966, 126-134.

_____ (1976). "Whither Physical Objects", in: R. S. Cohen et al. (eds.), *Essay in Memory of Imre Lakatos*. Dordrecht-Holland: D. Reidel Publishing Company, 497-504.

_____ (1986). "Autobiography of W. V. Quine", in: Schilpp and Hahn (eds.) (1986/98), 3-46.

Rattermann, Heinrich Armin (1902). *Johann Bernhard Stallo. Deutsch-Amerikanischer Philosoph, Jurist und Staatsmann. Denkrede gehalten im Deutschen Litterarischen Klub von Cincinnati*. Cincinnati: Verlag des Verfassers.

Reichenbach, Hans (1936). "Logistic Empiricism in Germany and the Present State of its Problems", *The Journal of Philosophy*, Vol. 33, No. 6 (Mar. 1936). 141-160.

Rosenthal-Schneider, Ilse (1949). "Presupposition and Anticipation in Einstein's Physics", in: Schilpp (1949). 131-146.

Salmon, Wesley C. (1963). "On Vindicating Induction", *Philosophy of Science* 30(3). 252-261.

_____ (1968). "The Justification of Inductive Rules of Inference", *Studies in Logic and the Foundations of Mathematics* 51. 24-97.

_____ (1978). "Unfinished Business: The Problem of Induction", *Philosophical Studies* 33. 1-19.

_____ (1991). "Hans Reichenbach's Vindication of Induction", *Erkenntnis* 35(1991).

Schaffner, Kenneth F. (1969). "Correspondence Rules", *Philosophy of Science*, Vol. 36, No. 3 (Sep. 1969). 280-290.

Schilpp, Paul Arthur (1935). "The Nature of 'the Given'", *Philosophy of Science*, vol. 2, No. 2 (Apr. 1935). 128-138.

Schilpp, Paul Arthur (ed.) (1946). *The Philosophy of Bertrand Russell*. Evanston, Ill.: The Library of Living Philosophers, Inc.

_____ (ed.) (1949/95). *Albert Einstein, Philosopher-Scientist*. The Library of Living Philosophers Volume VII, La Salle, Ill.: Open Court.

_____ (ed.) (1963/91). *The Philosophy of Rudolf Carnap*. The Library of Living Philosophers Volume XI, La Salle, Ill.: Open Court.

Schilpp, Paul Arthur and Hahn, Lewis Edwin (eds.) (1986). *The Philosophy of Q. V. Quine*. The Library of Living Philosophers Volume XVIII, La Salle, Ill.: Open Court.

Schlick, Moritz (1915). "Die Philosophische Bedeutung des Relativitätsprinzips", *Zeitschrift für Philosophie und philosophische Kritik*. 159. 129-175.

_____ (1926). "Ernst Mach, der Philosoph", in: Stadler, Friedrich(Wien) und Wendel, Hans Jürgen(Rostock) (hrsg.) (2008). 57-68.

_____ (1929). "Percy W. Bridgman, The Logic of Modern Physics", *Die Naturwissenschaften* 17, 1929, Heft 27 vom 5. Juli. 549-550.

_____ (1930/31). "Die Wende der Philosophie", *Erkenntnis* 1(1). 4-11.

_____ (1934). "Über das Fundament der Erkenntnis", *Erkenntnis*, Vol. 4. 79-99.

_____ (1936). "Meaning and Verification", *Philosophical Review* 45. 339-369. 이 논문은 H. Feigl and W. Sellars (eds.), *Readings in Philosophical Analysis*. New York: Appleton-Century-Crofts, Inc., 1949에 재수록되었다.

Seeger, Raymond (1954). "Beyond Operationalism", in: *The Scientific Monthly* (Oct. 1954), Vol. 79, No. 4. 226-227. 이 논문은 Frank (ed.) (1956)에 재수록되었다.

Skinner, B. F. (1930). "The Concept of the Reflex in the Description of Behavior", in: B. F. Skinner, *Cumulative Record*. Definitive Edition, 1991. 419-441.

_____ (1945). "Operational Analysis of Psychological Terms"; "Rejoinders and Second Thoughts", *Psychological Review*, Vol. 52, No. 5 (Sept. 1945). 270-277, 291-294.

_____ (1966). "B. F. Skinner", in: Edwin G. Boring and Gardner Lindzey (eds.). *A History of Psychology in Autobiography*. Vol. V, New York: Appleton-Century-Crofts. 387-413.

Sopka, Katherine Russell (1980). "Quantum Physics in America, 1920-1935", New York: Arno.

Stadler, Friedlich (1992). "The 'Verein Ernst Mach'—What Was It Really?", in: J. Blackmore (ed.), *Ernst Mach—A Deeper Look*, Kluwer Academic Publishers, 1992, 363-377.

_____ (2015). *Der Wiener Kreis. Ursprung, Entwicklung und Wirkung des Logischen Empirismus im Kontext*. Springer.

Stadler, Friedrich(Wien) und Wendel, Hans Jürgen(Rostock) (hrsg.) (2008). *Moritz Schlick Gesamtausgabe, Abteilung I: Veröffentlichte Schriften Band 6. Die Wiener Zeit. Aufsätze, Beiträge, Rezensionen 1926-1936*, herausgegeben und eingeleitet von Johannes Friedl und Heiner Rutte. Springer Verlag.

Stallo, J. B. (1848). *General Principles of the Philosophy of Nature: with an outline of some of its recent development among the Germans, embracing the philosophical systems of Schelling and Hegel, and Oken's system of nature*. Boston: WM. Crosby and H.P. Nichols.

_____ (1881). *The Concepts and Theories of Modern Physics*. New York: D. Appleton and Company.

_____ (1884/88). *The Concepts and Theories of Modern Physics*. with Introduction and Preface to the Second Edition. New York: D. Appleton and Company.

_____ (1960). *The Concepts and Theories of Modern Physics*. Edited and introduced by Percy W. Bridgman. Cambridge, Massachusetts: The Belknap Press of Harvard University Press.

_____ (1893). *Reden, Abhandlungen und Briefe*. New York: E. Steiger & Co.

_____ (1901). *Die Begriffe und Theorien der moderne Physik. nach der 3. Auflage des englischen Originals übersetzt und herausgegeben von Dr. Hans Kleinpeter. Mit einem Vorwort von Ernst Mach*. Leipzig: Verlag von Johann Ambrosius Barth.

Stevens, S. S. (1935a). "The Operational Basis of Psychology", *Am. J. Psychol.* 47. 323-330.

_____ (1935b). "The Operational Definition of Psychological Concepts", *Psychol. Rev.* 42. 517-527.

_____ (1936). "Psychology, the Propaedeutic Science", *Phil. Sci.* 3. 90-103.

_____ (1939). "Psychology and the Science of Science", *Psychological Bulletin*, Vol. 36, No. 4 (April, 1939). 221-262.

Stöltzner, Michael und Uebel, Thomas (hrsg.) (2006). *Wiener Kreis. Texte zur wissenschaftlichen Weltauffassung von Rudolf Carnap, Otto Neurath, Moritz Schlick, Philipp Frank, Hans Hahn, Karl Menger, Edgar Zilsel und Gustav Bergmann*. Philosophische Bibliothek Band 577, Hamburg: Felix Meiner Verlag.

Strapasson, Bruno Angelo and Araujo, Saulo de Freitas (2020). "Methodological Behaviorism: Historical Origins of a Problematic Concept (1923-1973)", *Perspectives on Behavior Science* 43. 415-429.

The Nobel Foundation (1946). Award Ceremony Speech presented by Prof. A. E. Lindh, https://www.nobelprize.org/prizes /physics/1946/ceremony-speech.

Thiele, Joachim (1969). "Karl Pearson, Ernst Mach, John B. Stallo: Briefe aus den Jahren 1897 bis 1904", *Isis* 60 (4). 535-542.

Tolman, E. C. (1936). "An Operational Analysis of 'Demands'", *Erkenntnis* 6.

383-390.

Tschauner, Oliver et al. (2014). "Mineralogy. Discovery of bridgmanite, the most abundant mineral in Earth, in a shocked meteorite", *Science* 346 (Nov. 2014). 1100-1102.

Uebel, Thomas (1989). *The Vienna Circle's debate about protocol sentences revisited: towards the reconstruction of Otto Neurath's epistemology.* MIT Ph. D. Dissertation.

_____ (2003). "Philipp Frank's History of the Vienna Circle: A Programmatic Retrospective", in: Gary L. Hardcastle and Alan W. Richardson (eds.). *Logical Empiricism in North America*, Vol. XVIII, University of Minnesota Press.

_____ (2013). "Logical Positivism-Logical Empiricism: What's in a Name?", *Perspectives on Science*, vol. 21, no. 1. 58-99.

Valois, A. John (1960). *A Study of Operationism and Its Implications for Educational Psychology.* Catholic University Of America, Educational Research Monographs, V23, No. 4.

Verhaegh, Sandra (2020). "The American Reception of Logical Positivism. First Encounters(1929-1932)", *HOPOS(History of Philosophy of Science)*, Vol. 10, Number 1, Spring 2020(manuscript version).

Waismann, Friedrich (2019). *Ludwig Wittgenstein und der Wiener Kreis, Gespräche, aufgezeichnet von Friedrich Waismann, aus dem Nachlaß herausgegeben von B. F. McGuinness.* Ludwig Wittgenstein Werkausgabe Band 3, Suhrkamp, 12. Auflage.

Walter, Maila L. (1990). *Science and Cultural Crisis. An Intellectual Biography of Percy Williams Bridgman (1882-1961).* Stanford, CA.: Stanford University Press.

Weinstein, Galina (2017). *Einstein's Pathway to the Special Theory of Relativity*

(2nd ed.). Cambridge Scholars Publishing.

Wittgenstein, Ludwig (1922). *Tractatus Logico-Philosophicus. Logisch-philosophische Abhandlung*. First published by Kegan Paul (London), 1922. Side by Side Edition, version 0.53 (Feb. 5, 2018), containing the original German, alongside both the Ogden/Ramsey, and Pears/McGuinness English translations.(국내 번역판으로는 이영철 본과 곽강제 본이 있음)

_____ (1953/2001). *Philosophische Untersuchungen/Philosophical Investigations*. German text, with a revised English translation.(translated by G. E. M. Anscombe), 3. Auflage, Blackwell Publishing.

Wittgenstein, Ludwig and Waismann, Friedrich (2003). *The Voices of Wittgenstein. The Vienna Circle*. Original German Texts and English Translations, Transcribed, edited and with an introduction by Gordon Baker, Translated by Gordon Baker, Michael Mackert, John Connolly and Vasilis Politis, London and New York: Routledge.

"Symposium on Operationism", Organized by Edwin Boring. Papers were presented by E. Boring, P. W. Bridgman, H. Israel, C. Pratt, H. Feigl, and B. F. Skinner. Discussion and rejoinders are included. *Psychol. Rev.* 52 (Sept. 1945). 241-294.

"Einstein and the Philosophies of Kant and Mach", *Nature* 112, (1923). 253.

https://www.iycr2014.org/learn/crystallography365/articles/20140708.

야머(이경직 옮김) (2008). 『공간개념. 물리학에 나타난 공간론의 역사』, 나남.

요르겐센(한상기 옮김) (1994). 『논리경험주의—그 시작과 발전 과정』, 서광사.

장하석(오철우 옮김) (1993/2016). 『온도계의 철학. 측정 그리고 과학의 진보』, 도서출판 동아시아.

카르납(윤용택 옮김) (1993). 『과학철학입문』, 서광사.

하일브론(정명식, 김영식 옮김) (1922). 『막스 플랑크. 한 양심적 과학자의 딜레마』, 이데아 총서 47. 서울: 민음사.

비트겐슈타인(이영철 옮김) (2020).『논리-철학 논고』, 책세상.

비트겐슈타인(곽강제 옮김) (2012).『논리철학론』, 서광사.

| 브리지먼 문헌 목록 |

Am. J. Sci. = *American Journal of Science*

Am. Scientist = *American Scientist*

J. Am. Chem. Soc. = *Journal of the American Chemical Society*

J. Appl. Phys. = *Journal of Applied Physics*

J. Chem. Phys. = *Journal of Chemical Physics*

J. Colloid Sci. = *Journal of Colloid Science*

J. Franklin Inst. = *Journal of the Franklin Institute*

J. Wash. Acad. Sci. = *Journal of the Washington Academy of Sciences*

Mech. Eng. = *Mechanical Engineering*

Phil. Mag. = *Philosophical Magazine*

Philosophy Sci. = *Philosophy of Science*

Phys. Rev. = *Physical Review*

Proc. Am. Acad. Arts Sci. = *Proceedings of the American Academy of Arts and Sciences*

Proc. Nat. Acad. Sci. = *Proceedings of the National Academy of Sciences*

Psychol. Rev. = *Psychological Reviews*

Rec. trav. chim. Pays-Bas = *Recueil des travaux chimiques des Pays-Bas*

Rev. Mod. Phys. = *Reviews of Modern Physics*

Sci. Monthly = *Scientific Monthly*

Z. Physik. Chem. = *Zeitschrift fuer Physikalische Chemie*

1906

The electrostatic field surrounding two special columnar elements. *Proc. Am. Acad. Arts Sci.*, 41: 617–26.

1908

On a certain development in Bessel's functions. *Phil. Mag.*, 16: 947–48.

1909

The measurement of high hydrostatic pressure. I. A simple primary gauge. *Proc. Am. Acad. Arts Sci.*, 44: 201–17.

The measurement of high hydrostatic pressure. II. A secondary mercury resistance gauge. *Proc. Am. Acad. Arts Sci.*, 44: 221–51.

An experimental determination of certain compressibilities. *Proc. Am. Acad. Arts Sci.*, 44: 255–79.

1911

The action of mercury on steel at high pressures. *Proc. Am. Acad. Arts Sci.*, 46: 325–41.

The measurement of hydrostatic pressures up to 20,000 kilograms per square centimeter. *Proc. Am. Acad. Arts Sci.*, 47: 321–43.

Mercury, liquid and solid, under pressure. *Proc. Am. Acad. Arts Sci.*, 47: 347-438.

Water, in the liquid and five solid forms under pressure. *Proc. Am. Acad. Arts Sci.*, 47: 441-558.

1912

The collapse of thick cylinders under high hydrostatic pressure. *Phys. Rev.*, 34: 1-24.

Breaking tests under hydrostatic pressure and conditions of rupture. *Phil. Mag.*, 24: 63-80.

Thermodynamic properties of liquid water to 80° and 12,000 kgm. *Proc. Am. Acad. Arts Sci.*, 48: 309-62.

Verhalten des Wassers als Flüssigkeit und in fünf festen Formen unter Druck. *Zeitschrift für anorganische und allgemeine Chemie*, 77: 377-455.

1913

Thermodynamic properties of twelve liquids between 20° and 80° and up to 12,000 kgm. per sq. cm. *Proc. Am. Acad. Arts Sci.*, 49: 3-114.

1914

The technique of high-pressure experimenting. *Proc. Am. Acad. Arts Sci.*, 49: 627-43.

Über Tammanns vier neue Eisarten. *Z. Physik. Chem.*, 86: 513-24.

Changes of phase under pressure. I. The phase diagram of eleven substances with especial reference to the melting curve. *Phys. Rev.*, 3: 126-41, 153-203.

High pressures and five kinds of ice. *J. Franklin Inst.*, 177: 315-32.

Two new modifications of phosphorus. *J. Am. Chem. Soc*, 36: 1344-63.

Nochmals die Frage des unbeständigen Eises. *Z. Physik Chem.*, 89: 252-53.

The coagulation of albumen by pressure. *Journal of Biological Chemistry*, 19:

511–12.

A complete collection of thermodynamic formulas. *Phys. Rev.*, 3: 273–81.

1915

Change of phase under pressure. II. New melting curves with a general thermo-
dynamic discussion of melting. *Phys. Rev.*, 6: 1–33, 94–112.

Polymorphic transformations of solids under pressure. *Proc. Am. Acad. Arts Sci.*, 51:
55–124.

The effect of pressure on polymorphic transitions of solids. *Proc. Nat. Acad. Sci.*, 1:
513–16.

1916

On the effect of general mechanical stress on the temperature of transition of two
phases, with a discussion of plasticity. *Phys. Rev.*, 8: 215–23.

Further note on black phosphorus. *J. Am. Chem. Soc*, 38: 609–12.

Polymorphic changes under pressure of the univalent nitrates. *Proc. Am. Acad. Arts
Sci.*, 51: 581–625.

The velocity of polymorphic changes between solids. *Proc. Am. Acad. Arts Sci.*, 52:
57–88.

Polymorphism at high pressures. *Proc. Am. Acad. Arts Sci.*, 52: 91–187.

Tolman's principle of similitude. *Phys. Rev.*, 8: 423–31.

1917

The electrical resistance of metals under pressure. *Proc. Am. Acad. Arts Sci.*, 52:
573–646.

The resistance of metals under pressure. *Proc. Nat. Acad. Sci.*, 3: 10–12.

Note on the elastic constants of antimony and tellurium wires. *Phys. Rev.*, 9: 138–41.

Theoretical considerations in the nature of metallic resistance, with especial regard to the pressure effects. *Phys. Rev.*, 9: 269–89.

1918

Thermo-electromotive force, Peltier heat, and Thomson heat under pressure. *Proc. Am. Acad. Arts Sci.*, 53: 269–386.

The failure of cavities in crystals and rocks under pressure. *Am. J. Sci.*, 45: 243–68.

Stress-strain relations in crystalline cylinders. *Am. J. Sci.*, 45: 269–80.

On equilibrium under non-hydrostatic stress. *Phys. Rev.*, 11: 180–83.

1919

A critical thermodynamic discussion of the Volta, thermo-electric and thermionic effects. *Phys. Rev.*, 14: 306–47.

A comparison of certain electrical properties of ordinary and uranium lead. *Proc. Nat. Acad. Sci.*, 5: 351–53.

1920

An experiment in one-piece gun construction. *Mining and Metallurgy*, No. 158, Section 14, pp. 1–16.

Further measurements of the effect of pressure on resistance. *Proc. Nat. Acad. Sci.*, 6: 505–8.

1921

Electrical resistance under pressure, including certain liquid metals. *Proc. Am. Acad. Arts Sci.*, 56: 61–154.

The electrical resistance of metals. *Phys. Rev.*, 17: 161–94.

Measurements of the deviation from Ohm's law in metals at high current densities. *Proc. Nat. Acad. Sci.*, 7: 299–303.

The discontinuity of resistance preceding supraconductivity. *J. Wash. Acad. Sci.*, 11: 455–59.

1922

Dimensional Analysis. New Haven, Yale University Press. 112 pp.

The electron theory of metals in the light of new experimental data. *Phys. Rev.*, 19: 114–34.

The effect of tension on the electrical resistance of certain abnormal metals. *Proc. Am. Acad. Arts Sci.*, 57: 41–66.

The effect of pressure on the thermal conductivity of metals. *Proc. Am. Acad. Arts Sci.*, 57: 77–127.

The failure of Ohm's law in gold and silver at high current densities. *Proc. Am. Acad. Arts Sci.*, 57: 131–72.

The compressibility of metals at high pressures. *Proc. Nat. Acad. Sci.*, 8: 361–65.

1923

The effect of pressure on the electrical resistance of cobalt, aluminum, nickel, uranium, and caesium. *Proc. Am. Acad. Arts Sci.*, 58: 151–61.

The compressibility of thirty metals as a function of pressure and temperature. *Proc. Am. Acad. Arts Sci.*, 58: 165–242.

The compressibility of hydrogen to high pressures. *Rec. trav. chim. Pays-Bas*, 42: 568–71.

The thermal conductivity of liquids. *Proc. Nat. Acad. Sci.*, 9: 341–45.

The volume changes of five gases under high pressures. *Proc. Nat. Acad. Sci.*, 9:

370-72.

The compressibility and pressure coefficient of resistance of rhodium and iridium. *Proc. Am. Acad. Arts Sci.*, 59: 109-15.

The effect of tension on the thermal and electrical conductivity of metals. *Proc. Am. Acad. Arts Sci.*, 59: 119-37.

The thermal conductivity of liquids under pressure. *Proc. Am. Acad. Arts Sci.*, 59: 141-69.

1924

A suggestion as to the approximate character of the principle of relativity. *Science*, 59: 16-17.

The compressibility of five gases to high pressures. *Proc. Am. Acad. Arts Sci.*, 59: 173-211.

The thermal conductivity and compressibility of several rocks under high pressures. *Am. J. Sci.*, 7: 81-102.

Some properties of single metal crystals. *Proc. Nat. Acad. Sci.*, 10: 411-15.

The connections between the four transverse galvanomagnetic and thermomagnetic phenomena. *Phys. Rev.*, 24: 644-51.

1925

A Condensed Collection of Thermodynamic Formulas. Cambridge, Harvard University Press. 34 pp.

Properties of matter under high pressure. *Mech. Eng.*, 47: 161-69.

Certain aspects of high-pressure research. *J. Franklin Inst.*, 200: 147-60.

The compressibility of several artificial and natural glasses. *Am. J. Sci.*, 10: 359-67.

Certain physical properties of single crystals of tungsten, antimony, bismuth, tellurium, cadmium, zinc and tin. *Proc. Am. Acad. Arts Sci.*, 60: 305–83.

Various physical properties of rubidium and caesium and the resistance of potassium under pressures. *Proc. Am. Acad. Arts Sci.*, 60: 385–421.

The effect of tension on the transverse and longitudinal resistance of metals. *Proc. Am. Acad. Arts Sci.*, 60: 423–49.

The viscosity of liquids under pressure. *Proc. Nat. Acad. Sci.*, 11: 603–6.

Thermal conductivity and thermo-electromotive forces of single metal crystals. *Proc. Nat. Acad. Sci.*, 11: 608–12.

Linear compressibility of fourteen natural crystals. *Am. J. Sci.*, 10: 483–98.

1926

The five alkali metals under high pressure. *Phys. Rev.*, 27: 68–86.

The universal constant of thermionic emission. *Phys. Rev.*, 27: 173–80.

The effect of pressure on the viscosity of forty-three pure liquids. *Proc. Am. Acad. Arts Sci.*, 61: 57–99.

Thermal conductivity and thermal e. m. f. of single crystals of several non-cubic metals. *Proc. Am. Acad. Arts Sci.*, 61: 101–34.

Dimensional analysis again. *Phil. Mag.*, 2: 1263–66.

1927

Rapport sur les phénomènes de conductibilité dans les métaux et leur explanation théorique. In: *Conductibilité Électrique des Métaux et Problèmes Connexes* (Report of the Fourth Solvay Congress, April 24–29, 1924), pp. 67–114. Paris, Gauthier-Villars.

Some mechanical properties of matter under high pressure. In: *Proceedings of the Second International Congress of Applied Mechanics,* pp. 53–61. Zurich, Orell

Füssli.

The Logic of Modern Physics. New York, The Macmillan Company, xiv + 228 pp.

The breakdown of atoms at high pressures. *Phys. Rev.,* 29: 188–91.

The transverse thermo-electric effect in metal crystals. *Proc. Nat. Acad. StiL,* 13: 46–50.

The viscosity of mercury under pressure. *Proc. Am. Acad. Arts Sci.,* 62: 187–206.

The compressibility and pressure coefficient of resistance of ten elements. *Proc. Am. Acad. Arts Sci.,* 62: 207–26.

1928

Electrical properties of single metal crystals. In: *Atti del Congresso Internazionali dei Fisici* (Como, 1927), pp. 239–48. Bologna, Nicola Zanichelli.

General considerations on the photo-electric effect. *Phys. Rev.,* 31: 90–100.

Note on the principle of detailed balancing. *Phys. Rev.,* 31: 101–2.

Thermoelectric phenomena in crystals. *Phys. Rev.,* 31: 221–35.

The linear compressibility of thirteen natural crystals. *Am. J. Sci.,* 15: 287–96.

The photo-electric effect and thermionic emission: a correction and an extension. *Phys. Rev.,* 31: 862–66.

The pressure transition of the rubidium halides. *Zeitschrift fuer Kristallographie,* 67: 363–76.

Resistance and thermo-electric phenomena in metal crystals. *Proc. Nat. Acad. Sci.,* 14: 943–46.

The effect of pressure on the resistance of three series of alloys. *Proc. Am. Acad. Arts Sci.,* 63: 329–45.

The compressibility and pressure coefficient of resistance of zirconium and hafnium. *Proc. Am. Acad. Arts Sci.,* 63: 347–50.

1929

Thermo-electric phenomena and electrical resistance in single metal crystals. *Proc. Am. Acad. Arts Sci.*, 63: 351–99.

The effect of pressure on the rigidity of steel and several varieties of glass. *Proc. Am. Acad. Arts Sci.*, 63: 401–20.

General survey of the effects of pressure on the properties of matter. *Proceedings of the Physical Society* (London), 41: 341–60.

With J. B. Conant. Irreversible transformations of organic compounds under high pressures. *Proc. Nat. Acad. Sci.*, 15: 680–83.

Die Eigenschaften von Metallen unter hohen hydrostatischen Drucken. *Metallwirtschaft*, 8: 229–33.

On the application of thermodynamics to the thermo-electric circuit. *Proc. Nat. Acad. Sci.*, 15: 765–68.

On the nature of the transverse thermomagnetic effect and the transverse thermo-electric effect in crystals. *Proc. Nat. Acad. Sci.*, 15: 768–73.

The elastic moduli of five alkali halides. *Proc. Am. Acad. Arts Sci.*, 64: 19–38.

The effect of pressure on the rigidity of several metals. *Proc. Am. Acad. Arts Sci.*, 64: 39–49.

The compressibility and pressure coefficient of resistance of several elements and single crystals. *Proc. Am. Acad. Arts Sci.*, 64: 51–73.

Thermische Zustands grössen bei hohen Drucken und Absorption von Gasen durch Flüssigkeiten unter Druck. *Handbuch der Experimentalphysik*, 8: 245–400.

General considerations on the emission of electrons from conductors under intense fields. *Phys. Rev.*, 34: 1411–17.

1930

The minimum of resistance at high pressure. *Proc. Am. Acad. Arts Sci.*, 64: 75–90.

Permanent elements in the flux of present-day physics. *Science*, 71: 19–23.

1931

The Physics of High Pressure. London, G. Bell and Sons, Ltd. vii + 398 pp.

The volume of eighteen liquids as a function of pressure and temperature. *Proc. Am. Acad. Arts Sci.*, 66: 185–233.

Compressibility and pressure coefficient of resistance, including single crystal magnesium. *Proc. Am. Acad. Arts Sci.*, 66: 255–71.

The P-V-T relations of NH_4C_1 and NH_4Br, and in particular the effect of pressure on the volume anomalies. *Phys. Rev.*, 38: 182–91.

The recent change of attitude toward the law of cause and effect. *Science*, 73: 539–47.

Recently discovered complexities in the properties of simple substance. *Transactions of the American Institute of Mining, Metallurgical and Petroleum Engineers, General Volume*, pp. 17–37.

1932

Volume-temperature-pressure relations for several non-volatile liquids. *Proc. Am. Acad. Arts Sci.*, 67: 1–27.

Physical properties of single crystal magnesium. *Proc. Am. Acad. Arts Sci.*, 67: 29–41.

A new kind of e.m.f. and other effects thermodynamically connected with the four transverse effects. *Phys. Rev.*, 39: 702–15.

Comments on a note by E. H. Kennard on "Entropy, reversible processes and thermo-couples." *Proc. Nat. Acad. Sci.*, 18: 242–45.

Statistical mechanics and the second law of thermodynamics. *Bulletin of the American Mathematical Society*, 38: 225–45; *Science*, 75: 419–28.

A transition of silver oxide under pressure. *Rev. trav. chim. Pays-Bas*, 51: 627–32.

The time scale: the concept of time. *Sci. Monthly*, 35: 97–100.

The pressure coefficient of resistance of fifteen metals down to liquid oxygen temperatures. *Proc. Am. Acad. Arts Sci.*, 67: 305–44.

The compressibility of eighteen cubic compounds. *Proc. Am. Acad. Arts Sci.*, 67: 345–75.

The effect of homogeneous mechanical stress on the electrical resistance of crystals. *Phys. Rev.*, 42: 858–63.

1933

The pressure-volume-temperature relations of fifteen liquids. *Proc. Am. Acad. Arts Sci.*, 68: 1–25.

Compressibilities and pressure coefficients of resistance of elements, compounds, and alloys, many of them anomalous. *Proc. Am. Acad. Arts Sci.*, 68: 27–93.

The effect of pressure on the electrical resistance of single metal crystals at low temperatures. *Proc. Am. Acad. Arts Sci.*, 68: 95–123.

On the nature and the limitations of cosmical inquiries. *Sci. Monthly*, 37: 385–97.

1934

The Thermodynamics of Electrical Phenomena in Metals. New York, The Macmillan Company, vi + 200 pp.

Energy. *Gamma Alpha Record*, 24: 1–6.

A physicist's second reaction to Mengenlehre. *Scripta Mathematica*, 2: 3–29.

Two new phenomena at very high pressure. *Phys. Rev.*, 45: 844–45.

The melting parameters of nitrogen and argon under pressure, and the nature of the
melting curve. *Phys. Rev.*, 46: 930–33.

1935

With R. B. Dow. The compressibility of solutions of three amino acids. *J. Chem.
Phys.*, 3: 35–41.

Theoretically interesting aspects of high-pressure phenomena. *Rev. Mod. Phys.*, 7:
1–33.

Electrical resistances and volume changes up to 20,000 kg/cm^2. *Proc. Nat. Acad.
Sci.*, 21: 109–13.

On the effect of slight impurities on the elastic constants, particularly the
compressibility of zinc. *Phys. Rev.*, 47: 393–97.

The melting curves and compressibilities of nitrogen and argon. *Proc. Am. Acad.
Arts Sci.*, 70: 1–32.

Measurements of certain electrical resistances, compressibilities, and thermal
expansion to 20,000 kg/cm^2. *Proc. Am. Acad. Arts Sci.*, 70: 71–101.

The pressure-volume-temperature relations of the liquid, and the phase diagram of
heavy water. *J. Chem. Phys.*, 3: 597–605.

Effects of high shearing stress combined with high hydrostatic pressure. *Phys. Rev.*,
48: 825–47.

Polymorphism, principally of the elements, up to 50,000 kg/cm^2. *Phys. Rev.*, 48:
893–906.

Compressibilities and electrical resistance under pressure, with special reference to
intermetallic compounds. *Proc. Am. Acad. Arts Sci.*, 70: 285–317.

1936

The Nature of Physical Theory. Princeton, Princeton University Press. 138 pp.

Shearing phenomena at high pressure of possible importance for geology. *Journal of Geology*, 44: 653–69.

William Duane, 1872-1935. National Academy of Sciences, *Biographical Memoirs*, 18: 23–41.

1937

Flow phenomena in heavily stressed metals. *J. Appl. Phys.*, 8: 328–36.

Polymorphic transitions of inorganic compounds to 50,000 kg/cm^2. *Proc. Nat. Acad. Sci.*, 23: 202–5.

Shearing phenomena at high pressures, particularly in inorganic compounds. *Proc. Am. Acad. Arts Sci.*, 71: 387–460.

Polymorphic transitions of 35 substances to 50,000 kg/cm^2. *Proc. Am. Acad. Arts Sci.*, 72: 45–136.

The phase diagram of water to 45,000 kg/cm^2. *J. Chem. Phys.*, 5: 964–66.

1938

The Intelligent Individual and Society. New York, The Macmillan Company, vi + 305 pp.

The resistance of nineteen metals to 30,000 kg/cm^2. *Proc. Am. Acad. Arts Sci.*, 72: 157–205.

Rough compressibilities of fourteen substances to 45,000 kg/cm^2. *Proc. Am. Acad. Arts Sci.*, 72: 207–25

Polymorphic transitions up to 50,000 kg/cm^2 of several organic substances. *Proc. Am. Acad. Arts Sci.*, 72: 227–68.

The nature of metals as shown by their properties under pressure. *American Institute of Mining, Metallurgical and Petroleum Engineers*, Technical Publication, No. 922.

Operational analysis. *Philosophy Sci.*, 5: 114-31.

With E. S- Larsen. Shearing experiments on some selected minerals and mineral combinations. *Am. J. Sci.*, 36: 81-94.

Reflections on rupture. *J. Appl. Phys.*, 9: 517-28.

1939

The high pressure behavior of miscellaneous minerals. *Am. J. Sci.*, 37: 7-18.

"Manifesto" by a physicist. *Science*, 89: 179.

Considerations on rupture under triaxial stress. *Mech. Eng.*, 61: 107-11.

Society and the intelligent physicist. *American Physics Teacher*, 7: 109-16.

1940

Science, public or private. *Philosophy Sci.*, 7: 36-48.

Absolute measurements in the pressure range up to 30,000 kg/cm^2. *Phys. Rev.*, 57: 235-37.

Compressions to 50,000 kg/cm^2. *Phys. Rev.*, 57: 237-39.

New high pressures reached with multiple apparatus. *Phys. Rev.*, 57: 342-43.

The measurement of hydrostatic pressure to 30,000 kg/cm^2. *Proc. Am. Acad. Arts Sci.*, 74: 1-10.

The linear compression of iron to 30,000 kg/cm^2. *Proc. Am. Acad. Arts Sci.*, 74: 11-20.

The compression of 46 substances to 50,000 kg/cm^2. *Proc. Am. Acad. Arts Sci.*, 74: 21-51.

The second law of thermodynamics and irreversible processes. *Phys. Rev.*, 58: 845.

1941

The Nature of Thermodynamics. Cambridge, Harvard University Press, xii + 229 pp.

Explorations toward the limit of utilizable pressures. *J. Appl. Phys.*, 12: 461-69.

Compressions and polymorphic transitions of seventeen elements to 100,000 kg/cm^2. *Phys. Rev.*, 60: 351-54.

Freezings and compressions to 50,000 kg/cm^2. *J. Chem. Phys.*, 9: 794-97.

1942

Freezing parameters and compressions of twenty-one substances to 50,000 kg/cm^2. *Proc. Am. Acad. Arts Sci.*, 74: 399-424.

Pressure-volume relations for seventeen elements to 100,000 kg/cm^2. *Proc. Am. Acad. Arts Sci.*, 74: 425-40.

A challenge to physicists. *J. Appl. Phys.*, 13: 209.

1943

Science, and its changing social environment. *Science*, 97: 147-50.

Recent work in the field of high pressures. *Am. Scientist*, 31: 1-35.

On torsion combined with compression. *J. Appl. Phys.*, 14: 273-83.

1944

Some irreversible effects of high mechanical stress. In: *Colloid Chemistry,* Vol. 5, ed. by Jerome Alexander, pp. 327-37. New York, D. Van Nostrand Co., Inc.

The stress distribution at the neck of a tension specimen. *Transactions of the American Society for Metals*, 32: 553-72.

Flow and fracture. *Metals Technology*, 11: 32-39.

1945

Discussion of "Flow and fracture." *Metals Technology, Technical Publication Supplement*, No. 1782.

Discussion of Boyd and Robinson, "The friction properties of various lubricants at high pressures." *Transactions of the American Society of Mechanical Engineers*, 67: 51-59.

The compression of twenty-one halogen compounds and eleven other simple substances to 100,000 kg/cm^2. *Proc. Am. Acad. Arts Sci.*, 76: 1-7.

The compression of sixty-one solid substances to 25,000 kg/cm^2, determined by a new rapid method. *Proc. Am. Acad. Arts Sci.*, 76: 9-24.

The prospect for intelligence. *Yale Review*, 34: 444-61.

Polymorphic transitions and geological phenomena. *Am. J. Sci.*, 243A: 90-97.

Some general principles of operational analysis. *Psychol. Rev.*, 52: 246-49.

Rejoinders and second thoughts. *Psychol. Rev.*, 52: 281-84.

Effects of high hydrostatic pressure on the plastic properties of metals. *Rev. Mod. Phys.*, 17: 3-14.

1946

Recent work in the field of high pressure. *Rev. Mod. Phys.*, 18: 1-93.

The tensile properties of several special steels and certain other materials under pressure. *J. Appl. Phys.*, 17: 201-12.

Studies of plastic flow of steel, especially in two-dimensional compression. *J. Appl. Phys.*, 17: 225-43.

On higher order transitions. *Phys. Rev.*, 70: 425-28.

The effect of hydrostatic pressure on plastic flow under shearing stress. *J. Appl. Phys.*, 17: 692-98.

1947

Dimensional analysis. In: *Encyclopaedia Britannica,* Vol. 7, pp. 387–87J. Chicago, Encyclopaedia Britannica, Inc.

An experimental contribution to the problem of diamond synthesis. *J. Chem. Phys.,* 15: 92–98.

The rheological properties of matter under high pressure. *J. Colloid Sci.,* 2: 7–16.

The effect of hydrostatic pressure on the fracture of brittle substances. *J. Appl. Phys.,* 18: 246–58.

The effect of high mechanical stress on certain solid explosives. *J. Chem. Phys.,* 15: 311–13.

Scientists and social responsibility. *Sci. Monthly,* 65: 148–54.

Science and freedom: Reflections of a physicist. *Isis,* 37: 128–31.

1948

The compression of 39 substances to 100,000 kg/cm^2. *Proc Am. Acad. Arts Sci.,* 76: 55–70.

Rough compressions of 177 substances to 40,000 kg/cm^2. *Proc. Am. Acad. Arts Sci.,* 76: 71–87.

Large plastic flow and the collapse of hollow cylinders. *J. Appl. Phys.,* 19: 302–5,

Fracture and hydrostatic pressure. In: *Fracturing of Metals,* pp. 246–61. Novelty, Ohio, American Society for Metals.

General survey of certain results in the field of high pressure physics. In: *Les Prix Nobel,* pp. 149–66. Stockholm, P. A. Norstedt & Soner; *J. Wash. Acad. Sci.,* 38: 145–56.

The linear compression of various single crystals to 30,000 kg/cm^2. *Proc. Am. Acad. Arts Sci.,* 76: 89–99.

1949

Viscosities to 30,000 kg/cm^2, *Proc. Am. Acad. Arts Sci.*, 77: 117-28.

Further rough compressions to 40,000 kg/cm^2, especially certain liquids. *Proc. Am. Acad. Arts Sci.*, 77: 129-46.

Linear compressions to 30,000 kg/cm^2, including relatively incompressible substances. *Proc. Am. Acad. Arts Sci.*, 77: 187-234.

On scientific method. *The Teaching Scientist*, 6: 23-24.

Science, materialism and the human spirit. In: *Mid-Century: The Social Implications of Scientific Progress,* ed. by John Ely Burchard, pp. 196-251. Cambridge, Technology Press.

Some implications of recent points of view in physics. *Revue Internationale de Philosophic* 3: 479-501.

Einstein's theories and the operational point of view. In: *Albert Einstein: Philosopher-Scientist,* ed. by P. A. Schlipp, pp. 335-54. Evanston, Illinois, Library of Living Philosophers.

Effect of hydrostatic pressure on plasticity and strength. *Research* (London), 2: 550-55.

Volume changes in the plastic stages of simple compression. *J. Appl. Phys.*, 20: 1241-51.

1950

Reflections of a Physicist. New York, Philosophical Library, Inc. xii + 392 pp.

Impertinent reflections on history of science. *Philosophy Sci.*, 17: 63-73.

The principles of thermodynamics. In: *Thermodynamics in Physical Metallurgy,* pp. 1-15. Novelty, Ohio, American Society for Metals.

The thermodynamics of plastic deformation of generalized entropy. *Rev. Mod.*

Phys., 22: 56–63.

Physics above 20,000 kg/cm^2. *Proceedings of the Royal Society of London*, 203A: 1–17.

The operational aspect of meaning. *Synthese* (Amsterdam), 8: 251–59.

1951

The effect of pressure on the electrical resistance of certain semiconductors. *Proc. Am. Acad. Arts Sci.*, 79: 125–28.

The electric resistance to 30,000 kg/cm^2 of twenty-nine metals and intermetallic compounds. *Proc. Am. Acad. Arts Sci.*, 79: 149–79.

The effect of pressure on the melting of several methyl siloxanes. *J. Chem. Phys.*, 19: 203–7.

Some implications for geophysics of high-pressure phenomena. *Bulletin of the Geological Society of America*, 62: 533–35.

Some results in the field of high-pressure physics. *Endeavor*, 10: 63–69; *Smithsonian Institution Annual Report for 1951*, pp. 199–211.

The nature of some of our physical concepts. *British Journal for the Philosophy of Science*, 1: 257–72; 2: 25–44, 142–60.

1952

The Nature of Some of Our Physical Concepts. New York, Philosophical Library, Inc. 64 pp.

Studies in Large Plastic Flow and Fracture, with Special Emphasis on the Effects of Hydrostatic Pressure. New York, McGraw-Hill Book Co., Inc. x + 362 pp.

The resistance of 72 elements, alloys, and compounds to 100,000 kg/cm^2. *Proc. Am. Acad. Arts Sci.*, 81: 165–251.

Acceptance of the Bingham Medal. *J. Colloid Sci.*, 7: 202-3.

1953

Further measurements of the effect of pressure on the electrical resistance of germanium. *Proc. Am. Acad. Arts Sci.*, 82: 71-82.

Miscellaneous measurements of the effect of pressure on electrical resistance. *Proc. Am. Acad. Arts Sci.*, 82: 83-100.

The effect of pressure on several properties of the alloys of bismuthtin and of bismuth-cadmium. *Proc. Am. Acad. Arts Sci.*, 82: 101-56.

High-pressure instrumentation. *Mech. Eng.*, 75: 111-13.

With I. Simon. Effects of very high pressures on glass. *J. Appl. Phys.*, 24: 405-13.

The effect of pressure on the tensile properties of several metals and other materials. *J. Appl. Phys.*, 24: 560-70.

The use of electrical resistance in high pressure calibration. *Review of Scientific Instruments*, 24: 400-1.

The discovery of science. *Proceedings of the Institute of Radio Engineers*, 41: 580-81.

The effect of pressure on the bismuth-tin system. *Bulletin des Sociétés Chemiques Belges*, 62: 26-33.

Reflections on thermodynamics. *Proc. Am. Acad. Arts Sci.*, 82: 301-9; *Am. Scientist*, 41: 549-55.

1954

Certain effects of pressure on seven rare earth metals. *Proc. Am. Acad. Arts Sci.*, 83: 1-22.

The task before us. *Proc. Am. Acad. Arts Sci.*, 83: 95-112.

Science and common sense. *Sci. Monthly*, 79: 32-39.

Effects of pressure on binary alloys. II. Thirteen alloy systems of low melting monotropic metals. *Proc. Am. Acad. Arts Sci.*, 83: 149–90.

Remarks on the present state of operationalism. *Sci. Monthly*, 79: 224–26.

Certain aspects of plastic flow under high stress. In: *Studies in Mathematics and Mechanics Presented to Richard von Mises by Friends, Colleagues and Pupils,* pp. 227–31. New York, Academic Press, Inc.

1955

Effects of pressure on binary alloys. III. Five alloys of thallium, including thallium-bismuth. *Proc. Am. Acad. Arts Sci.*, 84: 1–42.

Effects of pressure on binary alloys. IV. Six alloys of bismuth. *Proc. Am. Acad. Arts Sci.*, 84: 43–109.

Miscellaneous effects of pressure on miscellaneous substances. *Proc. Am. Acad. Arts Sci.*, 84: 112–29.

Synthetic diamonds. *Scientific American*, 193: 42–46.

1956

Science and broad points of view. *Proc. Nat. Acad. Sci.*, 42: 315–25.

High pressure polymorphism of iron. *J. Appl. Phys.*, 27: 659.

Probability, logic and ESP. *Science*, 123: 15–17.

1957

Effects of pressure on binary alloys. V. Fifteen alloys of metals of moderately high melting point. *Proc. Am. Acad. Arts Sci.*, 84: 131–77.

Effects of pressure on binary alloys. VI. Systems for the most part of dilute alloys of high melting metals. *Proc. Am. Acad. Arts Sci.*, 84: 179–216.

Error, quantum theory, and the observer. In: *Life, Language, Law: Essays in Honor of Arthur F. Bentley,* ed. by R. W. Taylor, pp. 125-31. Yellow Springs, Ohio, Antioch Press.

Some of the broader implications of science. *Physics Today*, 10: 17-24.

Theodore Lyman, 1874-1954. National Academy of Sciences, *Biographical Memoirs,* 30: 237-56.

1958

Quo vadis. *Daedalus*, 87: 85-93.

The microscopic and the observer. In: *La Méthode dans les Sciences Modernes,* ed. by François Le Lionnais, pp. 117-22. Paris, Editions Science et Industrie.

Remarks on Niels Bohr's talk. *Daedalus*, 87: 175-77.

1959

The Way Things Are. Cambridge, Harvard University Press. 333 pp.

Compression and the α-β phase transition of plutonium. *J. Appl. Phys.*, 30: 214-17.

How much rigor is possible in physics? In: *The Axiomatic Method, with Special Reference to Geometry and Physics,* ed. by L. Henkin et al., pp. 225-37. Amsterdam, North-Holland Publishing Company.

P. W. Bridgman's "The Logic of Modern Physics" after thirty years. *Daedalus*, 88: 518-26.

1960

Sir Francis Simon. *Science*, 131: 1647-54.

Critique of critical tables. *Proc. Nat. Acad. Sci.*, 46: 1394-400.

1961

Significance of the Mach principle. *American Journal of Physics*, 29: 32–36.

1962

A Sophisticate's Primer of Relativity. Middletown, Connecticut, Wesleyan University
Press. 191 pp.

1963

General outlook on the field of high-pressure research. In: *Solids under Pressure,* ed.
by W. Paul and D. M. Warschauer, pp. 1–13. New York, McGraw-Hill Book Co.,
Inc.

1964

Collected Experimental Papers. Cambridge, Harvard University Press. 7 vols.

지은이

:: 퍼시 윌리엄스 브리지먼 Percy Williams Bridgman, 1882~1961

올드 뉴잉글랜드 이주민의 후손으로 매사추세츠 케임브리지에서 태어났다. 하버드대학교에서 학사(1904), 석사(1905), 박사(1908)를 마치고 그곳에서 물리학 교수로 재직했다. 초고압 기법의 개발과 고온고압에서 물성에 관한 개척자적 연구로 1946년 노벨 물리학상을 받았다. 『현대 물리학의 논리』(1927)와 이 책에서 비롯된 "조작주의" 사상은 당시 비엔나 서클을 중심으로 확산되던 논리실증주의와 밀접한 교감을 가지면서 20세기 중반 자연과학 외 심리학, 경제학, 경영학, 교육학 등 사회과학 전 분야에 깊은 영향을 주었다. 처음에는 논리실증주의 안에서 해석되었고 최종적으로는 논리경험주의에 흡수된 조작적 관점은 개념의 명확함과 정교함을 위한 방법론 중 하나로 이해된다. 그는 과학, 사회, 지성에 대한 자세로서 개인의 지적 성실성과 정직성을 강조했고, 이 사상을 전체주의 국가의 과학자 방문을 금지한 1939년 '한 물리학자의 선언'과 1955년 반전반핵과 인류 평화를 위한 '러셀-아인슈타인 선언'에 참여한 지식인 11인의 서명으로 실천한다. 저서로 『차원 분석』(1922), 『열역학 공식집』(1925), 『현대 물리학의 논리』(1927), 『고압물리학』(1931), 『금속 전기현상의 열역학』(1934), 『물리 이론의 본질』(1936), 『지성적 개인과 사회』(1938), 『열역학의 본질』(1941), 『한 물리학자의 회고』(1950/55), 『우리 물리 개념의 본질』(1952), 『세상 그대로』(1959)가 있고, 사후 출판된 『한 교양인의 상대론 입문서』(1962), 7권의 『실험논문 총서』(1964)가 있다.

옮긴이

:: 정병훈

서울대학교 물리교육과에서 학사, 같은 대학교 물리학과 대학원에서 고체물리이론으로 석사학위를 받고 박사과정을 수료했다. 독일학술교류처의 지원으로 독일 뒤스부르크-에센대학교 물리학과에서 물리교육으로 박사학위를 받았다. 1996년부터 현재까지 청주교육대학교 과학교육과 교수로 있다. 번역서로 볼프강 뷔르거의 『달걀 삶은 기구의 패러독스』(도서출판 성우), 도널드 맥크로리의 『하늘과 땅의 모든 것. 훔볼트 평전』(도서출판 알마), 한국연구재단의 학술명저번역 발터 쉴러의 『과학교육의 사상과 역사. 17-19세기 독일 과학교육의 성장과 발전』(한길사)이 있다.

한국연구재단총서 학술명저번역 서양편 631

현대 물리학의 논리

1판 1쇄 펴냄 ┊ 2022년 4월 8일
1판 2쇄 펴냄 ┊ 2023년 4월 28일

지은이 ┊ P. W. 브리지먼
옮긴이 ┊ 정병훈
펴낸이 ┊ 김정호

책임편집 ┊ 박수용
디자인 ┊ 이대웅

펴낸곳 ┊ 아카넷
출판등록 2000년 1월 24일(제406-2000-000012호)
10881 경기도 파주시 회동길 445-3
전화 ┊ 031-955-9510(편집)·031-955-9514(주문)
팩시밀리 ┊ 031-955-9519
www.acanet.co.kr

ⓒ 한국연구재단, 2022

Printed in Paju, Korea.

ISBN 978-89-5733-780-6 94420
ISBN 978-89-5733-214-6 (세트)